TP 881 .D42 1982

Design mix manual for concrete construction

NEW ENGLAND INSTITUTE
OF TECHNOLOGY
LEARNING RESOURCES CENTER

NEW ENGLAND INSTITUTE
OF TECHNOLOGY
LEARNING RESOURCES CENTER

DESIGN MIX MANUAL FOR CONCRETE CONSTRUCTION

OTHER McGRAW-HILL HANDBOOKS OF INTEREST

Baumeister   Marks' Standard Handbook for Mechanical Engineers
Brady and Clauser   Materials Handbook
Brater   Handbook of Hydraulics
Callender   Time-Saver Standards for Architectural Design Data
Church   Excavation Handbook
Conover   Grounds Maintenance Handbook
Considine   Energy Technology Handbook
Crocker and King   Piping Handbook
Croft, Carr, and Watt   American Electricians' Handbook
Davis and Sorensen   Handbook of Applied Hydraulics
Emerick   Handbook of Mechanical Specifications for Buildings and Plants
Emerick   Heating Handbook
Emerick   Troubleshooters' Handbook for Mechanical Systems
Fink and Beaty   Standard Handbook for Electrical Engineers
Foster   Handbook of Municipal Administration and Engineering
Gieck   Engineering Formulas
Harris   Handbook of Noise Control
Harris and Crede   Shock and Vibration Handbook
Havers and Stubbs   Handbook of Heavy Construction
Heyel   The Foreman's Handbook
Hicks   Standard Handbook of Engineering Calculations
Higgins and Morrow   Maintenance Engineering Handbook
King and Brater   Handbook of Hydraulics
La Londe and Janes   Concrete Engineering Handbook
Leonards   Foundation Engineering
Lund   Industrial Pollution Control Handbook
Manas   National Plumbing Code Handbook
Mantell   Engineering Materials Handbook
Merritt   Building Construction Handbook
Merritt   Standard Handbook for Civil Engineers
Merritt   Structural Steel Designers' Handbook
Myers   Handbook of Ocean and Underwater Engineering
O'Brien   Contractor's Management Handbook
Peckner and Bernstein   Handbook of Stainless Steels
Perry   Engineering Manual
Rossnagel   Handbook of Rigging
Smeaton   Switchgear and Control Handbook
Stanair   Plant Engineering Handbook
Streeter   Handbook of Fluid Dynamics
Timber Engineering Co.   Timber Design and Construction Handbook
Tuma   Engineering Mathematics Handbook
Tuma   Handbook of Physical Calculations
Tuma   Technology Mathematics Handbook
Urquhart   Civil Engineering Handbook
Waddell   Concrete Construction Handbook
Woods   Highway Engineering Handbook

LESLIE D. "DOC" LONG, P.E.
CLIFFORD GORDON, P.E.
CHARLES F. PECK, Jr., Sc.D., P.E.
JACK R. BENJAMIN, Sc.D., P.E.

DESIGN MIX MANUAL FOR CONCRETE CONSTRUCTION

NEW ENGLAND INSTITUTE
OF TECHNOLOGY
LEARNING RESOURCES CENTER

An *Engineering News-Record* Book

McGraw-Hill Book Company

New York St. Louis San Francisco Auckland
Bogotá Hamburg Johannesburg London Madrid Mexico
Montreal New Delhi Panama Paris São Paulo
Singapore Sydney Tokyo Toronto

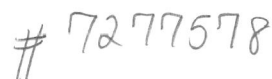

Library of Congress Cataloging in Publication Data
Main entry under title:

Design mix manual for concrete construction.

   Bibliography: p.
   Includes index.
   1. Concrete—Mixing. I. Long, Leslie D.
TP881.D42   666′.893   81-2363
ISBN 0-07-038683-8   AACR2

Copyright © 1982 by McGraw-Hill, Inc. All rights reserved.
Printed in the United States of America. Except as permitted
under the Copyright Act of 1976, no part of this publication
may be reproduced or distributed in any form or by any means,
or stored in a data base or retrieval system, without the
prior written permission of the publisher.

1 2 3 4 5 6 7 8 9 0   HDHD   8 9 8 7 6 5 4 3 2 1

The editors for this book were Patricia Allen-Browne and
Beatrice E. Eckes, the designer was Elliot Epstein, and the
production supervisor was Thomas G. Kowalczyk. It was set in
Electra by University Graphics, Inc.

Printed and bound by Halliday Lithograph Corporation.

CONTENTS

Preface		vii
Historical Note		ix
SECTION 1	**INTRODUCTION**	1
SECTION 2	**ANALYTICAL ELEMENTS**	3

    Basic Relationships, 3
        Placeability, 3
        Strength, 4
        Durability, 4
        Density, 4
    Background Data, 5
    Basis of Procedure, 5
        Workability, 5
        Compressive Strength, 5
        Weight per Cubic Foot, 5
        Durability, 5
        Mortar Requirements, 5
        Coarse Aggregates, 5
        Fine Aggregates, 7
        Concrete Classification, 7
        Required Tests, 7

SECTION 3	**TABLES OF VOLUMES**	9

    Tables 1–270, 13

SECTION 4	**THE REPORT**	283

    Report (U.S. Customary Units), 285
    Report (SI Units), 303

SECTION 5 TYPICAL DESIGN MIX EXAMPLES 321
    Design Mix Examples (U.S. Customary Units)
        Example 1, 323
        Example 2, 331
        Example 3, 339
        Example 4, 347
    Design Mix Examples (SI Units)
        Example 1, 355
        Example 2, 363
        Example 3, 371
        Example 4, 379

Bibliography 387

Index 389

PREFACE

The *Manual* presents solely a method for selecting material proportions to produce the desired concrete characteristics made with normal, high-density, or lightweight aggregates, as well as a workability suitable not only for cast-in-place construction but for special mixtures for concrete products manufacture. The method is also used for proportioning no-slump concrete.

The simplicity and ease of the method presented takes the mystique and complexities out of the design of the concrete mix. With minimal self-instruction, technical personnel can satisfactorily design the concrete mix; and with minimal instruction from and under supervision of technical personnel, clerical personnel can design the mix. The savings of time, translated into dollars, benefit everyone involved.

Other texts and manuals should be referred to for information on the detailed characteristics of concrete.

Ultimate responsibility for the design and proportioning of the concrete mix remains that of the engineer-architect of record and must be reviewed and approved by the engineer-architect prior to release for construction.

The publisher and the authors will be grateful to users of this *Manual* who call attention to any errors of omission or of commission therein. The *Manual* is intended as a standard work of use and reference, and to that end the greatest accuracy is sought. It is not claimed that this first edition is perfect; it is therefore desired that the authors be aided in their task of revision, from time to time, by the kindly criticism of the users of the *Manual*.

It is appropriate to call attention to the words of John B. Henck in 1854: "It may be remarked that it is no part of the purpose of this volume to furnish a collection of mere rules, professing to require only an ability to read for their successful application.

Rules can seldom be safely applied without a clear understanding of the principles on which they rest." With this in mind, the publisher and authors disclaim responsibility for any errors on the part of a user of the *Manual* or for any misuse of information in the *Manual* in the proportioning of concrete mixes.

Leslie D. "Doc" Long
Clifford Gordon
Charles F. Peck, Jr.
Jack R. Benjamin

HISTORICAL NOTE

Concrete, to the best of our knowledge, was first made and used by either the ancient Greeks or the ancient Romans. History tells us little about the material except that it was used, but many concrete projects built at the time survive to this day. Investigation of the ancient Roman aqueducts by Roman Malinowski has provided much information on the subject.

The Greeks and Romans who built these structures relied heavily on experience and trial and error. Retaining the good and discarding the bad constituted the formula that has left us these long-lasting projects. Whether present-day concrete construction will equal this record is a question which must be left to posterity, but today's emphasis on strength at early ages and an apparent attempt to produce concrete placed in the morning so that formwork may be removed in the afternoon indicate that this record of achievement will not be equaled, since for the past two generations durability has not been the prime objective. In many cases it is not even considered.

No record exists of how the first concrete mix was proportioned. Undoubtedly it was arrived at by trial and error and was judged by visual examination. Within living memory, the first method was to place a number of shovels full of sand and natural gravel into a wooden box, add a bag of cement, mix well by the use of shovels or garden hoes, adding water as seemed to be needed, and continue the mixing, adding additional splashes of water until the mixture "looked about right."

A power-driven drum mixer charged in the same manner made an appearance, and wheelbarrows replaced the shovel count. Engineering education in concrete mix design consisted of the statement: "When the pebbles are bobbing around like plums in a pudding, the mixture is about right."

The art of concrete making wobbled here and there through various stages such as the weight of the aggregates replacing the measure, often painful adjustments made in the field when angular crushed stone replaced natural rounded gravel, and 1-2-4 becoming the standard mix formula for quality concrete.

The pioneer work of Prof. Duff A. Abrams, who gave us the water-cement ratio and the fineness modulus in 1918, was the first giant step forward in the design of the concrete mix. Unfortunately the follow-through was not prompt, and the art of concrete making continued to wobble.

In 1922, A. N. Talbot of the University of Illinois published a paper describing a method of concrete proportioning called the voids-cement-ratio method, by the introduction of a mortar-voids system for application of this method. The voids-cement ratio, expressed in cubic feet per hundredweight (cwt), is approximately proportional to the water-cement ratio because of the relatively insignificant space occupied by air in concrete. This method was found to be complicated, since it involves preparation of a large number of trial mixes and numerous computations, and it is in little use outside the research laboratory.

In 1930 the fifth edition of the *American Civil Engineers Handbook* was published; it contains probably the best and most accurate description of concrete proportioning as known and practiced at the time. Five methods of proportioning were listed:

1. Proportioning by determination of voids in the aggregates

2. Proportioning by trial method for maximum density

3. Proportioning by fineness modulus

4. Proportioning by arbitrary proportions

5. Proportioning by judgment based on experience

The first two methods were called rational methods and required considerable modification of proportions; in the final analysis they became a matter of judgment. The third method, developed by Professor Abrams, is the most scientific and accurate method, given uniform aggregates. The procedure is complicated and requires some modifications in the field. Complicated procedures do not become popular. Methods 4 and 5 are more or less self-explanatory. Both require good judgment, a knowledge of concrete based on experience, and modifications depending on conditions at the project site.

During the early 1940s several attempts were made to formulate a method of proportioning that would produce concrete mixes with somewhat better assurance of accuracy and uniformity. Some progress was made. The New York City Department of Public Works adopted a method that was based on certain modifications of the use of fixed proportions, such as 1-2-4, 1-2-3½, etc. The American Concrete Institute (ACI) adopted the method called "b over b sub zero (b/b_0)" that had been developed and promoted by A. T. Goldbeck and J. E. Gray for the National Crushed Stone Association.

Since then the ACI method has been modified a number of times. It is a method which requires in-depth knowledge of concrete as well as extensive calculations and modifications of the original design, which tends to make for unwieldiness. The primary weakness of this method is not that good concrete cannot be made through its use but that there will not always be someone available with the knowledge and ability to proportion the mix properly and to make the adjustments needed. There are too few people connected with any project who have the necessary know-how and who know why the concrete in the structure behaves as it does.

If the engineering and supervisory construction personnel were able to make the standard laboratory tests of the aggregates and cement, proportion, check, correct, and verify a job mix, the probability of poor concrete becoming part of the project would be minimal. If these same people shared the know-how, quality concrete would be a certainty.

Goldbeck and Gray of the National Crushed Stone Association, building on Talbot's work, in 1942 published a method of proportioning based on the void content of the coarse aggregate. Shortly thereafter, they undertook an extensive series of tests of this method at the Queensboro Laboratory of the New York City Department of Public Works. Both Stanton Walker of the National Ready-Mix Concrete Association and the senior author, L. D. Long of the Gulick-Henderson Laboratories, played a prominent role.

The results of these tests were such that L. D. Long, after extensive consultation with Professor Abrams concerning the Goldbeck-Gray method, was convinced that there was no need for more than the initial design mix and no need for more than the initial laboratory trial batch without adjustments. Over the next 35 years and thousands of tests, he evolved a series of curves which have been refined and translated into this *Manual* as the 270 Tables of Volumes.

ABOUT THE AUTHORS

Leslie D. ("Doc") Long, P.E., is chairman and president of L-G-P Associates, P.C., of Maplewood, New Jersey, Flushing, New York, and Snow Hill, North Carolina, and, together with his contemporaries in the early days of modern concrete technology Duff Abrams, Stanton Walker, A. T. Goldbeck, and J. E. Gray, has been a leader in the implementation of quality assurance, quality control, and inspection through the improvement and durability of concrete. He has also been a leader in the development and use of high-density concrete for nuclear shielding. His lengthy experience included assignments as chief inspector of the construction of the Cuban National Highway and the aqueduct at Santiago de Cuba. He was the cofounder of Jersey Testing Laboratory and Newark Testing Laboratory and the owner, operator, and president of the Gulick-Henderson Laboratories of New York.

Mr. Long is an active member of numerous technical societies and serves as a construction panelist for the American Arbitration Association. He is a charter member of the Concrete Industry Board of New York and served on its first board of directors. He has written many professional papers which have appeared in publications such as *Engineering News-Record*, *Concrete International*, *Civil Engineering*, *Concrete Industry Bulletin of New York*, *Concrete Era*, and *Concrete Construction*. In addition, he has appeared as a panelist, featured speaker, and speaker at symposia and seminars of the American Concrete Institute, American Society of Civil Engineers, and Concrete Industry Board of New York, among others. He has also served as a consultant for many of the top *ENR* engineer-architects and constructors and has served as expert witness during litigation.

Mr. Long resides in Snow Hill, North Carolina, and is a registered professional engineer in the state of New Jersey.

Clifford Gordon, P.E., is vice president of L-G-P Associates, P.C., and has spent over 40 years in engineering and construction, with particular emphasis on concrete site quality assurance and the integrity of the structure during construction, including public and commercial structures, nuclear and fossil-fueled power plants, and environmental structures. He has written numerous published professional papers and was the lead author of "Avoiding Gross Errors in Concrete Construction," *ACI Journal*, November 1975, considered by many to be a classic in its field.

Mr. Gordon is a member of a number of technical societies. He serves as a construction panelist for the American Arbitration Association and has appeared as a panelist and speaker at seminars and symposia for the American Concrete Institute and American Society of Civil Engineers, among others. He is currently a member of the adjunct faculty of the department of civil and environmental engineering in the area of construction engineering at the Polytechnic Institute of New York and has served on the adjunct faculties of New York University and City University of New York.

Mr. Gordon resides in Flushing, New York, and is a registered professional engineer in the state of California.

Charles F. Peck, Jr., Sc.D., P.E., is professor of civil and environmental engineering and associate chairman of the department of civil and environmental engineering at the New Jersey Institute of Technology and vice president of L-P-G Associates, P.C. He received his undergraduate and advanced degrees at the Massachusetts Institute of Technology and has taught civil engineering at MIT, Carnegie Institute of Technology, and Cooper Union, where he was professor and department chairman. For 10 years, between his teaching assignments at Cooper Union and New Jersey Institute of Technology, Dr. Peck served as chief engineer and director of research and development of the Ceco Corporation.

He is the author of a number of professional papers and coauthor of the *Concrete Reinforcing Steel Design Handbook* and contributed the section on reinforcing bars for the McGraw-Hill *Concrete Construction Handbook* edited by Joseph Waddell. Dr. Peck serves as a construction panelist for the American Arbitration Association and is much in demand as an investigator and expert witness in the areas of failures, incidents, and accidents.

He resides in Maplewood, New Jersey, and is a registered professional engineer in the states of Pennsylvania, New Jersey, and New York.

Jack R. Benjamin, Sc.D., P.E., is chairman of Jack R. Benjamin & Associates, consulting engineers of Palo Alto, California, and has been a leader in the application of probabilistic methods and decision theory in civil engineering. He is professor emeritus of civil engineering at Stanford University. Dr. Benjamin is the author of the standard text and reference book on probabilistic methods in civil engineering, *Probability, Statistics and Decision for Civil Engineers* (McGraw-Hill, 1970), and *Statistically Indeterminate Structures* (McGraw-Hill, 1959). He has also written a large number of professional papers. At Jack R. Benjamin & Associates much of his work deals with extreme and unusual (high-hazard) loading conditions and the development of rational, probability-based design criteria and safety analyses using decision, event, and fault-tree techniques.

Dr. Benjamin has had extensive structural engineering experience for more than 30 years as a consultant. He is a registered professional engineer in the state of California. He resides in Palo Alto, California.

DESIGN MIX MANUAL FOR CONCRETE CONSTRUCTION

1 INTRODUCTION

Concrete is composed primarily of cement, aggregates, and water. It contains some amount of entrapped air and can also contain purposely entrained air obtained by the use of an admixture or air-entraining cement. Admixtures are used to accelerate, retard, improve workability, reduce mixing-water requirements, increase strength, or alter other properties of concrete.

The selection of concrete proportions involves a balance between economy and requirements for placeability, strength, durability, density, and appearance. The required characteristics are governed by the use to which the concrete is to be put and by the conditions expected to be encountered at the time of placement. These characteristics *must* be reflected in the job specification.

The ability to tailor concrete properties to job needs reflects technological developments which have taken place since the early 1920s. The use of the water-cement ratio as a tool for estimating strength was recognized by Duff Abrams in 1917. The improvement in durability resulting from air entrainment was recognized in the 1940s. Both the water-cement ratio and air entrainment have been augmented by research and development in related areas, including the use of admixtures to counteract deficiencies, develop special properties, or achieve economy.

Current concrete-proportioning calculation methods in a project or in commercial testing laboratories require the continual revision of trial batches until satisfactory material proportions are attained. With the procedures presented here there is no longer a need for more than the original trial batch computations, batching, and testing as long as the aggregate tests are accurately made and are representative. Nor is there a need to prepare full-size field batches. The trial batches prepared with this procedure are, with normal care, exactly reproducible by the batch plant and yield the same performance in the field as the trial batches in the laboratory.

Professor William A. Cordon in ACI Special Publication SP-42 (1972) stated:

"Every concrete batch in the field can be considered a trial mix which can and should be adjusted as the job progresses and changes occur." The authors agree wholeheartedly with him and have included a table in Sec. 4, "The Report," for cement and water for slump adjustments in the field. However, constant and continuous vigilance is required in the concrete plant.

2 ANALYTICAL ELEMENTS

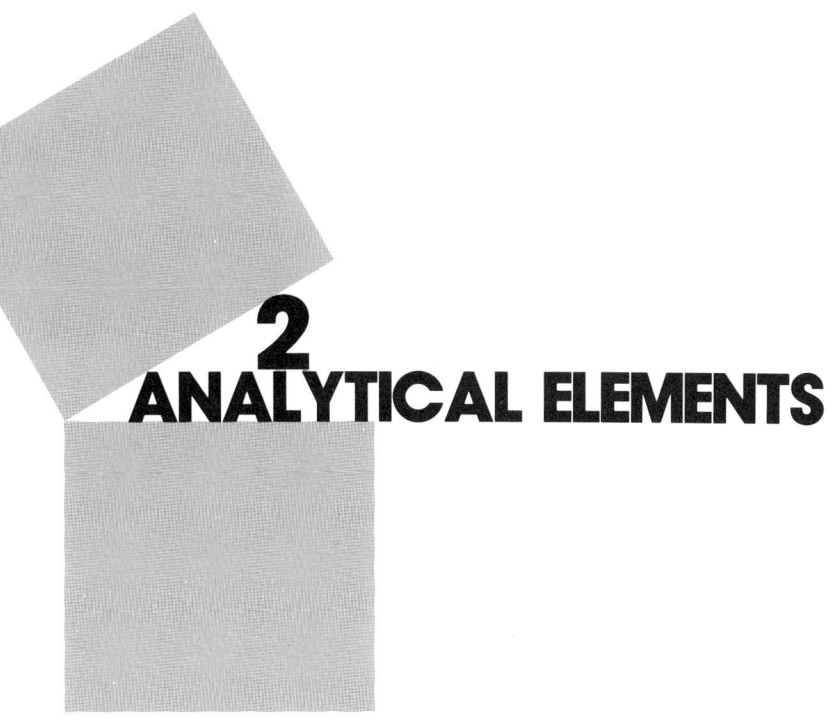

BASIC RELATIONSHIPS Concrete material proportions must be selected to provide placeability, strength, durability, and density for the particular application.

Placeability *Placeability* (including satisfactory finishing properties) loosely encompasses characteristics defined in the terms *workability* and *consistency*. Workability is that property of concrete which determines its capacity to be placed and consolidated properly and to be finished without harmful segregation of the materials in the concrete mix. It includes (1) compactibility, or the ease with which the concrete can be compacted and air voids removed; (2) mobility, or the ease with which concrete can flow into molds around structural steel and reinforcing bars and be remolded; (3) stability, or the ability of concrete to remain a stable, coherent, homogeneous mass during handling and vibration without segregation of the constituents; and (4) finishability, or the ease with which the concrete attains a good finish, especially for vertical surfaces cast against formwork and for power-troweled floor slabs. Workability is affected by aggregate grading, aggregate shape, the amount of cement, the use of entrained air and chemical admixtures, and the consistency of the mixture.

Consistency is often defined as the fluidity of concrete and is measured with reasonable accuracy in terms of the slump test (the higher the slump, the wetter the mixture). It controls the ease with which concrete will flow during placement, and although related to workability, it is not synonymous with it. In a properly designed (proportioned) concrete mix, the unit water content required to produce a given slump depends on several factors. Water requirements increase as aggregates become more angular and more textured, although this is offset by improvements in other characteristics such as bond to the mortar. The amount of mixing water required decreases as the maximum size of the well-graded aggregate increases. It also decreases with the entrainment of air and can be significantly reduced by certain chemical admixtures.

Strength *Strength*, defined as the compressive strength of a 6- by 12-in cylinder after a specified number of curing days, is considered by many the most important characteristic of concrete since it is the basis of design and payment. Under certain conditions, other characteristics such as durability, permeability, and wear resistance are equally important. They are related to strength in addition to factors not significantly associated with strength.

For a given set of materials and conditions concrete strength is determined by the net quantity of water used per unit quantity of cement (water-cement ratio). This net water content excludes water absorbed by the aggregates. For a given water-cement ratio, difference of strength results in changes in coarse aggregate maximum size; grading, surface texture, strength, shape, and stiffness of aggregate particles; cement type and source; air content; and the use of chemical admixtures affecting the cement hydration process or mineral admixtures which develop cementitious properties.

These effects are predictable and are taken into account in this *Manual*. In view of their number and complexity, accurate predictions of strength must be based on trial batches and experience with the materials used. In the method presented here, more than one trial batch *in the laboratory* is unnecessary for a successful mix design.

Durability *Durability* is the measure of the ability of the concrete to endure exposures which may deprive it of serviceability: freezing and thawing, wetting and drying, heating and cooling, chemicals, deicing agents, and the like. Resistance to these may be enhanced by use of special ingredients: low-alkali cement, pozzolan, or selected nonreactive aggregates to prevent harmful expansion due to the alkali-aggregate reaction which occurs in some areas when concrete made with reactive aggregates is exposed in a moist environment; sulfate-resisting cement or pozzolan for concrete exposed to seawater, sewage, or sulfate-bearing soils; or aggregates free from excessive soft particles when resistance to surface abrasion is required.

Use of a low water-cement ratio will prolong the life of the concrete by reducing the penetration of aggressive liquids. Resistance to severe weathering, particularly freezing and thawing, and to salts used for ice removal is greatly improved by the incorporation of entrained air; and it is mandatory that entrained air be used in all exposed concrete in areas where freezing occurs.

In the opinion of the authors, durability is frequently a more important consideration than strength.

Density For certain applications, such as counterweights on lift bridges, weights for sinking pipelines underwater, shielding from radiation, and sound insulation, concrete is used primarily for its weight characteristics. By the use of heavyweight aggregates, concrete densities as high as 350 lb/ft^3 (21.80 kg/m^3) may be obtained and placed.

ANALYTICAL ELEMENTS

BACKGROUND DATA Selection of concrete proportions must be based on test data of the materials actually to be used. This information is required prior to the design and final approval of the mix for placement in the structure. See Sec. 4, "The Report," for requirements and procedures.

BASIS OF PROCEDURE

Workability In this method of proportioning *workability* is expressed as the amount of mortar in the mixture which may be varied to suit placing conditions. *Mortar* is defined as cement, fine aggregate, water, and entrained or entrapped air.

Compressive Strength The *compressive strength* of concrete with any given set of aggregates is governed by the water-cement ratio. The proportions in this method are based on cement having a cube strength of 4500 psi ± 600 psi (30 MPa ± 4 MPa).

Weight per Cubic Foot The *weight per cubic foot* is dependent on the specific gravity of the aggregates used, the amount of entrapped or entrained air, and the amount of mortar in the mixture.

Durability *Durability* will vary with both materials and conditions.

Mortar Requirements *Mortar requirements* vary according to the size and angularity of the coarse aggregate. This angularity is represented by the percentage of voids in the coarse aggregate when the weight per cubic foot is determined on a dry rodded basis. With this scale of values for the voids in the coarse aggregate established according to the maximum size, any change in the void content due to gradation will automatically change the coarse aggregate type number used in this method and hence the mortar requirement.

Coarse Aggregates In this method *coarse aggregates* are typed according to the maximum size of the aggregate and the angularity of the aggregate represented by the percentage of voids as determined by the dry rodded weights and specific gravity. The starting point for determining the proper amount of mortar is the coarse aggregate type number, as determined by the percentage of voids in well-graded coarse aggregate (Table A).

Table B presents fineness modulus requirements for each coarse aggregate size to ensure uniformity.[1]

In general, the method defines the various types of coarse aggregates as follows:

Type No. 1. Well-graded rounded aggregate such as natural gravel.

[1] See ASTM C 33, *Standard Specification for Concrete Aggregates*.

TABLE A
Percentage of Voids for Well-Graded Coarse Aggregate

Type	⅜″	½″	¾″	1″	1½″	2″	2½″	3″	3½″
1	37–39	36–38	35–37	34–36	33–35	32–34	31–33	30–32	29–31
2	40–42	39–41	38–40	37–39	36–38	35–37	34–36	33–35	32–34
3	43–45	42–44	41–43	40–42	30–41	38–40	37–39	36–38	35–37
4	46–48	46–47	44–46	43–45	42–44	41–43	40–42	39–41	38–40
5	49–51	48–50	47–49	46–48	45–47	44–46	43–45	42–44	41–43

Type No. 2. Well-graded irregular-shaped rounded aggregate or a mixture of rounded and crushed particles. It may also include poorly graded rounded aggregate that would otherwise be graded as Type No. 1.

Type No. 3. Cubical-shaped particles such as most crushed limestone or dolomite. It may also include aggregate in the Type No. 2 category if, owing to poor gradation or varying degrees of angularity, voids are higher than normal for well-graded aggregate.

Type No. 4. The more angular aggregates such as crushed trap rock or other aggregates with similar angularity when crushed.

Type No. 5. Type with the highest angularity for crushed rock. It includes most of the vesicular aggregates such as expanded shale, some forms of coral, and lightweight aggregates. Lightweight aggregates have a high percentage of voids because of surface irregularities rather than angularity.

The shape or angularity of crushed rock may vary because of the type of crushed rock. It may also vary with the conditions of the rock when crushed. (A very dry stone may crush differently when it is damp or wet.)

Although spherical-shaped natural gravel that is well graded is identified as coarse aggregate Type No. 1, if through gradation or angularity change the aggregate should show a change in voids, there would also be a change in the type number. This stricture applies also to the coarse aggregate types previously described.

From the many tests of coarse aggregates made by the authors, the percentage of voids for various-sized aggregates were selected to classify coarse aggregates into the five types previously listed for optimum results based on a mix with a minimum

TABLE B
Fineness Modulus for Coarse Aggregates
(Per ASTM C 33)

U.S. Customary Units (in)	SI Units (mm)	Fineness Modulus
⅜	9.5	5.83
½	12.5	6.37
¾	19.0	6.60
1	25.0	7.00
1½	38.1	7.30
2	50.0	7.70
2½	63.0	7.85
3	75.0	8.00
3½	90.0	8.10

cement content. Variation in gradation is inevitable and becomes immaterial, since *the percentage of voids automatically places the aggregate in its type number.*

Fine Aggregates No distinction is made between the different types of fine aggregate passing the No. 8 (2.36-mm) sieve, and using a minimum amount of cement to produce concrete with a compressive strength up to 5000 psi (35 MPa) results in a good degree of uniformity regardless of source, relative fineness or coarseness, or the fact that it is natural or manufactured (crushed).

All material found in the fine aggregate that will not pass through the No. 8 (2.36-mm) mesh sieve is treated as coarse aggregate.

The No. 8 (2.36-mm) mesh sieve was selected as the maximum size for fine aggregate rather than the No. 4 (4.75-mm) or ⅜-in (9.5-mm) sieves for the following reasons:

1. *It is the maximum size for good workability for mortar (a personal observation of the authors).*

2. It meets the ASTM requirement for mortar sand (ASTM C 144).

3. It meets the ASTM requirement for fine aggregate in concrete (ASTM C 33).

4. Limiting the fine aggregate maximum size to the aggregate passing the No. 4 (4.75-mm) or ⅜-in (9.5-mm) sieves for mortar sand would almost guarantee nonuniformity.

5. The No. 8 (2.36-mm) fine aggregate size does not prevent the use of material currently specified and readily available.

6. Adjustment is a simple calculation. See Sec. 5, "Typical Design Mix Examples."

Grading requirements for fine aggregates are specified in ASTM C 33, *Standard Specification for Concrete Aggregates.*

Concrete Classification Classes of concrete are defined as follows:

Class A, which contains the greatest amount of coarse aggregate and a minimum amount of mortar. It must be carefully placed to avoid honeycombing, and it is probably limited to a vibrating table.

Class B, a typical paving mixture mechanically screeded or for mass concrete.

Class C, which is suitable for pavements finished by hand or for mass concrete.

Class D, which is for general structural use.

Required Tests Tests of the aggregates for this method include specific gravity, weight per cubic foot (dry rodded), and gradation. The fineness modulus, solid weight, and percentage of voids are also requirements. For hydraulic cement, compressive-strength tests are required. The results of each of these tests are necessary prior to design of the mix.

3
TABLES OF VOLUMES

There are 270 Tables of Volumes. Each table is delineated by the coarse aggregate size from ⅜ in (9.5 mm) through 3½ in (90 mm) and slumps from 0 in (0 mm) through 7 in (175 mm) in ½-in (12.5-mm) increments, both for air-entrained and non-air-entrained concrete. The coarse aggregate size limits were selected since they fall well within ASTM C 33, *Standard Specification for Concrete Aggregates*, requirements; and although cobbles up to 6 in (150 mm) are used for mass-concrete structures, well over 90 percent of the concrete placed falls within the limits of these tables.

Seven coarse aggregate types are used in these tables; of these, five have been defined in Sec. 2, "Analytical Elements." Types Nos. 6 and 7 have been added for use when concrete is to be pumped. By increasing the coarse aggregate number by 2 under these circumstances, an additional cubic foot of mortar is introduced into the mix, making it suitable for pumping. Thus if a Type No. 4 or Type No. 5 aggregate number is used, the computations based on the Tables of Volumes would use a Type No. 6 or Type No. 7, respectively, if the concrete is to be pumped.

The figures for the volumes for "Total Mortar" and for "Coarse Aggregate +8"[1] indicate that these are straight-line curves up to the 3½-in-size coarse aggregate, and theoretically the curves for "Cement" and "Water" should also follow this pattern. However, because of experience with thousands of tests conducted, the figures for cement and water volumes have been adjusted to reflect the results of these tests.

To determine the entrained air required for air-entrained concrete, the percentage of air indicated in the tables was determined by using 9 percent of the total mortar in the mix and translating it in terms of the total mix. This amount of entrained air in the mortar is considered optimum for durability and strength.

There is a certain amount of entrapped air in non-air-entrained concrete, and the

---

[1]"Coarse Aggregate +8" defines aggregate retained on No. 8 and larger sieves.

Tables of Volumes reflect this fact. The amounts indicated are approximate because of the variables existing in any mix.

In preparing the Tables of Volumes, the concrete mix was divided into two parts, the dividing line being the No. 8 (2.36-mm) mesh sieve. The tables were prepared to produce a mix based on a minimum cement quantity and to meet all conditions of all available sizes and degrees of angularity of coarse aggregates (up to 3½ in) by use of the percentage of voids in coarse aggregates, as determined by currently accepted tests methods.

The percentage of voids in the fine aggregate affects the amount of cement and water used in the mix, and this is reflected in the Tables of Volumes.

For detailed use of the Tables of Volumes refer to Sec. 5, "Typical Design Mix Examples."

GUIDE TO TABLES OF VOLUMES

Slump		Coarse Aggregate Size, U.S. and SI Units								
		⅜″ (9.5 mm)	½″ (12.5 mm)	¾″ (19 mm)	1″ (25 mm)	1½″ (38.1 mm)	2″ (50 mm)	2½″ (63 mm)	3″ (75 mm)	3½″ (90 mm)
in	mm	Table No.	Table No.	Table No.	Table No.	Table No.	Table No.	Table No.	Table No.	Table No.
Air-Entrained										
0	0	1	16	31	46	61	76	91	106	121
½	12.5	2	17	32	47	62	77	92	107	122
1	25	3	18	33	48	63	78	93	108	123
1½	40	4	19	34	49	64	79	94	109	124
2	50	5	20	35	50	65	80	95	110	125
2½	65	6	21	36	51	66	81	96	111	126
3	75	7	22	37	52	67	82	97	112	127
3½	90	8	23	38	53	68	83	98	113	128
4	100	9	24	39	54	69	84	99	114	129
4½	115	10	25	40	55	70	85	100	115	130
5	125	11	26	41	56	71	86	101	116	131
5½	140	12	27	42	57	72	87	102	117	132
6	150	13	28	43	58	73	88	103	118	133
6½	165	14	29	44	59	74	89	104	119	134
7	175	15	30	45	60	75	90	105	120	135
Non-Air-Entrained										
0	0	136	151	166	181	196	211	226	241	256
½	12.5	137	152	167	182	197	212	227	242	257
1	25	138	153	168	183	198	213	228	243	258
1½	40	139	154	169	184	199	214	229	244	259
2	50	140	155	170	185	200	215	230	245	260
2½	65	141	156	171	186	201	216	231	246	261
3	75	142	157	172	187	202	217	232	247	262
3½	90	143	158	173	188	203	218	233	248	263
4	100	144	159	174	189	204	219	234	249	264
4½	115	145	160	175	190	205	220	235	250	265
5	125	146	161	176	191	206	221	236	251	266
5½	140	147	162	177	192	207	222	237	252	267
6	150	148	163	178	193	208	223	238	253	268
6½	165	149	164	179	194	209	224	239	254	269
7	175	150	165	180	195	210	225	240	255	270

TABLES OF VOLUMES 13

Table No.	1
C.A. Size	3/8"
	9.5 mm
ASTM No.	8
Slump	0"
	0 mm
(√) AE	
( ) Non-AE	

(a)

Coarse Aggregate Type No.										Concrete Class
1	2	3	4	5	6	7				A
	1	2	3	4	5	6	7			B
		1	2	3	4	5	6	7		C
			1	2	3	4	5	6	7	D

(b)

Concrete										
13.80	14.30	14.80	15.30	15.80	16.30	16.80	17.30	17.80	18.30	Mortar (ft³/yd³)
13.20	12.70	12.20	11.70	11.20	10.70	10.20	9.70	9.20	8.70	C. A. + 8 (ft³/yd³)
0.511	0.530	0.548	0.567	0.585	0.604	0.622	0.641	0.659	0.678	Mortar (m³/m³)
0.489	0.470	0.452	0.433	0.415	0.396	0.378	0.359	0.341	0.322	C. A. + 8 (m³/m³)

(c)

Cement										f'_c (psi)
1.73	1.82	1.91	2.01	2.10	2.18	2.29	2.37	2.46	2.54	2000
1.91	2.00	2.10	2.19	2.29	2.38	2.48	2.57	2.67	2.75	2500
2.12	2.22	2.31	2.41	2.51	2.59	2.70	2.79	2.87	2.97	3000
2.35	2.44	2.54	2.63	2.73	2.82	2.93	3.03	3.13	3.22	3500
2.60	2.69	2.78	2.89	2.99	3.09	3.19	3.28	3.39	3.49	4000
2.85	2.96	3.05	3.15	3.27	3.37	3.47	3.59	3.71	3.81	4500
3.13	3.24	3.36	3.46	3.59	3.70	3.80	3.91	4.03	4.14	5000

(c-1)

Cement										f'_c (MPa)
0.067	0.070	0.074	0.077	0.081	0.084	0.088	0.091	0.094	0.097	15
0.077	0.081	0.084	0.088	0.092	0.096	0.099	0.102	0.105	0.109	20
0.090	0.093	0.097	0.100	0.104	0.107	0.111	0.115	0.119	0.122	25
0.103	0.106	0.110	0.114	0.118	0.122	0.126	0.129	0.134	0.138	30
0.121	0.126	0.127	0.130	0.135	0.139	0.144	0.147	0.151	0.155	35

(d)

Water										f'_c (psi)
3.45	3.65	3.82	4.01	4.19	4.35	4.56	4.74	4.91	5.08	2000
3.54	3.71	3.88	4.05	4.24	4.41	4.61	4.78	4.95	5.11	2500
3.60	3.76	3.93	4.11	4.29	4.45	4.65	4.81	4.98	5.14	3000
3.67	3.84	4.00	4.17	4.35	4.51	4.69	4.85	5.02	5.18	3500
3.76	3.92	4.07	4.23	4.41	4.57	4.74	4.89	5.07	5.23	4000
3.87	4.03	4.17	4.33	4.51	4.65	4.81	4.95	5.14	5.29	4500
3.97	4.12	4.27	4.41	4.59	4.73	4.88	5.02	5.21	5.35	5000

(d-1)

Water										f'_c (MPa)
0.129	0.136	0.142	0.149	0.156	0.161	0.170	0.176	0.183	0.189	15
0.133	0.139	0.145	0.152	0.159	0.164	0.172	0.177	0.184	0.190	20
0.137	0.143	0.149	0.155	0.162	0.168	0.174	0.179	0.186	0.192	25
0.142	0.148	0.153	0.159	0.166	0.171	0.177	0.183	0.190	0.195	30
0.148	0.153	0.159	0.164	0.170	0.176	0.181	0.186	0.193	0.199	35

(e)

Air										
1.24	1.29	1.33	1.38	1.42	1.47	1.51	1.56	1.60	1.65	Entrained (ft³/yd³)
4.60	4.77	4.93	5.10	5.27	5.44	5.60	5.77	5.93	6.10	%
0.046	0.048	0.049	0.051	0.053	0.054	0.056	0.058	0.059	0.061	Entrained (m³/m³)

(f)

Air (Values Approximate)							
2000	2500	3000	3500	4000	4500	5000	f'_c (psi)
—	—	—	—	—	—	—	Entrapped (ft³/yd³)
—	—	—	—	—	—	—	%

(f-1)

Air (Values Approximate)					
15	20	25	30	35	f'_c (MPa)
—	—	—	—	—	Entrapped (m³/m³)
—	—	—	—	—	%

(g)

Cement and Water Adjustments for Fine Aggregate Variations									
31-32	32-33	33-34	34-35	35-36	36-37	37-38	38-39	39-40	40-41	% Voids
90.0	92.5	95.0	97.5	100.0	102.5	105.0	107.5	110.0	112.5	Adjustment (%)

Table No. 2
C.A. Size 3/8"
9.5 mm
ASTM No. 8
Slump 1/2"
12.5 mm

(✓) AE
( ) Non-AE

(a)

Coarse Aggregate Type No.										Concrete Class
1	2	3	4	5	6	7				A
	1	2	3	4	5	6	7			B
		1	2	3	4	5	6	7		C
			1	2	3	4	5	6	7	D

(b)

Concrete										
13.80	14.30	14.80	15.30	15.80	16.30	16.80	17.30	17.80	18.30	Mortar (ft³/yd³)
13.20	12.70	12.20	11.70	11.20	10.70	10.20	9.70	9.20	8.70	C.A. + 8 (ft³/yd³)
0.511	0.530	0.548	0.567	0.585	0.604	0.622	0.641	0.659	0.678	Mortar (m³/m³)
0.489	0.470	0.452	0.433	0.415	0.396	0.378	0.359	0.341	0.322	C.A. + 8 (m³/m³)

(c)

Cement										f'_c (psi)
1.76	1.85	1.94	2.04	2.13	2.21	2.32	2.40	2.49	2.57	2000
1.94	2.03	2.13	2.22	2.32	2.41	2.51	2.60	2.70	2.78	2500
2.15	2.25	2.34	2.44	2.54	2.62	2.73	2.82	2.90	3.00	3000
2.38	2.47	2.57	2.66	2.76	2.85	2.96	3.06	3.16	3.25	3500
2.63	2.72	2.81	2.92	3.02	3.12	3.22	3.31	3.42	3.52	4000
2.88	2.99	3.08	3.18	3.30	3.40	3.50	3.62	3.74	3.84	4500
3.16	3.27	3.39	3.49	3.62	3.73	3.83	3.94	4.06	4.17	5000

(c-1)

Cement										f'_c (MPa)
0.068	0.072	0.075	0.079	0.082	0.086	0.089	0.092	0.095	0.098	15
0.078	0.082	0.085	0.089	0.093	0.096	0.100	0.103	0.106	0.110	20
0.091	0.094	0.098	0.101	0.105	0.108	0.112	0.116	0.120	0.123	25
0.104	0.108	0.111	0.115	0.119	0.123	0.127	0.130	0.135	0.139	30
0.119	0.123	0.128	0.131	0.136	0.140	0.145	0.148	0.152	0.156	35

(d)

Water										f'_c (psi)
3.51	3.71	3.88	4.07	4.25	4.41	4.62	4.80	4.97	5.14	2000
3.60	3.77	3.94	4.11	4.30	4.47	4.67	4.84	5.01	5.17	2500
3.66	3.82	3.99	4.17	4.35	4.51	4.71	4.87	5.04	5.20	3000
3.73	3.90	4.06	4.23	4.41	4.57	4.75	4.91	5.08	5.24	3500
3.82	3.98	4.13	4.29	4.47	4.63	4.80	4.95	5.13	5.29	4000
3.93	4.09	4.23	4.39	4.57	4.71	4.87	5.01	5.20	5.35	4500
4.03	4.18	4.33	4.47	4.65	4.79	4.94	5.08	5.27	5.41	5000

(d-1)

Water										f'_c (MPa)
0.131	0.138	0.144	0.151	0.158	0.163	0.172	0.178	0.185	0.191	15
0.135	0.141	0.147	0.154	0.161	0.166	0.174	0.180	0.186	0.192	20
0.139	0.145	0.151	0.157	0.164	0.170	0.176	0.182	0.188	0.194	25
0.144	0.150	0.156	0.161	0.168	0.174	0.179	0.185	0.192	0.197	30
0.150	0.155	0.161	0.166	0.173	0.178	0.183	0.188	0.195	2.01	35

(e)

Air										
1.24	1.29	1.33	1.38	1.42	1.47	1.51	1.56	1.60	1.65	Entrained (ft³/yd³)
4.60	4.77	4.93	5.10	5.27	5.44	5.60	5.77	5.93	6.10	%
0.046	0.048	0.049	0.051	0.053	0.054	0.056	0.058	0.059	0.061	Entrained (m³/m³)

(f)

Air (Values Approximate)							
2000	2500	3000	3500	4000	4500	5000	f'_c (psi)
—	—	—	—	—	—	—	Entrapped (ft³/yd³)
—	—	—	—	—	—	—	%

(f-1)

Air (Values Approximate)					
15	20	25	30	35	f'_c (MPa)
—	—	—	—	—	Entrapped (m³/m³)
—	—	—	—	—	%

(g)

Cement and Water Adjustments for Fine Aggregate Variations									
31-32	32-33	33-34	34-35	35-36	36-37	37-38	38-39	39-40	40-41	% Voids
90.0	92.5	95.0	97.5	100.0	102.5	105.0	107.5	110.0	112.5	Adjustment (%)

SECTION 3 14

Table No.	3
C.A. Size	³⁄₈"
	9.5 mm
ASTM No.	8
Slump	1"
	25 mm
(✓) AE	
( ) Non-AE	

(a)

Coarse Aggregate Type No.										Concrete Class
1	2	3	4	5	6	7				A
	1	2	3	4	5	6	7			B
		1	2	3	4	5	6	7		C
			1	2	3	4	5	6	7	D

(b)

Concrete										
13.80	14.30	14.80	15.30	15.80	16.30	16.80	17.30	17.80	18.30	Mortar (ft³/yd³)
13.20	12.70	12.20	11.70	11.20	10.70	10.20	9.70	9.20	8.70	C. A. + 8 (ft³/yd³)
0.511	0.530	0.548	0.567	0.585	0.604	0.622	0.641	0.659	0.678	Mortar (m³/m³)
0.489	0.470	0.452	0.433	0.415	0.396	0.378	0.359	0.341	0.322	C. A. + 8 (m³/m³)

(c)

Cement										f'_c (psi)
1.79	1.88	1.97	2.07	2.16	2.24	2.35	2.43	2.52	2.60	2000
1.97	2.06	2.16	2.25	2.35	2.44	2.54	2.63	2.79	2.81	2500
2.18	2.28	2.37	2.47	2.57	2.65	2.76	2.85	2.93	3.03	3000
2.41	2.50	2.60	2.69	2.79	2.88	2.99	3.09	3.19	3.28	3500
2.66	2.75	2.84	2.95	3.05	3.15	3.25	3.34	3.45	3.55	4000
2.91	3.02	3.11	3.21	3.33	3.43	3.53	3.65	3.77	3.87	4500
3.19	3.30	3.42	3.52	3.65	3.76	3.86	3.97	4.09	4.20	5000

(c-1)

Cement										f'_c (MPa)
0.069	0.072	0.076	0.079	0.083	0.086	0.090	0.093	0.096	0.099	15
0.079	0.083	0.086	0.090	0.094	0.097	0.101	0.104	0.107	0.111	20
0.092	0.095	0.099	0.102	0.106	0.109	0.113	0.117	0.121	0.124	25
0.105	0.109	0.112	0.116	0.120	0.124	0.128	0.131	0.136	0.140	30
0.120	0.124	0.129	0.132	0.137	0.141	0.146	0.149	0.154	0.157	35

(d)

Water										f'_c (psi)
3.56	3.76	3.93	4.12	4.30	4.46	4.67	4.85	5.02	5.19	2000
3.65	3.82	3.99	4.16	4.35	4.52	4.72	4.89	5.06	5.22	2500
3.71	3.87	4.04	4.22	4.40	4.56	4.76	4.92	5.09	5.25	3000
3.78	3.95	4.11	4.28	4.46	4.62	4.80	4.96	5.13	5.29	3500
3.87	4.03	4.18	4.34	4.52	4.68	4.85	5.00	5.18	5.34	4000
3.98	4.14	4.28	4.44	4.62	4.76	4.92	5.06	5.25	5.40	4500
4.08	4.23	4.38	4.52	4.70	4.84	4.99	5.13	5.32	5.46	5000

(d-1)

Water										f'_c (MPa)
0.133	0.140	0.146	0.153	0.160	0.165	0.174	0.180	0.187	0.193	15
0.137	0.143	0.149	0.156	0.163	0.168	0.176	0.182	0.188	0.194	20
0.141	0.147	0.153	0.159	0.166	0.172	0.178	0.184	0.190	0.196	25
0.146	0.152	0.157	0.163	0.170	0.176	0.181	0.187	0.194	0.199	30
0.152	0.157	0.163	0.168	0.174	0.180	0.185	0.190	0.197	0.203	35

(e)

Air										
1.24	1.29	1.33	1.38	1.42	1.47	1.51	1.56	1.60	1.65	Entrained (ft³/yd³)
4.60	4.77	4.93	5.10	5.27	5.44	5.60	5.77	5.93	6.10	%
0.046	0.048	0.049	0.051	0.053	0.054	0.056	0.058	0.059	0.061	Entrained (m³/m³)

(f)

Air (Values Approximate)								
2000	2500	3000	3500	4000	4500	5000	f'_c (psi)	
—	—	—	—	—	—	—	Entrapped (ft³/yd³)	
—	—	—	—	—	—	—	%	

(f-1)

Air (Values Approximate)						
15	20	25	30	35	f'_c (MPa)	
—	—	—	—	—	Entrapped (m³/m³)	
—	—	—	—	—	%	

(g)

Cement and Water Adjustments for Fine Aggregate Variations										
31-32	32-33	33-34	34-35	35-36	36-37	37-38	38-39	39-40	40-41	% Voids
90.0	92.5	95.0	97.5	100.0	102.5	105.0	107.5	110.0	112.5	Adjustment (%)

Table No.									4
C.A. Size									3/8"
									95 mm
ASTM No.									8
Slump									1½"
									40 mm
(✓) AE									
( ) Non-AE									

(a)

Coarse Aggregate Type No.										Concrete Class
1	2	3	4	5	6	7				A
	1	2	3	4	5	6	7			B
		1	2	3	4	5	6	7		C
			1	2	3	4	5	6	7	D

(b) Concrete

13.80	14.30	14.80	15.30	15.80	16.30	16.80	17.30	17.80	18.30	Mortar (ft³/yd³)
13.20	12.70	12.20	11.70	11.20	10.70	10.20	9.70	9.20	8.70	C.A. + 8 (ft³/yd³)
0.511	0.530	0.548	0.567	0.585	0.604	0.622	0.641	0.659	0.678	Mortar (m³/m³)
0.489	0.470	0.452	0.433	0.415	0.396	0.378	0.359	0.341	0.322	C.A. + 8 (m³/m³)

(c) Cement

										f'_c (psi)
1.83	1.92	2.01	2.11	2.20	2.28	2.39	2.47	2.56	2.64	2000
2.01	2.10	2.20	2.29	2.39	2.48	2.58	2.67	2.77	2.85	2500
2.22	2.32	2.41	2.51	2.61	2.69	2.80	2.89	2.97	3.07	3000
2.45	2.54	2.64	2.73	2.83	2.92	3.03	3.13	3.23	3.32	3500
2.70	2.79	2.88	2.99	3.09	3.19	3.29	3.38	3.49	3.59	4000
2.95	3.06	3.15	3.25	3.37	3.47	3.57	3.69	3.81	3.91	4500
3.23	3.34	3.46	3.56	3.69	3.80	3.90	4.01	4.13	4.24	5000

(c-1) Cement

										f'_c (MPa)
0.070	0.073	0.077	0.080	0.084	0.087	0.091	0.094	0.097	0.100	15
0.080	0.084	0.087	0.091	0.095	0.098	0.102	0.105	0.108	0.112	20
0.093	0.096	0.100	0.103	0.107	0.110	0.114	0.118	0.122	0.125	25
0.106	0.110	0.113	0.117	0.121	0.125	0.129	0.132	0.137	0.141	30
0.121	0.125	0.130	0.133	0.138	0.142	0.147	0.150	0.154	0.158	35

(d) Water

										f'_c (psi)
3.61	3.81	3.98	4.17	4.35	4.51	4.72	4.90	5.07	5.24	2000
3.70	3.87	4.04	4.21	4.40	4.57	4.77	4.94	5.11	5.27	2500
3.76	3.92	4.09	4.27	4.45	4.61	4.81	4.97	5.14	5.30	3000
3.83	4.00	4.16	4.33	4.51	4.67	4.85	5.01	5.18	5.34	3500
3.92	4.08	4.23	4.39	4.57	4.73	4.90	5.05	5.23	5.39	4000
4.03	4.19	4.33	4.49	4.67	4.81	4.97	5.11	5.30	5.45	4500
4.13	4.28	4.43	4.57	4.75	4.89	5.04	5.18	5.37	5.51	5000

(d-1) Water

										f'_c (MPa)
0.135	0.142	0.148	0.155	0.162	0.167	0.176	0.182	0.189	0.195	15
0.139	0.145	0.151	0.158	0.165	0.170	0.178	0.184	0.190	0.196	20
0.143	0.149	0.155	0.161	0.168	0.174	0.180	0.186	0.192	0.198	25
0.148	0.154	0.160	0.165	0.172	0.178	0.183	0.189	0.196	0.201	30
0.154	0.159	0.165	0.170	0.176	0.182	0.187	0.192	0.199	0.205	35

(e) Air

1.24	1.29	1.33	1.38	1.42	1.47	1.51	1.56	1.60	1.65	Entrained (ft³/yd³)
4.60	4.77	4.93	5.10	5.27	5.44	5.60	5.77	5.93	6.10	%
0.046	0.048	0.049	0.051	0.053	0.054	0.056	0.058	0.059	0.061	Entrained (m³/m³)

(f) Air (Values Approximate)

2000	2500	3000	3500	4000	4500	5000	f'_c (psi)
—	—	—	—	—	—	—	Entrapped (ft³/yd³)
—	—	—	—	—	—	—	%

(f-1) Air (Values Approximate)

15	20	25	30	35	f'_c (MPa)
—	—	—	—	—	Entrapped (m³/m³)
—	—	—	—	—	%

(g) Cement and Water Adjustments for Fine Aggregate Variations

31–32	32–33	33–34	34–35	35–36	36–37	37–38	38–39	39–40	40–41	% Voids
90.0	92.5	95.0	97.5	100.0	102.5	105.0	107.5	110.0	112.5	Adjustment (%)

TABLES OF VOLUMES 17

Table No. 5
C.A. Size 3/8"
9.5 mm
ASTM No. 8
Slump 2"
50 mm

(✓) AE
( ) Non-AE

(a)

Coarse Aggregate Type No.										Concrete Class
1	2	3	4	5	6	7				A
	1	2	3	4	5	6	7			B
		1	2	3	4	5	6	7		C
			1	2	3	4	5	6	7	D

(b)
Concrete

13.80	14.30	14.80	15.30	15.80	16.30	16.80	17.30	17.80	18.30	Mortar (ft³/yd³)
13.20	12.70	12.20	11.70	11.20	10.70	10.20	9.70	9.20	8.70	C. A. + 8 (ft³/yd³)
0.511	0.530	0.548	0.567	0.585	0.604	0.622	0.641	0.659	0.678	Mortar (m³/m³)
0.489	0.470	0.452	0.433	0.415	0.396	0.378	0.359	0.341	0.322	C. A. + 8 (m³/m³)

(c)
Cement

										f'_c (psi)
1.87	1.96	2.05	2.15	2.24	2.32	2.43	2.51	2.60	2.68	2000
2.05	2.14	2.24	2.33	2.43	2.52	2.62	2.71	2.81	2.89	2500
2.26	2.36	2.45	2.55	2.65	2.73	2.84	2.93	3.01	3.11	3000
2.49	2.58	2.68	2.77	2.87	2.96	3.07	3.17	3.27	3.36	3500
2.74	2.83	2.92	3.03	3.13	3.23	3.33	3.42	3.53	3.63	4000
2.99	3.10	3.19	3.29	3.41	3.51	3.61	3.73	3.85	3.95	4500
3.27	3.38	3.50	3.60	3.73	3.84	3.94	4.05	4.17	4.28	5000

(c-1)
Cement

										f'_c (MPa)
0.072	0.075	0.079	0.082	0.086	0.089	0.093	0.096	0.099	0.102	15
0.082	0.086	0.089	0.093	0.097	0.100	0.104	0.107	0.110	0.114	20
0.095	0.098	0.102	0.105	0.109	0.112	0.116	0.120	0.124	0.127	25
0.108	0.112	0.115	0.119	0.123	0.127	0.131	0.134	0.139	0.143	30
0.123	0.127	0.132	0.135	0.140	0.144	0.149	0.152	0.156	0.160	35

(d)
Water

										f'_c (psi)
3.67	3.87	4.04	4.23	4.41	4.57	4.78	4.96	5.13	5.30	2000
3.76	3.93	4.10	4.27	4.46	4.63	4.83	5.00	5.17	5.33	2500
3.82	3.98	4.15	4.33	4.51	4.67	4.87	5.03	5.20	5.36	3000
3.89	4.06	4.22	4.39	4.57	4.73	4.91	5.07	5.24	5.40	3500
3.98	4.14	4.29	4.45	4.63	4.79	4.96	5.11	5.29	5.45	4000
4.09	4.25	4.39	4.55	4.73	4.87	5.03	5.17	5.36	5.51	4500
4.19	4.34	4.49	4.63	4.81	4.95	5.10	5.24	5.43	5.57	5000

(d-1)
Water

										f'_c (MPa)
0.137	0.144	0.150	0.157	0.164	0.169	0.178	0.184	0.191	0.197	15
0.141	0.147	0.153	0.160	0.167	0.172	0.180	0.186	0.192	0.198	20
0.145	0.151	0.157	0.163	0.170	0.176	0.182	0.188	0.194	0.200	25
0.150	0.156	0.161	0.167	0.174	0.179	0.185	0.191	0.198	0.203	30
0.156	0.161	0.167	0.172	0.178	0.184	0.189	0.194	0.201	0.207	35

(e)
Air

1.24	1.29	1.33	1.38	1.42	1.47	1.51	1.56	1.60	1.65	Entrained (ft³/yd³)
4.60	4.77	4.93	5.10	5.27	5.44	5.60	5.77	5.93	6.10	%
0.046	0.048	0.049	0.051	0.053	0.054	0.056	0.058	0.059	0.061	Entrained (m³/m³)

(f)
Air (Values Approximate)

2000	2500	3000	3500	4000	4500	5000	f'_c (psi)
—	—	—	—	—	—	—	Entrapped (ft³/yd³)
—	—	—	—	—	—	—	%

(f-1)
Air (Values Approximate)

15	20	25	30	35	f'_c (MPa)
—	—	—	—	—	Entrapped (m³/m³)
—	—	—	—	—	%

(g)
Cement and Water Adjustments for Fine Aggregate Variations

31-32	32-33	33-34	34-35	35-36	36-37	37-38	38-39	39-40	40-41	% Voids
90.0	92.5	95.0	97.5	100.0	102.5	105.0	107.5	110.0	112.5	Adjustment (%)

Table No. 6
C.A. Size 3/8″
 9.5 mm
ASTM No. 8
Slump 2½″
 65 mm

(✓) AE
( ) Non·AE

(a)										
Coarse Aggregate Type No.										Concrete Class
1	2	3	4	5	6	7				A
	1	2	3	4	5	6	7			B
		1	2	3	4	5	6	7		C
			1	2	3	4	5	6	7	D

(b)										
Concrete										
13.80	14.30	14.80	15.30	15.80	16.30	16.80	17.30	17.80	18.30	Mortar (ft³/yd³)
13.20	12.70	12.20	11.70	11.20	10.70	10.20	9.70	9.20	8.70	C. A. + 8 (ft³/yd³)
0.511	0.530	0.548	0.567	0.585	0.604	0.622	0.641	0.659	0.678	Mortar (m³/m³)
0.489	0.470	0.452	0.433	0.415	0.396	0.378	0.359	0.341	0.322	C. A. + 8 (m³/m³)

(c)										
Cement										f'_c (psi)
1.90	1.99	2.08	2.18	2.27	2.35	2.46	2.54	2.63	2.71	2000
2.08	2.17	2.27	2.36	2.46	2.55	2.65	2.74	2.84	2.92	2500
2.29	2.39	2.48	2.58	2.68	2.76	2.87	2.96	3.04	3.14	3000
2.52	2.61	2.71	2.80	2.90	2.99	3.10	3.20	3.30	3.39	3500
2.72	2.86	2.95	3.06	3.16	3.26	3.36	3.45	3.56	3.66	4000
3.02	3.13	3.22	3.32	3.44	3.54	3.64	3.76	3.88	3.98	4500
3.30	3.41	3.53	3.63	3.76	3.87	3.97	4.08	4.20	4.31	5000

(c-1)										
Cement										f'_c (MPa)
0.073	0.076	0.080	0.083	0.087	0.090	0.094	0.097	0.100	0.103	15
0.083	0.087	0.090	0.094	0.098	0.101	0.105	0.108	0.111	0.115	20
0.096	0.099	0.103	0.106	0.110	0.113	0.117	0.121	0.125	0.128	25
0.109	0.113	0.116	0.120	0.124	0.128	0.132	0.135	0.140	0.144	30
0.124	0.128	0.133	0.136	0.141	0.145	0.150	0.153	0.157	0.161	35

(d)										
Water										f'_c (psi)
3.72	3.92	4.09	4.28	4.46	4.62	4.83	5.01	5.18	5.35	2000
3.81	3.98	4.15	4.32	4.51	4.68	4.88	5.05	5.22	5.38	2500
3.87	4.03	4.20	4.38	4.56	4.72	4.92	5.08	5.25	5.41	3000
3.94	4.11	4.27	4.44	4.62	4.78	4.96	5.12	5.29	5.45	3500
4.03	4.19	4.34	4.50	4.68	4.84	5.01	5.16	5.34	5.50	4000
4.14	4.30	4.44	4.60	4.78	4.92	5.08	5.22	5.41	5.56	4500
4.24	4.39	4.54	4.68	4.86	5.00	5.15	5.29	5.48	5.62	5000

(d-1)										
Water										f'_c (MPa)
0.139	0.146	0.152	0.159	0.166	0.171	0.180	0.186	0.193	0.199	15
0.143	0.149	0.155	0.162	0.169	0.174	0.182	0.188	0.194	0.200	20
0.147	0.153	0.159	0.165	0.172	0.178	0.184	0.190	0.196	0.202	25
0.152	0.158	0.163	0.169	0.176	0.181	0.187	0.193	0.200	0.205	30
0.158	0.163	0.169	0.174	0.180	0.186	0.191	0.196	0.203	0.209	35

(e)										
Air										
1.24	1.29	1.33	1.38	1.42	1.47	1.51	1.56	1.60	1.65	Entrained (ft³/yd³)
4.60	4.77	4.93	5.10	5.27	5.44	5.60	5.77	5.93	6.10	%
0.046	0.048	0.049	0.051	0.053	0.054	0.056	0.058	0.059	0.061	Entrained (m³/m³)

(f)							
Air (Values Approximate)							
2000	2500	3000	3500	4000	4500	5000	f'_c (psi)
—	—	—	—	—	—	—	Entrapped (ft³/yd³)
—	—	—	—	—	—	—	%

(f-1)					
Air (Values Approximate)					
15	20	25	30	35	f'_c (MPa)
—	—	—	—	—	Entrapped (m³/m³)
—	—	—	—	—	%

(g)										
Cement and Water Adjustments for Fine Aggregate Variations										
31-32	32-33	33-34	34-35	35-36	36-37	37-38	38-39	39-40	40-41	% Voids
90.0	92.5	95.0	97.5	100.0	102.5	105.0	107.5	110.0	112.5	Adjustment (%)

TABLES OF VOLUMES

Table No.	7
C.A. Size	3/8″
	9.5 mm
ASTM No.	8
Slump	3″
	75 mm

(✓) AE
( ) Non-AE

(a)

Coarse Aggregate Type No.										Concrete Class
1	2	3	4	5	6	7				A
	1	2	3	4	5	6	7			B
		1	2	3	4	5	6	7		C
			1	2	3	4	5	6	7	D

(b) Concrete

13.80	14.30	14.80	15.30	15.80	16.30	16.80	17.30	17.80	18.30	Mortar (ft³/yd³)
13.20	12.70	12.20	11.70	11.20	10.70	10.20	9.70	9.20	8.70	C. A. + 8 (ft³/yd³)
0.511	0.530	0.548	0.567	0.585	0.604	0.622	0.641	0.659	0.678	Mortar (m³/m³)
0.489	0.470	0.452	0.433	0.415	0.396	0.378	0.359	0.341	0.322	C. A. + 8 (m³/m³)

(c) Cement

										f'_c (psi)
1.93	2.02	2.11	2.21	2.30	2.38	2.49	2.57	2.66	2.74	2000
2.11	2.20	2.30	2.39	2.49	2.58	2.68	2.77	2.87	2.95	2500
2.32	2.42	2.51	2.61	2.71	2.79	2.90	2.99	3.07	3.17	3000
2.55	2.64	2.74	2.83	2.93	3.02	3.13	3.23	3.33	3.42	3500
2.80	2.89	2.98	3.09	3.19	3.29	3.39	3.48	3.59	3.69	4000
3.05	3.16	3.25	3.35	3.47	3.57	3.67	3.79	3.91	4.01	4500
3.33	3.44	3.56	3.66	3.79	3.90	4.00	4.11	4.23	4.34	5000

(c-1) Cement

										f'_c (MPa)
0.074	0.077	0.081	0.084	0.088	0.091	0.095	0.098	0.101	0.104	15
0.084	0.088	0.091	0.095	0.099	0.102	0.106	0.109	0.112	0.116	20
0.097	0.100	0.104	0.107	0.111	0.114	0.118	0.122	0.126	0.129	25
0.110	0.114	0.117	0.121	0.125	0.129	0.133	0.136	0.141	0.145	30
0.125	0.129	0.134	0.137	0.142	0.146	0.151	0.154	0.158	0.162	35

(d) Water

										f'_c (psi)
3.77	3.97	4.14	4.33	4.51	4.67	4.88	5.06	5.23	5.40	2000
3.86	4.03	4.20	4.37	4.56	4.73	4.93	5.10	5.27	5.43	2500
3.92	4.08	4.25	4.43	4.61	4.77	4.97	5.13	5.30	5.46	3000
3.99	4.16	4.32	4.49	4.67	4.83	5.01	5.17	5.34	5.50	3500
4.08	4.24	4.39	4.55	4.73	4.89	5.06	5.21	5.39	5.55	4000
4.19	4.35	4.49	4.65	4.83	4.97	5.13	5.27	5.46	5.61	4500
4.29	4.44	4.59	4.73	4.91	5.05	5.20	5.34	5.53	5.67	5000

(d-1) Water

										f'_c (MPa)
0.141	0.148	0.154	0.161	0.168	0.173	0.182	0.188	0.195	0.201	15
0.145	0.151	0.157	0.164	0.171	0.176	0.184	0.190	0.196	0.202	20
0.149	0.155	0.161	0.167	0.174	0.180	0.186	0.192	0.198	0.204	25
0.154	0.160	0.165	0.171	0.178	0.183	0.189	0.195	0.202	0.207	30
0.160	0.165	0.171	0.176	0.182	0.188	0.193	0.198	0.205	0.209	35

(e) Air

1.24	1.29	1.33	1.38	1.42	1.47	1.51	1.56	1.60	1.65	Entrained (ft³/yd³)
4.60	4.77	4.93	5.10	5.27	5.44	5.60	5.77	5.93	6.10	%
0.046	0.048	0.049	0.051	0.053	0.054	0.056	0.058	0.059	0.061	Entrained (m³/m³)

(f) Air (Values Approximate)

2000	2500	3000	3500	4000	4500	5000	f'_c (psi)
—	—	—	—	—	—	—	Entrapped (ft³/yd³)
—	—	—	—	—	—	—	%

(f-1) Air (Values Approximate)

15	20	25	30	35	f'_c (MPa)
—	—	—	—	—	Entrapped (m³/m³)
—	—	—	—	—	%

(g) Cement and Water Adjustments for Fine Aggregate Variations

31-32	32-33	33-34	34-35	35-36	36-37	37-38	38-39	39-40	40-41	% Voids
90.0	92.5	95.0	97.5	100.0	102.5	105.0	107.5	110.0	112.5	Adjustment (%)

Table No. 8

C.A. Size 3/8"

9.5 mm

ASTM No. 8

Slump 3½"

90 mm

(✓) AE

( ) Non-AE

(a)

Coarse Aggregate Type No.										Concrete Class
1	2	3	4	5	6	7				A
	1	2	3	4	5	6	7			B
		1	2	3	4	5	6	7		C
			1	2	3	4	5	6	7	D

(b)

Concrete										
13.80	14.30	14.80	15.30	15.80	16.30	16.80	17.30	17.80	18.30	Mortar (ft³/yd³)
13.20	12.70	12.20	11.70	11.20	10.70	10.20	9.70	9.20	8.70	C. A. + 8 (ft³/yd³)
0.511	0.530	0.548	0.567	0.585	0.604	0.622	0.641	0.659	0.678	Mortar (m³/m³)
0.489	0.470	0.452	0.433	0.415	0.396	0.378	0.359	0.341	0.322	C. A. + 8 (m³/m³)

(c)

Cement										f'_c (psi)
1.97	2.06	2.15	2.25	2.34	2.42	2.53	2.61	2.70	2.78	2000
2.15	2.24	2.34	2.43	2.53	2.62	2.72	2.81	2.91	2.99	2500
2.36	2.46	2.55	2.65	2.75	2.83	2.94	3.03	3.11	3.21	3000
2.59	2.68	2.78	2.87	2.97	3.06	3.17	3.27	3.37	3.46	3500
2.84	2.93	3.02	3.13	3.23	3.33	3.43	3.52	3.63	3.73	4000
3.09	3.20	3.29	3.39	3.51	3.61	3.71	3.83	3.95	4.05	4500
3.37	3.48	3.60	3.70	3.83	3.94	4.04	4.15	4.27	4.38	5000

(c-1)

Cement										f'_c (MPa)
0.076	0.079	0.083	0.086	0.090	0.093	0.097	0.100	0.103	0.106	15
0.086	0.090	0.093	0.097	0.101	0.104	0.108	0.111	0.114	0.118	20
0.099	0.102	0.106	0.109	0.113	0.116	0.120	0.124	0.128	0.131	25
0.112	0.116	0.119	0.123	0.127	0.131	0.135	0.138	0.143	0.147	30
0.127	0.131	0.136	0.139	0.144	0.148	0.153	0.156	0.160	0.163	35

(d)

Water										f'_c (psi)
3.83	4.03	4.20	4.39	4.57	4.73	4.94	5.12	5.29	5.46	2000
3.92	4.09	4.26	4.43	4.62	4.79	4.99	5.16	5.33	5.49	2500
3.98	4.14	4.31	4.49	4.67	4.83	5.03	5.19	5.36	5.52	3000
4.05	4.22	4.38	4.55	4.73	4.89	5.07	5.23	5.40	5.56	3500
4.14	4.30	4.45	4.61	4.79	4.95	5.12	5.27	5.45	5.61	4000
4.25	4.41	4.55	4.71	4.89	5.03	5.19	5.33	5.52	5.67	4500
4.35	4.50	4.65	4.79	4.97	5.11	5.26	5.40	5.59	5.73	5000

(d-1)

Water										f'_c (MPa)
0.143	0.150	0.156	0.163	0.170	0.175	0.184	0.190	0.197	0.203	15
0.147	0.153	0.159	0.166	0.173	0.179	0.186	0.192	0.198	0.204	20
0.151	0.157	0.163	0.169	0.176	0.182	0.188	0.194	0.200	0.206	25
0.156	0.162	0.167	0.173	0.180	0.185	0.191	0.197	0.204	0.209	30
0.162	0.167	0.173	0.177	0.184	0.190	0.195	0.200	0.207	0.213	35

(e)

Air										
1.24	1.29	1.33	1.38	1.42	1.47	1.51	1.56	1.60	1.65	Entrained (ft³/yd³)
4.60	4.77	4.93	5.10	5.27	5.44	5.60	5.77	5.93	6.10	%
0.046	0.048	0.049	0.051	0.053	0.054	0.056	0.058	0.059	0.061	Entrained (m³/m³)

(f)

Air (Values Approximate)							
2000	2500	3000	3500	4000	4500	5000	f'_c (psi)
—	—	—	—	—	—	—	Entrapped (ft³/yd³)
—	—	—	—	—	—	—	%

(f-1)

Air (Values Approximate)					
15	20	25	30	35	f'_c (MPa)
—	—	—	—	—	Entrapped (m³/m³)
—	—	—	—	—	%

(g)

Cement and Water Adjustments for Fine Aggregate Variations										
31-32	32-33	33-34	34-35	35-36	36-37	37-38	38-39	39-40	40-41	% Voids
90.0	92.5	95.0	97.5	100.0	102.5	105.0	107.5	110.0	112.5	Adjustment (%)

Table No. 9

C.A. Size 3/8"

9.5 mm

ASTM No. 8

Slump 4"

100 mm

(✓) AE

( ) Non-AE

(a)

Coarse Aggregate Type No.										Concrete Class
1	2	3	4	5	6	7				A
	1	2	3	4	5	6	7			B
		1	2	3	4	5	6	7		C
			1	2	3	4	5	6	7	D

(b)

Concrete										
13.80	14.30	14.80	15.30	15.80	16.30	16.80	17.30	17.80	18.30	Mortar (ft³/yd³)
13.20	12.70	12.20	11.70	11.20	10.70	10.20	9.70	9.20	8.70	C.A. + 8 (ft³/yd³)
0.511	0.530	0.548	0.567	0.585	0.604	0.622	0.641	0.659	0.678	Mortar (m³/m³)
0.489	0.470	0.452	0.433	0.415	0.396	0.378	0.359	0.341	0.322	C.A. + 8 (m³/m³)

(c)

Cement										f'_c (psi)
2.01	2.10	2.19	2.29	2.38	2.46	2.57	2.65	2.74	2.82	2000
2.19	2.28	2.38	2.47	2.57	2.66	2.76	2.85	2.95	3.03	2500
2.40	2.50	2.59	2.69	2.79	2.87	2.98	3.07	3.15	3.25	3000
2.63	2.72	2.82	2.91	3.01	3.10	3.21	3.31	3.41	3.50	3500
2.88	2.97	3.06	3.17	3.27	3.37	3.47	3.56	3.67	3.77	4000
3.13	3.24	3.33	3.43	3.55	3.65	3.75	3.87	3.99	4.09	4500
3.41	3.52	3.64	3.74	3.87	3.98	4.08	4.19	4.31	4.42	5000

(c-1)

Cement										f'_c (MPa)
0.077	0.080	0.084	0.087	0.091	0.094	0.098	0.101	0.104	0.107	15
0.087	0.091	0.094	0.098	0.102	0.105	0.109	0.112	0.115	0.119	20
0.100	0.103	0.107	0.110	0.114	0.117	0.121	0.125	0.129	0.132	25
0.113	0.117	0.120	0.124	0.128	0.132	0.136	0.139	0.144	0.147	30
0.128	0.132	0.137	0.140	0.145	0.149	0.154	0.157	0.161	0.164	35

(d)

Water										f'_c (psi)
3.88	4.08	4.25	4.44	4.62	4.78	4.99	5.17	5.34	5.51	2000
3.97	4.14	4.31	4.48	4.67	4.84	5.04	5.21	5.38	5.54	2500
4.03	4.19	4.36	4.54	4.72	4.88	5.08	5.24	5.41	5.57	3000
4.10	4.27	4.43	4.60	4.78	4.94	5.12	5.28	5.45	5.61	3500
4.19	4.35	4.50	4.66	4.84	5.00	5.17	5.32	5.50	5.66	4000
4.30	4.46	4.60	4.76	4.94	5.08	5.24	5.38	5.57	5.72	4500
4.40	4.55	4.70	4.84	5.02	5.16	5.31	5.45	5.64	5.78	5000

(d-1)

Water										f'_c (MPa)
0.145	0.152	0.158	0.165	0.172	0.177	0.186	0.192	0.199	0.205	15
0.149	0.155	0.161	0.168	0.175	0.180	0.188	0.194	0.200	0.206	20
0.153	0.159	0.165	0.171	0.178	0.184	0.190	0.196	0.202	0.208	25
0.158	0.164	0.169	0.175	0.182	0.187	0.193	0.199	0.206	0.211	30
0.164	0.169	0.175	0.180	0.186	0.192	0.197	0.202	0.209	0.215	35

(e)

Air										
1.24	1.29	1.33	1.38	1.42	1.47	1.51	1.56	1.60	1.65	Entrained (ft³/yd³)
4.60	4.77	4.93	5.10	5.27	5.44	5.60	5.77	5.93	6.10	%
0.046	0.048	0.049	0.051	0.053	0.054	0.056	0.058	0.059	0.061	Entrained (m³/m³)

(f)

Air (Values Approximate)							
2000	2500	3000	3500	4000	4500	5000	f'_c (psi)
—	—	—	—	—	—	—	Entrapped (ft³/yd³)
—	—	—	—	—	—	—	%

(f-1)

Air (Values Approximate)					
15	20	25	30	35	f'_c (MPa)
—	—	—	—	—	Entrapped (m³/m³)
—	—	—	—	—	%

(g)

Cement and Water Adjustments for Fine Aggregate Variations										
31-32	32-33	33-34	34-35	35-36	36-37	37-38	38-39	39-40	40-41	% Voids
90.0	92.5	95.0	97.5	100.0	102.5	105.0	107.5	110.0	112.5	Adjustment (%)

Table No. 10
C.A. Size 3/8"
    9.5 mm
ASTM No. 8
Slump 4½"
    115 mm
(✓) AE
( ) Non-AE

(a)

Coarse Aggregate Type No.										Concrete Class
1	2	3	4	5	6	7				A
	1	2	3	4	5	6	7			B
		1	2	3	4	5	6	7		C
			1	2	3	4	5	6	7	D

(b)

Concrete										
13.80	14.30	14.80	15.30	15.80	16.30	16.80	17.30	17.80	18.30	Mortar (ft³/yd³)
13.20	12.70	12.20	11.70	11.20	10.70	10.20	9.70	9.20	8.70	C.A. + 8 (ft³/yd³)
0.511	0.530	0.548	0.567	0.585	0.604	0.622	0.641	0.659	0.678	Mortar (m³/m³)
0.489	0.470	0.452	0.433	0.415	0.396	0.378	0.359	0.341	0.322	C.A. + 8 (m³/m³)

(c)

Cement										f'_c (psi)
2.04	2.13	2.22	2.32	2.41	2.49	2.60	2.68	2.77	2.85	2000
2.22	2.31	2.41	2.50	2.60	2.69	2.79	2.88	2.98	3.06	2500
2.43	2.53	2.62	2.72	2.82	2.90	3.01	3.10	3.18	3.28	3000
2.66	2.75	2.85	2.94	3.04	3.13	3.24	3.34	3.44	3.53	3500
2.91	3.00	3.09	3.20	3.30	3.40	3.50	3.59	3.70	3.80	4000
3.16	3.27	3.36	3.46	3.58	3.68	3.78	3.90	4.02	4.12	4500
3.44	3.55	3.67	3.77	3.90	4.01	4.11	4.22	4.34	4.45	5000

(c-1)

Cement										f'_c (MPa)
0.078	0.081	0.085	0.088	0.092	0.095	0.099	0.102	0.105	0.108	15
0.083	0.092	0.095	0.099	0.103	0.106	0.110	0.113	0.116	0.120	20
0.101	0.104	0.108	0.111	0.115	0.118	0.122	0.126	0.130	0.133	25
0.114	0.118	0.121	0.125	0.129	0.133	0.137	0.140	0.145	0.149	30
0.129	0.133	0.138	0.141	0.145	0.148	0.155	0.158	0.162	0.166	35

(d)

Water										f'_c (psi)
3.93	4.13	4.30	4.49	4.67	4.83	5.04	5.22	5.39	5.56	2000
4.02	4.19	4.36	4.53	4.72	4.89	5.09	5.26	5.43	5.59	2500
4.08	4.24	4.41	4.59	4.77	4.93	5.13	5.29	5.46	5.62	3000
4.15	4.32	4.48	4.65	4.83	4.99	5.17	5.33	5.50	5.66	3500
4.24	4.40	4.55	4.71	4.89	5.05	5.22	5.37	5.55	5.71	4000
4.35	4.51	4.65	4.81	4.99	5.13	5.29	5.43	5.62	5.77	4500
4.45	4.60	4.75	4.89	5.07	5.21	5.36	5.50	5.69	5.81	5000

(d-1)

Water										f'_c (MPa)
0.147	0.154	0.160	0.167	0.174	0.179	0.188	0.194	0.201	0.207	15
0.151	0.157	0.163	0.170	0.177	0.182	0.190	0.196	0.202	0.208	20
0.155	0.161	0.167	0.173	0.180	0.186	0.192	0.198	0.204	0.210	25
0.160	0.166	0.171	0.177	0.184	0.189	0.195	0.201	0.208	0.213	30
0.166	0.171	0.177	0.182	0.188	0.194	0.199	0.204	0.211	0.217	35

(e)

Air										
1.24	1.29	1.33	1.38	1.42	1.47	1.51	1.56	1.60	1.65	Entrained (ft³/yd³)
4.60	4.77	4.93	5.10	5.27	5.44	5.60	5.77	5.93	6.10	%
0.046	0.048	0.049	0.051	0.053	0.054	0.056	0.058	0.059	0.061	Entrained (m³/m³)

(f)

Air (Values Approximate)							
2000	2500	3000	3500	4000	4500	5000	f'_c (psi)
—	—	—	—	—	—	—	Entrapped (ft³/yd³)
—	—	—	—	—	—	—	%

(f-1)

Air (Values Approximate)					
15	20	25	30	35	f'_c (MPa)
—	—	—	—	—	Entrapped (m³/m³)
—	—	—	—	—	%

(g)

Cement and Water Adjustments for Fine Aggregate Variations										
31–32	32–33	33–34	34–35	35–36	36–37	37–38	38–39	39–40	40–41	% Voids
90.0	92.5	95.0	97.5	100.0	102.5	105.0	107.5	110.0	112.5	Adjustment (%)

TABLES OF VOLUMES 23

Table No.	11
C.A. Size	3/8"
	9.5 mm
ASTM No.	8
Slump	5"
	125 mm
(✓) AE	
( ) Non-AE	

(a)

Coarse Aggregate Type No.										Concrete Class
1	2	3	4	5	6	7				A
	1	2	3	4	5	6	7			B
		1	2	3	4	5	6	7		C
			1	2	3	4	5	6	7	D

(b) Concrete

13.80	14.30	14.80	15.30	15.80	16.30	16.80	17.30	17.80	18.30	Mortar (ft³/yd³)
13.20	12.70	12.20	11.70	11.20	10.70	10.20	9.70	9.20	8.70	C. A. + 8 (ft³/yd³)
0.511	0.530	0.548	0.567	0.585	0.604	0.622	0.641	0.659	0.678	Mortar (m³/m³)
0.489	04.70	0.452	0.433	0.415	0.396	0.378	0.359	0.341	0.322	C. A. + 8 (m³/m³)

(c) Cement

										f'_c (psi)
2.07	2.16	2.25	2.35	2.44	2.52	2.63	2.71	2.80	2.88	2000
2.25	2.34	2.44	2.53	2.63	2.72	2.82	2.91	3.01	3.09	2500
2.46	2.56	2.65	2.75	2.85	2.93	3.04	3.13	3.21	3.31	3000
2.69	2.78	2.88	2.97	3.07	3.16	3.27	3.37	3.47	3.56	3500
2.94	3.03	3.12	3.23	3.33	3.43	3.53	3.62	3.73	3.83	4000
3.19	3.30	3.39	3.49	3.61	3.71	3.81	3.93	4.05	4.15	4500
3.47	3.58	3.70	3.80	3.93	4.04	4.14	4.25	4.37	4.48	5000

(c-1) Cement

										f'_c (MPa)
0.079	0.082	0.086	0.089	0.093	0.096	0.100	0.103	0.106	0.109	15
0.089	0.093	0.096	0.100	0.104	0.107	0.111	0.114	0.117	0.121	20
0.102	0.105	0.109	0.112	0.116	0.120	0.123	0.127	0.131	0.134	25
0.115	0.119	0.122	0.126	0.130	0.134	0.138	0.141	0.146	0.150	30
0.130	0.134	0.139	0.142	0.147	0.151	0.156	0.159	0.163	0.167	35

(d) Water

										f'_c (psi)
3.99	4.19	4.36	4.55	4.73	4.89	5.10	5.28	5.45	5.62	2000
4.08	4.25	4.42	4.59	4.78	4.95	5.15	5.32	5.49	5.65	2500
4.14	4.30	4.47	4.65	4.83	4.99	5.19	5.35	5.52	5.68	3000
4.21	4.38	4.54	4.71	4.89	5.05	5.23	5.39	5.56	5.72	3500
4.30	4.46	4.61	4.77	4.95	5.11	5.28	5.43	5.61	5.77	4000
4.41	4.57	4.71	4.87	5.05	5.19	5.35	5.49	5.68	5.83	4500
4.51	4.66	4.81	4.95	5.13	5.27	5.42	5.56	5.75	5.89	5000

(d-1) Water

										f'_c (MPa)
0.149	0.156	0.162	0.169	0.176	0.181	0.190	0.196	0.203	0.209	15
0.153	0.159	0.165	0.172	0.179	0.184	0.192	0.198	0.204	0.210	20
0.157	0.163	0.169	0.175	0.182	0.188	0.194	0.200	0.206	0.212	25
0.162	0.168	0.173	0.179	0.186	0.191	0.197	0.203	0.210	0.215	30
0.168	0.173	0.179	0.184	0.190	0.196	0.201	0.206	0.213	0.219	35

(e) Air

1.24	1.29	1.33	1.38	1.42	1.47	1.51	1.56	1.60	1.65	Entrained (ft³/yd³)
4.60	4.77	4.93	5.10	5.27	5.44	5.60	5.77	5.93	6.10	%
0.046	0.048	0.049	0.051	0.053	0.054	0.056	0.058	0.059	0.061	Entrained (m³/m³)

(f) Air (Values Approximate)

2000	2500	3000	3500	4000	4500	5000	f'_c (psi)
—	—	—	—	—	—	—	Entrapped (ft³/yd³)
—	—	—	—	—	—	—	%

(f-1) Air (Values Approximate)

15	20	25	30	35	f'_c (MPa)
—	—	—	—	—	Entrapped (m³/m³)
—	—	—	—	—	%

(g) Cement and Water Adjustments for Fine Aggregate Variations

31-32	32-33	33-34	34-35	35-36	36-37	37-38	38-39	39-40	40-41	% Voids
90.0	92.5	95.0	97.5	100.0	102.5	105.0	107.5	110.0	112.5	Adjustment (%)

Table No.	12
C.A. Size	3/8"
	9.5 mm
ASTM No.	8
Slump	5½"
	140 mm
(✓) AE	
( ) Non-AE	

(a)										
Coarse Aggregate Type No.										Concrete Class
1	2	3	4	5	6	7				A
	1	2	3	4	5	6	7			B
		1	2	3	4	5	6	7		C
			1	2	3	4	5	6	7	D
(b) Concrete										
13.80	14.30	14.80	15.30	15.80	16.30	16.80	17.30	17.80	18.30	Mortar (ft³/yd³)
13.20	12.70	12.20	11.70	11.20	10.70	10.20	9.70	9.20	8.70	C. A. + 8 (ft³/yd³)
0.511	0.530	0.548	0.567	0.585	0.604	0.622	0.641	0.659	0.678	Mortar (m³/m³)
0.489	0.470	0.452	0.433	0.415	0.396	0.378	0.359	0.341	0.322	C. A. + 8 (m³/m³)
(c) Cement										f'_c (psi)
2.11	2.20	2.29	2.39	2.48	2.56	2.67	2.75	2.84	2.92	2000
2.29	2.38	2.48	2.57	2.67	2.76	2.86	2.95	3.05	3.13	2500
2.50	2.60	2.69	2.79	2.89	2.97	3.08	3.17	3.25	3.35	3000
2.73	2.82	2.92	3.01	3.11	3.20	3.31	3.41	3.51	3.60	3500
2.98	3.07	3.16	3.27	3.37	3.47	3.57	3.66	3.77	3.87	4000
3.23	3.34	3.43	3.53	3.65	3.75	3.85	3.97	4.09	4.19	4500
3.51	3.62	3.74	3.84	3.97	4.08	4.18	4.29	4.41	4.52	5000
(c-1) Cement										f'_c (MPa)
0.081	0.084	0.088	0.091	0.095	0.098	0.102	0.105	0.108	0.111	15
0.091	0.095	0.098	0.102	0.106	0.109	0.113	0.113	0.119	0.123	20
0.104	0.107	0.111	0.114	0.118	0.121	0.125	0.129	0.133	0.136	25
0.117	0.121	0.124	0.128	0.132	0.136	0.140	0.143	0.148	0.152	30
0.132	0.136	0.141	0.144	0.149	0.153	0.158	0.161	0.165	0.169	35
(d) Water										f'_c (psi)
4.04	4.24	4.41	4.60	4.78	4.94	5.15	5.33	5.50	5.67	2000
4.13	4.30	4.47	4.64	4.83	5.00	5.20	5.37	5.54	5.70	2500
4.19	4.35	4.52	4.70	4.88	5.04	5.24	5.40	5.57	5.73	3000
4.26	4.43	4.59	4.76	4.94	5.10	5.28	5.44	5.61	5.77	3500
4.35	4.51	4.66	4.82	5.00	5.16	5.33	5.48	5.66	5.82	4000
4.46	4.62	4.76	4.92	5.10	5.24	5.40	5.54	5.73	5.88	4500
4.56	4.71	4.86	5.00	5.18	5.32	5.47	5.61	5.80	5.94	5000
(d-1) Water										f'_c (MPa)
0.151	0.158	0.164	0.171	0.178	0.183	0.192	0.198	0.205	0.211	15
0.155	0.161	0.167	0.174	0.181	0.186	0.194	0.200	0.206	0.212	20
0.159	0.165	0.171	0.177	0.184	0.190	0.196	0.202	0.208	0.214	25
0.164	0.170	0.175	0.181	0.188	0.193	0.199	0.205	0.212	0.217	30
0.170	0.175	0.181	0.186	0.192	0.198	0.203	0.208	0.215	0.221	35
(e) Air										
1.24	1.29	1.33	1.38	1.42	1.47	1.51	1.56	1.60	1.65	Entrained (ft³/yd³)
4.60	4.77	4.93	5.10	5.27	5.44	5.60	5.77	5.93	6.10	%
0.046	0.048	0.049	0.051	0.053	0.054	0.056	0.058	0.059	0.061	Entrained (m³/m³)

(f)

Air (Values Approximate)							
2000	2500	3000	3500	4000	4500	5000	f'_c (psi)
—	—	—	—	—	—	—	Entrapped (ft³/yd³)
—	—	—	—	—	—	—	%

(f-1)

Air (Values Approximate)					
15	20	25	30	35	f'_c (MPa)
—	—	—	—	—	Entrapped (m³/m³)
—	—	—	—	—	%

(g) Cement and Water Adjustments for Fine Aggregate Variations

31-32	32-33	33-34	34-35	35-36	36-37	37-38	38-39	39-40	40-41	% Voids
90.0	92.5	95.0	97.5	100.0	102.5	105.0	107.5	110.0	112.5	Adjustment (%)

Table No.	13
C.A. Size	3/8"
	9.5 mm
ASTM No.	8
Slump	6"
	150 mm

(✓) AE
( ) Non-AE

(a)

Coarse Aggregate Type No.										Concrete Class
1	2	3	4	5	6	7				A
	1	2	3	4	5	6	7			B
		1	2	3	4	5	6	7		C
			1	2	3	4	5	6	7	D

(b)

Concrete										
13.80	14.30	14.80	15.30	15.80	16.30	16.80	17.30	17.80	18.30	Mortar (ft³/yd³)
13.20	12.70	12.20	11.70	11.20	10.70	10.20	9.70	9.20	8.70	C.A. + 8 (ft³/yd³)
0.511	0.530	0.548	0.567	0.585	0.604	0.622	0.641	0.659	0.678	Mortar (m³/m³)
0.489	0.470	0.452	0.433	0.415	0.396	0.378	0.359	0.341	0.322	C.A. + 8 (m³/m³)

(c)

Cement										f'_c (psi)
2.14	2.23	2.32	2.42	2.51	2.59	2.70	2.78	2.87	2.95	2000
2.32	2.41	2.51	2.60	2.70	2.79	2.89	2.98	3.08	3.16	2500
2.53	2.63	2.72	2.82	2.92	3.00	3.11	3.20	3.28	3.38	3000
2.76	2.85	2.95	3.04	3.14	3.23	3.34	3.44	3.54	3.63	3500
3.01	3.10	3.19	3.30	3.40	3.50	3.60	3.69	3.80	3.90	4000
3.26	3.37	3.46	3.56	3.68	3.78	3.88	4.00	4.12	4.22	4500
3.54	3.65	3.77	3.87	4.00	4.11	4.21	4.32	4.44	4.55	5000

(c-1)

Cement										f'_c (MPa)
0.082	0.085	0.089	0.092	0.096	0.099	0.103	0.106	0.109	0.112	15
0.092	0.096	0.099	0.103	0.107	0.110	0.114	0.117	0.120	0.124	20
0.105	0.108	0.112	0.115	0.119	0.122	0.126	0.130	0.134	0.137	25
0.118	0.123	0.125	0.129	0.133	0.137	0.141	0.144	0.149	0.153	30
0.133	0.137	0.142	0.145	0.150	0.154	0.159	0.162	0.166	0.170	35

(d)

Water										f'_c (psi)
4.09	4.29	4.46	4.65	4.83	4.99	5.20	5.38	5.55	5.72	2000
4.18	4.35	4.52	4.69	4.88	5.05	5.25	5.42	5.59	5.75	2500
4.24	4.40	4.57	4.75	4.93	5.09	5.29	5.45	5.62	5.78	3000
4.31	4.48	4.64	4.81	4.99	5.15	5.33	5.49	5.66	5.82	3500
4.40	4.56	4.71	4.87	5.05	5.21	5.38	5.53	5.71	5.87	4000
4.51	4.67	4.81	4.97	5.15	5.29	5.45	5.59	5.78	5.93	4500
4.61	4.76	4.91	5.05	5.23	5.37	5.52	5.66	5.85	5.99	5000

(d-1)

Water										f'_c (MPa)
0.153	0.160	0.166	0.173	0.180	0.185	0.194	0.200	0.207	0.213	15
0.157	0.163	0.169	0.176	0.183	0.188	0.196	0.202	0.208	0.214	20
0.161	0.167	0.173	0.179	0.186	0.192	0.198	0.204	0.210	0.216	25
0.166	0.172	0.177	0.183	0.190	0.195	0.201	0.207	0.214	0.219	30
0.172	0.177	0.183	0.188	0.194	0.200	0.205	0.210	0.217	0.223	35

(e)

Air										
1.24	1.29	1.33	1.38	1.42	1.47	1.51	1.56	1.60	1.65	Entrained (ft³/yd³)
4.60	4.77	4.93	5.10	5.27	5.44	5.60	5.77	5.93	6.10	%
0.046	0.048	0.049	0.051	0.053	0.054	0.056	0.058	0.059	0.061	Entrained (m³/m³)

(f)

Air (Values Approximate)

2000	2500	3000	3500	4000	4500	5000	f'_c (psi)
—	—	—	—	—	—	—	Entrapped (ft³/yd³)
—	—	—	—	—	—	—	%

(f-1)

Air (Values Approximate)

15	20	25	30	35	f'_c (MPa)
—	—	—	—	—	Entrapped (m³/m³)
—	—	—	—	—	%

(g)

Cement and Water Adjustments for Fine Aggregate Variations

31–32	32–33	33–34	34–35	35–36	36–37	37–38	38–39	39–40	40–41	% Voids
90.0	92.5	95.0	97.5	100.0	102.5	105.0	107.5	110.0	112.5	Adjustment (%)

Table No.	14
C.A. Size	3/8"
	9.5 mm
ASTM No.	8
Slump	6½"
	165 mm
(✓) AE	
( ) Non-AE	

(a)

Coarse Aggregate Type No.										Concrete Class
1	2	3	4	5	6	7				A
	1	2	3	4	5	6	7			B
		1	2	3	4	5	6	7		C
			1	2	3	4	5	6	7	D

(b) Concrete

13.80	14.30	14.80	15.30	15.80	16.30	16.80	17.30	17.80	18.30	Mortar (ft³/yd³)
13.20	12.70	12.20	11.70	11.20	10.70	10.20	9.70	9.20	8.70	C. A. + 8 (ft³/yd³)
0.511	0.530	0.548	0.567	0.585	0.604	0.622	0.641	0.659	0.678	Mortar (m³/m³)
0.489	0.470	0.452	0.433	0.415	0.396	0.378	0.359	0.341	0.322	C. A. + 8 (m³/m³)

(c) Cement

										f'_c (psi)
2.17	2.26	2.35	2.45	2.54	2.62	2.73	2.81	2.90	2.98	2000
2.35	2.44	2.54	2.63	2.73	2.82	2.92	3.01	3.11	3.19	2500
2.56	2.66	2.75	2.85	2.95	3.03	3.14	3.23	3.31	3.41	3000
2.79	2.88	2.98	3.07	3.17	3.26	3.37	3.47	3.57	3.66	3500
3.04	3.13	3.22	3.33	3.43	3.51	3.63	3.72	3.83	3.93	4000
3.29	3.40	3.49	3.59	3.71	3.81	3.91	4.03	4.15	4.25	4500
3.57	3.68	3.80	3.90	4.03	4.14	4.29	4.35	4.47	4.58	5000

(c-1) Cement

										f'_c (MPa)
0.083	0.086	0.090	0.093	0.097	0.100	0.104	0.107	0.110	0.113	15
0.093	0.097	0.100	0.104	0.108	0.111	0.115	0.118	0.121	0.125	20
0.106	0.109	0.113	0.116	0.120	0.123	0.127	0.131	0.135	0.138	25
0.119	0.123	0.126	0.130	0.134	0.138	0.142	0.145	0.150	0.155	30
0.134	0.138	0.143	0.146	0.151	0.155	0.160	0.163	0.167	0.171	35

(d) Water

										f'_c (psi)
4.14	4.34	4.51	4.70	4.88	5.04	5.25	5.43	5.60	5.77	2000
4.23	4.40	4.57	4.74	4.93	5.10	5.30	5.47	5.64	5.80	2500
4.29	4.45	4.62	4.80	4.98	5.14	5.34	5.50	5.67	5.83	3000
4.36	4.53	4.69	4.86	5.04	5.20	5.38	5.54	5.71	5.87	3500
4.45	4.61	4.76	4.92	5.10	5.26	5.43	5.58	5.76	5.92	4000
4.56	4.72	4.86	5.02	5.20	5.34	5.50	5.64	5.83	5.98	4500
4.66	4.81	4.96	5.10	5.28	5.42	5.57	5.71	5.90	6.04	5000

(d-1) Water

										f'_c (MPa)
0.155	0.162	0.168	0.175	0.182	0.187	0.196	0.202	0.209	0.215	15
0.159	0.165	0.171	0.178	0.185	0.190	0.198	0.204	0.210	0.216	20
0.163	0.169	0.175	0.181	0.188	0.194	0.200	0.206	0.212	0.218	25
0.168	0.174	0.179	0.185	0.192	0.197	0.203	0.209	0.216	0.221	30
0.174	0.179	0.185	0.190	0.196	0.202	0.207	0.212	0.219	0.225	35

(e) Air

1.24	1.29	1.33	1.38	1.42	1.47	1.51	1.56	1.60	1.65	Entrained (ft³/yd³)
4.60	4.77	4.93	5.10	5.27	5.44	5.60	5.77	5.93	6.10	%
0.046	0.048	0.049	0.051	0.053	0.054	0.056	0.058	0.059	0.061	Entrained (m³/m³)

(f) Air (Values Approximate)

2000	2500	3000	3500	4000	4500	5000	f'_c (psi)
—	—	—	—	—	—	—	Entrapped (ft³/yd³)
—	—	—	—	—	—	—	%

(f-1) Air (Values Approximate)

15	20	25	30	35	f'_c (MPa)
—	—	—	—	—	Entrapped (m³/m³)
—	—	—	—	—	%

(g) Cement and Water Adjustments for Fine Aggregate Variations

31–32	32–33	33–34	34–35	35–36	36–37	37–38	38–39	39–40	40–41	% Voids
90.0	92.5	95.0	97.5	100.0	102.5	105.0	107.5	110.0	112.5	Adjustment (%)

TABLES OF VOLUMES

Table No.	15
C.A. Size	3/8"
	9.5 mm
ASTM No.	8
Slump	7"
	175 mm
(✓) AE	
( ) Non-AE	

(a)

Coarse Aggregate Type No.										Concrete Class
1	2	3	4	5	6	7				A
	1	2	3	4	5	6	7			B
		1	2	3	4	5	6	7		C
			1	2	3	4	5	6	7	D

(b)

Concrete										
13.80	14.30	14.80	15.30	15.80	16.30	16.80	17.30	17.80	18.30	Mortar (ft³/yd³)
13.20	12.70	12.20	11.70	11.20	10.70	10.20	9.70	9.20	8.70	C.A. + 8 (ft³/yd³)
0.511	0.530	0.548	0.567	0.585	0.604	0.622	0.641	0.659	0.678	Mortar (m³/m³)
0.489	0.470	0.452	0.433	0.415	0.396	0.378	0.359	0.341	0.322	C.A. + 8 (m³/m³)

(c)

Cement										f'_c (psi)
2.21	2.30	2.39	2.49	2.58	2.66	2.77	2.85	2.94	3.02	2000
2.39	2.48	2.58	2.67	2.77	2.86	2.96	3.05	3.15	3.23	2500
2.60	2.70	2.79	2.89	2.99	3.07	3.18	3.27	3.35	3.45	3000
2.83	2.92	3.02	3.11	3.21	3.30	3.41	3.51	3.61	3.70	3500
3.08	3.17	3.26	3.37	3.47	3.57	3.67	3.76	3.87	3.97	4000
3.33	3.44	3.53	3.63	3.75	3.85	3.95	4.07	4.19	4.29	4500
3.61	3.72	3.84	3.94	4.07	4.18	4.28	4.39	4.51	4.62	5000

(c-1)

Cement										f'_c (MPa)
0.084	0.087	0.091	0.094	0.098	0.101	0.105	0.108	0.111	0.114	15
0.094	0.098	0.101	0.105	0.109	0.112	0.116	0.119	0.122	0.126	20
0.107	0.110	0.114	0.117	0.121	0.124	0.128	0.132	0.136	0.139	25
0.120	0.124	0.127	0.131	0.135	0.139	0.143	0.146	0.151	0.155	30
0.135	0.139	0.144	0.147	0.152	0.156	0.161	0.164	0.168	0.172	35

(d)

Water										f'_c (psi)
4.19	4.39	4.56	4.75	4.93	5.09	5.30	5.48	5.65	5.82	2000
4.28	4.45	4.62	4.79	4.98	5.15	5.35	5.52	5.69	5.85	2500
4.34	4.50	4.67	4.85	5.03	5.19	5.39	5.55	5.72	5.88	3000
4.41	4.58	4.74	4.91	5.09	5.25	5.43	5.59	5.76	5.92	3500
4.50	4.66	4.81	4.97	5.15	5.31	5.48	5.63	5.81	5.97	4000
4.61	4.77	4.91	5.07	5.25	5.39	5.55	5.69	5.88	6.03	4500
4.71	4.86	5.01	5.15	5.33	5.47	5.62	5.76	5.95	6.09	5000

(d-1)

Water										f'_c (MPa)
0.156	0.163	0.169	0.176	0.183	0.188	0.197	0.203	0.210	0.216	15
0.160	0.166	0.172	0.179	0.186	0.191	0.199	0.205	0.211	0.217	20
0.164	0.170	0.176	0.182	0.189	0.195	0.201	0.207	0.213	0.219	25
0.169	0.175	0.180	0.186	0.193	0.198	0.204	0.210	0.217	0.222	30
0.175	0.180	0.186	0.191	0.197	0.203	0.208	0.213	0.220	0.226	35

(e)

Air										
1.24	1.29	1.33	1.38	1.42	1.47	1.51	1.56	1.60	1.65	Entrained (ft³/yd³)
4.60	4.77	4.93	5.10	5.27	5.44	5.60	5.77	5.93	6.10	%
0.046	0.048	0.049	0.051	0.053	0.054	0.056	0.058	0.059	0.061	Entrained (m³/m³)

(f)

Air (Values Approximate)

2000	2500	3000	3500	4000	4500	5000	f'_c (psi)
—	—	—	—	—	—	—	Entrapped (ft³/yd³)
—	—	—	—	—	—	—	%

(f-1)

Air (Values Approximate)

15	20	25	30	35	f'_c (MPa)
—	—	—	—	—	Entrapped (m³/m³)
—	—	—	—	—	%

(g)

Cement and Water Adjustments for Fine Aggregate Variations

31–32	32–33	33–34	34–35	35–36	36–37	37–38	38–39	39–40	40–41	% Voids
90.0	92.5	95.0	97.5	100.0	102.5	105.0	107.5	110.0	112.5	Adjustment (%)

Table No. 16
C.A. Size ½″
 12.5 mm
ASTM No. 7
Slump 0″
 0 mm

(✓) AE
( ) Non-AE

(a)

Coarse Aggregate Type No.										Concrete Class
1	2	3	4	5	6	7				A
	1	2	3	4	5	6	7			B
		1	2	3	4	5	6	7		C
			1	2	3	4	5	6	7	D

(b)

Concrete										
13.30	13.80	14.30	14.80	15.30	15.80	16.30	16.80	17.30	17.80	Mortar (ft³/yd³)
13.70	13.20	12.70	12.20	11.70	11.20	10.70	10.20	9.70	9.20	C. A. + 8 (ft³/yd³)
0.493	0.511	0.530	0.548	0.567	0.585	0.604	0.622	0.641	0.659	Mortar (m³/m³)
0.507	0.489	0.470	0.452	0.433	0.415	0.396	0.378	0.359	0.341	C. A. + 8 (m³/m³)

(c)

Cement										f'_c (psi)
1.64	1.75	1.84	1.93	2.03	2.11	2.20	2.30	2.38	2.47	2000
1.85	1.93	2.03	2.13	2.23	2.32	2.42	2.51	2.59	2.69	2500
2.05	2.14	2.23	2.33	2.43	2.52	2.62	2.73	2.82	2.92	3000
2.27	2.36	2.45	2.55	2.65	2.75	2.85	2.96	3.06	3.15	3500
2.51	2.61	2.70	2.81	2.90	3.00	3.10	3.21	3.31	3.42	4000
2.77	2.86	2.95	3.06	3.17	3.27	3.38	3.50	3.60	3.71	4500
3.04	3.15	3.27	3.38	3.49	3.60	3.72	3.83	3.96	4.07	5000

(c-1)

Cement										f'_c (MPa)
0.064	0.067	0.071	0.074	0.078	0.081	0.085	0.088	0.091	0.095	15
0.075	0.078	0.081	0.085	0.089	0.092	0.096	0.100	0.103	0.107	20
0.087	0.090	0.093	0.097	0.101	0.104	0.108	0.112	0.116	0.120	25
0.100	0.104	0.107	0.111	0.114	0.118	0.123	0.127	0.130	0.134	30
0.114	0.118	0.123	0.127	0.131	0.135	0.140	0.144	0.149	0.153	35

(d)

Water										f'_c (psi)
3.23	3.40	3.56	3.75	3.93	4.10	4.27	4.46	4.62	4.81	2000
3.30	3.47	3.63	3.81	3.99	4.15	4.33	4.51	4.66	4.84	2500
3.38	3.54	3.71	3.88	4.05	4.21	4.38	4.56	4.71	4.89	3000
3.47	3.63	3.78	3.95	4.11	4.27	4.43	4.61	4.76	4.93	3500
3.54	3.69	3.85	4.01	4.17	4.33	4.49	4.65	4.81	4.98	4000
3.63	3.78	3.94	4.09	4.25	4.39	4.56	4.72	4.87	5.03	4500
3.73	3.87	4.03	4.17	4.33	4.47	4.63	4.79	4.94	5.09	5000

(d-1)

Water										f'_c (MPa)
0.120	0.127	0.133	0.140	0.146	0.153	0.159	0.166	0.171	0.179	15
0.124	0.130	0.137	0.143	0.149	0.156	0.162	0.169	0.174	0.181	20
0.129	0.135	0.141	0.147	0.153	0.159	0.165	0.171	0.177	0.183	25
0.133	0.139	0.145	0.151	0.157	0.162	0.168	0.174	0.180	0.186	30
0.139	0.144	0.149	0.155	0.161	0.166	0.172	0.178	0.183	0.189	35

(e)

Air										
1.20	1.24	1.29	1.33	1.38	1.42	1.47	1.51	1.56	1.60	Entrained (ft³/yd³)
4.43	4.60	4.77	4.93	5.10	5.27	5.43	5.60	5.77	5.93	%
0.044	0.046	0.048	0.049	0.051	0.053	0.054	0.056	0.058	0.059	Entrained (m³/m³)

(f)

Air (Values Approximate)							
2000	2500	3000	3500	4000	4500	5000	f'_c (psi)
—	—	—	—	—	—	—	Entrapped (ft³/yd³)
—	—	—	—	—	—	—	%

(f-1)

Air (Values Approximate)					
15	20	25	30	35	f'_c (MPa)
—	—	—	—	—	Entrapped (m³/m³)
—	—	—	—	—	%

(g)

Cement and Water Adjustments for Fine Aggregate Variations

31-32	32-33	33-34	34-35	35-36	36-37	37-38	38-39	39-40	40-41	% Voids
90.0	92.5	95.0	97.5	100.0	102.5	105.0	107.5	110.0	112.5	Adjustment (%)

Table No.	17
C.A. Size	1/2"
	12.5 mm
ASTM No.	7
Slump	1/2"
	12.5 mm
(√) AE	
( ) Non-AE	

(a)

Coarse Aggregate Type No.										Concrete Class
1	2	3	4	5	6	7				A
	1	2	3	4	5	6	7			B
		1	2	3	4	5	6	7		C
			1	2	3	4	5	6	7	D

(b)

Concrete										
13.30	13.80	14.30	14.80	15.30	15.80	16.30	16.80	17.30	17.80	Mortar (ft³/yd³)
13.70	13.20	12.70	12.20	11.70	11.20	10.70	10.20	9.70	9.20	C.A. + 8 (ft³/yd³)
0.493	0.511	0.530	0.548	0.567	0.585	0.604	0.622	0.641	0.659	Mortar (m³/m³)
0.507	0.489	0.470	0.452	0.433	0.415	0.396	0.378	0.359	0.341	C.A. + 8 (m³/m³)

(c)

Cement										f'_c (psi)
1.67	1.78	1.87	1.96	2.06	2.14	2.23	2.33	2.41	2.50	2000
1.88	1.96	2.06	2.16	2.26	2.35	2.45	2.54	2.62	2.72	2500
2.08	2.17	2.26	2.36	2.46	2.56	2.65	2.76	2.85	2.95	3000
2.30	2.39	2.48	2.58	2.68	2.78	2.88	2.99	3.09	3.18	3500
2.54	2.64	2.73	2.84	2.93	3.03	3.13	3.24	3.34	3.45	4000
2.80	2.89	2.98	3.09	3.20	3.30	3.41	3.53	3.63	3.74	4500
3.07	3.18	3.30	3.41	3.52	3.63	3.75	3.86	3.99	4.10	5000

(c-1)

Cement										f'_c (MPa)
0.065	0.068	0.072	0.075	0.079	0.082	0.086	0.089	0.092	0.096	15
0.076	0.079	0.082	0.086	0.090	0.093	0.097	0.101	0.104	0.108	20
0.088	0.091	0.094	0.098	0.102	0.105	0.109	0.113	0.117	0.121	25
0.101	0.105	0.108	0.112	0.115	0.119	0.124	0.128	0.131	0.135	30
0.115	0.119	0.124	0.128	0.132	0.136	0.141	0.145	0.150	0.154	35

(d)

Water										f'_c (psi)
3.29	3.46	3.62	3.81	3.99	4.16	4.33	4.52	4.68	4.87	2000
3.36	3.53	3.69	3.87	4.05	4.21	4.39	4.57	4.72	4.90	2500
3.44	3.60	3.77	3.94	4.11	4.27	4.44	4.62	4.77	4.95	3000
3.53	3.69	3.84	4.01	4.17	4.33	4.49	4.67	4.82	4.99	3500
3.60	3.75	3.91	4.07	4.23	4.39	4.55	4.71	4.87	5.04	4000
3.69	3.84	4.00	4.15	4.31	4.45	4.62	4.78	4.93	5.09	4500
3.79	3.93	4.09	4.23	4.39	4.53	4.69	4.85	5.00	5.15	5000

(d-1)

Water										f'_c (MPa)
0.122	0.129	0.135	0.142	0.148	0.155	0.161	0.168	0.173	0.181	15
0.126	0.132	0.139	0.145	0.151	0.158	0.164	0.171	0.176	0.183	20
0.131	0.137	0.143	0.149	0.155	0.161	0.167	0.173	0.179	0.185	25
0.135	0.141	0.147	0.153	0.159	0.164	0.170	0.176	0.181	0.188	30
0.141	0.146	0.151	0.157	0.163	0.168	0.174	0.180	0.185	0.191	35

(e)

Air										
1.20	1.24	1.29	1.33	1.38	1.42	1.47	1.51	1.56	1.60	Entrained (ft³/yd³)
4.43	4.60	4.77	4.93	5.10	5.27	5.43	5.60	5.77	5.93	%
0.044	0.046	0.048	0.049	0.051	0.053	0.054	0.056	0.058	0.059	Entrained (m³/m³)

(f)

Air (Values Approximate)							
2000	2500	3000	3500	4000	4500	5000	f'_c (psi)
—	—	—	—	—	—	—	Entrapped (ft³/yd³)
—	—	—	—	—	—	—	%

(f-1)

Air (Values Approximate)					
15	20	25	30	35	f'_c (MPa)
—	—	—	—	—	Entrapped (m³/m³)
—	—	—	—	—	%

(g)

Cement and Water Adjustments for Fine Aggregate Variations										
31-32	32-33	33-34	34-35	35-36	36-37	37-38	38-39	39-40	40-41	% Voids
90.0	92.5	95.0	97.5	100.0	102.5	105.0	107.5	110.0	112.5	Adjustment (%)

Table No.	18
C.A. Size	½"
	12.5 mm
ASTM No.	7
Slump	1"
	25 mm
(✓) AE	
( ) Non-AE	

(a)

Coarse Aggregate Type No.										Concrete Class
1	2	3	4	5	6	7				A
	1	2	3	4	5	6	7			B
		1	2	3	4	5	6	7		C
			1	2	3	4	5	6	7	D

(b)

Concrete										
13.30	13.80	14.30	14.80	15.30	15.80	16.30	16.80	17.30	17.80	Mortar (ft³/yd³)
13.70	13.20	12.70	12.20	11.70	11.20	10.70	10.20	9.70	9.20	C. A. + 8 (ft³/yd³)
0.493	0.511	0.530	0.548	0.567	0.585	0.604	0.622	0.641	0.659	Mortar (m³/m³)
0.507	0.489	0.470	0.452	0.433	0.415	0.396	0.378	0.359	0.341	C. A. + 8 (m³/m³)

(c)

Cement										f'_c (psi)
1.70	1.81	1.90	1.99	2.09	2.17	2.26	2.36	2.44	2.53	2000
1.91	1.99	2.19	2.29	2.29	2.38	2.48	2.57	2.65	2.75	2500
2.11	2.20	2.39	2.49	2.49	2.58	2.68	2.79	2.88	2.98	3000
2.33	2.42	2.61	2.71	2.71	2.81	2.91	3.02	3.12	3.21	3500
2.57	2.67	2.87	2.96	2.96	3.03	3.16	3.27	3.37	3.48	4000
2.83	2.92	3.12	3.23	3.23	3.33	3.44	3.56	3.66	3.77	4500
3.10	3.21	3.44	3.55	3.55	3.66	3.78	3.89	4.02	4.13	5000

(c-1)

Cement										f'_c (MPa)
0.066	0.069	0.073	0.076	0.080	0.083	0.087	0.090	0.093	0.097	15
0.077	0.080	0.083	0.087	0.091	0.094	0.098	0.102	0.105	0.109	20
0.089	0.092	0.095	0.099	0.103	0.106	0.110	0.114	0.118	0.122	25
0.102	0.106	0.109	0.113	0.116	0.120	0.125	0.129	0.132	0.136	30
0.116	0.120	0.125	0.129	0.133	0.137	0.142	0.146	0.151	0.155	35

(d)

Water										f'_c (psi)
3.34	3.51	3.67	3.86	4.04	4.21	4.38	4.57	4.73	4.92	2000
3.41	3.58	3.74	3.92	4.10	4.26	4.44	4.62	4.77	4.95	2500
3.49	3.65	3.82	3.99	4.16	4.32	4.49	4.67	4.82	5.00	3000
3.58	3.74	3.89	4.06	4.22	4.38	4.54	4.72	4.87	5.04	3500
3.65	3.80	3.96	4.12	4.28	4.44	4.60	4.76	4.92	5.09	4000
3.74	3.89	4.05	4.20	4.36	4.50	4.67	4.83	4.98	5.14	4500
3.84	3.98	4.14	4.28	4.44	4.58	4.74	4.90	5.05	5.20	5000

(d-1)

Water										f'_c (MPa)
0.124	0.131	0.137	0.144	0.150	0.157	0.163	0.170	0.175	0.183	15
0.128	0.134	0.141	0.147	0.153	0.160	0.166	0.173	0.178	0.185	20
0.133	0.139	0.145	0.151	0.157	0.163	0.169	0.175	0.181	0.187	25
0.137	0.143	0.149	0.155	0.161	0.166	0.172	0.178	0.184	0.190	30
0.143	0.148	0.153	0.159	0.165	0.170	0.176	0.182	0.187	0.193	35

(e)

Air										
1.20	1.24	1.29	1.33	1.38	1.42	1.47	1.51	1.56	1.60	Entrained (ft³/yd³)
4.43	4.60	4.77	4.93	5.10	5.27	5.43	5.60	5.77	5.93	%
0.044	0.046	0.048	0.049	0.051	0.053	0.054	0.056	0.058	0.059	Entrained (m³/m³)

(f)

Air (Values Approximate)							
2000	2500	3000	3500	4000	4500	5000	f'_c (psi)
—	—	—	—	—	—	—	Entrapped (ft³/yd³)
—	—	—	—	—	—	—	%

(f-1)

Air (Values Approximate)					
15	20	25	30	35	f'_c (MPa)
—	—	—	—	—	Entrapped (m³/m³)
—	—	—	—	—	%

(g)

Cement and Water Adjustments for Fine Aggregate Variations										
31-32	32-33	33-34	34-35	35-36	36-37	37-38	38-39	39-40	40-41	% Voids
90.0	92.5	95.0	97.5	100.0	102.5	105.0	107.5	110.0	112.5	Adjustment (%)

TABLES OF VOLUMES 31

Table No.	19
C.A. Size	1/2"
	12.5 mm
ASTM No.	7
Slump	1 1/2"
	40 mm
(✓) AE	
( ) Non-AE	

(a)

Coarse Aggregate Type No.										Concrete Class
1	2	3	4	5	6	7				A
	1	2	3	4	5	6	7			B
		1	2	3	4	5	6	7		C
			1	2	3	4	5	6	7	D

(b)

Concrete										
13.30	13.80	14.30	14.80	15.30	15.80	16.30	16.80	17.30	17.80	Mortar (ft³/yd³)
13.70	13.20	12.70	12.20	11.70	11.20	10.70	10.20	9.70	9.20	C. A. + 8 (ft³/yd³)
0.493	0.511	0.530	0.548	0.567	0.585	0.604	0.622	0.641	0.659	Mortar (m³/m³)
0.507	0.489	0.470	0.452	0.433	0.415	0.396	0.378	0.359	0.341	C. A. + 8 (m³/m³)

(c)

Cement										f'_c (psi)
1.74	1.85	1.94	2.03	2.13	2.21	2.30	2.40	2.48	2.57	2000
1.95	2.03	2.13	2.23	2.33	2.42	2.52	2.61	2.69	2.79	2500
2.15	2.24	2.33	2.43	2.53	2.62	2.72	2.83	2.92	3.02	3000
2.37	2.46	2.55	2.65	2.75	2.85	2.95	3.06	3.16	3.25	3500
2.61	2.71	2.80	2.91	3.00	3.10	3.20	3.31	3.41	3.52	4000
2.87	2.96	3.05	3.16	3.27	3.37	3.48	3.60	3.70	3.81	4500
3.14	3.25	3.37	3.48	3.59	3.70	3.82	3.93	4.06	4.17	5000

(c-1)

Cement										f'_c (MPa)
0.067	0.070	0.074	0.077	0.081	0.084	0.088	0.091	0.094	0.098	15
0.078	0.081	0.084	0.088	0.092	0.095	0.099	0.103	0.106	0.110	20
0.090	0.093	0.096	0.100	0.104	0.107	0.111	0.115	0.119	0.123	25
0.103	0.107	0.110	0.114	0.117	0.121	0.126	0.130	0.133	0.137	30
0.117	0.121	0.126	0.130	0.134	0.138	0.143	0.147	0.152	0.156	35

(d)

Water										f'_c (psi)
3.39	3.56	3.72	3.91	4.09	4.26	4.43	4.62	4.78	4.97	2000
3.46	3.63	3.79	3.97	4.15	4.31	4.49	4.67	4.82	5.00	2500
3.54	3.70	3.87	4.04	4.21	4.37	4.54	4.72	4.87	5.05	3000
3.63	3.79	3.94	4.11	4.27	4.43	4.59	4.77	4.92	5.09	3500
3.70	3.85	4.01	4.17	4.33	4.49	4.65	4.81	4.97	5.14	4000
3.79	3.94	4.10	4.25	4.41	4.55	4.72	4.88	5.03	5.19	4500
3.89	4.03	4.19	4.33	4.49	4.63	4.79	4.95	5.10	5.25	5000

(d-1)

Water										f'_c (MPa)
0.126	0.133	0.139	0.146	0.152	0.159	0.165	0.172	0.177	0.185	15
0.130	0.136	0.144	0.149	0.155	0.162	0.168	0.175	0.180	0.187	20
0.135	0.141	0.148	0.153	0.159	0.165	0.171	0.177	0.183	0.189	25
0.139	0.145	0.151	0.157	0.163	0.168	0.174	0.180	0.186	0.192	30
0.145	0.150	0.155	0.161	0.167	0.172	0.178	0.184	0.189	0.195	35

(e)

Air										
1.20	1.24	1.29	1.33	1.38	1.42	1.47	1.51	1.56	1.60	Entrained (ft³/yd³)
4.43	4.60	4.77	4.93	5.10	5.27	5.43	5.60	5.77	5.93	%
0.044	0.046	0.048	0.049	0.051	0.053	0.054	0.056	0.058	0.059	Entrained (m³/m³)

(f)

Air (Values Approximate)							
2000	2500	3000	3500	4000	4500	5000	f'_c (psi)
—	—	—	—	—	—	—	Entrapped (ft³/yd³)
—	—	—	—	—	—	—	%

(f-1)

Air (Values Approximate)					
15	20	25	30	35	f'_c (MPa)
—	—	—	—	—	Entrapped (m³/m³)
—	—	—	—	—	%

(g)

Cement and Water Adjustments for Fine Aggregate Variations										
31–32	32–33	33–34	34–35	35–36	36–37	37–38	38–39	39–40	40–41	% Voids
90.0	92.5	95.0	97.5	100.0	102.5	105.0	107.5	110.0	112.5	Adjustment (%)

Table No.	20
C.A. Size	½"
	12.5 mm
ASTM No.	7
Slump	2"
	50 mm
(✓) AE	
( ) Non-AE	

(a)

Coarse Aggregate Type No.										Concrete Class
1	2	3	4	5	6	7				A
	1	2	3	4	5	6	7			B
		1	2	3	4	5	6	7		C
			1	2	3	4	5	6	7	D

(b) Concrete

13.30	13.80	14.30	14.80	15.30	15.80	16.30	16.80	17.30	17.80	Mortar (ft³/yd³)
13.70	13.20	12.70	12.20	11.70	11.20	10.70	10.20	9.70	9.20	C.A. + 8 (ft³/yd³)
0.493	0.511	0.530	0.548	0.567	0.585	0.604	0.622	0.641	0.659	Mortar (m³/m³)
0.507	0.489	0.470	0.452	0.433	0.415	0.396	0.378	0.359	0.341	C.A. + 8 (m³/m³)

(c) Cement

										f'_c (psi)
1.78	1.89	1.98	2.07	2.17	2.25	2.34	2.44	2.52	2.61	2000
1.99	2.07	2.17	2.27	2.37	2.46	2.56	2.65	2.73	2.83	2500
2.19	2.28	2.37	2.47	2.57	2.66	2.76	2.87	2.96	3.06	3000
2.41	2.50	2.59	2.69	2.79	2.89	2.99	3.10	3.20	3.29	3500
2.65	2.75	2.84	2.95	3.04	3.14	3.24	3.35	3.45	3.56	4000
2.91	3.00	3.09	3.20	3.31	3.41	3.52	3.64	3.74	3.85	4500
3.18	3.29	3.41	3.52	3.63	3.74	3.86	3.97	4.10	4.21	5000

(c-1) Cement

										f'_c (MPa)
0.069	0.072	0.076	0.079	0.083	0.086	0.090	0.093	0.096	0.100	15
0.080	0.083	0.086	0.090	0.094	0.097	0.101	0.105	0.108	0.112	20
0.092	0.095	0.098	0.102	0.106	0.109	0.113	0.117	0.121	0.125	25
0.105	0.109	0.112	0.116	0.119	0.123	0.128	0.132	0.135	0.139	30
0.119	0.123	0.128	0.132	0.136	0.140	0.145	0.149	0.154	0.158	35

(d) Water

										f'_c (psi)
3.45	3.62	3.78	3.97	4.15	4.32	4.49	4.68	4.84	5.03	2000
3.52	3.69	3.85	4.03	4.21	4.37	4.55	4.73	4.88	5.06	2500
3.60	3.76	3.93	4.10	4.27	4.43	4.60	4.78	4.93	5.11	3000
3.69	3.85	4.00	4.17	4.33	4.49	4.65	4.83	4.98	5.15	3500
3.76	3.91	4.07	4.23	4.39	4.55	4.71	4.87	5.03	5.20	4000
3.85	4.00	4.16	4.31	4.47	4.61	4.78	4.94	5.09	5.25	4500
3.95	4.09	4.25	4.39	4.55	4.69	4.85	5.01	5.16	5.31	5000

(d-1) Water

										f'_c (MPa)
0.128	0.135	0.141	0.148	0.154	0.161	0.167	0.174	0.179	0.187	15
0.132	0.138	0.145	0.151	0.157	0.164	0.170	0.177	0.182	0.189	20
0.137	0.143	0.149	0.155	0.161	0.167	0.173	0.179	0.185	0.191	25
0.141	0.147	0.153	0.159	0.165	0.170	0.176	0.182	0.188	0.194	30
0.147	0.152	0.157	0.163	0.169	0.174	0.180	0.186	0.191	0.197	35

(e) Air

1.20	1.24	1.29	1.33	1.38	1.42	1.47	1.51	1.56	1.60	Entrained (ft³/yd³)
4.43	4.60	4.77	4.93	5.10	5.27	5.43	5.60	5.77	5.93	%
0.044	0.046	0.048	0.049	0.051	0.053	0.054	0.056	0.058	0.059	Entrained (m³/m³)

(f) Air (Values Approximate)

2000	2500	3000	3500	4000	4500	5000	f'_c (psi)
—	—	—	—	—	—	—	Entrapped (ft³/yd³)
—	—	—	—	—	—	—	%

(f-1) Air (Values Approximate)

15	20	25	30	35	f'_c (MPa)
—	—	—	—	—	Entrapped (m³/m³)
—	—	—	—	—	%

(g) Cement and Water Adjustments for Fine Aggregate Variations

31–32	32–33	33–34	34–35	35–36	36–37	37–38	38–39	39–40	40–41	% Voids
90.0	92.5	95.0	97.5	100.0	102.5	105.0	107.5	110.0	112.5	Adjustment (%)

TABLES OF VOLUMES 33

Table No.	21
C.A. Size	½"
	12.5 mm
ASTM No.	7
Slump	2½"
	65 mm
(✓) AE	
( ) Non-AE	

(a)

Coarse Aggregate Type No.										Concrete Class
1	2	3	4	5	6	7				A
	1	2	3	4	5	6	7			B
		1	2	3	4	5	6	7		C
			1	2	3	4	5	6	7	D

(b) Concrete

13.30	13.80	14.30	14.80	15.30	15.80	16.30	16.80	17.30	17.80	Mortar (ft³/yd³)
13.70	13.20	12.70	12.20	11.70	11.20	10.70	10.20	9.70	9.20	C. A. + 8 (ft³/yd³)
0.493	0.511	0.530	0.548	0.567	0.585	0.604	0.622	0.641	0.659	Mortar (m³/m³)
0.507	0.489	0.470	0.452	0.433	0.415	0.396	0.378	0.359	0.341	C. A. + 8 (m³/m³)

(c) Cement

										f'_c (psi)
1.81	1.92	2.01	2.10	2.20	2.28	2.37	2.47	2.55	2.64	2000
2.02	2.10	2.20	2.30	2.40	2.49	2.59	2.68	2.76	2.86	2500
2.22	2.31	2.40	2.50	2.60	2.69	2.79	2.90	2.99	3.09	3000
2.44	2.53	2.62	2.72	2.82	2.92	3.02	3.13	3.23	3.32	3500
2.68	2.78	2.87	2.98	3.07	3.17	3.27	3.38	3.48	3.59	4000
2.94	3.03	3.12	3.23	3.34	3.44	3.55	3.67	3.77	3.88	4500
3.21	3.72	3.44	3.55	3.66	3.77	3.89	4.00	4.13	4.24	5000

(c-1) Cement

										f'_c (MPa)
0.070	0.073	0.077	0.080	0.084	0.087	0.091	0.094	0.097	0.101	15
0.081	0.084	0.087	0.091	0.095	0.098	0.102	0.106	0.109	0.113	20
0.093	0.096	0.099	0.103	0.107	0.110	0.114	0.118	0.122	0.126	25
0.106	0.110	0.113	0.117	0.120	0.124	0.129	0.133	0.136	0.140	30
0.120	0.124	0.129	0.133	0.137	0.141	0.146	0.150	0.155	0.159	35

(d) Water

										f'_c (psi)
3.50	3.67	3.83	4.02	4.20	4.37	4.54	4.73	4.89	5.08	2000
3.57	3.74	3.90	4.08	4.26	4.42	4.60	4.78	4.93	5.11	2500
3.65	3.81	3.98	4.15	4.32	4.48	4.65	4.83	4.98	5.16	3000
3.74	3.90	4.05	4.22	4.38	4.54	4.70	4.88	5.03	5.20	3500
3.81	3.96	4.12	4.28	4.44	4.60	4.76	4.92	5.08	5.25	4000
3.90	4.05	4.21	4.36	4.52	4.66	4.83	4.99	5.14	5.30	4500
4.00	4.14	4.30	4.44	4.60	4.74	4.90	5.06	5.21	5.36	5000

(d-1) Water

										f'_c (MPa)
0.130	0.137	0.143	0.150	0.156	0.163	0.169	0.176	0.181	0.189	15
0.134	0.140	0.147	0.153	0.159	0.166	0.172	0.179	0.184	0.191	20
0.139	0.145	0.151	0.157	0.163	0.169	0.175	0.181	0.187	0.193	25
0.143	0.149	0.155	0.161	0.167	0.172	0.178	0.184	0.190	0.196	30
0.149	0.154	0.159	0.165	0.171	0.176	0.182	0.188	0.193	0.199	35

(e) Air

1.20	1.24	1.29	1.33	1.38	1.42	1.47	1.51	1.56	1.60	Entrained (ft³/yd³)
4.43	4.60	4.77	4.93	5.10	5.27	5.43	5.60	5.77	5.93	%
0.044	0.046	0.048	0.049	0.051	0.053	0.054	0.056	0.058	0.059	Entrained (m³/m³)

(f) Air (Values Approximate)

2000	2500	3000	3500	4000	4500	5000	f'_c (psi)
—	—	—	—	—	—	—	Entrapped (ft³/yd³)
—	—	—	—	—	—	—	%

(f-1) Air (Values Approximate)

15	20	25	30	35	f'_c (MPa)
—	—	—	—	—	Entrapped (m³/m³)
—	—	—	—	—	%

(g) Cement and Water Adjustments for Fine Aggregate Variations

31–32	32–33	33–34	34–35	35–36	36–37	37–38	38–39	39–40	40–41	% Voids
90.0	92.5	95.0	97.5	100.0	102.5	105.0	107.5	110.0	112.5	Adjustment (%)

Table No.	22
C.A. Size	½"
	12.5 mm
ASTM No.	7
Slump	3"
	75 mm
(√) AE	
( ) Non-AE	

(a)										
Coarse Aggregate Type No.										Concrete Class
1	2	3	4	5	6	7				A
	1	2	3	4	5	6	7			B
		1	2	3	4	5	6	7		C
			1	2	3	4	5	6	7	D
(b)										
Concrete										
13.30	13.80	14.30	14.80	15.30	15.80	16.30	16.80	17.30	17.80	Mortar (ft³/yd³)
13.70	13.20	12.70	12.20	11.70	11.20	10.70	10.20	9.70	9.20	C. A. + 8 (ft³/yd³)
0.493	0.511	0.530	0.548	0.567	0.585	0.604	0.622	0.641	0.659	Mortar (m³/m³)
0.507	0.489	0.470	0.452	0.433	0.415	0.396	0.378	0.359	0.341	C. A. + 8 (m³/m³)
(c)										
Cement										f'_c (psi)
1.84	1.95	2.04	2.13	2.23	2.31	2.40	2.50	2.58	2.67	2000
2.05	2.13	2.23	2.33	2.43	2.52	2.62	2.71	2.79	2.89	2500
2.25	2.34	2.43	2.53	2.63	2.72	2.82	2.93	3.02	3.12	3000
2.47	2.56	2.65	2.75	2.85	2.95	3.05	3.16	3.26	3.35	3500
2.71	2.81	2.90	3.01	3.10	3.20	3.30	3.41	3.51	3.62	4000
2.97	3.06	3.15	3.26	3.37	3.47	3.58	3.70	3.80	3.91	4500
3.24	3.35	3.47	3.58	3.69	3.80	3.92	4.03	4.16	4.27	5000
(c-1)										
Cement										f'_c (MPa)
0.071	0.074	0.078	0.081	0.085	0.088	0.092	0.095	0.098	0.102	15
0.082	0.085	0.088	0.092	0.096	0.099	0.103	0.107	0.110	0.114	20
0.094	0.097	0.100	0.104	0.108	0.111	0.115	0.119	0.123	0.127	25
0.107	0.111	0.114	0.118	0.121	0.125	0.130	0.134	0.137	0.141	30
0.121	0.125	0.130	0.134	0.138	0.142	0.147	0.151	0.156	0.160	35
(d)										
Water										f'_c (psi)
3.55	3.72	3.88	4.07	4.25	4.42	4.59	4.78	4.94	5.13	2000
3.62	3.79	3.95	4.13	4.31	4.47	4.65	4.83	4.98	5.16	2500
3.70	3.86	4.03	4.20	4.37	4.53	4.70	4.88	5.03	5.21	3000
3.79	3.95	4.10	4.27	4.43	4.59	4.75	4.93	5.08	5.25	3500
3.86	4.01	4.17	4.33	4.49	4.65	4.81	4.97	5.13	5.30	4000
3.95	4.10	4.26	4.41	4.57	4.71	4.88	5.04	5.19	5.35	4500
4.05	4.19	4.35	4.49	4.65	4.79	4.95	5.11	5.26	5.41	5000
(d-1)										
Water										f'_c (MPa)
0.132	0.139	0.145	0.152	0.158	0.165	0.171	0.178	0.183	0.191	15
0.136	0.142	0.149	0.155	0.161	0.168	0.174	0.181	0.186	0.193	20
0.141	0.147	0.153	0.159	0.165	0.171	0.177	0.183	0.189	0.195	25
0.145	0.151	0.157	0.163	0.169	0.174	0.180	0.186	0.192	0.198	30
0.151	0.156	0.161	0.167	0.173	0.178	0.184	0.190	0.195	0.201	35
(e)										
Air										
1.20	1.24	1.29	1.33	1.38	1.42	1.47	1.51	1.56	1.60	Entrained (ft³/yd³)
4.43	4.60	4.77	4.93	5.10	5.27	5.43	5.60	5.77	5.93	%
0.044	0.046	0.048	0.049	0.051	0.053	0.054	0.056	0.058	0.059	Entrained (m³/m³)

(f)							
Air (Values Approximate)							
2000	2500	3000	3500	4000	4500	5000	f'_c (psi)
—	—	—	—	—	—	—	Entrapped (ft³/yd³)
—	—	—	—	—	—	—	%

(f-1)					
Air (Values Approximate)					
15	20	25	30	35	f'_c (MPa)
—	—	—	—	—	Entrapped (m³/m³)
—	—	—	—	—	%

(g)										
Cement and Water Adjustments for Fine Aggregate Variations										
31-32	32-33	33-34	34-35	35-36	36-37	37-38	38-39	39-40	40-41	% Voids
90.0	92.5	95.0	97.5	100.0	102.5	105.0	107.5	110.0	112.5	Adjustment (%)

Table No. 23
C.A. Size ½″
12.5 mm
ASTM No. 7
Slump 3½″
90 mm

(✓) AE
( ) Non-AE

(a)

Coarse Aggregate Type No.										Concrete Class
1	2	3	4	5	6	7				A
	1	2	3	4	5	6	7			B
		1	2	3	4	5	6	7		C
			1	2	3	4	5	6	7	D

(b) Concrete

13.30	13.80	14.30	14.80	15.30	15.80	16.30	16.80	17.30	17.80	Mortar (ft³/yd³)
13.70	13.20	12.70	12.20	11.70	11.20	10.70	10.20	9.70	9.20	C. A. + 8 (ft³/yd³)
0.493	0.511	0.530	0.548	0.567	0.585	0.604	0.622	0.641	0.659	Mortar (m³/m³)
0.507	0.489	0.470	0.452	0.433	0.415	0.396	0.378	0.359	0.341	C. A. + 8 (m³/m³)

(c) Cement

										f'_c (psi)
1.88	1.99	2.08	2.17	2.27	2.35	2.44	2.54	2.62	2.71	2000
2.09	2.17	2.27	2.37	2.47	2.56	2.66	2.75	2.83	2.93	2500
2.29	2.38	2.47	2.57	2.67	2.76	2.86	2.97	3.06	3.16	3000
2.51	2.60	2.69	2.79	2.89	2.99	3.09	3.20	3.30	3.39	3500
2.75	2.85	2.94	3.05	3.14	3.24	3.34	3.45	3.55	3.66	4000
3.01	3.10	3.19	3.30	3.41	3.51	3.62	3.74	3.84	3.95	4500
3.28	3.39	3.51	3.62	3.73	3.84	3.96	4.07	4.20	4.31	5000

(c-1) Cement

										f'_c (MPa)
0.073	0.076	0.080	0.083	0.087	0.090	0.094	0.097	0.100	0.104	15
0.084	0.087	0.090	0.094	0.098	0.101	0.105	0.109	0.112	0.116	20
0.096	0.099	0.102	0.106	0.110	0.113	0.117	0.121	0.125	0.129	25
0.109	0.113	0.116	0.120	0.123	0.127	0.132	0.136	0.139	0.143	30
0.123	0.127	0.132	0.136	0.140	0.144	0.149	0.153	0.158	0.162	35

(d) Water

										f'_c (psi)
3.61	3.78	3.94	4.13	4.31	4.48	4.65	4.84	5.00	5.19	2000
3.68	3.85	4.01	4.19	4.37	4.53	4.71	4.89	5.04	5.22	2500
3.76	3.92	4.09	4.26	4.43	4.59	4.76	4.94	5.09	5.27	3000
3.85	4.01	4.16	4.33	4.49	4.65	4.81	4.99	5.14	5.31	3500
3.92	4.07	4.23	4.39	4.55	4.71	4.87	5.03	5.19	5.36	4000
4.01	4.16	4.32	4.47	4.63	4.77	4.94	5.10	5.25	5.41	4500
4.11	4.25	4.41	4.55	4.71	4.85	5.01	5.17	5.32	5.47	5000

(d-1) Water

										f'_c (MPa)
0.134	0.141	0.147	0.154	0.160	0.167	0.173	0.180	0.185	0.193	15
0.138	0.144	0.151	0.157	0.163	0.170	0.176	0.183	0.188	0.195	20
0.143	0.149	0.155	0.161	0.167	0.173	0.179	0.184	0.191	0.197	25
0.147	0.153	0.159	0.165	0.170	0.176	0.182	0.187	0.194	0.200	30
0.153	0.158	0.163	0.169	0.175	0.180	0.186	0.191	0.197	0.203	35

(e) Air

1.20	1.24	1.29	1.33	1.38	1.42	1.47	1.51	1.56	1.60	Entrained (ft³/yd³)
4.43	4.60	4.77	4.93	5.10	5.27	5.43	5.60	5.77	5.93	%
0.044	0.046	0.048	0.049	0.051	0.053	0.054	0.056	0.058	0.059	Entrained (m³/m³)

(f) Air (Values Approximate)

2000	2500	3000	3500	4000	4500	5000	f'_c (psi)
—	—	—	—	—	—	—	Entrapped (ft³/yd³)
—	—	—	—	—	—	—	%

(f-1) Air (Values Approximate)

15	20	25	30	35	f'_c (MPa)
—	—	—	—	—	Entrapped (m³/m³)
—	—	—	—	—	%

(g) Cement and Water Adjustments for Fine Aggregate Variations

31-32	32-33	33-34	34-35	35-36	36-37	37-38	38-39	39-40	40-41	% Voids
90.0	92.5	95.0	97.5	100.0	102.5	105.0	107.5	110.0	112.5	Adjustment (%)

Table No. 24
C.A. Size ½″
12.5 mm
ASTM No. 7
Slump 4″
100 mm

(✓) AE
( ) Non·AE

(a)

Coarse Aggregate Type No.										Concrete Class
1	2	3	4	5	6	7				A
	1	2	3	4	5	6	7			B
		1	2	3	4	5	6	7		C
			1	2	3	4	5	6	7	D

(b)

Concrete										
13.30	13.80	14.30	14.80	15.30	15.80	16.30	16.80	17.30	17.80	Mortar (ft³/yd³)
13.70	13.20	12.70	12.20	11.70	11.20	10.70	10.20	9.70	9.20	C. A. + 8 (ft³/yd³)
0.493	0.511	0.530	0.548	0.567	0.585	0.604	0.622	0.641	0.659	Mortar (m³/m³)
0.507	0.489	0.470	0.452	0.433	0.415	0.396	0.378	0.359	0.341	C. A. + 8 (m³/m³)

(c)

Cement										f'_c (psi)
1.92	2.03	2.12	2.21	2.31	2.39	2.48	2.58	2.66	2.75	2000
2.13	2.21	2.31	2.41	2.51	2.60	2.70	2.79	2.87	2.97	2500
2.33	2.42	2.51	2.61	2.71	2.80	2.90	3.01	3.10	3.20	3000
2.55	2.64	2.73	2.83	2.93	3.03	3.13	3.24	3.34	3.43	3500
2.79	2.89	2.98	3.09	3.18	3.28	3.38	3.49	3.59	3.70	4000
3.05	3.14	3.23	3.34	3.45	3.55	3.66	3.78	3.88	3.99	4500
3.32	3.43	3.55	3.66	3.77	3.88	4.00	4.11	4.24	4.35	5000

(c-1)

Cement										f'_c (MPa)
0.078	0.077	0.081	0.084	0.088	0.091	0.095	0.098	0.101	0.105	15
0.085	0.088	0.091	0.095	0.099	0.102	0.106	0.110	0.113	0.117	20
0.097	0.100	0.103	0.107	0.111	0.114	0.120	0.122	0.126	0.130	25
0.110	0.114	0.117	0.121	0.124	0.128	0.133	0.137	0.140	0.144	30
0.124	0.128	0.133	0.137	0.141	0.145	0.150	0.154	0.159	0.163	35

(d)

Water										f'_c (psi)
3.66	3.83	3.99	4.18	4.36	4.53	4.70	4.89	5.05	5.24	2000
3.73	3.90	4.06	4.24	4.42	4.58	4.76	4.94	5.09	5.27	2500
3.81	3.97	4.14	4.31	4.48	4.64	4.81	4.99	5.14	5.32	3000
3.90	4.06	4.21	4.38	4.54	4.70	4.86	5.04	5.19	5.36	3500
3.97	4.12	4.28	4.44	4.60	4.76	4.92	5.08	5.24	5.41	4000
4.06	4.21	4.37	4.52	4.68	4.82	4.99	5.15	5.30	5.46	4500
4.16	4.30	4.46	4.60	4.76	4.90	5.06	5.22	5.37	5.52	5000

(d-1)

Water										f'_c (MPa)
0.136	0.143	0.149	0.156	0.162	0.169	0.175	0.182	0.187	0.195	15
0.140	0.146	0.153	0.159	0.165	0.172	0.178	0.185	0.190	0.197	20
0.145	0.151	0.157	0.163	0.169	0.175	0.181	0.187	0.193	0.199	25
0.149	0.155	0.161	0.167	0.173	0.178	0.184	0.190	0.196	0.202	30
0.155	0.160	0.165	0.171	0.177	0.182	0.188	0.194	0.199	0.205	35

(e)

Air										
1.20	1.24	1.29	1.33	1.38	1.42	1.47	1.51	1.56	1.60	Entrained (ft³/yd³)
4.43	4.60	4.77	4.93	5.10	5.27	5.43	5.60	5.77	5.93	%
0.044	0.046	0.048	0.049	0.051	0.053	0.054	0.056	0.058	0.059	Entrained (m³/m³)

(f)

Air (Values Approximate)							
2000	2500	3000	3500	4000	4500	5000	f'_c (psi)
—	—	—	—	—	—	—	Entrapped (ft³/yd³)
—	—	—	—	—	—	—	%

(f-1)

Air (Values Approximate)					
15	20	25	30	35	f'_c (MPa)
—	—	—	—	—	Entrapped (m³/m³)
—	—	—	—	—	%

(g)

Cement and Water Adjustments for Fine Aggregate Variations										
31–32	32–33	33–34	34–35	35–36	36–37	37–38	38–39	39–40	40–41	% Voids
90.0	92.5	95.0	97.5	100.0	102.5	105.0	107.5	110.0	112.5	Adjustment (%)

TABLES OF VOLUMES

Table No.	25
C.A. Size	½"
	12.5 mm
ASTM No.	7
Slump	4½"
	115 mm

(√) AE
( ) Non-AE

(a)

Coarse Aggregate Type No.										Concrete Class
1	2	3	4	5	6	7				A
	1	2	3	4	5	6	7			B
		1	2	3	4	5	6	7		C
			1	2	3	4	5	6	7	D

(b)
Concrete

13.30	13.80	14.30	14.80	15.30	15.80	16.30	16.80	17.30	17.80	Mortar (ft³/yd³)
13.70	13.20	12.70	12.20	11.70	11.20	10.70	10.20	9.70	9.20	C. A. + 8 (ft³/yd³)
0.493	0.511	0.530	0.548	0.567	0.585	0.604	0.622	0.641	0.659	Mortar (m³/m³)
0.507	0.489	0.470	0.452	0.433	0.415	0.396	0.378	0.359	0.341	C. A. + 8 (m³/m³)

(c)
Cement

										f'_c (psi)
1.95	2.06	2.15	2.24	2.34	2.42	2.51	2.61	2.69	2.78	2000
2.16	2.24	2.34	2.44	2.54	2.63	2.73	2.82	2.90	3.00	2500
2.36	2.45	2.54	2.64	2.74	2.83	2.93	3.04	3.13	3.23	3000
2.58	2.67	2.76	2.86	2.96	3.06	3.16	3.27	3.37	3.46	3500
2.82	2.92	3.01	3.12	3.21	3.31	3.41	3.52	3.62	3.73	4000
3.08	3.17	3.26	3.37	3.48	3.58	3.69	3.81	3.91	4.02	4500
3.35	3.46	3.58	3.69	3.80	3.91	4.03	4.14	4.27	4.38	5000

(c-1)
Cement

										f'_c (MPa)
0.075	0.078	0.082	0.085	0.089	0.092	0.096	0.099	0.102	0.106	15
0.086	0.089	0.092	0.096	0.100	0.103	0.107	0.111	0.114	0.118	20
0.098	0.101	0.104	0.108	0.112	0.115	0.119	0.123	0.127	0.131	25
0.111	0.115	0.118	0.122	0.125	0.129	0.134	0.138	0.141	0.145	30
0.125	0.129	0.134	0.138	0.142	0.146	0.151	0.155	0.160	0.164	35

(d)
Water

										f'_c (psi)
3.71	3.88	4.04	4.23	4.41	4.58	4.75	4.94	5.10	5.29	2000
3.78	3.95	4.11	4.29	4.47	4.63	4.81	4.99	5.14	5.32	2500
3.86	4.02	4.19	4.36	4.53	4.69	4.86	5.04	5.19	5.37	3000
3.95	4.11	4.26	4.43	4.59	4.75	4.91	5.09	5.24	5.41	3500
4.02	4.17	4.33	4.49	4.65	4.81	4.97	5.13	5.29	5.46	4000
4.11	4.26	4.42	4.57	4.73	4.87	5.04	5.20	5.35	5.51	4500
4.21	4.35	4.51	4.65	4.81	4.95	5.11	5.27	5.42	5.57	5000

(d-1)
Water

										f'_c (MPa)
0.138	0.145	0.151	0.158	0.164	0.171	0.177	0.184	0.189	0.197	15
0.142	0.148	0.155	0.161	0.167	0.174	0.180	0.187	0.192	0.199	20
0.147	0.153	0.159	0.165	0.171	0.177	0.183	0.189	0.195	0.201	25
0.151	0.157	0.163	0.169	0.175	0.180	0.186	0.192	0.198	0.204	30
0.157	0.161	0.173	0.177	0.179	0.184	0.190	0.196	0.201	0.207	35

(e)
Air

1.20	1.24	1.29	1.33	1.38	1.42	1.47	1.51	1.56	1.60	Entrained (ft³/yd³)
4.43	4.60	4.77	4.93	5.10	5.27	5.43	5.60	5.77	5.93	%
0.044	0.046	0.048	0.049	0.051	0.053	0.054	0.056	0.058	0.059	Entrained (m³/m³)

(f)
Air (Values Approximate)

2000	2500	3000	3500	4000	4500	5000	f'_c (psi)
—	—	—	—	—	—	—	Entrapped (ft³/yd³)
—	—	—	—	—	—	—	%

(f-1)
Air (Values Approximate)

15	20	25	30	35	f'_c (MPa)
—	—	—	—	—	Entrapped (m³/m³)
—	—	—	—	—	%

(g)
Cement and Water Adjustments for Fine Aggregate Variations

31-32	32-33	33-34	34-35	35-36	36-37	37-38	38-39	39-40	40-41	% Voids
90.0	92.5	95.0	97.5	100.0	102.5	105.0	107.5	110.0	112.5	Adjustment (%)

Table No.	26	
C.A. Size	½"	
	12.5 mm	
ASTM No.	7	
Slump	5"	
	125 mm	
(√) AE		
( ) Non-AE		

(a)

Coarse Aggregate Type No.										Concrete Class
1	2	3	4	5	6	7				A
	1	2	3	4	5	6	7			B
		1	2	3	4	5	6	7		C
			1	2	3	4	5	6	7	D

(b)

Concrete										
13.30	13.80	14.30	14.80	15.30	15.80	16.30	16.80	17.30	17.80	Mortar (ft³/yd³)
13.70	13.20	12.70	12.20	11.70	11.20	10.70	10.20	9.70	9.20	C. A. + 8 (ft³/yd³)
0.493	0.511	0.530	0.548	0.567	0.585	0.604	0.622	0.641	0.659	Mortar (m³/m³)
0.507	0.489	0.470	0.452	0.433	0.415	0.396	0.378	0.359	0.341	C. A. + 8 (m³/m³)

(c)

Cement										f'_c (psi)
1.98	2.09	2.18	2.27	2.37	2.45	2.54	2.64	2.72	2.81	2000
2.19	2.27	2.37	2.47	2.57	2.66	2.76	2.85	2.93	3.03	2500
2.39	2.48	2.57	2.67	2.77	2.86	2.96	3.07	3.16	3.26	3000
2.61	2.70	2.79	2.89	2.99	3.09	3.19	3.30	3.40	3.49	3500
2.85	2.95	3.04	3.15	3.24	3.34	3.44	3.55	3.65	3.76	4000
3.11	3.20	3.29	3.40	3.51	3.61	3.72	3.84	3.94	4.05	4500
3.38	3.49	3.61	3.72	3.83	3.94	4.06	4.17	4.30	4.41	5000

(c-1)

Cement										f'_c (MPa)
0.076	0.079	0.083	0.086	0.090	0.093	0.097	0.100	0.103	0.107	15
0.087	0.090	0.093	0.097	0.101	0.104	0.108	0.112	0.115	0.119	20
0.099	0.102	0.105	0.109	0.113	0.116	0.120	0.124	0.128	0.132	25
0.112	0.116	0.119	0.123	0.126	0.130	0.135	0.139	0.142	0.146	30
0.126	0.130	0.135	0.139	0.143	0.147	0.152	0.156	0.161	0.165	35

(d)

Water										f'_c (psi)
3.77	3.94	4.10	4.29	4.47	4.64	4.81	5.00	5.16	5.35	2000
3.84	4.01	4.17	4.35	4.53	4.69	4.87	5.05	5.20	5.38	2500
3.92	4.08	4.25	4.42	4.59	4.75	4.92	5.10	5.25	5.43	3000
4.01	4.17	4.32	4.49	4.65	4.81	4.97	5.15	5.30	5.47	3500
4.08	4.23	4.39	4.55	4.71	4.87	5.03	5.19	5.35	5.52	4000
4.17	4.32	4.48	4.63	4.79	4.93	5.10	5.26	5.41	5.57	4500
4.27	4.41	4.57	4.71	4.87	5.01	5.17	5.33	5.47	5.63	5000

(d-1)

Water										f'_c (MPa)
0.140	0.147	0.153	0.160	0.166	0.173	0.179	0.186	0.191	0.199	15
0.144	0.150	0.157	0.163	0.169	0.176	0.182	0.189	0.194	0.201	20
0.149	0.155	0.161	0.167	0.173	0.179	0.185	0.191	0.197	0.203	25
0.153	0.159	0.165	0.171	0.177	0.182	0.188	0.194	0.200	0.206	30
0.159	0.164	0.169	0.175	0.181	0.186	0.192	0.198	0.203	0.209	35

(e)

Air										
1.20	1.24	1.29	1.33	1.38	1.42	1.47	1.51	1.56	1.60	Entrained (ft³/yd³)
4.43	4.60	4.77	4.93	5.10	5.27	5.43	5.60	5.77	5.93	%
0.044	0.046	0.048	0.049	0.051	0.053	0.054	0.056	0.058	0.059	Entrained (m³/m³)

(f)

Air (Values Approximate)

2000	2500	3000	3500	4000	4500	5000	f'_c (psi)
—	—	—	—	—	—	—	Entrapped (ft³/yd³)
—	—	—	—	—	—	—	%

(f-1)

Air (Values Approximate)

15	20	25	30	35	f'_c (MPa)
—	—	—	—	—	Entrapped (m³/m³)
—	—	—	—	—	%

(g)

Cement and Water Adjustments for Fine Aggregate Variations

31–32	32–33	33–34	34–35	35–36	36–37	37–38	38–39	39–40	40–41	% Voids
90.0	92.5	95.0	97.5	100.0	102.5	105.0	107.5	110.0	112.5	Adjustment (%)

Table No.	27
C.A. Size	½"
	12.5 mm
ASTM No.	7
Slump	5½"
	140 mm
(√) AE	
( ) Non-AE	

(a)

Coarse Aggregate Type No.										Concrete Class
1	2	3	4	5	6	7				A
	1	2	3	4	5	6	7			B
		1	2	3	4	5	6	7		C
			1	2	3	4	5	6	7	D

(b) Concrete

13.30	13.80	14.30	14.80	15.30	15.80	16.30	16.80	17.30	17.80	Mortar (ft³/yd³)
13.70	13.20	12.70	12.20	11.70	11.20	10.70	10.20	9.70	9.20	C. A. + 8 (ft³/yd³)
0.493	0.511	0.530	0.548	0.567	0.585	0.604	0.622	0.641	0.659	Mortar (m³/m³)
0.507	0.489	0.470	0.452	0.433	0.415	0.396	0.378	0.359	0.341	C. A. + 8 (m³/m³)

(c) Cement

										f'_c (psi)
2.02	2.13	2.22	2.31	2.41	2.49	2.58	2.68	2.76	2.85	2000
2.23	2.31	2.41	2.51	2.61	2.70	2.80	2.89	2.97	3.07	2500
2.43	2.52	2.61	2.71	2.81	2.90	3.00	3.11	3.20	3.30	3000
2.65	2.74	2.83	2.93	3.03	3.13	3.23	3.34	3.44	3.53	3500
2.89	2.99	3.08	3.19	3.28	3.38	3.48	3.59	3.69	3.80	4000
3.15	3.24	3.33	3.44	3.55	3.65	3.76	3.88	3.98	4.09	4500
3.42	3.53	3.65	3.76	3.87	3.98	4.10	4.21	4.34	4.45	5000

(c-1) Cement

										f'_c (MPa)
0.078	0.081	0.085	0.088	0.092	0.095	0.099	0.102	0.105	0.109	15
0.089	0.092	0.095	0.099	0.103	0.106	0.110	0.114	0.117	0.121	20
0.101	0.104	0.107	0.111	0.115	0.118	0.122	0.126	0.130	0.134	25
0.114	0.118	0.121	0.125	0.128	0.132	0.137	0.141	0.144	0.148	30
0.128	0.132	0.137	0.141	0.145	0.149	0.154	0.158	0.163	0.167	35

(d) Water

										f'_c (psi)
3.82	3.99	4.15	4.34	4.52	4.69	4.86	5.05	5.21	5.40	2000
3.89	4.06	4.22	4.40	4.58	4.74	4.92	5.10	5.25	5.43	2500
3.97	4.13	4.30	4.47	4.64	4.80	4.97	5.15	5.30	5.48	3000
4.06	4.22	4.37	4.54	4.70	4.86	5.02	5.20	5.35	5.52	3500
4.13	4.28	4.44	4.60	4.76	4.92	5.08	5.24	5.40	5.57	4000
4.22	4.37	4.53	4.68	4.84	4.98	5.15	5.31	5.46	5.62	4500
4.32	4.46	4.62	4.76	4.92	5.06	5.22	5.38	5.53	5.68	5000

(d-1) Water

										f'_c (MPa)
0.142	0.149	0.155	0.162	0.168	0.175	0.181	0.188	0.193	0.201	15
0.146	0.152	0.159	0.165	0.171	0.178	0.184	0.191	0.196	0.203	20
0.151	0.157	0.163	0.169	0.175	0.181	0.187	0.193	0.199	0.205	25
0.155	0.161	0.167	0.173	0.179	0.184	0.190	0.196	0.202	0.208	30
0.161	0.166	0.171	0.177	0.183	0.188	0.194	0.200	0.205	0.211	35

(e) Air

1.20	1.24	1.29	1.33	1.38	1.42	1.47	1.51	1.56	1.60	Entrained (ft³/yd³)
4.43	4.60	4.77	4.93	5.10	5.27	5.43	5.60	5.77	5.93	%
0.044	0.046	0.048	0.049	0.051	0.053	0.054	0.056	0.058	0.059	Entrained (m³/m³)

(f) Air (Values Approximate)

2000	2500	3000	3500	4000	4500	5000	f'_c (psi)
—	—	—	—	—	—	—	Entrapped (ft³/yd³)
—	—	—	—	—	—	—	%

(f-1) Air (Values Approximate)

15	20	25	30	35	f'_c (MPa)
—	—	—	—	—	Entrapped (m³/m³)
—	—	—	—	—	%

(g) Cement and Water Adjustments for Fine Aggregate Variations

31–32	32–33	33–34	34–35	35–36	36–37	37–38	38–39	39–40	40–41	% Voids
90.0	92.5	95.0	97.5	100.0	102.5	105.0	107.5	110.0	112.5	Adjustment (%)

Table No. 28

C.A. Size ½"

12.5 mm

ASTM No. 7

Slump 6"

150 mm

(✓) AE

( ) Non-AE

(a)

Coarse Aggregate Type No.										Concrete Class
1	2	3	4	5	6	7				A
	1	2	3	4	5	6	7			B
		1	2	3	4	5	6	7		C
			1	2	3	4	5	6	7	D

(b)

Concrete										
13.30	13.80	14.30	14.80	15.30	15.80	16.30	16.80	17.30	17.80	Mortar (ft³/yd³)
13.70	13.20	12.70	12.20	11.70	11.20	10.70	10.20	9.70	9.20	C. A. + 8 (ft³/yd³)
0.493	0.511	0.530	0.548	0.567	0.585	0.604	0.622	0.641	0.659	Mortar (m³/m³)
0.507	0.489	0.470	0.452	0.433	0.415	0.396	0.378	0.359	0.341	C. A. + 8 (m³/m³)

(c)

Cement										f'_c (psi)
2.05	2.16	2.25	2.34	2.44	2.52	2.61	2.71	2.79	2.88	2000
2.26	2.34	2.44	2.54	2.64	2.73	2.83	2.92	3.00	3.10	2500
2.46	2.55	2.64	2.74	2.84	2.93	3.03	3.14	3.23	3.33	3000
2.68	2.77	2.86	2.96	3.06	3.16	3.26	3.37	3.47	3.56	3500
2.92	3.02	3.11	3.22	3.31	3.41	3.51	3.62	3.72	3.83	4000
3.18	3.27	3.36	3.47	3.58	3.68	3.79	3.91	4.01	4.12	4500
3.45	3.56	3.68	3.79	3.90	4.01	4.18	4.24	4.37	4.48	5000

(c-1)

Cement										f'_c (MPa)
0.079	0.082	0.086	0.089	0.093	0.096	0.100	0.103	0.106	0.110	15
0.090	0.093	0.096	0.100	0.104	0.107	0.111	0.115	0.118	0.122	20
0.102	0.105	0.108	0.112	0.116	0.119	0.123	0.127	0.131	0.135	25
0.115	0.119	0.122	0.126	0.129	0.133	0.138	0.142	0.145	0.149	30
0.129	0.133	0.138	0.142	0.146	0.150	0.155	0.159	0.164	0.168	35

(d)

Water										f'_c (psi)
3.87	4.04	4.20	4.39	4.57	4.74	4.91	5.10	5.26	5.45	2000
3.94	4.11	4.27	4.45	4.63	4.79	4.97	5.15	5.30	5.48	2500
4.02	4.18	4.35	4.52	4.69	4.85	5.02	5.20	5.35	5.53	3000
4.11	4.27	4.42	4.59	4.75	4.91	5.07	5.25	5.40	5.57	3500
4.18	4.33	4.49	4.65	4.81	4.97	5.13	5.29	5.45	5.62	4000
4.27	4.42	4.58	4.73	4.89	5.03	5.20	5.36	5.51	5.67	4500
4.37	4.51	4.67	4.81	4.97	5.11	5.27	5.43	5.58	5.73	5000

(d-1)

Water										f'_c (MPa)
0.144	0.151	0.157	0.164	0.170	0.177	0.183	0.190	0.195	0.203	15
0.148	0.154	0.161	0.167	0.173	0.180	0.186	0.193	0.198	0.205	20
0.153	0.159	0.165	0.171	0.177	0.183	0.189	0.195	0.201	0.207	25
0.157	0.163	0.169	0.175	0.181	0.186	0.192	0.198	0.204	0.210	30
0.163	0.168	0.173	0.179	0.185	0.190	0.196	0.202	0.207	0.213	35

(e)

Air										
1.20	1.24	1.29	1.33	1.38	1.42	1.47	1.51	1.56	1.60	Entrained (ft³/yd³)
4.43	4.60	4.77	4.93	5.10	5.27	5.43	5.60	5.77	5.93	%
0.044	0.046	0.048	0.049	0.051	0.053	0.054	0.056	0.058	0.059	Entrained (m³/m³)

(f)

Air (Values Approximate)

2000	2500	3000	3500	4000	4500	5000	f'_c (psi)
—	—	—	—	—	—	—	Entrapped (ft³/yd³)
—	—	—	—	—	—	—	%

(f-1)

Air (Values Approximate)

15	20	25	30	35	f'_c (MPa)
—	—	—	—	—	Entrapped (m³/m³)
—	—	—	—	—	%

(g)

Cement and Water Adjustments for Fine Aggregate Variations

31-32	32-33	33-34	34-35	35-36	36-37	37-38	38-39	39-40	40-41	% Voids
90.0	92.5	95.0	97.5	100.0	102.5	105.0	107.5	110.0	112.5	Adjustment (%)

Table No.		29
C.A. Size		½"
		12.5 mm
ASTM No.		7
Slump		6½"
		165 mm
(✓) AE		
( ) Non-AE		

(a)

Coarse Aggregate Type No.										Concrete Class
1	2	3	4	5	6	7				A
	1	2	3	4	5	6	7			B
		1	2	3	4	5	6	7		C
			1	2	3	4	5	6	7	D

(b) Concrete

13.30	13.80	14.30	14.80	15.30	15.80	16.30	16.80	17.30	17.80	Mortar (ft³/yd³)
13.70	13.20	12.70	12.20	11.70	11.20	10.70	10.20	9.70	9.20	C. A. + 8 (ft³/yd³)
0.493	0.511	0.530	0.548	0.567	0.585	0.604	0.622	0.641	0.659	Mortar (m³/m³)
0.507	0.489	0.470	0.452	0.433	0.415	0.396	0.378	0.359	0.341	C. A. + 8 (m³/m³)

(c) Cement

										f'_c (psi)
2.08	2.19	2.28	2.37	2.47	2.55	2.64	2.74	2.82	2.91	2000
2.29	2.37	2.47	2.57	2.67	2.76	2.86	2.95	3.03	3.13	2500
2.49	2.58	2.67	2.77	2.87	2.96	3.06	3.17	3.26	3.36	3000
2.71	2.80	2.89	2.99	3.09	3.19	3.29	3.40	3.50	3.59	3500
2.95	3.05	3.14	3.25	3.34	3.44	3.54	3.65	3.75	3.86	4000
3.21	3.30	3.39	3.50	3.61	3.71	3.82	3.94	4.04	4.15	4500
3.48	3.59	3.71	3.82	3.93	4.04	4.16	4.27	4.40	4.51	5000

(c-1) Cement

										f'_c (MPa)
0.080	0.083	0.087	0.090	0.095	0.097	0.101	0.104	0.107	0.111	15
0.091	0.094	0.097	0.101	0.105	0.108	0.112	0.116	0.119	0.123	20
0.103	0.106	0.109	0.113	0.117	0.120	0.124	0.128	0.132	0.136	25
0.116	0.120	0.123	0.127	0.130	0.134	0.139	0.143	0.146	0.150	30
0.130	0.134	0.139	0.143	0.147	0.151	0.156	0.160	0.165	0.169	35

(d) Water

										f'_c (psi)
3.92	4.09	4.25	4.44	4.62	4.79	4.96	5.15	5.31	5.50	2000
3.99	4.16	4.32	4.50	4.68	4.84	5.02	5.20	5.35	5.53	2500
4.07	4.23	4.40	4.57	4.74	4.90	5.07	5.25	5.40	5.58	3000
4.16	4.32	4.47	4.64	4.80	4.96	5.12	5.30	5.45	5.62	3500
4.23	4.38	4.54	4.70	4.86	5.02	5.18	5.34	5.50	5.67	4000
4.32	4.47	4.63	4.78	4.94	5.08	5.25	5.41	5.56	5.72	4500
4.42	4.56	4.72	4.86	5.02	5.16	5.32	5.48	5.63	5.78	5000

(d-1) Water

										f'_c (MPa)
0.146	0.153	0.159	0.165	0.172	0.179	0.185	0.192	0.197	0.205	15
0.150	0.156	0.163	0.168	0.175	0.182	0.188	0.195	0.200	0.207	20
0.155	0.161	0.167	0.172	0.179	0.185	0.191	0.197	0.203	0.209	25
0.159	0.165	0.171	0.176	0.183	0.188	0.194	0.200	0.206	0.212	30
0.165	0.170	0.175	0.180	0.187	0.192	o.198	0.204	0.209	0.215	35

(e) Air

1.20	1.24	1.29	1.33	1.38	1.42	1.47	1.51	1.56	1.60	Entrained (ft³/yd³)
4.43	4.60	4.77	4.93	5.10	5.27	5.43	5.60	5.77	5.93	%
0.044	0.046	0.048	0.049	0.051	0.053	0.054	0.056	0.058	0.059	Entrained (m³/m³)

(f) Air (Values Approximate)

2000	2500	3000	3500	4000	4500	5000	f'_c (psi)
—	—	—	—	—	—	—	Entrapped (ft³/yd³)
—	—	—	—	—	—	—	%

(f-1) Air (Values Approximate)

15	20	25	30	35	f'_c (MPa)
—	—	—	—	—	Entrapped (m³/m³)
—	—	—	—	—	%

(g) Cement and Water Adjustments for Fine Aggregate Variations

31–32	32–33	33–34	34–35	35–36	36–37	37–38	38–39	39–40	40–41	% Voids
90.0	92.5	95.0	97.5	100.0	102.5	105.0	107.5	110.0	112.5	Adjustment (%)

Table No.	30
C.A. Size	½"
	12.5 mm
ASTM No.	7
Slump	7"
	175 mm
(✓) AE	
( ) Non-AE	

(a)

Coarse Aggregate Type No.										Concrete Class
1	2	3	4	5	6	7				A
	1	2	3	4	5	6	7			B
		1	2	3	4	5	6	7		C
			1	2	3	4	5	6	7	D

(b) Concrete

13.30	13.80	14.30	14.80	15.30	15.80	16.30	16.80	17.30	17.80	Mortar (ft³/yd³)
13.70	13.20	12.70	12.20	11.70	11.20	10.70	10.20	9.70	9.20	C. A. + 8 (ft³/yd³)
0.493	0.511	0.530	0.548	0.567	0.585	0.604	0.622	0.641	0.659	Mortar (m³/m³)
0.507	0.489	0.470	0.452	0.433	0.415	0.396	0.378	0.359	0.341	C. A. + 8 (m³/m³)

(c) Cement

										f'_c (psi)
2.12	2.23	2.32	2.41	2.51	2.59	2.68	2.78	2.86	2.95	2000
2.33	2.41	2.51	2.61	2.71	2.80	2.90	2.99	3.07	3.17	2500
2.53	2.62	2.71	2.81	2.91	3.00	3.10	3.21	3.30	3.40	3000
2.75	2.84	2.93	3.03	3.13	3.23	3.33	3.44	3.54	3.63	3500
2.99	3.09	3.18	3.29	3.38	3.48	3.58	3.69	3.79	3.90	4000
3.25	3.34	3.43	3.54	3.65	3.75	3.86	3.98	4.08	4.19	4500
3.52	3.63	3.75	3.86	3.97	4.08	4.20	4.31	4.44	4.55	5000

(c-1) Cement

										f'_c (MPa)
0.081	0.084	0.088	0.091	0.095	0.098	0.102	0.105	0.108	0.112	15
0.092	0.095	0.098	0.102	0.106	0.109	0.113	0.117	0.120	0.124	20
0.104	0.107	0.110	0.114	0.118	0.121	0.125	0.129	0.133	0.137	25
0.117	0.121	0.124	0.128	0.131	0.135	0.140	0.144	0.147	0.151	30
0.131	0.135	0.140	0.144	0.148	0.152	0.157	0.161	0.166	0.170	35

(d) Water

										f'_c (psi)
3.97	4.14	4.30	4.49	4.67	4.84	5.01	5.20	5.36	5.55	2000
4.04	4.21	4.37	4.55	4.73	4.89	5.07	5.25	5.40	5.58	2500
4.12	4.28	4.45	4.62	4.79	4.95	5.12	5.30	5.45	5.63	3000
4.21	4.37	4.52	4.69	4.85	5.01	5.17	5.35	5.50	5.67	3500
4.28	4.43	4.59	4.75	4.91	5.07	5.23	5.39	5.55	5.72	4000
4.37	4.52	4.68	4.83	4.99	5.13	5.30	5.46	5.61	5.77	4500
4.47	4.61	4.77	4.91	5.07	5.21	5.37	5.53	5.68	5.83	5000

(d-1) Water

										f'_c (MPa)
0.147	0.154	0.160	0.167	0.173	0.180	0.186	0.193	0.198	0.206	15
0.151	0.157	0.164	0.170	0.176	0.183	0.189	0.196	0.201	0.208	20
0.156	0.162	0.168	0.174	0.180	0.186	0.192	0.198	0.204	0.210	25
0.160	0.166	0.172	0.178	0.184	0.189	0.195	0.201	0.207	0.213	30
0.166	0.171	0.176	0.182	0.188	0.193	0.199	0.205	0.210	0.216	35

(e) Air

1.20	1.24	1.29	1.33	1.38	1.42	1.47	1.51	1.56	1.60	Entrained (ft³/yd³)
4.43	4.60	4.77	4.93	5.10	5.27	5.43	5.60	5.77	5.93	%
0.044	0.046	0.048	0.049	0.051	0.053	0.054	0.056	0.058	0.059	Entrained (m³/m³)

(f) Air (Values Approximate)

2000	2500	3000	3500	4000	4500	5000	f'_c (psi)
—	—	—	—	—	—	—	Entrapped (ft³/yd³)
—	—	—	—	—	—	—	%

(f-1) Air (Values Approximate)

15	20	25	30	35	f'_c (MPa)
—	—	—	—	—	Entrapped (m³/m³)
—	—	—	—	—	%

(g) Cement and Water Adjustments for Fine Aggregate Variations

31-32	32-33	33-34	34-35	35-36	36-37	37-38	38-39	39-40	40-41	% Voids
90.0	92.5	95.0	97.5	100.0	102.5	105.0	107.5	110.0	112.5	Adjustment (%)

TABLES OF VOLUMES 43

Table No.	31
C.A. Size	3/4"
	19.0 mm
ASTM No.	67
Slump	0"
	0" mm
(✓) AE	
( ) Non-AE	

(a)

Coarse Aggregate Type No.										Concrete Class
1	2	3	4	5	6	7				A
	1	2	3	4	5	6	7			B
		1	2	3	4	5	6	7		C
			1	2	3	4	5	6	7	D

(b)

Concrete										
12.80	13.30	13.80	14.30	14.80	15.30	15.80	16.30	16.80	17.30	Mortar (ft³/yd³)
14.20	13.70	13.20	12.70	12.20	11.70	11.20	10.70	10.20	9.70	C. A. + 8 (ft³/yd³)
0.474	0.493	0.511	0.530	0.548	0.567	0.585	0.604	0.622	0.641	Mortar (m³/m³)
0.526	0.507	0.489	0.470	0.452	0.433	0.415	0.396	0.378	0.359	C. A. + 8 (m³/m³)

(c)

Cement										f'_c (psi)
1.58	1.66	1.76	1.85	1.95	2.05	2.13	2.23	2.32	2.41	2000
1.77	1.85	1.96	2.06	2.15	2.25	2.33	2.43	2.53	2.62	2500
1.96	2.06	2.16	2.25	2.35	2.45	2.53	2.63	2.73	2.82	3000
2.19	2.29	2.39	2.49	2.58	2.69	2.78	2.87	2.97	3.06	3500
2.41	2.51	2.61	2.73	2.83	2.93	3.02	3.13	3.23	3.33	4000
2.65	2.75	2.87	2.99	3.10	3.21	3.31	3.43	3.53	3.64	4500
2.95	3.06	3.16	3.31	3.43	3.55	3.65	3.78	3.89	4.00	5000

(c-1)

Cement										f'_c (MPa)
0.061	0.064	0.068	0.071	0.075	0.079	0.082	0.085	0.089	0.092	15
0.071	0.075	0.079	0.082	0.086	0.090	0.093	0.096	0.100	0.103	20
0.084	0.087	0.091	0.095	0.098	0.102	0.105	0.109	0.113	0.116	25
0.096	0.100	0.104	0.108	0.112	0.116	0.120	0.124	0.128	0.132	30
0.111	0.115	0.119	0.125	0.129	0.134	0.137	0.142	0.146	0.150	35

(d)

Water										f'_c (psi)
3.07	3.23	3.41	3.57	3.74	3.91	4.07	4.25	4.42	4.59	2000
3.13	3.29	3.46	3.63	3.79	3.97	4.13	4.29	4.47	4.63	2500
3.20	3.36	3.53	3.69	3.85	4.03	4.19	4.34	4.51	4.67	3000
3.29	3.45	3.61	3.77	3.93	4.09	4.25	4.41	4.56	4.71	3500
3.38	3.53	3.69	3.85	4.01	4.16	4.31	4.45	4.61	4.76	4000
3.49	3.65	3.79	3.94	4.09	4.24	4.37	4.53	4.67	4.81	4500
3.59	3.75	3.89	4.04	4.17	4.32	4.45	4.59	4.73	4.87	5000

(d-1)

Water										f'_c (MPa)
0.114	0.120	0.127	0.133	0.139	0.146	0.151	0.158	0.164	0.170	15
0.118	0.124	0.130	0.136	0.142	0.149	0.155	0.160	0.167	0.173	20
0.123	0.129	0.134	0.140	0.146	0.152	0.158	0.164	0.169	0.175	25
0.129	0.134	0.139	0.145	0.151	0.156	0.161	0.167	0.172	0.178	30
0.134	0.140	0.145	0.150	0.155	0.160	0.165	0.170	0.176	0.181	35

(e)

Air										
1.15	1.20	1.24	1.29	1.33	1.38	1.42	1.47	1.51	1.56	Entrained (ft³/yd³)
4.27	4.43	4.60	4.77	4.93	5.10	5.27	5.43	5.60	5.77	%
0.043	0.044	0.046	0.048	0.049	0.051	0.053	0.054	0.056	0.058	Entrained (m³/m³)

(f)

Air (Values Approximate)							
2000	2500	3000	3500	4000	4500	5000	f'_c (psi)
—	—	—	—	—	—	—	Entrapped (ft³/yd³)
—	—	—	—	—	—	—	%

(f-1)

Air (Values Approximate)					
15	20	25	30	35	f'_c (MPa)
—	—	—	—	—	Entrapped (m³/m³)
—	—	—	—	—	%

(g)

Cement and Water Adjustments for Fine Aggregate Variations										
31–32	32–33	33–34	34–35	35–36	36–37	37–38	38–39	39–40	40–41	% Voids
90.0	92.5	95.0	97.5	100.0	102.5	105.0	107.5	110.0	112.5	Adjustment (%)

Table No.	32
C.A. Size	3/4"
	19.0 mm
ASTM No.	67
Slump	1/2"
	12.5 mm
(✓) AE	
( ) Non·AE	

(a)

Coarse Aggregate Type No.										Concrete Class
1	2	3	4	5	6	7				A
	1	2	3	4	5	6	7			B
		1	2	3	4	5	6	7		C
			1	2	3	4	5	6	7	D

(b)

Concrete										
12.80	13.30	13.80	14.30	14.80	15.30	15.80	16.30	16.80	17.30	Mortar (ft^3/yd^3)
14.20	13.70	13.20	12.70	12.20	11.70	11.20	10.70	10.20	9.70	C. A. + 8 (ft^3/yd^3)
0.474	0.493	0.511	0.530	0.548	0.567	0.585	0.604	0.622	0.641	Mortar (m^3/m^3)
0.526	0.507	0.489	0.470	0.452	0.433	0.415	0.396	0.378	0.359	C. A. + 8 (m^3/m^3)

(c)

Cement										f'_c (psi)
1.61	1.69	1.79	1.88	1.98	2.08	2.16	2.26	2.35	2.44	2000
1.80	1.88	1.99	2.09	2.18	2.28	2.36	2.46	2.56	2.65	2500
1.99	2.09	2.19	2.28	2.38	2.48	2.56	2.66	2.76	2.85	3000
2.22	2.32	2.42	2.52	2.61	2.72	2.81	2.90	3.00	3.09	3500
2.44	2.54	2.64	2.76	2.86	2.96	3.05	3.16	3.26	3.36	4000
2.68	2.78	2.90	3.02	3.13	3.24	3.34	3.46	3.56	3.67	4500
2.98	3.09	3.19	3.34	3.46	3.58	3.68	3.81	3.92	4.03	5000

(c-1)

Cement										f'_c (MPa)
0.062	0.065	0.069	0.072	0.076	0.080	0.083	0.086	0.090	0.093	15
0.072	0.076	0.080	0.083	0.087	0.091	0.094	0.097	0.101	0.104	20
0.085	0.088	0.092	0.096	0.098	0.103	0.106	0.110	0.114	0.117	25
0.097	0.101	0.105	0.109	0.113	0.117	0.121	0.125	0.129	0.133	30
0.112	0.116	0.120	0.126	0.130	0.135	0.138	0.143	0.147	0.151	35

(d)

Water										f'_c (psi)
3.13	3.29	3.47	3.63	3.80	3.97	4.13	4.31	4.48	4.65	2000
3.19	3.35	3.52	3.69	3.85	4.03	4.19	4.35	4.53	4.69	2500
3.26	3.42	3.59	3.75	3.91	4.09	4.25	4.40	4.57	4.73	3000
3.35	3.51	3.67	3.83	3.99	4.15	4.31	4.47	4.62	4.77	3500
3.44	3.59	3.75	3.91	4.07	4.22	4.37	4.51	4.67	4.82	4000
3.55	3.71	3.85	4.00	4.15	4.30	4.43	4.59	4.73	4.87	4500
3.65	3.81	3.95	4.10	4.23	4.38	4.51	4.65	4.79	4.93	5000

(d-1)

Water										f'_c (MPa)
0.116	0.122	0.129	0.135	0.141	0.148	0.153	0.160	0.166	0.172	15
0.120	0.126	0.132	0.138	0.144	0.151	0.157	0.162	0.169	0.175	20
0.125	0.131	0.136	0.142	0.148	0.154	0.160	0.166	0.171	0.177	25
0.131	0.136	0.141	0.147	0.153	0.158	0.163	0.169	0.174	0.180	30
0.136	0.142	0.147	0.152	0.157	0.162	0.167	0.172	0.178	0.183	35

(e)

Air										
1.15	1.20	1.24	1.29	1.33	1.38	1.42	1.47	1.51	1.56	Entrained (ft^3/yd^3)
4.27	4.43	4.60	4.77	4.93	5.10	5.27	5.43	5.60	5.77	%
0.043	0.044	0.046	0.048	0.049	0.051	0.053	0.054	0.056	0.058	Entrained (m^3/m^3)

(f)

Air (Values Approximate)							
2000	2500	3000	3500	4000	4500	5000	f'_c (psi)
—	—	—	—	—	—	—	Entrapped (ft^3/yd^3)
—	—	—	—	—	—	—	%

(f-1)

Air (Values Approximate)					
15	20	25	30	35	f'_c (MPa)
—	—	—	—	—	Entrapped (m^3/m^3)
—	—	—	—	—	%

(g)

Cement and Water Adjustments for Fine Aggregate Variations										
31–32	32–33	33–34	34–35	35–36	36–37	37–38	38–39	39–40	40–41	% Voids
90.0	92.5	95.0	97.5	100.0	102.5	105.0	107.5	110.0	112.5	Adjustment (%)

Table No.	33
C.A. Size	3/4"
	19.0 mm
ASTM No.	67
Slump	1"
	25 mm

(√) AE
( ) Non-AE

(a)

Coarse Aggregate Type No.										Concrete Class
1	2	3	4	5	6	7				A
	1	2	3	4	5	6	7			B
		1	2	3	4	5	6	7		C
			1	2	3	4	5	6	7	D

(b)

Concrete										
12.80	13.30	13.80	14.30	14.80	15.30	15.80	16.30	16.80	17.30	Mortar (ft³/yd³)
14.20	13.70	13.20	12.70	12.20	11.70	11.20	10.70	10.20	9.70	C. A. + 8 (ft³/yd³)
0.474	0.493	0.511	0.530	0.548	0.567	0.585	0.604	0.622	0.641	Mortar (m³/m³)
0.526	0.507	0.489	0.470	0.452	0.433	0.415	0.396	0.378	0.359	C. A. + 8 (m³/m³)

(c)

Cement										f'_c (psi)
1.64	1.72	1.82	1.91	2.01	2.11	2.19	2.29	2.38	2.47	2000
1.83	1.91	2.02	2.12	2.21	2.31	2.39	2.49	2.59	2.68	2500
2.02	2.12	2.22	2.31	2.41	2.51	2.59	2.69	2.79	2.88	3000
2.25	2.35	2.45	2.55	2.64	2.75	2.84	2.93	3.03	3.12	3500
2.47	2.57	2.67	2.79	2.89	2.99	3.08	3.19	3.29	3.39	4000
2.71	2.81	2.93	3.05	3.16	3.27	3.37	3.49	3.59	3.70	4500
3.01	3.12	3.22	3.37	3.49	3.61	3.71	3.84	3.95	4.06	5000

(c-1)

Cement										f'_c (MPa)
0.063	0.066	0.070	0.073	0.077	0.81	0.084	0.087	0.091	0.094	15
0.073	0.077	0.081	0.084	0.088	0.092	0.095	0.098	0.102	0.105	20
0.086	0.089	0.093	0.097	0.100	0.104	0.107	0.111	0.115	0.118	25
0.098	0.102	0.106	0.110	0.114	0.118	0.122	0.126	0.130	0.134	30
0.113	0.117	0.121	0.127	0.131	0.136	0.139	0.144	0.148	0.152	35

(d)

Water										f'_c (psi)
3.18	3.34	3.52	3.68	3.85	4.02	4.18	4.36	4.53	4.70	2000
3.24	3.40	3.57	3.74	3.90	4.08	4.24	4.40	4.58	4.74	2500
3.31	3.47	3.64	3.80	3.96	4.14	4.30	4.45	4.62	4.78	3000
3.40	3.56	3.72	3.88	4.04	4.20	4.36	4.52	4.67	4.82	3500
3.49	3.64	3.80	3.96	4.12	4.27	4.42	4.56	4.72	4.87	4000
3.60	3.76	3.90	4.05	4.20	4.35	4.48	4.64	4.78	4.92	4500
3.70	3.86	4.00	4.15	4.28	4.43	4.56	4.70	4.84	4.98	5000

(d-1)

Water										f'_c (MPa)
0.118	0.124	0.131	0.137	0.143	0.150	0.155	0.162	0.168	0.174	15
0.122	0.128	0.134	0.140	0.146	0.153	0.159	0.164	0.171	0.177	20
0.127	0.133	0.138	0.144	0.150	0.156	0.162	0.168	0.173	0.179	25
0.133	0.138	0.143	0.149	0.155	0.160	0.165	0.171	0.176	0.182	30
0.138	0.144	0.149	0.154	0.159	0.164	0.169	0.174	0.180	0.185	35

(e)

Air										
1.15	1.20	1.24	1.29	1.33	1.38	1.42	1.47	1.51	1.56	Entrained (ft³/yd³)
4.27	4.43	4.60	4.77	4.93	5.10	5.27	5.43	5.60	5.77	%
0.043	0.044	0.046	0.048	0.049	0.051	0.053	0.054	0.056	0.058	Entrained (m³/m³)

(f)

Air (Values Approximate)							
2000	2500	3000	3500	4000	4500	5000	f'_c (psi)
—	—	—	—	—	—	—	Entrapped (ft³/yd³)
—	—	—	—	—	—	—	%

(f-1)

Air (Values Approximate)					
15	20	25	30	35	f'_c (MPa)
—	—	—	—	—	Entrapped (m³/m³)
—	—	—	—	—	%

(g)

Cement and Water Adjustments for Fine Aggregate Variations										
31-32	32-33	33-34	34-35	35-36	36-37	37-38	38-39	39-40	40-41	% Voids
90.0	92.5	95.0	97.5	100.0	102.5	105.0	107.5	110.0	112.5	Adjustment (%)

Table No.	34	
C.A. Size	3/4"	
	19.0 mm	
ASTM No.	67	
Slump	1½"	
	40 mm	
(√) AE		
( ) Non-AE		

(a)

Coarse Aggregate Type No.										Concrete Class
1	2	3	4	5	6	7				A
	1	2	3	4	5	6	7			B
		1	2	3	4	5	6	7		C
			1	2	3	4	5	6	7	D

(b) Concrete

12.80	13.30	13.80	14.30	14.80	15.30	15.80	16.30	16.80	17.30	Mortar (ft³/yd³)
14.20	13.70	13.20	12.70	12.20	11.70	11.20	10.70	10.20	9.70	C.A. + 8 (ft³/yd³)
0.474	0.493	0.511	0.530	0.548	0.567	0.585	0.604	0.622	0.641	Mortar (m³/m³)
0.526	0.507	0.489	0.470	0.452	0.433	0.415	0.396	0.378	0.359	C.A. + 8 (m³/m³)

(c) Cement

										f'_c (psi)
1.68	1.76	1.86	1.95	2.05	2.15	2.23	2.33	2.42	2.51	2000
1.87	1.95	2.06	2.16	2.25	2.35	2.43	2.53	2.63	2.72	2500
2.06	2.16	2.26	2.35	2.45	2.55	2.63	2.73	2.83	2.92	3000
2.29	2.39	2.49	2.59	2.68	2.79	2.88	2.97	3.07	3.16	3500
2.51	2.61	2.71	2.83	2.93	3.03	3.12	3.23	3.33	3.43	4000
2.75	2.85	2.97	3.09	3.20	3.31	3.41	3.53	3.63	3.74	4500
3.05	3.16	3.26	3.41	3.53	3.65	3.75	3.88	3.99	4.10	5000

(c-1) Cement

										f'_c (MPa)
0.064	0.067	0.071	0.074	0.078	0.082	0.085	0.088	0.092	0.095	15
0.074	0.078	0.082	0.085	0.089	0.093	0.096	0.099	0.103	0.106	20
0.087	0.090	0.094	0.098	0.101	0.105	0.108	0.112	0.116	0.119	25
0.099	0.103	0.107	0.111	0.115	0.119	0.123	0.127	0.131	0.135	30
0.114	0.118	0.122	0.128	0.132	0.137	0.140	0.145	0.149	0.153	35

(d) Water

										f'_c (psi)
3.23	3.39	3.57	3.73	3.90	4.07	4.23	4.41	4.58	4.75	2000
3.29	3.45	3.62	3.79	3.95	4.13	4.29	4.45	4.63	4.79	2500
3.36	3.52	3.69	3.85	4.01	4.19	4.35	4.50	4.67	4.83	3000
3.45	3.61	3.77	3.93	4.09	4.25	4.41	4.57	4.72	4.87	3500
3.54	3.69	3.85	4.01	4.17	4.32	4.47	4.61	4.77	4.92	4000
3.65	3.81	3.95	4.10	4.25	4.40	4.53	4.69	4.83	4.97	4500
3.75	3.91	4.05	4.20	4.33	4.48	4.61	4.75	4.89	5.03	5000

(d-1) Water

										f'_c (MPa)
0.120	0.126	0.133	0.139	0.145	0.152	0.157	0.164	0.170	0.176	15
0.124	0.130	0.136	0.142	0.148	0.155	0.161	0.166	0.173	0.179	20
0.129	0.135	0.140	0.146	0.152	0.158	0.164	0.170	0.175	0.181	25
0.135	0.140	0.145	0.151	0.157	0.162	0.167	0.173	0.178	0.184	30
0.140	0.146	0.151	0.156	0.161	0.166	0.171	0.176	0.182	0.187	35

(e) Air

1.15	1.20	1.24	1.29	1.33	1.38	1.42	1.47	1.51	1.56	Entrained (ft³/yd³)
4.27	4.43	4.60	4.77	4.93	5.10	5.27	5.43	5.60	5.77	%
0.043	0.044	0.046	0.048	0.049	0.051	0.053	0.054	0.056	0.058	Entrained (m³/m³)

(f) Air (Values Approximate)

2000	2500	3000	3500	4000	4500	5000	f'_c (psi)
—	—	—	—	—	—	—	Entrapped (ft³/yd³)
—	—	—	—	—	—	—	%

(f-1) Air (Values Approximate)

15	20	25	30	35	f'_c (MPa)
—	—	—	—	—	Entrapped (m³/m³)
—	—	—	—	—	%

(g) Cement and Water Adjustments for Fine Aggregate Variations

31-32	32-33	33-34	34-35	35-36	36-37	37-38	38-39	39-40	40-41	% Voids
90.0	92.5	95.0	97.5	100.0	102.5	105.0	107.5	110.0	112.5	Adjustment (%)

TABLES OF VOLUMES 47

Table No.	35
C.A. Size	¾"
	19.0 mm
ASTM No.	67
Slump	2"
	50 mm

(✓) AE
( ) Non-AE

(a)

Coarse Aggregate Type No.										Concrete Class
1	2	3	4	5	6	7				A
	1	2	3	4	5	6	7			B
		1	2	3	4	5	6	7		C
			1	2	3	4	5	6	7	D

(b) Concrete

12.80	13.30	13.80	14.30	14.80	15.30	15.80	16.30	16.80	17.30	Mortar (ft³/yd³)
14.20	13.70	13.20	12.70	12.20	11.70	11.20	10.70	10.20	9.70	C.A. + 8 (ft³/yd³)
0.474	0.493	0.511	0.530	0.548	0.567	0.585	0.604	0.622	0.641	Mortar (m³/m³)
0.526	0.507	0.489	0.470	0.452	0.433	0.415	0.396	0.378	0.359	C.A. + 8 (m³/m³)

(c) Cement

										f'_c (psi)
1.72	1.80	1.90	1.99	2.09	2.19	2.27	2.37	2.46	2.55	2000
1.91	1.99	2.10	2.20	2.29	2.39	2.47	2.57	2.67	2.76	2500
2.10	2.20	2.30	2.39	2.49	2.59	2.67	2.77	2.87	2.96	3000
2.33	2.43	2.53	2.63	2.72	2.83	2.92	3.01	3.11	3.20	3500
2.55	2.65	2.75	2.87	2.97	3.07	3.16	3.27	3.37	3.47	4000
2.79	2.89	3.01	3.13	3.24	3.35	3.45	3.57	3.67	3.78	4500
3.09	3.20	3.30	3.45	3.57	3.69	3.79	3.92	4.03	4.14	5000

(c-1) Cement

										f'_c (MPa)
0.066	0.069	0.073	0.076	0.080	0.084	0.087	0.090	0.094	0.097	15
0.076	0.080	0.084	0.087	0.091	0.095	0.098	0.101	0.105	0.108	20
0.089	0.092	0.096	0.100	0.103	0.107	0.110	0.114	0.118	0.121	25
0.101	0.105	0.109	0.113	0.117	0.121	0.125	0.129	0.133	0.137	30
0.116	0.120	0.124	0.130	0.134	0.139	0.142	0.147	0.151	0.155	35

(d) Water

										f'_c (psi)
3.29	3.45	3.63	3.79	3.96	4.13	4.29	4.47	4.64	4.81	2000
3.35	3.51	3.68	3.85	4.01	4.19	4.35	4.51	4.69	4.85	2500
3.42	3.58	3.75	3.91	4.07	4.25	4.41	4.56	4.73	4.89	3000
3.51	3.67	3.83	3.99	4.15	4.31	4.47	4.63	4.78	4.93	3500
3.60	3.75	3.91	4.07	4.23	4.38	4.53	4.67	4.83	4.98	4000
3.71	3.87	4.01	4.16	4.31	4.46	4.59	4.75	4.89	5.03	4500
3.81	3.97	4.11	4.26	4.39	4.54	4.67	4.81	4.95	5.09	5000

(d-1) Water

										f'_c (MPa)
0.122	0.128	0.135	0.141	0.147	0.154	0.159	0.166	0.172	0.178	15
0.126	0.132	0.138	0.144	0.150	0.157	0.163	0.168	0.175	0.181	20
0.131	0.137	0.142	0.148	0.154	0.160	0.166	0.172	0.177	0.183	25
0.137	0.142	0.147	0.153	0.159	0.164	0.169	0.175	0.180	0.186	30
0.142	0.148	0.153	0.158	0.163	0.168	0.173	0.178	0.184	0.189	35

(e) Air

1.15	1.20	1.24	1.29	1.33	1.38	1.42	1.47	1.51	1.56	Entrained (ft³/yd³)
4.27	4.43	4.60	4.77	4.93	5.10	5.27	5.43	5.60	5.77	%
0.043	0.044	0.046	0.048	0.049	0.051	0.053	0.054	0.056	0.058	Entrained (m³/m³)

(f) Air (Values Approximate)

2000	2500	3000	3500	4000	4500	5000	f'_c (psi)
—	—	—	—	—	—	—	Entrapped (ft³/yd³)
—	—	—	—	—	—	—	%

(f-1) Air (Values Approximate)

15	20	25	30	35	f'_c (MPa)
—	—	—	—	—	Entrapped (m³/m³)
—	—	—	—	—	%

(g) Cement and Water Adjustments for Fine Aggregate Variations

31–32	32–33	33–34	34–35	35–36	36–37	37–38	38–39	39–40	40–41	% Voids
90.0	92.5	95.0	97.5	100.0	102.5	105.0	107.5	110.0	112.5	Adjustment (%)

Table No.	36
C.A. Size	3/4"
	19.0 mm
ASTM No.	67
Slump	2½"
	65 mm

(✓) AE
( ) Non-AE

(a)

Coarse Aggregate Type No.										Concrete Class
1	2	3	4	5	6	7				A
	1	2	3	4	5	6	7			B
		1	2	3	4	5	6	7		C
			1	2	3	4	5	6	7	D

(b) Concrete

12.80	13.30	13.80	14.30	14.80	15.30	15.80	16.30	16.80	17.30	Mortar (ft³/yd³)
14.20	13.70	13.20	12.70	12.20	11.70	11.20	10.70	10.20	9.70	C. A. + 8 (ft³/yd³)
0.474	0.493	0.511	0.530	0.548	0.567	0.585	0.604	0.622	0.641	Mortar (m³/m³)
0.526	0.507	0.489	0.470	0.452	0.433	0.415	0.396	0.378	0.359	C. A. + 8 (m³/m³)

(c) Cement

										f'_c (psi)
1.75	1.83	1.93	2.02	2.12	2.22	2.30	2.40	2.49	2.58	2000
1.94	2.02	2.13	2.23	2.32	2.42	2.50	2.60	2.70	2.79	2500
2.13	2.23	2.33	2.42	2.52	2.62	2.70	2.80	2.90	2.99	3000
2.36	2.46	2.56	2.66	2.75	2.86	2.95	3.04	3.14	3.23	3500
2.58	2.68	2.78	2.90	3.00	3.10	3.19	3.30	3.40	3.50	4000
2.82	2.92	3.04	3.16	3.27	3.38	3.48	3.60	3.70	3.81	4500
3.12	3.23	3.33	3.48	3.60	3.72	3.82	3.95	4.06	4.17	5000

(c-1) Cement

										f'_c (MPa)
0.067	0.070	0.074	0.077	0.081	0.085	0.088	0.091	0.095	0.098	15
0.077	0.081	0.085	0.088	0.092	0.096	0.099	0.102	0.106	0.109	20
0.090	0.093	0.097	0.101	0.104	0.108	0.111	0.115	0.119	0.122	25
0.102	0.106	0.110	0.114	0.118	0.122	0.126	0.130	0.134	0.138	30
0.117	0.121	0.125	0.131	0.135	0.140	0.143	0.148	0.152	0.156	35

(d) Water

										f'_c (psi)
3.34	3.50	3.68	3.84	4.01	4.18	4.34	4.52	4.69	4.86	2000
3.40	3.56	3.73	3.90	4.06	4.24	4.40	4.56	4.74	4.90	2500
3.47	3.63	3.80	3.96	4.12	4.30	4.46	4.61	4.78	4.94	3000
3.56	3.72	3.88	4.04	4.20	4.36	4.52	4.68	4.83	4.98	3500
3.65	3.80	3.96	4.12	4.28	4.43	4.58	4.72	4.88	5.03	4000
3.76	3.92	4.06	4.21	4.36	4.51	4.64	4.80	4.94	5.08	4500
3.86	4.02	4.16	4.31	4.44	4.59	4.72	4.86	5.00	5.14	5000

(d-1) Water

										f'_c (MPa)
0.124	0.130	0.137	0.143	0.149	0.156	0.161	0.168	0.174	0.180	15
0.128	0.134	0.140	0.146	0.152	0.159	0.165	0.170	0.177	0.183	20
0.133	0.139	0.144	0.150	0.156	0.162	0.168	0.174	0.179	0.185	25
0.139	0.144	0.149	0.155	0.161	0.166	0.171	0.177	0.182	0.188	30
0.144	0.150	0.155	0.160	0.165	0.170	0.175	0.180	0.186	0.191	35

(e) Air

1.15	1.20	1.24	1.29	1.33	1.38	1.42	1.47	1.51	1.56	Entrained (ft³/yd³)
4.27	4.43	4.60	4.77	4.93	5.10	5.27	5.43	5.60	5.77	%
0.043	0.044	0.046	0.048	0.049	0.051	0.053	0.054	0.056	0.058	Entrained (m³/m³)

(f) Air (Values Approximate)

2000	2500	3000	3500	4000	4500	5000	f'_c (psi)
—	—	—	—	—	—	—	Entrapped (ft³/yd³)
—	—	—	—	—	—	—	%

(f-1) Air (Values Approximate)

15	20	25	30	35	f'_c (MPa)
—	—	—	—	—	Entrapped (m³/m³)
—	—	—	—	—	%

(g) Cement and Water Adjustments for Fine Aggregate Variations

31–32	32–33	33–34	34–35	35–36	36–37	37–38	38–39	39–40	40–41	% Voids
90.0	92.5	95.0	97.5	100.0	102.5	105.0	107.5	110.0	112.5	Adjustment (%)

Table No.	37
C.A. Size	3/4"
	19.0 mm
ASTM No.	67
Slump	3"
	75 mm
(✓) AE	
( ) Non-AE	

(a)

Coarse Aggregate Type No.										Concrete Class
1	2	3	4	5	6	7				A
	1	2	3	4	5	6	7			B
		1	2	3	4	5	6	7		C
			1	2	3	4	5	6	7	D

(b)

Concrete										
12.80	13.30	13.80	14.30	14.80	15.30	15.80	16.30	16.80	17.30	Mortar (ft³/yd³)
14.20	13.70	13.20	12.70	12.20	11.70	11.20	10.70	10.20	9.70	C. A. + 8 (ft³/yd³)
0.474	0.493	0.511	0.530	0.548	0.567	0.585	0.604	0.622	0.641	Mortar (m³/m³)
0.526	0.507	0.489	0.470	0.452	0.433	0.415	0.396	0.378	0.359	C. A. + 8 (m³/m³)

(c)

Cement										f'_c (psi)
1.78	1.86	1.96	2.05	2.15	2.25	2.33	2.43	2.52	2.61	2000
1.97	2.05	2.16	2.26	2.35	2.45	2.53	2.63	2.73	2.82	2500
2.16	2.26	2.36	2.45	2.55	2.65	2.73	2.83	2.93	3.02	3000
2.39	2.49	2.59	2.69	2.78	2.89	2.98	3.07	3.17	3.26	3500
2.61	2.71	2.81	2.93	3.03	3.13	3.22	3.33	3.43	3.53	4000
2.85	2.95	3.07	3.19	3.30	3.41	3.51	3.63	3.73	3.84	4500
3.15	3.26	3.36	3.51	3.63	3.75	3.85	3.98	4.09	4.20	5000

(c-1)

Cement										f'_c (MPa)
0.068	0.071	0.075	0.078	0.082	0.086	0.089	0.092	0.096	0.099	15
0.078	0.082	0.086	0.089	0.093	0.097	0.100	0.103	0.107	0.110	20
0.091	0.094	0.098	0.102	0.105	0.109	0.112	0.116	0.120	0.123	25
0.103	0.107	0.111	0.115	0.119	0.123	0.127	0.131	0.135	0.139	30
0.118	0.122	0.126	0.132	0.136	0.141	0.144	0.149	0.153	0.157	35

(d)

Water										f'_c (psi)
3.39	3.55	3.73	3.89	4.06	4.23	4.39	4.57	4.74	4.91	2000
3.45	3.61	3.78	3.95	4.11	4.29	4.45	4.61	4.79	4.95	2500
3.52	3.68	3.85	4.01	4.17	4.35	4.51	4.66	4.83	4.99	3000
3.61	3.77	3.93	4.09	4.25	4.41	4.57	4.73	4.88	5.03	3500
3.70	3.85	4.01	4.17	4.33	4.48	4.63	4.77	4.93	5.08	4000
3.81	3.97	4.11	4.26	4.41	4.56	4.69	4.85	4.99	5.13	4500
3.91	4.07	4.21	4.36	4.49	4.64	4.77	4.91	5.05	5.19	5000

(d-1)

Water										f'_c (MPa)
0.126	0.132	0.139	0.145	0.151	0.158	0.163	0.170	0.176	0.182	15
0.130	0.136	0.142	0.148	0.154	0.161	0.167	0.172	0.179	0.185	20
0.135	0.141	0.146	0.152	0.158	0.164	0.170	0.176	0.181	0.187	25
0.141	0.146	0.151	0.157	0.163	0.168	0.173	0.179	0.184	0.190	30
0.146	0.152	0.157	0.162	0.167	0.172	0.177	0.182	0.188	0.193	35

(e)

Air										
1.15	1.20	1.24	1.29	1.33	1.38	1.42	1.47	1.51	1.56	Entrained (ft³/yd³)
4.27	4.43	4.60	4.77	4.93	5.10	5.27	5.43	5.60	5.77	%
0.043	0.044	0.046	0.048	0.049	0.051	0.053	0.054	0.056	0.058	Entrained (m³/m³)

(f)

Air (Values Approximate)							
2000	2500	3000	3500	4000	4500	5000	f'_c (psi)
—	—	—	—	—	—	—	Entrapped (ft³/yd³)
—	—	—	—	—	—	—	%

(f-1)

Air (Values Approximate)					
15	20	25	30	35	f'_c (MPa)
—	—	—	—	—	Entrapped (m³/m³)
—	—	—	—	—	%

(g)

Cement and Water Adjustments for Fine Aggregate Variations										
31-32	32-33	33-34	34-35	35-36	36-37	37-38	38-39	39-40	40-41	% Voids
90.0	92.5	95.0	97.5	100.0	102.5	105.0	107.5	110.0	112.5	Adjustment (%)

Table No.	38
C.A. Size	¾"
	19.0 mm
ASTM No.	67
Slump	3½"
	90 mm

(✓) AE
( ) Non-AE

(a)

Coarse Aggregate Type No.										Concrete Class
1	2	3	4	5	6	7				A
	1	2	3	4	5	6	7			B
		1	2	3	4	5	6	7		C
			1	2	3	4	5	6	7	D

(b) Concrete

12.80	13.30	13.80	14.30	14.80	15.30	15.80	16.30	16.80	17.30	Mortar (ft³/yd³)
14.20	13.70	13.20	12.70	12.20	11.70	11.20	10.70	10.20	9.70	C.A. + 8 (ft³/yd³)
0.474	0.493	0.511	0.530	0.548	0.567	0.585	0.604	0.622	0.641	Mortar (m³/m³)
0.526	0.507	0.489	0.470	0.452	0.433	0.415	0.396	0.378	0.359	C.A. + 8 (m³/m³)

(c) Cement

										f'_c (psi)
1.82	1.90	2.00	2.09	2.19	2.29	2.37	2.47	2.56	2.65	2000
2.01	2.09	2.20	2.30	2.39	2.49	2.57	2.67	2.77	2.86	2500
2.20	2.30	2.40	2.49	2.59	2.69	2.77	2.87	2.97	3.06	3000
2.43	2.53	2.63	2.73	2.82	2.93	3.02	3.11	3.21	3.30	3500
2.65	2.75	2.85	2.97	3.07	3.17	3.26	3.37	3.47	3.57	4000
2.89	2.99	3.11	3.23	3.34	3.45	3.55	3.67	3.77	3.88	4500
3.19	3.30	3.40	3.55	3.67	3.79	3.89	4.02	4.13	4.24	5000

(c-1) Cement

										f'_c (MPa)
0.070	0.073	0.077	0.080	0.084	0.088	0.091	0.094	0.098	0.101	15
0.080	0.084	0.088	0.091	0.095	0.099	0.102	0.105	0.109	0.112	20
0.093	0.096	0.100	0.104	0.107	0.111	0.114	0.118	0.122	0.125	25
0.105	0.109	0.113	0.117	0.121	0.125	0.129	0.133	0.137	0.141	30
0.120	0.124	0.128	0.134	0.138	0.143	0.146	0.151	0.155	0.159	35

(d) Water

										f'_c (psi)
3.45	3.61	3.79	3.95	4.12	4.29	4.45	4.63	4.80	4.97	2000
3.51	3.67	3.84	4.01	4.17	4.35	4.51	4.67	4.85	5.01	2500
3.58	3.74	3.91	4.07	4.23	4.41	4.57	4.72	4.89	5.05	3000
3.67	3.83	3.99	4.15	4.31	4.47	4.63	4.79	4.94	5.09	3500
3.76	3.91	4.07	4.23	4.39	4.54	4.69	4.83	4.99	5.14	4000
3.87	4.03	4.17	4.32	4.47	4.62	4.75	4.91	5.05	5.19	4500
3.97	4.13	4.27	4.42	4.55	4.70	4.83	4.97	5.11	5.25	5000

(d-1) Water

										f'_c (MPa)
0.128	0.134	0.141	0.147	0.153	0.160	0.165	0.172	0.178	0.184	15
0.132	0.138	0.144	0.150	0.156	0.163	0.169	0.174	0.181	0.187	20
0.137	0.143	0.148	0.154	0.160	0.166	0.172	0.178	0.183	0.189	25
0.143	0.148	0.153	0.159	0.165	0.170	0.175	0.181	0.186	0.192	30
0.147	0.154	0.158	0.164	0.169	0.174	0.179	0.184	0.190	0.195	35

(e) Air

1.15	1.20	1.24	1.29	1.33	1.38	1.42	1.47	1.51	1.56	Entrained (ft³/yd³)
4.27	4.43	4.60	4.77	4.93	5.10	5.27	5.43	5.60	5.77	%
0.043	0.044	0.046	0.048	0.049	0.051	0.053	0.054	0.056	0.058	Entrained (m³/m³)

(f) Air (Values Approximate)

2000	2500	3000	3500	4000	4500	5000	f'_c (psi)
—	—	—	—	—	—	—	Entrapped (ft³/yd³)
—	—	—	—	—	—	—	%

(f-1) Air (Values Approximate)

15	20	25	30	35	f'_c (MPa)
—	—	—	—	—	Entrapped (m³/m³)
—	—	—	—	—	%

(g) Cement and Water Adjustments for Fine Aggregate Variations

31-32	32-33	33-34	34-35	35-36	36-37	37-38	38-39	39-40	40-41	% Voids
90.0	92.5	95.0	97.5	100.0	102.5	105.0	107.5	110.0	112.5	Adjustment (%)

TABLES OF VOLUMES 51

Table No.	39
C.A. Size	¾"
	19.0 mm
ASTM No.	67
Slump	4"
	100 mm
(✓) AE	
( ) Non-AE	

(a)

Coarse Aggregate Type No.										Concrete Class
1	2	3	4	5	6	7				A
	1	2	3	4	5	6	7			B
		1	2	3	4	5	6	7		C
			1	2	3	4	5	6	7	D

(b) Concrete

12.80	13.30	13.80	14.30	14.80	15.30	15.80	16.30	16.80	17.30	Mortar (ft³/yd³)
14.20	13.70	13.20	12.70	12.20	11.70	11.20	10.70	10.20	9.70	C. A. + 8 (ft³/yd³)
0.474	0.493	0.511	0.530	0.548	0.567	0.585	0.604	0.622	0.641	Mortar (m³/m³)
0.526	0.507	0.489	0.470	0.452	0.433	0.415	0.396	0.378	0.359	C. A. + 8 (m³/m³)

(c) Cement

										f'_c (psi)
1.86	1.94	2.04	2.13	2.23	2.33	2.41	2.51	2.60	2.69	2000
2.05	2.13	2.24	2.34	2.43	2.53	2.61	2.71	2.81	2.90	2500
2.24	2.34	2.44	2.53	2.63	2.73	2.81	2.91	3.01	3.10	3000
2.47	2.57	2.67	2.77	2.86	2.97	3.06	3.15	3.25	3.34	3500
2.69	2.79	2.89	3.01	3.11	3.21	3.30	3.41	3.51	3.61	4000
2.93	3.03	3.15	3.27	3.38	3.49	3.59	3.71	3.81	3.92	4500
3.23	3.34	3.44	3.59	3.71	3.83	3.93	4.06	4.17	4.28	5000

(c-1) Cement

										f'_c (MPa)
0.071	0.074	0.078	0.081	0.085	0.089	0.092	0.095	0.099	0.102	15
0.081	0.085	0.089	0.092	0.096	0.100	0.103	0.106	0.110	0.113	20
0.094	0.097	0.101	0.105	0.108	0.112	0.115	0.119	0.123	0.126	25
0.106	0.110	0.114	0.118	0.122	0.126	0.130	0.134	0.138	0.142	30
0.121	0.125	0.129	0.135	0.139	0.144	0.147	0.152	0.156	0.160	35

(d) Water

										f'_c (psi)
3.50	3.66	3.84	4.00	4.17	4.34	4.50	4.68	4.85	5.02	2000
3.56	3.72	3.89	4.06	4.22	4.40	4.56	4.72	4.90	5.06	2500
3.63	3.79	3.96	4.12	4.28	4.46	4.62	4.77	4.94	5.10	3000
3.72	3.88	4.04	4.20	4.36	4.52	4.68	4.84	4.99	5.14	3500
3.81	3.96	4.12	4.28	4.44	4.59	4.74	4.88	5.04	5.19	4000
3.92	4.08	4.22	4.37	4.52	4.67	4.80	4.96	5.10	5.24	4500
4.02	4.18	4.32	4.47	4.60	4.75	4.88	5.02	5.16	5.30	5000

(d-1) Water

										f'_c (MPa)
0.130	0.136	0.143	0.149	0.155	0.162	0.167	0.174	0.180	0.186	15
0.134	0.140	0.146	0.152	0.158	0.165	0.171	0.176	0.183	0.189	20
0.139	0.145	0.150	0.156	0.162	0.168	0.174	0.180	0.185	0.191	25
0.145	0.150	0.155	0.161	0.167	0.172	0.177	0.183	0.188	0.194	30
0.150	0.156	0.161	0.166	0.172	0.176	0.181	0.186	0.192	0.197	35

(e) Air

1.15	1.20	1.24	1.29	1.33	1.38	1.42	1.47	1.51	1.56	Entrained (ft³/yd³)
4.27	4.43	4.60	4.77	4.93	5.10	5.27	5.43	5.60	5.77	%
0.043	0.044	0.046	0.048	0.049	0.051	0.053	0.054	0.056	0.058	Entrained (m³/m³)

(f) Air (Values Approximate)

2000	2500	3000	3500	4000	4500	5000	f'_c (psi)
—	—	—	—	—	—	—	Entrapped (ft³/yd³)
—	—	—	—	—	—	—	%

(f-1) Air (Values Approximate)

15	20	25	30	35	f'_c (MPa)
—	—	—	—	—	Entrapped (m³/m³)
—	—	—	—	—	%

(g) Cement and Water Adjustments for Fine Aggregate Variations

31-32	32-33	33-34	34-35	35-36	36-37	37-38	38-39	39-40	40-41	% Voids
90.0	92.5	95.0	97.5	100.0	102.5	105.0	107.5	110.0	112.5	Adjustment (%)

Table No.	40
C.A. Size	3/4"
	19.0 mm
ASTM No.	67
Slump	4 1/2"
	115 mm

(√) AE
( ) Non-AE

(a)

Coarse Aggregate Type No.										Concrete Class
1	2	3	4	5	6	7				A
	1	2	3	4	5	6	7			B
		1	2	3	4	5	6	7		C
			1	2	3	4	5	6	7	D

(b) Concrete

12.80	13.30	13.80	14.30	14.80	15.30	15.80	16.30	16.80	17.30	Mortar (ft³/yd³)
14.20	13.70	13.20	12.70	12.20	11.70	11.20	10.70	10.20	9.70	C. A. + 8 (ft³/yd³)
0.474	0.493	0.511	0.530	0.548	0.567	0.585	0.604	0.622	0.641	Mortar (m³/m³)
0.526	0.507	0.489	0.470	0.452	0.433	0.415	0.396	0.378	0.359	C. A. + 8 (m³/m³)

(c) Cement

									f'_c (psi)
1.89	1.97	2.07	2.16	2.26	2.36	2.44	2.54	2.63	2.72	2000
2.08	2.16	2.27	2.37	2.46	2.56	2.64	2.74	2.84	2.93	2500
2.27	2.37	2.47	2.56	2.66	2.76	2.84	2.94	3.04	3.13	3000
2.50	2.60	2.70	2.80	2.89	3.00	3.09	3.18	3.28	3.37	3500
2.72	2.82	2.92	3.04	3.14	3.24	3.33	3.44	3.54	3.64	4000
2.96	3.06	3.18	3.30	3.41	3.52	3.62	3.74	3.84	3.95	4500
3.26	3.37	3.47	3.62	3.74	3.86	3.96	4.09	4.20	4.31	5000

(c-1) Cement

										f'_c (MPa)
0.072	0.075	0.079	0.082	0.086	0.090	0.093	0.096	0.100	0.103	15
0.082	0.086	0.090	0.093	0.097	0.101	0.104	0.107	0.111	0.114	20
0.095	0.098	0.102	0.106	0.109	0.113	0.116	0.120	0.124	0.127	25
0.107	0.111	0.115	0.119	0.123	0.127	0.131	0.135	0.139	0.143	30
0.122	0.126	0.130	0.136	0.140	0.145	0.148	0.153	0.157	0.161	35

(d) Water

										f'_c (psi)
3.55	3.71	3.89	4.05	4.22	4.39	4.55	4.73	4.90	5.07	2000
3.61	3.77	3.94	4.11	4.27	4.45	4.61	4.77	4.95	5.11	2500
3.68	3.84	4.01	4.17	4.33	4.51	4.67	4.82	4.99	5.15	3000
3.77	3.93	4.09	4.25	4.41	4.57	4.73	4.89	5.04	5.19	3500
3.86	4.01	4.17	4.33	4.49	4.64	4.79	4.93	5.09	5.24	4000
3.97	4.13	4.27	4.42	4.57	4.72	4.85	5.01	5.15	5.29	4500
4.07	4.23	4.37	4.52	4.65	4.80	4.93	5.07	5.21	5.35	5000

(d-1) Water

										f'_c (MPa)
0.132	0.138	0.145	0.151	0.157	0.164	0.169	0.176	0.182	0.188	15
0.136	0.142	0.148	0.154	0.160	0.167	0.173	0.178	0.185	0.191	20
0.141	0.147	0.152	0.158	0.164	0.170	0.176	0.182	0.187	0.193	25
0.147	0.152	0.157	0.163	0.169	0.174	0.179	0.185	0.190	0.196	30
0.152	0.158	0.163	0.168	0.173	0.178	0.183	0.188	0.194	0.199	35

(e) Air

1.15	1.20	1.24	1.29	1.33	1.38	1.42	1.47	1.51	1.56	Entrained (ft³/yd³)
4.27	4.43	4.60	4.77	4.93	5.10	5.27	5.43	5.60	5.77	%
0.043	0.044	0.046	0.048	0.049	0.051	0.053	0.054	0.056	0.058	Entrained (m³/m³)

(f) Air (Values Approximate)

2000	2500	3000	3500	4000	4500	5000	f'_c (psi)
—	—	—	—	—	—		Entrapped (ft³/yd³)
—	—	—	—	—	—		%

(f-1) Air (Values Approximate)

15	20	25	30	35	f'_c (MPa)
—	—	—	—		Entrapped (m³/m³)
—	—	—	—		%

(g) Cement and Water Adjustments for Fine Aggregate Variations

31–32	32–33	33–34	34–35	35–36	36–37	37–38	38–39	39–40	40–41	% Voids
90.0	92.5	95.0	97.5	100.0	102.5	105.0	107.5	110.0	112.5	Adjustment (%)

Table No.	41
C.A. Size	3/4"
	19.0 mm
ASTM No.	67
Slump	5"
	125 mm
(✓) AE	
( ) Non-AE	

(a)

Coarse Aggregate Type No.										Concrete Class
1	2	3	4	5	6	7				A
	1	2	3	4	5	6	7			B
		1	2	3	4	5	6	7		C
			1	2	3	4	5	6	7	D

(b)

Concrete										
12.80	13.30	13.80	14.30	14.80	15.30	15.80	16.30	16.80	17.30	Mortar (ft³/yd³)
14.20	13.70	13.20	12.70	12.20	11.70	11.20	10.70	10.20	9.70	C. A. + 8 (ft³/yd³)
0.474	0.493	0.511	0.530	0.548	0.567	0.585	0.604	0.622	0.641	Mortar (m³/m³)
0.526	0.507	0.489	0.470	0.452	0.433	0.415	0.396	0.378	0.359	C. A. + 8 (m³/m³)

(c)

Cement										f'_c (psi)
1.92	2.00	2.10	2.19	2.29	2.39	2.47	2.57	2.66	2.75	2000
2.11	2.19	2.30	2.40	2.49	2.59	2.67	2.77	2.87	2.96	2500
2.30	2.40	2.50	2.59	2.69	2.79	2.87	2.97	3.07	3.16	3000
2.53	2.63	2.73	2.83	2.92	3.03	3.12	3.21	3.31	3.40	3500
2.75	2.85	2.95	3.07	3.17	3.27	3.36	3.47	3.57	3.67	4000
2.99	3.09	3.21	3.33	3.44	3.55	3.65	3.77	3.87	3.98	4500
3.29	3.40	3.50	3.65	3.77	3.89	3.99	4.12	4.23	4.34	5000

(c-1)

Cement										f'_c (MPa)
0.073	0.076	0.080	0.083	0.087	0.091	0.094	0.097	0.101	0.104	15
0.083	0.087	0.091	0.094	0.098	0.102	0.105	0.108	0.112	0.115	20
0.096	0.099	0.103	0.107	0.110	0.114	0.117	0.121	0.125	0.128	25
0.108	0.112	0.116	0.120	0.124	0.128	0.132	0.136	0.140	0.144	30
0.123	0.127	0.131	0.137	0.141	0.146	0.149	0.154	0.158	0.162	35

(d)

Water										f'_c (psi)
3.61	3.77	3.95	4.11	4.28	4.45	4.61	4.79	4.96	5.13	2000
3.67	3.83	4.00	4.17	4.33	4.51	4.67	4.83	5.01	5.17	2500
3.74	3.90	4.07	4.23	4.39	4.57	4.73	4.88	5.05	5.21	3000
3.83	3.99	4.15	4.31	4.47	4.63	4.79	4.95	5.10	5.25	3500
3.92	4.07	4.23	4.39	4.55	4.70	4.85	4.99	5.15	5.30	4000
4.03	4.19	4.33	4.48	4.63	4.78	4.91	5.07	5.21	5.35	4500
4.13	4.29	4.43	4.58	4.71	4.86	4.99	5.13	5.27	5.41	5000

(d-1)

Water										f'_c (MPa)
0.134	0.140	0.147	0.153	0.159	0.166	0.171	0.178	0.184	0.190	15
0.138	0.144	0.150	0.156	0.162	0.169	0.175	0.180	0.187	0.193	20
0.143	0.149	0.154	0.160	0.166	0.172	0.178	0.184	0.189	0.195	25
0.149	0.154	0.159	0.165	0.171	0.176	0.181	0.187	0.192	0.198	30
0.154	0.160	0.165	0.170	0.175	0.180	0.185	0.190	0.196	0.201	35

(e)

Air										
1.15	1.20	1.24	1.29	1.33	1.38	1.42	1.47	1.51	1.56	Entrained (ft³/yd³)
4.27	4.43	4.60	4.77	4.93	5.10	5.27	5.43	5.60	5.77	%
0.043	0.044	0.046	0.048	0.049	0.051	0.053	0.054	0.056	0.058	Entrained (m³/m³)

(f)

Air (Values Approximate)							
2000	2500	3000	3500	4000	4500	5000	f'_c (psi)
—	—	—	—	—	—	—	Entrapped (ft³/yd³)
—	—	—	—	—	—	—	%

(f-1)

Air (Values Approximate)					
15	20	25	30	35	f'_c (MPa)
—	—	—	—	—	Entrapped (m³/m³)
—	—	—	—	—	%

(g)

Cement and Water Adjustments for Fine Aggregate Variations										
31–32	32–33	33–34	34–35	35–36	36–37	37–38	38–39	39–40	40–41	% Voids
90.0	92.5	95.0	97.5	100.0	102.5	105.0	107.5	110.0	112.5	Adjustment (%)

Table No.	42
C.A. Size	3/4"
	19.0 mm
ASTM No.	67
Slump	5½"
	140 mm
(✓) AE	
( ) Non-AE	

(a)

Coarse Aggregate Type No.										Concrete Class
1	2	3	4	5	6	7				A
	1	2	3	4	5	6	7			B
		1	2	3	4	5	6	7		C
			1	2	3	4	5	6	7	D

(b)

Concrete										
12.80	13.30	13.80	14.30	14.80	15.30	15.80	16.30	16.80	17.30	Mortar (ft³/yd³)
14.20	13.70	13.20	12.70	12.20	11.70	11.20	10.70	10.20	9.70	C.A. + 8 (ft³/yd³)
0.474	0.493	0.511	0.530	0.548	0.567	0.585	0.604	0.622	0.641	Mortar (m³/m³)
0.526	0.507	0.489	0.470	0.452	0.433	0.415	0.396	0.378	0.359	C.A. + 8 (m³/m³)

(c)

Cement										f'_c (psi)
1.96	2.04	2.14	2.23	2.33	2.43	2.51	2.61	2.70	2.79	2000
2.15	2.23	2.34	2.44	2.53	2.63	2.71	2.81	2.91	3.00	2500
2.34	2.44	2.54	2.63	2.73	2.83	2.91	3.01	3.11	3.20	3000
2.57	2.67	2.77	2.87	2.96	3.07	3.16	3.25	3.35	3.44	3500
2.79	2.89	2.99	3.11	3.21	3.31	3.40	3.51	3.61	3.71	4000
3.03	3.13	3.25	3.37	3.48	3.59	3.69	3.81	3.91	4.02	4500
3.33	3.44	3.54	3.69	3.81	3.93	4.03	4.16	4.27	4.38	5000

(c-1)

Cement										f'_c (MPa)
0.075	0.078	0.082	0.085	0.089	0.093	0.096	0.099	0.103	0.106	15
0.085	0.089	0.093	0.096	0.100	0.104	0.107	0.110	0.114	0.117	20
0.098	0.101	0.105	0.109	0.112	0.116	0.119	0.123	0.127	0.130	25
0.110	0.114	0.118	0.122	0.126	0.130	0.134	0.138	0.142	0.146	30
0.125	0.129	0.133	0.139	0.143	0.148	0.151	0.156	0.160	0.164	35

(d)

Water										f'_c (psi)
3.66	3.82	4.00	4.16	4.33	4.50	4.66	4.84	5.01	5.18	2000
3.72	3.88	4.05	4.22	4.38	4.56	4.72	4.88	5.06	5.22	2500
3.79	3.95	4.12	4.28	4.44	4.62	4.78	4.93	5.10	5.26	3000
3.88	4.04	4.20	4.36	4.52	4.68	4.84	5.00	5.15	5.30	3500
3.97	4.12	4.28	4.44	4.60	4.75	4.90	5.04	5.20	5.35	4000
4.08	4.24	4.38	4.53	4.68	4.83	4.96	5.12	5.26	5.40	4500
4.18	4.34	4.48	4.63	4.76	4.91	5.04	5.18	5.32	5.46	5000

(d-1)

Water										f'_c (MPa)
0.136	0.142	0.149	0.155	0.161	0.168	0.173	0.180	0.186	0.192	15
0.140	0.146	0.152	0.158	0.164	0.171	0.177	0.182	0.189	0.195	20
0.145	0.151	0.156	0.162	0.168	0.174	0.180	0.186	0.191	0.197	25
0.151	0.156	0.161	0.167	0.173	0.178	0.183	0.189	0.194	0.200	30
0.156	0.162	0.167	0.172	0.177	0.182	0.187	0.192	0.198	0.203	35

(e)

Air										
1.15	1.20	1.24	1.29	1.33	1.38	1.42	1.47	1.51	1.56	Entrained (ft³/yd³)
4.27	4.43	4.60	4.77	4.93	5.10	5.27	5.43	5.60	5.77	%
0.043	0.044	0.046	0.048	0.049	0.051	0.053	0.054	0.056	0.058	Entrained (m³/m³)

(f)

Air (Values Approximate)							
2000	2500	3000	3500	4000	4500	5000	f'_c (psi)
—	—	—	—	—	—	—	Entrapped (ft³/yd³)
—	—	—	—	—	—	—	%

(f-1)

Air (Values Approximate)					
15	20	25	30	35	f'_c (MPa)
—	—	—	—	—	Entrapped (m³/m³)
—	—	—	—	—	%

(g)

Cement and Water Adjustments for Fine Aggregate Variations										
31–32	32–33	33–34	34–35	35–36	36–37	37–38	38–39	39–40	40–41	% Voids
90.0	92.5	95.0	97.5	100.0	102.5	105.0	107.5	110.0	112.5	Adjustment (%)

Table No.	43
C.A. Size	3/4"
	19.0 mm
ASTM No.	67
Slump	6"
	150 mm
(√) AE	
( ) Non-AE	

(a)

Coarse Aggregate Type No.										Concrete Class
1	2	3	4	5	6	7				A
	1	2	3	4	5	6	7			B
		1	2	3	4	5	6	7		C
			1	2	3	4	5	6	7	D

(b)

Concrete										
12.80	13.30	13.80	14.30	14.80	15.30	15.80	16.30	16.80	17.30	Mortar (ft³/yd³)
14.20	13.70	13.20	12.70	12.20	11.70	11.20	10.70	10.20	9.70	C. A. + 8 (ft³/yd³)
0.474	0.493	0.511	0.530	0.548	0.567	0.585	0.604	0.622	0.641	Mortar (m³/m³)
0.526	0.507	0.489	0.470	0.452	0.433	0.415	0.396	0.378	0.359	C. A. + 8 (m³/m³)

(c)

Cement										f'_c (psi)
1.99	2.07	2.17	2.26	2.36	2.46	2.54	2.64	2.73	2.82	2000
2.18	2.26	2.37	2.47	2.56	2.66	2.74	2.84	2.94	3.03	2500
2.37	2.47	2.57	2.66	2.76	2.86	2.94	3.04	3.14	3.23	3000
2.60	2.70	2.80	2.90	2.99	3.10	3.19	3.28	3.38	3.47	3500
2.82	2.92	3.02	3.14	3.24	3.34	3.43	3.54	3.64	3.74	4000
3.06	3.16	3.28	3.40	3.51	3.62	3.72	3.84	3.94	4.05	4500
3.36	3.47	3.57	3.72	3.84	3.96	4.06	4.19	4.30	4.41	5000

(c-1)

Cement										f'_c (MPa)
0.076	0.079	0.083	0.086	0.090	0.094	0.097	0.100	0.104	0.107	15
0.086	0.090	0.094	0.097	0.101	0.105	0.108	0.111	0.115	0.118	20
0.099	0.102	0.106	0.110	0.113	0.117	0.120	0.124	0.128	0.131	25
0.111	0.115	0.119	0.123	0.127	0.131	0.135	0.139	0.143	0.147	30
0.126	0.130	0.134	0.140	0.144	0.149	0.152	0.157	0.161	0.165	35

(d)

Water										f'_c (psi)
3.71	3.87	4.05	4.21	4.38	4.55	4.71	4.89	5.06	5.23	2000
3.77	3.93	4.10	4.27	4.43	4.61	4.77	4.93	5.11	5.27	2500
3.84	4.00	4.17	4.33	4.49	4.67	4.83	4.98	5.15	5.31	3000
3.93	4.09	4.25	4.41	4.57	4.73	4.89	5.05	5.20	5.35	3500
4.02	4.17	4.33	4.49	4.65	4.80	4.95	5.09	5.25	5.40	4000
4.13	4.29	4.43	4.58	4.73	4.88	5.01	5.17	5.31	5.45	4500
4.23	4.39	4.53	4.68	4.81	4.96	5.09	5.23	5.37	5.51	5000

(d-1)

Water										f'_c (MPa)
0.138	0.144	0.151	0.157	0.163	0.170	0.175	0.182	0.188	0.194	15
0.142	0.148	0.154	0.160	0.166	0.173	0.179	0.184	0.191	0.197	20
0.147	0.153	0.158	0.164	0.170	0.176	0.182	0.188	0.193	0.199	25
0.153	0.158	0.163	0.169	0.175	0.180	0.185	0.191	0.196	0.202	30
0.158	0.164	0.169	0.174	0.179	0.184	0.189	0.194	0.200	0.205	35

(e)

Air										
1.15	1.20	1.24	1.29	1.33	1.38	1.42	1.47	1.51	1.56	Entrained (ft³/yd³)
4.27	4.43	4.60	4.77	4.93	5.10	5.27	5.43	5.60	5.77	%
0.043	0.044	0.046	0.048	0.049	0.051	0.053	0.054	0.056	0.058	Entrained (m³/m³)

(f)

Air (Values Approximate)

2000	2500	3000	3500	4000	4500	5000	f'_c (psi)
—	—	—	—	—	—	—	Entrapped (ft³/yd³)
—	—	—	—	—	—	—	%

(f-1)

Air (Values Approximate)

15	20	25	30	35	f'_c (MPa)
—	—	—	—	—	Entrapped (m³/m³)
—	—	—	—	—	%

(g)

Cement and Water Adjustments for Fine Aggregate Variations

31-32	32-33	33-34	34-35	35-36	36-37	37-38	38-39	39-40	40-41	% Voids
90.0	92.5	95.0	97.5	100.0	102.5	105.0	107.5	110.0	112.5	Adjustment (%)

Table No.	44
C.A. Size	3/4"
	19.0 mm
ASTM No.	67
Slump	6½"
	165 mm
(✓) AE	
( ) Non-AE	

(a)

Coarse Aggregate Type No.										Concrete Class
1	2	3	4	5	6	7				A
	1	2	3	4	5	6	7			B
		1	2	3	4	5	6	7		C
			1	2	3	4	5	6	7	D

(b)

Concrete										
12.80	13.30	13.80	14.30	14.80	15.30	15.80	16.30	16.80	17.30	Mortar (ft³/yd³)
14.20	13.70	13.20	12.70	12.20	11.70	11.20	10.70	10.20	9.70	C.A. + 8 (ft³/yd³)
0.474	0.493	0.511	0.530	0.548	0.567	0.585	0.604	0.622	0.641	Mortar (m³/m³)
0.526	0.507	0.489	0.470	0.452	0.433	0.415	0.396	0.378	0.359	C.A. + 8 (m³/m³)

(c)

Cement										f'_c (psi)
2.02	2.10	2.20	2.29	2.39	2.49	2.57	2.67	2.76	2.85	2000
2.21	2.29	2.40	2.50	2.59	2.69	2.77	2.87	2.97	3.06	2500
2.40	2.50	2.60	2.69	2.79	2.89	2.97	3.07	3.17	3.26	3000
2.63	2.73	2.83	2.93	3.02	3.13	3.22	3.31	3.41	3.50	3500
2.85	2.95	3.05	3.17	3.27	3.37	3.46	3.57	3.67	3.77	4000
3.09	3.19	3.31	3.43	3.54	3.65	3.75	3.87	3.97	4.08	4500
3.39	3.50	3.60	3.75	3.87	3.99	4.09	4.22	4.33	4.44	5000

(c-1)

Cement										f'_c (MPa)
0.077	0.080	0.084	0.087	0.091	0.095	0.098	0.101	0.105	0.108	15
0.087	0.091	0.095	0.098	0.102	0.106	0.109	0.112	0.116	0.119	20
0.100	0.103	0.107	0.111	0.114	0.118	0.121	0.125	0.129	0.132	25
0.112	0.116	0.120	0.124	0.128	0.132	0.136	0.140	0.144	0.148	30
0.127	0.131	0.135	0.141	0.145	0.150	0.153	0.158	0.162	0.166	35

(d)

Water										f'_c (psi)
3.76	3.92	4.10	4.26	4.43	4.60	4.76	4.94	5.11	5.28	2000
3.82	3.98	4.15	4.32	4.48	4.66	4.82	4.98	5.16	5.32	2500
3.89	4.05	4.22	4.38	4.54	4.72	4.88	5.03	5.20	5.36	3000
3.98	4.14	4.30	4.46	4.62	4.78	4.94	5.10	5.25	5.40	3500
4.07	4.22	4.38	4.54	4.70	4.85	5.00	5.14	5.30	5.45	4000
4.18	4.34	4.48	4.63	4.78	4.93	5.06	5.22	5.36	5.50	4500
4.28	4.44	4.58	4.73	4.86	5.01	5.14	5.28	5.42	5.56	5000

(d-1)

Water										f'_c (MPa)
0.140	0.146	0.153	0.159	0.165	0.172	0.177	0.184	0.190	0.196	15
0.144	0.150	0.156	0.162	0.168	0.175	0.181	0.186	0.193	0.199	20
0.149	0.155	0.160	0.166	0.172	0.178	0.184	0.190	0.195	0.201	25
0.155	0.160	0.165	0.171	0.177	0.182	0.187	0.193	0.198	0.204	30
0.160	0.166	0.171	0.176	0.181	0.186	0.191	0.196	0.202	0.207	35

(e)

Air										
1.15	1.20	1.24	1.29	1.33	1.38	1.42	1.47	1.51	1.56	Entrained (ft³/yd³)
4.27	4.43	4.60	4.77	4.93	5.10	5.27	5.43	5.60	5.77	%
0.043	0.044	0.046	0.048	0.049	0.051	0.053	0.054	0.056	0.058	Entrained (m³/m³)

(f)

Air (Values Approximate)							
2000	2500	3000	3500	4000	4500	5000	f'_c (psi)
—	—	—	—	—	—	—	Entrapped (ft³/yd³)
—	—	—	—	—	—	—	%

(f-1)

Air (Values Approximate)					
15	20	25	30	35	f'_c (MPa)
—	—	—	—	—	Entrapped (m³/m³)
—	—	—	—	—	%

(g)

Cement and Water Adjustments for Fine Aggregate Variations										
31–32	32–33	33–34	34–35	35–36	36–37	37–38	38–39	39–40	40–41	% Voids
90.0	92.5	95.0	97.5	100.0	102.5	105.0	107.5	110.0	112.5	Adjustment (%)

Table No.			45
C.A. Size			3/4"
			19.0 mm
ASTM No.			67
Slump			7"
			175 mm
(✓) AE			
( ) Non-AE			

(a)

Coarse Aggregate Type No.										Concrete Class
1	2	3	4	5	6	7				A
	1	2	3	4	5	6	7			B
		1	2	3	4	5	6	7		C
			1	2	3	4	5	6	7	D

(b) Concrete

12.80	13.30	13.80	14.30	14.80	15.30	15.80	16.30	16.80	17.30	Mortar (ft³/yd³)
14.20	13.70	13.20	12.70	12.20	11.70	11.20	10.70	10.20	9.70	C.A. + 8 (ft³/yd³)
0.474	0.493	0.511	0.530	0.548	0.567	0.585	0.604	0.622	0.641	Mortar (m³/m³)
0.526	0.507	0.489	0.470	0.452	0.433	0.415	0.396	0.378	0.359	C.A. + 8 (m³/m³)

(c) Cement

									f'_c (psi)
2.06	2.14	2.24	2.33	2.43	2.53	2.61	2.71	2.80	2.89	2000
2.25	2.33	2.44	2.54	2.63	2.73	2.81	2.91	3.01	3.10	2500
2.44	2.54	2.64	2.73	2.83	2.93	3.01	3.11	3.21	3.30	3000
2.67	2.77	2.87	2.97	3.06	3.17	3.26	3.31	3.45	3.54	3500
2.89	2.99	3.09	3.21	3.31	3.41	3.50	3.61	3.71	3.81	4000
3.13	3.23	3.35	3.47	3.58	3.69	3.79	3.91	4.01	4.12	4500
3.43	3.54	3.64	3.79	3.91	4.03	4.13	4.26	4.37	4.48	5000

(c-1) Cement

									f'_c (MPa)
0.078	0.081	0.085	0.088	0.092	0.096	0.099	0.102	0.106	0.109	15
0.088	0.092	0.096	0.099	0.103	0.107	0.110	0.113	0.117	0.120	20
0.101	0.104	0.108	0.112	0.115	0.119	0.122	0.126	0.130	0.133	25
0.113	0.117	0.121	0.125	0.129	0.133	0.137	0.141	0.145	0.149	30
0.128	0.132	0.136	0.142	0.146	0.151	0.154	0.159	0.163	0.167	35

(d) Water

									f'_c (psi)
3.81	3.97	4.15	4.31	4.48	4.65	4.81	4.99	5.16	5.33	2000
3.87	4.03	4.20	4.37	4.53	4.71	4.87	5.03	5.21	5.37	2500
3.94	4.10	4.27	4.43	4.59	4.77	4.93	5.08	5.25	5.41	3000
4.03	4.19	4.35	4.51	4.67	4.83	4.99	5.15	5.30	5.45	3500
4.12	4.27	4.43	4.59	4.75	4.90	5.05	5.19	5.35	5.50	4000
4.22	4.39	4.53	4.68	4.83	4.98	5.11	5.27	5.41	5.55	4500
4.33	4.49	4.63	4.78	4.91	5.06	5.19	5.33	5.47	5.61	5000

(d-1) Water

									f'_c (MPa)
0.141	0.147	0.154	0.160	0.166	0.173	0.178	0.185	0.191	0.197	15
0.145	0.151	0.157	0.163	0.169	0.176	0.182	0.187	0.194	0.200	20
0.150	0.156	0.161	0.167	0.173	0.179	0.185	0.191	0.196	0.202	25
0.156	0.161	0.166	0.172	0.178	0.183	0.188	0.194	0.199	0.205	30
0.161	0.167	0.172	0.177	0.182	0.187	0.192	0.197	0.203	0.208	35

(e) Air

1.15	1.20	1.24	1.29	1.33	1.38	1.42	1.47	1.51	1.56	Entrained (ft³/yd³)
4.27	4.43	4.60	4.77	4.93	5.10	5.27	5.43	5.60	5.77	%
0.043	0.044	0.046	0.048	0.049	0.051	0.053	0.054	0.056	0.058	Entrained (m³/m³)

(f) Air (Values Approximate)

2000	2500	3000	3500	4000	4500	5000	f'_c (psi)
—	—	—	—	—	—	—	Entrapped (ft³/yd³)
—	—	—	—	—	—	—	%

(f-1) Air (Values Approximate)

15	20	25	30	35	f'_c (MPa)
—	—	—	—	—	Entrapped (m³/m³)
—	—	—	—	—	%

(g) Cement and Water Adjustments for Fine Aggregate Variations

31-32	32-33	33-34	34-35	35-36	36-37	37-38	38-39	39-40	40-41	% Voids
90.0	92.5	95.0	97.5	100.0	102.5	105.0	107.5	110.0	112.5	Adjustment (%)

Table No. 46
C.A. Size 1″
 25.0 mm
ASTM No. 57
Slump 0″
 0 mm

(✓) AE
( ) Non-AE

(a)

Coarse Aggregate Type No.										Concrete Class
1	2	3	4	5	6	7				A
	1	2	3	4	5	6	7			B
		1	2	3	4	5	6	7		C
			1	2	3	4	5	6	7	D

(b)

Concrete										
12.30	12.80	13.30	13.80	14.30	14.80	15.30	15.80	16.30	16.80	Mortar (ft³/yd³)
14.70	14.20	13.70	13.20	12.70	12.20	11.70	11.20	10.70	10.20	C. A. + 8 (ft³/yd³)
0.456	0.474	0.493	0.511	0.530	0.548	0.567	0.585	0.604	0.622	Mortar (m³/m³)
0.544	0.526	0.507	0.489	0.470	0.452	0.433	0.415	0.396	0.378	C. A. + 8 (m³/m³)

(c)

Cement										f'_c (psi)
1.49	1.59	1.68	1.77	1.87	1.95	2.07	2.17	2.27	2.35	2000
1.69	1.79	1.89	1.99	2.07	2.17	2.27	2.37	2.48	2.57	2500
1.91	1.99	2.09	2.19	2.28	2.37	2.47	2.56	2.66	2.77	3000
2.11	2.21	2.31	2.40	2.51	2.60	2.70	2.80	2.90	3.00	3500
2.31	2.42	2.53	2.63	2.73	2.83	2.93	3.04	3.14	3.25	4000
2.55	2.67	2.79	2.89	3.00	3.11	3.22	3.34	3.44	3.55	4500
2.85	2.97	3.09	3.20	3.27	3.39	3.54	3.66	3.78	3.89	5000

(c-1)

Cement										f'_c (MPa)
0.058	0.062	0.065	0.069	0.072	0.075	0.080	0.083	0.087	0.090	15
0.069	0.073	0.077	0.080	0.083	0.087	0.090	0.094	0.097	0.101	20
0.080	0.084	0.088	0.091	0.095	0.098	0.103	0.106	0.110	0.114	25
0.092	0.097	0.101	0.104	0.108	0.113	0.116	0.121	0.124	0.128	30
0.108	0.112	0.117	0.121	0.123	0.127	0.133	0.138	0.142	0.146	35

(d)

Water										f'_c (psi)
2.97	3.13	3.29	3.45	3.61	3.77	3.94	4.10	4.25	4.41	2000
3.01	3.17	3.33	3.49	3.65	3.81	3.98	4.14	4.29	4.45	2500
3.06	3.22	3.37	3.53	3.69	3.85	4.02	4.17	4.33	4.48	3000
3.12	3.28	3.43	3.59	3.74	3.89	4.06	4.21	4.37	4.51	3500
3.19	3.35	3.49	3.65	3.81	3.95	4.11	4.26	4.41	4.56	4000
3.25	3.41	3.56	3.71	3.86	4.01	4.17	4.32	4.47	4.61	4500
3.33	3.47	3.63	3.78	3.93	4.07	4.23	4.38	4.53	4.68	5000

(d-1)

Water										f'_c (MPa)
0.110	0.116	0.122	0.128	0.134	0.140	0.146	0.152	0.158	0.164	15
0.113	0.119	0.124	0.130	0.136	0.142	0.149	0.154	0.160	0.166	20
0.116	0.122	0.128	0.134	0.139	0.145	0.151	0.156	0.162	0.167	25
0.120	0.126	0.131	0.137	0.143	0.148	0.154	0.159	0.165	0.170	30
0.124	0.129	0.135	0.140	0.146	0.151	0.157	0.163	0.168	0.174	35

(e)

Air										
1.11	1.15	1.20	1.24	1.29	1.33	1.38	1.42	1.47	1.51	Entrained (ft³/yd³)
4.10	4.27	4.43	4.60	4.77	4.93	5.10	5.27	5.43	5.60	%
0.041	0.043	0.044	0.046	0.048	0.049	0.051	0.053	0.054	0.056	Entrained (m³/m³)

(f)

Air (Values Approximate)							
2000	2500	3000	3500	4000	4500	5000	f'_c (psi)
—	—	—	—	—	—	—	Entrapped (ft³/yd³)
—	—	—	—	—	—	—	%

(f-1)

Air (Values Approximate)						
15	20	25	30	35	f'_c (MPa)	
—	—	—	—	—	Entrapped (m³/m³)	
—	—	—	—	—	%	

(g)

Cement and Water Adjustments for Fine Aggregate Variations										
31–32	32–33	33–34	34–35	35–36	36–37	37–38	38–39	39–40	40–41	% Voids
90.0	92.5	95.0	97.5	100.0	102.5	105.0	107.5	110.0	112.5	Adjustment (%)

TABLES OF VOLUMES 59

Table No. **47**
C.A. Size **1"**
25.0 mm
ASTM No. **57**
Slump **½"**
12.5 mm

(✓) AE
( ) Non-AE

(a)

Coarse Aggregate Type No.										Concrete Class
1	2	3	4	5	6	7				A
	1	2	3	4	5	6	7			B
		1	2	3	4	5	6	7		C
			1	2	3	4	5	6	7	D

(b)

Concrete										
12.30	12.80	13.30	13.80	14.30	14.80	15.30	15.80	16.30	16.80	Mortar (ft³/yd³)
14.70	14.20	13.70	13.20	12.70	12.20	11.70	11.20	10.70	10.20	C. A. + 8 (ft³/yd³)
0.456	0.474	0.493	0.511	0.530	0.548	0.567	0.585	0.604	0.622	Mortar (m³/m³)
0.544	0.526	0.507	0.489	0.470	0.452	0.433	0.415	0.396	0.378	C. A. + 8 (m³/m³)

(c)

Cement										f'_c (psi)
1.52	1.62	1.71	1.80	1.90	1.98	2.10	2.20	2.30	2.38	2000
1.72	1.82	1.92	2.02	2.10	2.20	2.30	2.40	2.51	2.60	2500
1.94	2.02	2.12	2.22	2.31	2.40	2.50	2.59	2.69	2.80	3000
2.14	2.24	2.34	2.43	2.54	2.63	2.73	2.83	2.93	3.03	3500
2.34	2.45	2.56	2.66	2.76	2.86	2.96	3.07	3.17	3.28	4000
2.58	2.70	2.82	2.92	3.03	3.14	3.25	3.37	3.47	3.58	4500
2.88	3.00	3.12	3.23	3.40	3.52	3.57	3.69	3.81	3.92	5000

(c-1)

Cement										f'_c (MPa)
0.059	0.063	0.066	0.070	0.073	0.076	0.081	0.084	0.088	0.091	15
0.070	0.074	0.078	0.081	0.084	0.088	0.091	0.095	0.098	0.102	20
0.081	0.085	0.089	0.092	0.096	0.099	0.104	0.107	0.111	0.115	25
0.093	0.098	0.102	0.105	0.109	0.114	0.117	0.122	0.125	0.129	30
0.109	0.113	0.118	0.122	0.124	0.128	0.134	0.139	0.143	0.147	35

(d)

Water										f'_c (psi)
3.03	3.19	3.35	3.51	3.67	3.83	4.00	4.16	4.31	4.47	2000
3.07	3.23	3.39	3.55	3.71	3.87	4.04	4.20	4.35	4.51	2500
3.12	3.28	3.43	3.59	3.75	3.91	4.08	4.23	4.39	4.54	3000
3.18	3.34	3.49	3.65	3.80	3.95	4.12	4.27	4.43	4.57	3500
3.25	3.41	3.55	3.71	3.87	4.01	4.17	4.32	4.47	4.62	4000
3.31	3.47	3.62	3.77	3.92	4.07	4.23	4.38	4.53	4.67	4500
3.39	3.53	3.69	3.84	3.99	4.13	4.29	4.44	4.59	4.74	5000

(d-1)

Water										f'_c (MPa)
0.112	0.118	0.124	0.130	0.136	0.142	0.148	0.154	0.160	0.166	15
0.115	0.121	0.126	0.132	0.138	0.144	0.151	0.156	0.162	0.168	20
0.118	0.124	0.130	0.136	0.141	0.147	0.153	0.158	0.164	0.169	25
0.122	0.128	0.133	0.139	0.145	0.150	0.156	0.161	0.167	0.172	30
0.126	0.131	0.137	0.142	0.148	0.153	0.159	0.165	0.170	0.176	35

(e)

Air										
1.11	1.15	1.20	1.24	1.29	1.33	1.38	1.42	1.47	1.51	Entrained (ft³/yd³)
4.10	4.27	4.43	4.60	4.77	4.93	5.10	5.27	5.43	5.60	%
0.041	0.043	0.044	0.046	0.048	0.049	0.051	0.053	0.054	0.056	Entrained (m³/m³)

(f)

Air (Values Approximate)							
2000	2500	3000	3500	4000	4500	5000	f'_c (psi)
—	—	—	—	—	—	—	Entrapped (ft³/yd³)
—	—	—	—	—	—	—	%

(f-1)

Air (Values Approximate)					
15	20	25	30	35	f'_c (MPa)
—	—	—	—	—	Entrapped (m³/m³)
—	—	—	—	—	%

(g)

Cement and Water Adjustments for Fine Aggregate Variations										
31–32	32–33	33–34	34–35	35–36	36–37	37–38	38–39	39–40	40–41	% Voids
90.0	92.5	95.0	97.5	100.0	102.5	105.0	107.5	110.0	112.5	Adjustment (%)

Table No.	48
C.A. Size	1"
	25.0 mm
ASTM No.	57
Slump	1"
	25 mm
(✓) AE	
( ) Non-AE	

(a)

Coarse Aggregate Type No.										Concrete Class
1	2	3	4	5	6	7				A
	1	2	3	4	5	6	7			B
		1	2	3	4	5	6	7		C
			1	2	3	4	5	6	7	D

(b) Concrete

12.30	12.80	13.30	13.80	14.30	14.80	15.30	15.80	16.30	16.80	Mortar (ft³/yd³)
14.70	14.20	13.70	13.20	12.70	12.20	11.70	11.20	10.70	10.20	C. A. + 8 (ft³/yd³)
0.456	0.474	0.493	0.511	0.530	0.548	0.567	0.585	0.604	0.622	Mortar (m³/m³)
0.544	0.526	0.507	0.489	0.470	0.452	0.433	0.415	0.396	0.378	C. A. + 8 (m³/m³)

(c) Cement

										f'_c (psi)
1.55	1.65	1.74	1.83	1.93	2.01	2.13	2.23	2.33	2.41	2000
1.75	1.85	1.95	2.05	2.13	2.23	2.33	2.43	2.54	2.63	2500
1.97	2.05	2.15	2.25	2.34	2.43	2.53	2.62	2.72	2.83	3000
2.17	2.27	2.37	2.46	2.57	2.66	2.76	2.86	2.96	3.06	3500
2.37	2.48	2.59	2.69	2.79	2.89	2.99	3.10	3.20	3.31	4000
2.61	2.73	2.85	2.95	3.06	3.17	3.28	3.40	3.50	3.61	4500
2.91	3.03	3.15	3.26	3.33	3.45	3.60	3.72	3.84	3.95	5000

(c-1) Cement

										f'_c (MPa)
0.060	0.064	0.067	0.071	0.074	0.077	0.082	0.085	0.089	0.092	15
0.071	0.075	0.079	0.082	0.085	0.089	0.092	0.096	0.099	0.103	20
0.082	0.086	0.090	0.093	0.097	0.100	0.105	0.108	0.112	0.116	25
0.094	0.099	0.103	0.106	0.110	0.115	0.118	0.123	0.126	0.130	30
0.110	0.114	0.119	0.123	0.125	0.129	0.135	0.140	0.144	0.148	35

(d) Water

										f'_c (psi)
3.08	3.24	3.40	3.56	3.72	3.88	4.05	4.21	4.36	4.52	2000
3.12	3.28	3.44	3.60	3.76	3.92	4.09	4.25	4.40	4.56	2500
3.17	3.33	3.48	3.64	3.80	3.96	4.13	4.28	4.44	4.59	3000
3.23	3.39	3.54	3.70	3.85	4.00	4.17	4.32	4.48	4.62	3500
3.30	3.46	3.60	3.76	3.92	4.06	4.22	4.37	4.52	4.67	4000
3.36	3.52	3.67	3.82	3.97	4.12	4.28	4.43	4.58	4.72	4500
3.44	3.58	3.74	3.89	4.04	4.18	4.34	4.49	4.64	4.79	5000

(d-1) Water

										f'_c (MPa)
0.114	0.120	0.126	0.132	0.138	0.144	0.150	0.156	0.162	0.168	15
0.117	0.123	0.128	0.134	0.140	0.146	0.153	0.158	0.164	0.170	20
0.120	0.126	0.132	0.138	0.143	0.149	0.155	0.160	0.166	0.171	25
0.124	0.130	0.135	0.141	0.147	0.152	0.158	0.163	0.169	0.174	30
0.128	0.133	0.139	0.144	0.150	0.155	0.161	0.167	0.172	0.178	35

(e) Air

1.11	1.15	1.20	1.24	1.29	1.33	1.38	1.42	1.47	1.51	Entrained (ft³/yd³)
4.10	4.27	4.43	4.60	4.77	4.93	5.10	5.27	5.43	5.60	%
0.041	0.043	0.044	0.046	0.048	0.049	0.051	0.053	0.054	0.056	Entrained (m³/m³)

(f) Air (Values Approximate)

2000	2500	3000	3500	4000	4500	5000	f'_c (psi)
—	—	—	—	—	—	—	Entrapped (ft³/yd³)
—	—	—	—	—	—	—	%

(f-1) Air (Values Approximate)

15	20	25	30	35	f'_c (MPa)
—	—	—	—	—	Entrapped (m³/m³)
—	—	—	—	—	%

(g) Cement and Water Adjustments for Fine Aggregate Variations

31–32	32–33	33–34	34–35	35–36	36–37	37–38	38–39	39–40	40–41	% Voids
90.0	92.5	95.0	97.5	100.0	102.5	105.0	107.5	110.0	112.5	Adjustment (%)

Table No.	49
C.A. Size	1″
	25.0 mm
ASTM No.	57
Slump	1½″
	40 mm
(✓) AE	
( ) Non-AE	

(a)

Coarse Aggregate Type No.										Concrete Class
1	2	3	4	5	6	7				A
	1	2	3	4	5	6	7			B
		1	2	3	4	5	6	7		C
			1	2	3	4	5	6	7	D

(b)

Concrete										
12.30	12.80	13.30	13.80	14.30	14.80	15.30	15.80	16.30	16.80	Mortar (ft³/yd³)
14.70	14.20	13.70	13.20	12.70	12.20	11.70	11.20	10.70	10.20	C.A. + 8 (ft³/yd³)
0.456	0.474	0.493	0.511	0.530	0.548	0.567	0.585	0.604	0.622	Mortar (m³/m³)
0.544	0.526	0.507	0.489	0.470	0.452	0.433	0.415	0.396	0.378	C.A. + 8 (m³/m³)

(c)

Cement										f'_c (psi)
1.59	1.69	1.78	1.87	1.97	2.05	2.17	2.27	2.37	2.45	2000
1.79	1.89	1.99	2.09	2.17	2.27	2.37	2.47	2.58	2.67	2500
2.01	2.09	2.19	2.29	2.38	2.47	2.57	2.66	2.76	2.87	3000
2.21	2.31	2.41	2.50	2.61	2.70	2.80	2.90	3.00	3.10	3500
2.41	2.52	2.63	2.73	2.83	2.93	3.03	3.14	3.24	3.35	4000
2.65	2.77	2.89	2.99	3.10	3.21	3.32	3.44	3.54	3.65	4500
2.95	3.07	3.19	3.30	3.37	3.49	3.64	3.76	3.88	3.99	5000

(c-1)

Cement										f'_c (MPa)
0.061	0.065	0.068	0.072	0.075	0.078	0.083	0.086	0.090	0.093	15
0.072	0.076	0.080	0.083	0.086	0.090	0.093	0.097	0.100	0.104	20
0.083	0.087	0.091	0.094	0.098	0.101	0.106	0.109	0.113	0.117	25
0.095	0.100	0.104	0.107	0.111	0.116	0.119	0.124	0.127	0.131	30
0.111	0.115	0.120	0.124	0.126	0.130	0.136	0.141	0.145	0.149	35

(d)

Water										f'_c (psi)
3.13	3.29	3.45	3.61	3.77	3.93	4.10	4.26	4.41	4.57	2000
3.17	3.33	3.49	3.65	3.81	3.97	4.14	4.30	4.45	4.61	2500
3.22	3.38	3.53	3.69	3.85	4.01	4.18	4.33	4.49	4.64	3000
3.28	3.44	3.59	3.75	3.90	4.05	4.22	4.37	4.53	4.67	3500
3.35	3.51	3.65	3.81	3.97	4.11	4.27	4.42	4.57	4.72	4000
3.41	3.57	3.72	3.87	4.02	4.17	4.33	4.48	4.63	4.77	4500
3.49	3.63	3.79	3.94	4.09	4.23	4.39	4.54	4.69	4.84	5000

(d-1)

Water										f'_c (MPa)
0.116	0.122	0.128	0.134	0.140	0.146	0.152	0.158	0.164	0.170	15
0.119	0.125	0.130	0.136	0.142	0.148	0.155	0.160	0.166	0.172	20
0.122	0.128	0.134	0.140	0.145	0.151	0.157	0.162	0.168	0.173	25
0.126	0.132	0.137	0.143	0.149	0.154	0.160	0.165	0.171	0.176	30
0.130	0.135	0.141	0.146	0.152	0.157	0.163	0.169	0.174	0.180	35

(e)

Air										
1.11	1.15	1.20	1.24	1.29	1.33	1.38	1.42	1.47	1.51	Entrained (ft³/yd³)
4.10	4.27	4.43	4.60	4.77	4.93	5.10	5.27	5.43	5.60	%
0.041	0.043	0.044	0.046	0.048	0.049	0.051	0.053	0.054	0.056	Entrained (m³/m³)

(f)

Air (Values Approximate)							
2000	2500	3000	3500	4000	4500	5000	f'_c (psi)
—	—	—	—	—	—	—	Entrapped (ft³/yd³)
—	—	—	—	—	—	—	%

(f-1)

Air (Values Approximate)					
15	20	25	30	35	f'_c (MPa)
—	—	—	—	—	Entrapped (m³/m³)
—	—	—	—	—	%

(g)

Cement and Water Adjustments for Fine Aggregate Variations										
31–32	32–33	33–34	34–35	35–36	36–37	37–38	38–39	39–40	40–41	% Voids
90.0	92.5	95.0	97.5	100.0	102.5	105.0	107.5	110.0	112.5	Adjustment (%)

SECTION 3   62

Table No. __50__
C.A. Size __1"__
__25.0 mm__
ASTM No. __57__
Slump __2"__
__50 mm__

(✓) AE
( ) Non-AE

(a)

Coarse Aggregate Type No.										Concrete Class
1	2	3	4	5	6	7				A
	1	2	3	4	5	6	7			B
		1	2	3	4	5	6	7		C
			1	2	3	4	5	6	7	D

(b)

Concrete										
12.30	12.80	13.30	13.80	14.30	14.80	15.30	15.80	16.30	16.80	Mortar (ft³/yd³)
14.70	14.20	13.70	13.20	12.70	12.20	11.70	11.20	10.70	10.20	C. A. + 8 (ft³/yd³)
0.456	0.474	0.493	0.511	0.530	0.548	0.567	0.585	0.604	0.622	Mortar (m³/m³)
0.544	0.526	0.507	0.489	0.470	0.452	0.433	0.415	0.396	0.378	C. A. + 8 (m³/m³)

(c)

Cement										f'_c (psi)
1.63	1.73	1.82	1.91	2.01	2.09	2.21	2.31	2.41	2.49	2000
1.83	1.93	2.03	2.13	2.21	2.31	2.41	2.51	2.62	2.71	2500
2.05	2.13	2.23	2.33	2.42	2.51	2.61	2.70	2.80	2.91	3000
2.25	2.35	2.45	2.54	2.65	2.74	2.84	2.94	3.04	3.14	3500
2.45	2.56	2.67	2.77	2.87	2.97	3.07	3.18	3.28	3.39	4000
2.69	2.81	2.93	3.03	3.14	3.25	3.36	3.48	3.58	3.69	4500
2.99	3.11	3.23	3.34	3.41	3.53	3.68	3.80	3.92	4.03	5000

(c-1)

Cement										f'_c (MPa)
0.063	0.067	0.070	0.074	0.077	0.080	0.085	0.088	0.092	0.095	15
0.074	0.078	0.082	0.085	0.088	0.092	0.095	0.099	0.102	0.106	20
0.085	0.089	0.093	0.096	0.100	0.103	0.108	0.111	0.115	0.119	25
0.097	0.102	0.106	0.109	0.113	0.118	0.121	0.126	0.129	0.133	30
0.113	0.117	0.122	0.126	0.128	0.132	0.138	0.143	0.147	0.151	35

(d)

Water										f'_c (psi)
3.19	3.35	3.51	3.67	3.83	3.99	4.16	4.32	4.47	4.63	2000
3.23	3.39	3.55	3.71	3.87	4.03	4.20	4.36	4.51	4.67	2500
3.28	3.44	3.59	3.75	3.91	4.07	4.24	4.39	4.55	4.70	3000
3.34	3.50	3.65	3.81	3.96	4.11	4.28	4.43	4.59	4.73	3500
3.41	3.57	3.71	3.87	4.03	4.17	4.33	4.48	4.63	4.78	4000
3.47	3.63	3.78	3.93	4.08	4.23	4.39	4.54	4.69	4.83	4500
3.55	3.69	3.85	4.00	4.15	4.29	4.45	4.60	4.75	4.90	5000

(d-1)

Water										f'_c (MPa)
0.118	0.124	0.130	0.136	0.142	0.148	0.154	0.160	0.166	0.172	15
0.121	0.127	0.132	0.138	0.144	0.150	0.157	0.162	0.168	0.174	20
0.124	0.130	0.136	0.142	0.147	0.153	0.159	0.164	0.170	0.175	25
0.128	0.134	0.139	0.145	0.151	0.156	0.162	0.167	0.173	0.178	30
0.132	0.137	0.143	0.148	0.154	0.159	0.165	0.171	0.176	0.182	35

(e)

Air										
1.11	1.15	1.20	1.24	1.29	1.33	1.38	1.42	1.47	1.51	Entrained (ft³/yd³)
4.10	4.27	4.43	4.60	4.77	4.93	5.10	5.27	5.43	5.60	%
0.041	0.043	0.044	0.046	0.048	0.049	0.051	0.053	0.054	0.056	Entrained (m³/m³)

(f)

Air (Values Approximate)							
2000	2500	3000	3500	4000	4500	5000	f'_c (psi)
—	—	—	—	—	—	—	Entrapped (ft³/yd³)
—	—	—	—	—	—	—	%

(f-1)

Air (Values Approximate)					
15	20	25	30	35	f'_c (MPa)
—	—	—	—	—	Entrapped (m³/m³)
—	—	—	—	—	%

(g)

Cement and Water Adjustments for Fine Aggregate Variations										
31-32	32-33	33-34	34-35	35-36	36-37	37-38	38-39	39-40	40-41	% Voids
90.0	92.5	95.0	97.5	100.0	102.5	105.0	107.5	110.0	112.5	Adjustment (%)

TABLES OF VOLUMES 63

Table No.	51
C.A. Size	1″
	25.0 mm
ASTM No.	57
Slump	2½″
	65 mm
(✓) AE	
( ) Non-AE	

(a)

Coarse Aggregate Type No.										Concrete Class
1	2	3	4	5	6	7				A
	1	2	3	4	5	6	7			B
		1	2	3	4	5	6	7		C
			1	2	3	4	5	6	7	D

(b)

Concrete										
12.30	12.80	13.30	13.80	14.30	14.80	15.30	15.80	16.30	16.80	Mortar (ft³/yd³)
14.70	14.20	13.70	13.20	12.70	12.20	11.70	11.20	10.70	10.20	C. A. + 8 (ft³/yd³)
0.456	0.474	0.493	0.511	0.530	0.548	0.567	0.585	0.604	0.622	Mortar (m³/m³)
0.544	0.526	0.507	0.489	0.470	0.452	0.433	0.415	0.396	0.378	C. A. + 8 (m³/m³)

(c)

Cement										f'_c (psi)
1.66	1.76	1.85	1.94	2.04	2.12	2.24	2.34	2.44	2.52	2000
1.86	1.96	2.06	2.16	2.24	2.34	2.44	2.54	2.65	2.74	2500
2.08	2.16	2.26	2.36	2.45	2.54	2.64	2.73	2.83	2.94	3000
2.28	2.38	2.48	2.57	2.68	2.77	2.87	2.97	3.07	3.17	3500
2.48	2.59	2.70	2.80	2.90	3.00	3.10	3.21	3.31	3.42	4000
2.72	2.84	2.96	3.06	3.17	3.28	3.39	3.51	3.61	3.72	4500
3.02	3.14	3.26	3.37	3.44	3.56	3.71	3.83	3.95	4.06	5000

(c-1)

Cement										f'_c (MPa)
0.064	0.068	0.071	0.075	0.078	0.081	0.086	0.089	0.093	0.096	15
0.075	0.079	0.083	0.086	0.089	0.093	0.096	0.100	0.103	0.107	20
0.086	0.090	0.094	0.097	0.101	0.104	0.109	0.112	0.116	0.120	25
0.098	0.103	0.107	0.110	0.114	0.119	0.122	0.127	0.130	0.134	30
0.114	0.118	0.123	0.127	0.129	0.133	0.139	0.144	0.148	0.152	35

(d)

Water										f'_c (psi)
3.24	3.40	3.56	3.72	3.88	4.04	4.21	4.37	4.52	4.68	2000
3.28	3.44	3.60	3.76	3.92	4.08	4.25	4.41	4.56	4.72	2500
3.33	3.49	3.64	3.80	3.96	4.12	4.29	4.44	4.60	4.75	3000
3.39	3.55	3.70	3.86	4.01	4.16	4.33	4.48	4.64	4.78	3500
3.46	3.62	3.76	3.92	4.08	4.22	4.38	4.53	4.68	4.83	4000
3.52	3.68	3.83	3.98	4.13	4.28	4.44	4.59	4.74	4.88	4500
3.60	3.74	3.90	4.05	4.20	4.34	4.50	4.65	4.80	4.95	5000

(d-1)

Water										f'_c (MPa)
0.120	0.126	0.132	0.138	0.144	0.150	0.156	0.162	0.168	0.174	15
0.123	0.129	0.134	0.140	0.146	0.152	0.159	0.164	0.170	0.176	20
0.126	0.132	0.138	0.144	0.149	0.155	0.161	0.166	0.172	0.177	25
0.130	0.136	0.141	0.147	0.153	0.158	0.164	0.169	0.175	0.180	30
0.134	0.139	0.145	0.150	0.156	0.161	0.167	0.173	0.178	0.184	35

(e)

Air										
1.11	1.15	1.20	1.24	1.29	1.33	1.38	1.42	1.47	1.51	Entrained (ft³/yd³)
4.10	4.27	4.43	4.60	4.77	4.93	5.10	5.27	5.43	5.60	%
0.041	0.043	0.044	0.046	0.048	0.049	0.051	0.053	0.054	0.056	Entrained (m³/m³)

(f)

Air (Values Approximate)							
2000	2500	3000	3500	4000	4500	5000	f'_c (psi)
—	—	—	—	—	—	—	Entrapped (ft³/yd³)
—	—	—	—	—	—	—	%

(f-1)

Air (Values Approximate)					
15	20	25	30	35	f'_c (MPa)
—	—	—	—	—	Entrapped (m³/m³)
—	—	—	—	—	%

(g)

Cement and Water Adjustments for Fine Aggregate Variations										
31-32	32-33	33-34	34-35	35-36	36-37	37-38	38-39	39-40	40-41	% Voids
90.0	92.5	95.0	97.5	100.0	102.5	105.0	107.5	110.0	112.5	Adjustment (%)

Table No.	52
C.A. Size	1"
	25.0 mm
ASTM No.	57
Slump	3"
	75 mm
(✓) AE	
( ) Non·AE	

(a)

Coarse Aggregate Type No.										Concrete Class
1	2	3	4	5	6	7				A
	1	2	3	4	5	6	7			B
		1	2	3	4	5	6	7		C
			1	2	3	4	5	6	7	D

(b)

Concrete										
12.30	12.80	13.30	13.80	14.30	14.80	15.30	15.80	16.30	16.80	Mortar (ft³/yd³)
14.70	14.20	13.70	13.20	12.70	12.20	11.70	11.20	10.70	10.20	C. A. + 8 (ft³/yd³)
0.456	0.474	0.493	0.511	0.530	0.548	0.567	0.585	0.604	0.622	Mortar (m³/m³)
0.544	0.526	0.507	0.489	0.470	0.452	0.433	0.415	0.396	0.378	C. A. + 8 (m³/m³)

(c)

Cement										f'_c (psi)
1.69	1.79	1.88	1.97	2.07	2.15	2.27	2.37	2.47	2.55	2000
1.89	1.99	2.09	2.19	2.27	2.37	2.47	2.57	2.68	2.77	2500
2.11	2.19	2.29	2.39	2.48	2.57	2.67	2.76	2.86	2.97	3000
2.31	2.41	2.51	2.60	2.71	2.80	2.90	3.00	3.10	3.20	3500
2.51	2.62	2.73	2.83	2.93	3.03	3.13	3.24	3.34	3.45	4000
2.75	2.87	2.99	3.09	3.20	3.31	3.42	3.54	3.64	3.75	4500
3.05	3.17	3.29	3.40	3.47	3.59	3.74	3.86	3.98	4.09	5000

(c-1)

Cement										f'_c (MPa)
0.065	0.069	0.072	0.076	0.079	0.082	0.087	0.090	0.094	0.097	15
0.076	0.080	0.084	0.087	0.090	0.094	0.097	0.101	0.104	0.108	20
0.087	0.091	0.095	0.098	0.102	0.105	0.110	0.113	0.117	0.121	25
0.099	0.104	0.108	0.111	0.115	0.120	0.123	0.128	0.131	0.135	30
0.115	0.119	0.124	0.128	0.130	0.134	0.140	0.145	0.149	0.153	35

(d)

Water										f'_c (psi)
3.29	3.45	3.61	3.77	3.93	4.09	4.26	4.42	4.57	4.73	2000
3.33	3.49	3.65	3.81	3.97	4.13	4.30	4.46	4.61	4.77	2500
3.38	3.54	3.69	3.85	4.01	4.17	4.34	4.49	4.65	4.80	3000
3.44	3.60	3.75	3.91	4.06	4.21	4.38	4.53	4.69	4.83	3500
3.51	3.67	3.81	3.97	4.13	4.27	4.43	4.58	4.73	4.88	4000
3.57	3.73	3.88	4.03	4.18	4.33	4.49	4.64	4.79	4.93	4500
3.65	3.79	3.95	4.10	4.25	4.39	4.55	4.70	4.85	5.00	5000

(d-1)

Water										f'_c (MPa)
0.122	0.128	0.134	0.140	0.146	0.152	0.158	0.164	0.170	0.176	15
0.125	0.131	0.136	0.142	0.148	0.154	0.161	0.166	0.172	0.178	20
0.128	0.134	0.140	0.146	0.151	0.157	0.163	0.168	0.174	0.179	25
0.132	0.138	0.143	0.149	0.155	0.160	0.166	0.171	0.177	0.182	30
0.136	0.141	0.147	0.152	0.158	0.163	0.169	0.175	0.180	0.186	35

(e)

Air										
1.11	1.15	1.20	1.24	1.29	1.33	1.38	1.42	1.47	1.51	Entrained (ft³/yd³)
4.10	4.27	4.43	4.60	4.77	4.93	5.10	5.27	5.43	5.60	%
0.041	0.043	0.044	0.046	0.048	0.049	0.051	0.053	0.054	0.056	Entrained (m³/m³)

(f)

Air (Values Approximate)							
2000	2500	3000	3500	4000	4500	5000	f'_c (psi)
—	—	—	—	—	—	—	Entrapped (ft³/yd³)
—	—	—	—	—	—	—	%

(f-1)

Air (Values Approximate)					
15	20	25	30	35	f'_c (MPa)
—	—	—	—	—	Entrapped (m³/m³)
—	—	—	—	—	%

(g)

Cement and Water Adjustments for Fine Aggregate Variations

31-32	32-33	33-34	34-35	35-36	36-37	37-38	38-39	39-40	40-41	% Voids
90.0	92.5	95.0	97.5	100.0	102.5	105.0	107.5	110.0	112.5	Adjustment (%)

Table No.	53
C.A. Size	1"
	25.0 mm
ASTM No.	57
Slump	3½"
	90 mm
(✓) AE	
( ) Non-AE	

(a)

Coarse Aggregate Type No.										Concrete Class
1	2	3	4	5	6	7				A
	1	2	3	4	5	6	7			B
		1	2	3	4	5	6	7		C
			1	2	3	4	5	6	7	D

(b)

Concrete										
12.30	12.80	13.30	13.80	14.30	14.80	15.30	15.80	16.30	16.80	Mortar (ft³/yd³)
14.70	14.20	13.70	13.20	12.70	12.20	11.70	11.20	10.70	10.20	C. A. + 8 (ft³/yd³)
0.456	0.474	0.493	0.511	0.530	0.548	0.567	0.585	0.604	0.622	Mortar (m³/m³)
0.544	0.526	0.507	0.489	0.470	0.452	0.433	0.415	0.396	0.378	C. A. + 8 (m³/m³)

(c)

Cement										f'_c (psi)
1.73	1.83	1.92	2.01	2.11	2.19	2.31	2.41	2.51	2.59	2000
1.93	2.03	2.13	2.23	2.31	2.41	2.51	2.61	2.72	2.81	2500
2.15	2.23	2.33	2.43	2.52	2.61	2.71	2.80	2.90	3.01	3000
2.35	2.45	2.55	2.64	2.75	2.84	2.94	3.04	3.14	3.24	3500
2.55	2.66	2.77	2.87	2.97	3.07	3.17	3.28	3.38	3.49	4000
2.79	2.91	3.03	3.13	3.24	3.35	3.46	3.58	3.68	3.79	4500
3.09	3.21	3.33	3.44	3.51	3.63	3.78	3.90	4.02	4.13	5000

(c-1)

Cement										f'_c (MPa)
0.067	0.071	0.074	0.078	0.081	0.084	0.089	0.092	0.096	0.099	15
0.078	0.082	0.086	0.089	0.092	0.096	0.099	0.103	0.106	0.110	20
0.089	0.093	0.097	0.100	0.104	0.107	0.112	0.115	0.119	0.123	25
0.101	0.106	0.110	0.113	0.117	0.122	0.125	0.130	0.133	0.137	30
0.117	0.121	0.126	0.130	0.132	0.136	0.142	0.147	0.151	0.155	35

(d)

Water										f'_c (psi)
3.35	3.51	3.67	3.83	3.99	4.15	4.32	4.48	4.63	4.79	2000
3.39	3.55	3.71	3.87	4.03	4.19	4.36	4.52	4.67	4.83	2500
3.44	3.60	3.75	3.91	4.07	4.23	4.40	4.55	4.71	4.86	3000
3.50	3.66	3.81	3.97	4.12	4.27	4.44	4.59	4.75	4.89	3500
3.57	3.73	3.87	4.03	4.19	4.33	4.49	4.64	4.79	4.94	4000
3.63	3.79	3.94	4.09	4.24	4.39	4.55	4.70	4.85	4.99	4500
3.71	3.85	4.01	4.16	4.31	4.45	4.61	4.76	4.91	5.06	5000

(d-1)

Water										f'_c (MPa)
0.124	0.130	0.136	0.142	0.148	0.154	0.160	0.166	0.172	0.178	15
0.127	0.133	0.138	0.144	0.150	0.156	0.163	0.168	0.174	0.180	20
0.130	0.136	0.142	0.148	0.153	0.159	0.165	0.170	0.176	0.181	25
0.134	0.140	0.145	0.151	0.157	0.162	0.168	0.173	0.179	0.184	30
0.138	0.143	0.149	0.154	0.160	0.165	0.171	0.177	0.182	0.188	35

(e)

Air										
1.11	1.15	1.20	1.24	1.29	1.33	1.38	1.42	1.47	1.51	Entrained (ft³/yd³)
4.10	4.27	4.43	4.60	4.77	4.93	5.10	5.27	5.43	5.60	%
0.041	0.043	0.044	0.046	0.048	0.049	0.051	0.053	0.054	0.056	Entrained (m³/m³)

(f)

Air (Values Approximate)							
2000	2500	3000	3500	4000	4500	5000	f'_c (psi)
—	—	—	—	—	—	—	Entrapped (ft³/yd³)
—	—	—	—	—	—	—	%

(f-1)

Air (Values Approximate)					
15	20	25	30	35	f'_c (MPa)
—	—	—	—	—	Entrapped (m³/m³)
—	—	—	—	—	%

(g)

Cement and Water Adjustments for Fine Aggregate Variations										
31-32	32-33	33-34	34-35	35-36	36-37	37-38	38-39	39-40	40-41	% Voids
90.0	92.5	95.0	97.5	100.0	102.5	105.0	107.5	110.0	112.5	Adjustment (%)

Table No.	54
C.A. Size	1"
	25.0 mm
ASTM No.	57
Slump	4"
	100 mm

(✓) AE
( ) Non-AE

(a)

Coarse Aggregate Type No.										Concrete Class
1	2	3	4	5	6	7				A
	1	2	3	4	5	6	7			B
		1	2	3	4	5	6	7		C
			1	2	3	4	5	6	7	D

(b) Concrete

12.30	12.80	13.30	13.80	14.30	14.80	15.30	15.80	16.30	16.80	Mortar (ft³/yd³)
14.70	14.20	13.70	13.20	12.70	12.20	11.70	11.20	10.70	10.20	C.A. + 8 (ft³/yd³)
0.456	0.474	0.493	0.511	0.530	0.548	0.567	0.585	0.604	0.622	Mortar (m³/m³)
0.544	0.526	0.507	0.489	0.470	0.452	0.433	0.415	0.396	0.378	C.A. + 8 (m³/m³)

(c) Cement

										f'_c (psi)
1.77	1.87	1.96	2.05	2.15	2.23	2.35	2.45	2.55	2.63	2000
1.97	2.07	2.17	2.27	2.35	2.45	2.55	2.65	2.76	2.85	2500
2.19	2.27	2.37	2.47	2.56	2.65	2.75	2.84	2.94	3.05	3000
2.39	2.49	2.59	2.68	2.79	2.88	2.98	3.08	3.18	3.28	3500
2.59	2.70	2.81	2.91	3.01	3.11	3.21	3.32	3.42	3.53	4000
2.83	2.95	3.07	3.17	3.28	3.39	3.50	3.62	3.72	3.83	4500
3.13	3.25	3.37	3.48	3.55	3.67	3.82	3.94	4.06	4.17	5000

(c-1) Cement

										f'_c (MPa)
0.068	0.072	0.075	0.079	0.082	0.085	0.090	0.093	0.097	0.100	15
0.079	0.083	0.087	0.090	0.093	0.097	0.100	0.104	0.107	0.111	20
0.090	0.093	0.098	0.101	0.105	0.108	0.113	0.116	0.120	0.124	25
0.102	0.107	0.111	0.114	0.118	0.123	0.126	0.131	0.134	0.138	30
0.118	0.122	0.127	0.131	0.133	0.137	0.143	0.147	0.152	0.156	35

(d) Water

										f'_c (psi)
3.40	3.56	3.72	3.88	4.04	4.20	4.37	4.53	4.68	4.84	2000
3.44	3.60	3.76	3.92	4.08	4.24	4.41	4.57	4.72	4.88	2500
3.49	3.65	3.80	3.96	4.12	4.28	4.45	4.60	4.76	4.91	3000
3.55	3.71	3.86	4.02	4.17	4.32	4.49	4.64	4.80	4.94	3500
3.62	3.78	3.92	4.08	4.24	4.38	4.54	4.69	4.84	4.99	4000
3.68	3.84	3.99	4.14	4.29	4.44	4.60	4.75	4.90	5.04	4500
3.76	3.90	4.06	4.21	4.36	4.50	4.66	4.81	4.96	5.11	5000

(d-1) Water

										f'_c (MPa)
0.126	0.132	0.138	0.144	0.150	0.156	0.162	0.168	0.174	0.180	15
0.129	0.135	0.140	0.146	0.152	0.158	0.165	0.170	0.176	0.182	20
0.132	0.138	0.144	0.150	0.155	0.161	0.167	0.172	0.178	0.183	25
0.136	0.142	0.147	0.153	0.159	0.164	0.170	0.175	0.181	0.186	30
0.140	0.145	0.151	0.156	0.162	0.167	0.173	0.179	0.184	0.190	35

(e) Air

1.11	1.15	1.20	1.24	1.29	1.33	1.38	1.42	1.47	1.51	Entrained (ft³/yd³)
4.10	4.27	4.43	4.60	4.77	4.93	5.10	5.27	5.43	5.60	%
0.041	0.043	0.044	0.046	0.048	0.049	0.051	0.053	0.054	0.056	Entrained (m³/m³)

(f) Air (Values Approximate)

2000	2500	3000	3500	4000	4500	5000	f'_c (psi)
—	—	—	—	—	—	—	Entrapped (ft³/yd³)
—	—	—	—	—	—	—	%

(f-1) Air (Values Approximate)

15	20	25	30	35	f'_c (MPa)
—	—	—	—	—	Entrapped (m³/m³)
—	—	—	—	—	%

(g) Cement and Water Adjustments for Fine Aggregate Variations

31-32	32-33	33-34	34-35	35-36	36-37	37-38	38-39	39-40	40-41	% Voids
90.0	92.5	95.0	97.5	100.0	102.5	105.0	107.5	110.0	112.5	Adjustment (%)

Table No.	55
C.A. Size	1″
	25.0 mm
ASTM No.	57
Slump	4½″
	115 mm

(✓) AE
( ) Non-AE

(a)

Coarse Aggregate Type No.										Concrete Class
1	2	3	4	5	6	7				A
	1	2	3	4	5	6	7			B
		1	2	3	4	5	6	7		C
			1	2	3	4	5	6	7	D

(b)

Concrete										
12.30	12.80	13.30	13.80	14.30	14.80	15.30	15.80	16.30	16.80	Mortar (ft³/yd³)
14.70	14.20	13.70	13.20	12.70	12.20	11.70	11.20	10.70	10.20	C. A. + 8 (ft³/yd³)
0.456	0.474	0.493	0.511	0.530	0.548	0.567	0.585	0.604	0.622	Mortar (m³/m³)
0.544	0.526	0.507	0.489	0.470	0.452	0.433	0.415	0.396	0.378	C. A. + 8 (m³/m³)

(c)

Cement										f'_c (psi)
1.80	1.90	1.99	2.08	2.18	2.26	2.38	2.48	2.58	2.66	2000
2.00	2.10	2.20	2.30	2.38	2.48	2.58	2.68	2.79	2.88	2500
2.22	2.30	2.40	2.50	2.59	2.68	2.78	2.87	2.97	3.08	3000
2.42	2.52	2.62	2.71	2.82	2.91	3.01	3.11	3.21	3.31	3500
2.62	2.73	2.84	2.94	3.04	3.14	3.24	3.35	3.45	3.56	4000
2.86	2.98	3.10	3.20	3.31	3.42	3.53	3.65	3.75	3.86	4500
3.16	3.28	3.40	3.51	3.58	3.70	3.85	3.97	4.09	4.20	5000

(c-1)

Cement										f'_c (MPa)
0.069	0.073	0.076	0.080	0.083	0.086	0.091	0.094	0.098	0.101	15
0.080	0.084	0.088	0.091	0.094	0.098	0.101	0.105	0.108	0.112	20
0.091	0.095	0.099	0.102	0.106	0.109	0.114	0.117	0.121	0.125	25
0.103	0.108	0.112	0.115	0.119	0.124	0.127	0.132	0.135	0.139	30
0.119	0.123	0.128	0.132	0.134	0.138	0.144	0.149	0.153	0.157	35

(d)

Water										f'_c (psi)
3.45	3.61	3.77	3.93	4.09	4.25	4.42	4.58	4.73	4.89	2000
3.49	3.65	3.81	3.97	4.13	4.29	4.46	4.62	4.77	4.93	2500
3.54	3.70	3.85	4.01	4.17	4.33	4.50	4.65	4.81	4.96	3000
3.60	3.76	3.91	4.07	4.22	4.37	4.54	4.69	4.85	4.99	3500
3.67	3.83	3.97	4.13	4.29	4.43	4.59	4.74	4.89	5.04	4000
3.73	3.89	4.04	4.19	4.34	4.49	4.65	4.80	4.95	5.09	4500
3.81	3.95	4.11	4.26	4.41	4.55	4.71	4.86	5.01	5.16	5000

(d-1)

Water										f'_c (MPa)
0.128	0.134	0.140	0.146	0.152	0.158	0.164	0.170	0.176	0.182	15
0.131	0.137	0.142	0.148	0.154	0.160	0.167	0.172	0.178	0.184	20
0.134	0.140	0.146	0.152	0.157	0.163	0.169	0.174	0.180	0.185	25
0.138	0.144	0.149	0.155	0.161	0.166	0.172	0.177	0.183	0.188	30
0.142	0.147	0.153	0.158	0.164	0.169	0.175	0.181	0.186	0.192	35

(e)

Air										
1.11	1.15	1.20	1.24	1.29	1.33	1.38	1.42	1.47	1.51	Entrained (ft³/yd³)
4.10	4.27	4.43	4.60	4.77	4.93	5.10	5.27	5.43	5.60	%
0.041	0.043	0.044	0.046	0.048	0.049	0.051	0.053	0.054	0.056	Entrained (m³/m³)

(f)

Air (Values Approximate)							
2000	2500	3000	3500	4000	4500	5000	f'_c (psi)
—	—	—	—	—	—	—	Entrapped (ft³/yd³)
—	—	—	—	—	—	—	%

(f-1)

Air (Values Approximate)					
15	20	25	30	35	f'_c (MPa)
—	—	—	—	—	Entrapped (m³/m³)
—	—	—	—	—	%

(g)

Cement and Water Adjustments for Fine Aggregate Variations										
31–32	32–33	33–34	34–35	35–36	36–37	37–38	38–39	39–40	40–41	% Voids
90.0	92.5	95.0	97.5	100.0	102.5	105.0	107.5	110.0	112.5	Adjustment (%)

Table No.	56
C.A. Size	1"
	25.0 mm
ASTM No.	57
Slump	5"
	125 mm

(✓) AE
( ) Non-AE

(a)

Coarse Aggregate Type No.										Concrete Class
1	2	3	4	5	6	7				A
	1	2	3	4	5	6	7			B
		1	2	3	4	5	6	7		C
			1	2	3	4	5	6	7	D

(b) Concrete

12.30	12.80	13.30	13.80	14.30	14.80	15.30	15.80	16.30	16.80	Mortar (ft³/yd³)
14.70	14.20	13.70	13.20	12.70	12.20	11.70	11.20	10.70	10.20	C.A. + 8 (ft³/yd³)
0.456	0.474	0.493	0.511	0.530	0.548	0.567	0.585	0.604	0.622	Mortar (m³/m³)
0.544	0.526	0.507	0.489	0.470	0.452	0.433	0.415	0.396	0.378	C.A. + 8 (m³/m³)

(c) Cement

										f'_c (psi)
1.83	1.93	2.02	2.11	2.21	2.29	2.41	2.51	2.61	2.69	2000
2.03	2.13	2.23	2.33	2.41	2.51	2.61	2.71	2.82	2.91	2500
2.25	2.33	2.43	2.53	2.62	2.71	2.81	2.90	3.00	3.11	3000
2.45	2.55	2.65	2.74	2.85	2.94	3.04	3.14	3.24	3.34	3500
2.65	2.76	2.87	2.97	3.07	3.17	3.27	3.38	3.48	3.59	4000
2.89	3.01	3.13	3.23	3.34	3.45	3.56	3.68	3.78	3.89	4500
3.19	3.31	3.43	3.54	3.61	3.73	3.88	4.00	4.12	4.23	5000

(c-1) Cement

										f'_c (MPa)
0.070	0.074	0.077	0.081	0.084	0.087	0.092	0.095	0.099	0.102	15
0.081	0.085	0.089	0.092	0.095	0.099	0.102	0.106	0.109	0.113	20
0.092	0.096	0.100	0.103	0.107	0.110	0.115	0.118	0.122	0.126	25
0.104	0.109	0.113	0.116	0.120	0.125	0.128	0.133	0.136	0.140	30
0.120	0.124	0.129	0.133	0.135	0.139	0.145	0.150	0.154	0.158	35

(d) Water

										f'_c (psi)
3.51	3.67	3.83	3.99	4.15	4.31	4.48	4.64	4.79	4.95	2000
3.55	3.71	3.87	4.03	4.19	4.35	4.52	4.68	4.83	4.99	2500
3.60	3.76	3.91	4.07	4.23	4.39	4.56	4.71	4.87	5.02	3000
3.66	3.82	3.97	4.13	4.28	4.43	4.60	4.75	4.91	5.05	3500
3.73	3.89	4.03	4.19	4.35	4.49	4.65	4.80	4.95	5.10	4000
3.79	3.95	4.10	4.25	4.40	4.55	4.71	4.86	5.01	5.15	4500
3.87	4.01	4.17	4.32	4.47	4.61	4.77	4.92	5.07	5.22	5000

(d-1) Water

										f'_c (MPa)
0.130	0.136	0.142	0.148	0.154	0.160	0.166	0.172	0.178	0.184	15
0.133	0.139	0.144	0.150	0.156	0.162	0.169	0.174	0.180	0.186	20
0.136	0.142	0.148	0.154	0.159	0.165	0.171	0.176	0.182	0.187	25
0.140	0.146	0.151	0.157	0.163	0.168	0.174	0.179	0.185	0.190	30
0.144	0.149	0.155	0.160	0.166	0.171	0.177	0.183	0.188	0.194	35

(e) Air

1.11	1.15	1.20	1.24	1.29	1.33	1.38	1.42	1.47	1.51	Entrained (ft³/yd³)
4.10	4.27	4.43	4.60	4.77	4.93	5.10	5.27	5.43	5.60	%
0.041	0.043	0.044	0.046	0.048	0.049	0.051	0.053	0.054	0.056	Entrained (m³/m³)

(f) Air (Values Approximate)

2000	2500	3000	3500	4000	4500	5000	f'_c (psi)
—	—	—	—	—	—	—	Entrapped (ft³/yd³)
—	—	—	—	—	—	—	%

(f-1) Air (Values Approximate)

15	20	25	30	35	f'_c (MPa)
—	—	—	—	—	Entrapped (m³/m³)
—	—	—	—	—	%

(g) Cement and Water Adjustments for Fine Aggregate Variations

31–32	32–33	33–34	34–35	35–36	36–37	37–38	38–39	39–40	40–41	% Voids
90.0	92.5	95.0	97.5	100.0	102.5	105.0	107.5	110.0	112.5	Adjustment (%)

TABLES OF VOLUMES

Table No.	57
C.A. Size	1"
	25.0 mm
ASTM No.	57
Slump	5½"
	140 mm

(✓) AE
( ) Non-AE

(a)

Coarse Aggregate Type No.										Concrete Class
1	2	3	4	5	6	7				A
	1	2	3	4	5	6	7			B
		1	2	3	4	5	6	7		C
			1	2	3	4	5	6	7	D

(b) Concrete

12.30	12.80	13.30	13.80	14.30	14.80	15.30	15.80	16.30	16.80	Mortar (ft³/yd³)
14.70	14.20	13.70	13.20	12.70	12.20	11.70	11.20	10.70	10.20	C.A. + 8 (ft³/yd³)
0.456	0.474	0.493	0.511	0.530	0.548	0.567	0.585	0.604	0.622	Mortar (m³/m³)
0.544	0.526	0.507	0.489	0.470	0.452	0.433	0.415	0.396	0.378	C.A. + 8 (m³/m³)

(c) Cement

										f'_c (psi)
1.87	1.97	2.06	2.15	2.25	2.33	2.45	2.55	2.65	2.73	2000
2.07	2.17	2.27	2.37	2.45	2.55	2.65	2.75	2.86	2.95	2500
2.29	2.37	2.47	2.57	2.66	2.75	2.85	2.94	3.04	3.15	3000
2.49	2.59	2.69	2.78	2.89	2.98	3.08	3.18	3.28	3.38	3500
2.69	2.80	2.91	3.01	3.11	3.21	3.31	3.42	3.52	3.63	4000
2.93	3.05	3.17	3.27	3.38	3.49	3.60	3.72	3.82	3.93	4500
3.23	3.35	3.47	3.58	3.65	3.77	3.92	4.04	4.16	4.27	5000

(c-1) Cement

										f'_c (MPa)
0.072	0.076	0.079	0.083	0.086	0.089	0.094	0.097	0.101	0.104	15
0.083	0.087	0.091	0.094	0.097	0.101	0.104	0.108	0.111	0.115	20
0.094	0.098	0.102	0.105	0.109	0.112	0.117	0.120	0.124	0.128	25
0.106	0.111	0.115	0.118	0.122	0.127	0.130	0.135	0.138	0.142	30
0.122	0.126	0.131	0.135	0.137	0.141	0.147	0.152	0.156	0.160	35

(d) Water

										f'_c (psi)
3.56	3.72	3.88	4.04	4.20	4.36	4.53	4.69	4.84	5.00	2000
3.60	3.76	3.92	4.08	4.24	4.40	4.57	4.73	4.88	5.04	2500
3.65	3.81	3.96	4.12	4.28	4.44	4.61	4.76	4.92	5.07	3000
3.71	3.87	4.02	4.18	4.33	4.48	4.65	4.80	4.96	5.10	3500
3.78	3.94	4.08	4.24	4.40	4.54	4.70	4.85	5.00	5.15	4000
3.84	4.00	4.15	4.30	4.45	4.60	4.76	4.91	5.06	5.20	4500
3.92	4.06	4.22	4.37	4.52	4.66	4.82	4.97	5.12	5.27	5000

(d-1) Water

										f'_c (MPa)
0.132	0.138	0.144	0.150	0.156	0.162	0.168	0.174	0.180	0.186	15
0.135	0.141	0.146	0.152	0.158	0.164	0.171	0.176	0.182	0.188	20
0.138	0.144	0.150	0.156	0.161	0.167	0.173	0.178	0.184	0.189	25
0.142	0.148	0.153	0.159	0.165	0.170	0.176	0.181	0.187	0.192	30
0.146	0.151	0.157	0.162	0.168	0.173	0.179	0.185	0.190	0.196	35

(e) Air

1.11	1.15	1.20	1.24	1.29	1.33	1.38	1.42	1.47	1.51	Entrained (ft³/yd³)
4.10	4.27	4.43	4.60	4.77	4.93	5.10	5.27	5.43	5.60	%
0.041	0.043	0.044	0.046	0.048	0.049	0.051	0.053	0.054	0.056	Entrained (m³/m³)

(f) Air (Values Approximate)

2000	2500	3000	3500	4000	4500	5000	f'_c (psi)
—	—	—	—	—	—	—	Entrapped (ft³/yd³)
—	—	—	—	—	—	—	%

(f-1) Air (Values Approximate)

15	20	25	30	35	f'_c (MPa)
—	—	—	—	—	Entrapped (m³/m³)
—	—	—	—	—	%

(g) Cement and Water Adjustments for Fine Aggregate Variations

31–32	32–33	33–34	34–35	35–36	36–37	37–38	38–39	39–40	40–41	% Voids
90.0	92.5	95.0	97.5	100.0	102.5	105.0	107.5	110.0	112.5	Adjustment (%)

Table No.	58
C.A. Size	1"
	25.0 mm
ASTM No.	57
Slump	6"
	150 mm
(✓) AE	
( ) Non-AE	

(a)

Coarse Aggregate Type No.										Concrete Class
1	2	3	4	5	6	7				A
	1	2	3	4	5	6	7			B
		1	2	3	4	5	6	7		C
			1	2	3	4	5	6	7	D

(b) Concrete

12.30	12.80	13.30	13.80	14.30	14.80	15.30	15.80	16.30	16.80	Mortar (ft³/yd³)
14.70	14.20	13.70	13.20	12.70	12.20	11.70	11.20	10.70	10.20	C. A. + 8 (ft³/yd³)
0.456	0.474	0.493	0.511	0.530	0.548	0.567	0.585	0.604	0.622	Mortar (m³/m³)
0.544	0.526	0.507	0.489	0.470	0.452	0.433	0.415	0.396	0.378	C. A. + 8 (m³/m³)

(c) Cement

									f'_c (psi)
1.90	2.00	2.09	2.18	2.28	2.36	2.48	2.58	2.68	2.76	2000
2.10	2.20	2.30	2.40	2.48	2.58	2.68	2.78	2.89	2.98	2500
2.32	2.40	2.50	2.60	2.69	2.78	2.88	2.97	3.07	3.18	3000
2.52	2.62	2.72	2.81	2.92	3.01	3.11	3.21	3.31	3.41	3500
2.72	2.83	2.94	3.04	3.14	3.24	3.34	3.45	3.55	3.66	4000
2.96	3.08	3.20	3.30	3.41	3.52	3.63	3.75	3.85	3.96	4500
3.26	3.38	3.50	3.61	3.68	3.80	3.95	4.07	4.19	4.30	5000

(c-1) Cement

									f'_c (MPa)
0.073	0.077	0.080	0.084	0.087	0.090	0.095	0.098	0.102	0.105	15
0.084	0.088	0.092	0.095	0.098	0.102	0.105	0.109	0.112	0.116	20
0.095	0.099	0.103	0.106	0.110	0.113	0.118	0.121	0.125	0.129	25
0.107	0.112	0.116	0.119	0.123	0.128	0.131	0.136	0.139	0.143	30
0.123	0.127	0.132	0.136	0.138	0.142	0.148	0.153	0.157	0.161	35

(d) Water

									f'_c (psi)
3.61	3.77	3.93	4.09	4.25	4.41	4.58	4.74	4.89	5.05	2000
3.65	3.81	3.97	4.13	4.29	4.45	4.62	4.78	4.93	5.09	2500
3.70	3.86	4.01	4.17	4.33	4.49	4.66	4.81	4.97	5.12	3000
3.76	3.92	4.07	4.23	4.38	4.53	4.70	4.85	5.01	5.15	3500
3.83	3.99	4.13	4.29	4.45	4.59	4.75	4.90	5.05	5.20	4000
3.89	4.05	4.20	4.35	4.50	4.65	4.81	4.96	5.11	5.25	4500
3.97	4.11	4.27	4.42	4.57	4.71	4.87	5.02	5.17	5.32	5000

(d-1) Water

									f'_c (MPa)
0.134	0.140	0.146	0.152	0.158	0.164	0.170	0.176	0.182	0.188	15
0.137	0.143	0.148	0.154	0.160	0.166	0.173	0.178	0.184	0.190	20
0.140	0.146	0.152	0.158	0.163	0.169	0.175	0.180	0.186	0.191	25
0.144	0.150	0.155	0.161	0.167	0.172	0.178	0.183	0.189	0.194	30
0.148	0.153	0.159	0.164	0.170	0.175	0.181	0.187	0.192	0.198	35

(e) Air

1.11	1.15	1.20	1.24	1.29	1.33	1.38	1.42	1.47	1.51	Entrained (ft³/yd³)
4.10	4.27	4.43	4.60	4.77	4.93	5.10	5.27	5.43	5.60	%
0.041	0.043	0.044	0.046	0.048	0.049	0.051	0.053	0.054	0.056	Entrained (m³/m³)

(f) Air (Values Approximate)

2000	2500	3000	3500	4000	4500	5000	f'_c (psi)
—	—	—	—	—	—	—	Entrapped (ft³/yd³)
—	—	—	—	—	—	—	%

(f-1) Air (Values Approximate)

15	20	25	30	35	f'_c (MPa)
—	—	—	—	—	Entrapped (m³/m³)
—	—	—	—	—	%

(g) Cement and Water Adjustments for Fine Aggregate Variations

31–32	32–33	33–34	34–35	35–36	36–37	37–38	38–39	39–40	40–41	% Voids
90.0	92.5	95.0	97.5	100.0	102.5	105.0	107.5	110.0	112.5	Adjustment (%)

TABLES OF VOLUMES

Table No.	59
C.A. Size	1"
	25.0 mm
ASTM No.	57
Slump	6½"
	165 mm
(✓) AE	
( ) Non-AE	

(a)

Coarse Aggregate Type No.										Concrete Class
1	2	3	4	5	6	7				A
	1	2	3	4	5	6	7			B
		1	2	3	4	5	6	7		C
			1	2	3	4	5	6	7	D

(b) Concrete

12.30	12.80	13.30	13.80	14.30	14.80	15.30	15.80	16.30	16.80	Mortar (ft³/yd³)
14.70	14.20	13.70	13.20	12.70	12.20	11.70	11.20	10.70	10.20	C. A. + 8 (ft³/yd³)
0.456	0.474	0.493	0.511	0.530	0.548	0.567	0.585	0.604	0.622	Mortar (m³/m³)
0.544	0.526	0.507	0.489	0.470	0.452	0.433	0.415	0.396	0.378	C. A. + 8 (m³/m³)

(c) Cement

										f'_c (psi)
1.93	2.03	2.12	2.21	2.31	2.39	2.51	2.61	2.71	2.79	2000
2.13	2.23	2.33	2.43	2.51	2.61	2.71	2.81	2.92	3.01	2500
2.35	2.43	2.53	2.63	2.72	2.81	2.91	3.00	3.10	3.21	3000
2.55	2.65	2.75	2.84	2.95	3.04	3.14	3.24	3.34	3.44	3500
2.75	2.86	2.97	3.07	3.17	3.27	3.37	3.48	3.58	3.69	4000
2.99	3.11	3.23	3.33	3.44	3.55	3.66	3.78	3.88	3.99	4500
3.29	3.41	3.53	3.64	3.71	3.83	3.98	4.10	4.22	4.33	5000

(c-1) Cement

										f'_c (MPa)
0.074	0.078	0.081	0.085	0.088	0.091	0.096	0.099	0.103	0.106	15
0.085	0.089	0.093	0.096	0.099	0.103	0.106	0.110	0.113	0.117	20
0.096	0.100	0.104	0.107	0.111	0.114	0.119	0.122	0.126	0.130	25
0.108	0.113	0.117	0.120	0.124	0.129	0.132	0.137	0.140	0.144	30
0.124	0.128	0.133	0.137	0.139	0.143	0.149	0.154	0.158	0.162	35

(d) Water

										f'_c (psi)
3.66	3.82	3.98	4.14	4.30	4.46	4.63	4.79	4.94	5.10	2000
3.70	3.86	4.02	4.18	4.34	4.50	4.67	4.83	4.98	5.14	2500
3.75	3.91	4.06	4.22	4.38	4.54	4.71	4.86	5.02	5.17	3000
3.81	3.97	4.12	4.28	4.43	4.58	4.75	4.90	5.06	5.20	3500
3.88	4.04	4.18	4.34	4.50	4.64	4.80	4.95	5.10	5.25	4000
3.94	4.10	4.25	4.40	4.55	4.70	4.86	5.01	5.16	5.30	4500
4.02	4.16	4.32	4.47	4.62	4.76	4.92	5.07	5.22	5.37	5000

(d-1) Water

										f'_c (MPa)
0.136	0.142	0.148	0.154	0.160	0.166	0.172	0.178	0.184	0.190	15
0.139	0.145	0.150	0.156	0.162	0.168	0.175	0.180	0.186	0.192	20
0.142	0.148	0.154	0.160	0.165	0.171	0.177	0.182	0.188	0.193	25
0.146	0.152	0.157	0.163	0.169	0.174	0.180	0.185	0.191	0.196	30
0.150	0.155	0.161	0.166	0.172	0.177	0.183	0.189	0.194	0.200	35

(e) Air

1.11	1.15	1.20	1.24	1.29	1.33	1.38	1.42	1.47	1.51	Entrained (ft³/yd³)
4.10	4.27	4.43	4.60	4.77	4.93	5.10	5.27	5.43	5.60	%
0.041	0.043	0.044	0.046	0.048	0.049	0.051	0.053	0.054	0.056	Entrained (m³/m³)

(f) Air (Values Approximate)

2000	2500	3000	3500	4000	4500	5000	f'_c (psi)
—	—	—	—	—	—	—	Entrapped (ft³/yd³)
—	—	—	—	—	—	—	%

(f-1) Air (Values Approximate)

15	20	25	30	35	f'_c (MPa)
—	—	—	—	—	Entrapped (m³/m³)
—	—	—	—	—	%

(g) Cement and Water Adjustments for Fine Aggregate Variations

31–32	32–33	33–34	34–35	35–36	36–37	37–38	38–39	39–40	40–41	% Voids
90.0	92.5	95.0	97.5	100.0	102.5	105.0	107.5	110.0	112.5	Adjustment (%)

Table No. 60
C.A. Size 1"
       25.0 mm
ASTM No. 57
Slump 7"
       175 mm

(✓) AE
( ) Non-AE

(a)

Coarse Aggregate Type No.										Concrete Class
1	2	3	4	5	6	7				A
	1	2	3	4	5	6	7			B
		1	2	3	4	5	6	7		C
			1	2	3	4	5	6	7	D

(b)

Concrete										
12.30	12.80	13.30	13.80	14.30	14.80	15.30	15.80	16.30	16.80	Mortar (ft³/yd³)
14.70	14.20	13.70	13.20	12.70	12.20	11.70	11.20	10.70	10.20	C. A. + 8 (ft³/yd³)
0.456	0.474	0.493	0.511	0.530	0.548	0.567	0.585	0.604	0.622	Mortar (m³/m³)
0.544	0.526	0.507	0.489	0.470	0.452	0.433	0.415	0.396	0.378	C. A. + 8 (m³/m³)

(c)

Cement										f'_c (psi)
1.97	2.07	2.16	2.25	2.35	2.43	2.55	2.65	2.75	2.83	2000
2.17	2.27	2.37	2.47	2.55	2.65	2.75	2.85	2.96	3.05	2500
2.39	2.47	2.57	2.67	2.76	2.85	2.95	3.04	3.14	3.25	3000
2.59	2.69	2.79	2.88	2.99	3.08	3.18	3.28	3.38	3.48	3500
2.79	2.90	3.01	3.11	3.21	3.31	3.41	3.52	3.62	3.73	4000
3.03	3.15	3.27	3.37	3.48	3.59	3.70	3.82	3.92	4.03	4500
3.33	3.45	3.57	3.68	3.75	3.87	4.02	4.14	4.26	4.37	5000

(c-1)

Cement										f'_c (MPa)
0.075	0.079	0.082	0.086	0.089	0.092	0.097	0.100	0.104	0.107	15
0.086	0.090	0.094	0.097	0.100	0.104	0.107	0.111	0.114	0.118	20
0.097	0.101	0.105	0.108	0.112	0.115	0.120	0.123	0.127	0.131	25
0.109	0.114	0.118	0.121	0.125	0.130	0.133	0.138	0.141	0.145	30
0.125	0.129	0.134	0.138	0.140	0.144	0.150	0.155	0.159	0.163	35

(d)

Water										f'_c (psi)
3.71	3.87	4.03	4.19	4.35	4.51	4.68	4.84	4.99	5.15	2000
3.75	3.91	4.07	4.23	4.39	4.55	4.72	4.88	5.03	5.19	2500
3.80	3.96	4.11	4.27	4.43	4.59	4.76	4.91	5.07	5.22	3000
3.86	4.02	4.17	4.33	4.48	4.63	4.80	4.95	5.11	5.25	3500
3.93	4.09	4.23	4.39	4.55	4.69	4.85	5.00	5.15	5.30	4000
3.99	4.15	4.30	4.45	4.60	4.75	4.91	5.06	5.21	5.35	4500
4.07	4.21	4.37	4.52	4.67	4.81	4.97	5.12	5.27	5.42	5000

(d-1)

Water										f'_c (MPa)
0.137	0.143	0.149	0.155	0.161	0.167	0.173	0.179	0.185	0.191	15
0.140	0.146	0.151	0.157	0.163	0.169	0.176	0.181	0.187	0.193	20
0.143	0.149	0.155	0.161	0.166	0.172	0.178	0.183	0.189	0.194	25
0.147	0.153	0.158	0.164	0.170	0.175	0.181	0.186	0.192	0.197	30
0.151	0.156	0.162	0.167	0.173	0.178	0.184	0.190	0.195	0.201	35

(e)

Air										
1.11	1.15	1.20	1.24	1.29	1.33	1.38	1.42	1.47	1.51	Entrained (ft³/yd³)
4.10	4.27	4.43	4.60	4.77	4.93	5.10	5.27	5.43	5.60	%
0.041	0.043	0.044	0.046	0.048	0.049	0.051	0.053	0.054	0.056	Entrained (m³/m³)

(f)

Air (Values Approximate)							
2000	2500	3000	3500	4000	4500	5000	f'_c (psi)
—	—	—	—	—	—	—	Entrapped (ft³/yd³)
—	—	—	—	—	—	—	%

(f-1)

Air (Values Approximate)					
15	20	25	30	35	f'_c (MPa)
—	—	—	—	—	Entrapped (m³/m³)
—	—	—	—	—	%

(g)

Cement and Water Adjustments for Fine Aggregate Variations									
31–32	32–33	33–34	34–35	35–36	36–37	37–38	38–39	39–40	40–41	% Voids
90.0	92.5	95.0	97.5	100.0	102.5	105.0	107.5	110.0	112.5	Adjustment (%)

TABLES OF VOLUMES

Table No.	61
C.A. Size	1½"
	38.1 mm
ASTM No.	467
Slump	0"
	0 mm
(✓) AE	
( ) Non-AE	

(a)

Coarse Aggregate Type No.										Concrete Class
1	2	3	4	5	6	7				A
	1	2	3	4	5	6	7			B
		1	2	3	4	5	6	7		C
			1	2	3	4	5	6	7	D

(b)

Concrete										
11.80	12.30	12.80	13.30	13.80	14.30	14.80	15.30	15.80	16.30	Mortar (ft³/yd³)
15.20	14.70	14.20	13.70	13.20	12.70	12.20	11.70	11.20	10.70	C. A. + 8 (ft³/yd³)
0.437	0.456	0.474	0.493	0.511	0.530	0.548	0.567	0.585	0.604	Mortar (m³/m³)
0.563	0.544	0.526	0.507	0.489	0.470	0.452	0.433	0.415	0.396	C. A. + 8 (m³/m³)

(c)

Cement										f'_c (psi)
1.43	1.53	1.63	1.73	1.83	1.93	2.03	2.12	2.22	2.31	2000
1.61	1.72	1.82	1.92	2.03	2.13	2.22	2.32	2.42	2.51	2500
1.82	1.92	2.02	2.12	2.23	2.33	2.43	2.52	2.62	2.72	3000
2.02	2.13	2.23	2.33	2.44	2.54	2.63	2.73	2.84	2.93	3500
2.22	2.33	2.43	2.53	2.65	2.75	2.85	2.95	3.06	3.15	4000
2.47	2.59	2.70	2.83	2.95	3.06	3.16	3.27	3.38	3.48	4500
2.75	2.88	3.00	3.11	3.25	3.36	3.48	3.60	3.72	3.81	5000

(c-1)

Cement										f'_c (MPa)
0.055	0.060	0.063	0.067	0.071	0.074	0.078	0.081	0.085	0.088	15
0.066	0.070	0.074	0.077	0.081	0.085	0.089	0.092	0.096	0.100	20
0.077	0.081	0.085	0.088	0.093	0.096	0.100	0.103	0.108	0.111	25
0.089	0.093	0.097	0.102	0.106	0.110	0.114	0.118	0.122	0.125	30
0.103	0.108	0.113	0.117	0.123	0.127	0.131	0.135	0.140	0.143	35

(d)

Water										f'_c (psi)
2.77	2.93	3.09	3.25	3.41	3.57	3.72	3.87	4.04	4.17	2000
2.81	2.98	3.13	3.29	3.46	3.61	3.77	3.91	4.08	4.23	2500
2.87	3.03	3.18	3.34	3.51	3.65	3.81	3.95	4.12	4.27	3000
2.93	3.09	3.26	3.39	3.55	3.70	3.85	4.01	4.17	4.31	3500
2.97	3.13	3.29	3.43	3.61	3.75	3.90	4.06	4.21	4.35	4000
3.05	3.21	3.36	3.51	3.68	3.83	3.97	4.13	4.28	4.39	4500
3.12	3.29	3.44	3.57	3.75	3.89	4.03	4.19	4.35	4.49	5000

(d-1)

Water										f'_c (MPa)
0.103	0.109	0.115	0.121	0.127	0.133	0.138	0.144	0.150	0.155	15
0.106	0.112	0.117	0.123	0.130	0.135	0.141	0.146	0.152	0.158	20
0.109	0.115	0.121	0.126	0.132	0.137	0.143	0.149	0.155	0.160	25
0.112	0.118	0.124	0.129	0.136	0.141	0.146	0.152	0.158	0.162	30
0.116	0.122	0.128	0.133	0.139	0.144	0.150	0.156	0.161	0.167	35

(e)

Air										
1.06	1.11	1.15	1.20	1.24	1.29	1.33	1.38	1.42	1.47	Entrained (ft³/yd³)
3.93	4.10	4.27	4.43	4.60	4.77	4.93	5.10	5.27	5.43	%
0.039	0.041	0.043	0.044	0.046	0.048	0.049	0.051	0.053	0.054	Entrained (m³/m³)

(f)

Air (Values Approximate)

2000	2500	3000	3500	4000	4500	5000	f'_c (psi)
—	—	—	—	—	—	—	Entrapped (ft³/yd³)
—	—	—	—	—	—	—	%

(f-1)

Air (Values Approximate)

15	20	25	30	35	f'_c (MPa)
—	—	—	—	—	Entrapped (m³/m³)
—	—	—	—	—	%

(g)

Cement and Water Adjustments for Fine Aggregate Variations

31-32	32-33	33-34	34-35	35-36	36-37	37-38	38-39	39-40	40-41	% Voids
90.0	92.5	95.0	97.5	100.0	102.5	105.0	107.5	110.0	112.5	Adjustment (%)

Table No.	62
C.A. Size	1½″
	38.1 mm
ASTM No.	467
Slump	½″
	12.5 mm

(✓) AE
( ) Non-AE

(a)

Coarse Aggregate Type No.										Concrete Class
1	2	3	4	5	6	7				A
	1	2	3	4	5	6	7			B
		1	2	3	4	5	6	7		C
			1	2	3	4	5	6	7	D

(b) Concrete

11.80	12.30	12.80	13.30	13.80	14.30	14.80	15.30	15.80	16.30	Mortar (ft³/yd³)
15.20	14.70	14.20	13.70	13.20	12.70	12.20	11.70	11.20	10.70	C. A. + 8 (ft³/yd³)
0.437	0.456	0.474	0.493	0.511	0.530	0.548	0.567	0.585	0.604	Mortar (m³/m³)
0.563	0.544	0.526	0.507	0.489	0.470	0.452	0.433	0.415	0.396	C. A. + 8 (m³/m³)

(c) Cement

										f'_c (psi)
1.46	1.56	1.66	1.76	1.86	1.96	2.06	2.15	2.25	2.34	2000
1.64	1.75	1.85	1.95	2.06	2.16	2.25	2.35	2.45	2.54	2500
1.85	1.95	2.05	2.15	2.26	2.36	2.46	2.55	2.65	2.75	3000
2.05	2.16	2.26	2.36	2.47	2.57	2.66	2.76	2.87	2.96	3500
2.25	2.36	2.46	2.56	2.68	2.78	2.88	2.98	3.09	3.18	4000
2.50	2.62	2.73	2.86	2.98	3.09	3.19	3.30	3.41	3.51	4500
2.78	2.91	3.03	3.14	3.28	3.39	3.51	3.63	3.75	3.84	5000

(c-1) Cement

										f'_c (MPa)
0.056	0.061	0.064	0.068	0.072	0.075	0.079	0.082	0.086	0.089	15
0.067	0.071	0.075	0.078	0.082	0.086	0.090	0.093	0.097	0.101	20
0.078	0.082	0.086	0.089	0.094	0.097	0.101	0.104	0.109	0.112	25
0.090	0.094	0.098	0.103	0.107	0.111	0.115	0.119	0.123	0.126	30
0.104	0.109	0.114	0.118	0.124	0.128	0.132	0.136	0.141	0.144	35

(d) Water

										f'_c (psi)
2.83	2.99	3.15	3.31	3.47	3.63	3.78	3.93	4.10	4.23	2000
2.87	3.04	3.19	3.35	3.52	3.67	3.83	3.97	4.14	4.29	2500
2.93	3.09	3.24	3.40	3.57	3.71	3.87	4.01	4.18	4.33	3000
2.99	3.15	3.32	3.45	3.61	3.76	3.91	4.07	4.23	4.37	3500
3.03	3.19	3.35	3.49	3.67	3.81	3.96	4.12	4.27	4.41	4000
3.11	3.27	3.42	3.57	3.74	3.89	4.03	4.19	4.34	4.45	4500
3.18	3.35	3.50	3.63	3.81	3.95	4.09	4.25	4.41	4.55	5000

(d-1) Water

										f'_c (MPa)
0.105	0.111	0.117	0.123	0.129	0.135	0.140	0.146	0.152	0.157	15
0.108	0.114	0.119	0.125	0.132	0.137	0.143	0.148	0.154	0.160	20
0.111	0.117	0.123	0.128	0.134	0.139	0.145	0.151	0.157	0.162	25
0.114	0.120	0.126	0.131	0.138	0.143	0.148	0.154	0.160	0.164	30
0.118	0.124	0.130	0.135	0.141	0.146	0.152	0.158	0.163	0.169	35

(e) Air

1.06	1.11	1.15	1.20	1.24	1.29	1.33	1.38	1.42	1.47	Entrained (ft³/yd³)
3.93	4.10	4.27	4.43	4.60	4.77	4.93	5.10	5.27	5.43	%
0.039	0.041	0.043	0.044	0.046	0.048	0.049	0.051	0.053	0.054	Entrained (m³/m³)

(f) Air (Values Approximate)

2000	2500	3000	3500	4000	4500	5000	f'_c (psi)
—	—	—	—	—	—	—	Entrapped (ft³/yd³)
—	—	—	—	—	—	—	%

(f-1) Air (Values Approximate)

15	20	25	30	35	f'_c (MPa)
—	—	—	—	—	Entrapped (m³/m³)
—	—	—	—	—	%

(g) Cement and Water Adjustments for Fine Aggregate Variations

31–32	32–33	33–34	34–35	35–36	36–37	37–38	38–39	39–40	40–41	% Voids
90.0	92.5	95.0	97.5	100.0	102.5	105.0	107.5	110.0	112.5	Adjustment (%)

Table No.	63
C.A. Size	1½"
	38.1 mm
ASTM No.	467
Slump	1"
	25 mm
(✓) AE	
( ) Non-AE	

(a)

Coarse Aggregate Type No.										Concrete Class
1	2	3	4	5	6	7				A
	1	2	3	4	5	6	7			B
		1	2	3	4	5	6	7		C
			1	2	3	4	5	6	7	D

(b)

Concrete										
11.80	12.30	12.80	13.30	13.80	14.30	14.80	15.30	15.80	16.30	Mortar (ft³/yd³)
15.20	14.70	14.20	13.70	13.20	12.70	12.20	11.70	11.20	10.70	C. A. + 8 (ft³/yd³)
0.437	0.456	0.474	0.493	0.511	0.530	0.548	0.567	0.585	0.604	Mortar (m³/m³)
0.563	0.544	0.526	0.507	0.489	0.470	0.452	0.433	0.415	0.396	C. A. + 8 (m³/m³)

(c)

Cement										f'_c (psi)
1.49	1.59	1.69	1.79	1.89	1.99	2.09	2.18	2.28	2.37	2000
1.67	1.78	1.88	1.98	2.09	2.19	2.28	2.38	2.48	2.57	2500
1.88	1.98	2.08	2.18	2.29	2.39	2.49	2.58	2.68	2.78	3000
2.08	2.19	2.29	2.39	2.50	2.60	2.69	2.79	2.90	2.99	3500
2.28	2.39	2.49	2.59	2.71	2.81	2.91	3.01	3.12	3.21	4000
2.53	2.65	2.76	2.89	3.01	3.12	3.22	3.33	3.44	3.54	4500
2.81	2.94	3.06	3.17	3.31	3.42	3.54	3.66	3.78	3.87	5000

(c-1)

Cement										f'_c (MPa)
0.057	0.062	0.065	0.069	0.073	0.076	0.080	0.083	0.087	0.090	15
0.068	0.072	0.076	0.079	0.083	0.087	0.091	0.094	0.098	0.102	20
0.079	0.083	0.087	0.090	0.095	0.098	0.102	0.105	0.110	0.113	25
0.091	0.095	0.099	0.104	0.108	0.112	0.116	0.120	0.124	0.127	30
0.105	0.110	0.115	0.119	0.125	0.129	0.133	0.137	0.142	0.145	35

(d)

Water										f'_c (psi)
2.88	3.04	3.20	3.36	3.52	3.68	3.83	3.98	4.15	4.28	2000
2.92	3.09	3.24	3.40	3.57	3.72	3.88	4.02	4.19	4.34	2500
2.98	3.14	3.29	3.45	3.62	3.76	3.92	4.06	4.23	4.38	3000
3.04	3.20	3.37	3.50	3.66	3.81	3.96	4.12	4.28	4.42	3500
3.08	3.24	3.40	3.54	3.72	3.86	4.01	4.17	4.32	4.46	4000
3.16	3.32	3.47	3.62	3.79	3.94	4.08	4.24	4.39	4.50	4500
3.23	3.40	3.55	3.68	3.86	4.00	4.14	4.30	4.46	4.60	5000

(d-1)

Water										f'_c (MPa)
0.107	0.113	0.119	0.125	0.131	0.137	0.142	0.148	0.154	0.159	15
0.110	0.116	0.121	0.127	0.134	0.139	0.145	0.150	0.156	0.162	20
0.113	0.119	0.125	0.130	0.136	0.141	0.147	0.153	0.159	0.164	25
0.116	0.122	0.128	0.133	0.140	0.145	0.150	0.156	0.162	0.166	30
0.120	0.126	0.132	0.137	0.143	0.148	0.154	0.160	0.165	0.171	35

(e)

Air										
1.06	1.11	1.15	1.20	1.24	1.29	1.33	1.38	1.42	1.47	Entrained (ft³/yd³)
3.93	4.10	4.27	4.43	4.60	4.77	4.93	5.10	5.27	5.43	%
0.039	0.041	0.043	0.044	0.046	0.048	0.049	0.051	0.053	0.054	Entrained (m³/m³)

(f)

Air (Values Approximate)							
2000	2500	3000	3500	4000	4500	5000	f'_c (psi)
—	—	—	—	—	—	—	Entrapped (ft³/yd³)
—	—	—	—	—	—	—	%

(f-1)

Air (Values Approximate)					
15	20	25	30	35	f'_c (MPa)
—	—	—	—	—	Entrapped (m³/m³)
—	—	—	—	—	%

(g)

Cement and Water Adjustments for Fine Aggregate Variations										
31–32	32–33	33–34	34–35	35–36	36–37	37–38	38–39	39–40	40–41	% Voids
90.0	92.5	95.0	97.5	100.0	102.5	105.0	107.5	110.0	112.5	Adjustment (%)

Table No.	64
C.A. Size	1½"
	38.1 mm
ASTM No.	467
Slump	1½"
	40 mm

(✓) AE
( ) Non-AE

(a)

Coarse Aggregate Type No.										Concrete Class
1	2	3	4	5	6	7				A
	1	2	3	4	5	6	7			B
		1	2	3	4	5	6	7		C
			1	2	3	4	5	6	7	D

(b) Concrete

11.80	12.30	12.80	13.30	13.80	14.30	14.80	15.30	15.80	16.30	Mortar (ft³/yd³)
15.20	14.70	14.20	13.70	13.20	12.70	12.20	11.70	11.20	10.70	C. A. + 8 (ft³/yd³)
0.437	0.456	0.474	0.493	0.511	0.530	0.548	0.567	0.585	0.604	Mortar (m³/m³)
0.563	0.544	0.526	0.507	0.489	0.470	0.452	0.433	0.415	0.396	C. A. + 8 (m³/m³)

(c) Cement

									f'_c (psi)
1.53	1.63	1.73	1.83	1.93	2.03	2.13	2.22	2.32	2.41	2000
1.71	1.82	1.92	2.02	2.13	2.23	2.32	2.42	2.52	2.61	2500
1.92	2.02	2.12	2.22	2.33	2.43	2.53	2.62	2.72	2.82	3000
2.12	2.23	2.33	2.43	2.54	2.64	2.73	2.83	2.94	3.03	3500
2.32	2.43	2.53	2.63	2.75	2.85	2.95	3.05	3.16	3.25	4000
2.57	2.69	2.80	2.93	3.05	3.16	3.26	3.37	3.48	3.58	4500
2.85	2.98	3.10	3.21	3.35	3.46	3.58	3.70	3.82	3.91	5000

(c-1) Cement

									f'_c (MPa)
0.058	0.063	0.066	0.070	0.074	0.077	0.081	0.084	0.088	0.091	15
0.069	0.073	0.077	0.080	0.084	0.088	0.092	0.095	0.099	0.103	20
0.080	0.084	0.088	0.091	0.096	0.099	0.103	0.106	0.111	0.114	25
0.092	0.096	0.100	0.105	0.109	0.113	0.117	0.121	0.125	0.128	30
0.106	0.111	0.116	0.120	0.126	0.130	0.134	0.138	0.143	0.146	35

(d) Water

									f'_c (psi)
2.93	3.09	3.25	3.41	3.57	3.73	3.88	4.03	4.20	4.33	2000
2.97	3.14	3.29	3.45	3.62	3.77	3.93	4.07	4.24	4.39	2500
3.03	3.19	3.34	3.50	3.67	3.81	3.97	4.11	4.28	4.43	3000
3.09	3.25	3.42	3.55	3.71	3.86	4.01	4.17	4.33	4.47	3500
3.13	3.29	3.45	3.59	3.77	3.91	4.06	4.22	4.37	4.51	4000
3.21	3.37	3.52	3.67	3.84	3.99	4.13	4.29	4.44	4.55	4500
3.28	3.45	3.60	3.73	3.91	4.05	4.19	4.35	4.51	4.65	5000

(d-1) Water

									f'_c (MPa)
0.109	0.115	0.121	0.127	0.133	0.139	0.144	0.150	0.156	0.161	15
0.112	0.118	0.123	0.129	0.136	0.141	0.147	0.152	0.158	0.164	20
0.115	0.121	0.127	0.132	0.138	0.143	0.149	0.155	0.161	0.166	25
0.118	0.124	0.130	0.135	0.142	0.147	0.152	0.158	0.164	0.168	30
0.122	0.128	0.134	0.139	0.145	0.150	0.156	0.162	0.167	0.173	35

(e) Air

1.06	1.11	1.15	1.20	1.24	1.29	1.33	1.38	1.42	1.47	Entrained (ft³/yd³)
3.93	4.10	4.27	4.43	4.60	4.77	4.93	5.10	5.27	5.43	%
0.039	0.041	0.043	0.044	0.046	0.048	0.049	0.051	0.053	0.054	Entrained (m³/m³)

(f) Air (Values Approximate)

2000	2500	3000	3500	4000	4500	5000	f'_c (psi)
—	—	—	—	—	—	—	Entrapped (ft³/yd³)
—	—	—	—	—	—	—	%

(f-1) Air (Values Approximate)

15	20	25	30	35	f'_c (MPa)
—	—	—	—	—	Entrapped (m³/m³)
—	—	—	—	—	%

(g) Cement and Water Adjustments for Fine Aggregate Variations

31-32	32-33	33-34	34-35	35-36	36-37	37-38	38-39	39-40	40-41	% Voids
90.0	92.5	95.0	97.5	100.0	102.5	105.0	107.5	110.0	112.5	Adjustment (%)

Table No.	65
C.A. Size	1½"
	38.1 mm
ASTM No.	467
Slump	2"
	50 mm
(✓) AE	
( ) Non-AE	

(a)

Coarse Aggregate Type No.										Concrete Class
1	2	3	4	5	6	7				A
	1	2	3	4	5	6	7			B
		1	2	3	4	5	6	7		C
			1	2	3	4	5	6	7	D

(b) Concrete

11.80	12.30	12.80	13.30	13.80	14.30	14.80	15.30	15.80	16.30	Mortar (ft³/yd³)
15.20	14.70	14.20	13.70	13.20	12.70	12.20	11.70	11.20	10.70	C. A. + 8 (ft³/yd³)
0.437	0.456	0.474	0.493	0.511	0.530	0.548	0.567	0.585	0.604	Mortar (m³/m³)
0.563	0.544	0.526	0.507	0.489	0.470	0.452	0.433	0.415	0.396	C. A. + 8 (m³/m³)

(c) Cement

										f'_c (psi)
1.57	1.67	1.77	1.87	1.97	2.07	2.17	2.26	2.36	2.45	2000
1.75	1.86	1.96	2.06	2.17	2.27	2.36	2.46	2.56	2.65	2500
1.96	2.06	2.16	2.26	2.37	2.47	2.57	2.66	2.76	2.86	3000
2.16	2.27	2.37	2.47	2.58	2.68	2.77	2.87	2.98	3.07	3500
2.36	2.47	2.57	2.67	2.79	2.89	2.99	3.09	3.20	3.29	4000
2.61	2.73	2.84	2.97	3.09	3.20	3.30	3.41	3.52	3.62	4500
2.89	3.02	3.14	3.25	3.39	3.50	3.62	3.74	3.86	3.95	5000

(c-1) Cement

										f'_c (MPa)
0.060	0.065	0.068	0.072	0.076	0.079	0.083	0.086	0.090	0.093	15
0.071	0.075	0.079	0.082	0.086	0.090	0.094	0.097	0.101	0.105	20
0.082	0.086	0.090	0.093	0.098	0.101	0.105	0.108	0.113	0.116	25
0.094	0.098	0.102	0.107	0.111	0.115	0.119	0.123	0.127	0.130	30
0.108	0.113	0.118	0.122	0.128	0.132	0.136	0.140	0.145	0.148	35

(d) Water

										f'_c (psi)
2.99	3.15	3.31	3.47	3.63	3.79	3.94	4.09	4.26	4.39	2000
3.03	3.20	3.35	3.51	3.68	3.83	3.99	4.13	4.30	4.45	2500
3.09	3.25	3.40	3.56	3.73	3.87	4.03	4.17	4.34	4.49	3000
3.15	3.31	3.48	3.61	3.77	3.92	4.07	4.23	4.39	4.53	3500
3.19	3.35	3.51	3.65	3.83	3.97	4.12	4.28	4.43	4.57	4000
3.27	3.43	3.58	3.73	3.90	4.05	4.19	4.35	4.50	4.61	4500
3.34	3.51	3.66	3.79	3.97	4.11	4.25	4.41	4.57	4.71	5000

(d-1) Water

										f'_c (MPa)
0.111	0.117	0.123	0.129	0.135	0.141	0.146	0.152	0.158	0.163	15
0.114	0.120	0.125	0.131	0.138	0.143	0.149	0.154	0.160	0.166	20
0.117	0.123	0.129	0.134	0.140	0.145	0.151	0.157	0.163	0.168	25
0.120	0.126	0.132	0.137	0.144	0.149	0.154	0.160	0.166	0.170	30
0.124	0.130	0.136	0.141	0.147	0.152	0.158	0.164	0.169	0.175	35

(e) Air

1.06	1.11	1.15	1.20	1.24	1.29	1.33	1.38	1.42	1.47	Entrained (ft³/yd³)
3.93	4.10	4.27	4.43	4.60	4.77	4.93	5.10	5.27	5.43	%
0.039	0.041	0.043	0.044	0.046	0.048	0.049	0.051	0.053	0.054	Entrained (m³/m³)

(f) Air (Values Approximate)

2000	2500	3000	3500	4000	4500	5000	f'_c (psi)
—	—	—	—	—	—	—	Entrapped (ft³/yd³)
—	—	—	—	—	—	—	%

(f-1) Air (Values Approximate)

15	20	25	30	35	f'_c (MPa)
—	—	—	—	—	Entrapped (m³/m³)
—	—	—	—	—	%

(g) Cement and Water Adjustments for Fine Aggregate Variations

31–32	32–33	33–34	34–35	35–36	36–37	37–38	38–39	39–40	40–41	% Voids
90.0	92.5	95.0	97.5	100.0	102.5	105.0	107.5	110.0	112.5	Adjustment (%)

Table No.	66
C.A. Size	1½"
	38.1 mm
ASTM No.	467
Slump	2½"
	65 mm

(✓) AE
( ) Non-AE

(a)

Coarse Aggregate Type No.										Concrete Class
1	2	3	4	5	6	7				A
	1	2	3	4	5	6	7			B
		1	2	3	4	5	6	7		C
			1	2	3	4	5	6	7	D

(b) Concrete

11.80	12.30	12.80	13.30	13.80	14.30	14.80	15.30	15.80	16.30	Mortar (ft³/yd³)
15.20	14.70	14.20	13.70	13.20	12.70	12.20	11.70	11.20	10.70	C. A. + 8 (ft³/yd³)
0.437	0.456	0.474	0.493	0.511	0.530	0.548	0.567	0.585	0.604	Mortar (m³/m³)
0.563	0.544	0.526	0.507	0.489	0.470	0.452	0.433	0.415	0.396	C. A. + 8 (m³/m³)

(c) Cement

										f'_c (psi)
1.60	1.70	1.80	1.90	2.00	2.10	2.20	2.29	2.39	2.48	2000
1.78	1.89	1.99	2.09	2.20	2.30	2.39	2.49	2.59	2.68	2500
1.99	2.09	2.19	2.29	2.40	2.50	2.60	2.69	2.79	2.89	3000
2.19	2.30	2.40	2.50	2.61	2.71	2.80	2.90	3.01	3.10	3500
2.39	2.50	2.60	2.70	2.82	2.92	3.02	3.12	3.23	3.32	4000
2.64	2.76	2.87	3.00	3.12	3.23	3.33	3.44	3.55	3.65	4500
2.92	3.05	3.17	3.28	3.42	3.53	3.65	3.77	3.89	3.98	5000

(c-1) Cement

										f'_c (MPa)
0.061	0.066	0.069	0.073	0.077	0.080	0.084	0.087	0.091	0.094	15
0.072	0.076	0.080	0.083	0.087	0.091	0.095	0.098	0.102	0.106	20
0.083	0.087	0.091	0.094	0.099	0.102	0.106	0.109	0.114	0.117	25
0.095	0.099	0.103	0.108	0.112	0.116	0.120	0.124	0.128	0.131	30
0.109	0.114	0.119	0.123	0.129	0.133	0.137	0.141	0.146	0.149	35

(d) Water

										f'_c (psi)
3.04	3.20	3.36	3.52	3.68	3.84	3.99	4.14	4.31	4.44	2000
3.08	3.25	3.40	3.56	3.73	3.88	4.04	4.18	4.35	4.50	2500
3.14	3.30	3.45	3.61	3.78	3.92	4.08	4.22	4.39	4.54	3000
3.20	3.36	3.53	3.66	3.82	3.97	4.12	4.28	4.44	4.58	3500
3.24	3.40	3.56	3.70	3.88	4.02	4.17	4.33	4.48	4.62	4000
3.32	3.48	3.63	3.78	3.95	4.10	4.24	4.40	4.55	4.66	4500
3.39	3.56	3.71	3.84	4.02	4.16	4.30	4.46	4.62	4.76	5000

(d-1) Water

										f'_c (MPa)
0.113	0.119	0.125	0.131	0.137	0.143	0.148	0.154	0.160	0.165	15
0.116	0.122	0.127	0.133	0.140	0.145	0.151	0.156	0.162	0.168	20
0.119	0.125	0.131	0.136	0.142	0.147	0.153	0.159	0.165	0.170	25
0.122	0.128	0.134	0.139	0.146	0.151	0.156	0.162	0.168	0.172	30
0.126	0.132	0.138	0.143	0.149	0.154	0.160	0.166	0.171	0.177	35

(e) Air

1.06	1.11	1.15	1.20	1.24	1.29	1.33	1.38	1.42	1.47	Entrained (ft³/yd³)
3.93	4.10	4.27	4.43	4.60	4.77	4.93	5.10	5.27	5.43	%
0.039	0.041	0.043	0.044	0.046	0.048	0.049	0.051	0.053	0.054	Entrained (m³/m³)

(f) Air (Values Approximate)

2000	2500	3000	3500	4000	4500	5000	f'_c (psi)
—	—	—	—	—	—	—	Entrapped (ft³/yd³)
—	—	—	—	—	—	—	%

(f-1) Air (Values Approximate)

15	20	25	30	35	f'_c (MPa)
—	—	—	—	—	Entrapped (m³/m³)
—	—	—	—	—	%

(g) Cement and Water Adjustments for Fine Aggregate Variations

31-32	32-33	33-34	34-35	35-36	36-37	37-38	38-39	39-40	40-41	% Voids
90.0	92.5	95.0	97.5	100.0	102.5	105.0	107.5	110.0	112.5	Adjustment (%)

TABLES OF VOLUMES

Table No.		67
C.A. Size		1½"
		38.1 mm
ASTM No.		467
Slump		3"
		75 mm
(✓) AE		
( ) Non-AE		

(a)

Coarse Aggregate Type No.										Concrete Class
1	2	3	4	5	6	7				A
	1	2	3	4	5	6	7			B
		1	2	3	4	5	6	7		C
			1	2	3	4	5	6	7	D

(b) Concrete

11.80	12.30	12.80	13.30	13.80	14.30	14.80	15.30	15.80	16.30	Mortar (ft³/yd³)
15.20	14.70	14.20	13.70	13.20	12.70	12.20	11.70	11.20	10.70	C. A. + 8 (ft³/yd³)
0.437	0.456	0.474	0.493	0.511	0.530	0.548	0.567	0.585	0.604	Mortar (m³/m³)
0.563	0.544	0.526	0.507	0.489	0.470	0.452	0.433	0.415	0.396	C. A. + 8 (m³/m³)

(c) Cement

									f'_c (psi)
1.63	1.73	1.83	1.93	2.03	2.13	2.23	2.32	2.42	2.51	2000
1.81	1.92	2.02	2.12	2.23	2.33	2.42	2.52	2.62	2.71	2500
2.02	2.12	2.22	2.32	2.43	2.53	2.63	2.72	2.82	2.92	3000
2.22	2.33	2.43	2.53	2.64	2.74	2.83	2.93	3.04	3.13	3500
2.42	2.53	2.63	2.73	2.85	2.95	3.05	3.15	3.26	3.35	4000
2.67	2.79	2.90	3.03	3.15	3.26	3.36	3.47	3.58	3.68	4500
2.95	3.08	3.20	3.31	3.45	3.56	3.68	3.80	3.92	4.01	5000

(c-1) Cement

										f'_c (MPa)
0.062	0.067	0.070	0.074	0.078	0.081	0.085	0.088	0.092	0.095	15
0.073	0.077	0.081	0.084	0.088	0.092	0.096	0.099	0.103	0.107	20
0.084	0.088	0.092	0.095	0.100	0.103	0.107	0.110	0.115	0.118	25
0.096	0.100	0.104	0.109	0.113	0.117	0.121	0.125	0.129	0.132	30
0.110	0.115	0.120	0.124	0.130	0.134	0.138	0.142	0.147	0.150	35

(d) Water

										f'_c (psi)
3.09	3.25	3.41	3.57	3.73	3.89	4.04	4.19	4.36	4.49	2000
3.13	3.30	3.45	3.61	3.78	3.93	4.09	4.23	4.40	4.55	2500
3.19	3.35	3.50	3.66	3.83	3.97	4.13	4.27	4.44	4.59	3000
3.25	3.41	3.58	3.71	3.87	4.02	4.17	4.33	4.49	4.63	3500
3.29	3.45	3.61	3.75	3.93	4.07	4.22	4.38	4.53	4.67	4000
3.37	3.53	3.68	3.83	4.00	4.15	4.29	4.45	4.60	4.71	4500
3.44	3.61	3.76	3.89	4.07	4.21	4.35	4.51	4.67	4.81	5000

(d-1) Water

										f'_c (MPa)
0.115	0.121	0.127	0.133	0.139	0.145	0.150	0.156	0.162	0.167	15
0.118	0.124	0.129	0.135	0.142	0.147	0.153	0.158	0.164	0.170	20
0.121	0.127	0.134	0.138	0.144	0.149	0.155	0.161	0.167	0.172	25
0.124	0.130	0.136	0.141	0.148	0.153	0.158	0.164	0.170	0.174	30
0.128	0.134	0.140	0.145	0.151	0.156	0.162	0.168	0.173	0.179	35

(e) Air

1.06	1.11	1.15	1.20	1.24	1.29	1.33	1.38	1.42	1.47	Entrained (ft³/yd³)
3.93	4.10	4.27	4.43	4.60	4.77	4.93	5.10	5.27	5.43	%
0.039	0.041	0.043	0.044	0.046	0.048	0.049	0.051	0.053	0.054	Entrained (m³/m³)

(f) Air (Values Approximate)

2000	2500	3000	3500	4000	4500	5000	f'_c (psi)
—	—	—	—	—	—	—	Entrapped (ft³/yd³)
—	—	—	—	—	—	—	%

(f-1) Air (Values Approximate)

15	20	25	30	35	f'_c (MPa)
—	—	—	—	—	Entrapped (m³/m³)
—	—	—	—	—	%

(g) Cement and Water Adjustments for Fine Aggregate Variations

31–32	32–33	33–34	34–35	35–36	36–37	37–38	38–39	39–40	40–41	% Voids
90.0	92.5	95.0	97.5	100.0	102.5	105.0	107.5	110.0	112.5	Adjustment (%)

Table No.	68
C.A. Size	1½"
	38.1 mm
ASTM No.	467
Slump	3½"
	90 mm

(✓) AE
( ) Non-AE

(a)

Coarse Aggregate Type No.										Concrete Class
1	2	3	4	5	6	7				A
	1	2	3	4	5	6	7			B
		1	2	3	4	5	6	7		C
			1	2	3	4	5	6	7	D

(b) Concrete

11.80	12.30	12.80	13.30	13.80	14.30	14.80	15.30	15.80	16.30	Mortar (ft³/yd³)
15.20	14.70	14.20	13.70	13.20	12.70	12.20	11.70	11.20	10.70	C. A. + 8 (ft³/yd³)
0.437	0.456	0.474	0.493	0.511	0.530	0.548	0.567	0.585	0.604	Mortar (m³/m³)
0.563	0.544	0.526	0.507	0.489	0.470	0.452	0.433	0.415	0.396	C. A. + 8 (m³/m³)

(c) Cement

									f'_c (psi)
1.67	1.77	1.87	1.97	2.07	2.17	2.27	2.36	2.46	2.55	2000
1.85	1.96	2.06	2.16	2.27	2.37	2.46	2.56	2.66	2.75	2500
2.06	2.16	2.26	2.36	2.47	2.57	2.67	2.76	2.86	2.96	3000
2.26	2.37	2.47	2.57	2.68	2.78	2.87	2.97	3.08	3.17	3500
2.46	2.57	2.67	2.77	2.89	2.99	3.09	3.19	3.30	3.39	4000
2.71	2.83	2.94	3.07	3.19	3.30	3.40	3.51	3.62	3.72	4500
2.91	3.12	3.24	3.35	3.49	3.60	3.72	3.84	3.96	4.05	5000

(c-1) Cement

										f'_c (MPa)
0.064	0.069	0.072	0.076	0.080	0.083	0.087	0.090	0.094	0.097	15
0.075	0.079	0.083	0.079	0.090	0.094	0.098	0.101	0.105	0.109	20
0.086	0.090	0.094	0.097	0.102	0.105	0.109	0.112	0.117	0.120	25
0.098	0.102	0.106	0.111	0.115	0.119	0.123	0.127	0.131	0.134	30
0.112	0.117	0.122	0.126	0.132	0.136	0.140	0.144	0.149	0.152	35

(d) Water

									f'_c (psi)
3.15	3.31	3.47	3.63	3.79	3.95	4.10	4.25	4.42	4.55	2000
3.19	3.36	3.51	3.67	3.84	3.99	4.15	4.29	4.46	4.61	2500
3.25	3.41	3.56	3.72	3.89	4.03	4.19	4.33	4.50	4.65	3000
3.31	3.47	3.64	3.77	3.93	4.08	4.23	4.39	4.55	4.69	3500
3.35	3.51	3.67	3.81	3.99	4.13	4.28	4.44	4.59	4.73	4000
3.43	3.59	3.74	3.89	4.06	4.21	4.35	4.51	4.66	4.77	4500
3.50	3.67	3.82	3.95	4.13	4.27	4.41	4.57	4.73	4.87	5000

(d-1) Water

										f'_c (MPa)
0.117	0.123	0.129	0.135	0.141	0.147	0.152	0.158	0.164	0.169	15
0.120	0.126	0.131	0.137	0.144	0.149	0.155	0.160	0.166	0.172	20
0.123	0.129	0.135	0.140	0.146	0.151	0.157	0.163	0.169	0.174	25
0.126	0.132	0.138	0.143	0.150	0.155	0.160	0.166	0.172	0.176	30
0.130	0.136	0.142	0.147	0.153	0.158	0.164	0.170	0.175	0.181	35

(e) Air

1.06	1.11	1.15	1.20	1.24	1.29	1.33	1.38	1.42	1.47	Entrained (ft³/yd³)
3.93	4.10	4.27	4.43	4.60	4.77	4.93	5.10	5.27	5.43	%
0.039	0.041	0.043	0.044	0.046	0.048	0.049	0.051	0.053	0.054	Entrained (m³/m³)

(f) Air (Values Approximate)

2000	2500	3000	3500	4000	4500	5000	f'_c (psi)
—	—	—	—	—	—	—	Entrapped (ft³/yd³)
—	—	—	—	—	—	—	%

(f-1) Air (Values Approximate)

15	20	25	30	35	f'_c (MPa)
—	—	—	—	—	Entrapped (m³/m³)
—	—	—	—	—	%

(g) Cement and Water Adjustments for Fine Aggregate Variations

31–32	32–33	33–34	34–35	35–36	36–37	37–38	38–39	39–40	40–41	% Voids
90.0	92.5	95.0	97.5	100.0	102.5	105.0	107.5	110.0	112.5	Adjustment (%)

Table No.	69
C.A. Size	1½"
	38.1 mm
ASTM No.	467
Slump	4"
	100 mm
(√) AE	
( ) Non-AE	

(a)

Coarse Aggregate Type No.										Concrete Class
1	2	3	4	5	6	7				A
	1	2	3	4	5	6	7			B
		1	2	3	4	5	6	7		C
			1	2	3	4	5	6	7	D

(b) Concrete

11.80	12.30	12.80	13.30	13.80	14.30	14.80	15.30	15.80	16.30	Mortar (ft³/yd³)
15.20	14.70	14.20	13.70	13.20	12.70	12.20	11.70	11.20	10.70	C.A. + 8 (ft³/yd³)
0.437	0.456	0.474	0.493	0.511	0.530	0.548	0.567	0.585	0.604	Mortar (m³/m³)
0.563	0.544	0.526	0.507	0.489	0.470	0.452	0.433	0.415	0.396	C.A. + 8 (m³/m³)

(c) Cement

									f'_c (psi)
1.71	1.81	1.91	2.01	2.11	2.21	2.31	2.40	2.50	2.59	2000
1.89	2.00	2.10	2.20	2.31	2.41	2.50	2.60	2.70	2.79	2500
2.10	2.20	2.30	2.40	2.51	2.61	2.71	2.80	2.90	3.00	3000
2.30	2.41	2.51	2.61	2.72	2.82	2.91	3.01	3.12	3.21	3500
2.50	2.61	2.71	2.81	2.93	3.03	3.13	3.23	3.34	3.43	4000
2.75	2.87	2.98	3.11	3.23	3.34	3.44	3.55	3.66	3.76	4500
3.03	3.16	3.28	3.39	3.53	3.64	3.76	3.88	4.00	4.09	5000

(c-1) Cement

									f'_c (MPa)
0.065	0.070	0.073	0.077	0.081	0.084	0.088	0.091	0.095	0.098	15
0.076	0.080	0.084	0.087	0.091	0.095	0.099	0.102	0.106	0.110	20
0.087	0.091	0.095	0.098	0.103	0.106	0.110	0.113	0.118	0.121	25
0.099	0.103	0.107	0.112	0.116	0.120	0.124	0.128	0.132	0.135	30
0.113	0.118	0.123	0.127	0.133	0.137	0.141	0.145	0.150	0.153	35

(d) Water

									f'_c (psi)
3.20	3.36	3.52	3.68	3.84	4.00	4.15	4.30	4.47	4.60	2000
3.24	3.41	3.56	3.72	3.89	4.04	4.20	4.34	4.51	4.66	2500
3.30	3.46	3.61	3.77	3.94	4.08	4.24	4.38	4.55	4.70	3000
3.36	3.52	3.69	3.82	3.98	4.13	4.28	4.44	4.60	4.74	3500
3.40	3.56	3.72	3.86	4.04	4.18	4.33	4.49	4.64	4.78	4000
3.48	3.64	3.79	3.94	4.11	4.26	4.40	4.56	4.71	4.82	4500
3.55	3.72	3.87	4.00	4.18	4.32	4.46	4.62	4.78	4.92	5000

(d-1) Water

									f'_c (MPa)
0.119	0.125	0.131	0.137	0.143	0.149	0.154	0.160	0.166	0.171	15
0.122	0.128	0.133	0.139	0.146	0.151	0.157	0.162	0.168	0.174	20
0.125	0.131	0.137	0.142	0.148	0.153	0.159	0.165	0.171	0.176	25
0.128	0.134	0.140	0.145	0.152	0.157	0.162	0.168	0.174	0.178	30
0.132	0.138	0.144	0.149	0.155	0.160	0.166	0.172	0.177	0.183	35

(e) Air

1.06	1.11	1.15	1.20	1.24	1.29	1.33	1.38	1.42	1.47	Entrained (ft³/yd³)
3.93	4.10	4.27	4.43	4.60	4.77	4.93	5.10	5.27	5.43	%
0.039	0.041	0.043	0.044	0.046	0.048	0.049	0.051	0.053	0.054	Entrained (m³/m³)

(f) Air (Values Approximate)

2000	2500	3000	3500	4000	4500	5000	f'_c (psi)
—	—	—	—	—	—	—	Entrapped (ft³/yd³)
—	—	—	—	—	—	—	%

(f-1) Air (Values Approximate)

15	20	25	30	35	f'_c (MPa)
—	—	—	—	—	Entrapped (m³/m³)
—	—	—	—	—	%

(g) Cement and Water Adjustments for Fine Aggregate Variations

31-32	32-33	33-34	34-35	35-36	36-37	37-38	38-39	39-40	40-41	% Voids
90.0	92.5	95.0	97.5	100.0	102.5	105.0	107.5	110.0	112.5	Adjustment (%)

Table No.	70
C.A. Size	1½″
	38.1 mm
ASTM No.	467
Slump	4½″
	115 mm

(✓) AE
( ) Non-AE

(a)

Coarse Aggregate Type No.										Concrete Class
1	2	3	4	5	6	7				A
	1	2	3	4	5	6	7			B
		1	2	3	4	5	6	7		C
			1	2	3	4	5	6	7	D

(b)

Concrete										
11.80	12.30	12.80	13.30	13.80	14.30	14.80	15.30	15.80	16.30	Mortar (ft³/yd³)
15.20	14.70	14.20	13.70	13.20	12.70	12.20	11.70	11.20	10.70	C.A. + 8 (ft³/yd³)
0.437	0.456	0.474	0.493	0.511	0.530	0.548	0.567	0.585	0.604	Mortar (m³/m³)
0.563	0.544	0.526	0.507	0.489	0.470	0.452	0.433	0.415	0.396	C.A. + 8 (m³/m³)

(c)

Cement										f'_c (psi)
1.74	1.84	1.94	2.04	2.14	2.24	2.34	2.43	2.53	2.62	2000
1.92	2.03	2.13	2.23	2.34	2.44	2.53	2.63	2.73	2.82	2500
2.13	2.23	2.33	2.43	2.54	2.64	2.74	2.83	2.93	3.03	3000
2.33	2.44	2.54	2.64	2.75	2.85	2.94	3.04	3.15	3.24	3500
2.53	2.66	2.76	2.86	2.98	3.08	3.18	3.28	3.39	3.48	4000
2.78	2.90	3.01	3.14	3.26	3.37	3.47	3.58	3.69	3.79	4500
3.06	3.19	3.31	3.42	3.56	3.67	3.79	3.91	4.03	4.12	5000

(c-1)

Cement										f'_c (MPa)
0.066	0.071	0.074	0.078	0.082	0.085	0.089	0.092	0.096	0.099	15
0.077	0.081	0.085	0.088	0.092	0.096	0.100	0.103	0.107	0.111	20
0.088	0.092	0.096	0.099	0.104	0.107	0.111	0.114	0.119	0.122	25
0.100	0.104	0.108	0.113	0.117	0.121	0.125	0.129	0.133	0.136	30
0.114	0.119	0.124	0.128	0.134	0.138	0.142	0.146	0.151	0.154	35

(d)

Water										f'_c (psi)
3.25	3.41	3.57	3.73	3.89	4.05	4.20	4.35	4.52	4.65	2000
3.29	3.46	3.61	3.77	3.94	4.09	4.25	4.39	4.56	4.71	2500
3.35	3.51	3.66	3.82	3.99	4.13	4.29	4.43	4.60	4.75	3000
3.41	3.57	3.74	3.87	4.03	4.18	4.33	4.49	4.65	4.79	3500
3.45	3.61	3.77	3.91	4.09	4.23	4.38	4.54	4.69	4.83	4000
3.53	3.69	3.84	3.99	4.16	4.31	4.45	4.61	4.76	4.87	4500
3.60	3.77	3.92	4.05	4.23	4.37	4.51	4.67	4.83	4.97	5000

(d-1)

Water										f'_c (MPa)
0.121	0.127	0.133	0.139	0.145	0.151	0.156	0.162	0.168	0.173	15
0.124	0.130	0.135	0.141	0.148	0.153	0.159	0.164	0.170	0.176	20
0.127	0.133	0.139	0.144	0.150	0.155	0.161	0.167	0.173	0.178	25
0.130	0.136	0.142	0.147	0.154	0.159	0.164	0.170	0.176	0.180	30
0.134	0.140	0.146	0.151	0.157	0.162	0.168	0.174	0.179	0.185	35

(e)

Air										
1.06	1.11	1.15	1.20	1.24	1.29	1.33	1.38	1.42	1.47	Entrained (ft³/yd³)
3.93	4.10	4.27	4.43	4.60	4.77	4.93	5.10	5.27	5.43	%
0.039	0.041	0.043	0.044	0.046	0.048	0.049	0.051	0.053	0.054	Entrained (m³/m³)

(f)

Air (Values Approximate)							
2000	2500	3000	3500	4000	4500	5000	f'_c (psi)
—	—	—	—	—	—	—	Entrapped (ft³/yd³)
—	—	—	—	—	—	—	%

(f-1)

Air (Values Approximate)					
15	20	25	30	35	f'_c (MPa)
—	—	—	—	—	Entrapped (m³/m³)
—	—	—	—	—	%

(g)

Cement and Water Adjustments for Fine Aggregate Variations										
31–32	32–33	33–34	34–35	35–36	36–37	37–38	38–39	39–40	40–41	% Voids
90.0	92.5	95.0	97.5	100.0	102.5	105.0	107.5	110.0	112.5	Adjustment (%)

Table No.	71
C.A. Size	1½"
	38.1 mm
ASTM No.	467
Slump	5"
	125 mm
(✓) AE	
( ) Non-AE	

(a)

Coarse Aggregate Type No.										Concrete Class
1	2	3	4	5	6	7				A
	1	2	3	4	5	6	7			B
		1	2	3	4	5	6	7		C
			1	2	3	4	5	6	7	D

(b) Concrete

11.80	12.30	12.80	13.30	13.80	14.30	14.80	15.30	15.80	16.30	Mortar (ft³/yd³)
15.20	14.70	14.20	13.70	13.20	12.70	12.20	11.70	11.20	10.70	C.A. + 8 (ft³/yd³)
0.437	0.456	0.474	0.493	0.511	0.530	0.548	0.567	0.585	0.604	Mortar (m³/m³)
0.563	0.544	0.526	0.507	0.489	0.470	0.452	0.433	0.415	0.396	C.A. + 8 (m³/m³)

(c) Cement

										f'_c (psi)
1.77	1.87	1.97	2.07	2.17	2.27	2.37	2.46	2.56	2.65	2000
1.95	2.06	2.16	2.26	2.37	2.47	2.56	2.66	2.76	2.85	2500
2.16	2.26	2.36	2.46	2.57	2.67	2.77	2.86	2.96	3.06	3000
2.36	2.47	2.57	2.67	2.78	2.88	2.97	3.07	3.18	3.27	3500
2.56	2.67	2.77	2.87	2.99	3.09	3.19	3.29	3.40	3.49	4000
2.81	2.93	3.04	3.17	3.29	3.40	3.50	3.61	3.72	3.82	4500
3.09	3.22	3.34	3.45	3.59	3.70	3.82	3.94	4.06	4.15	5000

(c-1) Cement

										f'_c (MPa)
0.067	0.072	0.075	0.079	0.083	0.086	0.090	0.093	0.097	0.100	15
0.078	0.082	0.086	0.089	0.093	0.097	0.101	0.104	0.108	0.112	20
0.089	0.093	0.097	0.100	0.105	0.108	0.112	0.115	0.120	0.123	25
0.101	0.105	0.109	0.114	0.118	0.122	0.126	0.130	0.134	0.137	30
0.115	0.120	0.125	0.129	0.135	0.139	0.143	0.147	0.152	0.155	35

(d) Water

										f'_c (psi)
3.31	3.47	3.63	3.79	3.95	4.11	4.26	4.41	4.58	4.71	2000
3.35	3.52	3.67	3.83	4.00	4.15	4.31	4.45	4.62	4.77	2500
3.41	3.57	3.72	3.88	4.05	4.19	4.35	4.49	4.66	4.81	3000
3.47	3.63	3.80	3.93	4.09	4.24	4.39	4.55	4.71	4.85	3500
3.51	3.67	3.83	3.97	4.15	4.29	4.44	4.60	4.75	4.89	4000
3.59	3.75	3.90	4.05	4.22	4.37	4.51	4.67	4.82	4.93	4500
3.66	3.83	3.98	4.11	4.29	4.43	4.57	4.73	4.89	5.03	5000

(d-1) Water

										f'_c (MPa)
0.123	0.129	0.135	0.141	0.147	0.153	0.158	0.164	0.170	0.175	15
0.126	0.132	0.137	0.143	0.150	0.155	0.161	0.166	0.172	0.178	20
0.129	0.135	0.141	0.146	0.152	0.157	0.163	0.169	0.175	0.180	25
0.132	0.138	0.144	0.149	0.156	0.161	0.166	0.172	0.178	0.182	30
0.136	0.142	0.148	0.153	0.159	0.164	0.170	0.176	0.181	0.187	35

(e) Air

1.06	1.11	1.15	1.20	1.24	1.29	1.33	1.38	1.42	1.47	Entrained (ft³/yd³)
3.93	4.10	4.27	4.43	4.60	4.77	4.93	5.10	5.27	5.43	%
0.039	0.041	0.043	0.044	0.046	0.048	0.049	0.051	0.053	0.054	Entrained (m³/m³)

(f) Air (Values Approximate)

2000	2500	3000	3500	4000	4500	5000	f'_c (psi)
—	—	—	—	—	—	—	Entrapped (ft³/yd³)
—	—	—	—	—	—	—	%

(f-1) Air (Values Approximate)

15	20	25	30	35	f'_c (MPa)
—	—	—	—	—	Entrapped (m³/m³)
—	—	—	—	—	%

(g) Cement and Water Adjustments for Fine Aggregate Variations

31-32	32-33	33-34	34-35	35-36	36-37	37-38	38-39	39-40	40-41	% Voids
90.0	92.5	95.0	97.5	100.0	102.5	105.0	107.5	110.0	112.5	Adjustment (%)

Table No.	72
C.A. Size	1½"
	38.1 mm
ASTM No.	467
Slump	5½"
	140 mm
(✓) AE	
( ) Non-AE	

(a)

Coarse Aggregate Type No.										Concrete Class
1	2	3	4	5	6	7				A
	1	2	3	4	5	6	7			B
		1	2	3	4	5	6	7		C
			1	2	3	4	5	6	7	D

(b) Concrete

11.80	12.30	12.80	13.30	13.80	14.30	14.80	15.30	15.80	16.30	Mortar (ft³/yd³)
15.20	14.70	14.20	13.70	13.20	12.70	12.20	11.70	11.20	10.70	C. A. + 8 (ft³/yd³)
0.437	0.456	0.474	0.493	0.511	0.530	0.548	0.567	0.585	0.604	Mortar (m³/m³)
0.563	0.544	0.526	0.507	0.489	0.470	0.452	0.433	0.415	0.396	C. A. + 8 (m³/m³)

(c) Cement

										f'_c (psi)
1.81	1.91	2.01	2.11	2.21	2.31	2.41	2.50	2.60	2.69	2000
1.99	2.10	2.20	2.30	2.41	2.51	2.60	2.70	2.80	2.89	2500
2.20	2.30	2.40	2.50	2.61	2.71	2.81	2.90	3.00	3.10	3000
2.40	2.51	2.61	2.71	2.82	2.93	3.01	3.11	3.22	3.31	3500
2.60	2.71	2.81	2.91	3.03	3.13	3.23	3.33	3.44	3.53	4000
2.85	2.97	3.08	3.21	3.33	3.44	3.54	3.65	3.76	3.86	4500
3.13	3.26	3.38	3.49	3.63	3.74	3.86	3.98	4.10	4.19	5000

(c-1) Cement

										f'_c (MPa)
0.069	0.074	0.077	0.081	0.085	0.088	0.092	0.095	0.099	0.102	15
0.080	0.084	0.088	0.091	0.095	0.099	0.103	0.106	0.110	0.114	20
0.091	0.095	0.099	0.102	0.107	0.110	0.114	0.117	0.122	0.125	25
0.103	0.107	0.111	0.116	0.120	0.124	0.128	0.132	0.136	0.139	30
0.117	0.122	0.127	0.131	0.137	0.141	0.145	0.149	0.154	0.157	35

(d) Water

										f'_c (psi)
3.36	3.52	3.68	3.84	4.00	4.16	4.31	4.46	4.63	4.76	2000
3.40	3.57	3.72	3.88	4.05	4.20	4.36	4.50	4.67	4.82	2500
3.46	3.62	3.77	3.93	4.10	4.24	4.40	4.54	4.71	4.86	3000
3.52	3.68	3.85	3.98	4.14	4.29	4.44	4.60	4.76	4.90	3500
3.56	3.72	3.88	4.02	4.20	4.34	4.49	4.65	4.80	4.94	4000
3.64	3.80	3.95	4.10	4.27	4.42	4.56	4.72	4.87	4.98	4500
3.71	3.88	4.03	4.16	4.34	4.48	4.62	4.78	4.94	5.08	5000

(d-1) Water

										f'_c (MPa)
0.125	0.131	0.137	0.143	0.149	0.155	0.160	0.166	0.172	0.177	15
0.128	0.134	0.139	0.145	0.152	0.157	0.163	0.168	0.174	0.180	20
0.131	0.137	0.143	0.148	0.154	0.159	0.165	0.171	0.177	0.182	25
0.134	0.140	0.146	0.151	0.158	0.163	0.168	0.174	0.180	0.184	30
0.138	0.144	0.150	0.155	0.161	0.166	0.172	0.178	0.183	0.189	35

(e) Air

1.06	1.11	1.15	1.20	1.24	1.29	1.33	1.38	1.42	1.47	Entrained (ft³/yd³)
3.93	4.10	4.27	4.43	4.60	4.77	4.93	5.10	5.27	5.43	%
0.039	0.041	0.043	0.044	0.046	0.048	0.049	0.051	0.053	0.054	Entrained (m³/m³)

(f) Air (Values Approximate)

2000	2500	3000	3500	4000	4500	5000	f'_c (psi)
—	—	—	—	—	—	—	Entrapped (ft³/yd³)
—	—	—	—	—	—	—	%

(f-1) Air (Values Approximate)

15	20	25	30	35	f'_c (MPa)
—	—	—	—	—	Entrapped (m³/m³)
—	—	—	—	—	%

(g) Cement and Water Adjustments for Fine Aggregate Variations

31–32	32–33	33–34	34–35	35–36	36–37	37–38	38–39	39–40	40–41	% Voids
90.0	92.5	95.0	97.5	100.0	102.5	105.0	107.5	110.0	112.5	Adjustment (%)

TABLES OF VOLUMES 85

Table No.	73
C.A. Size	1½"
	38.1 mm
ASTM No.	467
Slump	6"
	150 mm

(✓) AE
( ) Non-AE

(a)

Coarse Aggregate Type No.										Concrete Class
1	2	3	4	5	6	7				A
	1	2	3	4	5	6	7			B
		1	2	3	4	5	6	7		C
			1	2	3	4	5	6	7	D

(b) Concrete

11.80	12.30	12.80	13.30	13.80	14.30	14.80	15.30	15.80	16.30	Mortar (ft³/yd³)
15.20	14.70	14.20	13.70	13.20	12.70	12.20	11.70	11.20	10.70	C. A. + 8 (ft³/yd³)
0.437	0.456	0.474	0.493	0.511	0.530	0.548	0.567	0.585	0.604	Mortar (m³/m³)
0.563	0.544	0.526	0.507	0.489	0.470	0.452	0.433	0.415	0.396	C. A. + 8 (m³/m³)

(c) Cement

										f'_c (psi)
1.84	1.94	2.04	2.14	2.24	2.34	2.44	2.53	2.63	2.72	2000
2.02	2.13	2.23	2.33	2.44	2.54	2.63	2.73	2.83	2.92	2500
2.23	2.33	2.43	2.53	2.64	2.74	2.84	2.93	3.03	3.13	3000
2.43	2.54	2.64	2.74	2.85	2.95	3.04	3.14	3.25	3.34	3500
2.63	2.74	2.84	2.94	3.06	3.16	3.26	3.36	3.47	3.56	4000
2.88	3.00	3.11	3.24	3.36	3.47	3.57	3.68	3.79	3.89	4500
3.16	3.29	3.41	3.52	3.66	3.77	3.89	4.01	4.13	4.22	5000

(c-1) Cement

										f'_c (MPa)
0.070	0.075	0.078	0.082	0.086	0.089	0.093	0.096	0.100	0.103	15
0.081	0.085	0.089	0.092	0.096	0.100	0.104	0.107	0.111	0.115	20
0.092	0.096	0.100	0.103	0.108	0.111	0.115	0.118	0.123	0.126	25
0.104	0.108	0.112	0.117	0.121	0.125	0.129	0.133	0.137	0.140	30
0.118	0.123	0.128	0.132	0.138	0.142	0.146	0.150	0.155	0.158	35

(d) Water

										f'_c (psi)
3.41	3.57	3.73	3.89	4.05	4.21	4.36	4.51	4.68	4.81	2000
3.45	3.62	3.77	3.93	4.10	4.25	4.41	4.55	4.72	4.87	2500
3.51	3.67	3.82	3.98	4.15	4.29	4.45	4.59	4.76	4.91	3000
3.57	3.73	3.90	4.03	4.19	4.34	4.49	4.65	4.81	4.95	3500
3.61	3.77	3.93	4.07	4.25	4.39	4.54	4.70	4.85	4.99	4000
3.69	3.85	4.00	4.15	4.32	4.47	4.61	4.77	4.92	5.03	4500
3.76	3.93	4.08	4.21	4.39	4.53	4.67	4.83	4.99	5.13	5000

(d-1) Water

										f'_c (MPa)
0.127	0.133	0.139	0.145	0.151	0.157	0.162	0.168	0.174	0.179	15
0.130	0.136	0.141	0.147	0.154	0.159	0.165	0.170	0.176	0.182	20
0.133	0.139	0.145	0.150	0.156	0.161	0.167	0.173	0.179	0.184	25
0.136	0.142	0.148	0.153	0.160	0.165	0.170	0.176	0.182	0.186	30
0.140	0.146	0.152	0.157	0.163	0.168	0.174	0.180	0.185	0.191	35

(e) Air

1.06	1.11	1.15	1.20	1.24	1.29	1.33	1.38	1.42	1.47	Entrained (ft³/yd³)
3.93	4.10	4.27	4.43	4.60	4.77	4.93	5.10	5.27	5.43	%
0.039	0.041	0.043	0.044	0.046	0.048	0.049	0.051	0.053	0.054	Entrained (m³/m³)

(f) Air (Values Approximate)

2000	2500	3000	3500	4000	4500	5000	f'_c (psi)
—	—	—	—	—	—	—	Entrapped (ft³/yd³)
—	—	—	—	—	—	—	%

(f-1) Air (Values Approximate)

15	20	25	30	35	f'_c (MPa)
—	—	—	—	—	Entrapped (m³/m³)
—	—	—	—	—	%

(g) Cement and Water Adjustments for Fine Aggregate Variations

31–32	32–33	33–34	34–35	35–36	36–37	37–38	38–39	39–40	40–41	% Voids
90.0	92.5	95.0	97.5	100.0	102.5	105.0	107.5	110.0	112.5	Adjustment (%)

Table No.	74
C.A. Size	1½"
	38.1 mm
ASTM No.	467
Slump	6½"
	165 mm

(✓) AE
( ) Non-AE

(a)

Coarse Aggregate Type No.										Concrete Class
1	2	3	4	5	6	7				A
	1	2	3	4	5	6	7			B
		1	2	3	4	5	6	7		C
			1	2	3	4	5	6	7	D

(b)

Concrete										
11.80	12.30	12.80	13.30	13.80	14.30	14.80	15.30	15.80	16.30	Mortar (ft³/yd³)
15.20	14.70	14.20	13.70	13.20	12.70	12.20	11.70	11.20	10.70	C. A. + 8 (ft³/yd³)
0.437	0.456	0.474	0.493	0.511	0.530	0.548	0.567	0.585	0.604	Mortar (m³/m³)
0.563	0.544	0.526	0.507	0.489	0.470	0.452	0.433	0.415	0.396	C. A. + 8 (m³/m³)

(c)

Cement										f'_c (psi)
1.87	1.97	2.07	2.17	2.27	2.37	2.47	2.56	2.66	2.75	2000
2.05	2.16	2.26	2.36	2.47	2.57	2.66	2.76	2.86	2.95	2500
2.26	2.36	2.46	2.56	2.67	2.77	2.87	2.96	3.06	3.16	3000
2.46	2.57	2.67	2.77	2.88	2.98	3.07	3.17	3.28	3.37	3500
2.66	2.77	2.87	2.97	3.09	3.19	3.29	3.39	3.50	3.59	4000
2.91	3.03	3.14	3.27	3.39	3.50	3.60	3.71	3.82	3.92	4500
3.19	3.32	3.44	3.55	3.69	3.80	3.92	4.04	4.16	4.25	5000

(c-1)

Cement										f'_c (MPa)
0.071	0.076	0.079	0.083	0.087	0.090	0.094	0.097	0.101	0.104	15
0.082	0.086	0.090	0.093	0.097	0.101	0.105	0.108	0.112	0.116	20
0.093	0.097	0.101	0.104	0.109	0.112	0.116	0.119	0.124	0.127	25
0.105	0.109	0.113	0.118	0.122	0.126	0.130	0.134	0.138	0.141	30
0.119	0.124	0.129	0.133	0.139	0.143	0.147	0.151	0.156	0.159	35

(d)

Water										f'_c (psi)
3.46	3.62	3.78	3.94	4.10	4.26	4.41	4.56	4.73	4.86	2000
3.50	3.67	3.82	3.98	4.15	4.30	4.46	4.60	4.77	4.92	2500
3.56	3.72	3.87	4.03	4.20	4.34	4.50	4.64	4.81	4.96	3000
3.62	3.78	3.95	4.08	4.24	4.39	4.54	4.70	4.86	5.00	3500
3.66	3.82	3.98	4.12	4.30	4.44	4.59	4.75	4.90	5.04	4000
3.74	3.90	4.05	4.20	4.37	4.52	4.66	4.82	4.97	5.08	4500
3.81	3.98	4.13	4.26	4.44	4.58	4.72	4.88	5.04	5.18	5000

(d-1)

Water										f'_c (MPa)
0.129	0.135	0.141	0.147	0.153	0.159	0.164	0.170	0.176	0.181	15
0.132	0.138	0.143	0.149	0.156	0.161	0.167	0.172	0.178	0.184	20
0.135	0.141	0.147	0.152	0.158	0.163	0.169	0.175	0.181	0.186	25
0.138	0.144	0.150	0.155	0.162	0.167	0.172	0.178	0.184	0.188	30
0.142	0.148	0.154	0.159	0.165	0.170	0.176	0.182	0.187	0.193	35

(e)

Air										
1.06	1.11	1.15	1.20	1.24	1.29	1.33	1.38	1.42	1.47	Entrained (ft³/yd³)
3.93	4.10	4.27	4.43	4.60	4.77	4.93	5.10	5.27	5.43	%
0.039	0.041	0.043	0.044	0.046	0.048	0.049	0.051	0.053	0.054	Entrained (m³/m³)

(f)

Air (Values Approximate)

2000	2500	3000	3500	4000	4500	5000	f'_c (psi)
—	—	—	—	—	—	—	Entrapped (ft³/yd³)
—	—	—	—	—	—	—	%

(f-1)

Air (Values Approximate)

15	20	25	30	35	f'_c (MPa)
—	—	—	—	—	Entrapped (m³/m³)
—	—	—	—	—	%

(g)

Cement and Water Adjustments for Fine Aggregate Variations

31-32	32-33	33-34	34-35	35-36	36-37	37-38	38-39	39-40	40-41	% Voids
90.0	92.5	95.0	97.5	100.0	102.5	105.0	107.5	110.0	112.5	Adjustment (%)

Table No.	75
C.A. Size	1½"
	38.1 mm
ASTM No.	467
Slump	7"
	175 mm
(✓) AE	
( ) Non-AE	

(a)

Coarse Aggregate Type No.										Concrete Class
1	2	3	4	5	6	7				A
	1	2	3	4	5	6	7			B
		1	2	3	4	5	6	7		C
			1	2	3	4	5	6	7	D

(b)

Concrete										
11.80	12.30	12.80	13.30	13.80	14.30	14.80	15.30	15.80	16.30	Mortar (ft³/yd³)
15.20	14.70	14.20	13.70	13.20	12.70	12.20	11.70	11.20	10.70	C. A. + 8 (ft³/yd³)
0.437	0.456	0.474	0.493	0.511	0.530	0.548	0.567	0.585	0.604	Mortar (m³/m³)
0.563	0.544	0.526	0.507	0.489	0.470	0.452	0.433	0.415	0.396	C. A. + 8 (m³/m³)

(c)

Cement										f'_c (psi)
1.91	2.01	2.11	2.21	2.31	2.41	2.51	2.60	2.70	2.79	2000
2.09	2.20	2.30	2.40	2.51	2.61	2.70	2.80	2.90	2.99	2500
2.30	2.40	2.50	2.60	2.71	2.81	2.91	3.00	3.10	3.20	3000
2.50	2.61	2.71	2.81	2.92	3.02	3.11	3.21	3.32	3.41	3500
2.70	2.81	2.91	3.01	3.13	3.23	3.33	3.43	3.54	3.63	4000
2.95	3.07	3.18	3.31	3.43	3.54	3.64	3.75	3.86	3.96	4500
3.23	3.36	3.48	3.59	3.73	3.84	3.96	4.08	4.20	4.29	5000

(c-1)

Cement										f'_c (MPa)
0.072	0.077	0.080	0.084	0.088	0.091	0.095	0.098	0.102	0.105	15
0.083	0.087	0.091	0.094	0.098	0.102	0.106	0.109	0.113	0.117	20
0.094	0.098	0.102	0.105	0.110	0.113	0.117	0.120	0.125	0.128	25
0.106	0.110	0.114	0.119	0.123	0.127	0.131	0.135	0.139	0.142	30
0.120	0.125	0.130	0.134	0.140	0.144	0.148	0.152	0.157	0.160	35

(d)

Water										f'_c (psi)
3.51	3.67	3.83	3.99	4.15	4.31	4.46	4.61	4.78	4.91	2000
3.55	3.72	3.87	4.03	4.20	4.35	4.51	4.65	4.82	4.97	2500
3.61	3.77	3.92	4.08	4.25	4.39	4.55	4.69	4.86	5.01	3000
3.67	3.83	4.00	4.13	4.29	4.44	4.59	4.75	4.91	5.05	3500
3.71	3.87	4.03	4.17	4.35	4.49	4.64	4.80	4.95	5.09	4000
3.79	3.95	4.10	4.25	4.42	4.57	4.71	4.87	5.02	5.13	4500
3.86	4.03	4.18	4.31	4.49	4.63	4.77	4.93	5.09	5.23	5000

(d-1)

Water										f'_c (MPa)
0.130	0.136	0.142	0.148	0.154	0.160	0.165	0.171	0.177	0.182	15
0.133	0.139	0.144	0.150	0.157	0.162	0.168	0.173	0.179	0.185	20
0.136	0.142	0.148	0.153	0.159	0.164	0.170	0.176	0.182	0.187	25
0.139	0.145	0.151	0.156	0.163	0.168	0.173	0.179	0.185	0.189	30
0.143	0.149	0.155	0.160	0.166	0.171	0.177	0.183	0.188	0.194	35

(e)

Air										
1.06	1.11	1.15	1.20	1.24	1.29	1.33	1.38	1.42	1.47	Entrained (ft³/yd³)
3.93	4.10	4.27	4.43	4.60	4.77	4.93	5.10	5.27	5.43	%
0.039	0.041	0.043	0.044	0.046	0.048	0.049	0.051	0.053	0.054	Entrained (m³/m³)

(f)

Air (Values Approximate)

2000	2500	3000	3500	4000	4500	5000	f'_c (psi)
—	—	—	—	—	—	—	Entrapped (ft³/yd³)
—	—	—	—	—	—	—	%

(f-1)

Air (Values Approximate)

15	20	25	30	35	f'_c (MPa)
—	—	—	—	—	Entrapped (m³/m³)
—	—	—	—	—	%

(g)

Cement and Water Adjustments for Fine Aggregate Variations

31–32	32–33	33–34	34–35	35–36	36–37	37–38	38–39	39–40	40–41	% Voids
90.0	92.5	95.0	97.5	100.0	102.5	105.0	107.5	110.0	112.5	Adjustment (%)

Table No.	76
C.A. Size	2"
	50 mm
ASTM No.	357
Slump	0"
	0 mm
(✓) AE	
( ) Non-AE	

(a)

Coarse Aggregate Type No.										Concrete Class
1	2	3	4	5	6	7				A
	1	2	3	4	5	6	7			B
		1	2	3	4	5	6	7		C
			1	2	3	4	5	6	7	D

(b) Concrete

11.30	11.80	12.30	12.80	13.30	13.80	14.30	14.80	15.30	15.80	Mortar (ft³/yd³)
15.70	15.20	14.70	14.20	13.70	13.20	12.70	12.20	11.70	11.20	C.A. + 8 (ft³/yd³)
0.419	0.437	0.456	0.474	0.493	0.511	0.530	0.548	0.567	0.585	Mortar (m³/m³)
0.581	0.563	0.544	0.526	0.507	0.489	0.470	0.452	0.433	0.415	C.A. + 8 (m³/m³)

(c) Cement

										f'_c (psi)
1.36	1.47	1.58	1.69	1.79	1.87	1.96	2.04	2.13	2.21	2000
1.61	1.67	1.78	1.88	1.98	2.06	2.14	2.23	2.31	2.40	2500
1.72	1.85	1.96	2.06	2.17	2.25	2.34	2.43	2.52	2.61	3000
1.93	2.05	2.16	2.27	2.37	2.46	2.55	2.64	2.73	2.83	3500
2.12	2.24	2.37	2.48	2.58	2.68	2.79	2.84	3.00	3.10	4000
2.38	2.52	2.65	2.76	2.87	2.98	3.09	3.20	3.31	3.42	4500
2.65	2.79	2.94	3.05	3.15	3.27	3.40	3.52	3.63	3.76	5000

(c-1) Cement

										f'_c (MPa)
0.054	0.057	0.061	0.065	0.069	0.072	0.075	0.078	0.081	0.085	15
0.063	0.067	0.071	0.075	0.079	0.082	0.086	0.089	0.092	0.095	20
0.074	0.078	0.082	0.086	0.090	0.094	0.097	0.100	0.104	0.108	25
0.085	0.091	0.095	0.100	0.103	0.107	0.111	0.115	0.120	0.123	30
0.100	0.105	0.111	0.115	0.118	0.123	0.128	0.133	0.137	0.141	35

(d) Water

										f'_c (psi)
2.53	2.73	2.91	3.09	3.27	3.42	3.56	3.71	3.85	4.00	2000
2.59	2.78	2.96	3.14	3.31	3.46	3.60	3.75	3.89	4.04	2500
2.63	2.83	3.01	3.18	3.35	3.49	3.64	3.79	3.93	4.08	3000
2.69	2.88	3.07	3.23	3.39	3.53	3.68	3.83	3.97	4.13	3500
2.75	2.94	3.12	3.27	3.43	3.57	3.73	3.88	4.03	4.17	4000
2.82	3.01	3.19	3.33	3.49	3.63	3.78	3.94	4.09	4.23	4500
2.89	3.09	3.27	3.40	3.54	3.69	3.85	4.00	4.15	4.30	5000

(d-1) Water

										f'_c (MPa)
0.094	0.102	0.109	0.115	0.121	0.127	0.132	0.138	0.143	0.149	15
0.097	0.104	0.111	0.117	0.124	0.129	0.134	0.140	0.145	0.151	20
0.100	0.107	0.114	0.120	0.126	0.131	0.137	0.142	0.147	0.153	25
0.104	0.111	0.117	0.123	0.129	0.134	0.140	0.145	0.151	0.156	30
0.107	0.115	0.121	0.126	0.131	0.137	0.143	0.149	0.154	0.160	35

(e) Air

1.02	1.06	1.11	1.15	1.20	1.24	1.29	1.33	1.38	1.42	Entrained (ft³/yd³)
3.77	3.93	4.10	4.27	4.43	4.60	4.77	4.93	5.10	5.27	%
0.038	0.039	0.041	0.043	0.044	0.046	0.048	0.049	0.051	0.053	Entrained (m³/m³)

(f) Air (Values Approximate)

2000	2500	3000	3500	4000	4500	5000	f'_c (psi)
—	—	—	—	—	—	—	Entrapped (ft³/yd³)
—	—	—	—	—	—	—	%

(f-1) Air (Values Approximate)

15	20	25	30	35	f'_c (MPa)
—	—	—	—	—	Entrapped (m³/m³)
—	—	—	—	—	%

(g) Cement and Water Adjustments for Fine Aggregate Variations

31-32	32-33	33-34	34-35	35-36	36-37	37-38	38-39	39-40	40-41	% Voids
90.0	92.5	95.0	97.5	100.0	102.5	105.0	107.5	110.0	112.5	Adjustment (%)

Table No.	77	
C.A. Size	2"	
	50 mm	
ASTM No.	357	
Slump	½"	
	12.5 mm	
(✓) AE		
( ) Non-AE		

(a)

Coarse Aggregate Type No.										Concrete Class
1	2	3	4	5	6	7				A
	1	2	3	4	5	6	7			B
		1	2	3	4	5	6	7		C
			1	2	3	4	5	6	7	D

(b) Concrete

11.30	11.80	12.30	12.80	13.30	13.80	14.30	14.80	15.30	15.80	Mortar (ft³/yd³)
15.70	15.20	14.70	14.20	13.70	13.20	12.70	12.20	11.70	11.20	C.A. + 8 (ft³/yd³)
0.419	0.437	0.456	0.474	0.493	0.511	0.530	0.548	0.567	0.585	Mortar (m³/m³)
0.581	0.563	0.544	0.526	0.507	0.489	0.470	0.452	0.433	0.415	C.A. + 8 (m³/m³)

(c) Cement

										f'_c (psi)
1.39	1.50	1.61	1.72	1.82	1.90	1.99	2.07	2.16	2.24	2000
1.64	1.70	1.81	1.91	2.01	2.09	2.17	2.26	2.34	2.43	2500
1.75	1.88	1.99	2.09	2.20	2.28	2.37	2.46	2.55	2.64	3000
1.96	2.07	2.19	2.30	2.40	2.49	2.58	2.67	2.76	2.86	3500
2.15	2.27	2.40	2.51	2.61	2.71	2.82	2.87	3.03	3.13	4000
2.41	2.55	2.68	2.79	2.90	3.01	3.12	3.23	3.34	3.45	4500
2.68	2.82	2.97	3.08	3.18	3.30	3.43	3.55	3.66	3.79	5000

(c-1) Cement

										f'_c (MPa)
0.055	0.058	0.062	0.066	0.070	0.073	0.076	0.079	0.082	0.086	15
0.064	0.068	0.072	0.076	0.080	0.083	0.087	0.090	0.093	0.096	20
0.075	0.079	0.083	0.087	0.091	0.095	0.098	0.101	0.105	0.109	25
0.086	0.092	0.096	0.101	0.104	0.108	0.112	0.116	0.121	0.124	30
0.101	0.106	0.112	0.116	0.119	0.124	0.129	0.134	0.138	0.142	35

(d) Water

										f'_c (psi)
2.59	2.79	2.97	3.15	3.33	3.48	3.62	3.77	3.91	4.06	2000
2.65	2.84	3.02	3.20	3.37	3.52	3.66	3.81	3.95	4.10	2500
2.69	2.89	3.07	3.24	3.41	3.55	3.70	3.85	3.99	4.14	3000
2.75	2.94	3.13	3.29	3.45	3.59	3.74	3.89	4.03	4.19	3500
2.81	3.00	3.18	3.33	3.49	3.63	3.79	3.94	4.09	4.23	4000
2.88	3.07	3.25	3.39	3.55	3.69	3.84	4.00	4.15	4.29	4500
2.95	3.15	3.33	3.46	3.60	3.75	3.91	4.06	4.21	4.36	5000

(d-1) Water

										f'_c (MPa)
0.096	0.104	0.111	0.117	0.123	0.129	0.134	0.140	0.145	0.151	15
0.099	0.106	0.113	0.119	0.126	0.131	0.136	0.142	0.147	0.153	20
0.102	0.109	0.116	0.122	0.128	0.133	0.139	0.144	0.149	0.155	25
0.106	0.113	0.119	0.125	0.131	0.136	0.142	0.147	0.153	0.158	30
0.109	0.117	0.123	0.128	0.133	0.139	0.145	0.151	0.156	0.162	35

(e) Air

1.02	1.06	1.11	1.15	1.20	1.24	1.29	1.33	1.38	1.42	Entrained (ft³/yd³)
3.77	3.93	4.10	4.27	4.43	4.60	4.77	4.93	5.10	5.27	%
0.038	0.039	0.041	0.043	0.044	0.046	0.048	0.049	0.051	0.053	Entrained (m³/m³)

(f) Air (Values Approximate)

2000	2500	3000	3500	4000	4500	5000	f'_c (psi)
—	—	—	—	—	—	—	Entrapped (ft³/yd³)
—	—	—	—	—	—	—	%

(f-1) Air (Values Approximate)

15	20	25	30	35	f'_c (MPa)
—	—	—	—	—	Entrapped (m³/m³)
—	—	—	—	—	%

(g) Cement and Water Adjustments for Fine Aggregate Variations

31-32	32-33	33-34	34-35	35-36	36-37	37-38	38-39	39-40	40-41	% Voids
90.0	92.5	95.0	97.5	100.0	102.5	105.0	107.5	110.0	112.5	Adjustment (%)

Table No.	78
C.A. Size	2"
	50 mm
ASTM No.	357
Slump	1"
	25 mm
(✓) AE	
( ) Non-AE	

(a)

Coarse Aggregate Type No.										Concrete Class
1	2	3	4	5	6	7				A
	1	2	3	4	5	6	7			B
		1	2	3	4	5	6	7		C
			1	2	3	4	5	6	7	D

(b) Concrete

11.30	11.80	12.30	12.80	13.30	13.80	14.30	14.80	15.30	15.80	Mortar (ft³/yd³)
15.70	15.20	14.70	14.20	13.70	13.20	12.70	12.20	11.70	11.20	C.A. + 8 (ft³/yd³)
0.419	0.437	0.456	0.474	0.493	0.511	0.530	0.548	0.567	0.585	Mortar (m³/m³)
0.581	0.563	0.544	0.526	0.507	0.489	0.470	0.452	0.433	0.415	C.A. + 8 (m³/m³)

(c) Cement

									f'_c (psi)
1.42	1.53	1.64	1.75	1.85	1.93	2.02	2.10	2.19	2.27	2000
1.67	1.73	1.84	1.94	2.04	2.12	2.20	2.29	2.37	2.46	2500
1.78	1.91	2.02	2.12	2.23	2.31	2.40	2.49	2.58	2.67	3000
1.99	2.11	2.22	2.33	2.43	2.52	2.61	2.70	2.79	2.89	3500
2.18	2.30	2.43	2.54	2.64	2.74	2.85	2.90	3.06	3.16	4000
2.44	2.58	2.71	2.82	2.93	3.04	3.15	3.26	3.37	3.48	4500
2.71	2.85	3.00	3.11	3.21	3.33	3.46	3.58	3.69	3.82	5000

(c-1) Cement

									f'_c (MPa)
0.056	0.059	0.063	0.067	0.071	0.074	0.077	0.080	0.083	0.087	15
0.065	0.069	0.073	0.077	0.081	0.084	0.088	0.091	0.094	0.097	20
0.076	0.080	0.084	0.088	0.092	0.096	0.099	0.102	0.106	0.110	25
0.087	0.093	0.097	0.102	0.105	0.109	0.113	0.117	0.122	0.125	30
0.102	0.107	0.113	0.117	0.120	0.125	0.130	0.135	0.139	0.143	35

(d) Water

									f'_c (psi)
2.64	2.84	3.02	3.20	3.38	3.53	3.67	3.82	3.96	4.11	2000
2.70	2.89	3.07	3.25	3.42	3.57	3.71	3.86	4.00	4.15	2500
2.74	2.94	3.12	3.29	3.46	3.60	3.75	3.90	4.04	4.19	3000
2.80	2.99	3.18	3.34	3.50	3.64	3.79	3.94	4.08	4.24	3500
2.86	3.05	3.23	3.38	3.54	3.68	3.84	3.99	4.14	4.28	4000
2.93	3.12	3.30	3.44	3.60	3.74	3.89	4.05	4.20	4.34	4500
3.00	3.20	3.38	3.51	3.65	3.80	3.96	4.11	4.26	4.41	5000

(d-1) Water

									f'_c (MPa)
0.098	0.106	0.113	0.119	0.125	0.131	0.136	0.142	0.147	0.153	15
0.101	0.108	0.115	0.121	0.128	0.133	0.138	0.144	0.149	0.155	20
0.104	0.111	0.118	0.124	0.130	0.135	0.141	0.146	0.151	0.157	25
0.108	0.115	0.121	0.127	0.133	0.138	0.144	0.149	0.155	0.160	30
0.111	0.119	0.125	0.130	0.135	0.141	0.147	0.153	0.158	0.164	35

(e) Air

1.02	1.06	1.11	1.15	1.20	1.24	1.29	1.33	1.38	1.42	Entrained (ft³/yd³)
3.77	3.93	4.10	4.27	4.43	4.60	4.77	4.93	5.10	5.27	%
0.038	0.039	0.041	0.043	0.044	0.046	0.048	0.049	0.051	0.053	Entrained (m³/m³)

(f) Air (Values Approximate)

2000	2500	3000	3500	4000	4500	5000	f'_c (psi)
—	—	—	—	—	—	—	Entrapped (ft³/yd³)
—	—	—	—	—	—	—	%

(f-1) Air (Values Approximate)

15	20	25	30	35	f'_c (MPa)
—	—	—	—	—	Entrapped (m³/m³)
—	—	—	—	—	%

(g) Cement and Water Adjustments for Fine Aggregate Variations

31-32	32-33	33-34	34-35	35-36	36-37	37-38	38-39	39-40	40-41	% Voids
90.0	92.5	95.0	97.5	100.0	102.5	105.0	107.5	110.0	112.5	Adjustment (%)

Table No.	79
C.A. Size	2"
	50 mm
ASTM No.	357
Slump	1½"
	40 mm

(✓) AE
( ) Non-AE

(a)

Coarse Aggregate Type No.										Concrete Class
1	2	3	4	5	6	7				A
	1	2	3	4	5	6	7			B
		1	2	3	4	5	6	7		C
			1	2	3	4	5	6	7	D

(b) Concrete

11.30	11.80	12.30	12.80	13.30	13.80	14.30	14.80	15.30	15.80	Mortar (ft³/yd³)
15.70	15.20	14.70	14.20	13.70	13.20	12.70	12.20	11.70	11.20	C.A. + 8 (ft³/yd³)
0.419	0.437	0.456	0.474	0.493	0.511	0.530	0.548	0.567	0.585	Mortar (m³/m³)
0.581	0.563	0.544	0.526	0.507	0.489	0.470	0.452	0.433	0.415	C.A. + 8 (m³/m³)

(c) Cement

										f'_c (psi)
1.46	1.57	1.68	1.79	1.89	1.97	2.06	2.14	2.23	2.31	2000
1.71	1.77	1.88	1.98	2.08	2.16	2.24	2.33	2.41	2.50	2500
1.82	1.95	2.06	2.16	2.27	2.35	2.44	2.53	2.62	2.71	3000
2.03	2.15	2.26	2.37	2.47	2.56	2.65	2.74	2.83	2.93	3500
2.22	2.34	2.47	2.58	2.68	2.78	2.89	2.94	3.10	3.20	4000
2.48	2.62	2.75	2.86	2.97	3.08	3.19	3.30	3.41	3.52	4500
2.75	2.89	3.04	3.15	3.25	3.37	3.50	3.62	3.73	3.86	5000

(c-1) Cement

										f'_c (MPa)
0.057	0.060	0.064	0.068	0.072	0.075	0.078	0.081	0.084	0.088	15
0.066	0.070	0.074	0.078	0.082	0.085	0.089	0.092	0.095	0.098	20
0.077	0.081	0.085	0.089	0.093	0.097	0.100	0.103	0.107	0.111	25
0.088	0.094	0.098	0.103	0.106	0.110	0.114	0.118	0.123	0.126	30
0.103	0.108	0.114	0.118	0.121	0.126	0.131	0.136	0.140	0.144	35

(d) Water

										f'_c (psi)
2.69	2.89	3.07	3.25	3.43	3.58	3.72	3.87	4.01	4.16	2000
2.75	2.94	3.12	3.30	3.47	3.62	3.76	3.91	4.05	4.20	2500
2.79	2.99	3.17	3.34	3.51	3.65	3.80	3.95	4.09	4.24	3000
2.85	3.04	3.23	3.39	3.55	3.69	3.84	3.99	4.13	4.29	3500
2.91	3.10	3.28	3.43	3.59	3.73	3.89	4.04	4.19	4.33	4000
2.98	3.17	3.35	3.49	3.65	3.79	3.94	4.10	4.25	4.39	4500
3.05	3.25	3.43	3.56	3.70	3.85	4.01	4.16	4.31	4.46	5000

(d-1) Water

										f'_c (MPa)
0.100	0.108	0.115	0.121	0.127	0.133	0.138	0.144	0.149	0.155	15
0.103	0.110	0.117	0.123	0.130	0.135	0.140	0.146	0.151	0.157	20
0.106	0.113	0.120	0.126	0.132	0.137	0.143	0.148	0.153	0.159	25
0.110	0.117	0.123	0.129	0.135	0.140	0.146	0.151	0.157	0.162	30
0.113	0.121	0.127	0.132	0.137	0.143	0.149	0.155	0.160	0.166	35

(e) Air

1.02	1.06	1.11	1.15	1.20	1.24	1.29	1.33	1.38	1.42	Entrained (ft³/yd³)
3.77	3.93	4.10	4.27	4.43	4.60	4.77	4.93	5.10	5.27	%
0.038	0.039	0.041	0.043	0.044	0.046	0.048	0.049	0.051	0.053	Entrained (m³/m³)

(f) Air (Values Approximate)

2000	2500	3000	3500	4000	4500	5000	f'_c (psi)
—	—	—	—	—	—	—	Entrapped (ft³/yd³)
—	—	—	—	—	—	—	%

(f-1) Air (Values Approximate)

15	20	25	30	35	f'_c (MPa)
—	—	—	—	—	Entrapped (m³/m³)
—	—	—	—	—	%

(g) Cement and Water Adjustments for Fine Aggregate Variations

31–32	32–33	33–34	34–35	35–36	36–37	37–38	38–39	39–40	40–41	% Voids
90.0	92.5	95.0	97.5	100.0	102.5	105.0	107.5	110.0	112.5	Adjustment (%)

Table No.	80
C.A. Size	2"
	50 mm
ASTM No.	357
Slump	2"
	50 mm
(✓) AE	
( ) Non-AE	

(a)

Coarse Aggregate Type No.										Concrete Class
1	2	3	4	5	6	7				A
	1	2	3	4	5	6	7			B
		1	2	3	4	5	6	7		C
			1	2	3	4	5	6	7	D

(b)

Concrete										
11.30	11.80	12.30	12.80	13.30	13.80	14.30	14.80	15.30	15.80	Mortar (ft³/yd³)
15.70	15.20	14.70	14.20	13.70	13.20	12.70	12.20	11.70	11.20	C. A. + 8 (ft³/yd³)
0.419	0.437	0.456	0.474	0.493	0.511	0.530	0.548	0.567	0.585	Mortar (m³/m³)
0.581	0.563	0.544	0.526	0.507	0.489	0.470	0.452	0.433	0.415	C. A. + 8 (m³/m³)

(c)

Cement										f'_c (psi)
1.50	1.61	1.72	1.83	1.93	2.01	2.10	2.18	2.27	2.35	2000
1.75	1.81	1.92	2.02	2.12	2.20	2.28	2.37	2.45	2.54	2500
1.86	1.99	2.10	2.20	2.31	2.39	2.48	2.57	2.66	2.75	3000
2.07	2.19	2.30	2.41	2.51	2.60	2.69	2.78	2.87	2.97	3500
2.26	2.38	2.51	2.62	2.72	2.82	2.93	2.98	3.14	3.24	4000
2.52	2.66	2.79	2.90	3.01	3.12	3.23	3.34	3.45	3.56	4500
2.79	2.93	3.08	3.19	3.29	3.41	3.54	3.66	3.77	3.90	5000

(c-1)

Cement										f'_c (MPa)
0.059	0.062	0.066	0.070	0.074	0.077	0.080	0.083	0.086	0.090	15
0.068	0.072	0.076	0.080	0.084	0.087	0.091	0.094	0.097	0.100	20
0.079	0.083	0.087	0.091	0.095	0.099	0.102	0.105	0.109	0.113	25
0.090	0.096	0.100	0.105	0.108	0.112	0.116	0.120	0.125	0.128	30
0.105	0.110	0.116	0.120	0.123	0.128	0.133	0.138	0.142	0.146	35

(d)

Water										f'_c (psi)
2.75	2.95	3.13	3.31	3.49	3.64	3.78	3.93	4.07	4.22	2000
2.81	3.00	3.18	3.36	3.53	3.68	3.82	3.97	4.11	4.26	2500
2.85	3.05	3.23	3.40	3.57	3.71	3.86	4.01	4.15	4.30	3000
2.91	3.10	3.29	3.45	3.61	3.75	3.90	4.05	4.19	4.35	3500
2.97	3.16	3.34	3.49	3.65	3.79	3.95	4.10	4.25	4.39	4000
3.04	3.23	3.41	3.55	3.71	3.85	4.00	4.16	4.21	4.45	4500
3.11	3.31	3.49	3.62	3.76	3.91	4.07	4.22	4.37	4.52	5000

(d-1)

Water										f'_c (MPa)
0.102	0.110	0.117	0.123	0.129	0.135	0.140	0.146	0.151	0.157	15
0.105	0.112	0.119	0.125	0.132	0.137	0.142	0.148	0.153	0.159	20
0.108	0.115	0.122	0.128	0.134	0.139	0.145	0.150	0.155	0.161	25
0.112	0.119	0.125	0.131	0.137	0.142	0.148	0.153	0.159	0.164	30
0.115	0.123	0.129	0.134	0.139	0.145	0.151	0.157	0.162	0.168	35

(e)

Air										
1.02	1.06	1.11	1.15	1.20	1.24	1.29	1.33	1.38	1.42	Entrained (ft³/yd³)
3.77	3.93	4.10	4.27	4.43	4.60	4.77	4.93	5.10	5.27	%
0.038	0.039	0.041	0.043	0.044	0.046	0.048	0.049	0.051	0.053	Entrained (m³/m³)

(f)

Air (Values Approximate)							
2000	2500	3000	3500	4000	4500	5000	f'_c (psi)
—	—	—	—	—	—	—	Entrapped (ft³/yd³)
—	—	—	—	—	—	—	%

(f-1)

Air (Values Approximate)					
15	20	25	30	35	f'_c (MPa)
—	—	—	—	—	Entrapped (m³/m³)
—	—	—	—	—	%

(g)

Cement and Water Adjustments for Fine Aggregate Variations									
31-32	32-33	33-34	34-35	35-36	36-37	37-38	38-39	39-40	40-41	% Voids
90.0	92.5	95.0	97.5	100.0	102.5	105.0	107.5	110.0	112.5	Adjustment (%)

Table No.	81
C.A. Size	2″
	50 mm
ASTM No.	357
Slump	2½″
	65 mm

(✓) AE
( ) Non-AE

(a)

Coarse Aggregate Type No.										Concrete Class
1	2	3	4	5	6	7				A
	1	2	3	4	5	6	7			B
		1	2	3	4	5	6	7		C
			1	2	3	4	5	6	7	D

(b)
Concrete

11.30	11.80	12.30	12.80	13.30	13.80	14.30	14.80	15.30	15.80	Mortar (ft³/yd³)
15.70	15.20	14.70	14.20	13.70	13.20	12.70	12.20	11.70	11.20	C. A. + 8 (ft³/yd³)
0.419	0.437	0.456	0.474	0.493	0.511	0.530	0.548	0.567	0.585	Mortar (m³/m³)
0.581	0.563	0.544	0.526	0.507	0.489	0.470	0.452	0.433	0.415	C. A. + 8 (m³/m³)

(c)
Cement

										f'_c (psi)
1.53	1.64	1.75	1.86	1.96	2.04	2.13	2.21	2.30	2.38	2000
1.78	1.84	1.95	2.05	2.15	2.23	2.31	2.40	2.48	2.57	2500
1.89	2.02	2.13	2.23	2.34	2.42	2.51	2.60	2.69	2.78	3000
2.10	2.22	2.33	2.44	2.54	2.63	2.72	2.81	2.90	3.00	3500
2.29	2.41	2.54	2.65	2.75	2.85	2.96	3.01	3.17	3.27	4000
2.55	2.69	2.82	2.93	3.04	3.15	3.26	3.37	3.48	3.59	4500
2.82	2.96	3.11	3.22	3.32	3.44	3.57	3.69	3.80	3.93	5000

(c-1)
Cement

										f'_c (MPa)
0.060	0.063	0.067	0.071	0.075	0.078	0.081	0.084	0.087	0.091	15
0.069	0.073	0.077	0.081	0.085	0.088	0.092	0.095	0.098	0.101	20
0.080	0.084	0.088	0.092	0.096	0.100	0.103	0.106	0.110	0.114	25
0.091	0.097	0.101	0.106	0.109	0.113	0.117	0.121	0.126	0.129	30
0.106	0.111	0.117	0.121	0.124	0.129	0.134	0.139	0.143	0.147	35

(d)
Water

										f'_c (psi)
2.80	3.00	3.18	3.36	3.54	3.69	3.83	3.98	4.12	4.27	2000
2.86	3.05	3.23	3.41	3.58	3.73	3.87	4.02	4.16	4.31	2500
2.90	3.10	3.28	3.45	3.62	3.76	3.91	4.06	4.20	4.35	3000
2.96	3.15	3.34	3.50	3.66	3.80	3.95	4.10	4.24	4.40	3500
3.02	3.21	3.39	3.54	3.70	3.84	4.00	4.15	4.30	4.44	4000
3.09	3.28	3.46	3.60	3.76	3.90	4.05	4.21	4.36	4.50	4500
3.16	3.36	3.54	3.67	3.81	3.96	4.12	4.27	4.42	4.57	5000

(d-1)
Water

										f'_c (MPa)
0.104	0.112	0.119	0.125	0.131	0.137	0.142	0.148	0.153	0.159	15
0.107	0.114	0.121	0.127	0.134	0.139	0.144	0.150	0.155	0.161	20
0.110	0.117	0.124	0.130	0.136	0.141	0.147	0.152	0.157	0.163	25
0.114	0.121	0.127	0.133	0.139	0.144	0.150	0.155	0.161	0.166	30
0.117	0.125	0.131	0.136	0.141	0.147	0.153	0.159	0.164	0.170	35

(e)
Air

1.02	1.06	1.11	1.15	1.20	1.24	1.29	1.33	1.38	1.42	Entrained (ft³/yd³)
3.77	3.93	4.10	4.27	4.43	4.60	4.77	4.93	5.10	5.27	%
0.038	0.039	0.041	0.043	0.044	0.046	0.048	0.049	0.051	0.053	Entrained (m³/m³)

(f)
Air (Values Approximate)

2000	2500	3000	3500	4000	4500	5000	f'_c (psi)
—	—	—	—	—	—	—	Entrapped (ft³/yd³)
—	—	—	—	—	—	—	%

(f-1)
Air (Values Approximate)

15	20	25	30	35	f'_c (MPa)
—	—	—	—	—	Entrapped (m³/m³)
—	—	—	—	—	%

(g)
Cement and Water Adjustments for Fine Aggregate Variations

31-32	32-33	33-34	34-35	35-36	36-37	37-38	38-39	39-40	40-41	% Voids
90.0	92.5	95.0	97.5	100.0	102.5	105.0	107.5	110.0	112.5	Adjustment (%)

Table No.	82
C.A. Size	2″
	50 mm
ASTM No.	357
Slump	3″
	75 mm

(√) AE
( ) Non-AE

(a)

Coarse Aggregate Type No.										Concrete Class
1	2	3	4	5	6	7				A
	1	2	3	4	5	6	7			B
		1	2	3	4	5	6	7		C
			1	2	3	4	5	6	7	D

(b) Concrete

11.30	11.80	12.30	12.80	13.30	13.80	14.30	14.80	15.30	15.80	Mortar (ft³/yd³)
15.70	15.20	14.70	14.20	13.70	13.20	12.70	12.20	11.70	11.20	C.A. + 8 (ft³/yd³)
0.419	0.437	0.456	0.474	0.493	0.511	0.530	0.548	0.567	0.585	Mortar (m³/m³)
0.581	0.563	0.544	0.526	0.507	0.489	0.470	0.452	0.433	0.415	C.A. + 8 (m³/m³)

(c) Cement

										f'_c (psi)
1.56	1.67	1.78	1.89	1.99	2.07	2.16	2.24	2.33	2.41	2000
1.81	1.87	1.98	2.08	2.18	2.26	2.34	2.43	2.51	2.60	2500
1.92	2.05	2.16	2.26	2.37	2.45	2.54	2.63	2.72	2.81	3000
2.13	2.25	2.36	2.47	2.57	2.66	2.75	2.84	2.93	3.03	3500
2.32	2.44	2.57	2.68	2.78	2.88	2.99	3.04	3.20	3.30	4000
2.58	2.72	2.85	2.96	3.07	3.18	3.29	3.40	3.51	3.62	4500
2.85	2.99	3.14	3.25	3.35	3.47	3.60	3.72	3.83	3.96	5000

(c-1) Cement

										f'_c (MPa)
0.061	0.064	0.068	0.072	0.076	0.079	0.082	0.085	0.088	0.092	15
0.070	0.074	0.078	0.082	0.086	0.089	0.093	0.096	0.099	0.102	20
0.081	0.085	0.089	0.093	0.097	0.101	0.104	0.107	0.111	0.115	25
0.092	0.098	0.102	0.107	0.110	0.114	0.118	0.122	0.127	0.130	30
0.107	0.112	0.118	0.122	0.125	0.130	0.135	0.140	0.144	0.148	35

(d) Water

										f'_c (psi)
2.85	3.05	3.23	3.41	3.59	3.74	3.88	4.03	4.17	4.32	2000
2.91	3.10	3.28	3.46	3.63	3.78	3.92	4.07	4.21	4.36	2500
2.95	3.15	3.33	3.50	3.67	3.81	3.96	4.11	4.25	4.40	3000
3.01	3.20	3.39	3.55	3.71	3.85	4.00	4.15	4.29	4.45	3500
3.07	3.26	3.44	3.59	3.75	3.89	4.05	4.20	4.35	4.49	4000
3.14	3.33	3.51	3.65	3.81	3.95	4.10	4.26	4.41	4.55	4500
3.21	3.41	3.59	3.72	3.86	4.01	4.17	4.32	4.47	4.62	5000

(d-1) Water

										f'_c (MPa)
0.106	0.114	0.121	0.127	0.133	0.139	0.144	0.150	0.155	0.161	15
0.109	0.116	0.123	0.129	0.136	0.141	0.146	0.152	0.157	0.163	20
0.112	0.119	0.126	0.132	0.138	0.143	0.149	0.154	0.159	0.165	25
0.116	0.123	0.129	0.135	0.141	0.146	0.152	0.157	0.163	0.168	30
0.119	0.127	0.133	0.138	0.143	0.149	0.155	0.161	0.166	0.172	35

(e) Air

1.02	1.06	1.11	1.15	1.20	1.24	1.29	1.33	1.38	1.42	Entrained (ft³/yd³)
3.77	3.93	4.10	4.27	4.43	4.60	4.77	4.93	5.10	5.27	%
0.038	0.039	0.041	0.043	0.044	0.046	0.048	0.049	0.051	0.053	Entrained (m³/m³)

(f) Air (Values Approximate)

2000	2500	3000	3500	4000	4500	5000	f'_c (psi)
—	—	—	—	—	—	—	Entrapped (ft³/yd³)
—	—	—	—	—	—	—	%

(f-1) Air (Values Approximate)

15	20	25	30	35	f'_c (MPa)
—	—	—	—	—	Entrapped (m³/m³)
—	—	—	—	—	%

(g) Cement and Water Adjustments for Fine Aggregate Variations

31–32	32–33	33–34	34–35	35–36	36–37	37–38	38–39	39–40	40–41	% Voids
90.0	92.5	95.0	97.5	100.0	102.5	105.0	107.5	110.0	112.5	Adjustment (%)

Table No.	83
C.A. Size	2"
	50 mm
ASTM No.	357
Slump	3½"
	90 mm
(✓) AE	
( ) Non-AE	

(a)

Coarse Aggregate Type No.										Concrete Class
1	2	3	4	5	6	7				A
	1	2	3	4	5	6	7			B
		1	2	3	4	5	6	7		C
			1	2	3	4	5	6	7	D

(b) Concrete

11.30	11.80	12.30	12.80	13.30	13.80	14.30	14.80	15.30	15.80	Mortar (ft³/yd³)
15.70	15.20	14.70	14.20	13.70	13.20	12.70	12.20	11.70	11.20	C.A. + S (ft³/yd³)
0.419	0.437	0.456	0.474	0.493	0.511	0.530	0.548	0.567	0.585	Mortar (m³/m³)
0.581	0.563	0.544	0.526	0.507	0.489	0.470	0.452	0.433	0.415	C.A. + S (m³/m³)

(c) Cement

										f'_c (psi)
1.60	1.71	1.82	1.93	2.03	2.11	2.20	2.28	2.37	2.45	2000
1.85	1.91	2.02	2.12	2.22	2.30	2.38	2.47	2.55	2.64	2500
1.96	2.09	2.20	2.30	2.41	2.49	2.58	2.67	2.76	2.85	3000
2.17	2.29	2.40	2.51	2.61	2.70	2.79	2.88	2.97	3.07	3500
2.36	2.48	2.61	2.72	2.82	2.92	3.03	3.08	3.24	3.34	4000
2.62	2.76	2.89	3.00	3.11	3.22	3.33	3.44	3.55	3.66	4500
2.89	3.03	3.18	3.29	3.39	3.51	3.64	3.76	3.87	4.00	5000

(c-1) Cement

										f'_c (MPa)
0.063	0.066	0.070	0.074	0.078	0.081	0.084	0.087	0.090	0.094	15
0.072	0.076	0.080	0.084	0.088	0.091	0.095	0.098	0.101	0.104	20
0.083	0.087	0.091	0.095	0.099	0.103	0.106	0.109	0.113	0.117	25
0.094	0.100	0.104	0.109	0.112	0.116	0.120	0.124	0.129	0.132	30
0.109	0.114	0.120	0.124	0.127	0.132	0.137	0.142	0.146	0.150	35

(d) Water

										f'_c (psi)
2.91	3.11	3.29	3.47	3.65	3.80	3.94	4.09	4.23	4.38	2000
2.97	3.16	3.34	3.52	3.69	3.84	3.98	4.13	4.27	4.42	2500
3.01	3.21	3.39	3.56	3.73	3.87	4.02	4.17	4.31	4.46	3000
3.07	3.26	3.45	3.61	3.77	3.91	4.06	4.21	4.35	4.51	3500
3.13	3.32	3.50	3.65	3.81	3.95	4.11	4.26	4.41	4.55	4000
3.20	3.39	3.57	3.71	3.87	4.01	4.16	4.32	4.47	4.61	4500
3.27	3.47	3.65	3.78	3.92	4.07	4.23	4.38	4.53	4.68	5000

(d-1) Water

										f'_c (MPa)
0.108	0.116	0.123	0.129	0.135	0.141	0.146	0.152	0.157	0.163	15
0.111	0.118	0.125	0.131	0.138	0.143	0.148	0.154	0.159	0.165	20
0.114	0.121	0.128	0.134	0.140	0.145	0.151	0.156	0.161	0.167	25
0.118	0.125	0.131	0.137	0.143	0.148	0.154	0.159	0.165	0.170	30
0.121	0.129	0.135	0.140	0.145	0.151	0.157	0.163	0.168	0.174	35

(e) Air

1.02	1.06	1.11	1.15	1.20	1.24	1.29	1.33	1.38	1.42	Entrained (ft³/yd³)
3.77	3.93	4.10	4.27	4.43	4.60	4.77	4.93	5.10	5.27	%
0.038	0.039	0.041	0.043	0.044	0.046	0.048	0.049	0.051	0.053	Entrained (m³/m³)

(f) Air (Values Approximate)

2000	2500	3000	3500	4000	4500	5000	f'_c (psi)
—	—	—	—	—	—	—	Entrapped (ft³/yd³)
—	—	—	—	—	—	—	%

(f-1) Air (Values Approximate)

15	20	25	30	35	f'_c (MPa)
—	—	—	—	—	Entrapped (m³/m³)
—	—	—	—	—	%

(g) Cement and Water Adjustments for Fine Aggregate Variations

31–32	32–33	33–34	34–35	35–36	36–37	37–38	38–39	39–40	40–41	% Voids
90.0	92.5	95.0	97.5	100.0	102.5	105.0	107.5	110.0	112.5	Adjustment (%)

Table No. 84
C.A. Size 2"
  50 mm
ASTM No. 357
Slump 4"
  100 mm

(✓) AE
( ) Non-AE

(a)

Coarse Aggregate Type No.										Concrete Class
1	2	3	4	5	6	7				A
	1	2	3	4	5	6	7			B
		1	2	3	4	5	6	7		C
			1	2	3	4	5	6	7	D

(b)

Concrete										
11.30	11.80	12.30	12.80	13.30	13.80	14.30	14.80	15.30	15.80	Mortar (ft³/yd³)
15.70	15.20	14.70	14.20	13.70	13.20	12.70	12.20	11.70	11.20	C. A. + S (ft³/yd³)
0.419	0.437	0.456	0.474	0.493	0.511	0.530	0.548	0.567	0.585	Mortar (m³/m³)
0.581	0.563	0.544	0.526	0.507	0.489	0.470	0.452	0.433	0.415	C. A. + S (m³/m³)

(c)

Cement										f'_c (psi)
1.64	1.75	1.86	1.97	2.07	2.15	2.24	2.32	2.41	2.49	2000
1.89	1.95	2.06	2.16	2.26	2.34	2.42	2.51	2.59	2.68	2500
2.00	2.13	2.24	2.34	2.45	2.53	2.62	2.71	2.80	2.89	3000
2.21	2.33	2.44	2.55	2.65	2.74	2.83	2.92	3.01	3.11	3500
2.40	2.52	2.65	2.76	2.86	2.96	3.07	3.12	3.28	3.38	4000
2.66	2.80	2.93	3.04	3.15	3.26	3.37	3.48	3.59	3.70	4500
2.93	3.07	3.22	3.33	3.43	3.55	3.68	3.80	3.91	4.04	5000

(c-1)

Cement										f'_c (MPa)
0.064	0.067	0.071	0.075	0.079	0.082	0.085	0.088	0.091	0.095	15
0.073	0.077	0.081	0.085	0.089	0.092	0.096	0.099	0.102	0.105	20
0.084	0.088	0.092	0.096	0.100	0.104	0.107	0.110	0.114	0.118	25
0.095	0.101	0.105	0.110	0.113	0.117	0.121	0.125	0.130	0.133	30
0.110	0.115	0.121	0.125	0.128	0.133	0.138	0.143	0.147	0.151	35

(d)

Water										f'_c (psi)
2.96	3.16	3.34	3.52	3.70	3.85	3.99	4.14	4.28	4.43	2000
3.02	3.21	3.39	3.57	3.74	3.89	4.03	4.18	4.32	4.47	2500
3.06	3.26	3.44	3.61	3.78	3.92	4.07	4.22	4.36	4.51	3000
3.12	3.31	3.50	3.66	3.82	3.96	4.11	4.26	4.40	4.56	3500
3.18	3.37	3.55	3.70	3.86	4.00	4.16	4.31	4.46	4.60	4000
3.25	3.44	3.62	3.76	3.92	4.06	4.21	4.37	4.52	4.66	4500
3.32	3.52	3.70	3.83	3.97	4.12	4.28	4.43	4.58	4.73	5000

(d-1)

Water										f'_c (MPa)
0.110	0.118	0.125	0.131	0.137	0.143	0.148	0.154	0.159	0.165	15
0.113	0.120	0.127	0.133	0.140	0.145	0.150	0.156	0.161	0.167	20
0.116	0.123	0.130	0.136	0.142	0.147	0.153	0.158	0.163	0.169	25
0.120	0.127	0.133	0.139	0.145	0.150	0.156	0.161	0.167	0.172	30
0.123	0.131	0.137	0.142	0.147	0.153	0.159	0.165	0.170	0.176	35

(e)

Air										
1.02	1.06	1.11	1.15	1.20	1.24	1.29	1.33	1.38	1.42	Entrained (ft³/yd³)
3.77	3.93	4.10	4.27	4.43	4.60	4.77	4.93	5.10	5.27	%
0.038	0.039	0.041	0.043	0.044	0.046	0.048	0.049	0.051	0.053	Entrained (m³/m³)

(f)

Air (Values Approximate)

2000	2500	3000	3500	4000	4500	5000	f'_c (psi)
—	—	—	—	—	—	—	Entrapped (ft³/yd³)
—	—	—	—	—	—	—	%

(f-1)

Air (Values Approximate)

15	20	25	30	35	f'_c (MPa)
—	—	—	—	—	Entrapped (m³/m³)
—	—	—	—	—	%

(g)

Cement and Water Adjustments for Fine Aggregate Variations

31-32	32-33	33-34	34-35	35-36	36-37	37-38	38-39	39-40	40-41	% Voids
90.0	92.5	95.0	97.5	100.0	102.5	105.0	107.5	110.0	112.5	Adjustment (%)

Table No. 85

C.A. Size 2″

 50 mm

ASTM No. 357

Slump 4½″

 115 mm

(✓) AE

( ) Non-AE

(a)

Coarse Aggregate Type No.										Concrete Class
1	2	3	4	5	6	7				A
	1	2	3	4	5	6	7			B
		1	2	3	4	5	6	7		C
			1	2	3	4	5	6	7	D

(b)

Concrete										
11.30	11.80	12.30	12.80	13.30	13.80	14.30	14.80	15.30	15.80	Mortar (ft³/yd³)
15.70	15.20	14.70	14.20	13.70	13.20	12.70	12.20	11.70	11.20	C. A. + 8 (ft³/yd³)
0.419	0.437	0.456	0.474	0.493	0.511	0.530	0.548	0.567	0.585	Mortar (m³/m³)
0.581	0.563	0.544	0.526	0.507	0.489	0.470	0.452	0.433	0.415	C. A. + 8 (m³/m³)

(c)

Cement										f'_c (psi)
1.67	1.78	1.89	2.00	2.10	2.18	2.27	2.35	2.44	2.52	2000
1.92	1.98	2.09	2.19	2.29	2.37	2.45	2.54	2.62	2.71	2500
2.03	2.16	2.27	2.37	2.48	2.56	2.65	2.74	2.83	2.92	3000
2.24	2.36	2.47	2.58	2.68	2.77	2.86	2.95	3.04	3.14	3500
2.43	2.55	2.68	2.79	2.89	2.99	3.10	3.15	3.31	3.41	4000
2.69	2.83	2.96	3.07	3.18	3.29	3.40	3.51	3.62	3.73	4500
2.96	3.10	3.25	3.36	3.46	3.58	3.71	3.81	3.94	4.07	5000

(c-1)

Cement										f'_c (MPa)
0.065	0.068	0.072	0.076	0.080	0.083	0.086	0.089	0.092	0.096	15
0.074	0.078	0.082	0.086	0.090	0.093	0.097	0.100	0.103	0.106	20
0.085	0.089	0.093	0.097	0.101	0.105	0.108	0.111	0.115	0.119	25
0.096	0.102	0.106	0.111	0.114	0.118	0.122	0.126	0.131	0.134	30
0.111	0.116	0.122	0.126	0.129	0.134	0.139	0.144	0.148	0.152	35

(d)

Water										f'_c (psi)
3.01	3.21	3.39	3.57	3.75	3.90	4.04	4.19	4.33	4.48	2000
3.07	3.26	3.44	3.62	3.79	3.94	4.08	4.23	4.37	4.52	2500
3.11	3.31	3.49	3.66	3.83	3.97	4.12	4.27	4.41	4.56	3000
3.17	3.36	3.55	3.71	3.87	4.01	4.16	4.31	4.45	4.61	3500
3.23	3.42	3.60	3.75	3.91	4.05	4.21	4.36	4.51	4.65	4000
3.30	3.49	3.67	3.81	3.97	4.11	4.26	4.42	4.57	4.71	4500
3.37	3.57	3.75	3.88	4.02	4.17	4.33	4.48	4.63	4.78	5000

(d-1)

Water										f'_c (MPa)
0.112	0.120	0.127	0.133	0.139	0.145	0.150	0.156	0.161	0.167	15
0.115	0.122	0.129	0.135	0.142	0.147	0.152	0.158	0.163	0.169	20
0.118	0.125	0.132	0.138	0.144	0.149	0.155	0.160	0.165	0.171	25
0.122	0.129	0.135	0.141	0.147	0.152	0.158	0.163	0.169	0.174	30
0.125	0.133	0.139	0.144	0.149	0.155	0.161	0.167	0.172	0.178	35

(e)

Air										
1.02	1.06	1.11	1.15	1.20	1.24	1.29	1.33	1.38	1.42	Entrained (ft³/yd³)
3.77	3.93	4.10	4.27	4.43	4.60	4.77	4.93	5.10	5.27	%
0.038	0.039	0.041	0.043	0.044	0.046	0.048	0.049	0.051	0.053	Entrained (m³/m³)

(f)

Air (Values Approximate)							
2000	2500	3000	3500	4000	4500	5000	f'_c (psi)
—	—	—	—	—	—	—	Entrapped (ft³/yd³)
—	—	—	—	—	—	—	%

(f-1)

Air (Values Approximate)					
15	20	25	30	35	f'_c (MPa)
—	—	—	—	—	Entrapped (m³/m³)
—	—	—	—	—	%

(g)

Cement and Water Adjustments for Fine Aggregate Variations										
31-32	32-33	33-34	34-35	35-36	36-37	37-38	38-39	39-40	40-41	% Voids
90.0	92.5	95.0	97.5	100.0	102.5	105.0	107.5	110.0	112.5	Adjustment (%)

Table No. 86
C.A. Size 2″
50 mm
ASTM No. 357
Slump 5″
125 mm

(✓) AE
( ) Non-AE

(a)

Coarse Aggregate Type No.										Concrete Class
1	2	3	4	5	6	7				A
	1	2	3	4	5	6	7			B
		1	2	3	4	5	6	7		C
			1	2	3	4	5	6	7	D

(b)
Concrete

11.30	11.80	12.30	12.80	13.30	13.80	14.30	14.80	15.30	15.80	Mortar (ft³/yd³)
15.70	15.20	14.70	14.20	13.70	13.20	12.70	12.20	11.70	11.20	C. A. + 8 (ft³/yd³)
0.419	0.437	0.456	0.474	0.493	0.511	0.530	0.548	0.567	0.585	Mortar (m³/m³)
0.581	0.563	0.544	0.526	0.507	0.489	0.470	0.452	0.433	0.415	C. A. + 8 (m³/m³)

(c)
Cement

										f'_c (psi)
1.70	1.81	1.92	2.03	2.13	2.21	2.30	2.38	2.47	2.55	2000
1.95	2.01	2.12	2.22	2.32	2.40	2.48	2.57	2.65	2.74	2500
2.06	2.19	2.30	2.40	2.51	2.59	2.68	2.77	2.86	2.95	3000
2.27	2.39	2.50	2.61	2.71	2.80	2.89	2.98	3.07	3.17	3500
2.46	2.58	2.71	2.82	2.92	3.02	3.13	3.18	3.34	3.44	4000
2.72	2.86	2.99	3.10	3.21	3.32	3.43	3.54	3.65	3.76	4500
2.99	3.13	3.28	3.39	3.49	3.61	3.74	3.86	3.97	4.10	5000

(c-1)
Cement

										f'_c (MPa)
0.066	0.069	0.073	0.077	0.081	0.084	0.087	0.090	0.093	0.097	15
0.075	0.079	0.083	0.087	0.091	0.094	0.098	0.101	0.104	0.107	20
0.086	0.090	0.094	0.098	0.102	0.106	0.109	0.112	0.116	0.120	25
0.097	0.103	0.107	0.112	0.115	0.119	0.123	0.127	0.132	0.135	30
0.112	0.117	0.123	0.127	0.130	0.135	0.140	0.145	0.149	0.153	35

(d)
Water

										f'_c (psi)
3.07	3.27	3.45	3.63	3.81	3.96	4.10	4.25	4.39	4.54	2000
3.13	3.32	3.50	3.68	3.85	4.00	4.14	4.29	4.43	4.58	2500
3.17	3.37	3.55	3.72	3.89	4.03	4.18	4.33	4.47	4.62	3000
3.23	3.42	3.61	3.77	3.93	4.07	4.22	4.37	4.51	4.67	3500
3.29	3.48	3.66	3.81	3.97	4.11	4.27	4.42	4.57	4.71	4000
3.36	3.55	3.73	3.87	4.03	4.17	4.32	4.48	4.63	4.77	4500
3.43	3.63	3.81	3.94	4.08	4.23	4.39	4.54	4.69	4.84	5000

(d-1)
Water

										f'_c (MPa)
0.114	0.122	0.129	0.135	0.141	0.147	0.152	0.158	0.163	0.169	15
0.117	0.124	0.131	0.137	0.144	0.149	0.154	0.160	0.165	0.171	20
0.120	0.127	0.134	0.140	0.146	0.151	0.157	0.162	0.167	0.173	25
0.124	0.131	0.137	0.143	0.149	0.154	0.160	0.165	0.171	0.176	30
0.127	0.135	0.141	0.146	0.151	0.157	0.163	0.169	0.174	0.180	35

(e)
Air

1.02	1.06	1.11	1.15	1.20	1.24	1.29	1.33	1.38	1.42	Entrained (ft³/yd³)
3.77	3.93	4.10	4.27	4.43	4.60	4.77	4.93	5.10	5.27	%
0.038	0.039	0.041	0.043	0.044	0.046	0.048	0.049	0.051	0.053	Entrained (m³/m³)

(f)
Air (Values Approximate)

2000	2500	3000	3500	4000	4500	5000	f'_c (psi)
—	—	—	—	—	—	—	Entrapped (ft³/yd³)
—	—	—	—	—	—	—	%

(f-1)
Air (Values Approximate)

15	20	25	30	35	f'_c (MPa)
—	—	—	—	—	Entrapped (m³/m³)
—	—	—	—	—	%

(g)
Cement and Water Adjustments for Fine Aggregate Variations

31–32	32–33	33–34	34–35	35–36	36–37	37–38	38–39	39–40	40–41	% Voids
90.0	92.5	95.0	97.5	100.0	102.5	105.0	107.5	110.0	112.5	Adjustment (%)

Table No.	87
C.A. Size	2"
	50 mm
ASTM No.	357
Slump	5½"
	140 mm

(✓) AE
( ) Non-AE

(a)

Coarse Aggregate Type No.										Concrete Class
1	2	3	4	5	6	7				A
	1	2	3	4	5	6	7			B
		1	2	3	4	5	6	7		C
			1	2	3	4	5	6	7	D

(b)

Concrete										
11.30	11.80	12.30	12.80	13.30	13.80	14.30	14.80	15.30	15.80	Mortar (ft³/yd³)
15.70	15.20	14.70	14.20	13.70	13.20	12.70	12.20	11.70	11.20	C. A. + 8 (ft³/yd³)
0.419	0.437	0.456	0.474	0.493	0.511	0.530	0.548	0.567	0.585	Mortar (m³/m³)
0.581	0.563	0.544	0.526	0.507	0.489	0.470	0.452	0.433	0.415	C. A. + 8 (m³/m³)

(c)

Cement										f'_c (psi)
1.74	1.85	1.96	2.07	2.17	2.25	2.34	2.42	2.51	2.59	2000
1.99	2.05	2.16	2.26	2.36	2.44	2.52	2.61	2.69	2.78	2500
2.10	2.23	2.34	2.44	2.55	2.63	2.72	2.81	2.90	2.99	3000
2.31	2.43	2.54	2.65	2.75	2.84	2.93	3.02	3.11	3.21	3500
2.50	2.62	2.75	2.86	2.96	3.06	3.17	3.22	3.38	3.48	4000
2.76	2.90	3.03	3.14	3.25	3.36	3.47	3.58	3.69	3.80	4500
3.03	3.17	3.32	3.43	3.53	3.65	3.78	3.90	4.01	4.14	5000

(c-1)

Cement										f'_c (MPa)
0.068	0.071	0.075	0.079	0.083	0.086	0.089	0.092	0.095	0.099	15
0.077	0.081	0.085	0.089	0.093	0.096	0.100	0.103	0.106	0.109	20
0.088	0.092	0.096	0.100	0.104	0.108	0.111	0.114	0.118	0.122	25
0.099	0.105	0.109	0.114	0.117	0.121	0.125	0.129	0.134	0.137	30
0.114	0.119	0.125	0.129	0.132	0.137	0.142	0.147	0.151	0.155	35

(d)

Water										f'_c (psi)
3.12	3.32	3.50	3.68	3.86	4.01	4.15	4.30	4.44	4.59	2000
3.18	3.37	3.55	3.73	3.90	4.05	4.19	4.34	4.48	4.63	2500
3.22	3.42	3.60	3.77	3.94	4.08	4.23	4.38	4.52	4.67	3000
3.28	3.47	3.66	3.82	3.98	4.12	4.27	4.42	4.56	4.72	3500
3.34	3.53	3.71	3.86	4.02	4.16	4.32	4.47	4.62	4.76	4000
3.41	3.60	3.78	3.92	4.08	4.22	4.37	4.53	4.68	4.82	4500
3.48	3.68	3.86	3.99	4.13	4.28	4.44	4.59	4.74	4.89	5000

(d-1)

Water										f'_c (MPa)
0.116	0.124	0.131	0.137	0.143	0.149	0.154	0.160	0.165	0.171	15
0.119	0.126	0.133	0.139	0.146	0.151	0.156	0.162	0.167	0.173	20
0.122	0.129	0.136	0.142	0.148	0.153	0.159	0.164	0.169	0.175	25
0.126	0.133	0.139	0.145	0.151	0.156	0.162	0.167	0.173	0.178	30
0.129	0.137	0.143	0.148	0.153	0.159	0.165	0.171	0.176	0.182	35

(e)

Air										
1.02	1.06	1.11	1.15	1.20	1.24	1.29	1.33	1.38	1.42	Entrained (ft³/yd³)
3.77	3.93	4.10	4.27	4.43	4.60	4.77	4.93	5.10	5.27	%
0.038	0.039	0.041	0.043	0.044	0.046	0.048	0.049	0.051	0.053	Entrained (m³/m³)

(f)

Air (Values Approximate)							
2000	2500	3000	3500	4000	4500	5000	f'_c (psi)
—	—	—	—	—	—	—	Entrapped (ft³/yd³)
—	—	—	—	—	—	—	%

(f-1)

Air (Values Approximate)					
15	20	25	30	35	f'_c (MPa)
—	—	—	—	—	Entrapped (m³/m³)
—	—	—	—	—	%

(g)

Cement and Water Adjustments for Fine Aggregate Variations										
31-32	32-33	33-34	34-35	35-36	36-37	37-38	38-39	39-40	40-41	% Voids
90.0	92.5	95.0	97.5	100.0	102.5	105.0	107.5	110.0	112.5	Adjustment (%)

Table No.	88
C.A. Size	2"
	50 mm
ASTM No.	357
Slump	6"
	150 mm

(✓) AE
( ) Non-AE

(a)

Coarse Aggregate Type No.										Concrete Class
1	2	3	4	5	6	7				A
	1	2	3	4	5	6	7			B
		1	2	3	4	5	6	7		C
			1	2	3	4	5	6	7	D

(b)

Concrete										
11.30	11.80	12.30	12.80	13.30	13.80	14.30	14.80	15.30	15.80	Mortar (ft³/yd³)
15.70	15.20	14.70	14.20	13.70	13.20	12.70	12.20	11.70	11.20	C. A. + 8 (ft³/yd³)
0.419	0.437	0.456	0.474	0.493	0.511	0.530	0.548	0.567	0.585	Mortar (m³/m³)
0.581	0.563	0.544	0.526	0.507	0.489	0.470	0.452	0.433	0.415	C. A. + 8 (m³/m³)

(c)

Cement										f'_c (psi)
1.77	1.88	1.99	2.10	2.20	2.28	2.37	2.45	2.54	2.62	2000
2.02	2.08	2.19	2.29	2.39	2.47	2.55	2.64	2.72	2.81	2500
2.13	2.26	2.37	2.47	2.58	2.66	2.75	2.84	2.93	3.02	3000
2.34	2.46	2.57	2.68	2.78	2.87	2.96	3.05	3.14	3.24	3500
2.53	2.65	2.78	2.89	2.99	3.09	3.20	3.25	3.41	3.51	4000
2.79	2.93	3.06	3.17	3.28	3.39	3.50	3.61	3.72	3.83	4500
3.06	3.20	3.38	3.46	3.56	3.68	3.81	3.93	4.04	4.17	5000

(c-1)

Cement										f'_c (MPa)
0.069	0.072	0.076	0.080	0.084	0.087	0.090	0.093	0.096	0.100	15
0.078	0.082	0.086	0.090	0.094	0.097	0.101	0.104	0.107	0.110	20
0.089	0.093	0.097	0.101	0.105	0.109	0.112	0.115	0.119	0.123	25
0.100	0.106	0.110	0.115	0.118	0.123	0.126	0.130	0.135	0.138	30
0.115	0.120	0.126	0.130	0.133	0.138	0.143	0.146	0.152	0.156	35

(d)

Water										f'_c (psi)
3.17	3.37	3.55	3.73	3.91	4.06	4.20	4.35	4.49	4.64	2000
3.23	3.42	3.60	3.78	3.95	4.10	4.24	4.39	4.53	4.68	2500
3.27	3.47	3.65	3.82	3.99	4.13	4.28	4.43	4.57	4.72	3000
3.33	3.52	3.71	3.87	4.03	4.17	4.32	4.47	4.61	4.77	3500
3.39	3.58	3.76	3.91	4.07	4.21	4.37	4.52	4.67	4.81	4000
3.46	3.65	3.83	3.97	4.13	4.27	4.42	4.58	4.73	4.87	4500
3.53	3.73	3.91	4.04	4.18	4.33	4.49	4.64	4.79	4.94	5000

(d-1)

Water										f'_c (MPa)
0.118	0.126	0.133	0.139	0.145	0.151	0.156	0.162	0.167	0.173	15
0.121	0.128	0.135	0.141	0.148	0.153	0.158	0.164	0.169	0.175	20
0.124	0.131	0.138	0.144	0.150	0.155	0.161	0.166	0.171	0.177	25
0.128	0.135	0.141	0.147	0.153	0.158	0.164	0.169	0.175	0.180	30
0.131	0.139	0.145	0.150	0.155	0.161	0.167	0.173	0.178	0.184	35

(e)

Air										
1.02	1.06	1.11	1.15	1.20	1.24	1.29	1.33	1.38	1.42	Entrained (ft³/yd³)
3.77	3.93	4.10	4.27	4.43	4.60	4.77	4.93	5.10	5.27	%
0.038	0.039	0.041	0.043	0.044	0.046	0.048	0.049	0.051	0.053	Entrained (m³/m³)

(f)

Air (Values Approximate)							
2000	2500	3000	3500	4000	4500	5000	f'_c (psi)
—	—	—	—	—	—	—	Entrapped (ft³/yd³)
—	—	—	—	—	—	—	%

(f-1)

Air (Values Approximate)					
15	20	25	30	35	f'_c (MPa)
—	—	—	—	—	Entrapped (m³/m³)
—	—	—	—	—	%

(g)

Cement and Water Adjustments for Fine Aggregate Variations										
31-32	32-33	33-34	34-35	35-36	36-37	37-38	38-39	39-40	40-41	% Voids
90.0	92.5	95.0	97.5	100.0	102.5	105.0	107.5	110.0	112.5	Adjustment (%)

TABLES OF VOLUMES 101

Table No.	89
C.A. Size	2"
	50 mm
ASTM No.	357
Slump	6½"
	165 mm
(✓) AE	
( ) Non-AE	

(a)

Coarse Aggregate Type No.										Concrete Class
1	2	3	4	5	6	7				A
	1	2	3	4	5	6	7			B
		1	2	3	4	5	6	7		C
			1	2	3	4	5	6	7	D

(b)

Concrete										
11.30	11.80	12.30	12.80	13.30	13.80	14.30	14.80	15.30	15.80	Mortar (ft³/yd³)
15.70	15.20	14.70	14.20	13.70	13.20	12.70	12.20	11.70	11.20	C. A. + 8 (ft³/yd³)
0.419	0.437	0.456	0.474	0.493	0.511	0.530	0.548	0.567	0.585	Mortar (m³/m³)
0.581	0.563	0.544	0.526	0.507	0.489	0.470	0.452	0.433	0.415	C. A. + 8 (m³/m³)

(c)

Cement										f'_c (psi)
1.80	1.91	2.02	2.13	2.23	2.31	2.40	2.48	2.57	2.65	2000
2.05	2.11	2.22	2.32	2.42	2.50	2.58	2.67	2.75	2.84	2500
2.16	2.29	2.40	2.50	2.61	2.69	2.78	2.87	2.96	3.05	3000
2.37	2.49	2.60	2.71	2.81	2.90	2.99	3.08	3.17	3.27	3500
2.56	2.68	2.81	2.92	3.02	3.12	3.23	3.28	3.44	3.54	4000
2.82	2.96	3.09	3.20	3.31	3.42	3.53	3.64	3.75	3.86	4500
3.09	3.23	3.38	3.49	3.59	3.71	3.84	3.96	4.07	4.20	5000

(c-1)

Cement										f'_c (MPa)
0.070	0.073	0.077	0.081	0.085	0.088	0.091	0.094	0.097	0.101	15
0.079	0.083	0.087	0.091	0.095	0.098	0.102	0.105	0.108	0.111	20
0.090	0.094	0.098	0.102	0.106	0.110	0.113	0.116	0.120	0.124	25
0.101	0.107	0.111	0.116	0.119	0.123	0.127	0.131	0.136	0.139	30
0.116	0.121	0.127	0.131	0.134	0.139	0.144	0.149	0.153	0.157	35

(d)

Water										f'_c (psi)
3.22	3.42	3.60	3.78	3.96	4.11	4.25	4.40	4.54	4.69	2000
3.28	3.47	3.65	3.83	4.00	4.15	4.29	4.44	4.58	4.73	2500
3.32	3.52	3.70	3.87	4.04	4.18	4.33	4.48	4.62	4.77	3000
3.38	3.57	3.76	3.92	4.08	4.22	4.37	4.52	4.66	4.82	3500
3.44	3.63	3.81	3.96	4.12	4.26	4.42	4.57	4.72	4.86	4000
3.51	3.70	3.88	4.02	4.18	4.32	4.47	4.63	4.78	4.92	4500
3.58	3.78	3.96	4.09	4.23	4.38	4.54	4.69	4.84	4.99	5000

(d-1)

Water										f'_c (MPa)
0.120	0.128	0.135	0.141	0.147	0.153	0.158	0.164	0.169	0.175	15
0.123	0.130	0.137	0.143	0.150	0.155	0.160	0.166	0.171	0.177	20
0.126	0.133	0.140	0.146	0.152	0.157	0.163	0.168	0.173	0.179	25
0.130	0.137	0.143	0.149	0.155	0.160	0.166	0.171	0.177	0.182	30
0.133	0.141	0.147	0.152	0.157	0.163	0.169	0.175	0.180	0.186	35

(e)

Air										
1.02	1.06	1.11	1.15	1.20	1.24	1.29	1.33	1.38	1.42	Entrained (ft³/yd³)
3.77	3.93	4.10	4.27	4.43	4.60	4.77	4.93	5.10	5.27	%
0.038	0.039	0.041	0.043	0.044	0.046	0.048	0.049	0.051	0.053	Entrained (m³/m³)

(f)

Air (Values Approximate)							
2000	2500	3000	3500	4000	4500	5000	f'_c (psi)
—	—	—	—	—	—	—	Entrapped (ft³/yd³)
—	—	—	—	—	—	—	%

(f-1)

Air (Values Approximate)					
15	20	25	30	35	f'_c (MPa)
—	—	—	—	—	Entrapped (m³/m³)
—	—	—	—	—	%

(g)

Cement and Water Adjustments for Fine Aggregate Variations										
31-32	32-33	33-34	34-35	35-36	36-37	37-38	38-39	39-40	40-41	% Voids
90.0	92.5	95.0	97.5	100.0	102.5	105.0	107.5	110.0	112.5	Adjustment (%)

Table No.	90
C.A. Size	2"
	50 mm
ASTM No.	357
Slump	7"
	175 mm

(✓) AE
( ) Non-AE

(a)

Coarse Aggregate Type No.										Concrete Class
1	2	3	4	5	6	7				A
	1	2	3	4	5	6	7			B
		1	2	3	4	5	6	7		C
			1	2	3	4	5	6	7	D

(b)

Concrete										
11.30	11.80	12.30	12.80	13.30	13.80	14.30	14.80	15.30	15.80	Mortar (ft³/yd³)
15.70	15.20	14.70	14.20	13.70	13.20	12.70	12.20	11.70	11.20	C.A. + 8 (ft³/yd³)
0.419	0.437	0.456	0.474	0.493	0.511	0.530	0.548	0.567	0.585	Mortar (m³/m³)
0.581	0.563	0.544	0.526	0.507	0.489	0.470	0.452	0.433	0.415	C.A. + 8 (m³/m³)

(c)

Cement										f'_c (psi)
1.84	1.95	2.06	2.17	2.27	2.35	2.44	2.52	2.61	2.69	2000
2.09	2.15	2.26	2.36	2.46	2.54	2.62	2.71	2.79	2.86	2500
2.20	2.33	2.44	2.54	2.65	2.73	2.82	2.91	3.00	3.09	3000
2.41	2.53	2.64	2.75	2.85	2.94	3.03	3.12	3.21	3.31	3500
2.60	2.72	2.85	2.96	3.06	3.16	3.27	3.32	3.48	3.58	4000
2.86	3.00	3.13	3.24	3.35	3.46	3.57	3.68	3.79	3.90	4500
3.13	3.27	3.42	3.53	3.63	3.75	3.88	4.00	4.11	4.24	5000

(c-1)

Cement										f'_c (MPa)
0.071	0.074	0.078	0.082	0.086	0.089	0.092	0.095	0.098	0.102	15
0.080	0.084	0.088	0.092	0.096	0.099	0.103	0.106	0.109	0.112	20
0.091	0.095	0.099	0.103	0.107	0.111	0.114	0.117	0.121	0.125	25
0.102	0.108	0.112	0.117	0.120	0.124	0.128	0.132	0.137	0.140	30
0.117	0.122	0.128	0.132	0.135	0.140	0.145	0.150	0.154	0.158	35

(d)

Water										f'_c (psi)
3.27	3.47	3.65	3.83	4.01	4.16	4.30	4.45	4.59	4.74	2000
3.33	3.52	3.70	3.88	4.05	4.20	4.34	4.49	4.63	4.78	2500
3.37	3.57	3.75	3.92	4.09	4.23	4.38	4.53	4.67	4.82	3000
3.43	3.62	3.81	3.97	4.13	4.27	4.42	4.57	4.71	4.87	3500
3.49	3.68	3.86	4.01	4.17	4.31	4.47	4.62	4.77	4.91	4000
3.56	3.75	3.93	4.07	4.23	4.37	4.52	4.68	4.83	4.97	4500
3.63	3.83	4.01	4.14	4.28	4.43	4.59	4.74	4.89	5.04	5000

(d-1)

Water										f'_c (MPa)
0.121	0.129	0.136	0.142	0.148	0.154	0.159	0.165	0.170	0.176	15
0.124	0.131	0.138	0.144	0.151	0.156	0.161	0.167	0.172	0.178	20
0.127	0.134	0.141	0.147	0.153	0.158	0.164	0.169	0.174	0.180	25
0.131	0.138	0.144	0.150	0.156	0.161	0.167	0.172	0.178	0.183	30
0.134	0.142	0.148	0.153	0.158	0.164	0.170	0.176	0.181	0.187	35

(e)

Air										
1.02	1.06	1.11	1.15	1.20	1.24	1.29	1.33	1.38	1.42	Entrained (ft³/yd³)
3.77	3.93	4.10	4.27	4.43	4.60	4.77	4.93	5.10	5.27	%
0.038	0.039	0.041	0.043	0.044	0.046	0.048	0.049	0.051	0.053	Entrained (m³/m³)

(f)

Air (Values Approximate)							
2000	2500	3000	3500	4000	4500	5000	f'_c (psi)
—	—	—	—	—	—	—	Entrapped (ft³/yd³)
—	—	—	—	—	—	—	%

(f-1)

Air (Values Approximate)					
15	20	25	30	35	f'_c (MPa)
—	—	—	—	—	Entrapped (m³/m³)
—	—	—	—	—	%

(g)

Cement and Water Adjustments for Fine Aggregate Variations										
31-32	32-33	33-34	34-35	35-36	36-37	37-38	38-39	39-40	40-41	% Voids
90.0	92.5	95.0	97.5	100.0	102.5	105.0	107.5	110.0	112.5	Adjustment (%)

Table No.	91
C.A. Size	2½"
	63 mm
ASTM No.	2
Slump	0"
	0 mm
(✓) AE	
( ) Non-AE	

(a)

Coarse Aggregate Type No.										Concrete Class
1	2	3	4	5	6	7				A
	1	2	3	4	5	6	7			B
		1	2	3	4	5	6	7		C
			1	2	3	4	5	6	7	D

(b) Concrete

10.80	11.30	11.80	12.30	12.80	13.30	13.80	14.30	14.80	15.30	Mortar (ft³/yd³)
16.20	15.70	15.20	14.70	14.20	13.70	13.20	12.70	12.20	11.70	C. A. + 8 (ft³/yd³)
0.400	0.419	0.437	0.456	0.474	0.493	0.511	0.530	0.548	0.567	Mortar (m³/m³)
0.600	0.581	0.563	0.544	0.526	0.507	0.489	0.470	0.452	0.433	C. A. + 8 (m³/m³)

(c) Cement

										f'_c (psi)
1.32	1.41	1.51	1.61	1.70	1.81	1.90	2.01	2.11	2.20	2000
1.53	1.62	1.72	1.81	1.90	2.00	2.10	2.19	2.29	2.38	2500
1.70	1.80	1.90	1.99	2.09	2.20	2.29	2.40	2.50	2.61	3000
1.89	1.99	2.09	2.20	2.31	2.41	2.50	2.60	2.71	2.82	3500
2.11	2.20	2.32	2.42	2.53	2.65	2.75	2.87	2.98	3.09	4000
2.35	2.45	2.59	2.68	2.80	2.92	3.03	3.15	3.27	3.39	4500
2.61	2.73	2.91	2.97	3.10	3.23	3.35	3.48	3.60	3.73	5000

(c-1) Cement

										f'_c (MPa)
0.052	0.055	0.059	0.063	0.066	0.070	0.073	0.077	0.081	0.084	15
0.062	0.065	0.069	0.073	0.076	0.080	0.084	0.088	0.091	0.095	20
0.073	0.076	0.080	0.084	0.088	0.092	0.095	0.099	0.103	0.107	25
0.085	0.088	0.093	0.097	0.101	0.105	0.110	0.114	0.118	0.123	30
0.098	0.103	0.110	0.112	0.117	0.122	0.126	0.131	0.135	0.140	35

(d) Water

										f'_c (psi)
2.66	2.81	2.94	3.08	3.21	3.35	3.49	3.63	3.77	3.90	2000
2.69	2.84	2.98	3.11	3.25	3.39	3.53	3.67	3.81	3.95	2500
2.73	2.87	3.02	3.15	3.29	3.44	3.57	3.72	3.85	3.99	3000
2.77	2.91	3.06	3.20	3.34	3.48	3.61	3.77	3.90	4.05	3500
2.80	2.95	3.10	3.24	3.38	3.53	3.67	3.81	3.95	4.09	4000
2.85	3.00	3.15	3.29	3.43	3.58	3.73	3.88	4.01	4.16	4500
2.90	3.05	3.20	3.34	3.49	3.64	3.79	3.94	4.08	4.23	5000

(d-1) Water

										f'_c (MPa)
0.099	0.104	0.109	0.114	0.119	0.124	0.130	0.135	0.140	0.145	15
0.100	0.106	0.111	0.116	0.121	0.127	0.132	0.137	0.142	0.147	20
0.103	0.108	0.114	0.119	0.124	0.129	0.134	0.140	0.145	0.150	25
0.107	0.111	0.115	0.121	0.127	0.132	0.137	0.143	0.148	0.153	30
0.108	0.113	0.119	0.124	0.130	0.135	0.141	0.146	0.151	0.157	35

(e) Air

0.97	1.02	1.06	1.11	1.15	1.20	1.24	1.29	1.33	1.38	Entrained (ft³/yd³)
3.60	3.77	3.93	4.10	4.27	4.43	4.60	4.77	4.93	5.10	%
0.036	0.038	0.039	0.041	0.043	0.044	0.046	0.048	0.049	0.051	Entrained (m³/m³)

(f) Air (Values Approximate)

2000	2500	3000	3500	4000	4500	5000	f'_c (psi)
—	—	—	—	—	—	—	Entrapped (ft³/yd³)
—	—	—	—	—	—	—	%

(f-1) Air (Values Approximate)

15	20	25	30	35	f'_c (MPa)
—	—	—	—	—	Entrapped (m³/m³)
—	—	—	—	—	%

(g) Cement and Water Adjustments for Fine Aggregate Variations

31–32	32–33	33–34	34–35	35–36	36–37	37–38	38–39	39–40	40–41	% Voids
90.0	92.5	95.0	97.5	100.0	102.5	105.0	107.5	110.0	112.5	Adjustment (%)

Table No. 92
C.A. Size 2½"
 63 mm
ASTM No. 2
Slump ½"
 12.5 mm

(✓) AE
( ) Non-AE

(a)

Coarse Aggregate Type No.										Concrete Class
1	2	3	4	5	6	7				A
	1	2	3	4	5	6	7			B
		1	2	3	4	5	6	7		C
			1	2	3	4	5	6	7	D

(b)

Concrete										
10.80	11.30	11.80	12.30	12.80	13.30	13.80	14.30	14.80	15.30	Mortar (ft³/yd³)
16.20	15.70	15.20	14.70	14.20	13.70	13.20	12.70	12.20	11.70	C. A. + 8 (ft³/yd³)
0.400	0.419	0.437	0.456	0.474	0.493	0.511	0.530	0.548	0.567	Mortar (m³/m³)
0.600	0.581	0.563	0.544	0.526	0.507	0.489	0.470	0.452	0.433	C. A. + 8 (m³/m³)

(c)

Cement										f'_c (psi)
1.35	1.44	1.54	1.64	1.73	1.84	1.93	2.04	2.14	2.23	2000
1.56	1.65	1.75	1.84	1.93	2.03	2.13	2.22	2.32	2.41	2500
1.73	1.83	1.93	2.02	2.12	2.23	2.32	2.43	2.53	2.64	3000
1.92	2.02	2.12	2.23	2.34	2.44	2.53	2.63	2.74	2.85	3500
2.14	2.23	2.35	2.45	2.56	2.68	2.78	2.90	3.01	3.12	4000
2.38	2.48	2.62	2.71	2.83	2.95	3.06	3.18	3.30	3.42	4500
2.64	2.76	2.94	3.00	3.13	3.26	3.38	3.51	3.63	3.76	5000

(c-1)

Cement										f'_c (MPa)
0.053	0.056	0.060	0.064	0.067	0.071	0.074	0.078	0.082	0.085	15
0.063	0.066	0.070	0.074	0.077	0.081	0.085	0.089	0.092	0.096	20
0.074	0.077	0.081	0.085	0.089	0.093	0.096	0.100	0.104	0.108	25
0.086	0.089	0.094	0.098	0.102	0.106	0.111	0.115	0.119	0.124	30
0.099	0.104	0.111	0.113	0.118	0.123	0.127	0.132	0.136	0.141	35

(d)

Water										f'_c (psi)
2.72	2.87	3.00	3.14	3.27	3.41	3.55	3.69	3.83	3.96	2000
2.75	2.90	3.04	3.17	3.31	3.45	3.59	3.73	3.87	4.01	2500
2.79	2.93	3.08	3.21	3.35	3.50	3.63	3.78	3.91	4.05	3000
2.83	2.97	3.12	3.26	3.40	3.54	3.67	3.83	3.96	4.11	3500
2.86	3.01	3.16	3.30	3.44	3.59	3.73	3.87	4.01	4.15	4000
2.91	3.06	3.21	3.35	3.49	3.64	3.79	3.94	4.07	4.22	4500
2.96	3.11	3.26	3.40	3.55	3.70	3.85	4.00	4.14	4.29	5000

(d-1)

Water										f'_c (MPa)
0.101	0.106	0.111	0.116	0.121	0.126	0.132	0.137	0.142	0.147	15
0.102	0.108	0.113	0.118	0.123	0.129	0.134	0.139	0.144	0.149	20
0.105	0.110	0.116	0.121	0.126	0.131	0.136	0.142	0.147	0.152	25
0.109	0.113	0.117	0.123	0.129	0.134	0.139	0.145	0.150	0.155	30
0.110	0.115	0.121	0.126	0.132	0.137	0.143	0.148	0.153	0.159	35

(e)

Air										
0.97	1.02	1.06	1.11	1.15	1.20	1.24	1.29	1.33	1.38	Entrained (ft³/yd³)
3.60	3.77	3.93	4.10	4.27	4.43	4.60	4.77	4.93	5.10	%
0.036	0.038	0.039	0.041	0.043	0.044	0.046	0.048	0.049	0.051	Entrained (m³/m³)

(f)

Air (Values Approximate)							
2000	2500	3000	3500	4000	4500	5000	f'_c (psi)
—	—	—	—	—	—	—	Entrapped (ft³/yd³)
—	—	—	—	—	—	—	%

(f-1)

Air (Values Approximate)					
15	20	25	30	35	f'_c (MPa)
—	—	—	—	—	Entrapped (m³/m³)
—	—	—	—	—	%

(g)

Cement and Water Adjustments for Fine Aggregate Variations									
31-32	32-33	33-34	34-35	35-36	36-37	37-38	38-39	39-40	40-41	% Voids
90.0	92.5	95.0	97.5	100.0	102.5	105.0	107.5	110.0	112.5	Adjustment (%)

Table No.	93
C.A. Size	2½"
	63 mm
ASTM No.	2
Slump	1"
	25mm
(√) AE	
( ) Non-AE	

(a)

Coarse Aggregate Type No.										Concrete Class
1	2	3	4	5	6	7				A
	1	2	3	4	5	6	7			B
		1	2	3	4	5	6	7		C
			1	2	3	4	5	6	7	D

(b)

Concrete										
10.80	11.30	11.80	12.30	12.80	13.30	13.80	14.30	14.80	15.30	Mortar (ft³/yd³)
16.20	15.70	15.20	14.70	14.20	13.70	13.20	12.70	12.20	11.70	C. A. + 8 (ft³/yd³)
0.400	0.419	0.437	0.456	0.474	0.493	0.511	0.530	0.548	0.567	Mortar (m³/m³)
0.600	0.581	0.563	0.544	0.526	0.507	0.489	0.470	0.452	0.433	C. A. + 8 (m³/m³)

(c)

Cement										f'_c (psi)
1.38	1.47	1.57	1.67	1.76	1.87	1.96	2.07	2.17	2.26	2000
1.59	1.68	1.78	1.87	1.96	2.06	2.16	2.25	2.35	2.44	2500
1.76	1.86	1.96	2.05	2.15	2.26	2.35	2.46	2.56	2.67	3000
1.95	2.05	2.15	2.26	2.37	2.47	2.56	2.66	2.77	2.88	3500
2.17	2.26	2.38	2.48	2.59	2.71	2.81	2.93	3.04	3.15	4000
2.41	2.51	2.65	2.74	2.86	2.98	3.09	3.21	3.33	3.45	4500
2.67	2.79	2.97	3.03	3.14	3.29	3.41	3.54	3.66	3.79	5000

(c-1)

Cement										f'_c (MPa)
0.054	0.057	0.061	0.065	0.068	0.072	0.075	0.079	0.083	0.086	15
0.064	0.067	0.071	0.075	0.078	0.082	0.086	0.090	0.093	0.097	20
0.075	0.078	0.082	0.086	0.090	0.094	0.097	0.101	0.105	0.109	25
0.087	0.090	0.095	0.099	0.103	0.107	0.112	0.116	0.120	0.125	30
0.100	0.105	0.112	0.114	0.119	0.124	0.128	0.133	0.137	0.142	35

(d)

Water										f'_c (psi)
2.77	2.92	3.05	3.19	3.32	3.46	3.60	3.74	3.88	4.01	2000
2.80	2.95	3.09	3.22	3.36	3.50	3.64	3.78	3.92	4.06	2500
2.84	2.98	3.13	3.26	3.40	3.55	3.68	3.83	3.96	4.10	3000
2.88	3.02	3.17	3.31	3.45	3.59	3.72	3.88	4.01	4.16	3500
2.91	3.06	3.21	3.35	3.49	3.64	3.78	3.92	4.06	4.20	4000
2.96	3.11	3.26	3.40	3.54	3.69	3.84	3.99	4.12	4.27	4500
3.01	3.16	3.31	3.45	3.60	3.75	3.90	4.05	4.19	4.34	5000

(d-1)

Water										f'_c (MPa)
0.103	0.108	0.113	0.118	0.123	0.128	0.134	0.139	0.144	0.149	15
0.104	0.110	0.115	0.120	0.125	0.131	0.136	0.141	0.146	0.151	20
0.107	0.112	0.118	0.123	0.128	0.133	0.138	0.144	0.149	0.154	25
0.111	0.115	0.119	0.125	0.131	0.136	0.141	0.147	0.152	0.157	30
0.112	0.117	0.123	0.128	0.134	0.139	0.145	0.150	0.155	0.161	35

(e)

Air										
0.97	1.02	1.06	1.11	1.15	1.20	1.24	1.29	1.33	1.38	Entrained (ft³/yd³)
3.60	3.77	3.93	4.10	4.27	4.43	4.60	4.77	4.93	5.10	%
0.036	0.038	0.039	0.041	0.043	0.044	0.046	0.048	0.049	0.051	Entrained (m³/m³)

(f)

Air (Values Approximate)							
2000	2500	3000	3500	4000	4500	5000	f'_c (psi)
—	—	—	—	—	—	—	Entrapped (ft³/yd³)
—	—	—	—	—	—	—	%

(f-1)

Air (Values Approximate)					
15	20	25	30	35	f'_c (MPa)
—	—	—	—	—	Entrapped (m³/m³)
—	—	—	—	—	%

(g)

Cement and Water Adjustments for Fine Aggregate Variations										
31–32	32–33	33–34	34–35	35–36	36–37	37–38	38–39	39–40	40–41	% Voids
90.0	92.5	95.0	97.5	100.0	102.5	105.0	107.5	110.0	112.5	Adjustment (%)

Table No. 94

C.A. Size 2½"

63 mm

ASTM No. 2

Slump 1½"

40 mm

(✓) AE

( ) Non-AE

(a)

Coarse Aggregate Type No.										Concrete Class
1	2	3	4	5	6	7				A
	1	2	3	4	5	6	7			B
		1	2	3	4	5	6	7		C
			1	2	3	4	5	6	7	D

(b)

Concrete

10.80	11.30	11.80	12.30	12.80	13.30	13.80	14.30	14.80	15.30	Mortar (ft³/yd³)
16.20	15.70	15.20	14.70	14.20	13.70	13.20	12.70	12.20	11.70	C. A. + 8 (ft³/yd³)
0.400	0.419	0.437	0.456	0.474	0.493	0.511	0.530	0.548	0.567	Mortar (m³/m³)
0.600	0.581	0.563	0.544	0.526	0.507	0.489	0.470	0.452	0.433	C. A. + 8 (m³/m³)

(c)

Cement

										f'_c (psi)
1.42	1.51	1.61	1.71	1.80	1.91	2.00	2.11	2.21	2.30	2000
1.63	1.72	1.81	1.91	2.00	2.10	2.20	2.29	2.39	2.48	2500
1.80	1.90	2.00	2.09	2.19	2.30	2.39	2.50	2.60	2.71	3000
1.99	2.09	2.19	2.30	2.41	2.51	2.60	2.70	2.81	2.92	3500
2.21	2.30	2.42	2.52	2.63	2.75	2.85	2.97	3.08	3.19	4000
2.45	2.55	2.69	2.78	2.90	3.02	3.13	3.25	3.37	3.49	4500
2.71	2.83	3.01	3.07	3.20	3.33	3.45	3.58	3.70	3.83	5000

(c-1)

Cement

										f'_c (MPa)
0.055	0.058	0.062	0.066	0.069	0.073	0.076	0.080	0.084	0.087	15
0.065	0.068	0.072	0.076	0.079	0.083	0.087	0.091	0.094	0.098	20
0.076	0.079	0.083	0.087	0.091	0.095	0.098	0.102	0.106	0.110	25
0.088	0.091	0.096	0.100	0.104	0.108	0.113	0.117	0.121	0.126	30
0.101	0.106	0.113	0.115	0.120	0.125	0.129	0.134	0.138	0.143	35

(d)

Water

										f'_c (psi)
2.82	2.97	3.10	3.24	3.37	3.51	3.65	3.79	3.93	4.06	2000
2.85	3.00	3.14	3.27	3.41	3.55	3.69	3.83	3.97	4.11	2500
2.89	3.03	3.18	3.31	3.45	3.60	3.73	3.88	4.01	4.15	3000
2.93	3.07	3.22	3.36	3.50	3.64	3.77	3.93	4.06	4.21	3500
2.96	3.11	3.26	3.40	3.54	3.69	3.83	3.97	4.11	4.25	4000
3.01	3.16	3.31	3.45	3.59	3.74	3.89	4.04	4.17	4.32	4500
3.06	3.21	3.36	3.50	3.65	3.80	3.95	4.10	4.24	4.39	5000

(d-1)

Water

										f'_c (MPa)
0.105	0.110	0.115	0.120	0.125	0.130	0.136	0.141	0.146	0.151	15
0.106	0.112	0.117	0.122	0.127	0.133	0.138	0.143	0.148	0.153	20
0.109	0.114	0.120	0.125	0.130	0.135	0.140	0.146	0.151	0.156	25
0.113	0.117	0.121	0.127	0.133	0.138	0.143	0.149	0.154	0.159	30
0.114	0.119	0.125	0.130	0.136	0.141	0.147	0.152	0.157	0.163	35

(e)

Air

0.97	1.02	1.06	1.11	1.15	1.20	1.24	1.29	1.33	1.38	Entrained (ft³/yd³)
3.60	3.77	3.93	4.10	4.27	4.43	4.60	4.77	4.93	5.10	%
0.036	0.038	0.039	0.041	0.043	0.044	0.046	0.048	0.049	0.051	Entrained (m³/m³)

(f)

Air (Values Approximate)

2000	2500	3000	3500	4000	4500	5000	f'_c (psi)
—	—	—	—	—	—	—	Entrapped (ft³/yd³)
—	—	—	—	—	—	—	%

(f-1)

Air (Values Approximate)

15	20	25	30	35	f'_c (MPa)
—	—	—	—	—	Entrapped (m³/m³)
—	—	—	—	—	%

(g)

Cement and Water Adjustments for Fine Aggregate Variations

31-32	32-33	33-34	34-35	35-36	36-37	37-38	38-39	39-40	40-41	% Voids
90.0	92.5	95.0	97.5	100.0	102.5	105.0	107.5	110.0	112.5	Adjustment (%)

TABLES OF VOLUMES 107

Table No.	95
C.A. Size	2½"
	63 mm
ASTM No.	2
Slump	2"
	50 mm

(✓) AE
( ) Non-AE

(a)

Coarse Aggregate Type No.										Concrete Class
1	2	3	4	5	6	7				A
	1	2	3	4	5	6	7			B
		1	2	3	4	5	6	7		C
			1	2	3	4	5	6	7	D

(b)

Concrete										
10.80	11.30	11.80	12.30	12.80	13.30	13.80	14.30	14.80	15.30	Mortar (ft³/yd³)
16.20	15.70	15.20	14.70	14.20	13.70	13.20	12.70	12.20	11.70	C.A. + 8 (ft³/yd³)
0.400	0.419	0.437	0.456	0.474	0.493	0.511	0.530	0.548	0.567	Mortar (m³/m³)
0.600	0.581	0.563	0.544	0.526	0.507	0.489	0.470	0.452	0.433	C.A. + 8 (m³/m³)

(c)

Cement										f'_c (psi)
1.46	1.55	1.65	1.75	1.84	1.95	2.04	2.15	2.25	2.34	2000
1.67	1.76	1.86	1.95	2.04	2.14	2.24	2.33	2.43	2.52	2500
1.84	1.94	2.04	2.13	2.23	2.34	2.43	2.54	2.64	2.75	3000
2.03	2.13	2.23	2.34	2.45	2.55	2.64	2.74	2.85	2.96	3500
2.25	2.34	2.46	2.56	2.67	2.79	2.89	3.01	3.12	3.23	4000
2.49	2.59	2.73	2.82	2.94	3.06	3.17	3.29	3.41	3.53	4500
2.75	2.87	3.05	3.11	3.24	3.37	3.49	3.62	3.74	3.87	5000

(c-1)

Cement										f'_c (MPa)
0.057	0.060	0.064	0.068	0.071	0.075	0.078	0.082	0.086	0.089	15
0.067	0.070	0.074	0.078	0.081	0.085	0.089	0.093	0.096	0.100	20
0.078	0.081	0.085	0.089	0.093	0.097	0.100	0.104	0.108	0.112	25
0.090	0.093	0.098	0.102	0.106	0.110	0.115	0.119	0.123	0.128	30
0.103	0.108	0.115	0.117	0.122	0.127	0.131	0.136	0.140	0.145	35

(d)

Water										f'_c (psi)
2.88	3.03	3.16	3.30	3.43	3.57	3.71	3.85	3.99	4.12	2000
2.91	3.06	3.20	3.33	3.47	3.61	3.75	3.89	4.03	4.17	2500
2.95	3.09	3.24	3.37	3.51	3.66	3.79	3.94	4.07	4.21	3000
2.99	3.13	3.28	3.42	3.56	3.70	3.83	3.99	4.12	4.27	3500
3.02	3.17	3.32	3.46	3.60	3.75	3.89	4.03	4.17	4.31	4000
3.07	3.22	3.37	3.51	3.65	3.80	3.95	4.10	4.23	4.38	4500
3.12	3.27	3.42	3.56	3.71	3.86	4.01	4.16	4.30	4.45	5000

(d-1)

Water										f'_c (MPa)
0.107	0.112	0.117	0.122	0.127	0.132	0.138	0.143	0.148	0.153	15
0.108	0.114	0.119	0.124	0.129	0.135	0.140	0.145	0.150	0.155	20
0.111	0.116	0.122	0.127	0.132	0.137	0.142	0.148	0.153	0.158	25
0.115	0.119	0.123	0.129	0.135	0.140	0.145	0.151	0.156	0.161	30
0.116	0.121	0.127	0.132	0.138	0.143	0.149	0.154	0.159	0.165	35

(e)

Air										
0.97	1.02	1.06	1.11	1.15	1.20	1.24	1.29	1.33	1.38	Entrained (ft³/yd³)
3.60	3.77	3.93	4.10	4.27	4.43	4.60	4.77	4.93	5.10	%
0.036	0.038	0.039	0.041	0.043	0.044	0.046	0.048	0.049	0.051	Entrained (m³/m³)

(f)

Air (Values Approximate)							
2000	2500	3000	3500	4000	4500	5000	f'_c (psi)
—	—	—	—	—	—	—	Entrapped (ft³/yd³)
—	—	—	—	—	—	—	%

(f-1)

Air (Values Approximate)					
15	20	25	30	35	f'_c (MPa)
—	—	—	—	—	Entrapped (m³/m³)
—	—	—	—	—	%

(g)

Cement and Water Adjustments for Fine Aggregate Variations										
31-32	32-33	33-34	34-35	35-36	36-37	37-38	38-39	39-40	40-41	% Voids
90.0	92.5	95.0	97.5	100.0	102.5	105.0	107.5	110.0	112.5	Adjustment (%)

Table No.	96
C.A. Size	2½"
	63 mm
ASTM No.	2
Slump	2½"
	65 mm

(✓) AE
( ) Non-AE

(a)

Coarse Aggregate Type No.										Concrete Class
1	2	3	4	5	6	7				A
	1	2	3	4	5	6	7			B
		1	2	3	4	5	6	7		C
			1	2	3	4	5	6	7	D

(b)

Concrete										
10.80	11.30	11.80	12.30	12.80	13.30	13.80	14.30	14.80	15.30	Mortar (ft³/yd³)
16.20	15.70	15.20	14.70	14.20	13.70	13.20	12.70	12.20	11.70	C. A. + 8 (ft³/yd³)
0.400	0.419	0.437	0.456	0.474	0.493	0.511	0.530	0.548	0.567	Mortar (m³/m³)
0.600	0.581	0.563	0.544	0.526	0.507	0.489	0.470	0.452	0.433	C. A. + 8 (m³/m³)

(c)

Cement										f'_c (psi)
1.49	1.58	1.68	1.78	1.87	1.98	2.07	2.18	2.28	2.37	2000
1.70	1.79	1.89	1.98	2.07	2.17	2.27	2.36	2.46	2.55	2500
1.87	1.97	2.07	2.16	2.26	2.37	2.46	2.57	2.67	2.78	3000
2.06	2.16	2.26	2.37	2.48	2.58	2.67	2.77	2.88	2.99	3500
2.28	2.37	2.49	2.59	2.70	2.82	2.92	3.04	3.15	3.26	4000
2.52	2.62	2.76	2.85	2.97	3.09	3.20	3.32	3.44	3.56	4500
2.78	2.90	3.08	3.14	3.27	3.40	3.52	3.65	3.77	3.90	5000

(c-1)

Cement										f'_c (MPa)
0.058	0.061	0.065	0.069	0.072	0.076	0.079	0.083	0.087	0.090	15
0.068	0.071	0.075	0.079	0.082	0.086	0.090	0.094	0.097	0.101	20
0.079	0.082	0.086	0.090	0.094	0.098	0.101	0.105	0.109	0.113	25
0.091	0.094	0.099	0.103	0.107	0.111	0.116	0.120	0.124	0.129	30
0.104	0.109	0.116	0.118	0.123	0.128	0.132	0.137	0.141	0.146	35

(d)

Water										f'_c (psi)
2.93	3.08	3.21	3.35	3.48	3.62	3.76	3.90	4.04	4.17	2000
2.96	3.11	3.25	3.38	3.52	3.66	3.80	3.94	4.08	4.22	2500
3.00	3.14	3.29	3.42	3.56	3.71	3.84	3.99	4.12	4.26	3000
3.04	3.18	3.33	3.47	3.61	3.75	3.88	4.04	4.17	4.32	3500
3.07	3.22	3.37	3.51	3.65	3.80	3.94	4.08	4.22	4.36	4000
3.12	3.27	3.42	3.56	3.70	3.85	4.00	4.15	4.28	4.43	4500
3.17	3.32	3.47	3.61	3.76	3.91	4.06	4.21	4.35	4.50	5000

(d-1)

Water										f'_c (MPa)
0.109	0.114	0.119	0.124	0.129	0.134	0.140	0.145	0.150	0.155	15
0.110	0.116	0.121	0.126	0.131	0.137	0.142	0.147	0.152	0.157	20
0.113	0.118	0.124	0.129	0.134	0.139	0.144	0.150	0.155	0.160	25
0.117	0.121	0.125	0.131	0.137	0.142	0.147	0.153	0.158	0.163	30
0.118	0.123	0.129	0.134	0.140	0.145	0.151	0.156	0.161	0.167	35

(e)

Air										
0.97	1.02	1.06	1.11	1.15	1.20	1.24	1.29	1.33	1.38	Entrained (ft³/yd³)
3.60	3.77	3.93	4.10	4.27	4.43	4.60	4.77	4.93	5.10	%
0.036	0.038	0.039	0.041	0.043	0.044	0.046	0.048	0.049	0.051	Entrained (m³/m³)

(f)

Air (Values Approximate)

2000	2500	3000	3500	4000	4500	5000	f'_c (psi)
—	—	—	—	—	—	—	Entrapped (ft³/yd³)
—	—	—	—	—	—	—	%

(f-1)

Air (Values Approximate)

15	20	25	30	35	f'_c (MPa)
—	—	—	—	—	Entrapped (m³/m³)
—	—	—	—	—	%

(g)

Cement and Water Adjustments for Fine Aggregate Variations

31–32	32–33	33–34	34–35	35–36	36–37	37–38	38–39	39–40	40–41	% Voids
90.0	92.5	95.0	97.5	100.0	102.5	105.0	107.5	110.0	112.5	Adjustment (%)

TABLES OF VOLUMES 109

Table No.	97
C.A. Size	2½″
	63 mm
ASTM No.	2
Slump	3″
	75 mm

(√) AE
( ) Non-AE

(a)

Coarse Aggregate Type No.										Concrete Class
1	2	3	4	5	6	7				A
	1	2	3	4	5	6	7			B
		1	2	3	4	5	6	7		C
			1	2	3	4	5	6	7	D

(b) Concrete

10.80	11.30	11.80	12.30	12.80	13.30	13.80	14.30	14.80	15.30	Mortar (ft³/yd³)
16.20	15.70	15.20	14.70	14.20	13.70	13.20	12.70	12.20	11.70	C. A. + 8 (ft³/yd³)
0.400	0.419	0.437	0.456	0.474	0.493	0.511	0.530	0.548	0.567	Mortar (m³/m³)
0.600	0.581	0.563	0.544	0.526	0.507	0.489	0.470	0.452	0.433	C. A. + 8 (m³/m³)

(c) Cement

										f'_c (psi)
1.52	1.61	1.71	1.81	1.90	2.01	2.10	2.21	2.31	2.40	2000
1.73	1.82	1.92	2.01	2.10	2.20	2.30	2.39	2.48	2.58	2500
1.90	2.00	2.10	2.19	2.29	2.40	2.49	2.60	2.70	2.81	3000
2.09	2.19	2.29	2.40	2.51	2.61	2.70	2.80	2.91	3.02	3500
2.31	2.40	2.52	2.62	2.73	2.85	2.95	3.07	3.18	3.29	4000
2.55	2.65	2.79	2.88	3.00	3.12	3.23	3.35	3.47	3.59	4500
2.81	2.93	3.11	3.17	3.30	3.43	3.55	3.68	3.80	3.93	5000

(c-1) Cement

										f'_c (MPa)
0.059	0.062	0.066	0.070	0.073	0.077	0.080	0.084	0.088	0.091	15
0.069	0.072	0.076	0.080	0.083	0.087	0.091	0.095	0.098	0.102	20
0.080	0.083	0.087	0.091	0.095	0.099	0.102	0.106	0.110	0.114	25
0.092	0.095	0.100	0.104	0.108	0.112	0.117	0.121	0.125	0.130	30
0.105	0.110	0.117	0.119	0.124	0.129	0.133	0.138	0.142	0.147	35

(d) Water

										f'_c (psi)
2.98	3.13	3.26	3.40	3.53	3.67	3.81	3.95	4.09	4.22	2000
3.01	3.16	3.30	3.43	3.57	3.71	3.85	3.99	4.13	4.27	2500
3.05	3.19	3.34	3.47	3.61	3.76	3.89	4.04	4.17	4.31	3000
3.09	3.23	3.38	3.52	3.66	3.80	3.93	4.09	4.22	4.37	3500
3.12	3.27	3.42	3.56	3.70	3.85	3.99	4.13	4.27	4.41	4000
3.17	3.32	3.47	3.61	3.75	3.90	4.05	4.20	4.33	4.48	4500
3.22	3.37	3.52	3.66	3.81	3.96	4.11	4.26	4.40	4.55	5000

(d-1) Water

										f'_c (MPa)
0.111	0.116	0.121	0.126	0.131	0.136	0.142	0.147	0.152	0.157	15
0.112	0.118	0.123	0.128	0.133	0.138	0.144	0.149	0.154	0.159	20
0.115	0.120	0.126	0.131	0.136	0.140	0.146	0.152	0.157	0.162	25
0.119	0.123	0.127	0.133	0.139	0.143	0.149	0.155	0.160	0.165	30
0.120	0.125	0.131	0.136	0.142	0.147	0.153	0.158	0.163	0.169	35

(e) Air

0.97	1.02	1.06	1.11	1.15	1.20	1.24	1.29	1.33	1.38	Entrained (ft³/yd³)
3.60	3.77	3.93	4.10	4.27	4.43	4.60	4.77	4.93	5.10	%
0.036	0.038	0.039	0.041	0.043	0.044	0.046	0.048	0.049	0.051	Entrained (m³/m³)

(f) Air (Values Approximate)

2000	2500	3000	3500	4000	4500	5000	f'_c (psi)
—	—	—	—	—	—	—	Entrapped (ft³/yd³)
—	—	—	—	—	—	—	%

(f-1) Air (Values Approximate)

15	20	25	30	35	f'_c (MPa)
—	—	—	—	—	Entrapped (m³/m³)
—	—	—	—	—	%

(g) Cement and Water Adjustments for Fine Aggregate Variations

31–32	32–33	33–34	34–35	35–36	36–37	37–38	38–39	39–40	40–41	% Voids
90.0	92.5	95.0	97.5	100.0	102.5	105.0	107.5	110.0	112.5	Adjustment (%)

Table No. 98
C.A. Size 2½"
         63 mm
ASTM No. 2
Slump 3½"
      90 mm

(√) AE
( ) Non-AE

(a)

Coarse Aggregate Type No.										Concrete Class
1	2	3	4	5	6	7				A
	1	2	3	4	5	6	7			B
		1	2	3	4	5	6	7		C
			1	2	3	4	5	6	7	D

(b) Concrete

10.80	11.30	11.80	12.30	12.80	13.30	13.80	14.30	14.80	15.30	Mortar (ft³/yd³)
16.20	15.70	15.20	14.70	14.20	13.70	13.20	12.70	12.20	11.70	C. A. + 8 (ft³/yd³)
0.400	0.419	0.437	0.456	0.474	0.493	0.511	0.530	0.548	0.567	Mortar (m³/m³)
0.600	0.581	0.563	0.544	0.526	0.507	0.489	0.470	0.452	0.433	C. A. + 8 (m³/m³)

(c) Cement

									f'_c (psi)
1.56	1.65	1.75	1.85	1.94	2.05	2.14	2.25	2.35	2.44	2000
1.77	1.86	1.96	2.05	2.14	2.24	2.34	2.43	2.53	2.62	2500
1.94	2.04	2.14	2.23	2.33	2.44	2.53	2.64	2.74	2.85	3000
2.13	2.23	2.33	2.44	2.55	2.65	2.74	2.84	2.95	3.06	3500
2.35	2.44	2.56	2.66	2.77	2.89	2.99	3.11	3.22	3.33	4000
2.59	2.69	2.83	2.92	3.04	3.16	3.27	3.39	3.51	3.63	4500
2.85	2.97	3.15	3.21	3.34	3.47	3.59	3.72	3.84	3.97	5000

(c-1) Cement

										f'_c (MPa)
0.061	0.064	0.068	0.072	0.075	0.079	0.082	0.086	0.090	0.093	15
0.071	0.074	0.078	0.082	0.085	0.089	0.093	0.097	0.100	0.104	20
0.082	0.085	0.089	0.093	0.097	0.101	0.104	0.108	0.112	0.116	25
0.094	0.097	0.102	0.106	0.110	0.114	0.119	0.123	0.127	0.132	30
0.107	0.112	0.119	0.121	0.126	0.131	0.135	0.140	0.144	0.149	35

(d) Water

										f'_c (psi)
3.04	3.19	3.32	3.46	3.59	3.73	3.87	4.01	4.15	4.28	2000
3.07	3.22	3.36	3.49	3.63	3.77	3.91	4.05	4.19	4.33	2500
3.11	3.25	3.40	3.53	3.67	3.82	3.95	4.10	4.23	4.37	3000
3.15	3.29	3.44	3.58	3.72	3.86	3.99	4.15	4.28	4.43	3500
3.18	3.33	3.48	3.62	3.76	3.91	4.05	4.19	4.33	4.47	4000
3.23	3.38	3.53	3.67	3.81	3.96	4.11	4.26	4.39	4.54	4500
3.28	3.43	3.58	3.72	3.87	4.02	4.17	4.32	4.46	4.61	5000

(d-1) Water

										f'_c (MPa)
0.113	0.118	0.123	0.128	0.133	0.138	0.144	0.149	0.154	0.159	15
0.114	0.120	0.125	0.130	0.135	0.141	0.146	0.151	0.156	0.161	20
0.117	0.122	0.128	0.133	0.138	0.143	0.148	0.154	0.159	0.164	25
0.121	0.125	0.129	0.135	0.141	0.146	0.151	0.157	0.162	0.167	30
0.122	0.127	0.133	0.138	0.144	0.149	0.155	0.160	0.165	0.171	35

(e) Air

0.97	1.02	1.06	1.11	1.15	1.20	1.24	1.29	1.33	1.38	Entrained (ft³/yd³)
3.60	3.77	3.93	4.10	4.27	4.43	4.60	4.77	4.93	5.10	%
0.036	0.038	0.039	0.041	0.043	0.044	0.046	0.048	0.049	0.051	Entrained (m³/m³)

(f) Air (Values Approximate)

2000	2500	3000	3500	4000	4500	5000	f'_c (psi)
—	—	—	—	—	—	—	Entrapped (ft³/yd³)
—	—	—	—	—	—	—	%

(f-1) Air (Values Approximate)

15	20	25	30	35	f'_c (MPa)
—	—	—	—	—	Entrapped (m³/m³)
—	—	—	—	—	%

(g) Cement and Water Adjustments for Fine Aggregate Variations

31–32	32–33	33–34	34–35	35–36	36–37	37–38	38–39	39–40	40–41	% Voids
90.0	92.5	95.0	97.5	100.0	102.5	105.0	107.5	110.0	112.5	Adjustment (%)

Table No.	99
C.A. Size	2½"
	63 mm
ASTM No.	2
Slump	4"
	100 mm
(✓) AE	
( ) Non·AE	

(a)

Coarse Aggregate Type No.										Concrete Class
1	2	3	4	5	6	7				A
	1	2	3	4	5	6	7			B
		1	2	3	4	5	6	7		C
			1	2	3	4	5	6	7	D

(b) Concrete

10.80	11.30	11.80	12.30	12.80	13.30	13.80	14.30	14.80	15.30	Mortar (ft³/yd³)
16.20	15.70	15.20	14.70	14.20	13.70	13.20	12.70	12.20	11.70	C. A. + 8 (ft³/yd³)
0.400	0.419	0.437	0.456	0.474	0.493	0.511	0.530	0.548	0.567	Mortar (m³/m³)
0.600	0.581	0.563	0.544	0.526	0.507	0.489	0.470	0.452	0.433	C. A. + 8 (m³/m³)

(c) Cement

										f'_c (psi)
1.60	1.69	1.79	1.89	1.98	2.09	2.18	2.29	2.39	2.48	2000
1.81	1.90	2.00	2.09	2.18	2.28	2.38	2.47	2.57	2.66	2500
1.98	2.08	2.18	2.27	2.37	2.48	2.57	2.68	2.78	2.89	3000
2.17	2.27	2.37	2.48	2.59	2.69	2.78	2.88	2.99	3.10	3500
2.39	2.48	2.60	2.70	2.81	2.93	3.03	3.15	3.26	3.37	4000
2.63	2.73	2.87	2.96	3.08	3.20	3.31	3.43	3.55	3.67	4500
2.89	3.01	3.19	3.25	3.38	3.51	3.63	3.76	3.88	4.01	5000

(c-1) Cement

										f'_c (MPa)
0.062	0.065	0.069	0.073	0.076	0.080	0.083	0.087	0.091	0.094	15
0.072	0.075	0.079	0.083	0.086	0.090	0.094	0.098	0.101	0.105	20
0.083	0.086	0.090	0.094	0.098	0.102	0.105	0.109	0.113	0.117	25
0.095	0.098	0.103	0.107	0.111	0.115	0.120	0.124	0.128	0.133	30
0.108	0.113	0.120	0.122	0.127	0.132	0.136	0.141	0.145	0.150	35

(d) Water

										f'_c (psi)
3.09	3.24	3.37	3.51	3.64	3.78	3.92	4.06	4.20	4.33	2000
3.12	3.27	3.41	3.54	3.68	3.82	3.96	4.10	4.24	4.38	2500
3.16	3.30	3.45	3.58	3.72	3.87	4.00	4.15	4.28	4.42	3000
3.20	3.34	3.49	3.63	3.77	3.91	4.04	4.20	4.33	4.48	3500
3.23	3.38	3.53	3.67	3.81	3.96	4.10	4.24	4.38	4.52	4000
3.28	3.43	3.58	3.72	3.86	4.01	4.16	4.31	4.44	4.59	4500
3.33	3.48	3.63	3.77	3.92	4.07	4.22	4.37	4.51	4.66	5000

(d-1) Water

										f'_c (MPa)
0.115	0.120	0.125	0.130	0.135	0.140	0.146	0.151	0.156	0.161	15
0.116	0.122	0.127	0.132	0.137	0.143	0.148	0.153	0.158	0.163	20
0.119	0.124	0.130	0.135	0.140	0.145	0.150	0.156	0.161	0.166	25
0.123	0.127	0.131	0.137	0.143	0.148	0.153	0.159	0.164	0.169	30
0.124	0.129	0.135	0.140	0.146	0.151	0.157	0.162	0.167	0.173	35

(e) Air

0.97	1.02	1.06	1.11	1.15	1.20	1.24	1.29	1.33	1.38	Entrained (ft³/yd³)
3.60	3.77	3.93	4.10	4.27	4.43	4.60	4.77	4.93	5.10	%
0.036	0.038	0.039	0.041	0.043	0.044	0.046	0.048	0.049	0.051	Entrained (m³/m³)

(f) Air (Values Approximate)

2000	2500	3000	3500	4000	4500	5000	f'_c (psi)
—	—	—	—	—	—	—	Entrapped (ft³/yd³)
—	—	—	—	—	—	—	%

(f-1) Air (Values Approximate)

15	20	25	30	35	f'_c (MPa)
—	—	—	—	—	Entrapped (m³/m³)
—	—	—	—	—	%

(g) Cement and Water Adjustments for Fine Aggregate Variations

31–32	32–33	33–34	34–35	35–36	36–37	37–38	38–39	39–40	40–41	% Voids
90.0	92.5	95.0	97.5	100.0	102.5	105.0	107.5	110.0	112.5	Adjustment (%)

Table No.	100
C.A. Size	2½"
	63 mm
ASTM No.	2
Slump	4½"
	115 mm

(✓) AE
( ) Non-AE

(a)

Coarse Aggregate Type No.										Concrete Class
1	2	3	4	5	6	7				A
	1	2	3	4	5	6	7			B
		1	2	3	4	5	6	7		C
			1	2	3	4	5	6	7	D

(b)

Concrete										
10.80	11.30	11.80	12.30	12.80	13.30	13.80	14.30	14.80	15.30	Mortar (ft³/yd³)
16.20	15.70	15.20	14.70	14.20	13.70	13.20	12.70	12.20	11.70	C. A. + 8 (ft³/yd³)
0.400	0.419	0.437	0.456	0.474	0.493	0.511	0.530	0.548	0.567	Mortar (m³/m³)
0.600	0.581	0.563	0.544	0.526	0.507	0.489	0.470	0.452	0.433	C. A. + 8 (m³/m³)

(c)

Cement										f'_c (psi)
1.63	1.72	1.82	1.92	2.01	2.12	2.21	2.32	2.42	2.51	2000
1.84	1.93	2.03	2.12	2.21	2.31	2.41	2.50	2.60	2.69	2500
2.01	2.11	2.21	2.30	2.40	2.51	2.60	2.71	2.81	2.92	3000
2.20	2.30	2.40	2.51	2.62	2.72	2.81	2.91	3.02	3.13	3500
2.42	2.51	2.63	2.73	2.84	2.96	3.06	3.18	3.29	3.40	4000
2.66	2.76	2.90	2.99	3.11	3.23	3.34	3.46	3.58	3.70	4500
2.92	3.04	3.22	3.28	3.41	3.54	3.66	3.79	3.91	4.04	5000

(c-1)

Cement										f'_c (MPa)
0.063	0.066	0.070	0.074	0.077	0.081	0.084	0.088	0.092	0.095	15
0.073	0.076	0.080	0.084	0.087	0.091	0.095	0.099	0.102	0.106	20
0.084	0.087	0.091	0.095	0.099	0.103	0.106	0.110	0.114	0.118	25
0.096	0.099	0.104	0.108	0.112	0.116	0.121	0.125	0.129	0.134	30
0.109	0.114	0.121	0.123	0.128	0.133	0.137	0.142	0.146	0.151	35

(d)

Water										f'_c (psi)
3.14	3.29	3.42	3.56	3.69	3.83	3.97	4.11	4.25	4.38	2000
3.17	3.32	3.46	3.59	3.73	3.87	4.01	4.15	4.29	4.43	2500
3.21	3.35	3.50	3.63	3.77	3.92	4.05	4.20	4.33	4.47	3000
3.25	3.39	3.54	3.68	3.82	3.96	4.09	4.25	4.38	4.53	3500
3.28	3.43	3.58	3.72	3.86	4.01	4.15	4.29	4.43	4.57	4000
3.33	3.48	3.63	3.77	3.91	4.06	4.21	4.36	4.49	4.64	4500
3.38	3.53	3.68	3.82	3.97	4.12	4.27	4.42	4.56	4.71	5000

(d-1)

Water										f'_c (MPa)
0.117	0.122	0.127	0.132	0.137	0.142	0.148	0.153	0.158	0.163	15
0.118	0.124	0.129	0.134	0.139	0.145	0.150	0.155	0.160	0.165	20
0.121	0.126	0.132	0.137	0.142	0.147	0.152	0.158	0.163	0.168	25
0.125	0.129	0.133	0.139	0.145	0.150	0.155	0.161	0.166	0.171	30
0.126	0.131	0.137	0.142	0.148	0.153	0.159	0.164	0.169	0.175	35

(e)

Air										
0.97	1.02	1.06	1.11	1.15	1.20	1.24	1.29	1.33	1.38	Entrained (ft³/yd³)
3.60	3.77	3.93	4.10	4.27	4.43	4.60	4.77	4.93	5.10	%
0.036	0.038	0.039	0.041	0.043	0.044	0.046	0.048	0.049	0.051	Entrained (m³/m³)

(f)

Air (Values Approximate)							
2000	2500	3000	3500	4000	4500	5000	f'_c (psi)
—	—	—	—	—	—	—	Entrapped (ft³/yd³)
—	—	—	—	—	—	—	%

(f-1)

Air (Values Approximate)					
15	20	25	30	35	f'_c (MPa)
—	—	—	—	—	Entrapped (m³/m³)
—	—	—	—	—	%

(g)

Cement and Water Adjustments for Fine Aggregate Variations										
31-32	32-33	33-34	34-35	35-36	36-37	37-38	38-39	39-40	40-41	% Voids
90.0	92.5	95.0	97.5	100.0	102.5	105.0	107.5	110.0	112.5	Adjustment (%)

TABLES OF VOLUMES 113

Table No.	101
C.A. Size	2½"
	63 mm
ASTM No.	2
Slump	5"
	125 mm
(✓) AE	
( ) Non-AE	

(a)

Coarse Aggregate Type No.										Concrete Class
1	2	3	4	5	6	7				A
	1	2	3	4	5	6	7			B
		1	2	3	4	5	6	7		C
			1	2	3	4	5	6	7	D

(b) Concrete

10.80	11.30	11.80	12.30	12.80	13.30	13.80	14.30	14.80	15.30	Mortar (ft³/yd³)
16.20	15.70	15.20	14.70	14.20	13.70	13.20	12.70	12.20	11.70	C. A. + 8 (ft³/yd³)
0.400	0.419	0.437	0.456	0.474	0.493	0.511	0.530	0.548	0.567	Mortar (m³/m³)
0.600	0.581	0.563	0.544	0.526	0.507	0.489	0.470	0.452	0.433	C. A. + 8 (m³/m³)

(c) Cement

										f'_c (psi)
1.66	1.75	1.85	1.95	2.04	2.15	2.24	2.35	2.45	2.54	2000
1.87	1.96	2.06	2.15	2.24	2.34	2.44	2.53	2.63	2.72	2500
2.04	2.14	2.24	2.33	2.43	2.54	2.63	2.74	2.84	2.95	3000
2.23	2.33	2.43	2.54	2.65	2.75	2.84	2.94	3.05	3.16	3500
2.45	2.54	2.66	2.76	2.87	2.99	3.09	3.21	3.32	3.43	4000
2.69	2.79	2.93	3.02	3.14	3.26	3.37	3.49	3.61	3.73	4500
2.95	3.07	3.25	3.31	3.44	3.57	3.69	3.84	3.94	4.07	5000

(c-1) Cement

										f'_c (MPa)
0.064	0.067	0.071	0.075	0.078	0.082	0.085	0.089	0.093	0.096	15
0.074	0.077	0.081	0.085	0.088	0.092	0.096	0.100	0.103	0.107	20
0.085	0.088	0.092	0.096	0.100	0.104	0.107	0.111	0.115	0.119	25
0.097	0.100	0.105	0.109	0.113	0.117	0.122	0.126	0.130	0.135	30
0.110	0.115	0.122	0.124	0.129	0.134	0.138	0.143	0.147	0.152	35

(d) Water

										f'_c (psi)
3.20	3.35	3.48	3.62	3.75	3.89	4.03	4.17	4.31	4.44	2000
3.23	3.38	3.52	3.65	3.79	3.93	4.07	4.21	4.35	4.49	2500
3.27	3.41	3.56	3.69	3.83	3.98	4.11	4.26	4.39	4.53	3000
3.31	3.45	3.60	3.74	3.88	4.02	4.15	4.31	4.44	4.59	3500
3.34	3.49	3.64	3.78	3.92	4.07	4.21	4.35	4.49	4.63	4000
3.39	3.54	3.69	3.83	3.97	4.12	4.27	4.42	4.55	4.70	4500
3.44	3.59	3.74	3.88	4.03	4.18	4.33	4.48	4.62	4.77	5000

(d-1) Water

										f'_c (MPa)
0.119	0.124	0.129	0.134	0.139	0.144	0.150	0.155	0.160	0.165	15
0.120	0.126	0.131	0.136	0.141	0.147	0.152	0.157	0.162	0.167	20
0.123	0.128	0.134	0.139	0.144	0.149	0.154	0.160	0.165	0.170	25
0.127	0.131	0.135	0.141	0.147	0.152	0.157	0.163	0.168	0.173	30
0.128	0.133	0.139	0.144	0.150	0.155	0.161	0.166	0.171	0.177	35

(e) Air

0.97	1.02	1.06	1.11	1.15	1.20	1.24	1.29	1.33	1.38	Entrained (ft³/yd³)
3.60	3.77	3.93	4.10	4.27	4.43	4.60	4.77	4.93	5.10	%
0.036	0.038	0.039	0.041	0.043	0.044	0.046	0.048	0.049	0.051	Entrained (m³/m³)

(f) Air (Values Approximate)

2000	2500	3000	3500	4000	4500	5000	f'_c (psi)
—	—	—	—	—	—	—	Entrapped (ft³/yd³)
—	—	—	—	—	—	—	%

(f-1) Air (Values Approximate)

15	20	25	30	35	f'_c (MPa)
—	—	—	—	—	Entrapped (m³/m³)
—	—	—	—	—	%

(g) Cement and Water Adjustments for Fine Aggregate Variations

31–32	32–33	33–34	34–35	35–36	36–37	37–38	38–39	39–40	40–41	% Voids
90.0	92.5	95.0	97.5	100.0	102.5	105.0	107.5	110.0	112.5	Adjustment (%)

Table No.	102
C.A. Size	2½"
	63 mm
ASTM No.	2
Slump	5½"
	140 mm
(✓) AE	
( ) Non-AE	

(a)

Coarse Aggregate Type No.										Concrete Class
1	2	3	4	5	6	7				A
	1	2	3	4	5	6	7			B
		1	2	3	4	5	6	7		C
			1	2	3	4	5	6	7	D

(b)

Concrete										
10.80	11.30	11.80	12.30	12.80	13.30	13.80	14.30	14.80	15.30	Mortar (ft³/yd³)
16.20	15.70	15.20	14.70	14.20	13.70	13.20	12.70	12.20	11.70	C.A. + 8 (ft³/yd³)
0.400	0.419	0.437	0.456	0.474	0.493	0.511	0.530	0.548	0.567	Mortar (m³/m³)
0.600	0.581	0.563	0.544	0.526	0.507	0.489	0.470	0.452	0.433	C.A. + 8 (m³/m³)

(c)

Cement										f'_c (psi)
1.70	1.79	1.89	1.99	2.08	2.19	2.28	2.39	2.49	2.58	2000
1.91	2.00	2.10	2.19	2.28	2.38	2.48	2.57	2.67	2.76	2500
2.08	2.18	2.28	2.37	2.47	2.58	2.67	2.78	2.88	2.99	3000
2.27	2.37	2.47	2.58	2.69	2.79	2.88	2.98	3.09	3.20	3500
2.49	2.58	2.70	2.80	2.91	3.03	3.13	3.25	3.36	3.47	4000
2.73	2.83	2.97	3.06	3.18	3.30	3.41	3.53	3.65	3.77	4500
2.99	3.11	3.29	3.35	3.48	3.61	3.73	3.86	3.98	4.11	5000

(c-1)

Cement										f'_c (MPa)
0.066	0.069	0.073	0.077	0.080	0.084	0.087	0.091	0.095	0.098	15
0.076	0.079	0.083	0.087	0.090	0.094	0.098	0.102	0.105	0.109	20
0.087	0.090	0.094	0.098	0.102	0.106	0.109	0.113	0.117	0.121	25
0.099	0.102	0.107	0.111	0.115	0.119	0.124	0.128	0.132	0.137	30
0.112	0.117	0.124	0.126	0.131	0.136	0.140	0.145	0.149	0.154	35

(d)

Water										f'_c (psi)
3.25	3.40	3.53	3.67	3.80	3.94	4.08	4.22	4.36	4.49	2000
3.28	3.43	3.57	3.70	3.84	3.98	4.12	4.26	4.40	4.54	2500
3.32	3.46	3.61	3.74	3.88	4.03	4.16	4.31	4.44	4.58	3000
3.36	3.50	3.65	3.79	3.93	4.07	4.20	4.36	4.49	4.64	3500
3.39	3.54	3.69	3.83	3.97	4.12	4.26	4.40	4.54	4.68	4000
3.44	3.59	3.74	3.88	4.02	4.17	4.32	4.47	4.60	4.75	4500
3.49	3.64	3.79	3.93	4.08	4.23	4.38	4.53	4.67	4.82	5000

(d-1)

Water										f'_c (MPa)
0.121	0.126	0.131	0.136	0.141	0.146	0.152	0.157	0.162	0.167	15
0.122	0.128	0.133	0.138	0.143	0.149	0.154	0.159	0.164	0.169	20
0.125	0.130	0.136	0.141	0.146	0.151	0.156	0.162	0.167	0.172	25
0.129	0.133	0.137	0.143	0.149	0.154	0.159	0.165	0.170	0.175	30
0.130	0.135	0.141	0.146	0.152	0.157	0.163	0.168	0.173	0.179	35

(e)

Air										
0.97	1.02	1.06	1.11	1.15	1.20	1.24	1.29	1.33	1.38	Entrained (ft³/yd³)
3.60	3.77	3.93	4.10	4.27	4.43	4.60	4.77	4.93	5.10	%
0.036	0.038	0.039	0.041	0.043	0.044	0.046	0.048	0.049	0.051	Entrained (m³/m³)

(f)

Air (Values Approximate)							
2000	2500	3000	3500	4000	4500	5000	f'_c (psi)
—	—	—	—	—	—	—	Entrapped (ft³/yd³)
—	—	—	—	—	—	—	%

(f-1)

Air (Values Approximate)					
15	20	25	30	35	f'_c (MPa)
—	—	—	—	—	Entrapped (m³/m³)
—	—	—	—	—	%

(g)

Cement and Water Adjustments for Fine Aggregate Variations										
31–32	32–33	33–34	34–35	35–36	36–37	37–38	38–39	39–40	40–41	% Voids
90.0	92.5	95.0	97.5	100.0	102.5	105.0	107.5	110.0	112.5	Adjustment (%)

TABLES OF VOLUMES 115

Table No.	103
C.A. Size	2½"
	63 mm
ASTM No.	2
Slump	6"
	150mm
(√) AE	
( ) Non-AE	

(a)

Coarse Aggregate Type No.										Concrete Class
1	2	3	4	5	6	7				A
	1	2	3	4	5	6	7			B
		1	2	3	4	5	6	7		C
			1	2	3	4	5	6	7	D

(b) Concrete

10.80	11.30	11.80	12.30	12.80	13.30	13.80	14.30	14.80	15.30	Mortar (ft³/yd³)
16.20	15.70	15.20	14.70	14.20	13.70	13.20	12.70	12.20	11.70	C.A. + 8 (ft³/yd³)
0.400	0.419	0.437	0.456	0.474	0.493	0.511	0.530	0.548	0.567	Mortar (m³/m³)
0.600	0.581	0.563	0.544	0.526	0.507	0.489	0.470	0.452	0.433	C.A. + 8 (m³/m³)

(c) Cement

										f'_c (psi)
1.73	1.82	1.92	2.02	2.11	2.22	2.31	2.42	2.52	2.61	2000
1.94	2.03	2.13	2.22	2.31	2.41	2.51	2.60	2.70	2.79	2500
2.11	2.21	2.31	2.40	2.50	2.61	2.70	2.81	2.91	3.02	3000
2.30	2.40	2.50	2.61	2.72	2.82	2.91	3.01	3.12	3.23	3500
2.52	2.61	2.73	2.83	2.94	3.06	3.16	3.28	3.39	3.50	4000
2.76	2.86	3.00	3.09	3.21	3.33	3.44	3.56	3.68	3.80	4500
3.02	3.14	3.32	3.38	3.51	3.64	3.76	3.89	4.01	4.14	5000

(c-1) Cement

										f'_c (MPa)
0.067	0.070	0.074	0.078	0.081	0.085	0.088	0.092	0.096	0.099	15
0.077	0.080	0.084	0.088	0.091	0.095	0.099	0.103	0.106	0.110	20
0.088	0.091	0.095	0.099	0.103	0.107	0.110	0.114	0.118	0.122	25
0.100	0.103	0.108	0.112	0.116	0.120	0.125	0.129	0.133	0.138	30
0.113	0.118	0.125	0.127	0.132	0.137	0.141	0.146	0.150	0.155	35

(d) Water

										f'_c (psi)
3.30	3.45	3.58	3.72	3.85	3.99	4.13	4.27	4.41	4.54	2000
3.33	3.48	3.62	3.75	3.89	4.03	4.17	4.31	4.45	4.59	2500
3.37	3.51	3.66	3.79	3.93	4.08	4.21	4.36	4.49	4.63	3000
3.41	3.55	3.70	3.84	3.98	4.12	4.25	4.41	4.54	4.69	3500
3.44	3.59	3.74	3.88	4.02	4.17	4.31	4.45	4.59	4.73	4000
3.49	3.64	3.79	3.93	4.07	4.22	4.37	4.52	4.65	4.80	4500
3.54	3.69	3.84	3.98	4.13	4.28	4.43	4.58	4.72	4.87	5000

(d-1) Water

										f'_c (MPa)
0.123	0.128	0.133	0.138	0.143	0.148	0.154	0.159	0.164	0.169	15
0.124	0.130	0.135	0.140	0.145	0.151	0.156	0.161	0.166	0.171	20
0.127	0.132	0.138	0.143	0.148	0.153	0.158	0.164	0.169	0.174	25
0.131	0.135	0.139	0.145	0.151	0.156	0.161	0.167	0.172	0.177	30
0.132	0.137	0.143	0.148	0.154	0.159	0.165	0.170	0.175	0.181	35

(e) Air

0.97	1.02	1.06	1.11	1.15	1.20	1.24	1.29	1.33	1.38	Entrained (ft³/yd³)
3.60	3.77	3.93	4.10	4.27	4.43	4.60	4.77	4.93	5.10	%
0.036	0038	0.039	0.041	0.043	0.044	0.046	0.048	0.049	0.051	Entrained (m³/m³)

(f) Air (Values Approximate)

2000	2500	3000	3500	4000	4500	5000	f'_c (psi)
—	—	—	—	—	—	—	Entrapped (ft³/yd³)
—	—	—	—	—	—	—	%

(f-1) Air (Values Approximate)

15	20	25	30	35	f'_c (MPa)
—	—	—	—	—	Entrapped (m³/m³)
—	—	—	—	—	%

(g) Cement and Water Adjustments for Fine Aggregate Variations

31-32	32-33	33-34	34-35	35-36	36-37	37-38	38-39	39-40	40-41	% Voids
90.0	92.5	95.0	97.5	100.0	102.5	105.0	107.5	110.0	112.5	Adjustment (%)

Table No.	104
C.A. Size	2½"
	63 mm
ASTM No.	2
Slump	6½"
	165 mm

(✓) AE
( ) Non-AE

(a)

Coarse Aggregate Type No.										Concrete Class
1	2	3	4	5	6	7				A
	1	2	3	4	5	6	7			B
		1	2	3	4	5	6	7		C
			1	2	3	4	5	6	7	D

(b) Concrete

10.80	11.30	11.80	12.30	12.80	13.30	13.80	14.30	14.80	15.30	Mortar (ft³/yd³)
16.20	15.70	15.20	14.70	14.20	13.70	13.20	12.70	12.20	11.70	C. A. + 8 (ft³/yd³)
0.400	0.419	0.437	0.456	0.474	0.493	0.511	0.530	0.548	0.567	Mortar (m³/m³)
0.600	0.581	0.563	0.544	0.526	0.507	0.489	0.470	0.452	0.433	C. A. + 8 (m³/m³)

(c) Cement

										f'_c (psi)
1.76	1.85	1.95	2.05	2.14	2.25	2.34	2.45	2.55	2.64	2000
1.97	2.06	2.16	2.25	2.34	2.44	2.54	2.63	2.73	2.82	2500
2.14	2.24	2.34	2.43	2.53	2.64	2.73	2.84	2.94	3.05	3000
2.33	2.43	2.53	2.64	2.75	2.85	2.94	3.04	3.15	3.26	3500
2.55	2.64	2.76	2.86	2.97	3.09	3.19	3.31	3.42	3.53	4000
2.79	2.89	3.03	3.12	3.24	3.36	3.47	3.59	3.71	3.83	4500
3.05	3.17	3.35	3.41	3.54	3.67	3.79	3.92	4.04	4.17	5000

(c-1) Cement

										f'_c (MPa)
0.068	0.071	0.075	0.079	0.082	0.086	0.089	0.093	0.097	0.100	15
0.078	0.081	0.085	0.089	0.092	0.096	0.100	0.104	0.107	0.111	20
0.089	0.092	0.096	0.100	0.104	0.108	0.111	0.115	0.119	0.123	25
0.101	0.104	0.109	0.113	0.117	0.121	0.126	0.130	0.134	0.139	30
0.114	0.119	0.126	0.128	0.133	0.138	0.142	0.147	0.151	0.156	35

(d) Water

										f'_c (psi)
3.35	3.50	3.63	3.77	3.90	4.04	4.18	4.32	4.46	4.59	2000
3.38	3.53	3.67	3.80	3.94	4.08	4.22	4.36	4.50	4.64	2500
3.42	3.56	3.71	3.84	3.98	4.13	4.26	4.41	4.54	4.68	3000
3.46	3.60	3.75	3.89	4.03	4.17	4.30	4.46	4.59	4.74	3500
3.49	3.64	3.79	3.93	4.07	4.22	4.36	4.50	4.64	4.78	4000
3.54	3.69	3.84	3.98	4.12	4.27	4.42	4.57	4.70	4.85	4500
3.59	3.74	3.89	4.03	4.18	4.33	4.48	4.63	4.77	4.92	5000

(d-1) Water

										f'_c (MPa)
0.125	0.130	0.135	0.140	0.145	0.150	0.156	0.161	0.166	0.171	15
0.126	0.132	0.137	0.142	0.147	0.153	0.158	0.163	0.168	0.173	20
0.129	0.134	0.140	0.145	0.150	0.155	0.160	0.166	0.171	0.176	25
0.133	0.137	0.141	0.147	0.153	0.158	0.163	0.169	0.174	0.179	30
0.134	0.139	0.145	0.150	0.156	0.161	0.167	0.172	0.177	0.183	35

(e) Air

0.97	1.02	1.06	1.11	1.15	1.20	1.24	1.29	1.33	1.38	Entrained (ft³/yd³)
3.60	3.77	3.93	4.10	4.27	4.43	4.60	4.77	4.93	5.10	%
0.036	0.038	0.039	0.041	0.043	0.044	0.046	0.048	0.049	0.051	Entrained (m³/m³)

(f) Air (Values Approximate)

2000	2500	3000	3500	4000	4500	5000	f'_c (psi)
—	—	—	—	—	—	—	Entrapped (ft³/yd³)
—	—	—	—	—	—	—	%

(f-1) Air (Values Approximate)

15	20	25	30	35	f'_c (MPa)
—	—	—	—	—	Entrapped (m³/m³)
—	—	—	—	—	%

(g) Cement and Water Adjustments for Fine Aggregate Variations

31–32	32–33	33–34	34–35	35–36	36–37	37–38	38–39	39–40	40–41	% Voids
90.0	92.5	95.0	97.5	100.0	102.5	105.0	107.5	110.0	112.5	Adjustment (%)

Table No.	105
C.A. Size	2½"
	63 mm
ASTM No.	2
Slump	7"
	175 mm
(√) AE	
( ) Non-AE	

(a)

Coarse Aggregate Type No.										Concrete Class
1	2	3	4	5	6	7				A
	1	2	3	4	5	6	7			B
		1	2	3	4	5	6	7		C
			1	2	3	4	5	6	7	D

(b)

Concrete										
10.80	11.30	11.80	12.30	12.80	13.30	13.80	14.30	14.80	15.30	Mortar (ft³/yd³)
16.20	15.70	15.20	14.70	14.20	13.70	13.20	12.70	12.20	11.70	C. A. + 8 (ft³/yd³)
0.400	0.419	0.437	0.456	0.474	0.493	0.511	0.530	0.548	0.567	Mortar (m³/m³)
0.600	0.581	0.563	0.544	0.526	0.507	0.489	0.470	0.452	0.433	C. A. + 8 (m³/m³)

(c)

Cement										f'_c (psi)
1.80	1.89	1.99	2.09	2.18	2.29	2.38	2.49	2.59	2.68	2000
2.01	2.10	2.20	2.29	2.38	2.48	2.58	2.67	2.77	2.86	2500
2.18	2.28	2.38	2.47	2.57	268	2.77	2.88	2.98	3.09	3000
2.37	2.47	2.57	2.68	2.79	2.89	2.98	3.08	3.19	3.30	3500
2.59	2.68	2.80	2.90	3.01	3.13	3.23	3.35	3.46	3.57	4000
2.83	2.93	3.07	3.16	3.28	3.40	3.51	3.63	3.75	3.87	4500
3.09	3.21	3.39	3.45	3.58	3.71	3.83	3.96	4.08	4.21	5000

(c-1)

Cement										f'_c (MPa)
0.069	0.072	0.076	0.080	0.083	0.087	0.090	0.094	0.098	0.101	15
0.079	0.082	0.086	0.090	0.093	0.097	0.101	0.105	0.108	0.112	20
0.090	0.093	0.097	0.101	0.105	0.108	0.112	0.116	0.120	0.124	25
0.102	0.105	0.110	0.114	0.118	0.122	0.127	0.131	0.135	0.140	30
0.115	0.120	0.127	0.129	0.134	0.139	0.143	0.148	0.152	0.157	35

(d)

Water										f'_c (psi)
3.40	3.55	3.68	3.82	3.95	4.09	4.23	4.37	4.51	4.64	2000
3.43	3.58	3.72	3.85	3.99	4.13	4.27	4.41	4.55	4.69	2500
3.47	3.61	3.76	3.89	4.03	4.18	4.31	4.46	4.59	4.73	3000
3.51	3.65	3.80	3.94	4.08	4.22	4.35	4.51	4.64	4.79	3500
3.54	3.69	3.84	3.98	4.12	4.27	4.41	4.55	4.69	4.83	4000
3.59	3.74	3.89	4.03	4.17	4.32	4.47	4.62	4.75	4.90	4500
3.64	3.79	3.94	4.08	4.23	4.38	4.53	4.68	4.82	4.97	5000

(d-1)

Water										f'_c (MPa)
0.126	0.131	0.136	0.141	0.146	0.151	0.157	0.162	0.167	0.172	15
0.127	0.133	0.138	0.143	0.148	0.154	0.159	0.164	0.169	0.174	20
0.130	0.135	0.141	0.146	0.151	0.156	0.161	0.167	0.172	0.177	25
0.134	0.138	0.142	0.148	0.154	0.159	0.164	0.170	0.175	0.180	30
0.135	0.140	0.146	0.151	0.157	0.162	0.168	0.173	0.178	0.184	35

(e)

Air										
0.97	1.02	1.06	1.11	1.15	1.20	1.24	1.29	1.33	1.38	Entrained (ft³/yd³)
3.60	3.77	3.93	4.10	4.27	4.43	4.60	4.77	4.93	5.10	%
0.036	0.038	0.039	0.041	0.043	0.044	0.046	0.048	0.049	0.051	Entrained (m³/m³)

(f)

Air (Values Approximate)

2000	2500	3000	3500	4000	4500	5000	f'_c (psi)
—	—	—	—	—	—	—	Entrapped (ft³/yd³)
—	—	—	—	—	—	—	%

(f-1)

Air (Values Approximate)

15	20	25	30	35	f'_c (MPa)
—	—	—	—	—	Entrapped (m³/m³)
—	—	—	—	—	%

(g)

Cement and Water Adjustments for Fine Aggregate Variations

31–32	32–33	33–34	34–35	35–36	36–37	37–38	38–39	39–40	40–41	% Voids
90.0	92.5	95.0	97.5	100.0	102.5	105.0	107.5	110.0	112.5	Adjustment (%)

Table No. 106
C.A. Size 3″
75 mm
ASTM No. —
Slump 0″
0 mm

(✓) AE
( ) Non-AE

(a)

Coarse Aggregate Type No.										Concrete Class
1	2	3	4	5	6	7				A
	1	2	3	4	5	6	7			B
		1	2	3	4	5	6	7		C
			1	2	3	4	5	6	7	D

(b)

Concrete										
10.30	10.80	11.30	11.80	12.30	12.80	13.30	13.80	14.30	14.80	Mortar (ft³/yd³)
16.70	16.20	15.70	15.20	14.70	14.20	13.70	13.20	12.70	12.20	C. A. + 8 (ft³/yd³)
0.381	0.400	0.419	0.437	0.456	0.474	0.493	0.511	0.530	0.548	Mortar (m³/m³)
0.619	0.600	0.581	0.563	0.544	0.526	0.507	0.489	0.470	0.452	C. A. + 8 (m³/m³)

(c)

Cement										f'_c (psi)
1.27	1.37	1.48	1.59	1.68	1.78	1.89	1.99	2.09	2.19	2000
1.45	1.56	1.66	1.77	1.87	1.97	2.07	2.19	2.29	2.48	2500
1.63	1.74	1.85	1.95	2.06	2.16	2.27	2.39	2.49	2.59	3000
1.81	1.93	2.04	2.14	2.25	2.36	2.47	2.58	2.69	2.81	3500
2.03	2.15	2.27	2.38	2.50	2.62	2.73	2.85	2.96	3.07	4000
2.29	2.41	2.53	2.65	2.75	2.89	3.01	3.13	3.24	3.35	4500
2.57	2.70	2.82	2.94	3.05	3.17	3.29	3.41	3.53	3.66	5000

(c-1)

Cement										f'_c (MPa)
0.050	0.054	0.058	0.061	0.065	0.069	0.073	0.077	0.080	0.084	15
0.059	0.063	0.067	0.071	0.075	0.079	0.083	0.087	0.091	0.095	20
0.071	0.074	0.078	0.082	0.086	0.090	0.095	0.099	0.104	0.108	25
0.084	0.087	0.091	0.096	0.099	0.103	0.109	0.113	0.119	0.122	30
0.097	0.102	0.106	0.111	0.115	0.119	0.124	0.128	0.133	0.138	35

(d)

Water										f'_c (psi)
2.33	2.48	2.63	2.78	2.93	3.08	3.22	3.37	3.52	3.67	2000
2.38	2.53	2.68	2.83	2.98	3.13	3.27	3.42	3.57	3.72	2500
2.44	2.59	2.74	2.89	3.04	3.19	3.33	3.48	3.63	3.78	3000
2.49	2.64	2.79	2.94	3.10	3.24	3.38	3.53	3.68	3.83	3500
2.55	2.70	2.85	2.99	3.15	3.30	3.44	3.59	3.74	3.89	4000
2.60	2.75	2.91	3.05	3.21	3.36	3.49	3.64	3.80	3.94	4500
2.66	2.81	2.97	3.09	3.26	3.41	3.55	3.70	3.85	4.00	5000

(d-1)

Water										f'_c (MPa)
0.087	0.093	0.098	0.104	0.109	0.115	0.120	0.126	0.131	0.137	15
0.090	0.096	0.101	0.107	0.112	0.118	0.123	0.129	0.134	0.140	20
0.093	0.098	0.104	0.109	0.115	0.121	0.126	0.131	0.137	0.142	25
0.096	0.101	0.107	0.112	0.118	0.124	0.129	0.134	0.140	0.145	30
0.099	0.104	0.110	0.115	0.121	0.127	0.132	0.137	0.143	0.148	35

(e)

Air										
0.93	0.97	1.02	1.06	1.11	1.15	1.20	1.24	1.29	1.33	Entrained (ft³/yd³)
3.44	3.60	3.77	3.93	4.10	4.27	4.43	4.60	4.77	4.93	%
0.034	0.036	0.038	0.039	0.041	0.043	0.044	0.046	0.048	0.049	Entrained (m³/m³)

(f)

Air (Values Approximate)

2000	2500	3000	3500	4000	4500	5000	f'_c (psi)
—	—	—	—	—	—	—	Entrapped (ft³/yd³)
—	—	—	—	—	—	—	%

(f-1)

Air (Values Approximate)

15	20	25	30	35	f'_c (MPa)
—	—	—	—	—	Entrapped (m³/m³)
—	—	—	—	—	%

(g)

Cement and Water Adjustments for Fine Aggregate Variations

31–32	32–33	33–34	34–35	35–36	36–37	37–38	38–39	39–40	40–41	% Voids
90.0	92.5	95.0	97.5	100.0	102.5	105.0	107.5	110.0	112.5	Adjustment (%)

TABLES OF VOLUMES 119

Table No. 107
C.A. Size 3"
75 mm
ASTM No. —
Slump ½"
12.5 mm

(✓) AE
( ) Non-AE

(a)

Coarse Aggregate Type No.										Concrete Class
1	2	3	4	5	6	7				A
	1	2	3	4	5	6	7			B
		1	2	3	4	5	6	7		C
			1	2	3	4	5	6	7	D

(b)

Concrete										
10.30	10.80	11.30	11.80	12.30	12.80	13.30	13.80	14.30	14.80	Mortar (ft³/yd³)
16.70	16.20	15.70	15.20	14.70	14.20	13.70	13.20	12.70	12.20	C.A. + 8 (ft³/yd³)
0.381	0.400	0.419	0.437	0.456	0.474	0.493	0.511	0.530	0.548	Mortar (m³/m³)
0.619	0.600	0.581	0.563	0.544	0.526	0.507	0.489	0.470	0.452	C.A. + 8 (m³/m³)

(c)

Cement										f'_c (psi)
1.30	1.40	1.51	1.62	1.71	1.81	1.92	2.02	2.12	2.22	2000
1.48	1.59	1.69	1.80	1.90	2.00	2.10	2.22	2.32	2.51	2500
1.66	1.77	1.88	1.98	2.09	2.19	2.30	2.42	2.52	2.62	3000
1.84	1.96	2.07	2.17	2.28	2.39	2.50	2.61	2.72	2.84	3500
2.06	2.18	2.30	2.41	2.53	2.65	2.76	2.88	2.99	3.10	4000
2.32	2.44	2.56	2.68	2.78	2.92	3.04	3.16	3.27	3.38	4500
2.60	2.73	2.85	2.97	3.08	3.20	3.32	3.44	3.56	3.69	5000

(c-1)

Cement										f'_c (MPa)
0.051	0.055	0.059	0.062	0.066	0.070	0.074	0.078	0.081	0.085	15
0.060	0.064	0.068	0.072	0.076	0.080	0.084	0.088	0.092	0.096	20
0.072	0.075	0.079	0.083	0.087	0.091	0.096	0.100	0.105	0.109	25
0.085	0.088	0.092	0.097	0.100	0.104	0.110	0.114	0.120	0.123	30
0.098	0.103	0.107	0.112	0.116	0.120	0.125	0.129	0.134	0.139	35

(d)

Water										f'_c (psi)
2.39	2.54	2.69	2.84	2.99	3.14	3.28	3.43	3.58	3.73	2000
2.44	2.59	2.74	2.89	3.04	3.19	3.33	3.48	3.63	3.78	2500
2.50	2.65	2.80	2.95	3.10	3.25	3.39	3.54	3.69	3.84	3000
2.55	2.70	2.85	3.00	3.16	3.30	3.44	3.59	3.74	3.89	3500
2.61	2.76	2.91	3.05	3.21	3.36	3.50	3.65	3.80	3.95	4000
2.66	2.81	2.97	3.11	3.27	3.42	3.55	3.70	3.86	4.00	4500
2.72	2.87	3.03	3.15	3.32	3.47	3.61	3.76	3.91	4.06	5000

(d-1)

Water										f'_c (MPa)
0.089	0.095	0.100	0.106	0.111	0.117	0.122	0.128	0.133	0.139	15
0.092	0.098	0.103	0.109	0.114	0.120	0.125	0.131	0.136	0.142	20
0.095	0.100	0.106	0.111	0.117	0.123	0.128	0.133	0.139	0.144	25
0.098	0.103	0.109	0.114	0.120	0.126	0.131	0.136	0.142	0.147	30
0.101	0.106	0.112	0.117	0.123	0.129	0.134	0.139	0.145	0.150	35

(e)

Air										
0.93	0.97	1.02	1.06	1.11	1.15	1.20	1.24	1.29	1.33	Entrained (ft³/yd³)
3.44	3.60	3.77	3.93	4.10	4.27	4.43	4.60	4.77	4.93	%
0.034	0.036	0.038	0.039	0.041	0.043	0.044	0.046	0.048	0.049	Entrained (m³/m³)

(f)

Air (Values Approximate)							
2000	2500	3000	3500	4000	4500	5000	f'_c (psi)
—	—	—	—	—	—	—	Entrapped (ft³/yd³)
—	—	—	—	—	—	—	%

(f-1)

Air (Values Approximate)					
15	20	25	30	35	f'_c (MPa)
—	—	—	—	—	Entrapped (m³/m³)
—	—	—	—	—	%

(g)

Cement and Water Adjustments for Fine Aggregate Variations										
31–32	32–33	33–34	34–35	35–36	36–37	37–38	38–39	39–40	40–41	% Voids
90.0	92.5	95.0	97.5	100.0	102.5	105.0	107.5	110.0	112.5	Adjustment (%)

Table No.	108
C.A. Size	3″
	75 mm
ASTM No.	—
Slump	1″
	25 mm

(✓) AE
( ) Non-AE

(a)

Coarse Aggregate Type No.										Concrete Class
1	2	3	4	5	6	7				A
	1	2	3	4	5	6	7			B
		1	2	3	4	5	6	7		C
			1	2	3	4	5	6	7	D

(b) Concrete

10.30	10.80	11.30	11.80	12.30	12.80	13.30	13.80	14.30	14.80	Mortar (ft³/yd³)
16.70	16.20	15.70	15.20	14.70	14.20	13.70	13.20	12.70	12.20	C. A. + 8 (ft³/yd³)
0.381	0.400	0.419	0.437	0.456	0.474	0.493	0.511	0.530	0.548	Mortar (m³/m³)
0.619	0.600	0.581	0.563	0.544	0.526	0.507	0.489	0.470	0.452	C. A. + 8 (m³/m³)

(c) Cement

										f'_c (psi)
1.33	1.43	1.54	1.65	1.74	1.84	1.95	2.05	2.15	2.25	2000
1.51	1.62	1.72	1.83	1.93	2.03	2.13	2.25	2.35	2.54	2500
1.69	1.80	1.91	2.01	2.12	2.23	2.33	2.45	2.55	2.65	3000
1.87	1.99	2.10	2.20	2.31	2.42	2.53	2.61	2.75	2.87	3500
2.09	2.21	2.33	2.44	2.56	2.68	2.79	2.91	3.02	3.13	4000
2.35	2.47	2.59	2.71	2.81	2.95	3.07	3.19	3.30	3.41	4500
2.63	2.76	2.88	3.00	3.11	3.23	3.35	3.47	3.59	3.72	5000

(c-1) Cement

										f'_c (MPa)
0.052	0.056	0.060	0.063	0.067	0.071	0.075	0.079	0.082	0.086	15
0.061	0.065	0.069	0.073	0.077	0.081	0.085	0.089	0.093	0.097	20
0.073	0.076	0.080	0.084	0.088	0.092	0.097	0.101	0.106	0.110	25
0.086	0.089	0.093	0.098	0.101	0.105	0.111	0.115	0.121	0.124	30
0.099	0.104	0.108	0.113	0.117	0.121	0.126	0.130	0.135	0.140	35

(d) Water

										f'_c (psi)
2.44	2.59	2.74	2.89	3.04	3.19	3.33	3.48	3.63	3.78	2000
2.49	2.64	2.79	2.94	3.09	3.24	3.38	3.53	3.68	3.83	2500
2.55	2.70	2.85	3.00	3.15	3.30	3.44	3.59	3.74	3.89	3000
2.60	2.75	2.90	3.05	3.21	3.35	3.49	3.64	3.79	3.94	3500
2.66	2.81	2.96	3.10	3.26	3.41	3.55	3.70	3.85	4.00	4000
2.71	2.86	3.02	3.16	3.32	3.47	3.60	3.75	3.91	4.05	4500
2.77	2.92	3.08	3.20	3.37	3.52	3.66	3.81	3.96	4.11	5000

(d-1) Water

										f'_c (MPa)
0.091	0.097	0.102	0.108	0.113	0.119	0.124	0.130	0.135	0.141	15
0.094	0.100	0.105	0.111	0.116	0.122	0.127	0.133	0.138	0.144	20
0.097	0.102	0.108	0.113	0.119	0.125	0.130	0.135	0.141	0.146	25
0.100	0.105	0.111	0.116	0.122	0.128	0.133	0.138	0.144	0.149	30
0.103	0.108	0.114	0.119	0.125	0.131	0.136	0.141	0.147	0.152	35

(e) Air

0.93	0.97	1.02	1.06	1.11	1.15	1.20	1.24	1.29	1.33	Entrained (ft³/yd³)
3.44	3.60	3.77	3.93	4.10	4.27	4.43	4.60	4.77	4.93	%
0.034	0.036	0.038	0.039	0.041	0.043	0.044	0.046	0.048	0.049	Entrained (m³/m³)

(f) Air (Values Approximate)

2000	2500	3000	3500	4000	4500	5000	f'_c (psi)
—	—	—	—	—	—	—	Entrapped (ft³/yd³)
—	—	—	—	—	—	—	%

(f-1) Air (Values Approximate)

15	20	25	30	35	f'_c (MPa)
—	—	—	—	—	Entrapped (m³/m³)
—	—	—	—	—	%

(g) Cement and Water Adjustments for Fine Aggregate Variations

31–32	32–33	33–34	34–35	35–36	36–37	37–38	38–39	39–40	40–41	% Voids
90.0	92.5	95.0	97.5	100.0	102.5	105.0	107.5	110.0	112.5	Adjustment (%)

Table No.		109
C.A. Size		3"
		75 mm
ASTM No.		—
Slump		1½"
		40 mm
(√) AE		
( ) Non-AE		

(a)

Coarse Aggregate Type No.										Concrete Class
1	2	3	4	5	6	7				A
	1	2	3	4	5	6	7			B
		1	2	3	4	5	6	7		C
			1	2	3	4	5	6	7	D

(b)

Concrete										
10.30	10.80	11.30	11.80	12.30	12.80	13.30	13.80	14.30	14.80	Mortar (ft³/yd³)
16.70	16.20	15.70	15.20	14.70	14.20	13.70	13.20	12.70	12.20	C. A. + 8 (ft³/yd³)
0.381	0.400	0.419	0.437	0.456	0.474	0.493	0.511	0.530	0.548	Mortar (m³/m³)
0.619	0.600	0.581	0.563	0.544	0.526	0.507	0.489	0.470	0.452	C. A. + 8 (m³/m³)

(c)

Cement										f'_c (psi)
1.37	1.47	1.58	1.69	1.78	1.88	1.99	2.09	2.19	2.29	2000
1.55	1.66	1.76	1.87	1.97	2.07	2.17	2.29	2.39	2.58	2500
1.73	1.84	1.95	2.05	2.16	2.26	2.37	2.49	2.59	2.69	3000
1.91	2.03	2.14	2.24	2.35	2.46	2.57	2.68	2.79	2.91	3500
2.13	2.25	2.37	2.48	2.60	2.72	2.83	2.95	3.06	3.17	4000
2.39	2.51	2.63	2.75	2.85	2.99	3.11	3.23	3.34	3.45	4500
2.67	2.80	2.92	3.04	3.15	3.27	3.39	3.51	3.63	3.76	5000

(c-1)

Cement										f'_c (MPa)
0.053	0.057	0.061	0.064	0.068	0.072	0.076	0.080	0.083	0.087	15
0.062	0.066	0.070	0.074	0.078	0.082	0.086	0.090	0.094	0.098	20
0.074	0.077	0.081	0.085	0.089	0.093	0.098	0.102	0.107	0.111	25
0.087	0.090	0.094	0.099	0.102	0.106	0.112	0.116	0.122	0.125	30
0.100	0.105	0.109	0.114	0.118	0.122	0.127	0.131	0.136	0.141	35

(d)

Water										f'_c (psi)
2.49	2.64	2.79	2.94	3.09	3.24	3.38	3.53	3.68	3.83	2000
2.54	2.69	2.84	2.99	3.14	3.29	3.43	3.58	3.73	3.88	2500
2.60	2.75	2.90	3.05	3.20	3.35	3.49	3.64	3.79	3.94	3000
2.65	2.80	2.95	3.10	3.26	3.40	3.54	3.69	3.84	3.99	3500
2.71	2.86	3.01	3.15	3.31	3.46	3.60	3.75	3.90	4.05	4000
2.76	2.91	3.07	3.21	3.37	3.52	3.65	3.80	3.96	4.10	4500
2.82	2.97	3.13	3.25	3.42	3.57	3.71	3.86	4.01	4.16	5000

(d-1)

Water										f'_c (MPa)
0.093	0.099	0.104	0.110	0.115	0.121	0.126	0.132	0.137	0.143	15
0.096	0.102	0.107	0.113	0.118	0.124	0.129	0.135	0.140	0.146	20
0.099	0.104	0.110	0.115	0.121	0.127	0.132	0.137	0.143	0.148	25
0.102	0.107	0.113	0.118	0.124	0.130	0.135	0.140	0.146	0.151	30
0.105	0.110	0.116	0.121	0.127	0.133	0.138	0.143	0.149	0.154	35

(e)

Air										
0.93	0.97	1.02	1.06	1.11	1.15	1.20	1.24	1.29	1.33	Entrained (ft³/yd³)
3.44	3.60	3.77	3.93	4.10	4.27	4.43	4.60	4.77	4.93	%
0.034	0.036	0.038	0.039	0.041	0.043	0.044	0.046	0.048	0.049	Entrained (m³/m³)

(f)

Air (Values Approximate)							
2000	2500	3000	3500	4000	4500	5000	f'_c (psi)
—	—	—	—	—	—	—	Entrapped (ft³/yd³)
—	—	—	—	—	—	—	%

(f-1)

Air (Values Approximate)					
15	20	25	30	35	f'_c (MPa)
—	—	—	—	—	Entrapped (m³/m³)
—	—	—	—	—	%

(g)

Cement and Water Adjustments for Fine Aggregate Variations										
31-32	32-33	33-34	34-35	35-36	36-37	37-38	38-39	39-40	40-41	% Voids
90.0	92.5	95.0	97.5	100.0	102.5	105.0	107.5	110.0	112.5	Adjustment (%)

Table No.	110
C.A. Size	3"
	75 mm
ASTM No.	—
Slump	2"
	50 mm

(✓) AE
( ) Non-AE

(a)

Coarse Aggregate Type No.										Concrete Class
1	2	3	4	5	6	7				A
	1	2	3	4	5	6	7			B
		1	2	3	4	5	6	7		C
			1	2	3	4	5	6	7	D

(b) Concrete

10.30	10.80	11.30	11.80	12.30	12.80	13.30	13.80	14.30	14.80	Mortar (ft³/yd³)
16.70	16.20	15.70	15.20	14.70	14.20	13.70	13.20	12.70	12.20	C.A. + 8 (ft³/yd³)
0.381	0.400	0.419	0.437	0.456	0.474	0.493	0.511	0.530	0.548	Mortar (m³/m³)
0.619	0.600	0.581	0.563	0.544	0.526	0.507	0.489	0.470	0.452	C.A. + 8 (m³/m³)

(c) Cement

									f'_c (psi)
1.41	1.51	1.62	1.73	1.82	1.92	2.03	2.13	2.23	2.33	2000
1.59	1.70	1.80	1.91	2.01	2.11	2.21	2.33	2.43	2.62	2500
1.77	1.88	1.99	2.09	2.20	2.30	2.41	2.53	2.63	2.73	3000
1.95	2.07	2.18	2.28	2.39	2.50	2.61	2.72	2.83	2.95	3500
2.17	2.29	2.41	2.52	2.64	2.76	2.87	2.99	3.10	3.21	4000
2.43	2.55	2.67	2.79	2.89	3.03	3.15	3.27	3.38	3.49	4500
2.71	2.84	2.96	3.08	3.19	3.31	3.43	3.55	3.67	3.80	5000

(c-1) Cement

										f'_c (MPa)
0.055	0.059	0.063	0.066	0.070	0.074	0.078	0.082	0.085	0.089	15
0.064	0.068	0.072	0.076	0.080	0.084	0.088	0.092	0.096	0.100	20
0.076	0.079	0.083	0.087	0.091	0.095	0.100	0.104	0.109	0.113	25
0.089	0.092	0.096	0.101	0.104	0.108	0.114	0.118	0.124	0.127	30
0.102	0.107	0.111	0.116	0.120	0.124	0.129	0.133	0.138	0.143	35

(d) Water

										f'_c (psi)
2.55	2.70	2.85	3.00	3.15	3.30	3.44	3.59	3.74	3.89	2000
2.60	2.75	2.90	3.05	3.20	3.35	3.49	3.64	3.79	3.94	2500
2.66	2.81	2.96	3.11	3.26	3.41	3.55	3.70	3.85	4.00	3000
2.71	2.86	3.01	3.16	3.32	3.46	3.60	3.75	3.90	4.05	3500
2.77	2.92	3.07	3.21	3.37	3.52	3.66	3.81	3.96	4.11	4000
2.82	2.97	3.13	3.27	3.43	3.58	3.71	3.86	4.02	4.16	4500
2.88	3.03	3.19	3.31	3.48	3.63	3.77	3.92	4.07	4.22	5000

(d-1) Water

										f'_c (MPa)
0.095	0.101	0.106	0.112	0.117	0.123	0.128	0.134	0.139	0.145	15
0.098	0.104	0.109	0.115	0.120	0.126	0.131	0.137	0.142	0.148	20
0.101	0.106	0.112	0.117	0.123	0.129	0.134	0.139	0.145	0.150	25
0.104	0.109	0.115	0.120	0.126	0.132	0.137	0.142	0.148	0.153	30
0.107	0.112	0.118	0.123	0.129	0.135	0.140	0.145	0.151	0.156	35

(e) Air

0.93	0.97	1.02	1.06	1.11	1.15	1.20	1.24	1.29	1.33	Entrained (ft³/yd³)
3.44	3.60	3.77	3.93	4.10	4.27	4.43	4.60	4.77	4.93	%
0.034	0.036	0.038	0.039	0.041	0.043	0.044	0.046	0.048	0.049	Entrained (m³/m³)

(f) Air (Values Approximate)

2000	2500	3000	3500	4000	4500	5000	f'_c (psi)
—	—	—	—	—	—	—	Entrapped (ft³/yd³)
—	—	—	—	—	—	—	%

(f-1) Air (Values Approximate)

15	20	25	30	35	f'_c (MPa)
—	—	—	—	—	Entrapped (m³/m³)
—	—	—	—	—	%

(g) Cement and Water Adjustments for Fine Aggregate Variations

31–32	32–33	33–34	34–35	35–36	36–37	37–38	38–39	39–40	40–41	% Voids
90.0	92.5	95.0	97.5	100.0	102.5	105.0	107.5	110.0	112.5	Adjustment (%)

TABLES OF VOLUMES 123

Table No.	111
C.A. Size	3″
	75 mm
ASTM No.	—
Slump	2½″
	65 mm
(✓) AE	
( ) Non-AE	

(a)

Coarse Aggregate Type No.										Concrete Class
1	2	3	4	5	6	7				A
	1	2	3	4	5	6	7			B
		1	2	3	4	5	6	7		C
			1	2	3	4	5	6	7	D

(b) Concrete

10.30	10.80	11.30	11.80	12.30	12.80	13.30	13.80	14.30	14.80	Mortar (ft³/yd³)
16.70	16.20	15.70	15.20	14.70	14.20	13.70	13.20	12.70	12.20	C.A. + 8 (ft³/yd³)
0.381	0.400	0.419	0.437	0.456	0.474	0.493	0.511	0.530	0.548	Mortar (m³/m³)
0.619	0.600	0.581	0.563	0.544	0.526	0.507	0.489	0.470	0.452	C.A. + 8 (m³/m³)

(c) Cement

										f'_c (psi)
1.44	1.54	1.65	1.76	1.85	1.95	2.06	2.16	2.26	2.36	2000
1.62	1.73	1.83	1.94	2.04	2.14	2.24	2.36	2.46	2.56	2500
1.80	1.91	2.02	2.12	2.23	2.33	2.44	2.56	2.66	2.76	3000
1.98	2.10	2.21	2.31	2.42	2.53	2.64	2.75	2.86	2.98	3500
2.20	2.32	2.44	2.55	2.67	2.79	2.90	3.02	3.13	3.24	4000
2.46	2.58	2.70	2.82	2.92	3.06	3.18	3.30	3.41	3.52	4500
2.74	2.87	2.99	3.11	3.22	3.34	3.46	3.58	3.70	3.83	5000

(c-1) Cement

										f'_c (MPa)
0.056	0.060	0.064	0.067	0.071	0.075	0.079	0.083	0.086	0.090	15
0.065	0.069	0.073	0.077	0.081	0.085	0.089	0.093	0.097	0.101	20
0.077	0.080	0.084	0.088	0.092	0.096	0.101	0.105	0.110	0.114	25
0.090	0.093	0.097	0.102	0.105	0.109	0.115	0.119	0.125	0.128	30
0.103	0.108	0.112	0.117	0.121	0.125	0.130	0.134	0.139	0.144	35

(d) Water

										f'_c (psi)
2.60	2.75	2.90	3.05	3.20	3.35	3.49	3.64	3.79	3.94	2000
2.65	2.80	2.95	3.10	3.25	3.40	3.54	3.69	3.84	3.99	2500
2.71	2.86	3.01	3.16	3.31	3.46	3.60	3.75	3.90	4.05	3000
2.76	2.91	3.06	3.21	3.37	3.51	3.65	3.80	3.95	4.10	3500
2.82	2.97	3.12	3.26	3.42	3.57	3.71	3.86	4.01	4.16	4000
2.87	3.02	3.18	3.32	3.48	3.63	3.76	3.91	4.07	4.21	4500
2.93	3.08	3.24	3.36	3.53	3.68	3.82	3.97	4.12	4.27	5000

(d-1) Water

										f'_c (MPa)
0.097	0.103	0.108	0.114	0.119	0.125	0.130	0.136	0.141	0.147	15
0.100	0.106	0.111	0.117	0.122	0.128	0.133	0.139	0.144	0.150	20
0.103	0.108	0.114	0.119	0.125	0.131	0.136	0.141	0.147	0.152	25
0.106	0.111	0.117	0.122	0.128	0.134	0.139	0.144	0.150	0.155	30
0.109	0.114	0.120	0.125	0.131	0.137	0.142	0.147	0.153	0.158	35

(e) Air

0.93	0.97	1.02	1.06	1.11	1.15	1.20	1.24	1.29	1.33	Entrained (ft³/yd³)
3.44	3.60	3.77	3.93	4.10	4.27	4.43	4.60	4.77	4.93	%
0.034	0.036	0.038	0.039	0.041	0.043	0.044	0.046	0.048	0.049	Entrained (m³/m³)

(f) Air (Values Approximate)

2000	2500	3000	3500	4000	4500	5000	f'_c (psi)
—	—	—	—	—	—	—	Entrapped (ft³/yd³)
—	—	—	—	—	—	—	%

(f-1) Air (Values Approximate)

15	20	25	30	35	f'_c (MPa)
—	—	—	—	—	Entrapped (m³/m³)
—	—	—	—	—	%

(g) Cement and Water Adjustments for Fine Aggregate Variations

31-32	32-33	33-34	34-35	35-36	36-37	37-38	38-39	39-40	40-41	% Voids
90.0	92.5	95.0	97.5	100.0	102.5	105.0	107.5	110.0	112.5	Adjustment (%)

Table No.	112
C.A. Size	3"
	75 mm
ASTM No.	—
Slump	3"
	75 mm

(✓) AE
( ) Non-AE

(a)											
Coarse Aggregate Type No.										Concrete Class	
1	2	3	4	5	6	7				A
	1	2	3	4	5	6	7			B
		1	2	3	4	5	6	7		C
			1	2	3	4	5	6	7	D

(b)										
Concrete										
10.30	10.80	11.30	11.80	12.30	12.80	13.30	13.80	14.30	14.80	Mortar (ft³/yd³)
16.70	16.20	15.70	15.20	14.70	14.20	13.70	13.20	12.70	12.20	C. A. + 8 (ft³/yd³)
0.381	0.400	0.419	0.437	0.456	0.474	0.493	0.511	0.530	0.548	Mortar (m³/m³)
0.619	0.600	0.581	0.563	0.544	0.526	0.507	0.489	0.470	0.452	C. A. + 8 (m³/m³)

(c)										
Cement										f'_c (psi)
1.47	1.57	1.68	1.79	1.88	1.98	2.09	2.19	2.29	2.39	2000
1.65	1.76	1.86	1.97	2.07	2.17	2.27	2.39	2.49	2.59	2500
1.83	1.94	2.05	2.15	2.26	2.36	2.47	2.59	2.69	2.79	3000
2.01	2.13	2.24	2.34	2.45	2.56	2.67	2.78	2.89	3.01	3500
2.23	2.35	2.47	2.58	2.70	2.82	2.93	3.05	3.16	3.27	4000
2.49	2.61	2.73	2.85	2.95	3.09	3.21	3.33	3.44	3.55	4500
2.77	2.90	3.02	3.14	3.25	3.37	3.49	3.61	3.73	3.86	5000

(c-1)										
Cement										f'_c (MPa)
0.057	0.061	0.065	0.068	0.072	0.076	0.080	0.084	0.087	0.091	15
0.066	0.070	0.074	0.078	0.082	0.086	0.090	0.094	0.098	0.102	20
0.078	0.081	0.085	0.089	0.093	0.097	0.102	0.106	0.111	0.115	25
0.091	0.094	0.098	0.103	0.106	0.110	0.116	0.120	0.126	0.129	30
0.104	0.109	0.113	0.118	0.122	0.126	0.131	0.135	0.140	0.145	35

(d)										
Water										f'_c (psi)
2.65	2.80	2.95	3.10	3.25	3.40	3.54	3.69	3.84	3.99	2000
2.70	2.85	3.00	3.15	3.30	3.45	3.59	3.74	3.89	4.04	2500
2.76	2.91	3.06	3.21	3.36	3.51	3.65	3.80	3.95	4.10	3000
2.81	2.96	3.11	3.26	3.42	3.56	3.70	3.85	4.00	4.15	3500
2.87	3.02	3.17	3.31	3.47	3.62	3.76	3.91	4.06	4.21	4000
2.92	3.07	3.23	3.37	3.53	3.68	3.81	3.96	4.12	4.26	4500
2.98	3.13	3.29	3.43	3.58	3.73	3.87	4.02	4.17	4.32	5000

(d-1)										
Water										f'_c (MPa)
0.099	0.105	0.110	0.116	0.121	0.127	0.132	0.138	0.143	0.149	15
0.102	0.108	0.113	0.119	0.124	0.130	0.135	0.141	0.146	0.152	20
0.105	0.110	0.116	0.121	0.127	0.133	0.138	0.143	0.149	0.154	25
0.108	0.113	0.119	0.124	0.130	0.136	0.141	0.146	0.152	0.157	30
0.111	0.116	0.122	0.127	0.133	0.139	0.144	0.149	0.155	0.160	35

(e)										
Air										
0.93	0.97	1.02	1.06	1.11	1.15	1.20	1.24	1.29	1.33	Entrained (ft³/yd³)
3.44	3.60	3.77	3.93	4.10	4.27	4.43	4.60	4.77	4.93	%
0.034	0.036	0.038	0.039	0.041	0.043	0.044	0.046	0.048	0.049	Entrained (m³/m³)

(f)							
Air (Values Approximate)							
2000	2500	3000	3500	4000	4500	5000	f'_c (psi)
—	—	—	—	—	—	—	Entrapped (ft³/yd³)
—	—	—	—	—	—	—	%

(f-1)					
Air (Values Approximate)					
15	20	25	30	35	f'_c (MPa)
—	—	—	—	—	Entrapped (m³/m³)
—	—	—	—	—	%

(g)										
Cement and Water Adjustments for Fine Aggregate Variations										
31–32	32–33	33–34	34–35	35–36	36–37	37–38	38–39	39–40	40–41	% Voids
90.0	92.5	95.0	97.5	100.0	102.5	105.0	107.5	110.0	112.5	Adjustment (%)

TABLES OF VOLUMES 125

Table No.	113
C.A. Size	3"
	75 mm
ASTM No.	—
Slump	3½"
	90 mm

(✓) AE
( ) Non-AE

(a)

Coarse Aggregate Type No.										Concrete Class
1	2	3	4	5	6	7				A
	1	2	3	4	5	6	7			B
		1	2	3	4	5	6	7		C
			1	2	3	4	5	6	7	D

(b)
Concrete

10.30	10.80	11.30	11.80	12.30	12.80	13.30	13.80	14.30	14.80	Mortar (ft³/yd³)
16.70	16.20	15.70	15.20	14.70	14.20	13.70	13.20	12.70	12.20	C.A. + 8 (ft³/yd³)
0.381	0.400	0.419	0.437	0.456	0.474	0.493	0.511	0.530	0.548	Mortar (m³/m³)
0.619	0.600	0.581	0.563	0.544	0.526	0.507	0.489	0.470	0.452	C.A. + 8 (m³/m³)

(c)
Cement

										f'_c (psi)
1.51	1.61	1.72	1.83	1.92	2.02	2.13	2.23	2.33	2.43	2000
1.69	1.80	1.90	2.01	2.11	2.21	2.31	2.43	2.53	2.72	2500
1.87	1.98	2.09	2.19	2.30	2.40	2.51	2.63	2.73	2.83	3000
2.05	2.17	2.28	2.38	2.49	2.60	2.71	2.82	2.93	3.05	3500
2.27	2.39	2.51	2.62	2.74	2.86	2.97	3.09	3.20	3.31	4000
2.53	2.65	2.77	2.89	2.99	3.13	3.25	3.37	3.48	3.59	4500
2.81	2.94	3.06	3.18	3.29	3.41	3.53	3.65	3.77	3.90	5000

(c-1)
Cement

										f'_c (MPa)
0.059	0.063	0.067	0.070	0.074	0.078	0.082	0.086	0.089	0.093	15
0.068	0.072	0.076	0.080	0.084	0.088	0.092	0.096	0.100	0.104	20
0.080	0.083	0.087	0.091	0.095	0.099	0.104	0.108	0.113	0.117	25
0.093	0.096	0.100	0.105	0.108	0.112	0.118	0.122	0.128	0.131	30
0.106	0.111	0.115	0.120	0.124	0.128	0.133	0.137	0.142	0.147	35

(d)
Water

										f'_c (psi)
2.71	2.86	3.01	3.16	3.31	3.46	3.60	3.75	3.90	4.05	2000
2.76	2.91	3.06	3.21	3.36	3.51	3.65	3.80	3.95	4.10	2500
2.82	2.97	3.12	3.27	3.42	3.57	3.71	3.86	4.01	4.16	3000
2.87	3.02	3.17	3.32	3.48	3.62	2.76	3.91	4.06	4.21	3500
2.93	3.08	3.23	3.37	3.53	3.68	3.82	3.97	4.12	4.27	4000
2.98	3.13	3.29	3.43	3.59	3.74	3.87	4.02	4.18	4.32	4500
3.04	3.19	3.35	3.47	3.64	3.79	3.93	4.08	4.23	4.38	5000

(d-1)
Water

										f'_c (MPa)
0.101	0.107	0.112	0.118	0.123	0.129	0.134	0.140	0.145	0.151	15
0.104	0.110	0.115	0.121	0.126	0.132	0.137	0.143	0.148	0.154	20
0.107	0.112	0.118	0.123	0.129	0.135	0.140	0.145	0.151	0.156	25
0.110	0.113	0.121	0.126	0.132	0.138	0.143	0.148	0.154	0.159	30
0.113	0.118	0.124	0.129	0.135	0.142	0.146	0.151	0.157	0.162	35

(e)
Air

0.93	0.97	1.02	1.06	1.11	1.15	1.20	1.24	1.29	1.33	Entrained (ft³/yd³)
3.44	3.60	3.77	3.93	4.10	4.27	4.43	4.60	4.77	4.93	%
0.034	0.036	0.038	0.039	0.041	0.043	0.044	0.046	0.048	0.049	Entrained (m³/m³)

(f)
Air (Values Approximate)

2000	2500	3000	3500	4000	4500	5000	f'_c (psi)
—	—	—	—	—	—	—	Entrapped (ft³/yd³)
—	—	—	—	—	—	—	%

(f-1)
Air (Values Approximate)

15	20	25	30	35	f'_c (MPa)
—	—	—	—	—	Entrapped (m³/m³)
—	—	—	—	—	%

(g)
Cement and Water Adjustments for Fine Aggregate Variations

31–32	32–33	33–34	34–35	35–36	36–37	37–38	38–39	39–40	40–41	% Voids
90.0	92.5	95.0	97.5	100.0	102.5	105.0	107.5	110.0	112.5	Adjustment (%)

Table No.	114
C.A. Size	3"
	75 mm
ASTM No.	—
Slump	4"
	100 mm
(✓) AE	
( ) Non-AE	

(a)

Coarse Aggregate Type No.										Concrete Class
1	2	3	4	5	6	7				A
	1	2	3	4	5	6	7			B
		1	2	3	4	5	6	7		C
			1	2	3	4	5	6	7	D

(b) Concrete

10.30	10.80	11.30	11.80	12.30	12.80	13.30	13.80	14.30	14.80	Mortar (ft³/yd³)
16.70	16.20	15.70	15.20	14.70	14.20	13.70	13.20	12.70	12.20	C.A. + 8 (ft³/yd³)
0.381	0.400	0.419	0.437	0.456	0.474	0.493	0.511	0.530	0.548	Mortar (m³/m³)
0.619	0.600	0.581	0.563	0.544	0.526	0.507	0.489	0.470	0.452	C.A. + 8 (m³/m³)

(c) Cement

										f'_c (psi)
1.55	1.65	1.76	1.87	1.96	2.06	2.17	2.27	2.37	2.47	2000
1.73	1.84	1.94	2.05	2.15	2.25	2.35	2.47	2.57	2.76	2500
1.91	2.02	2.13	2.23	2.34	2.44	2.55	2.67	2.77	2.87	3000
2.09	2.21	2.32	2.42	2.53	2.64	2.75	2.86	2.97	3.09	3500
2.31	2.43	2.55	2.66	2.78	2.90	3.01	3.13	3.24	3.35	4000
2.57	2.69	2.81	2.93	3.03	3.17	3.29	3.41	3.52	3.63	4500
2.85	2.98	3.10	3.22	3.33	3.45	3.57	3.69	3.81	3.94	5000

(c-1) Cement

										f'_c (MPa)
0.060	0.064	0.068	0.071	0.075	0.079	0.083	0.087	0.090	0.094	15
0.069	0.073	0.077	0.081	0.085	0.089	0.093	0.097	0.101	0.105	20
0.081	0.084	0.088	0.092	0.096	0.100	0.105	0.109	0.114	0.118	25
0.094	0.097	0.101	0.106	0.109	0.113	0.119	0.123	0.129	0.132	30
0.107	0.112	0.116	0.121	0.125	0.129	0.134	0.138	0.143	0.148	35

(d) Water

										f'_c (psi)
2.76	2.91	3.06	3.21	3.36	3.51	3.65	3.80	3.95	4.10	2000
2.81	2.96	3.11	3.26	3.41	3.56	3.70	3.85	4.00	4.15	2500
2.87	3.02	3.17	3.32	3.47	3.62	3.76	3.91	4.06	4.21	3000
2.92	3.07	3.22	3.37	3.53	3.67	3.81	3.96	4.11	4.26	3500
2.98	3.13	3.28	3.42	3.58	3.73	3.87	4.02	4.17	4.32	4000
3.03	3.18	3.34	3.48	3.64	3.79	3.92	4.07	4.23	4.37	4500
3.09	3.24	3.40	3.52	3.69	3.84	3.98	4.13	4.28	4.43	5000

(d-1) Water

										f'_c (MPa)
0.103	0.109	0.114	0.120	0.125	0.131	0.136	0.142	0.147	0.153	15
0.106	0.112	0.117	0.123	0.128	0.134	0.139	0.145	0.150	0.156	20
0.109	0.114	0.120	0.125	0.131	0.137	0.142	0.147	0.153	0.158	25
0.112	0.117	0.123	0.128	0.134	0.140	0.145	0.150	0.156	0.161	30
0.115	0.120	0.126	0.131	0.137	0.143	0.148	0.153	0.159	0.164	35

(e) Air

0.93	0.97	1.02	1.06	1.11	1.15	1.20	1.24	1.29	1.33	Entrained (ft³/yd³)
3.44	3.60	3.77	3.93	4.10	4.27	4.43	4.60	4.77	4.93	%
0.034	0.036	0.038	0.039	0.041	0.043	0.044	0.046	0.048	0.049	Entrained (m³/m³)

(f) Air (Values Approximate)

2000	2500	3000	3500	4000	4500	5000	f'_c (psi)
—	—	—	—	—	—	—	Entrapped (ft³/yd³)
—	—	—	—	—	—	—	%

(f-1) Air (Values Approximate)

15	20	25	30	35	f'_c (MPa)
—	—	—	—	—	Entrapped (m³/m³)
—	—	—	—	—	%

(g) Cement and Water Adjustments for Fine Aggregate Variations

31-32	32-33	33-34	34-35	35-36	36-37	37-38	38-39	39-40	40-41	% Voids
90.0	92.5	95.0	97.5	100.0	102.5	105.0	107.5	110.0	112.5	Adjustment (%)

TABLES OF VOLUMES

Table No.	115
C.A. Size	3"
	75 mm
ASTM No.	—
Slump	4½"
	115 mm

(✓) AE
( ) Non·AE

(a)

Coarse Aggregate Type No.										Concrete Class
1	2	3	4	5	6	7				A
	1	2	3	4	5	6	7			B
		1	2	3	4	5	6	7		C
			1	2	3	4	5	6	7	D

(b) Concrete

10.30	10.80	11.30	11.80	12.30	12.80	13.30	13.80	14.30	14.80	Mortar (ft³/yd³)
16.70	16.20	15.70	15.20	14.70	14.20	13.70	13.20	12.70	12.20	C. A. + 8 (ft³/yd³)
0.381	0.400	0.419	0.437	0.456	0.474	0.493	0.511	0.530	0.548	Mortar (m³/m³)
0.619	0.600	0.581	0.563	0.544	0.526	0.507	0.489	0.470	0.452	C. A. + 8 (m³/m³)

(c) Cement

										f'_c (psi)
1.58	1.68	1.79	1.90	1.99	2.09	2.20	2.30	2.40	2.50	2000
1.76	1.87	1.97	2.08	2.18	2.28	2.38	2.50	2.60	2.79	2500
1.94	2.05	2.16	2.26	2.37	2.47	2.58	2.70	2.80	2.90	3000
2.12	2.24	2.35	2.46	2.57	2.68	2.79	2.90	3.01	3.12	3500
2.34	2.46	2.58	2.69	2.81	2.93	3.04	3.16	3.27	3.38	4000
2.60	2.72	2.84	2.96	3.06	3.20	3.32	3.44	3.55	3.66	4500
2.88	3.01	3.13	3.25	3.36	3.48	3.60	3.72	3.84	3.97	5000

(c-1) Cement

										f'_c (MPa)
0.061	0.065	0.069	0.072	0.076	0.080	0.084	0.088	0.091	0.095	15
0.070	0.074	0.078	0.082	0.086	0.090	0.094	0.098	0.102	0.106	20
0.082	0.085	0.089	0.093	0.097	0.101	0.106	0.110	0.115	0.119	25
0.095	0.098	0.102	0.107	0.110	0.114	0.120	0.124	0.130	0.133	30
0.108	0.113	0.117	0.122	0.126	0.130	0.135	0.139	0.144	0.149	35

(d) Water

										f'_c (psi)
2.81	2.96	3.11	3.26	3.41	3.56	3.70	3.85	4.00	4.15	2000
2.86	3.01	3.16	3.31	3.46	3.61	3.75	3.90	4.05	4.20	2500
2.92	3.07	3.22	3.37	3.52	3.67	3.81	3.96	4.11	4.26	3000
2.97	3.12	3.27	3.42	3.58	3.72	3.86	4.01	4.16	4.31	3500
3.03	3.18	3.33	3.47	3.63	3.78	3.92	4.07	4.22	4.37	4000
3.08	3.23	3.39	3.53	3.69	3.84	3.97	4.12	4.28	4.42	4500
3.14	3.29	3.45	3.57	3.74	3.89	4.03	4.18	4.33	4.48	5000

(d-1) Water

										f'_c (MPa)
0.105	0.111	0.116	0.122	0.127	0.133	0.138	0.144	0.149	0.155	15
0.108	0.114	0.119	0.125	0.130	0.136	0.141	0.147	0.152	0.158	20
0.111	0.116	0.122	0.127	0.133	0.139	0.144	0.149	0.155	0.160	25
0.114	0.119	0.125	0.130	0.136	0.142	0.147	0.152	0.158	0.163	30
0.117	0.122	0.128	0.133	0.139	0.145	0.150	0.155	0.161	0.166	35

(e) Air

0.93	0.97	1.02	1.06	1.11	1.15	1.20	1.24	1.29	1.33	Entrained (ft³/yd³)
3.44	3.60	3.77	3.93	4.10	4.27	4.43	4.60	4.77	4.93	%
0.034	0.036	0.038	0.039	0.041	0.043	0.044	0.046	0.048	0.049	Entrained (m³/m³)

(f) Air (Values Approximate)

2000	2500	3000	3500	4000	4500	5000	f'_c (psi)
—	—	—	—	—	—	—	Entrapped (ft³/yd³)
—	—	—	—	—	—	—	%

(f-1) Air (Values Approximate)

15	20	25	30	35	f'_c (MPa)
—	—	—	—	—	Entrapped (m³/m³)
—	—	—	—	—	%

(g) Cement and Water Adjustments for Fine Aggregate Variations

31–32	32–33	33–34	34–35	35–36	36–37	37–38	38–39	39–40	40–41	% Voids
90.0	92.5	95.0	97.5	100.0	102.5	105.0	107.5	110.0	112.5	Adjustment (%)

Table No.		116
C.A. Size		3″
		75 mm
ASTM No.		—
Slump		5″
		125 mm

(✓) AE
( ) Non-AE

(a)										
Coarse Aggregate Type No.										Concrete Class
1	2	3	4	5	6	7				A
	1	2	3	4	5	6	7			B
		1	2	3	4	5	6	7		C
			1	2	3	4	5	6	7	D

(b)										
Concrete										
10.30	10.80	11.30	11.80	12.30	12.80	13.30	13.80	14.30	14.80	Mortar (ft³/yd³)
16.70	16.20	15.70	15.20	14.70	14.20	13.70	13.20	12.70	12.20	C. A. + 8 (ft³/yd³)
0.381	0.400	0.419	0.437	0.456	0.474	0.493	0.511	0.530	0.548	Mortar (m³/m³)
0.619	0.600	0.581	0.563	0.544	0.526	0.507	0.489	0.470	0.452	C. A. + 8 (m³/m³)

(c)										
Cement										
1.61	1.71	1.82	1.93	2.02	2.12	2.23	2.33	2.43	2.53	2000
1.79	1.90	2.00	2.11	2.21	2.31	2.41	2.53	2.63	2.82	2500
1.97	2.08	2.19	2.29	2.40	2.50	2.61	2.73	2.83	2.93	3000
2.15	2.27	2.38	2.48	2.59	2.70	2.81	2.92	3.03	3.15	3500
2.37	2.49	2.61	2.72	2.84	2.96	3.07	3.19	3.30	3.41	4000
2.63	2.75	2.87	2.99	3.09	3.23	3.35	3.47	3.58	3.69	4500
2.91	3.04	3.16	3.28	3.39	3.51	3.63	3.75	3.87	4.00	5000

Rightmost column header: f'_c (psi)

(c-1)										
Cement										
0.062	0.066	0.070	0.073	0.077	0.081	0.085	0.089	0.092	0.096	15
0.071	0.075	0.079	0.083	0.087	0.091	0.095	0.099	0.103	0.107	20
0.083	0.086	0.090	0.094	0.098	0.102	0.107	0.111	0.116	0.120	25
0.096	0.099	0.103	0.108	0.111	0.115	0.121	0.125	0.131	0.134	30
0.109	0.114	0.118	0.123	0.127	0.131	0.136	0.140	0.145	0.150	35

Rightmost column header: f'_c (MPa)

(d)										
Water										
2.87	3.02	3.17	3.32	3.47	3.62	3.76	3.91	4.06	4.21	2000
2.92	3.07	3.22	3.37	3.52	3.67	3.81	3.96	4.11	4.26	2500
2.98	3.13	3.28	3.43	3.58	3.73	3.87	4.02	4.17	4.32	3000
3.03	3.18	3.33	3.48	3.64	3.78	3.92	4.07	4.22	4.37	3500
3.09	3.24	3.39	3.53	3.69	3.84	3.98	4.13	4.28	4.43	4000
3.14	3.29	3.45	3.59	3.75	3.90	4.03	4.18	4.34	4.48	4500
3.20	3.35	3.51	3.63	3.80	3.95	4.09	4.24	4.39	4.54	5000

Rightmost column header: f'_c (psi)

(d-1)										
Water										
0.107	0.113	0.118	0.124	0.129	0.135	0.140	0.146	0.151	0.157	15
0.110	0.116	0.121	0.127	0.132	0.138	0.143	0.149	0.154	0.160	20
0.113	0.118	0.124	0.129	0.135	0.141	0.146	0.151	0.157	0.162	25
0.116	0.121	0.127	0.132	0.138	0.144	0.149	0.154	0.160	0.165	30
0.119	0.124	0.130	0.135	0.141	0.147	0.152	0.157	0.163	0.168	35

Rightmost column header: f'_c (MPa)

(e)										
Air										
0.93	0.97	1.02	1.06	1.11	1.15	1.20	1.24	1.29	1.33	Entrained (ft³/yd³)
3.44	3.60	3.77	3.93	4.10	4.27	4.43	4.60	4.77	4.93	%
0.034	0.036	0.038	0.039	0.041	0.043	0.044	0.046	0.048	0.049	Entrained (m³/m³)

(f)							
Air (Values Approximate)							
2000	2500	3000	3500	4000	4500	5000	f'_c (psi)
—	—	—	—	—	—	—	Entrapped (ft³/yd³)
—	—	—	—	—	—	—	%

(f-1)					
Air (Values Approximate)					
15	20	25	30	35	f'_c (MPa)
—	—	—	—	—	Entrapped (m³/m³)
—	—	—	—	—	%

(g)										
Cement and Water Adjustments for Fine Aggregate Variations										
31–32	32–33	33–34	34–35	35–36	36–37	37–38	38–39	39–40	40–41	% Voids
90.0	92.5	95.0	97.5	100.0	102.5	105.0	107.5	110.0	112.5	Adjustment (%)

TABLES OF VOLUMES

Table No.	117
C.A. Size	3″
	75 mm
ASTM No.	—
Slump	5½″
	140 mm

(✓) AE
( ) Non-AE

(a)

Coarse Aggregate Type No.										Concrete Class
1	2	3	4	5	6	7				A
	1	2	3	4	5	6	7			B
		1	2	3	4	5	6	7		C
			1	2	3	4	5	6	7	D

(b) Concrete

10.30	10.80	11.30	11.80	12.30	12.80	13.30	13.80	14.30	14.80	Mortar (ft³/yd³)
16.70	16.20	15.70	15.20	14.70	14.20	13.70	13.20	12.70	12.20	C.A. + 8 (ft³/yd³)
0.381	0.400	0.419	0.437	0.456	0.474	0.493	0.511	0.530	0.548	Mortar (m³/m³)
0.619	0.600	0.581	0.563	0.544	0.526	0.507	0.489	0.470	0.452	C.A. + 8 (m³/m³)

(c) Cement

										f'_c (psi)
1.65	1.75	1.86	1.97	2.06	2.16	2.27	2.37	2.47	2.57	2000
1.83	1.94	2.04	2.15	2.25	2.35	2.45	2.57	2.67	2.86	2500
2.01	2.12	2.23	2.33	2.44	2.54	2.65	2.77	2.87	2.97	3000
2.19	2.31	2.42	2.52	2.63	2.74	2.85	2.96	3.07	3.19	3500
2.41	2.53	2.65	2.76	2.88	3.00	3.11	3.23	3.34	3.45	4000
2.67	2.79	2.91	3.03	3.13	3.27	3.39	3.51	3.62	3.73	4500
2.95	3.08	3.20	3.32	3.43	3.55	3.67	3.79	3.91	4.04	5000

(c-1) Cement

										f'_c (MPa)
0.064	0.068	0.072	0.075	0.079	0.083	0.087	0.091	0.094	0.098	15
0.073	0.077	0.081	0.085	0.089	0.093	0.097	0.101	0.105	0.109	20
0.085	0.088	0.092	0.096	0.100	0.104	0.109	0.113	0.118	0.122	25
0.098	0.101	0.105	0.110	0.113	0.117	0.123	0.127	0.133	0.136	30
0.111	0.116	0.120	0.125	0.129	0.133	0.138	0.142	0.147	0.152	35

(d) Water

										f'_c (psi)
2.92	3.07	3.22	3.37	3.52	3.67	3.81	3.96	4.11	4.26	2000
2.97	3.12	3.27	3.42	3.57	3.72	3.86	4.01	4.16	4.31	2500
3.03	3.18	3.33	3.48	3.63	3.78	3.92	4.07	4.22	4.37	3000
3.08	3.23	3.38	3.53	3.69	3.83	3.97	4.12	4.27	4.42	3500
3.14	3.29	3.44	3.58	3.74	3.89	4.03	4.18	4.33	4.48	4000
3.19	3.34	3.50	3.64	3.80	3.95	4.08	4.23	4.39	4.53	4500
3.25	3.40	3.56	3.68	3.85	4.00	4.14	4.29	4.44	4.59	5000

(d-1) Water

										f'_c (MPa)
0.109	0.115	0.120	0.126	0.131	0.137	0.142	0.148	0.153	0.159	15
0.112	0.118	0.123	0.129	0.134	0.140	0.145	0.151	0.156	0.162	20
0.115	0.120	0.126	0.131	0.137	0.143	0.148	0.153	0.159	0.164	25
0.118	0.123	0.129	0.134	0.140	0.146	0.151	0.156	0.162	0.167	30
0.121	0.126	0.132	0.137	0.143	0.149	0.154	0.159	0.165	0.170	35

(e) Air

0.93	0.97	1.02	1.06	1.11	1.15	1.20	1.24	1.29	1.33	Entrained (ft³/yd³)
3.44	3.60	3.77	3.93	4.10	4.27	4.43	4.60	4.77	4.93	%
0.034	0.036	0.038	0.039	0.041	0.043	0.044	0.046	0.048	0.049	Entrained (m³/m³)

(f) Air (Values Approximate)

2000	2500	3000	3500	4000	4500	5000	f'_c (psi)
—	—	—	—	—	—	—	Entrapped (ft³/yd³)
—	—	—	—	—	—	—	%

(f-1) Air (Values Approximate)

15	20	25	30	35	f'_c (MPa)
—	—	—	—	—	Entrapped (m³/m³)
—	—	—	—	—	%

(g) Cement and Water Adjustments for Fine Aggregate Variations

31–32	32–33	33–34	34–35	35–36	36–37	37–38	38–39	39–40	40–41	% Voids
90.0	92.5	95.0	97.5	100.0	102.5	105.0	107.5	110.0	112.5	Adjustment (%)

Table No. 118

C.A. Size 3″ / 75 mm

ASTM No. —

Slump 6″ / 150 mm

(✓) AE
( ) Non-AE

(a)

Coarse Aggregate Type No.										Concrete Class
1	2	3	4	5	6	7				A
	1	2	3	4	5	6	7			B
		1	2	3	4	5	6	7		C
			1	2	3	4	5	6	7	D

(b)

Concrete										
10.30	10.80	11.30	11.80	12.30	12.80	13.30	13.80	14.30	14.80	Mortar (ft³/yd³)
16.70	16.20	15.70	15.20	14.70	14.20	13.70	13.20	12.70	12.20	C. A. + 8 (ft³/yd³)
0.381	0.400	0.419	0.437	0.456	0.474	0.493	0.511	0.530	0.548	Mortar (m³/m³)
0.619	0.600	0.581	0.563	0.544	0.526	0.507	0.489	0.470	0.452	C. A. + 8 (m³/m³)

(c)

Cement										f'_c (psi)
1.68	1.78	1.89	2.00	2.09	2.19	2.30	2.40	2.50	2.60	2000
1.86	1.97	2.07	2.18	2.28	2.38	2.48	2.60	2.70	2.89	2500
2.04	2.15	2.26	2.36	2.47	2.57	2.68	2.80	2.90	3.00	3000
2.22	2.34	2.45	2.55	2.66	2.77	2.88	2.99	3.10	3.22	3500
2.44	2.56	2.68	2.79	2.91	3.03	3.14	3.26	3.37	3.48	4000
2.70	2.82	2.94	3.06	3.16	3.30	3.42	3.54	3.65	3.76	4500
2.98	3.11	3.23	3.35	3.46	3.58	3.70	3.82	3.94	4.07	5000

(c-1)

Cement										f'_c (MPa)
0.065	0.069	0.073	0.076	0.080	0.084	0.088	0.092	0.095	0.099	15
0.074	0.078	0.082	0.086	0.090	0.094	0.098	0.102	0.106	0.110	20
0.086	0.089	0.093	0.097	0.101	0.105	0.110	0.114	0.119	0.123	25
0.099	0.102	0.106	0.111	0.114	0.118	0.124	0.128	0.134	0.137	30
0.112	0.117	0.121	0.126	0.130	0.134	0.139	0.143	0.148	0.153	35

(d)

Water										f'_c (psi)
2.97	3.12	3.27	3.42	3.57	3.72	3.86	4.01	4.16	4.31	2000
3.02	3.17	3.32	3.47	3.62	3.77	3.91	4.06	4.21	4.36	2500
3.08	3.23	3.38	3.53	3.68	3.83	3.97	4.12	4.27	4.42	3000
3.13	3.28	3.43	3.58	3.74	3.88	4.02	4.17	4.32	4.47	3500
3.19	3.34	3.49	3.63	3.79	3.94	4.08	4.23	4.38	4.53	4000
3.24	3.39	3.55	3.69	3.85	4.00	4.13	4.28	4.44	4.58	4500
3.30	3.45	3.61	3.73	3.90	4.05	4.19	4.34	4.49	4.64	5000

(d-1)

Water										f'_c (MPa)
0.111	0.117	0.122	0.128	0.133	0.139	0.144	0.150	0.155	0.161	15
0.114	0.120	0.125	0.131	0.136	0.142	0.147	0.153	0.158	0.164	20
0.117	0.122	0.128	0.133	0.139	0.145	0.150	0.155	0.161	0.166	25
0.120	0.125	0.131	0.136	0.142	0.148	0.153	0.158	0.164	0.169	30
0.123	0.128	0.134	0.139	0.145	0.151	0.156	0.161	0.167	0.172	35

(e)

Air										
0.93	0.97	1.02	1.06	1.11	1.15	1.20	1.24	1.29	1.33	Entrained (ft³/yd³)
3.44	3.60	3.77	3.93	4.10	4.27	4.43	4.60	4.77	4.93	%
0.034	0.036	0.038	0.039	0.041	0.043	0.044	0.046	0.048	0.049	Entrained (m³/m³)

(f)

Air (Values Approximate)							
2000	2500	3000	3500	4000	4500	5000	f'_c (psi)
—	—	—	—	—	—	—	Entrapped (ft³/yd³)
—	—	—	—	—	—	—	%

(f-1)

Air (Values Approximate)					
15	20	25	30	35	f'_c (MPa)
—	—	—	—	—	Entrapped (m³/m³)
—	—	—	—	—	%

(g)

Cement and Water Adjustments for Fine Aggregate Variations										
31–32	32–33	33–34	34–35	35–36	36–37	37–38	38–39	39–40	40–41	% Voids
90.0	92.5	95.0	97.5	100.0	102.5	105.0	107.5	110.0	112.5	Adjustment (%)

TABLES OF VOLUMES 131

Table No.	119
C.A. Size	3″
	75 mm
ASTM No.	—
Slump	6½″
	165 mm
(✓) AE	
( ) Non-AE	

(a)

Coarse Aggregate Type No.										Concrete Class
1	2	3	4	5	6	7				A
	1	2	3	4	5	6	7			B
		1	2	3	4	5	6	7		C
			1	2	3	4	5	6	7	D

(b)

Concrete										
10.30	10.80	11.30	11.80	12.30	12.80	13.30	13.80	14.30	14.80	Mortar (ft³/yd³)
16.70	16.20	15.70	15.20	14.70	14.20	13.70	13.20	12.70	12.20	C.A. + 8 (ft³/yd³)
0.381	0.400	0.419	0.437	0.456	0.474	0.493	0.511	0.530	0.548	Mortar (m³/m³)
0.619	0.600	0.581	0.563	0.544	0.526	0.507	0.489	0.470	0.452	C.A. + 8 (m³/m³)

(c)

Cement										f'_c (psi)
1.71	1.81	1.92	2.03	2.12	2.22	2.33	2.43	2.53	2.63	2000
1.89	2.00	2.10	2.21	2.31	2.41	2.51	2.63	2.73	2.92	2500
2.07	2.18	2.29	2.39	2.50	2.60	2.71	2.83	2.93	3.03	3000
2.25	2.37	2.48	2.58	2.69	2.80	2.91	3.02	3.13	3.25	3500
2.47	2.59	2.71	2.82	2.94	3.06	3.17	3.29	3.40	3.51	4000
2.73	2.85	2.97	3.09	3.19	3.33	3.45	3.57	3.68	3.79	4500
3.01	3.14	3.26	3.38	3.49	3.61	3.73	3.85	3.97	4.10	5000

(c-1)

Cement										f'_c (MPa)
0.066	0.070	0.074	0.077	0.081	0.085	0.089	0.093	0.096	0.100	15
0.075	0.079	0.083	0.087	0.091	0.095	0.099	0.103	0.107	0.111	20
0.087	0.090	0.094	0.098	0.102	0.106	0.111	0.115	0.120	0.124	25
0.100	0.103	0.107	0.112	0.115	0.119	0.125	0.129	0.135	0.138	30
0.113	0.118	0.122	0.127	0.131	0.135	0.140	0.144	0.149	0.154	35

(d)

Water										f'_c (psi)
3.02	3.17	3.32	3.47	3.62	3.77	3.91	4.06	4.21	4.36	2000
3.07	3.22	3.37	3.52	3.67	3.82	3.96	4.11	4.26	4.41	2500
3.13	3.28	3.43	3.58	3.73	3.88	4.02	4.17	4.32	4.47	3000
3.18	3.33	3.48	3.63	3.79	3.93	4.07	4.22	4.37	4.52	3500
3.24	3.39	3.54	3.68	3.84	3.99	4.13	4.28	4.43	4.58	4000
3.29	3.44	3.60	3.74	3.90	4.05	4.18	4.33	4.49	4.63	4500
3.35	3.50	3.66	3.78	3.95	4.10	4.24	4.39	4.54	4.69	5000

(d-1)

Water										f'_c (MPa)
0.113	0.119	0.124	0.130	0.135	0.141	0.146	0.152	0.157	0.163	15
0.116	0.122	0.127	0.133	0.138	0.144	0.149	0.155	0.160	0.166	20
0.119	0.124	0.130	0.135	0.141	0.147	0.152	0.158	0.163	0.168	25
0.122	0.127	0.133	0.138	0.144	0.150	0.155	0.161	0.166	0.171	30
0.125	0.130	0.136	0.141	0.147	0.153	0.158	0.163	0.169	0.174	35

(e)

Air										
0.93	0.97	1.02	1.06	1.11	1.15	1.20	1.24	1.29	1.33	Entrained (ft³/yd³)
3.44	3.60	3.77	3.93	4.10	4.27	4.43	4.60	4.77	4.93	%
0.034	0.036	0.038	0.039	0.041	0.043	0.044	0.046	0.048	0.049	Entrained (m³/m³)

(f)

Air (Values Approximate)							
2000	2500	3000	3500	4000	4500	5000	f'_c (psi)
—	—	—	—	—	—	—	Entrapped (ft³/yd³)
—	—	—	—	—	—	—	%

(f-1)

Air (Values Approximate)					
15	20	25	30	35	f'_c (MPa)
—	—	—	—	—	Entrapped (m³/m³)
—	—	—	—	—	%

(g)

Cement and Water Adjustments for Fine Aggregate Variations										
31-32	32-33	33-34	34-35	35-36	36-37	37-38	38-39	39-40	40-41	% Voids
90.0	92.5	95.0	97.5	100.0	102.5	105.0	107.5	110.0	112.5	Adjustment (%)

Table No.	120
C.A. Size	3"
	75 mm
ASTM No.	—
Slump	7"
	175 mm
(✓) AE	
( ) Non-AE	

(a)

Coarse Aggregate Type No.										Concrete Class
1	2	3	4	5	6	7				A
	1	2	3	4	5	6	7			B
		1	2	3	4	5	6	7		C
			1	2	3	4	5	6	7	D

(b)

Concrete										
10.30	10.80	11.30	11.80	12.30	12.80	13.30	13.80	14.30	14.80	Mortar (ft³/yd³)
16.70	16.20	15.70	15.20	14.70	14.20	13.70	13.20	12.70	12.20	C. A. + 8 (ft³/yd³)
0.381	0.400	0.419	0.437	0.456	0.474	0.493	0.511	0.530	0.548	Mortar (m³/m³)
0.619	0.600	0.581	0.563	0.544	0.526	0.507	0.489	0.470	0.452	C. A. + 8 (m³/m³)

(c)

Cement										f'_c (psi)
1.75	1.85	1.96	2.07	2.16	2.26	2.37	2.47	2.57	2.67	2000
1.93	2.04	2.14	2.25	2.35	2.45	2.55	2.67	2.77	2.96	2500
2.11	2.22	2.33	2.43	2.54	2.64	2.75	2.87	2.97	3.07	3000
2.29	2.41	2.52	2.62	2.73	2.84	2.95	3.06	3.17	3.29	3500
2.51	2.63	2.75	2.86	2.98	3.10	3.21	3.33	3.44	3.55	4000
2.77	2.89	3.01	3.13	3.23	3.37	3.49	3.61	3.72	3.83	4500
3.05	3.18	3.30	3.42	3.53	3.65	3.77	3.89	4.01	4.14	5000

(c-1)

Cement										f'_c (MPa)
0.067	0.071	0.075	0.078	0.082	0.086	0.090	0.094	0.097	0.101	15
0.076	0.080	0.084	0.088	0.092	0.096	0.100	0.104	0.108	0.112	20
0.088	0.091	0.095	0.099	0.103	0.107	0.112	0.116	0.121	0.125	25
0.101	0.104	0.108	0.113	0.116	0.120	0.126	0.130	0.136	0.139	30
0.114	0.119	0.123	0.128	0.132	0.136	0.141	0.145	0.150	0.155	35

(d)

Water										f'_c (psi)
3.07	3.22	3.37	3.52	3.67	3.82	3.96	4.11	4.26	4.41	2000
3.12	3.27	3.42	3.57	3.72	3.87	4.01	4.16	4.31	4.46	2500
3.18	3.33	3.48	3.63	3.78	3.93	4.07	4.22	4.37	4.52	3000
3.23	3.38	3.53	3.68	3.84	3.98	4.12	4.27	4.42	4.57	3500
3.29	3.44	3.59	3.73	3.89	4.04	4.18	4.33	4.48	4.63	4000
3.34	3.49	3.65	3.79	3.95	4.10	4.23	4.38	4.54	4.68	4500
3.40	3.55	3.71	3.83	4.00	4.15	4.29	4.44	4.59	4.74	5000

(d-1)

Water										f'_c (MPa)
0.114	0.120	0.125	0.131	0.136	0.142	0.147	0.153	0.158	0.164	15
0.117	0.123	0.128	0.134	0.139	0.145	0.150	0.156	0.161	0.167	20
0.120	0.125	0.131	0.136	0.142	0.148	0.153	0.158	0.164	0.169	25
0.123	0.128	0.134	0.139	0.145	0.151	0.156	0.161	0.167	0.172	30
0.126	0.131	0.137	0.142	0.148	0.154	0.159	0.164	0.170	0.175	35

(e)

Air										
0.93	0.97	1.02	1.06	1.11	1.15	1.20	1.24	1.29	1.33	Entrained (ft³/yd³)
3.44	3.60	3.77	3.93	4.10	4.27	4.43	4.60	4.77	4.93	%
0.034	0.036	0.038	0.039	0.041	0.043	0.044	0.046	0.048	0.049	Entrained (m³/m³)

(f)

Air (Values Approximate)							
2000	2500	3000	3500	4000	4500	5000	f'_c (psi)
—	—	—	—	—	—	—	Entrapped (ft³/yd³)
—	—	—	—	—	—	—	%

(f-1)

Air (Values Approximate)					
15	20	25	30	35	f'_c (MPa)
—	—	—	—	—	Entrapped (m³/m³)
—	—	—	—	—	%

(g)

Cement and Water Adjustments for Fine Aggregate Variations										
31–32	32–33	33–34	34–35	35–36	36–37	37–38	38–39	39–40	40–41	% Voids
90.0	92.5	95.0	97.5	100.0	102.5	105.0	107.5	110.0	112.5	Adjustment (%)

TABLES OF VOLUMES 133

Table No. 121
C.A. Size 3½"
        90 mm
ASTM No. 1
Slump 0"
       0 mm

(✓) AE
( ) Non-AE

(a)

Coarse Aggregate Type No.										Concrete Class
1	2	3	4	5	6	7				A
	1	2	3	4	5	6	7			B
		1	2	3	4	5	6	7		C
			1	2	3	4	5	6	7	D

(b) Concrete

10.00	10.50	11.00	11.50	12.00	12.50	13.00	13.50	14.00	14.50	Mortar (ft³/yd³)
17.00	16.50	16.00	15.50	15.00	14.50	14.00	13.50	13.00	12.50	C.A. + 8 (ft³/yd³)
0.370	0.389	0.407	0.426	0.444	0.463	0.481	0.500	0.519	0.537	Mortar (m³/m³)
0.630	0.611	0.593	0.574	0.556	0.537	0.519	0.500	0.481	0.463	C.A. + 8 (m³/m³)

(c) Cement

										f'_c (psi)
1.23	1.35	1.46	1.57	1.69	1.80	1.91	2.03	2.14	2.25	2000
1.43	1.53	1.64	1.75	1.85	1.97	2.08	2.19	2.30	2.40	2500
1.60	1.71	1.83	1.94	2.05	2.15	2.27	2.38	2.49	2.60	3000
1.78	1.90	2.01	2.13	2.24	2.35	2.46	2.58	2.70	2.81	3500
1.97	2.10	2.22	2.33	2.46	2.59	2.71	2.83	2.96	3.08	4000
2.24	2.37	2.49	2.61	2.75	2.86	2.98	3.11	3.23	3.36	4500
2.53	2.65	2.79	2.91	3.05	3.18	3.32	3.45	3.58	3.71	5000

(c-1) Cement

										f'_c (MPa)
0.048	0.053	0.057	0.061	0.065	0.069	0.073	0.078	0.082	0.085	15
0.058	0.062	0.067	0.071	0.075	0.078	0.083	0.087	0.091	0.095	20
0.069	0.073	0.078	0.082	0.087	0.090	0.095	0.099	0.103	0.108	25
0.081	0.085	0.091	0.096	0.100	0.104	0.109	0.114	0.120	0.124	30
0.096	0.100	0.105	0.110	0.115	0.120	0.125	0.130	0.135	0.140	35

(d) Water

										f'_c (psi)
2.21	2.38	2.55	2.71	2.86	3.04	3.20	3.36	3.53	3.68	2000
2.25	2.43	2.60	2.76	2.91	3.09	3.25	3.41	3.58	3.73	2500
2.31	2.49	2.66	2.82	2.97	3.15	3.31	3.47	3.64	3.78	3000
2.36	2.54	2.71	2.87	3.02	3.20	3.36	3.52	3.69	3.84	3500
2.42	2.60	2.76	2.92	3.08	3.26	3.42	3.57	3.75	3.89	4000
2.48	2.65	2.82	2.98	3.14	3.31	3.47	3.62	3.80	3.95	4500
2.54	2.70	2.87	3.03	3.20	3.36	3.52	3.68	3.85	4.01	5000

(d-1) Water

										f'_c (MPa)
0.082	0.089	0.095	0.101	0.107	0.113	0.119	0.126	0.131	0.137	15
0.085	0.092	0.098	0.104	0.110	0.116	0.122	0.128	0.134	0.140	20
0.088	0.094	0.101	0.107	0.113	0.119	0.125	0.131	0.137	0.143	25
0.091	0.097	0.104	0.110	0.116	0.122	0.128	0.134	0.140	0.146	30
0.094	0.100	0.107	0.113	0.119	0.125	0.131	0.137	0.143	0.149	35

(e) Air

0.90	0.95	0.99	1.04	1.08	1.13	1.17	1.22	1.26	1.31	Entrained (ft³/yd³)
3.33	3.52	3.67	3.85	4.00	4.19	4.33	4.45	4.67	4.85	%
0.033	0.035	0.037	0.039	0.040	0.042	0.043	0.045	0.047	0.049	Entrained (m³/m³)

(f) Air (Values Approximate)

2000	2500	3000	3500	4000	4500	5000	f'_c (psi)
—	—	—	—	—	—	—	Entrapped (ft³/yd³)
—	—	—	—	—	—	—	%

(f-1) Air (Values Approximate)

15	20	25	30	35	f'_c (MPa)
—	—	—	—	—	Entrapped (m³/m³)
—	—	—	—	—	%

(g) Cement and Water Adjustments for Fine Aggregate Variations

31-32	32-33	33-34	34-35	35-36	36-37	37-38	38-39	39-40	40-41	% Voids
90.0	92.5	95.0	97.5	100.0	102.5	105.0	107.5	110.0	112.5	Adjustment (%)

Table No.	122
C.A. Size	3½"
	90 mm
ASTM No.	1
Slump	½"
	12.5 mm

(✓) AE
( ) Non-AE

(a)

Coarse Aggregate Type No.										Concrete Class
1	2	3	4	5	6	7				A
	1	2	3	4	5	6	7			B
		1	2	3	4	5	6	7		C
			1	2	3	4	5	6	7	D

(b)

Concrete										
10.00	10.50	11.00	11.50	12.00	12.50	13.00	13.50	14.00	14.50	Mortar (ft³/yd³)
17.00	16.50	16.00	15.50	15.00	14.50	14.00	13.50	13.00	12.50	C.A. + 8 (ft³/yd³)
0.370	0.389	0.407	0.426	0.444	0.463	0.481	0.500	0.519	0.537	Mortar (m³/m³)
0.630	0.611	0.593	0.574	0.556	0.537	0.519	0.500	0.481	0.463	C.A. + 8 (m³/m³)

(c)

Cement										f'_c (psi)
1.26	1.38	1.49	1.60	1.72	1.83	1.94	2.06	2.17	2.28	2000
1.46	1.56	1.67	1.78	1.88	2.00	2.11	2.22	2.33	2.43	2500
1.63	1.74	1.86	1.97	2.08	2.18	2.30	2.41	2.52	2.63	3000
1.81	1.93	2.04	2.16	2.27	2.38	2.49	2.61	2.73	2.84	3500
2.00	2.13	2.25	2.36	2.49	2.62	2.74	2.86	2.99	3.11	4000
2.27	2.40	2.52	2.64	2.77	2.89	3.01	3.14	3.26	3.39	4500
2.56	2.68	2.82	2.94	3.08	3.21	3.35	3.48	3.61	3.74	5000

(c-1)

Cement										f'_c (MPa)
0.049	0.054	0.058	0.062	0.066	0.070	0.074	0.079	0.083	0.086	15
0.059	0.063	0.068	0.072	0.076	0.079	0.084	0.088	0.092	0.096	20
0.070	0.074	0.079	0.083	0.088	0.091	0.096	0.100	0.104	0.109	25
0.082	0.086	0.092	0.097	0.101	0.105	0.110	0.115	0.121	0.125	30
0.097	0.101	0.106	0.111	0.116	0.121	0.126	0.131	0.136	0.141	35

(d)

Water										f'_c (psi)
2.27	2.44	2.61	2.77	2.92	3.10	3.26	3.42	3.59	3.74	2000
2.31	2.49	2.66	2.82	2.97	3.15	3.31	3.47	3.64	3.79	2500
2.37	2.55	2.72	2.88	3.03	3.21	3.37	3.53	3.70	3.84	3000
2.42	2.60	2.77	2.93	3.08	3.26	3.42	3.58	3.75	3.90	3500
2.48	2.66	2.82	2.98	3.14	3.32	3.48	3.63	3.81	3.95	4000
2.54	2.71	2.88	3.04	3.20	3.37	3.53	3.68	3.86	4.01	4500
2.60	2.76	2.93	3.09	3.26	3.42	3.58	3.74	3.91	4.07	5000

(d-1)

Water										f'_c (MPa)
0.084	0.091	0.097	0.103	0.109	0.115	0.121	0.127	0.133	0.139	15
0.087	0.094	0.100	0.106	0.112	0.118	0.124	0.130	0.136	0.142	20
0.090	0.096	0.103	0.109	0.115	0.121	0.127	0.133	0.139	0.145	25
0.093	0.099	0.106	0.112	0.118	0.124	0.130	0.136	0.142	0.148	30
0.096	0.102	0.109	0.115	0.121	0.127	0.133	0.139	0.145	0.151	35

(e)

Air										
0.90	0.95	0.99	1.04	1.08	1.13	1.17	1.22	1.26	1.31	Entrained (ft³/yd³)
3.33	3.52	3.67	3.85	4.00	4.19	4.33	4.45	4.67	4.85	%
0.033	0.035	0.037	0.039	0.040	0.042	0.043	0.045	0.047	0.049	Entrained (m³/m³)

(f)

Air (Values Approximate)

2000	2500	3000	3500	4000	4500	5000	f'_c (psi)
—	—	—	—	—	—	—	Entrapped (ft³/yd³)
—	—	—	—	—	—	—	%

(f-1)

Air (Values Approximate)

15	20	25	30	35	f'_c (MPa)
—	—	—	—	—	Entrapped (m³/m³)
—	—	—	—	—	%

(g)

Cement and Water Adjustments for Fine Aggregate Variations

31–32	32–33	33–34	34–35	35–36	36–37	37–38	38–39	39–40	40–41	% Voids
90.0	92.5	95.0	97.5	100.0	102.5	105.0	107.5	110.0	112.5	Adjustment (%)

Table No.	123
C.A. Size	3½"
	90 mm
ASTM No.	1
Slump	1"
	25 mm
(✓) AE	
( ) Non-AE	

(a)

Coarse Aggregate Type No.										Concrete Class
1	2	3	4	5	6	7				A
	1	2	3	4	5	6	7			B
		1	2	3	4	5	6	7		C
			1	2	3	4	5	6	7	D

(b)

Concrete										
10.00	10.50	11.00	11.50	12.00	12.50	13.00	13.50	14.00	14.50	Mortar (ft³/yd³)
17.00	16.50	16.00	15.50	15.00	14.50	14.00	13.50	13.00	12.50	C.A. + 8 (ft³/yd³)
0.370	0.389	0.407	0.426	0.444	0.463	0.481	0.500	0.519	0.537	Mortar (m³/m³)
0.630	0.611	0.593	0.574	0.556	0.537	0.519	0.500	0.481	0.463	C.A. + 8 (m³/m³)

(c)

Cement										f'_c (psi)
1.29	1.41	1.52	1.63	1.75	1.86	1.97	2.09	2.20	2.31	2000
1.49	1.59	1.70	1.81	1.91	2.03	2.14	2.25	2.36	2.46	2500
1.66	1.77	1.89	2.00	2.11	2.21	2.33	2.44	2.56	2.66	3000
1.84	1.96	2.07	2.19	2.30	2.41	2.52	2.64	2.76	2.87	3500
2.03	2.16	2.28	2.39	2.52	2.65	2.77	2.89	3.02	3.14	4000
2.30	2.43	2.55	2.67	2.80	2.92	3.04	3.17	3.29	3.42	4500
2.59	2.71	2.85	2.97	3.11	3.24	3.38	3.51	3.64	3.77	5000

(c-1)

Cement										f'_c (MPa)
0.050	0.055	0.059	0.063	0.067	0.071	0.075	0.080	0.084	0.087	15
0.060	0.064	0.069	0.073	0.077	0.080	0.085	0.089	0.093	0.097	20
0.071	0.075	0.080	0.084	0.089	0.092	0.097	0.101	0.105	0.110	25
0.083	0.087	0.093	0.097	0.102	0.106	0.111	0.116	0.122	0.126	30
0.098	0.102	0.107	0.112	0.117	0.122	0.127	0.132	0.137	0.142	35

(d)

Water										f'_c (psi)
2.32	2.49	2.66	2.82	2.97	3.15	3.31	3.47	3.64	3.79	2000
2.36	2.54	2.71	2.87	3.02	3.20	3.36	3.52	3.69	3.84	2500
2.42	2.60	2.77	2.93	3.08	3.26	3.42	3.358	3.75	3.89	3000
2.47	2.65	2.82	2.98	3.13	3.31	3.47	3.63	3.80	3.95	3500
2.53	2.71	2.87	3.03	3.19	3.37	3.53	3.68	3.86	4.00	4000
2.59	2.76	2.93	3.09	3.25	3.42	3.58	3.73	3.91	4.06	4500
2.65	2.81	2.98	3.14	3.31	3.47	3.63	3.79	3.96	4.12	5000

(d-1)

Water										f'_c (MPa)
0.086	0.093	0.099	0.105	0.111	0.117	0.123	0.129	0.135	0.141	15
0.089	0.096	0.102	0.108	0.114	0.120	0.126	0.132	0.138	0.144	20
0.092	0.098	0.105	0.111	0.117	0.123	0.129	0.135	0.141	0.147	25
0.095	0.101	0.108	0.114	0.120	0.126	0.132	0.138	0.144	0.150	30
0.098	0.104	0.111	0.117	0.123	0.129	0.135	0.141	0.147	0.153	35

(e)

Air										
0.90	0.95	0.99	1.04	1.08	1.13	1.17	1.22	1.26	1.31	Entrained (ft³/yd³)
3.33	3.52	3.67	3.85	4.00	4.19	4.33	4.45	4.67	4.85	%
0.033	0.035	0.037	0.039	0.040	0.042	0.043	0.045	0.047	0.049	Entrained (m³/m³)

(f)

Air (Values Approximate)							
2000	2500	3000	3500	4000	4500	5000	f'_c (psi)
—	—	—	—	—	—	—	Entrapped (ft³/yd³)
—	—	—	—	—	—	—	%

(f-1)

Air (Values Approximate)					
15	20	25	30	35	f'_c (MPa)
—	—	—	—	—	Entrapped (m³/m³)
—	—	—	—	—	%

(g)

Cement and Water Adjustments for Fine Aggregate Variations										
31-32	32-33	33-34	34-35	35-36	36-37	37-38	38-39	39-40	40-41	% Voids
90.0	92.5	95.0	97.5	100.0	102.5	105.0	107.5	110.0	112.5	Adjustment (%)

SECTION 3 136

Table No.	124
C.A. Size	3½"
	90 mm
ASTM No.	1
Slump	1½"
	40 mm
(✓) AE	
( ) Non-AE	

(a)

Coarse Aggregate Type No.										Concrete Class
1	2	3	4	5	6	7				A
	1	2	3	4	5	6	7			B
		1	2	3	4	5	6	7		C
			1	2	3	4	5	6	7	D

(b)

Concrete										
10.00	10.50	11.00	11.50	12.00	12.50	13.00	13.50	14.00	14.50	Mortar (ft³/yd³)
17.00	16.50	16.00	15.50	15.00	14.50	14.00	13.50	13.00	12.50	C. A. + 8 (ft³/yd³)
0.370	0.389	0.407	0.426	0.444	0.463	0.481	0.500	0.519	0.537	Mortar (m³/m³)
0.630	0.611	0.593	0.574	0.556	0.537	0.519	0.500	0.481	0.463	C. A. + 8 (m³/m³)

(c)

Cement										f'_c (psi)
1.33	1.45	1.56	1.67	1.79	1.90	2.01	2.13	2.24	2.35	2000
1.53	1.63	1.74	1.85	1.95	2.07	2.18	2.29	2.40	2.50	2500
1.70	1.81	1.93	2.04	2.15	2.25	2.37	2.48	2.59	2.70	3000
1.88	2.00	2.11	2.23	2.34	2.45	2.56	2.68	2.80	2.91	3500
2.07	2.20	2.32	2.43	2.56	2.69	2.81	2.93	3.06	3.18	4000
2.34	2.47	2.59	2.71	2.84	2.96	3.08	3.21	3.33	3.46	4500
2.63	2.75	2.89	3.01	3.15	3.28	3.42	3.55	3.68	3.81	5000

(c-1)

Cement										f'_c (MPa)
0.051	0.056	0.060	0.064	0.068	0.072	0.076	0.081	0.085	0.088	15
0.061	0.065	0.070	0.074	0.078	0.081	0.086	0.090	0.094	0.098	20
0.072	0.076	0.081	0.085	0.090	0.093	0.098	0.102	0.106	0.111	25
0.084	0.088	0.094	0.098	0.103	0.107	0.112	0.117	0.123	0.127	30
0.097	0.103	0.108	0.113	0.118	0.123	0.128	0.133	0.138	0.143	35

(d)

Water										f'_c (psi)
2.37	2.54	2.71	2.87	3.02	3.20	3.36	3.52	3.69	3.84	2000
2.41	2.59	2.76	2.92	3.07	3.25	3.41	3.57	3.74	3.89	2500
2.47	2.65	2.82	2.98	3.13	3.31	3.47	3.63	3.80	3.94	3000
2.52	2.70	2.87	3.03	3.18	3.36	3.52	3.68	3.85	4.00	3500
2.58	2.76	2.92	3.08	3.24	3.42	3.58	3.73	3.91	4.05	4000
2.64	2.81	2.98	3.14	3.30	3.47	3.63	3.78	3.96	4.11	4500
2.70	2.86	3.03	3.19	3.36	3.52	3.68	3.84	4.01	4.17	5000

(d-1)

Water										f'_c (MPa)
0.088	0.095	0.101	0.107	0.113	0.119	0.125	0.131	0.137	0.143	15
0.091	0.098	0.104	0.110	0.116	0.122	0.128	0.134	0.140	0.146	20
0.094	0.100	0.107	0.113	0.119	0.125	0.131	0.137	0.143	0.149	25
0.097	0.103	0.110	0.116	0.122	0.128	0.134	0.140	0.146	0.153	30
0.100	0.106	0.113	0.119	0.125	0.131	0.137	0.143	0.149	0.156	35

(e)

Air										
0.90	0.95	0.99	1.04	1.08	1.13	1.17	1.22	1.26	1.31	Entrained (ft³/yd³)
3.33	3.52	3.67	3.85	4.00	4.19	4.33	4.45	4.67	4.85	%
0.033	0.035	0.037	0.039	0.040	0.042	0.043	0.045	0.047	0.049	Entrained (m³/m³)

(f)

Air (Values Approximate)							
2000	2500	3000	3500	4000	4500	5000	f'_c (psi)
—	—	—	—	—	—	—	Entrapped (ft³/yd³)
—	—	—	—	—	—	—	%

(f-1)

Air (Values Approximate)					
15	20	25	30	35	f'_c (MPa)
—	—	—	—	—	Entrapped (m³/m³)
—	—	—	—	—	%

(g)

Cement and Water Adjustments for Fine Aggregate Variations									
31–32	32–33	33–34	34–35	35–36	36–37	37–38	38–39	39–40	40–41	% Voids
90.0	92.5	95.0	97.5	100.0	102.5	105.0	107.5	110.0	112.5	Adjustment (%)

TABLES OF VOLUMES

Table No.	125
C.A. Size	3½"
	90 mm
ASTM No.	1
Slump	2"
	50 mm

(✓) AE
( ) Non-AE

(a)

Coarse Aggregate Type No.										Concrete Class
1	2	3	4	5	6	7				A
	1	2	3	4	5	6	7			B
		1	2	3	4	5	6	7		C
			1	2	3	4	5	6	7	D

(b)

Concrete										
10.00	10.50	11.00	11.50	12.00	12.50	13.00	13.50	14.00	14.50	Mortar (ft³/yd³)
17.00	16.50	16.00	15.50	15.00	14.50	14.00	13.50	13.00	12.50	C. A. + 8 (ft³/yd³)
0.370	0.389	0.407	0.426	0.444	0.463	0.481	0.500	0.519	0.537	Mortar (m³/m³)
0.630	0.611	0.593	0.574	0.556	0.537	0.519	0.500	0.481	0.463	C. A. + 8 (m³/m³)

(c)

Cement										f'_c (psi)
1.37	1.49	1.60	1.71	1.83	1.94	2.05	2.17	2.28	2.39	2000
1.57	1.67	1.78	1.89	1.99	2.11	2.22	2.33	2.44	2.54	2500
1.74	1.85	1.97	2.08	2.19	2.29	2.41	2.52	2.63	2.74	3000
1.92	2.04	2.15	2.27	2.38	2.49	2.60	2.72	2.84	2.95	3500
2.11	2.24	2.36	2.47	2.60	2.73	2.85	2.97	3.10	3.22	4000
2.38	2.51	2.63	2.75	2.88	3.00	3.12	3.25	3.37	3.50	4500
2.67	2.79	2.93	3.05	3.19	3.32	3.46	3.59	3.72	3.85	5000

(c-1)

Cement										f'_c (MPa)
0.053	0.058	0.062	0.066	0.070	0.074	0.078	0.083	0.087	0.090	15
0.063	0.067	0.072	0.077	0.080	0.083	0.088	0.092	0.096	0.100	20
0.074	0.078	0.083	0.087	0.092	0.095	0.100	0.104	0.108	0.113	25
0.086	0.090	0.096	0.100	0.105	0.109	0.114	0.119	0.125	0.129	30
0.101	0.105	0.110	0.115	0.120	0.125	0.130	0.135	0.140	0.145	35

(d)

Water										f'_c (psi)
2.43	2.60	2.77	2.93	3.08	3.26	3.42	3.58	3.75	3.90	2000
2.47	2.65	2.82	2.98	3.13	3.31	3.47	3.63	3.80	3.95	2500
2.53	2.71	2.88	3.04	3.19	3.37	3.53	3.69	3.86	4.00	3000
2.58	2.76	2.93	3.09	3.24	3.42	3.58	3.74	3.91	4.06	3500
2.64	2.82	2.98	3.14	3.30	3.48	3.64	3.79	3.97	4.11	4000
2.70	2.87	3.04	3.20	3.36	3.53	3.69	3.84	4.02	4.17	4500
2.76	2.92	3.09	3.25	3.42	3.58	3.74	3.90	4.07	4.23	5000

(d-1)

Water										f'_c (MPa)
0.090	0.097	0.103	0.109	0.115	0.121	0.127	0.133	0.139	0.145	15
0.093	0.100	0.106	0.112	0.118	0.124	0.130	0.136	0.142	0.148	20
0.096	0.102	0.109	0.115	0.121	0.127	0.133	0.139	0.145	0.151	25
0.099	0.105	0.112	0.118	0.124	0.130	0.136	0.142	0.148	0.154	30
0.102	0.108	0.115	0.121	0.127	0.133	0.139	0.145	0.151	0.157	35

(e)

Air										
0.90	0.95	0.99	1.04	1.08	1.13	1.17	1.22	1.26	1.31	Entrained (ft³/yd³)
3.33	3.52	3.67	3.85	4.00	4.19	4.33	4.45	4.67	4.85	%
0.033	0.035	0.037	0.039	0.040	0.042	0.043	0.045	0.047	0.049	Entrained (m³/m³)

(f)

Air (Values Approximate)							
2000	2500	3000	3500	4000	4500	5000	f'_c (psi)
—	—	—	—	—	—	—	Entrapped (ft³/yd³)
—	—	—	—	—	—	—	%

(f-1)

Air (Values Approximate)					
15	20	25	30	35	f'_c (MPa)
—	—	—	—	—	Entrapped (m³/m³)
—	—	—	—	—	%

(g)

Cement and Water Adjustments for Fine Aggregate Variations									
31-32	32-33	33-34	34-35	35-36	36-37	37-38	38-39	39-40	40-41	% Voids
90.0	92.5	95.0	97.5	100.0	102.5	105.0	107.5	110.0	112.5	Adjustment (%)

Table No.	126
C.A. Size	3½"
	90 mm
ASTM No.	1
Slump	2½"
	65 mm

(√) AE
( ) Non-AE

(a)

Coarse Aggregate Type No.										Concrete Class
1	2	3	4	5	6	7				A
	1	2	3	4	5	6	7			B
		1	2	3	4	5	6	7		C
			1	2	3	4	5	6	7	D

(b)

Concrete										
10.00	10.50	11.00	11.50	12.00	12.50	13.00	13.50	14.00	14.50	Mortar (ft³/yd³)
17.00	16.50	16.00	15.50	15.00	14.50	14.00	13.50	13.00	12.50	C. A. + 8 (ft³/yd³)
0.370	0.389	0.407	0.426	0.444	0.463	0.481	0.500	0.519	0.537	Mortar (m³/m³)
0.630	0.611	0.593	0.574	0.556	0.537	0.519	0.500	0.481	0.463	C. A. + 8 (m³/m³)

(c)

Cement										f'_c (psi)
1.40	1.52	1.63	1.74	1.86	1.97	2.08	2.20	2.31	2.42	2000
1.60	1.70	1.81	1.92	2.02	2.14	2.25	2.36	2.47	2.57	2500
1.77	1.88	2.00	2.11	2.22	2.32	2.44	2.55	2.66	2.77	3000
1.95	2.07	2.18	2.30	2.41	2.52	2.63	2.75	2.87	2.98	3500
2.14	2.27	2.39	2.50	2.63	2.76	2.88	3.00	3.13	3.25	4000
2.41	2.54	2.66	2.78	2.91	3.03	3.15	3.28	3.40	3.53	4500
2.70	2.82	2.96	3.08	3.22	3.35	3.49	3.62	3.75	3.88	5000

(c-1)

Cement										f'_c (MPa)
0.054	0.059	0.063	0.067	0.071	0.075	0.079	0.084	0.088	0.091	15
0.064	0.068	0.073	0.077	0.081	0.084	0.089	0.093	0.097	0.101	20
0.075	0.079	0.084	0.088	0.093	0.096	0.101	0.105	0.109	0.114	25
0.087	0.091	0.097	0.101	0.106	0.110	0.115	0.120	0.126	0.130	30
0.102	0.106	0.111	0.116	0.121	0.126	0.131	0.136	0.141	0.146	35

(d)

Water										f'_c (psi)
2.48	2.65	2.82	2.98	3.13	3.31	3.47	3.63	3.80	3.95	2000
2.52	2.70	2.87	3.03	3.18	3.36	3.52	3.68	3.85	4.00	2500
2.58	2.76	2.93	3.09	3.24	3.42	3.58	3.74	3.91	4.05	3000
2.63	2.81	2.98	3.14	3.29	3.47	3.63	3.79	3.96	4.11	3500
2.69	2.87	3.03	3.19	3.35	3.53	3.69	3.84	4.02	4.16	4000
2.75	2.92	3.09	3.25	3.41	3.58	3.74	3.89	4.07	4.22	4500
2.81	2.97	3.14	3.30	3.47	3.63	3.79	3.95	4.12	4.28	5000

(d-1)

Water										f'_c (MPa)
0.092	0.099	0.105	0.111	0.117	0.123	0.129	0.135	0.141	0.147	15
0.095	0.102	0.108	0.114	0.120	0.126	0.132	0.138	0.144	0.150	20
0.098	0.104	0.111	0.117	0.123	0.129	0.135	0.141	0.147	0.153	25
0.101	0.107	0.114	0.120	0.126	0.132	0.138	0.144	0.150	0.156	30
0.104	0.110	0.117	0.123	0.129	0.135	0.141	0.147	0.153	0.159	35

(e)

Air										
0.90	0.95	0.99	1.04	1.08	1.13	1.17	1.22	1.26	1.31	Entrained (ft³/yd³)
3.33	3.52	3.67	3.85	4.00	4.19	4.33	4.45	4.67	4.85	%
0.033	0.035	0.037	0.039	0.040	0.042	0.043	0.045	0.047	0.049	Entrained (m³/m³)

(f)

Air (Values Approximate)							
2000	2500	3000	3500	4000	4500	5000	f'_c (psi)
—	—	—	—	—	—	—	Entrapped (ft³/yd³)
—	—	—	—	—	—	—	%

(f-1)

Air (Values Approximate)					
15	20	25	30	35	f'_c (MPa)
—	—	—	—	—	Entrapped (m³/m³)
—	—	—	—	—	%

(g)

Cement and Water Adjustments for Fine Aggregate Variations										
31–32	32–33	33–34	34–35	35–36	36–37	37–38	38–39	39–40	40–41	% Voids
90.0	92.5	95.0	97.5	100.0	102.5	105.0	107.5	110.0	112.5	Adjustment (%)

Table No. 127
C.A. Size 3½″
 90 mm
ASTM No. 1
Slump 3″
 75 mm

(√) AE
( ) Non-AE

(a)

Coarse Aggregate Type No.										Concrete Class
1	2	3	4	5	6	7				A
	1	2	3	4	5	6	7			B
		1	2	3	4	5	6	7		C
			1	2	3	4	5	6	7	D

(b) Concrete

10.00	10.50	11.00	11.50	12.00	12.50	13.00	13.50	14.00	14.50	Mortar (ft³/yd³)
17.00	16.50	16.00	15.50	15.00	14.50	14.00	13.50	13.00	12.50	C.A. + 8 (ft³/yd³)
0.370	0.389	0.407	0.426	0.444	0.463	0.481	0.500	0.519	0.537	Mortar (m³/m³)
0.630	0.611	0.593	0.574	0.556	0.537	0.519	0.500	0.481	0.463	C.A. + 8 (m³/m³)

(c) Cement

										f'_c (psi)
1.43	1.55	1.66	1.77	1.89	2.00	2.11	2.23	2.34	2.45	2000
1.63	1.73	1.84	1.95	2.05	2.17	2.28	2.39	2.50	2.60	2500
1.80	1.91	2.03	2.14	2.25	2.35	2.47	2.58	2.69	2.80	3000
1.98	2.10	2.21	2.33	2.44	2.55	2.66	2.78	2.90	3.01	3500
2.17	2.30	2.42	2.53	2.66	2.79	2.91	3.03	3.16	3.28	4000
2.44	2.57	2.69	2.81	2.94	3.06	3.18	3.31	3.43	3.56	4500
2.73	2.85	2.99	3.11	3.25	3.38	3.52	3.65	3.78	3.91	5000

(c-1) Cement

										f'_c (MPa)
0.055	0.060	0.064	0.068	0.072	0.076	0.080	0.085	0.089	0.092	15
0.065	0.069	0.074	0.078	0.082	0.085	0.090	0.094	0.098	0.102	20
0.076	0.080	0.085	0.089	0.094	0.097	0.102	0.106	0.110	0.115	25
0.088	0.092	0.098	0.102	0.107	0.111	0.116	0.121	0.127	0.131	30
0.103	0.107	0.112	0.117	0.122	0.127	0.132	0.137	0.142	0.147	35

(d) Water

										f'_c (psi)
2.53	2.70	2.87	3.03	3.18	3.36	3.52	3.68	3.85	4.00	2000
2.57	2.75	2.92	3.08	3.23	3.41	3.57	3.73	3.90	4.05	2500
2.63	2.81	2.98	3.14	3.29	3.47	3.63	3.79	3.96	4.10	3000
2.68	2.86	3.03	3.19	3.34	3.52	3.68	3.84	4.01	4.16	3500
2.74	2.92	3.09	3.24	3.40	3.58	3.74	3.89	4.07	4.21	4000
2.80	2.97	3.14	3.30	3.46	3.63	3.79	3.94	4.12	4.27	4500
2.86	3.02	3.19	3.35	3.52	3.68	3.84	4.00	4.17	4.33	5000

(d-1) Water

										f'_c (MPa)
0.094	0.101	0.107	0.113	0.119	0.125	0.131	0.137	0.143	0.149	15
0.097	0.104	0.110	0.116	0.122	0.128	0.134	0.140	0.146	0.152	20
0.100	0.106	0.113	0.119	0.125	0.131	0.137	0.143	0.149	0.155	25
0.103	0.109	0.116	0.122	0.128	0.134	0.140	0.146	0.152	0.158	30
0.106	0.112	0.119	0.125	0.131	0.137	0.143	0.149	0.155	0.161	35

(e) Air

0.90	0.95	0.99	1.04	1.08	1.13	1.17	1.22	1.26	1.31	Entrained (ft³/yd³)
3.33	3.52	3.67	3.85	4.00	4.19	4.33	4.45	4.67	4.85	%
0.033	0.035	0.037	0.039	0.040	0.042	0.043	0.045	0.047	0.049	Entrained (m³/m³)

(f) Air (Values Approximate)

2000	2500	3000	3500	4000	4500	5000	f'_c (psi)
—	—	—	—	—	—	—	Entrapped (ft³/yd³)
—	—	—	—	—	—	—	%

(f-1) Air (Values Approximate)

15	20	25	30	35	f'_c (MPa)
—	—	—	—	—	Entrapped (m³/m³)
—	—	—	—	—	%

(g) Cement and Water Adjustments for Fine Aggregate Variations

31–32	32–33	33–34	34–35	35–36	36–37	37–38	38–39	39–40	40–41	% Voids
90.0	92.5	95.0	97.5	100.0	102.5	105.0	107.5	110.0	112.5	Adjustment (%)

Table No.	128
C.A. Size	3½"
	90 mm
ASTM No.	1
Slump	3½"
	90 mm

(✓) AE
( ) Non-AE

(a)

Coarse Aggregate Type No.										Concrete Class
1	2	3	4	5	6	7				A
	1	2	3	4	5	6	7			B
		1	2	3	4	5	6	7		C
			1	2	3	4	5	6	7	D

(b) Concrete

10.00	10.50	11.00	11.50	12.00	12.50	13.00	13.50	14.00	14.50	Mortar (ft³/yd³)
17.00	16.50	16.00	15.50	15.00	14.50	14.00	13.50	13.00	12.50	C.A. + 8 (ft³/yd³)
0.370	0.389	0.407	0.426	0.444	0.463	0.481	0.500	0.519	0.537	Mortar (m³/m³)
0.630	0.611	0.593	0.574	0.556	0.537	0.519	0.500	0.481	0.463	C.A. + 8 (m³/m³)

(c) Cement

									f'_c (psi)
1.47	1.59	1.70	1.81	1.93	2.04	2.15	2.27	2.38	2.49	2000
1.67	1.77	1.88	1.99	2.09	2.21	2.32	2.43	2.54	2.64	2500
1.84	1.95	2.07	2.18	2.29	2.39	2.51	2.62	2.73	2.84	3000
2.02	2.14	2.25	2.37	2.48	2.59	2.70	2.82	2.94	3.05	3500
2.21	2.34	2.46	2.57	2.70	2.83	2.95	3.07	3.20	3.32	4000
2.48	2.61	2.73	2.85	2.98	3.10	3.22	3.35	3.47	3.60	4500
2.77	2.89	3.03	3.15	3.29	3.42	3.56	3.69	3.82	3.95	5000

(c-1) Cement

										f'_c (MPa)
0.057	0.062	0.066	0.070	0.074	0.078	0.082	0.087	0.091	0.094	15
0.067	0.071	0.076	0.080	0.084	0.087	0.092	0.096	0.100	0.104	20
0.078	0.082	0.087	0.091	0.096	0.099	0.104	0.108	0.112	0.117	25
0.090	0.094	0.100	0.104	0.109	0.113	0.118	0.123	0.129	0.133	30
0.105	0.109	0.114	0.119	0.124	0.129	0.134	0.139	0.144	0.149	35

(d) Water

										f'_c (psi)
2.59	2.76	2.93	3.09	3.24	3.42	3.58	3.74	3.91	4.06	2000
2.63	2.81	2.98	3.14	3.29	3.47	3.63	3.79	3.96	4.11	2500
2.69	2.87	3.04	3.20	3.35	3.53	3.69	3.85	4.02	4.16	3000
2.74	2.92	3.09	3.25	3.40	3.58	3.74	3.90	4.07	4.22	3500
2.80	2.98	3.14	3.30	3.46	3.64	3.80	3.95	4.13	4.27	4000
2.86	3.03	3.20	3.36	3.52	3.69	3.85	4.00	4.18	4.33	4500
2.92	3.08	3.25	3.41	3.58	3.74	3.90	4.06	4.23	4.39	5000

(d-1) Water

										f'_c (MPa)
0.096	0.103	0.109	0.115	0.121	0.127	0.133	0.139	0.145	0.151	15
0.099	0.106	0.112	0.118	0.124	0.130	0.136	0.142	0.148	0.154	20
0.102	0.108	0.115	0.121	0.127	0.133	0.139	0.145	0.151	0.157	25
0.105	0.111	0.118	0.124	0.130	0.136	0.142	0.148	0.154	0.160	30
0.108	0.114	0.121	0.127	0.133	0.139	0.145	0.151	0.157	0.163	35

(e) Air

0.90	0.95	0.99	1.04	1.08	1.13	1.17	1.22	1.26	1.31	Entrained (ft³/yd³)
3.33	3.52	3.67	3.85	4.00	4.19	4.33	4.45	4.67	4.85	%
0.033	0.035	0.037	0.039	0.040	0.042	0.043	0.045	0.047	0.049	Entrained (m³/m³)

(f) Air (Values Approximate)

2000	2500	3000	3500	4000	4500	5000	f'_c (psi)
—	—	—	—	—	—	—	Entrapped (ft³/yd³)
—	—	—	—	—	—	—	%

(f-1) Air (Values Approximate)

15	20	25	30	35	f'_c (MPa)
—	—	—	—	—	Entrapped (m³/m³)
—	—	—	—	—	%

(g) Cement and Water Adjustments for Fine Aggregate Variations

31-32	32-33	33-34	34-35	35-36	36-37	37-38	38-39	39-40	40-41	% Voids
90.0	92.5	95.0	97.5	100.0	102.5	105.0	107.5	110.0	112.5	Adjustment (%)

Table No.	129
C.A. Size	3½"
	90 mm
ASTM No.	1
Slump	4"
	100 mm
(✓) AE	
( ) Non-AE	

(a)

Coarse Aggregate Type No.										Concrete Class
1	2	3	4	5	6	7				A
	1	2	3	4	5	6	7			B
		1	2	3	4	5	6	7		C
			1	2	3	4	5	6	7	D

(b) Concrete

10.00	10.50	11.00	11.50	12.00	12.50	13.00	13.50	14.00	14.50	Mortar (ft³/yd³)
17.00	16.50	16.00	15.50	15.00	14.50	14.00	13.50	13.00	12.50	C. A. + 8 (ft³/yd³)
0.370	0.389	0.407	0.426	0.444	0.463	0.481	0.500	0.519	0.537	Mortar (m³/m³)
0.630	0.611	0.593	0.574	0.556	0.537	0.519	0.500	0.481	0.463	C. A. + 8 (m³/m³)

(c) Cement

									f'_c (psi)
1.51	1.63	1.74	1.85	1.97	2.08	2.19	2.31	2.42	2.53	2000
1.71	1.81	1.92	2.03	2.13	2.25	2.36	2.47	2.58	2.68	2500
1.88	1.99	2.11	2.22	2.33	2.43	2.55	2.66	2.77	2.88	3000
2.06	2.18	2.29	2.41	2.52	2.63	2.74	2.86	2.98	3.09	3500
2.25	2.38	2.50	2.61	2.74	2.87	2.99	3.11	3.24	3.36	4000
2.52	2.65	2.77	2.89	3.02	3.14	3.26	3.39	3.51	3.64	4500
2.81	2.93	3.07	3.19	3.33	3.46	3.60	3.73	3.86	3.99	5000

(c-1) Cement

										f'_c (MPa)
0.058	0.063	0.067	0.071	0.075	0.079	0.083	0.088	0.092	0.095	15
0.068	0.072	0.077	0.081	0.085	0.088	0.093	0.097	0.101	0.105	20
0.079	0.083	0.088	0.092	0.097	0.100	0.105	0.109	0.113	0.118	25
0.091	0.095	0.101	0.105	0.110	0.114	0.119	0.124	0.130	0.134	30
0.106	0.110	0.115	0.120	0.125	0.130	0.135	0.140	0.145	0.150	35

(d) Water

									f'_c (psi)
2.64	2.81	2.98	3.14	3.29	3.47	3.63	3.79	3.96	4.11	2000
2.68	2.86	3.03	3.19	3.34	3.52	3.68	3.84	4.01	4.16	2500
2.74	2.92	3.09	3.25	3.40	3.58	3.74	3.90	4.07	4.21	3000
2.79	2.97	3.14	3.30	3.45	3.63	3.79	3.95	4.12	4.27	3500
2.85	3.03	3.19	3.35	3.51	3.69	3.84	4.00	4.18	4.32	4000
2.91	3.08	3.25	3.41	3.57	3.74	3.90	4.05	4.23	4.38	4500
2.97	3.13	3.30	3.46	3.63	3.79	3.95	4.11	4.28	4.44	5000

(d-1) Water

										f'_c (MPa)
0.098	0.105	0.111	0.117	0.123	0.129	0.135	0.141	0.147	0.153	15
0.101	0.108	0.114	0.120	0.126	0.132	0.138	0.144	0.150	0.156	20
0.104	0.110	0.117	0.123	0.129	0.135	0.141	0.147	0.153	0.159	25
0.107	0.113	0.120	0.126	0.132	0.138	0.144	0.150	0.156	0.162	30
0.110	0.116	0.123	0.129	0.135	0.141	0.147	0.153	0.159	0.165	35

(e) Air

0.90	0.95	0.99	1.04	1.08	1.13	1.17	1.22	1.26	1.31	Entrained (ft³/yd³)
3.33	3.52	3.67	3.85	4.00	4.19	4.33	4.45	4.67	4.85	%
0.033	0.035	0.037	0.039	0.040	0.042	0.043	0.045	0.047	0.049	Entrained (m³/m³)

(f) Air (Values Approximate)

2000	2500	3000	3500	4000	4500	5000	f'_c (psi)
—	—	—	—	—	—	—	Entrapped (ft³/yd³)
—	—	—	—	—	—	—	%

(f-1) Air (Values Approximate)

15	20	25	30	35	f'_c (MPa)
—	—	—	—	—	Entrapped (m³/m³)
—	—	—	—	—	%

(g) Cement and Water Adjustments for Fine Aggregate Variations

31-32	32-33	33-34	34-35	35-36	36-37	37-38	38-39	39-40	40-41	% Voids
90.0	92.5	95.0	97.5	100.0	102.5	105.0	107.5	110.0	112.5	Adjustment (%)

Table No.	130
C.A. Size	3½"
	90 mm
ASTM No.	1
Slump	4½"
	115 mm

(√) AE
( ) Non-AE

(a)

Coarse Aggregate Type No.										Concrete Class
1	2	3	4	5	6	7				A
	1	2	3	4	5	6	7			B
		1	2	3	4	5	6	7		C
			1	2	3	4	5	6	7	D

(b)

Concrete										
10.00	10.50	11.00	11.50	12.00	12.50	13.00	13.50	14.00	14.50	Mortar (ft³/yd³)
17.00	16.50	16.00	15.50	15.00	14.50	14.00	13.50	13.00	12.50	C. A. + 8 (ft³/yd³)
0.370	0.389	0.407	0.426	0.444	0.463	0.481	0.500	0.519	0.537	Mortar (m³/m³)
0.630	0.611	0.593	0.574	0.556	0.537	0.519	0.500	0.481	0.463	C. A. + 8 (m³/m³)

(c)

Cement										f'_c (psi)
1.54	1.66	1.77	1.88	2.00	2.11	2.22	2.34	2.45	2.56	2000
1.74	1.84	1.95	2.06	2.16	2.28	2.39	2.50	2.61	2.71	2500
1.91	2.02	2.14	2.25	2.36	2.46	2.58	2.69	2.80	2.91	3000
2.09	2.21	2.32	2.44	2.55	2.66	2.77	2.89	3.01	3.12	3500
2.28	2.41	2.53	2.64	2.77	2.90	3.02	3.14	3.27	3.39	4000
2.55	2.68	2.80	2.92	3.05	3.17	3.29	3.42	3.54	3.67	4500
2.84	2.96	3.10	3.22	3.36	3.49	3.63	3.76	3.89	4.02	5000

(c-1)

Cement										f'_c (MPa)
0.059	0.064	0.068	0.072	0.076	0.080	0.084	0.089	0.093	0.096	15
0.069	0.073	0.078	0.082	0.086	0.089	0.094	0.098	0.102	0.106	20
0.080	0.084	0.089	0.093	0.098	0.101	0.106	0.110	0.114	0.119	25
0.092	0.096	0.102	0.106	0.111	0.115	0.120	0.125	0.131	0.135	30
0.107	0.111	0.116	0.121	0.126	0.131	0.136	0.141	0.146	0.151	35

(d)

Water										f'_c (psi)
2.69	2.86	3.03	3.19	3.34	3.52	3.68	3.84	4.01	4.16	2000
2.73	2.91	3.08	3.24	3.39	3.57	3.73	3.89	4.06	4.21	2500
2.79	2.97	3.14	3.30	3.45	3.63	3.79	3.95	4.12	4.26	3000
2.84	3.02	3.19	3.35	3.50	3.68	3.84	4.00	4.17	4.32	3500
2.90	3.08	3.24	3.40	3.56	3.74	3.90	4.05	4.23	4.37	4000
2.96	3.13	3.30	3.46	3.62	3.79	3.95	4.10	4.28	4.43	4500
3.02	3.18	3.35	3.51	3.68	3.84	4.00	4.16	4.33	4.49	5000

(d-1)

Water										f'_c (MPa)
0.100	0.107	0.113	0.119	0.125	0.131	0.137	0.143	0.149	0.155	15
0.103	0.110	0.116	0.122	0.128	0.134	0.140	0.146	0.152	0.158	20
0.106	0.112	0.119	0.125	0.131	0.137	0.143	0.149	0.155	0.161	25
0.109	0.115	0.122	0.128	0.134	0.140	0.146	0.152	0.158	0.164	30
0.112	0.118	0.125	0.131	0.137	0.143	0.149	0.155	0.161	0.167	35

(e)

Air										
0.90	0.95	0.99	1.04	1.08	1.13	1.17	1.22	1.26	1.31	Entrained (ft³/yd³)
3.33	3.52	3.67	3.85	4.00	4.19	4.33	4.45	4.67	4.85	%
0.033	0.035	0.037	0.039	0.040	0.042	0.043	0.045	0.047	0.049	Entrained (m³/m³)

(f)

Air (Values Approximate)							
2000	2500	3000	3500	4000	4500	5000	f'_c (psi)
—	—	—	—	—	—	—	Entrapped (ft³/yd³)
—	—	—	—	—	—	—	%

(f-1)

Air (Values Approximate)					
15	20	25	30	35	f'_c (MPa)
—	—	—	—	—	Entrapped (m³/m³)
—	—	—	—	—	%

(g)

Cement and Water Adjustments for Fine Aggregate Variations										
31-32	32-33	33-34	34-35	35-36	36-37	37-38	38-39	39-40	40-41	% Voids
90.0	92.5	95.0	97.5	100.0	102.5	105.0	107.5	110.0	112.5	Adjustment (%)

Table No.	131
C.A. Size	3½"
	90 mm
ASTM No.	1
Slump	5"
	125 mm
(√) AE	
( ) Non-AE	

(a)

Coarse Aggregate Type No.										Concrete Class
1	2	3	4	5	6	7				A
	1	2	3	4	5	6	7			B
		1	2	3	4	5	6	7		C
			1	2	3	4	5	6	7	D

(b) Concrete

10.00	10.50	11.00	11.50	12.00	12.50	13.00	13.50	14.00	14.50	Mortar (ft³/yd³)
17.00	16.50	16.00	15.50	15.00	14.50	14.00	13.50	13.00	12.50	C. A. + 8 (ft³/yd³)
0.370	0.389	0.407	0.426	0.444	0.463	0.481	0.500	0.519	0.537	Mortar (m³/m³)
0.630	0.611	0.593	0.574	0.556	0.537	0.519	0.500	0.481	0.463	C. A. + 8 (m³/m³)

(c) Cement

										f'_c (psi)
1.57	1.69	1.80	1.91	2.03	2.14	2.25	2.37	2.48	2.59	2000
1.77	1.87	1.98	2.09	2.19	2.31	2.42	2.53	2.64	2.74	2500
1.94	2.05	2.17	2.28	2.39	2.49	2.61	2.72	2.83	2.94	3000
2.12	2.24	2.35	2.47	2.58	2.69	2.80	2.92	3.04	3.15	3500
2.31	2.44	2.56	2.67	2.80	2.92	3.04	3.17	3.30	3.42	4000
2.58	2.71	2.83	2.95	3.08	3.20	3.32	3.45	3.57	3.70	4500
2.87	2.99	3.13	3.25	3.39	3.52	3.66	3.79	3.92	4.05	5000

(c-1) Cement

										f'_c (MPa)
0.060	0.065	0.069	0.073	0.077	0.081	0.085	0.090	0.094	0.097	15
0.070	0.074	0.079	0.083	0.087	0.090	0.095	0.099	0.103	0.107	20
0.081	0.085	0.090	0.094	0.099	0.102	0.107	0.111	0.115	0.120	25
0.093	0.097	0.103	0.107	0.112	0.116	0.121	0.126	0.132	0.136	30
0.108	0.112	0.117	0.122	0.127	0.132	0.137	0.142	0.147	0.152	35

(d) Water

										f'_c (psi)
2.75	2.92	3.09	3.25	3.40	3.58	3.74	3.90	4.07	4.22	2000
2.79	2.97	3.14	3.30	3.45	3.63	3.79	3.95	4.12	4.27	2500
2.85	3.03	3.20	3.36	3.51	3.69	3.85	4.01	4.18	4.32	3000
2.90	3.08	3.25	3.41	3.56	3.74	3.90	4.06	4.23	4.38	3500
2.96	3.14	3.30	3.46	3.62	3.80	3.96	4.11	4.29	4.43	4000
3.02	3.19	3.36	3.52	3.68	3.85	4.01	4.16	4.34	4.49	4500
3.08	3.24	3.41	3.57	3.74	3.90	4.06	4.22	4.39	4.55	5000

(d-1) Water

										f'_c (MPa)
0.102	0.109	0.115	0.121	0.127	0.133	0.139	0.145	0.151	0.157	15
0.105	0.112	0.118	0.124	0.130	0.136	0.142	0.148	0.154	0.160	20
0.108	0.114	0.121	0.127	0.133	0.139	0.145	0.151	0.157	0.163	25
0.111	0.117	0.124	0.130	0.136	0.142	0.148	0.154	0.160	0.166	30
0.114	0.120	0.127	0.133	0.139	0.145	0.151	0.157	0.163	0.169	35

(e) Air

0.90	0.95	0.99	1.04	1.08	1.13	1.17	1.22	1.26	1.31	Entrained (ft³/yd³)
3.33	3.52	3.67	3.85	4.00	4.19	4.33	4.45	4.67	4.85	%
0.033	0.035	0.037	0.039	0.040	0.042	0.043	0.045	0.047	0.049	Entrained (m³/m³)

(f) Air (Values Approximate)

2000	2500	3000	3500	4000	4500	5000	f'_c (psi)
—	—	—	—	—	—	—	Entrapped (ft³/yd³)
—	—	—	—	—	—	—	%

(f-1) Air (Values Approximate)

15	20	25	30	35	f'_c (MPa)
—	—	—	—	—	Entrapped (m³/m³)
—	—	—	—	—	%

(g) Cement and Water Adjustments for Fine Aggregate Variations

31-32	32-33	33-34	34-35	35-36	36-37	37-38	38-39	39-40	40-41	% Voids
90.0	92.5	95.0	97.5	100.0	102.5	105.0	107.5	110.0	112.5	Adjustment (%)

Table No.	132
C.A. Size	3½"
	90 mm
ASTM No.	1
Slump	5½"
	140 mm

(√) AE
( ) Non-AE

(a)

Coarse Aggregate Type No.										Concrete Class
1	2	3	4	5	6	7				A
	1	2	3	4	5	6	7			B
		1	2	3	4	5	6	7		C
			1	2	3	4	5	6	7	D

(b)

Concrete										
10.00	10.50	11.00	11.50	12.00	12.50	13.00	13.50	14.00	14.50	Mortar (ft³/yd³)
17.00	16.50	16.00	15.50	15.00	14.50	14.00	13.50	13.00	12.50	C.A. + 8 (ft³/yd³)
0.370	0.389	0.407	0.426	0.444	0.463	0.481	0.500	0.519	0.537	Mortar (m³/m³)
0.630	0.611	0.593	0.574	0.556	0.537	0.519	0.500	0.481	0.463	C.A. + 8 (m³/m³)

(c)

Cement										f'_c (psi)
1.61	1.73	1.84	1.95	2.07	2.18	2.29	2.41	2.52	2.63	2000
1.81	1.91	2.02	2.13	2.23	2.35	2.46	2.57	2.68	2.78	2500
1.98	2.09	2.21	2.32	2.43	2.53	2.65	2.76	2.87	2.98	3000
2.16	2.28	2.39	2.51	2.62	2.73	2.84	2.96	3.08	3.19	3500
2.35	2.48	2.60	2.71	2.84	2.97	3.09	3.21	3.34	3.46	4000
2.62	2.75	2.87	2.99	3.12	3.24	3.36	3.49	3.61	3.74	4500
2.91	3.03	3.17	3.29	3.43	3.56	3.70	3.83	3.96	4.09	5000

(c-1)

Cement										f'_c (MPa)
0.062	0.067	0.071	0.075	0.079	0.083	0.087	0.092	0.096	0.099	15
0.072	0.076	0.081	0.085	0.089	0.092	0.097	0.101	0.105	0.109	20
0.083	0.087	0.092	0.096	0.101	0.104	0.109	0.113	0.117	0.122	25
0.095	0.099	0.105	0.109	0.114	0.118	0.123	0.128	0.134	0.138	30
0.110	0.114	0.119	0.124	0.129	0.134	0.139	0.144	0.149	0.154	35

(d)

Water										f'_c (psi)
2.80	2.97	3.14	3.30	3.45	3.63	3.79	3.95	4.12	4.27	2000
2.84	3.02	3.19	3.35	3.50	3.68	3.84	4.00	4.17	4.32	2500
2.90	3.08	3.25	3.41	3.56	3.74	3.90	4.06	4.23	4.37	3000
2.95	3.13	3.30	3.46	3.61	3.79	3.95	4.11	4.28	4.43	3500
3.01	3.19	3.35	3.51	3.67	3.85	4.01	4.16	4.34	4.48	4000
3.07	3.24	3.41	3.57	3.73	3.90	4.06	4.21	4.39	4.54	4500
3.13	3.29	3.46	3.62	3.79	3.95	4.11	4.27	4.44	4.60	5000

(d-1)

Water										f'_c (MPa)
0.104	0.111	0.117	0.123	0.129	0.135	0.141	0.147	0.153	0.159	15
0.107	0.114	0.120	0.126	0.132	0.138	0.144	0.150	0.156	0.162	20
0.110	0.116	0.123	0.129	0.135	0.141	0.147	0.153	0.159	0.165	25
0.113	0.119	0.126	0.132	0.138	0.144	0.150	0.156	0.162	0.168	30
0.116	0.122	0.129	0.135	0.141	0.147	0.153	0.159	0.165	0.171	35

(e)

Air										
0.90	0.95	0.99	1.04	1.08	1.13	1.17	1.22	1.26	1.31	Entrained (ft³/yd³)
3.33	3.52	3.67	3.85	4.00	4.19	4.33	4.45	4.67	4.85	%
0.033	0.035	0.037	0.039	0.040	0.042	0.043	0.045	0.047	0.049	Entrained (m³/m³)

(f)

Air (Values Approximate)

2000	2500	3000	3500	4000	4500	5000	f'_c (psi)
—	—	—	—	—	—	—	Entrapped (ft³/yd³)
—	—	—	—	—	—	—	%

(f-1)

Air (Values Approximate)

15	20	25	30	35	f'_c (MPa)
—	—	—	—	—	Entrapped (m³/m³)
—	—	—	—	—	%

(g)

Cement and Water Adjustments for Fine Aggregate Variations

31-32	32-33	33-34	34-35	35-36	36-37	37-38	38-39	39-40	40-41	% Voids
90.0	92.5	95.0	97.5	100.0	102.5	105.0	107.5	110.0	112.5	Adjustment (%)

Table No.	133
C.A. Size	3½"
	90 mm
ASTM No.	1
Slump	6"
	150 mm
(✓) AE	
( ) Non-AE	

(a)

Coarse Aggregate Type No.										Concrete Class
1	2	3	4	5	6	7				A
	1	2	3	4	5	6	7			B
		1	2	3	4	5	6	7		C
			1	2	3	4	5	6	7	D

(b)

Concrete										
10.00	10.50	11.00	11.50	12.00	12.50	13.00	13.50	14.00	14.50	Mortar (ft³/yd³)
17.00	16.50	16.00	15.50	15.00	14.50	14.00	13.50	13.00	12.50	C.A. + 8 (ft³/yd³)
0.370	0.389	0.407	0.426	0.444	0.463	0.481	0.500	0.519	0.537	Mortar (m³/m³)
0.630	0.611	0.593	0.574	0.556	0.537	0.519	0.500	0.481	0.463	C.A. + 8 (m³/m³)

(c)

Cement										f'_c (psi)
1.64	1.76	1.87	1.98	2.10	2.21	2.32	2.44	2.55	2.66	2000
1.84	1.94	2.05	2.16	2.26	2.38	2.49	2.60	2.71	2.81	2500
2.01	2.12	2.24	2.35	2.46	2.56	2.68	2.79	2.90	3.01	3000
2.19	2.31	2.42	2.54	2.65	2.76	2.87	2.99	3.11	3.22	3500
2.38	2.51	2.63	2.74	2.87	3.00	3.12	3.24	3.37	3.49	4000
2.65	2.78	2.90	3.02	3.15	3.27	3.39	3.52	3.64	3.79	4500
2.94	3.06	3.20	3.32	3.46	3.59	3.73	3.86	3.99	4.12	5000

(c-1)

Cement										f'_c (MPa)
0.063	0.068	0.072	0.076	0.080	0.084	0.088	0.093	0.097	0.100	15
0.073	0.077	0.082	0.086	0.090	0.093	0.098	0.102	0.106	0.110	20
0.084	0.088	0.093	0.097	0.102	0.105	0.110	0.114	0.118	0.123	25
0.096	0.100	0.106	0.110	0.115	0.119	0.124	0.129	0.135	0.139	30
0.111	0.115	0.120	0.125	0.130	0.135	0.140	0.145	0.150	0.155	35

(d)

Water										f'_c (psi)
2.85	3.02	3.19	3.35	3.50	3.68	3.84	4.00	4.17	4.32	2000
2.89	3.07	3.24	3.40	3.55	3.73	3.89	4.05	4.22	4.37	2500
2.95	3.13	3.30	3.46	3.61	3.79	3.95	4.11	4.28	4.42	3000
3.00	3.18	3.35	3.51	3.66	3.84	4.00	4.16	4.33	4.48	3500
3.06	3.24	3.40	3.56	3.72	3.90	4.06	4.21	4.39	4.53	4000
3.12	3.29	3.46	3.62	3.78	3.95	4.11	4.26	4.44	4.59	4500
3.18	3.34	3.51	3.67	3.84	4.00	4.16	4.32	4.49	4.65	5000

(d-1)

Water										f'_c (MPa)
0.106	0.113	0.119	0.125	0.131	0.137	0.143	0.149	0.155	0.161	15
0.109	0.116	0.122	0.128	0.134	0.140	0.146	0.152	0.158	0.164	20
0.112	0.118	0.125	0.131	0.137	0.143	0.149	0.155	0.161	0.167	25
0.115	0.121	0.128	0.134	0.140	0.146	0.152	0.158	0.164	0.170	30
0.118	0.124	0.131	0.137	0.143	0.149	0.155	0.161	0.167	0.173	35

(e)

Air										
0.90	0.95	0.99	1.04	1.08	1.13	1.17	1.22	1.26	1.31	Entrained (ft³/yd³)
3.33	3.52	3.67	3.85	4.00	4.19	4.33	4.45	4.67	4.85	%
0.033	0.035	0.037	0.039	0.040	0.042	0.043	0.045	0.047	0.049	Entrained (m³/m³)

(f)

Air (Values Approximate)							
2000	2500	3000	3500	4000	4500	5000	f'_c (psi)
—	—	—	—	—	—	—	Entrapped (ft³/yd³)
—	—	—	—	—	—	—	%

(f-1)

Air (Values Approximate)					
15	20	25	30	35	f'_c (MPa)
—	—	—	—	—	Entrapped (m³/m³)
—	—	—	—	—	%

(g)

Cement and Water Adjustments for Fine Aggregate Variations										
31–32	32–33	33–34	34–35	35–36	36–37	37–38	38–39	39–40	40–41	% Voids
90.0	92.5	95.0	97.5	100.0	102.5	105.0	107.5	110.0	112.5	Adjustment (%)

SECTION 3 146

Table No. 134
C.A. Size 3½″
90 mm
ASTM No. 1
Slump 6½″
165 mm

(✓) AE
( ) Non-AE

(a)

Coarse Aggregate Type No.										Concrete Class
1	2	3	4	5	6	7				A
	1	2	3	4	5	6	7			B
		1	2	3	4	5	6	7		C
			1	2	3	4	5	6	7	D

(b) Concrete

10.00	10.50	11.00	11.50	12.00	12.50	13.00	13.50	14.00	14.50	Mortar (ft³/yd³)
17.00	16.50	16.00	15.50	15.00	14.50	14.00	13.50	13.00	12.50	C. A. + 8 (ft³/yd³)
0.370	0.389	0.407	0.426	0.444	0.463	0.481	0.500	0.519	0.537	Mortar (m³/m³)
0.630	0.611	0.593	0.574	0.556	0.537	0.519	0.500	0.481	0.463	C. A. + 8 (m³/m³)

(c) Cement

									f'_c (psi)
1.67	1.79	1.90	2.01	2.13	2.24	2.35	2.47	2.58	2.69	2000
1.87	1.97	2.08	2.19	2.29	2.41	2.52	2.63	2.74	2.84	2500
2.04	2.15	2.27	2.38	2.49	2.59	2.71	2.82	2.93	3.04	3000
2.22	2.34	2.45	2.57	2.68	2.79	2.90	3.02	3.14	3.25	3500
2.41	2.54	2.66	2.77	2.90	3.03	3.15	3.27	3.40	3.52	4000
2.68	2.81	2.93	3.05	3.18	3.30	3.42	3.55	3.67	3.80	4500
2.97	3.09	3.23	3.35	3.49	3.62	3.76	3.89	4.02	4.15	5000

(c-1) Cement

									f'_c (MPa)
0.064	0.069	0.073	0.077	0.081	0.085	0.089	0.094	0.098	0.101	15
0.074	0.078	0.083	0.087	0.091	0.094	0.099	0.103	0.107	0.111	20
0.085	0.089	0.094	0.098	0.103	0.106	0.111	0.115	0.119	0.124	25
0.097	0.101	0.107	0.111	0.116	0.120	0.125	0.130	0.136	0.140	30
0.112	0.116	0.121	0.126	0.131	0.136	0.141	0.146	0.151	0.156	35

(d) Water

									f'_c (psi)
2.90	3.07	3.24	3.40	3.55	3.73	3.89	4.05	4.22	4.37	2000
2.94	3.12	3.29	3.45	3.60	3.78	3.94	4.10	4.27	4.42	2500
3.00	3.18	3.35	3.51	3.66	3.84	4.00	4.16	4.33	4.47	3000
3.05	3.23	3.40	3.56	3.71	3.89	4.05	4.21	4.38	4.53	3500
3.11	3.29	3.45	3.61	3.77	3.95	4.11	4.26	4.44	4.58	4000
3.17	3.34	3.51	3.67	3.83	4.00	4.16	4.31	4.49	4.64	4500
3.23	3.39	3.56	3.72	3.89	4.05	4.21	4.37	4.54	4.70	5000

(d-1) Water

									f'_c (MPa)
0.108	0.115	0.121	0.127	0.133	0.139	0.145	0.151	0.157	0.163	15
0.111	0.118	0.124	0.130	0.136	0.142	0.148	0.154	0.160	0.166	20
0.114	0.120	0.127	0.133	0.139	0.145	0.151	0.157	0.163	0.169	25
0.117	0.123	0.130	0.136	0.142	0.148	0.154	0.160	0.166	0.172	30
0.120	0.126	0.133	0.139	0.145	0.151	0.157	0.163	0.169	0.175	35

(e) Air

0.90	0.95	0.99	1.04	1.08	1.13	1.17	1.22	1.26	1.31	Entrained (ft³/yd³)
3.33	3.52	3.67	3.85	4.00	4.19	4.33	4.45	4.67	4.85	%
0.033	0.035	0.037	0.039	0.040	0.042	0.043	0.045	0.047	0.049	Entrained (m³/m³)

(f) Air (Values Approximate)

2000	2500	3000	3500	4000	4500	5000	f'_c (psi)
—	—	—	—	—	—	—	Entrapped (ft³/yd³)
—	—	—	—	—	—	—	%

(f-1) Air (Values Approximate)

15	20	25	30	35	f'_c (MPa)
—	—	—	—	—	Entrapped (m³/m³)
—	—	—	—	—	%

(g) Cement and Water Adjustments for Fine Aggregate Variations

31–32	32–33	33–34	34–35	35–36	36–37	37–38	38–39	39–40	40–41	% Voids
90.0	92.5	95.0	97.5	100.0	102.5	105.0	107.5	110.0	112.5	Adjustment (%)

Table No.	135
C.A. Size	3½"
	90 mm
ASTM No.	1
Slump	7"
	175 mm
(✓) AE	
( ) Non-AE	

(a)

Coarse Aggregate Type No.										Concrete Class
1	2	3	4	5	6	7				A
	1	2	3	4	5	6	7			B
		1	2	3	4	5	6	7		C
			1	2	3	4	5	6	7	D

(b) Concrete

10.00	10.50	11.00	11.50	12.00	12.50	13.00	13.50	14.00	14.50	Mortar (ft³/yd³)
17.00	16.50	16.00	15.50	15.00	14.50	14.00	13.50	13.00	12.50	C.A. + 8 (ft³/yd³)
0.370	0.389	0.407	0.426	0.444	0.463	0.481	0.500	0.519	0.537	Mortar (m³/m³)
0.630	0.611	0.593	0.574	0.556	0.537	0.519	0.500	0.481	0.463	C.A. + 8 (m³/m³)

(c) Cement

										f'_c (psi)
1.71	1.83	1.94	2.05	2.17	2.28	2.39	2.51	2.62	2.73	2000
1.91	2.01	2.12	2.23	2.33	2.45	2.56	2.67	2.78	2.88	2500
2.08	2.19	2.31	2.42	2.53	2.63	2.75	2.86	2.97	3.08	3000
2.26	2.38	2.49	2.61	2.72	2.83	2.94	3.06	3.18	3.29	3500
2.45	2.58	2.70	2.81	2.94	3.07	3.19	3.31	3.44	3.56	4000
2.72	2.85	2.97	3.09	3.22	3.34	3.46	3.59	3.71	3.84	4500
3.01	3.13	3.27	3.39	3.53	3.66	3.80	3.93	4.06	4.19	5000

(c-1) Cement

										f'_c (MPa)
0.065	0.070	0.074	0.078	0.082	0.086	0.090	0.095	0.099	0.102	15
0.075	0.079	0.084	0.088	0.092	0.095	0.100	0.104	0.108	0.112	20
0.086	0.090	0.095	0.099	0.104	0.107	0.112	0.116	0.120	0.125	25
0.098	0.102	0.108	0.112	0.117	0.121	0.126	0.131	0.137	0.141	30
0.113	0.117	0.122	0.127	0.132	0.137	0.142	0.147	0.152	0.157	35

(d) Water

										f'_c (psi)
2.95	3.12	3.29	3.45	3.60	3.78	3.94	4.10	4.27	4.42	2000
2.99	3.17	3.34	3.50	3.65	3.83	3.99	4.15	4.32	4.47	2500
3.05	3.23	3.40	3.56	3.71	3.89	4.05	4.21	4.38	4.52	3000
3.10	3.28	3.45	3.61	3.76	3.94	4.10	4.26	4.43	4.58	3500
3.16	3.34	3.50	3.66	3.82	4.00	4.16	4.31	4.49	4.63	4000
3.22	3.39	3.56	3.72	3.88	4.05	4.21	4.36	4.54	4.69	4500
3.28	3.44	3.61	3.77	3.94	4.10	4.26	4.42	4.59	4.75	5000

(d-1) Water

										f'_c (MPa)
0.109	0.116	0.122	0.128	0.134	0.140	0.146	0.152	0.158	0.164	15
0.112	0.119	0.125	0.131	0.137	0.143	0.149	0.155	0.161	0.167	20
0.115	0.121	0.128	0.134	0.140	0.146	0.152	0.158	0.164	0.170	25
0.118	0.124	0.131	0.137	0.143	0.149	0.155	0.161	0.167	0.173	30
0.121	0.127	0.134	0.140	0.146	0.152	0.158	0.164	0.170	0.176	35

(e) Air

0.90	0.95	0.99	1.04	1.08	1.13	1.17	1.22	1.26	1.31	Entrained (ft³/yd³)
3.33	3.52	3.67	3.85	4.00	4.19	4.33	4.45	4.67	4.85	%
0.033	0.035	0.037	0.039	0.040	0.042	0.043	0.045	0.047	0.049	Entrained (m³/m³)

(f) Air (Values Approximate)

2000	2500	3000	3500	4000	4500	5000	f'_c (psi)
—	—	—	—	—	—	—	Entrapped (ft³/yd³)
—	—	—	—	—	—	—	%

(f-1) Air (Values Approximate)

15	20	25	30	35	f'_c (MPa)
—	—	—	—	—	Entrapped (m³/m³)
					%

(g) Cement and Water Adjustments for Fine Aggregate Variations

31–32	32–33	33–34	34–35	35–36	36–37	37–38	38–39	39–40	40–41	% Voids
90.0	92.5	95.0	97.5	100.0	102.5	105.0	107.5	110.0	112.5	Adjustment (%)

Table No.	136
C.A. Size	3/8"
	9.5 mm
ASTM No.	8
Slump	0"
	0 mm

( ) AE
(✓) Non-AE

(a)

Coarse Aggregate Type No.										Concrete Class
1	2	3	4	5	6	7				A
	1	2	3	4	5	6	7			B
		1	2	3	4	5	6	7		C
			1	2	3	4	5	6	7	D

(b) Concrete

13.80	14.30	14.80	15.30	15.80	16.30	16.80	17.30	17.80	18.30	Mortar (ft³/yd³)
13.20	12.70	12.20	11.70	11.20	10.70	10.20	9.70	9.20	8.70	C.A. + 8 (ft³/yd³)
0.511	0.530	0.548	0.567	0.585	0.604	0.622	0.641	0.659	0.678	Mortar (m³/m³)
0.489	0.470	0.452	0.433	0.415	0.396	0.378	0.359	0.341	0.322	C.A. + 8 (m³/m³)

(c) Cement

										f'_c (psi)
2.01	2.07	2.13	2.18	2.24	2.29	2.35	2.41	2.47	2.53	2000
2.16	2.22	2.28	2.34	2.40	2.47	2.53	2.59	2.66	2.73	2500
2.31	2.38	2.48	2.50	2.58	2.65	2.72	2.78	2.85	2.93	3000
2.45	2.52	2.61	2.66	2.73	2.80	2.87	2.94	3.01	3.09	3500
2.61	2.69	2.78	2.84	2.91	2.99	3.06	3.14	3.21	3.29	4000
2.78	2.86	2.94	3.03	3.11	3.19	3.27	3.34	3.43	3.50	4500
2.97	3.05	3.13	3.22	3.29	3.37	3.45	3.53	3.62	3.72	5000

(c-1) Cement

										f'_c (MPa)
0.076	0.079	0.081	0.083	0.085	0.087	0.090	0.092	0.094	0.097	15
0.085	0.087	0.090	0.092	0.094	0.097	0.100	0.102	0.104	0.107	20
0.093	0.094	0.099	0.101	0.103	0.106	0.109	0.112	0.114	0.117	25
0.102	0.104	0.108	0.111	0.113	0.116	0.119	0.122	0.124	0.128	30
0.111	0.114	0.117	0.121	0.123	0.126	0.129	0.132	0.135	0.139	35

(d) Water

										f'_c (psi)
4.54	4.67	4.79	4.93	5.07	5.18	5.31	5.44	5.57	5.70	2000
4.52	4.65	4.77	4.90	5.05	5.16	5.29	5.42	5.54	5.68	2500
4.51	4.63	4.76	4.89	5.03	5.14	5.27	5.40	5.52	5.66	3000
4.49	4.62	4.74	4.87	5.00	5.12	5.25	5.38	5.50	5.64	3500
4.47	4.60	4.73	4.85	4.98	5.10	5.23	5.36	5.47	5.61	4000
4.45	4.58	4.70	4.83	4.95	5.08	5.21	5.33	5.45	5.59	4500
4.43	4.56	4.68	4.81	4.93	5.05	5.19	5.31	5.43	5.57	5000

(d-1) Water

										f'_c (MPa)
0.168	0.173	0.177	0.182	0.187	0.191	0.196	0.201	0.206	0.211	15
0.167	0.171	0.176	0.181	0.186	0.190	0.195	0.200	0.204	0.210	20
0.166	0.171	0.175	0.180	0.185	0.189	0.194	0.199	0.203	0.209	25
0.165	0.170	0.174	0.179	0.184	0.188	0.193	0.198	0.202	0.208	30
0.165	0.169	0.173	0.178	0.183	0.187	0.192	0.197	0.201	0.206	35

(e) Air

—	—	—	—	—	—	—	—	—	—	Entrained (ft³/yd³)
—	—	—	—	—	—	—	—	—	—	%
—	—	—	—	—	—	—	—	—	—	Entrained (m³/m³)

(f) Air (Values Approximate)

2000	2500	3000	3500	4000	4500	5000	f'_c (psi)
1.00	0.94	0.88	0.84	0.80	0.76	0.72	Entrapped (ft³/yd³)
3.70	3.48	3.26	3.11	2.96	2.81	2.67	%

(f-1) Air (Values Approximate)

15	20	25	30	35	f'_c (MPa)
0.036	0.033	0.031	0.029	0.027	Entrapped (m³/m³)
3.62	3.30	3.10	2.85	2.68	%

(g) Cement and Water Adjustments for Fine Aggregate Variations

31–32	32–33	33–34	34–35	35–36	36–37	37–38	38–39	39–40	40–41	% Voids
90.0	92.5	95.0	97.5	100.0	102.5	105.0	107.5	110.0	112.5	Adjustment (%)

Table No.	137
C.A. Size	3/8"
	9.5 mm
ASTM No.	8
Slump	1/2"
	12.5 mm
( ) AE	
(√) Non-AE	

(a)

Coarse Aggregate Type No.										Concrete Class
1	2	3	4	5	6	7				A
	1	2	3	4	5	6	7			B
		1	2	3	4	5	6	7		C
			1	2	3	4	5	6	7	D

(b)

Concrete										
13.80	14.30	14.80	15.30	15.80	16.30	16.80	17.30	17.80	18.30	Mortar (ft³/yd³)
13.20	12.70	12.20	11.70	11.20	10.70	10.20	9.70	9.20	8.70	C. A. + 8 (ft³/yd³)
0.511	0.530	0.548	0.567	0.585	0.604	0.622	0.641	0.659	0.678	Mortar (m³/m³)
0.489	0.470	0.452	0.433	0.415	0.396	0.378	0.359	0.341	0.322	C. A. + 8 (m³/m³)

(c)

Cement										f'_c (psi)
2.04	2.10	2.16	2.21	2.27	2.32	2.38	2.44	2.50	2.56	2000
2.19	2.25	2.31	2.37	2.43	2.50	2.56	2.62	2.69	2.76	2500
2.34	2.41	2.51	2.53	2.61	2.68	2.75	2.81	2.88	2.96	3000
2.48	2.55	2.64	2.69	2.76	2.83	2.90	2.97	3.04	3.12	3500
2.64	2.72	2.81	2.87	2.94	3.02	3.09	3.17	3.24	3.22	4000
2.81	2.89	2.97	3.06	3.14	3.22	3.30	3.37	3.46	3.53	4500
3.00	3.08	3.16	3.25	3.32	3.40	3.48	3.56	3.65	3.75	5000

(c-1)

Cement										f'_c (MPa)
0.077	0.080	0.082	0.084	0.086	0.088	0.091	0.093	0.095	0.098	15
0.086	0.088	0.091	0.093	0.095	0.098	0.101	0.103	0.105	0.108	20
0.094	0.095	0.100	0.102	0.104	0.107	0.110	0.113	0.115	0.118	25
0.103	0.105	0.109	0.112	0.114	0.117	0.120	0.123	0.125	0.129	30
0.112	0.115	0.118	0.122	0.124	0.127	0.130	0.133	0.136	0.140	35

(d)

Water										f'_c (psi)
4.60	4.73	4.85	4.99	5.13	5.26	5.37	5.50	5.63	5.76	2000
4.58	4.71	4.83	4.96	5.11	5.22	5.35	5.48	5.60	5.74	2500
4.57	4.69	4.82	4.95	5.09	5.20	5.33	5.46	5.58	5.72	3000
4.55	4.68	4.80	4.93	5.06	5.18	5.31	5.44	5.56	5.70	3500
4.53	4.66	4.79	4.91	5.04	5.16	5.29	5.42	5.53	5.67	4000
4.51	4.64	4.76	4.89	5.01	5.14	5.27	5.39	5.51	5.65	4500
4.49	4.62	4.74	4.87	4.99	5.11	5.25	5.37	5.49	5.63	5000

(d-1)

Water										f'_c (MPa)
0.170	0.175	0.179	0.184	0.189	0.193	0.198	0.203	0.208	0.213	15
0.169	0.173	0.178	0.183	0.188	0.192	0.197	0.202	0.206	0.212	20
0.168	0.173	0.177	0.182	0.187	0.191	0.196	0.201	0.205	0.211	25
0.167	0.172	0.176	0.181	0.186	0.190	0.195	0.200	0.204	0.210	30
0.167	0.171	0.175	0.180	0.185	0.189	0.194	0.199	0.203	0.208	35

(e)

Air										
—	—	—	—	—	—	—	—	—	—	Entrained (ft³/yd³)
—	—	—	—	—	—	—	—	—	—	%
—	—	—	—	—	—	—	—	—	—	Entrained (m³/m³)

(f)

Air (Values Approximate)							
2000	2500	3000	3500	4000	4500	5000	f'_c (psi)
1.00	0.94	0.88	0.84	0.80	0.76	0.72	Entrapped (ft³/yd³)
3.70	3.48	3.26	3.11	2.96	2.81	2.67	%

(f-1)

Air (Values Approximate)					
15	20	25	30	35	f'_c (MPa)
0.036	0.033	0.031	0.029	0.027	Entrapped (m³/m³)
3.62	3.30	3.10	2.85	2.68	%

(g)

Cement and Water Adjustments for Fine Aggregate Variations										
31–32	32–33	33–34	34–35	35–36	36–37	37–38	38–39	39–40	40–41	% Voids
90.0	92.5	95.0	97.5	100.0	102.5	105.0	107.5	110.0	112.5	Adjustment (%)

Table No.			138						
C.A. Size			3/8"						
			9.5 mm						
ASTM No.			8						
Slump			1"						
			25 mm						
( ) AE									
(√) Non-AE									

(a)

Coarse Aggregate Type No.										Concrete Class
1	2	3	4	5	6	7				A
	1	2	3	4	5	6	7			B
		1	2	3	4	5	6	7		C
			1	2	3	4	5	6	7	D

(b) Concrete

13.80	14.30	14.80	15.30	15.80	16.30	16.80	17.30	17.80	18.30	Mortar (ft³/yd³)
13.20	12.70	12.20	11.70	11.20	10.70	10.20	9.70	9.20	8.70	C. A. + 8 (ft³/yd³)
0.511	0.530	0.548	0.567	0.585	0.604	0.622	0.641	0.659	0.678	Mortar (m³/m³)
0.489	0.470	0.452	0.433	0.415	0.396	0.378	0.359	0.341	0.322	C. A. + 8 (m³/m³)

(c) Cement

										f'_c (psi)
2.07	2.13	2.19	2.24	2.30	2.35	2.41	2.47	2.53	2.59	2000
2.22	2.28	2.34	2.40	2.46	2.53	2.59	2.65	2.72	2.79	2500
2.37	2.44	2.54	2.56	2.64	2.71	2.78	2.84	2.91	2.99	3000
2.51	2.58	2.67	2.72	2.79	2.86	2.93	3.00	3.07	3.15	3500
2.67	2.75	2.84	2.90	2.97	3.05	3.12	3.20	3.27	3.35	4000
2.84	2.92	3.00	3.09	3.17	3.25	3.33	3.40	3.49	3.56	4500
3.03	3.11	3.19	3.28	3.35	3.43	3.51	3.59	3.68	3.78	5000

(c-1) Cement

										f'_c (MPa)
0.078	0.081	0.083	0.085	0.087	0.089	0.092	0.094	0.096	0.099	15
0.087	0.089	0.092	0.094	0.096	0.099	0.102	0.104	0.106	0.109	20
0.095	0.096	0.101	0.103	0.105	0.108	0.111	0.114	0.116	0.119	25
0.104	0.106	0.110	0.113	0.115	0.118	0.121	0.124	0.126	0.130	30
0.113	0.116	0.119	0.123	0.125	0.128	0.131	0.134	0.137	0.141	35

(d) Water

										f'_c (psi)
4.65	4.78	4.90	5.04	5.18	5.29	5.42	5.55	5.68	5.81	2000
4.63	4.76	4.88	5.01	5.16	5.27	5.40	5.53	5.65	5.79	2500
4.62	4.74	4.87	5.00	5.14	5.25	5.38	5.51	5.63	5.77	3000
4.60	4.73	4.85	4.98	5.11	5.23	5.36	5.49	5.61	5.75	3500
4.58	4.71	4.84	4.96	5.09	5.21	5.34	5.47	5.58	5.72	4000
4.56	4.69	4.81	4.94	5.06	5.19	5.32	5.44	5.56	5.70	4500
4.54	4.67	4.79	4.92	5.04	5.16	5.30	5.42	5.54	5.68	5000

(d-1) Water

										f'_c (MPa)
0.172	0.177	0.181	0.186	0.191	0.195	0.200	0.205	0.210	0.215	15
0.171	0.175	0.180	0.185	0.190	0.194	0.199	0.204	0.208	0.214	20
0.170	0.175	0.179	0.184	0.189	0.193	0.198	0.203	0.207	0.213	25
0.169	0.174	0.178	0.183	0.188	0.192	0.197	0.202	0.206	0.212	30
0.169	0.173	0.177	0.182	0.187	0.191	0.196	0.201	0.205	0.210	35

(e) Air

—	—	—	—	—	—	—	—	—	—	Entrained (ft³/yd³)
—	—	—	—	—	—	—	—	—	—	%
—	—	—	—	—	—	—	—	—	—	Entrained (m³/m³)

(f) Air (Values Approximate)

2000	2500	3000	3500	4000	4500	5000	f'_c (psi)
1.00	0.94	0.88	0.84	0.80	0.76	0.72	Entrapped (ft³/yd³)
3.70	3.48	3.26	3.11	2.96	2.81	2.67	%

(f-1) Air (Values Approximate)

15	20	25	30	35	f'_c (MPa)
0.036	0.033	0.031	0.029	0.027	Entrapped (m³/m³)
3.62	3.30	3.10	2.85	2.68	%

(g) Cement and Water Adjustments for Fine Aggregate Variations

31-32	32-33	33-34	34-35	35-36	36-37	37-38	38-39	39-40	40-41	% Voids
90.0	92.5	95.0	97.5	100.0	102.5	105.0	107.5	110.0	112.5	Adjustment (%)

Table No.	139
C.A. Size	3/8"
	9.5 mm
ASTM No.	8
Slump	1½"
	40 mm

( ) AE
(√) Non·AE

(a)

Coarse Aggregate Type No.										Concrete Class
1	2	3	4	5	6	7				A
	1	2	3	4	5	6	7			B
		1	2	3	4	5	6	7		C
			1	2	3	4	5	6	7	D

(b) Concrete

13.80	14.30	14.80	15.30	15.80	16.30	16.80	17.30	17.80	18.30	Mortar (ft³/yd³)
13.20	12.70	12.20	11.70	11.20	10.70	10.20	9.70	9.20	8.70	C. A. + 8 (ft³/yd³)
0.511	0.530	0.548	0.567	0.585	0.604	0.622	0.641	0.659	0.678	Mortar (m³/m³)
0.489	0.470	0.452	0.433	0.415	0.396	0.378	0.359	0.341	0.322	C. A. + 8 (m³/m³)

(c) Cement

										f'_c (psi)
2.11	2.17	2.23	2.28	2.30	2.39	2.45	2.51	2.57	2.63	2000
2.26	2.32	2.38	2.44	2.54	2.57	2.63	2.69	2.76	2.83	2500
2.41	2.48	2.58	2.60	2.68	2.75	2.82	2.88	2.95	3.03	3000
2.55	2.62	2.71	2.76	2.83	2.90	2.97	3.04	3.11	3.19	3500
2.71	2.79	2.88	2.94	3.01	3.09	3.16	3.24	3.31	3.39	4000
2.88	2.96	3.04	3.13	3.21	3.29	3.37	3.44	3.53	3.60	4500
3.07	3.15	3.23	3.32	3.39	3.47	3.55	3.63	3.72	3.82	5000

(c-1) Cement

										f'_c (MPa)
0.079	0.082	0.084	0.086	0.088	0.090	0.093	0.095	0.097	0.100	15
0.088	0.090	0.093	0.095	0.097	0.100	0.103	0.105	0.107	0.110	20
0.096	0.097	0.102	0.104	0.106	0.109	0.112	0.115	0.117	0.120	25
0.105	0.107	0.111	0.114	0.116	0.119	0.122	0.125	0.127	0.131	30
0.114	0.117	0.120	0.124	0.126	0.129	0.132	0.135	0.138	0.142	35

(d) Water

										f'_c (psi)
4.70	4.83	4.95	5.09	5.23	5.34	5.47	5.60	5.73	5.86	2000
4.68	4.81	4.93	5.06	5.21	5.32	5.45	5.58	5.70	5.84	2500
4.67	4.79	4.92	5.05	5.19	5.30	5.43	5.56	5.68	5.82	3000
4.65	4.78	4.90	5.03	5.16	5.28	5.41	5.54	5.66	5.80	3500
4.63	4.76	4.89	5.01	5.14	5.26	5.39	5.52	5.63	5.77	4000
4.61	4.74	4.86	4.99	5.11	5.24	5.37	5.49	5.61	5.75	4500
4.59	4.72	4.84	4.97	5.09	5.21	5.35	5.47	5.59	5.73	5000

(d-1) Water

										f'_c (MPa)
0.174	0.179	0.183	0.188	0.193	0.197	0.202	0.207	0.212	0.217	15
0.173	0.177	0.182	0.187	0.192	0.196	0.201	0.206	0.210	0.216	20
0.172	0.177	0.181	0.186	0.191	0.195	0.200	0.205	0.209	0.215	25
0.171	0.176	0.180	0.185	0.190	0.194	0.199	0.204	0.208	0.214	30
0.171	0.175	0.179	0.184	0.189	0.193	0.198	0.203	0.207	0.212	35

(e) Air

—	—	—	—	—	—	—	—	—	—	Entrained (ft³/yd³)
—	—	—	—	—	—	—	—	—	—	%
—	—	—	—	—	—	—	—	—	—	Entrained (m³/m³)

(f) Air (Values Approximate)

2000	2500	3000	3500	4000	4500	5000	f'_c (psi)
1.00	0.94	0.88	0.84	0.80	0.76	0.72	Entrapped (ft³/yd³)
3.70	3.48	3.26	3.11	2.96	2.81	2.67	%

(f-1) Air (Values Approximate)

15	20	25	30	35	f'_c (MPa)
0.036	0.033	0.031	0.029	0.027	Entrapped (m³/m³)
3.62	3.30	3.10	2.85	2.68	%

(g) Cement and Water Adjustments for Fine Aggregate Variations

31-32	32-33	33-34	34-35	35-36	36-37	37-38	38-39	39-40	40-41	% Voids
90.0	92.5	95.0	97.5	100.0	102.5	105.0	107.5	110.0	112.5	Adjustment (%)

Table No. 140
C.A. Size 3/8"
9.5 mm
ASTM No. 8
Slump 2"
50 mm

( ) AE
(✓) Non-AE

(a)

Coarse Aggregate Type No.										Concrete Class
1	2	3	4	5	6	7				A
	1	2	3	4	5	6	7			B
		1	2	3	4	5	6	7		C
			1	2	3	4	5	6	7	D

(b) Concrete

13.80	14.30	14.80	15.30	15.80	16.30	16.80	17.30	17.80	18.30	Mortar (ft³/yd³)
13.20	12.70	12.20	11.70	11.20	10.70	10.20	9.70	9.20	8.70	C.A. + 8 (ft³/yd³)
0.511	0.530	0.548	0.567	0.585	0.604	0.622	0.641	0.659	0.678	Mortar (m³/m³)
0.489	0.470	0.452	0.433	0.415	0.396	0.378	0.359	0.341	0.322	C.A. + 8 (m³/m³)

(c) Cement

										f'_c (psi)
2.15	2.21	2.27	2.32	2.38	2.43	2.49	2.55	2.61	2.67	2000
2.30	2.36	2.42	2.48	2.54	2.61	2.67	2.73	2.80	2.87	2500
2.45	2.52	2.62	2.64	2.72	2.79	2.86	2.92	2.99	3.07	3000
2.59	2.66	2.75	2.80	2.87	2.94	3.01	3.08	3.15	3.23	3500
2.75	2.83	2.92	2.98	3.05	3.13	3.20	3.28	3.35	3.43	4000
2.92	3.00	3.08	3.17	3.25	3.33	3.41	3.48	3.57	3.64	4500
3.11	3.19	3.27	3.36	3.43	3.51	3.59	3.67	3.76	3.86	5000

(c-1) Cement

										f'_c (MPa)
0.081	0.084	0.086	0.088	0.090	0.092	0.095	0.097	0.099	0.102	15
0.090	0.092	0.095	0.097	0.099	0.102	0.105	0.107	0.109	0.112	20
0.098	0.099	0.104	0.106	0.108	0.111	0.114	0.117	0.119	0.122	25
0.107	0.109	0.113	0.116	0.118	0.121	0.124	0.127	0.129	0.133	30
0.116	0.119	0.122	0.126	0.128	0.131	0.134	0.137	0.140	0.144	35

(d) Water

										f'_c (psi)
4.76	4.89	5.01	5.15	5.29	5.40	5.53	5.66	5.79	5.92	2000
4.74	4.87	4.99	5.12	5.27	5.38	5.51	5.64	5.76	5.90	2500
4.73	4.85	4.98	5.11	5.25	5.36	5.49	5.62	5.74	5.88	3000
4.71	4.84	4.96	5.09	5.22	5.34	5.47	5.60	5.72	5.86	3500
4.69	4.82	4.95	5.07	5.20	5.32	5.45	5.58	5.69	5.83	4000
4.67	4.80	4.92	5.05	5.17	5.30	5.43	5.55	5.67	5.81	4500
4.65	4.78	4.90	5.03	5.15	5.27	5.41	5.53	5.65	5.79	5000

(d-1) Water

										f'_c (MPa)
0.176	0.181	0.185	0.190	0.195	0.199	0.204	0.209	0.214	0.219	15
0.175	0.179	0.184	0.189	0.194	0.198	0.203	0.208	0.212	0.218	20
0.174	0.179	0.183	0.188	0.193	0.197	0.202	0.207	0.211	0.217	25
0.173	0.178	0.182	0.187	0.192	0.196	0.201	0.206	0.210	0.216	30
0.173	0.177	0.181	0.186	0.191	0.195	0.200	0.205	0.209	0.214	35

(e) Air

—	—	—	—	—	—	—	—	—	—	Entrained (ft³/yd³)
—	—	—	—	—	—	—	—	—	—	%
—	—	—	—	—	—	—	—	—	—	Entrained (m³/m³)

(f) Air (Values Approximate)

2000	2500	3000	3500	4000	4500	5000	f'_c (psi)
1.00	0.94	0.88	0.84	0.80	0.76	0.72	Entrapped (ft³/yd³)
3.70	3.48	3.26	3.11	2.96	2.81	2.67	%

(f-1) Air (Values Approximate)

15	20	25	30	35	f'_c (MPa)
0.036	0.033	0.031	0.029	0.027	Entrapped (m³/m³)
3.62	3.30	3.10	2.85	2.68	%

(g) Cement and Water Adjustments for Fine Aggregate Variations

31-32	32-33	33-34	34-35	35-36	36-37	37-38	38-39	39-40	40-41	% Voids
90.0	92.5	95.0	97.5	100.0	102.5	105.0	107.5	110.0	112.5	Adjustment (%)

Table No.	141
C.A. Size	3/8"
	9.5 mm
ASTM No.	8
Slump	2½"
	65 mm
( ) AE	
(✓) Non-AE	

(a)

Coarse Aggregate Type No.										Concrete Class
1	2	3	4	5	6	7				A
	1	2	3	4	5	6	7			B
		1	2	3	4	5	6	7		C
			1	2	3	4	5	6	7	D

(b)
Concrete

13.80	14.30	14.80	15.30	15.80	16.30	16.80	17.30	17.80	18.30	Mortar (ft³/yd³)
13.20	12.70	12.20	11.70	11.20	10.70	10.20	9.70	9.20	8.70	C. A. + 8 (ft³/yd³)
0.511	0.530	0.548	0.567	0.585	0.604	0.622	0.641	0.659	0.678	Mortar (m³/m³)
0.489	0.470	0.452	0.433	0.415	0.396	0.378	0.359	0.341	0.322	C. A. + 8 (m³/m³)

(c)
Cement

										f'_c (psi)
2.18	2.24	2.30	2.35	2.41	2.46	2.52	2.58	2.64	2.70	2000
2.33	2.39	2.45	2.51	2.57	2.64	2.70	2.76	2.83	2.90	2500
2.48	2.55	2.61	2.67	2.75	2.82	2.89	2.95	3.02	3.10	3000
2.62	2.69	2.78	2.83	2.90	2.97	3.04	3.11	3.18	3.26	3500
2.78	2.86	2.95	3.01	3.08	3.16	3.23	3.31	3.38	3.46	4000
2.95	3.03	3.11	3.20	3.28	3.36	3.44	3.51	3.60	3.67	4500
3.14	3.22	3.30	3.39	3.46	3.54	3.62	3.70	3.79	3.89	5000

(c-1)
Cement

										f'_c (MPa)
0.082	0.085	0.087	0.089	0.091	0.093	0.096	0.098	0.100	0.103	15
0.091	0.093	0.096	0.098	0.100	0.103	0.106	0.108	0.110	0.113	20
0.099	0.100	0.105	0.107	0.109	0.112	0.115	0.118	0.120	0.123	25
0.108	0.110	0.114	0.117	0.119	0.122	0.125	0.128	0.130	0.134	30
0.117	0.120	0.123	0.127	0.129	0.132	0.135	0.138	0.141	0.145	35

(d)
Water

										f'_c (psi)
4.81	4.94	5.06	5.20	5.34	5.45	5.58	5.71	5.84	5.97	2000
4.79	4.92	5.04	5.17	5.32	5.43	5.56	5.69	5.81	5.95	2500
4.78	4.90	5 03	5.16	5.30	5.41	5.54	5.67	5.79	5.93	3000
4.76	4.89	5.01	5.14	5.27	5.39	5.52	5.65	5.77	5.91	3500
4.74	4.87	5.00	5.12	5.25	5.37	5.50	5.63	5.74	5.88	4000
4.72	4.85	4.97	5.10	5.22	5.35	5.48	5.60	5.72	5.86	4500
4.70	4.83	4.95	5.08	5.20	5.32	5.46	5.58	5.70	5.84	5000

(d-1)
Water

										f'_c (MPa)
0.178	0.183	0.187	0.192	0.197	0.201	0.206	0.211	0.216	0.221	15
0.177	0.181	0.186	0.191	0.196	0.200	0.205	0.210	0.214	0.220	20
0.176	0.181	0.185	0.190	0.195	0.199	0.204	0.209	0.213	0.219	25
0.175	0.180	0.184	0.189	0.194	0.198	0.203	0.208	0.212	0.218	30
0.175	0.179	0.183	0.188	0.193	0.197	0.202	0.207	0.211	0.216	35

(e)
Air

—	—	—	—	—	—	—	—	—	—	Entrained (ft³/yd³)
—	—	—	—	—	—	—	—	—	—	%
—	—	—	—	—	—	—	—	—	—	Entrained (m³/m³)

(f)
Air (Values Approximate)

2000	2500	3000	3500	4000	4500	5000	f'_c (psi)
1.00	0.94	0.88	0.84	0.80	0.76	0.72	Entrapped (ft³/yd³)
3.70	3.48	3.26	3.11	2.96	2.81	2.67	%

(f-1)
Air (Values Approximate)

15	20	25	30	35	f'_c (MPa)
0.036	0.033	0.031	0.029	0.027	Entrapped (m³/m³)
3.62	3.30	3.10	2.85	2.68	%

(g)
Cement and Water Adjustments for Fine Aggregate Variations

31–32	32–33	33–34	34–35	35–36	36–37	37–38	38–39	39–40	40–41	% Voids
90.0	92.5	95.0	97.5	100.0	102.5	105.0	107.5	110.0	112.5	Adjustment (%)

Table No.	142
C.A. Size	3/8"
	9.5mm
ASTM No.	8
Slump	3"
	75mm

( ) AE
(✓) Non-AE

(a)

Coarse Aggregate Type No.										Concrete Class
1	2	3	4	5	6	7				A
	1	2	3	4	5	6	7			B
		1	2	3	4	5	6	7		C
			1	2	3	4	5	6	7	D

(b)

Concrete										
13.80	14.30	14.80	15.30	15.80	16.30	16.80	17.30	17.80	18.30	Mortar (ft³/yd³)
13.20	12.70	12.20	11.70	11.20	10.70	10.20	9.70	9.20	8.70	C. A. + 8 (ft³/yd³)
0.511	0.530	0.548	0.567	0.585	0.604	0.622	0.641	0.659	0.678	Mortar (m³/m³)
0.489	0.470	0.452	0.433	0.415	0.396	0.378	0.359	0.341	0.322	C. A. + 8 (m³/m³)

(c)

Cement										f'_c (psi)
2.21	2.27	2.33	2.38	2.44	2.49	2.55	2.61	2.67	2.73	2000
2.36	2.42	2.48	2.54	2.60	2.67	2.73	2.79	2.86	2.93	2500
2.51	2.58	2.68	2.70	2.78	2.85	2.92	2.98	3.05	3.13	3000
2.65	2.72	2.81	2.86	2.93	3.00	3.07	3.14	3.21	3.29	3500
2.81	2.89	2.98	3.04	3.11	3.19	3.26	3.34	3.41	3.49	4000
2.98	3.06	3.14	3.23	3.31	3.39	3.47	3.54	3.63	3.70	4500
3.17	3.25	3.33	3.42	3.49	3.57	3.65	3.73	3.82	3.92	5000

(c-1)

Cement										f'_c (MPa)
0.083	0.086	0.088	0.090	0.092	0.094	0.097	0.099	0.101	0.104	15
0.092	0.094	0.097	0.099	0.101	0.104	0.107	0.109	0.111	0.114	20
0.100	0.101	0.106	0.108	0.110	0.113	0.116	0.119	0.121	0.124	25
0.109	0.111	0.115	0.118	0.120	0.123	0.126	0.129	0.131	0.135	30
0.118	0.121	0.124	0.128	0.130	0.133	0.136	0.139	0.142	0.146	35

(d)

Water										f'_c (psi)
4.86	4.99	5.11	5.25	5.39	5.50	5.63	5.76	5.89	6.02	2000
4.84	4.97	5.09	5.22	5.37	5.48	5.61	5.74	5.86	6.00	2500
4.83	4.95	5.08	5.21	5.35	5.46	5.59	5.72	5.84	5.98	3000
4.81	4.94	5.06	5.19	5.32	5.44	5.57	5.70	5.82	5.96	3500
4.79	4.92	5.05	5.17	5.30	5.42	5.55	5.68	5.79	5.93	4000
4.77	4.90	5.02	5.15	5.27	5.40	5.53	5.65	5.77	5.91	4500
4.75	4.88	5.00	5.13	5.25	5.37	5.51	5.63	5.75	5.89	5000

(d-1)

Water										f'_c (MPa)
0.180	0.185	0.189	0.194	0.199	0.203	0.208	0.213	0.218	0.223	15
0.179	0.183	0.188	0.193	0.198	0.202	0.207	0.212	0.216	0.222	20
0.178	0.183	0.187	0.192	0.197	0.201	0.206	0.211	0.215	0.221	25
0.177	0.182	0.186	0.191	0.196	0.200	0.205	0.210	0.214	0.220	30
0.177	0.181	0.185	0.190	0.195	0.199	0.204	0.209	0.213	0.218	35

(e)

Air										
—	—	—	—	—	—	—	—	—	—	Entrained (ft³/yd³)
—	—	—	—	—	—	—	—	—	—	%
—	—	—	—	—	—	—	—	—	—	Entrained (m³/m³)

(f)

Air (Values Approximate)							
2000	2500	3000	3500	4000	4500	5000	f'_c (psi)
1.00	0.94	0.88	0.84	0.80	0.76	0.72	Entrapped (ft³/yd³)
3.70	3.48	3.26	3.11	2.96	2.81	2.67	%

(f-1)

Air (Values Approximate)					
15	20	25	30	35	f'_c (MPa)
0.036	0.033	0.031	0.029	0.027	Entrapped (m³/m³)
3.62	3.30	3.10	2.85	2.68	%

(g)

Cement and Water Adjustments for Fine Aggregate Variations									
31–32	32–33	33–34	34–35	35–36	36–37	37–38	38–39	39–40	40–41	% Voids
90.0	92.5	95.0	97.5	100.0	102.5	105.0	107.5	110.0	112.5	Adjustment (%)

TABLES OF VOLUMES 155

Table No. 143
C.A. Size 3/8"
9.5mm
ASTM No. 8
Slump 3½"
90mm

( ) AE
(✓) Non·AE

(a)										
Coarse Aggregate Type No.										Concrete Class
1	2	3	4	5	6	7				A
	1	2	3	4	5	6	7			B
		1	2	3	4	5	6	7		C
			1	2	3	4	5	6	7	D

(b)										
Concrete										
13.80	14.30	14.80	15.30	15.80	16.30	16.80	17.30	17.80	18.30	Mortar (ft³/yd³)
13.20	12.70	12.20	11.70	11.20	10.70	10.20	9.70	9.20	8.70	C. A. + 8 (ft³/yd³)
0.511	0.530	0.548	0.567	0.585	0.604	0.622	0.641	0.659	0.678	Mortar (m³/m³)
0.489	0.470	0.452	0.433	0.415	0.396	0.378	0.359	0.341	0.322	C. A. + 8 (m³/m³)

(c)										
Cement										f'_c (psi)
2.25	2.31	2.37	2.42	2.48	2.53	2.59	2.65	2.71	2.77	2000
2.40	2.46	2.52	2.58	2.64	2.71	2.77	2.83	2.90	2.96	2500
2.55	2.62	2.72	2.74	2.82	2.89	2.96	3.02	3.09	3.17	3000
2.69	2.76	2.85	2.90	2.97	3.04	3.11	3.18	3.25	3.33	3500
2.85	2.93	3.02	3.08	3.15	3.23	3.30	3.38	3.45	3.53	4000
3.02	3.10	3.18	3.27	3.35	3.43	3.51	3.58	3.67	3.74	4500
3.21	3.29	3.37	3.46	3.53	3.61	3.69	3.77	3.86	3.96	5000

(c-1)										
Cement										f'_c (MPa)
0.085	0.088	0.090	0.092	0.094	0.096	0.099	0.101	0.103	0.106	15
0.094	0.096	0.099	0.101	0.103	0.106	0.109	0.111	0.113	0.116	20
0.102	0.103	0.108	0.110	0.112	0.115	0.118	0.121	0.123	0.126	25
0.111	0.113	0.117	0.120	0.122	0.125	0.128	0.131	0.133	0.137	30
0.120	0.123	0.126	0.130	0.132	0.135	0.138	0.141	0.144	0.148	35

(d)										
Water										f'_c (psi)
4.92	5.05	5.17	5.31	5.45	5.56	5.69	5.82	5.95	6.08	2000
4.90	5.03	5.15	5.28	5.43	5.54	5.67	5.80	5.92	6.06	2500
4.89	5.01	5.14	5.27	5.41	5.52	5.65	5.78	5.90	6.04	3000
4.87	5.00	5.12	5.25	5.38	5.50	5.63	5.76	5.88	6.02	3500
4.85	4.98	5.11	5.23	5.36	5.48	5.61	5.74	5.85	5.99	4000
4.83	4.96	5.08	5.21	5.33	5.46	5.59	5.71	5.83	5.97	4500
4.81	4.94	5.06	5.19	5.31	5.43	5.57	5.69	5.81	5.95	5000

(d-1)										
Water										f'_c (MPa)
0.181	0.186	0.190	0.195	0.200	0.204	0.209	0.214	0.219	0.224	15
0.180	0.184	0.189	0.194	0.199	0.203	0.208	0.213	0.217	0.223	20
0.179	0.184	0.188	0.193	0.198	0.202	0.207	0.212	0.216	0.222	25
0.178	0.183	0.187	0.192	0.197	0.201	0.206	0.211	0.215	0.221	30
0.178	0.182	0.186	0.191	0.196	0.200	0.205	0.210	0.214	0.219	35

(e)										
Air										
—	—	—	—	—	—	—	—	—	—	Entrained (ft³/yd³)
—	—	—	—	—	—	—	—	—	—	%
—	—	—	—	—	—	—	—	—	—	Entrained (m³/m³)

(f)							
Air (Values Approximate)							
2000	2500	3000	3500	4000	4500	5000	f'_c (psi)
1.00	0.94	0.88	0.84	0.80	0.76	0.72	Entrapped (ft³/yd³)
3.70	3.48	3.26	3.11	2.96	2.81	2.67	%

(f-1)					
Air (Values Approximate)					
15	20	25	30	35	f'_c (MPa)
0.036	0.033	0.031	0.029	0.027	Entrapped (m³/m³)
3.62	3.30	3.10	2.85	2.68	%

(g)									
Cement and Water Adjustments for Fine Aggregate Variations									
31-32	32-33	33-34	34-35	35-36	36-37	37-38	38-39	39-40	40-41	% Voids
90.0	92.5	95.0	97.5	100.0	102.5	105.0	107.5	110.0	112.5	Adjustment (%)

Table No.	144
C.A. Size	3/8"
	9.5mm
ASTM No.	8
Slump	4"
	100mm
( ) AE	
(✓) Non-AE	

(a)

Coarse Aggregate Type No.										Concrete Class
1	2	3	4	5	6	7				A
	1	2	3	4	5	6	7			B
		1	2	3	4	5	6	7		C
			1	2	3	4	5	6	7	D

(b)

Concrete										
13.80	14.30	14.80	15.30	15.80	16.30	16.80	17.30	17.80	18.30	Mortar (ft³/yd³)
13.20	12.70	12.20	11.70	11.20	10.70	10.20	9.70	9.20	8.70	C. A. + 8 (ft³/yd³)
0.511	0.530	0.548	0.567	0.585	0.604	0.622	0.641	0.659	0.678	Mortar (m³/m³)
0.489	0.470	0.452	0.433	0.415	0.396	0.378	0.359	0.341	0.322	C. A. + 8 (m³/m³)

(c)

Cement										f'_c (psi)
2.29	2.35	2.41	2.46	2.52	2.57	2.63	2.69	2.75	2.81	2000
2.44	2.50	2.56	2.62	2.68	2.75	2.81	2.87	2.94	3.01	2500
2.59	2.66	2.76	2.78	2.86	2.93	3.00	3.06	3.13	3.21	3000
2.73	2.80	2.89	2.94	3.01	3.08	3.15	3.22	3.29	3.37	3500
2.89	2.97	3.06	3.12	3.19	3.27	3.34	3.42	3.49	3.57	4000
3.06	3.14	3.22	3.31	3.39	3.47	3.55	3.62	3.71	3.78	4500
3.15	3.33	3.41	3.50	3.57	3.65	3.73	3.81	3.90	4.00	5000

(c-1)

Cement										f'_c (MPa)
0.086	0.089	0.091	0.093	0.095	0.097	0.100	0.102	0.104	0.107	15
0.095	0.097	0.100	0.102	0.104	0.107	0.110	0.112	0.114	0.117	20
0.103	0.104	0.109	0.111	0.113	0.116	0.119	0.122	0.124	0.127	25
0.112	0.114	0.118	0.121	0.123	0.126	0.129	0.132	0.134	0.138	30
0.121	0.124	0.127	0.131	0.133	0.136	0.139	0.142	0.145	0.149	35

(d)

Water										f'_c (psi)
4.97	5.10	5.22	5.36	5.50	5.61	5.74	5.87	6.00	6.13	2000
4.95	5.08	5.20	5.33	5.48	5.59	5.72	5.85	5.97	6.11	2500
4.94	5.06	5.19	5.32	5.46	5.57	5.70	5.83	5.95	6.09	3000
4.92	5.05	5.17	5.30	5.43	5.55	5.68	5.81	5.93	6.07	3500
4.90	5.03	5.16	5.28	5.41	5.53	5.66	5.79	5.90	6.04	4000
4.88	5.01	5.13	5.26	5.38	5.51	5.64	5.76	5.88	6.02	4500
4.86	4.99	5.11	5.24	5.36	5.48	5.62	5.74	5.86	6.00	5000

(d-1)

Water										f'_c (MPa)
0.184	0.189	0.193	0.198	0.203	0.207	0.212	0.217	0.222	0.227	15
0.183	0.188	0.192	0.197	0.202	0.206	0.211	0.216	0.220	0.226	20
0.182	0.188	0.191	0.196	0.201	0.205	0.210	0.215	0.219	0.225	25
0.181	0.187	0.190	0.195	0.200	0.204	0.209	0.214	0.218	0.224	30
0.181	0.186	0.189	0.194	0.199	0.203	0.208	0.213	0.217	0.222	35

(e)

Air										
—	—	—	—	—	—	—	—	—	—	Entrained (ft³/yd³)
—	—	—	—	—	—	—	—	—	—	%
—	—	—	—	—	—	—	—	—	—	Entrained (m³/m³)

(f)

Air (Values Approximate)							
2000	2500	3000	3500	4000	4500	5000	f'_c (psi)
1.00	0.94	0.88	0.84	0.80	0.76	0.72	Entrapped (ft³/yd³)
3.70	3.48	3.26	3.11	2.96	2.81	2.67	%

(f-1)

Air (Values Approximate)					
15	20	25	30	35	f'_c (MPa)
0.036	0.033	0.031	0.029	0.027	Entrapped (m³/m³)
3.62	3.30	3.10	2.85	2.68	%

(g)

Cement and Water Adjustments for Fine Aggregate Variations

31–32	32–33	33–34	34–35	35–36	36–37	37–38	38–39	39–40	40–41	% Voids
90.0	92.5	95.0	97.5	100.0	102.5	105.0	107.5	110.0	112.5	Adjustment (%)

TABLES OF VOLUMES 157

Table No. 145
C.A. Size 3/8"
9.5 mm
ASTM No. 8
Slump 4½"
115 mm

( ) AE
(√) Non-AE

(a)										
Coarse Aggregate Type No.										Concrete Class
1	2	3	4	5	6	7				A
	1	2	3	4	5	6	7			B
		1	2	3	4	5	6	7		C
			1	2	3	4	5	6	7	D

(b)										
Concrete										
13.80	14.30	14.80	15.30	15.80	16.30	16.80	17.30	17.80	18.30	Mortar (ft³/yd³)
13.20	12.70	12.20	11.70	11.20	10.70	10.20	9.70	9.20	8.70	C. A. + 8 (ft³/yd³)
0.511	0.530	0.548	0.567	0.585	0.604	0.622	0.641	0.659	0.678	Mortar (m³/m³)
0.489	0.470	0.452	0.433	0.415	0.396	0.378	0.359	0.341	0.322	C. A. + 8 (m³/m³)

(c)										
Cement										f'_c (psi)
2.32	2.38	2.44	2.49	2.55	2.60	2.66	2.72	2.78	2.84	2000
2.47	2.53	2.59	2.65	2.71	2.78	2.84	2.90	2.97	3.04	2500
2.62	2.69	2.79	2.81	2.89	2.96	3.03	3.09	3.16	3.24	3000
2.76	2.83	2.92	2.97	3.04	3.11	3.18	3.25	3.32	3.40	3500
2.92	3.00	3.09	3.15	3.22	3.30	3.37	3.45	3.52	3.60	4000
3.09	3.17	3.25	3.34	3.42	3.50	3.58	3.65	3.74	3.81	4500
3.28	3.36	3.44	3.53	3.60	3.68	3.76	3.84	3.93	4.03	5000

(c-1)										
Cement										f'_c (MPa)
0.087	0.090	0.092	0.094	0.096	0.098	0.101	0.103	0.105	0.108	15
0.096	0.098	0.101	0.103	0.105	0.108	0.111	0.113	0.115	0.118	20
0.104	0.105	0.110	0.112	0.114	0.117	0.120	0.123	0.125	0.128	25
0.113	0.115	0.119	0.122	0.124	0.127	0.130	0.133	0.135	0.139	30
0.122	0.125	0.128	0.132	0.134	0.137	0.140	0.143	0.146	0.150	35

(d)										
Water										f'_c (psi)
5.02	5.15	5.27	5.41	5.55	5.66	5.79	5.92	6.05	6.18	2000
5.00	5.13	5.25	5.38	5.53	5.64	5.77	5.90	6.02	6.16	2500
4.99	5.11	5.24	5.37	5.51	5.62	5.75	5.88	6.00	6.14	3000
4.97	5.10	5.22	5.35	5.48	5.60	5.73	5.86	5.98	6.12	3500
4.95	5.08	5.21	5.33	5.46	5.58	5.71	5.84	5.95	6.09	4000
4.93	5.06	5.18	5.31	5.43	5.56	5.69	5.81	5.93	6.07	4500
4.91	5.04	5.16	5.29	5.41	5.53	5.67	5.79	5.91	6.05	5000

(d-1)										
Water										f'_c (MPa)
0.186	0.191	0.195	0.200	0.205	0.209	0.214	0.219	0.224	0.229	15
0.185	0.189	0.194	0.199	0.204	0.208	0.213	0.218	0.222	0.228	20
0.184	0.189	0.193	0.198	0.203	0.207	0.212	0.217	0.221	0.227	25
0.183	0.188	0.192	0.197	0.202	0.206	0.211	0.216	0.220	0.226	30
0.183	0.187	0.191	0.196	0.201	0.205	0.210	0.215	0.219	0.224	35

(e)										
Air										
—	—	—	—	—	—	—	—	—	—	Entrained (ft³/yd³)
—	—	—	—	—	—	—	—	—	—	%
—	—	—	—	—	—	—	—	—	—	Entrained (m³/m³)

(f)							
Air (Values Approximate)							
2000	2500	3000	3500	4000	4500	5000	f'_c (psi)
1.00	0.94	0.88	0.84	0.80	0.76	0.72	Entrapped (ft³/yd³)
3.70	3.48	3.26	3.11	2.96	2.81	2.67	%

(f-1)					
Air (Values Approximate)					
15	20	25	30	35	f'_c (MPa)
0.036	0.033	0.031	0.029	0.027	Entrapped (m³/m³)
3.62	3.30	3.10	2.85	2.68	%

(g)									
Cement and Water Adjustments for Fine Aggregate Variations									
31–32	32–33	33–34	34–35	35–36	36–37	37–38	38–39	39–40	40–41	% Voids
90.0	92.5	95.0	97.5	100.0	102.5	105.0	107.5	110.0	112.5	Adjustment (%)

Table No.	146
C.A. Size	3/8"
	9.5mm
ASTM No.	8
Slump	5"
	125 mm

( ) AE
(✓) Non-AE

(a)

Coarse Aggregate Type No.										Concrete Class
1	2	3	4	5	6	7				A
	1	2	3	4	5	6	7			B
		1	2	3	4	5	6	7		C
			1	2	3	4	5	6	7	D

(b)

Concrete										
13.80	14.30	14.80	15.30	15.80	16.30	16.80	17.30	17.80	18.30	Mortar (ft³/yd³)
13.20	12.70	12.20	11.70	11.20	10.70	10.20	9.70	9.20	8.70	C. A. + 8 (ft³/yd³)
0.511	0.530	0.548	0.567	0.585	0.604	0.622	0.641	0.659	0.678	Mortar (m³/m³)
0.489	0.470	0.452	0.433	0.415	0.396	0.378	0.359	0.341	0.322	C. A. + 8 (m³/m³)

(c)

Cement										f'_c (psi)
2.35	2.41	2.47	2.52	2.58	2.63	2.69	2.75	2.81	2.87	2000
2.50	2.56	2.62	2.68	2.74	2.81	2.87	2.93	3.00	3.07	2500
2.65	2.72	2.78	2.84	2.92	2.99	3.06	3.12	3.19	3.27	3000
2.79	2.86	2.95	3.00	3.07	3.14	3.21	3.28	3.35	3.43	3500
2.95	3.03	3.12	3.18	3.25	3.33	3.40	3.48	3.55	3.63	4000
3.12	3.20	3.28	3.37	3.45	3.53	3.61	3.68	3.77	3.83	4500
3.31	3.39	3.47	3.56	3.63	3.71	3.79	3.89	3.96	4.06	5000

(c-1)

Cement										f'_c (MPa)
0.088	0.091	0.093	0.095	0.097	0.099	0.102	0.104	0.106	0.109	15
0.097	0.099	0.102	0.104	0.106	0.109	0.112	0.114	0.116	0.119	20
0.105	0.108	0.111	0.113	0.115	0.118	0.121	0.124	0.126	0.129	25
0.114	0.116	0.120	0.123	0.125	0.128	0.131	0.134	0.136	0.140	30
0.123	0.126	0.129	0.133	0.135	0.138	0.141	0.144	0.147	0.151	35

(d)

Water										f'_c (psi)
5.08	5.21	5.33	5.47	5.61	5.72	5.85	5.98	6.11	6.24	2000
5.06	5.19	5.31	5.44	5.59	5.70	5.83	5.96	6.08	6.22	2500
5.05	5.17	5.30	5.43	5.57	5.68	5.81	5.94	6.06	6.20	3000
5.03	5.16	5.28	5.41	5.54	5.66	5.79	5.92	6.04	6.18	3500
5.01	5.14	5.27	5.39	5.52	5.64	5.77	5.90	6.01	6.15	4000
4.99	5.12	5.24	5.37	5.49	5.62	5.75	5.87	5.99	6.13	4500
4.97	5.10	5.22	5.35	5.47	5.59	5.73	5.85	5.97	6.11	5000

(d-1)

Water										f'_c (MPa)
0.188	0.193	0.197	0.202	0.207	0.211	0.216	0.221	0.226	0.231	15
0.187	0.191	0.196	0.201	0.206	0.210	0.215	0.220	0.224	0.230	20
0.186	0.191	0.195	0.200	0.205	0.209	0.214	0.219	0.223	0.229	25
0.185	0.190	0.194	0.199	0.204	0.208	0.213	0.218	0.222	0.228	30
0.185	0.189	0.193	0.198	0.203	0.207	0.212	0.217	0.221	0.226	35

(e)

Air										
—	—	—	—	—	—	—	—	—	—	Entrained (ft³/yd³)
—	—	—	—	—	—	—	—	—	—	%
—	—	—	—	—	—	—	—	—	—	Entrained (m³/m³)

(f)

Air (Values Approximate)

2000	2500	3000	3500	4000	4500	5000	f'_c (psi)
1.00	0.94	0.88	0.84	0.80	0.76	0.72	Entrapped (ft³/yd³)
3.70	3.48	3.26	3.11	2.96	2.81	2.67	%

(f-1)

Air (Values Approximate)

15	20	25	30	35	f'_c (MPa)
0.036	0.033	0.031	0.029	0.027	Entrapped (m³/m³)
3.62	3.30	3.10	2.85	2.68	%

(g)

Cement and Water Adjustments for Fine Aggregate Variations

31-32	32-33	33-34	34-35	35-36	36-37	37-38	38-39	39-40	40-41	% Voids
90.0	92.5	95.0	97.5	100.0	102.5	105.0	107.5	110.0	112.5	Adjustment (%)

Table No.	147
C.A. Size	3/8"
	9.5 mm
ASTM No.	8
Slump	5½"
	140 mm
( ) AE	
(✓) Non-AE	

(a)

Coarse Aggregate Type No.										Concrete Class
1	2	3	4	5	6	7				A
	1	2	3	4	5	6	7			B
		1	2	3	4	5	6	7		C
			1	2	3	4	5	6	7	D

(b)

Concrete										
13.80	14.30	14.80	15.30	15.80	16.30	16.80	17.30	17.80	18.30	Mortar (ft³/yd³)
13.20	12.70	12.20	11.70	11.20	10.70	10.20	9.70	9.20	8.70	C.A. + 8 (ft³/yd³)
0.511	0.530	0.548	0.567	0.585	0.604	0.622	0.641	0.659	0.678	Mortar (m³/m³)
0.489	0.470	0.452	0.433	0.415	0.396	0.378	0.359	0.341	0.322	C.A. + 8 (m³/m³)

(c)

Cement										f'_c (psi)
2.39	2.45	2.51	2.56	2.62	2.67	2.73	2.79	2.85	2.91	2000
2.54	2.60	2.66	2.72	2.78	2.85	2.91	2.97	3.04	3.11	2500
2.69	2.76	2.86	2.88	2.96	3.03	3.10	3.16	3.23	3.31	3000
2.83	3.90	2.99	3.04	3.11	3.18	3.25	3.32	3.39	3.47	3500
2.99	3.07	3.16	3.22	3.29	3.37	3.44	3.52	3.59	3.67	4000
3.16	3.24	3.32	3.41	3.49	3.57	3.65	3.72	3.81	3.88	4500
3.35	3.43	3.51	3.60	3.67	3.75	3.83	3.91	4.00	4.10	5000

(c-1)

Cement										f'_c (MPa)
0.090	0.093	0.095	0.097	0.099	0.101	0.104	0.106	0.108	0.111	15
0.099	0.101	0.104	0.106	0.108	0.111	0.114	0.116	0.118	0.121	20
0.107	0.108	0.113	0.115	0.117	0.120	0.123	0.126	0.128	0.131	25
0.116	0.118	0.122	0.125	0.127	0.130	0.133	0.136	0.138	0.142	30
0.125	0.128	0.131	0.135	0.137	0.140	0.143	0.146	0.149	0.153	35

(d)

Water										f'_c (psi)
5.13	5.26	5.38	5.52	5.66	5.77	5.90	6.03	6.16	6.29	2000
5.11	5.24	5.36	5.49	5.64	5.75	5.88	6.01	6.13	6.27	2500
5.10	5.22	5.35	5.48	5.62	5.73	5.86	5.99	6.11	6.25	3000
5.08	5.21	5.33	5.46	5.59	5.71	5.84	5.97	6.09	6.23	3500
5.06	5.19	5.32	5.44	5.57	5.69	5.82	5.95	6.06	6.20	4000
5.04	5.17	5.29	5.42	5.54	5.67	5.80	5.92	6.04	6.18	4500
5.02	5.15	5.27	5.40	5.52	5.64	5.78	5.90	6.02	6.16	5000

(d-1)

Water										f'_c (MPa)
0.190	0.195	0.199	0.204	0.209	0.213	0.218	0.223	0.228	0.233	15
0.189	0.193	0.198	0.203	0.208	0.212	0.217	0.222	0.226	0.232	20
0.188	0.193	0.197	0.202	0.207	0.211	0.216	0.221	0.225	0.231	25
0.187	0.192	0.196	0.201	0.206	0.210	0.215	0.220	0.224	0.230	30
0.187	0.191	0.195	0.200	0.205	0.209	0.214	0.219	0.223	0.228	35

(e)

Air										
—	—	—	—	—	—	—	—	—	—	Entrained (ft³/yd³)
—	—	—	—	—	—	—	—	—	—	%
—	—	—	—	—	—	—	—	—	—	Entrained (m³/m³)

(f)

Air (Values Approximate)

2000	2500	3000	3500	4000	4500	5000	f'_c (psi)
1.00	0.94	0.88	0.84	0.80	0.76	0.72	Entrapped (ft³/yd³)
3.70	3.48	3.26	3.11	2.96	2.81	2.67	%

(f-1)

Air (Values Approximate)

15	20	25	30	35	f'_c (MPa)
0.036	0.033	0.031	0.029	0.027	Entrapped (m³/m³)
3.62	3.30	3.10	2.85	2.68	%

(g)

Cement and Water Adjustments for Fine Aggregate Variations

31-32	32-33	33-34	34-35	35-36	36-37	37-38	38-39	39-40	40-41	% Voids
90.0	92.5	95.0	97.5	100.0	102.5	105.0	107.5	110.0	112.5	Adjustment (%)

Table No.	148
C.A. Size	3/8"
	9.5 mm
ASTM No.	8
Slump	6"
	150 mm
( ) AE	
(✓) Non-AE	

(a)

Coarse Aggregate Type No.										Concrete Class
1	2	3	4	5	6	7				A
	1	2	3	4	5	6	7			B
		1	2	3	4	5	6	7		C
			1	2	3	4	5	6	7	D

(b)

Concrete										
13.80	14.30	14.80	15.30	15.80	16.30	16.80	17.30	17.80	18.30	Mortar (ft³/yd³)
13.20	12.70	12.20	11.70	11.20	10.70	10.20	9.70	9.20	8.70	C.A. + 8 (ft³/yd³)
0.511	0.530	0.548	0.567	0.585	0.604	0.622	0.641	0.659	0.678	Mortar (m³/m³)
0.489	0.470	0.452	0.433	0.415	0.396	0.378	0.359	0.341	0.322	C.A. + 8 (m³/m³)

(c)

Cement										f'_c (psi)
2.42	2.48	2.54	2.59	2.65	2.70	2.76	2.82	2.88	2.94	2000
2.57	2.63	2.69	2.75	2.81	2.88	2.94	3.00	3.07	3.14	2500
2.72	2.79	2.89	2.91	2.99	3.06	3.13	3.19	3.26	3.34	3000
2.86	2.93	3.02	3.07	3.14	3.21	3.28	3.35	3.42	3.50	3500
3.02	3.10	3.19	3.25	3.32	3.40	3.47	3.55	3.62	3.70	4000
3.19	3.27	3.35	3.44	3.52	3.60	3.68	3.75	3.84	3.91	4500
3.38	3.46	3.54	3.63	3.70	3.78	3.86	3.94	4.03	4.13	5000

(c-1)

Cement										f'_c (MPa)
0.091	0.094	0.096	0.098	0.100	0.102	0.105	0.107	0.109	0.112	15
0.100	0.102	0.105	0.107	0.109	0.112	0.115	0.117	0.119	0.122	20
0.108	0.109	0.114	0.116	0.118	0.121	0.124	0.127	0.129	0.132	25
0.117	0.119	0.123	0.126	0.128	0.131	0.134	0.137	0.139	0.143	30
0.126	0.129	0.132	0.136	0.138	0.141	0.144	0.147	0.150	0.154	35

(d)

Water										f'_c (psi)
5.18	5.31	5.43	5.57	5.71	5.82	5.95	6.08	6.21	6.34	2000
5.16	5.29	5.41	5.54	5.69	5.80	5.93	6.06	6.18	6.32	2500
5.15	5.27	5.40	5.53	5.67	5.78	5.91	6.04	6.16	6.30	3000
5.13	5.26	5.38	5.51	5.64	5.76	5.89	6.02	6.14	6.28	3500
5.11	5.24	5.37	5.49	5.62	5.74	5.87	6.00	6.11	6.25	4000
5.09	5.22	5.34	5.47	5.59	5.72	5.85	5.97	6.09	6.23	4500
5.07	5.20	5.32	5.45	5.57	5.69	5.83	5.95	6.07	6.21	5000

(d-1)

Water										f'_c (MPa)
0.192	0.197	0.201	0.206	0.211	0.215	0.220	0.225	0.230	0.235	15
0.191	0.195	0.200	0.205	0.210	0.214	0.219	0.224	0.228	0.234	20
0.190	0.195	0.199	0.204	0.209	0.213	0.218	0.223	0.227	0.233	25
0.189	0.194	0.198	0.203	0.208	0.212	0.217	0.222	0.226	0.232	30
0.189	0.193	0.197	0.202	0.207	0.211	0.216	0.221	0.225	0.230	35

(e)

Air										
—	—	—	—	—	—	—	—	—	—	Entrained (ft³/yd³)
—	—	—	—	—	—	—	—	—	—	%
—	—	—	—	—	—	—	—	—	—	Entrained (m³/m³)

(f)

Air (Values Approximate)

2000	2500	3000	3500	4000	4500	5000	f'_c (psi)
1.00	0.94	0.88	0.84	0.80	0.76	0.72	Entrapped (ft³/yd³)
3.70	3.48	3.26	3.11	2.96	2.81	2.67	%

(f-1)

Air (Values Approximate)

15	20	25	30	35	f'_c (MPa)
0.036	0.033	0.031	0.029	0.027	Entrapped (m³/m³)
3.62	3.30	3.10	2.85	2.68	%

(g)

Cement and Water Adjustments for Fine Aggregate Variations

31-32	32-33	33-34	34-35	35-36	36-37	37-38	38-39	39-40	40-41	% Voids
90.0	92.5	95.0	97.5	100.0	102.5	105.0	107.5	110.0	112.5	Adjustment (%)

Table No.	149
C.A. Size	3/8"
	9.5mm
ASTM No.	8
Slump	6 1/2"
	165 mm

( ) AE
(✓) Non-AE

(a)

Coarse Aggregate Type No.										Concrete Class
1	2	3	4	5	6	7				A
	1	2	3	4	5	6	7			B
		1	2	3	4	5	6	7		C
			1	2	3	4	5	6	7	D

(b)

Concrete										
13.80	14.30	14.80	15.30	15.80	16.30	16.80	17.30	17.80	18.30	Mortar (ft³/yd³)
13.20	12.70	12.20	11.70	11.20	10.70	10.20	9.70	9.20	8.70	C. A. + 8 (ft³/yd³)
0.511	0.530	0.548	0.567	0.585	0.604	0.622	0.641	0.659	0.678	Mortar (m³/m³)
0.489	0.470	0.452	0.433	0.415	0.396	0.378	0.359	0.341	0.322	C. A. + 8 (m³/m³)

(c)

Cement										f'_c (psi)
2.45	2.51	2.57	2.62	2.68	2.71	2.79	2.85	2.91	2.97	2000
2.60	2.66	2.72	2.78	2.84	2.91	2.97	3.03	3.10	3.17	2500
2.75	2.82	2.88	2.94	3.02	3.09	3.16	3.22	3.29	3.37	3000
2.89	2.96	3.05	3.10	3.17	3.24	3.31	3.38	3.45	3.53	3500
3.05	3.13	3.22	3.28	3.35	3.43	3.50	3.58	3.65	3.73	4000
3.22	3.30	3.38	3.47	3.55	3.63	3.71	3.78	3.87	3.94	4500
3.41	3.49	3.57	3.66	3.73	3.81	3.89	3.97	4.06	4.16	5000

(c-1)

Cement										f'_c (MPa)
0.092	0.095	0.097	0.099	0.101	0.103	0.106	0.108	0.110	0.113	15
0.101	0.103	0.106	0.108	0.110	0.113	0.116	0.118	0.120	0.123	20
0.109	0.110	0.115	0.117	0.119	0.122	0.125	0.128	0.130	0.133	25
0.118	0.120	0.124	0.127	0.129	0.132	0.135	0.138	0.140	0.144	30
0.127	0.130	0.133	0.137	0.139	0.142	0.145	0.148	0.151	0.155	35

(d)

Water										f'_c (psi)
5.23	5.36	5.48	5.62	5.76	5.87	6.00	6.13	6.26	6.39	2000
5.21	5.34	5.46	5.59	5.74	5.85	5.98	6.11	6.23	6.37	2500
5.20	5.32	5.45	5.58	5.72	5.83	5.96	6.09	6.21	6.35	3000
5.18	5.31	5.43	5.56	5.69	5.81	5.94	6.07	6.19	6.33	3500
5.16	5.29	5.42	5.54	5.67	5.79	5.92	6.05	6.16	6.30	4000
5.14	5.27	5.39	5.52	5.64	5.77	5.90	6.02	6.14	6.28	4500
5.12	5.25	5.37	5.50	5.62	5.74	5.88	6.00	6.12	6.26	5000

(d-1)

Water										f'_c (MPa)
0.194	0.199	0.203	0.208	0.213	0.217	0.222	0.227	0.232	0.237	15
0.193	0.197	0.202	0.207	0.212	0.216	0.221	0.226	0.230	0.236	20
0.192	0.197	0.201	0.206	0.211	0.215	0.220	0.225	0.229	0.235	25
0.191	0.196	0.200	0.205	0.210	0.214	0.219	0.224	0.228	0.234	30
0.191	0.195	0.199	0.204	0.209	0.213	0.218	0.223	0.227	0.232	35

(e)

Air										
—	—	—	—	—	—	—	—	—	—	Entrained (ft³/yd³)
—	—	—	—	—	—	—	—	—	—	%
—	—	—	—	—	—	—	—	—	—	Entrained (m³/m³)

(f)

Air (Values Approximate)							
2000	2500	3000	3500	4000	4500	5000	f'_c (psi)
1.00	0.94	0.88	0.84	0.80	0.76	0.72	Entrapped (ft³/yd³)
3.70	3.48	3.26	3.11	2.96	2.81	2.67	%

(f-1)

Air (Values Approximate)					
15	20	25	30	35	f'_c (MPa)
0.036	0.033	0.031	0.029	0.027	Entrapped (m³/m³)
3.62	3.30	3.10	2.85	2.68	%

(g)

Cement and Water Adjustments for Fine Aggregate Variations										
31-32	32-33	33-34	34-35	35-36	36-37	37-38	38-39	39-40	40-41	% Voids
90.0	92.5	95.0	97.5	100.0	102.5	105.0	107.5	110.0	112.5	Adjustment (%)

Table No.	150
C.A. Size	3/8"
	9.5mm
ASTM No.	8
Slump	7"
	175mm

( ) AE
(✓) Non-AE

(a)

Coarse Aggregate Type No.										Concrete Class
1	2	3	4	5	6	7				A
	1	2	3	4	5	6	7			B
		1	2	3	4	5	6	7		C
			1	2	3	4	5	6	7	D

(b)

Concrete

13.80	14.30	14.80	15.30	15.80	16.30	16.80	17.30	17.80	18.30	Mortar (ft³/yd³)
13.20	12.70	12.20	11.70	11.20	10.70	10.20	9.70	9.20	8.70	C. A. + 8 (ft³/yd³)
0.511	0.530	0.548	0.567	0.585	0.604	0.622	0.641	0.659	0.678	Mortar (m³/m³)
0.489	0.470	0.452	0.433	0.415	0.396	0.378	0.359	0.341	0.322	C. A. + 8 (m³/m³)

(c)

Cement

										f'_c (psi)
2.49	2.55	2.61	2.62	2.72	2.77	2.83	2.89	2.95	3.01	2000
2.64	2.70	2.76	2.82	2.88	2.95	3.01	3.07	3.14	3.21	2500
2.79	2.86	2.96	2.98	3.06	3.13	3.20	3.26	3.33	3.41	3000
2.93	3.00	3.09	3.14	3.21	3.28	3.35	3.42	3.49	3.57	3500
3.09	3.17	3.26	3.32	3.39	3.47	3.54	3.62	3.69	3.77	4000
3.26	3.34	3.42	3.51	3.59	3.67	3.75	3.82	3.91	3.98	4500
3.45	3.53	3.61	3.70	3.77	3.85	3.93	4.01	4.10	4.20	5000

(c-1)

Cement

										f'_c (MPa)
0.093	0.096	0.098	0.100	0.102	0.104	0.107	0.109	0.111	0.114	15
0.102	0.104	0.107	0.109	0.111	0.114	0.117	0.119	0.121	0.124	20
0.110	0.111	0.116	0.118	0.120	0.123	0.126	0.129	0.131	0.134	25
0.119	0.121	0.125	0.128	0.130	0.133	0.136	0.139	0.141	0.145	30
0.128	0.131	0.134	0.138	0.140	0.143	0.146	0.149	0.152	0.156	35

(d)

Water

										f'_c (psi)
5.28	5.41	5.53	5.67	5.81	5.92	6.05	6.18	6.31	6.44	2000
5.26	5.39	5.51	5.64	5.79	5.90	6.03	6.16	6.28	6.42	2500
5.25	5.37	5.50	5.63	5.77	5.88	6.01	6.14	6.26	6.40	3000
5.23	5.36	5.48	5.61	5.74	5.86	5.99	6.12	6.24	6.38	3500
5.21	5.34	5.47	5.59	5.72	5.84	5.97	6.10	6.21	6.35	4000
5.19	5.32	5.44	5.57	5.69	5.82	5.95	6.07	6.19	6.33	4500
5.17	5.30	5.42	5.55	5.67	5.79	5.93	6.05	6.17	6.31	5000

(d-1)

Water

										f'_c (MPa)
0.195	0.200	0.204	0.209	0.214	0.218	0.223	0.228	0.233	0.238	15
0.194	0.198	0.203	0.208	0.213	0.217	0.222	0.227	0.231	0.237	20
0.193	0.198	0.202	0.207	0.212	0.216	0.221	0.226	0.230	0.236	25
0.192	0.197	0.201	0.206	0.211	0.215	0.220	0.225	0.229	0.235	30
0.192	0.196	0.200	0.205	0.210	0.214	0.219	0.224	0.228	0.233	35

(e)

Air

—	—	—	—	—	—	—	—	—	—	Entrained (ft³/yd³)
—	—	—	—	—	—	—	—	—	—	%
—	—	—	—	—	—	—	—	—	—	Entrained (m³/m³)

(f)

Air (Values Approximate)

2000	2500	3000	3500	4000	4500	5000	f'_c (psi)
1.00	0.94	0.88	0.84	0.80	0.76	0.72	Entrapped (ft³/yd³)
3.70	3.48	3.26	3.11	2.96	2.81	2.67	%

(f-1)

Air (Values Approximate)

15	20	25	30	35	f'_c (MPa)
0.036	0.033	0.031	0.029	0.027	Entrapped (m³/m³)
3.62	3.30	3.10	2.85	2.68	%

(g)

Cement and Water Adjustments for Fine Aggregate Variations

31–32	32–33	33–34	34–35	35–36	36–37	37–38	38–39	39–40	40–41	% Voids
90.0	92.5	95.0	97.5	100.0	102.5	105.0	107.5	110.0	112.5	Adjustment (%)

Table No.	151
C.A. Size	½"
	12.5mm
ASTM No.	7
Slump	0"
	0mm
( ) AE	
(✓) Non·AE	

(a)

Coarse Aggregate Type No.										Concrete Class
1	2	3	4	5	6	7				A
	1	2	3	4	5	6	7			B
		1	2	3	4	5	6	7		C
			1	2	3	4	5	6	7	D

(b)

Concrete										
13.30	13.80	14.30	14.80	15.30	15.80	16.30	16.80	17.30	17.80	Mortar (ft³/yd³)
13.70	13.20	12.70	12.20	11.70	11.20	10.70	10.20	9.70	9.20	C. A. + 8 (ft³/yd³)
0.493	0.511	0.530	0.548	0.567	0.585	0.604	0.622	0.641	0.659	Mortar (m³/m³)
0.507	0.489	0.470	0.452	0.433	0.415	0.396	0.378	0.359	0.341	C. A. + 8 (m³/m³)

(c)

Cement										f'_c (psi)
1.93	1.98	2.03	2.08	2.14	2.20	2.26	2.31	2.36	2.43	2000
2.07	2.12	2.18	2.24	2.31	2.37	2.43	2.49	2.56	2.63	2500
2.21	2.27	2.34	2.41	2.48	2.55	2.62	2.68	2.76	2.83	3000
2.35	2.43	2.50	2.55	2.63	2.70	2.77	2.85	2.92	3.00	3500
2.51	2.58	2.66	2.73	2.79	2.87	2.95	3.02	3.10	3.19	4000
2.69	2.77	2.85	2.92	3.00	3.08	3.17	3.24	3.32	3.40	4500
2.85	2.94	3.03	3.11	3.19	3.29	3.37	3.45	3.54	3.63	5000

(c-1)

Cement										f'_c (MPa)
0.074	0.075	0.077	0.080	0.082	0.084	0.086	0.088	0.090	0.093	15
0.081	0.083	0.086	0.088	0.091	0.093	0.096	0.098	0.101	0.104	20
0.089	0.092	0.095	0.097	0.100	0.103	0.106	0.108	0.111	0.114	25
0.098	0.101	0.104	0.107	0.110	0.113	0.116	0.118	0.122	0.125	30
0.107	0.110	0.114	0.117	0.120	0.123	0.126	0.129	0.133	0.136	35

(d)

Water										f'_c (psi)
4.27	4.41	4.53	4.65	4.79	4.92	5.05	5.17	5.31	5.44	2000
4.25	4.39	4.51	4.63	4.77	4.90	5.03	5.16	5.29	5.42	2500
4.24	4.37	4.50	4.62	4.75	4.89	5.01	5.14	5.27	5.40	3000
4.23	4.36	4.49	4.61	4.74	4.87	5.00	5.13	5.25	5.39	3500
4.21	4.35	4.47	4.59	4.73	4.85	4.99	5.11	5.23	5.37	4000
4.19	4.33	4.46	4.57	4.71	4.83	4.97	5.09	5.21	5.35	4500
4.18	4.31	4.42	4.56	4.69	4.81	4.95	5.07	5.19	5.33	5000

(d-1)

Water										f'_c (MPa)
0.158	0.163	0.167	0.172	0.177	0.182	0.187	0.191	0.196	0.201	15
0.157	0.162	0.167	0.171	0.176	0.181	0.186	0.191	0.196	0.200	20
0.157	0.161	0.166	0.171	0.176	0.180	0.185	0.190	0.195	0.199	25
0.156	0.161	0.165	0.170	0.175	0.179	0.184	0.189	0.194	0.198	30
0.155	0.160	0.164	0.169	0.174	0.178	0.183	0.188	0.193	0.197	35

(e)

Air										
—	—	—	—	—	—	—	—	—	—	Entrained (ft³/yd³)
—	—	—	—	—	—	—	—	—	—	%
—	—	—	—	—	—	—	—	—	—	Entrained (m³/m³)

(f)

Air (Values Approximate)							
2000	2500	3000	3500	4000	4500	5000	f'_c (psi)
0.76	0.73	0.70	0.67	0.63	0.60	0.58	Entrapped (ft³/yd³)
2.81	2.70	2.59	2.48	2.33	2.22	2.15	%

(f-1)

Air (Values Approximate)					
15	20	25	30	35	f'_c (MPa)
0.028	0.026	0.024	0.023	0.022	Entrapped (m³/m³)
2.77	2.61	2.44	2.25	2.14	%

(g)

Cement and Water Adjustments for Fine Aggregate Variations										
31–32	32–33	33–34	34–35	35–36	36–37	37–38	38–39	39–40	40–41	% Voids
90.0	92.5	95.0	97.5	100.0	102.5	105.0	107.5	110.0	112.5	Adjustment (%)

Table No.	152
C.A. Size	½"
	12.5mm
ASTM No.	7
Slump	½"
	12.5mm
( ) AE	
(✓) Non-AE	

(a)

Coarse Aggregate Type No.										Concrete Class
1	2	3	4	5	6	7				A
	1	2	3	4	5	6	7			B
		1	2	3	4	5	6	7		C
			1	2	3	4	5	6	7	D

(b)

Concrete										
13.30	13.80	14.30	14.80	15.30	15.80	16.30	16.80	17.30	17.80	Mortar (ft³/yd³)
13.70	13.20	12.70	12.20	11.70	11.20	10.70	10.20	9.70	9.20	C. A. + 8 (ft³/yd³)
0.493	0.511	0.530	0.548	0.567	0.585	0.604	0.622	0.641	0.659	Mortar (m³/m³)
0.507	0.489	0.470	0.452	0.433	0.415	0.396	0.378	0.359	0.341	C. A. + 8 (m³/m³)

(c)

Cement										f'_c (psi)
2.10	2.15	2.20	2.25	2.31	2.37	2.43	2.48	2.53	2.60	2000
2.24	2.29	2.35	2.41	2.48	2.54	2.60	2.66	2.73	2.80	2500
2.38	2.44	2.51	2.58	2.65	2.72	2.79	2.85	2.93	3.00	3000
2.52	2.60	2.67	2.72	2.80	2.87	2.94	3.02	3.09	3.17	3500
2.68	2.75	2.83	2.90	2.96	3.04	3.12	3.19	3.27	3.36	4000
2.86	2.94	3.02	3.09	3.17	3.25	3.34	3.41	3.49	3.57	4500
3.02	3.11	3.20	3.28	3.36	3.46	3.54	3.62	3.71	3.80	5000

(c-1)

Cement										f'_c (MPa)
0.075	0.076	0.078	0.081	0.083	0.085	0.087	0.089	0.091	0.094	15
0.082	0.084	0.087	0.089	0.092	0.094	0.097	0.099	0.102	0.105	20
0.090	0.093	0.096	0.098	0.101	0.104	0.107	0.109	0.112	0.115	25
0.099	0.102	0.105	0.108	0.111	0.114	0.117	0.119	0.123	0.126	30
0.108	0.111	0.115	0.118	0.121	0.124	0.127	0.130	0.134	0.137	35

(d)

Water										f'_c (psi)
4.54	4.68	4.80	4.92	5.06	5.19	5.32	5.44	5.58	5.71	2000
4.52	4.66	4.78	4.90	5.04	5.17	5.30	5.43	5.56	5.69	2500
4.51	4.64	4.77	4.89	5.02	5.16	5.28	5.41	5.54	5.67	3000
4.50	4.63	4.76	4.88	5.01	5.14	5.27	5.40	5.52	5.66	3500
4.48	4.62	4.74	4.86	5.00	5.12	5.26	5.38	5.50	5.64	4000
4.46	4.60	4.73	4.84	4.98	5.10	5.24	5.36	5.48	5.62	4500
4.45	4.58	4.69	4.83	4.96	5.08	5.22	5.34	5.46	5.60	5000

(d-1)

Water										f'_c (MPa)
0.160	0.165	0.169	0.174	0.179	0.184	0.189	0.193	0.198	0.203	15
0.159	0.164	0.169	0.173	0.178	0.183	0.188	0.193	0.198	0.202	20
0.159	0.163	0.168	0.173	0.178	0.182	0.187	0.192	0.197	0.201	25
0.158	0.163	0.167	0.172	0.177	0.181	0.186	0.191	0.196	0.200	30
0.157	0.162	0.166	0.171	0.176	0.180	0.185	0.190	0.195	0.199	35

(e)

Air										
—	—	—	—	—	—	—	—	—	—	Entrained (ft³/yd³)
—	—	—	—	—	—	—	—	—	—	%
—	—	—	—	—	—	—	—	—	—	Entrained (m³/m³)

(f)

Air (Values Approximate)							
2000	2500	3000	3500	4000	4500	5000	f'_c (psi)
0.76	0.73	0.70	0.67	0.63	0.60	0.58	Entrapped (ft³/yd³)
2.81	2.70	2.59	2.48	2.33	2.22	2.15	%

(f-1)

Air (Values Approximate)					
15	20	25	30	35	f'_c (MPa)
0.028	0.026	0.024	0.023	0.022	Entrapped (m³/m³)
2.77	2.61	2.44	2.25	2.14	%

(g)

Cement and Water Adjustments for Fine Aggregate Variations										
31–32	32–33	33–34	34–35	35–36	36–37	37–38	38–39	39–40	40–41	% Voids
90.0	92.5	95.0	97.5	100.0	102.5	105.0	107.5	110.0	112.5	Adjustment (%)

Table No.	153
C.A. Size	½"
	12.5 mm
ASTM No.	7
Slump	1"
	25 mm
( ) AE	
(✓) Non-AE	

(a)

Coarse Aggregate Type No.										Concrete Class
1	2	3	4	5	6	7				A
	1	2	3	4	5	6	7			B
		1	2	3	4	5	6	7		C
			1	2	3	4	5	6	7	D

(b) Concrete

13.30	13.80	14.30	14.80	15.30	15.80	16.30	16.80	17.30	17.80	Mortar (ft³/yd³)
13.70	13.20	12.70	12.20	11.70	11.20	10.70	10.20	9.70	9.20	C. A. + 8 (ft³/yd³)
0.493	0.511	0.530	0.548	0.567	0.585	0.604	0.622	0.641	0.659	Mortar (m³/m³)
0.507	0.489	0.470	0.452	0.433	0.415	0.396	0.378	0.359	0.341	C. A. + 8 (m³/m³)

(c) Cement

										f'_c (psi)
1.99	2.04	2.09	2.14	2.20	2.26	2.32	2.35	2.42	2.49	2000
2.13	2.18	2.24	2.30	2.37	2.43	2.49	2.57	2.62	2.69	2500
2.27	2.33	2.40	2.47	2.54	2.61	2.68	2.74	2.82	2.89	3000
2.41	2.49	2.56	2.61	2.69	2.76	2.83	2.91	2.98	3.06	3500
2.57	2.64	2.72	2.79	2.85	2.93	3.01	3.08	3.16	3.25	4000
2.75	2.83	2.91	2.98	3.06	3.14	3.23	3.30	3.38	3.46	4500
2.91	3.00	3.09	3.17	3.25	3.35	3.43	3.51	3.60	3.69	5000

(c-1) Cement

										f'_c (MPa)
0.076	0.077	0.079	0.082	0.084	0.086	0.088	0.090	0.092	0.095	15
0.083	0.085	0.088	0.090	0.093	0.095	0.098	0.100	0.103	0.106	20
0.091	0.094	0.097	0.099	0.102	0.105	0.108	0.110	0.113	0.116	25
0.100	0.103	0.106	0.109	0.112	0.115	0.118	0.120	0.124	0.127	30
0.109	0.112	0.116	0.119	0.122	0.125	0.128	0.131	0.135	0.138	35

(d) Water

										f'_c (psi)
4.38	4.52	4.64	4.76	4.90	5.03	5.16	5.28	5.42	5.55	2000
4.36	4.50	4.62	4.74	4.88	5.01	5.14	5.27	5.40	5.53	2500
4.35	4.48	4.61	4.73	4.86	5.00	5.12	5.25	5.38	5.51	3000
4.34	4.47	4.60	4.72	4.85	4.98	5.11	5.24	5.36	5.50	3500
4.32	4.46	4.58	4.70	4.84	4.96	5.10	5.22	5.34	5.48	4000
4.30	4.44	4.57	4.68	4.82	4.94	5.08	5.20	5.32	5.46	4500
4.29	4.42	4.53	4.67	4.80	4.92	5.06	5.18	5.30	5.44	5000

(d-1) Water

										f'_c (MPa)
0.162	0.167	0.171	0.176	0.181	0.186	0.191	0.195	0.200	0.205	15
0.161	0.166	0.171	0.175	0.180	0.185	0.190	0.195	0.200	0.204	20
0.161	0.165	0.170	0.175	0.180	0.184	0.189	0.194	0.199	0.203	25
0.160	0.165	0.169	0.174	0.179	0.183	0.188	0.193	0.198	0.202	30
0.159	0.164	0.168	0.173	0.178	0.182	0.187	0.192	0.197	0.201	35

(e) Air

—	—	—	—	—	—	—	—	—	—	Entrained (ft³/yd³)
—	—	—	—	—	—	—	—	—	—	%
—	—	—	—	—	—	—	—	—	—	Entrained (m³/m³)

(f) Air (Values Approximate)

2000	2500	3000	3500	4000	4500	5000	f'_c (psi)
0.76	0.73	0.70	0.67	0.63	0.60	0.58	Entrapped (ft³/yd³)
2.81	2.70	2.59	2.48	2.33	2.22	2.15	%

(f-1) Air (Values Approximate)

15	20	25	30	35	f'_c (MPa)
0.028	0.026	0.024	0.023	0.022	Entrapped (m³/m³)
2.77	2.61	2.44	2.25	2.14	%

(g) Cement and Water Adjustments for Fine Aggregate Variations

31–32	32–33	33–34	34–35	35–36	36–37	37–38	38–39	39–40	40–41	% Voids
90.0	92.5	95.0	97.5	100.0	102.5	105.0	107.5	110.0	112.5	Adjustment (%)

Table No.	154
C.A. Size	1/2"
	12.5mm
ASTM No.	7
Slump	1 2/2"
	40mm
( ) AE	
(✓) Non-AE	

(a)

Coarse Aggregate Type No.										Concrete Class
1	2	3	4	5	6	7				A
	1	2	3	4	5	6	7			B
		1	2	3	4	5	6	7		C
			1	2	3	4	5	6	7	D

(b) Concrete

13.30	13.80	14.30	14.80	15.30	15.80	16.30	16.80	17.30	17.80	Mortar (ft³/yd³)
13.70	13.20	12.70	12.20	11.70	11.20	10.70	10.20	9.70	9.20	C. A. + 8 (ft³/yd³)
0.493	0.511	0.530	0.548	0.567	0.585	0.604	0.622	0.641	0.659	Mortar (m³/m³)
0.507	0.489	0.470	0.452	0.433	0.415	0.396	0.378	0.359	0.341	C. A. + 8 (m³/m³)

(c) Cement

										f'_c (psi)
2.03	2.08	2.13	2.18	2.24	2.30	2.36	2.41	2.46	2.53	2000
2.17	2.22	2.28	2.34	2.41	2.47	2.53	2.59	2.66	2.73	2500
2.31	2.37	2.44	2.51	2.58	2.65	2.72	2.78	2.86	2.93	3000
2.45	2.53	2.60	2.65	2.73	2.80	2.87	2.95	3.02	3.10	3500
2.61	2.68	2.76	2.83	2.89	2.97	3.05	3.12	3.20	3.29	4000
2.79	2.87	2.95	3.02	3.10	3.18	3.27	3.34	3.42	3.50	4500
2.95	3.04	3.13	3.21	3.29	3.39	3.47	3.55	3.64	3.73	5000

(c-1) Cement

										f'_c (MPa)
0.077	0.078	0.080	0.083	0.085	0.087	0.089	0.091	0.093	0.096	15
0.084	0.086	0.089	0.091	0.094	0.096	0.099	0.101	0.104	0.107	20
0.092	0.095	0.098	0.100	0.103	0.106	0.109	0.111	0.114	0.117	25
0.101	0.104	0.107	0.110	0.113	0.116	0.119	0.121	0.125	0.128	30
0.110	0.113	0.117	0.120	0.123	0.126	0.129	0.132	0.136	0.139	35

(d) Water

										f'_c (psi)
4.43	4.57	4.69	4.81	4.95	5.08	5.21	5.33	5.47	5.60	2000
4.41	4.55	4.67	4.79	4.93	5.06	5.19	5.32	5.45	5.58	2500
4.40	4.53	4.66	4.78	4.91	5.05	5.17	5.30	5.43	5.56	3000
4.39	4.52	4.65	4.77	4.90	5.03	5.16	5.29	5.41	5.55	3500
4.37	4.51	4.63	4.75	4.89	5.01	5.15	5.27	5.39	5.53	4000
4.35	4.49	4.62	4.73	4.87	4.99	5.13	5.25	5.37	5.51	4500
4.34	4.47	4.58	4.72	4.85	4.97	5.11	5.22	5.35	5.49	5000

(d-1) Water

										f'_c (MPa)
0.164	0.169	0.173	0.178	0.183	0.188	0.193	0.197	0.202	0.207	15
0.163	0.168	0.173	0.177	0.182	0.187	0.192	0.197	0.202	0.206	20
0.163	0.167	0.172	0.177	0.182	0.186	0.191	0.196	0.201	0.205	25
0.162	0.167	0.171	0.176	0.181	0.185	0.190	0.195	0.200	0.204	30
0.161	0.166	0.170	0.175	0.180	0.184	0.189	0.194	0.199	0.203	35

(e) Air

—	—	—	—	—	—	—	—	—	—	Entrained (ft³/yd³)
—	—	—	—	—	—	—	—	—	—	%
—	—	—	—	—	—	—	—	—	—	Entrained (m³/m³)

(f) Air (Values Approximate)

2000	2500	3000	3500	4000	4500	5000	f'_c (psi)
0.76	0.73	0.70	0.67	0.63	0.60	0.58	Entrapped (ft³/yd³)
2.81	2.70	2.59	2.48	2.33	2.22	2.15	%

(f-1) Air (Values Approximate)

15	20	25	30	35	f'_c (MPa)
0.028	0.026	0.024	0.023	0.022	Entrapped (m³/m³)
2.77	2.61	2.44	2.25	2.14	%

(g) Cement and Water Adjustments for Fine Aggregate Variations

31-32	32-33	33-34	34-35	35-36	36-37	37-38	38-39	39-40	40-41	% Voids
90.0	92.5	95.0	97.5	100.0	102.5	105.0	107.5	110.0	112.5	Adjustment (%)

TABLES OF VOLUMES

Table No.	155
C.A. Size	½"
	12.5mm
ASTM No.	7
Slump	2"
	50mm
( ) AE	
(✓) Non-AE	

(a)

Coarse Aggregate Type No.										Concrete Class
1	2	3	4	5	6	7				A
	1	2	3	4	5	6	7			B
		1	2	3	4	5	6	7		C
			1	2	3	4	5	6	7	D

(b) Concrete

13.30	13.80	14.30	14.80	15.30	15.80	16.30	16.80	17.30	17.80	Mortar (ft³/yd³)
13.70	13.20	12.70	12.20	11.70	11.20	10.70	10.20	9.70	9.20	C.A. + 8 (ft³/yd³)
0.493	0.511	0.530	0.548	0.567	0.585	0.604	0.622	0.641	0.659	Mortar (m³/m³)
0.507	0.489	0.470	0.452	0.433	0.415	0.396	0.378	0.359	0.341	C.A. + 8 (m³/m³)

(c) Cement

										f'_c (psi)
2.07	2.12	2.17	2.22	2.28	2.34	2.40	2.45	2.50	2.57	2000
2.21	2.26	2.32	2.38	2.45	2.51	2.57	2.63	2.70	2.77	2500
2.35	2.41	2.48	2.55	2.62	2.69	2.76	2.82	2.90	2.97	3000
2.49	2.57	2.64	2.69	2.77	2.84	2.91	2.99	3.06	3.14	3500
2.65	2.72	2.80	2.87	2.93	3.01	3.09	3.16	3.24	3.33	4000
2.83	2.91	2.99	3.06	3.14	3.22	3.31	3.38	3.46	3.54	4500
2.99	3.08	3.17	3.25	3.33	3.43	3.51	3.59	3.68	3.77	5000

(c-1) Cement

										f'_c (MPa)
0.079	0.080	0.082	0.085	0.087	0.089	0.091	0.093	0.095	0.098	15
0.086	0.088	0.091	0.093	0.096	0.098	0.101	0.103	0.106	0.109	20
0.094	0.097	0.100	0.102	0.105	0.108	0.111	0.113	0.116	0.119	25
0.103	0.106	0.109	0.112	0.115	0.118	0.121	0.123	0.127	0.130	30
0.112	0.115	0.119	0.122	0.125	0.128	0.131	0.134	0.138	0.141	35

(d) Water

										f'_c (psi)
4.49	4.63	4.75	4.87	5.01	5.14	5.27	5.39	5.53	5.66	2000
4.47	4.61	4.73	4.85	4.99	5.12	5.25	5.38	5.51	5.64	2500
4.46	4.59	4.72	4.84	4.97	5.11	5.23	5.36	5.49	5.62	3000
4.45	4.58	4.71	4.83	4.96	5.09	5.22	5.35	5.47	5.61	3500
4.43	4.57	4.69	4.81	4.95	5.07	5.21	5.33	5.45	5.59	4000
4.41	4.55	4.68	4.79	4.93	5.05	5.19	5.31	5.43	5.57	4500
4.40	4.53	4.64	4.78	4.91	5.03	5.17	5.29	5.41	5.55	5000

(d-1) Water

										f'_c (MPa)
0.166	0.171	0.175	0.180	0.185	0.190	0.195	0.199	0.204	0.209	15
0.165	0.170	0.175	0.179	0.184	0.189	0.194	0.199	0.204	0.208	20
0.165	0.169	0.174	0.179	0.184	0.188	0.193	0.198	0.203	0.207	25
0.164	0.169	0.173	0.178	0.183	0.187	0.192	0.197	0.202	0.206	30
0.163	0.168	0.172	0.177	0.182	0.186	0.191	0.196	0.201	0.205	35

(e) Air

—	—	—	—	—	—	—	—	—	—	Entrained (ft³/yd³)
—	—	—	—	—	—	—	—	—	—	%
—	—	—	—	—	—	—	—	—	—	Entrained (m³/m³)

(f) Air (Values Approximate)

2000	2500	3000	3500	4000	4500	5000	f'_c (psi)
0.76	0.73	0.70	0.67	0.63	0.60	0.58	Entrapped (ft³/yd³)
2.81	2.70	2.59	2.48	2.33	2.22	2.15	%

(f-1) Air (Values Approximate)

15	20	25	30	35	f'_c (MPa)
0.028	0.026	0.024	0.023	0.022	Entrapped (m³/m³)
2.77	2.61	2.44	2.25	2.14	%

(g) Cement and Water Adjustments for Fine Aggregate Variations

31–32	32–33	33–34	34–35	35–36	36–37	37–38	38–39	39–40	40–41	% Voids
90.0	92.5	95.0	97.5	100.0	102.5	105.0	107.5	110.0	112.5	Adjustment (%)

Table No.	156
C.A. Size	1/2"
	12.5mm
ASTM No.	7
Slump	2 1/2"
	65mm

( ) AE
(✓) Non-AE

(a)

Coarse Aggregate Type No.										Concrete Class
1	2	3	4	5	6	7				A
	1	2	3	4	5	6	7			B
		1	2	3	4	5	6	7		C
			1	2	3	4	5	6	7	D

(b)

Concrete										
13.30	13.80	14.30	14.80	15.30	15.80	16.30	16.80	17.30	17.80	Mortar (ft³/yd³)
13.70	13.20	12.70	12.20	11.70	11.20	10.70	10.20	9.70	9.20	C. A. + 8 (ft³/yd³)
0.493	0.511	0.530	0.548	0.567	0.585	0.604	0.622	0.641	0.659	Mortar (m³/m³)
0.507	0.489	0.470	0.452	0.433	0.415	0.396	0.378	0.359	0.341	C. A. + 8 (m³/m³)

(c)

Cement										f'_c (psi)
2.10	2.15	2.20	2.25	2.31	2.37	2.43	2.48	2.53	2.60	2000
2.24	2.29	2.35	2.41	2.48	2.54	2.60	2.66	2.73	2.80	2500
2.38	2.44	2.51	2.58	2.65	2.72	2.79	2.85	2.93	3.00	3000
2.52	2.60	2.67	2.72	2.80	2.87	2.94	3.02	3.09	3.17	3500
2.68	2.75	2.83	2.90	2.96	3.04	3.12	3.19	3.27	3.36	4000
2.86	2.94	3.02	3.09	3.17	3.25	3.34	3.41	3.49	3.57	4500
3.02	3.11	3.20	3.28	3.36	3.46	3.54	3.62	3.71	3.80	5000

(c-1)

Cement										f'_c (MPa)
0.080	0.081	0.083	0.086	0.088	0.090	0.092	0.094	0.096	0.099	15
0.087	0.089	0.092	0.094	0.097	0.099	0.102	0.104	0.107	0.110	20
0.095	0.098	0.101	0.103	0.106	0.109	0.112	0.114	0.117	0.120	25
0.104	0.107	0.110	0.113	0.116	0.119	0.122	0.124	0.128	0.131	30
0.113	0.116	0.120	0.123	0.126	0.129	0.132	0.135	0.139	0.142	35

(d)

Water										f'_c (psi)
4.54	4.68	4.80	4.92	5.06	5.19	5.32	5.44	5.58	5.71	2000
4.52	4.66	4.78	4.90	5.04	5.17	5.30	5.43	5.56	5.69	2500
4.51	4.64	4.77	4.89	5.02	5.16	5.28	5.41	5.54	5.67	3000
4.50	4.63	4.76	4.88	5.01	5.14	5.27	5.40	5.52	5.66	3500
4.48	4.62	4.74	4.86	5.00	5.12	5.26	5.38	5.50	5.64	4000
4.46	4.60	4.73	4.84	4.98	5.10	5.24	5.36	5.48	5.62	4500
4.45	4.58	4.69	4.83	4.96	5.08	5.22	5.34	5.46	5.60	5000

(d-1)

Water										f'_c (MPa)
0.168	0.173	0.177	0.182	0.187	0.192	0.197	0.201	0.206	0.211	15
0.167	0.172	0.177	0.181	0.186	0.191	0.196	0.201	0.206	0.210	20
0.167	0.171	0.176	0.181	0.186	0.190	0.195	0.200	0.205	0.209	25
0.166	0.171	0.175	0.180	0.185	0.189	0.194	0.199	0.204	0.208	30
0.165	0.170	0.174	0.179	0.184	0.188	0.193	0.198	0.203	0.207	35

(e)

Air										
—	—	—	—	—	—	—	—	—	—	Entrained (ft³/yd³)
—	—	—	—	—	—	—	—	—	—	%
—	—	—	—	—	—	—	—	—	—	Entrained (m³/m³)

(f)

Air (Values Approximate)							
2000	2500	3000	3500	4000	4500	5000	f'_c (psi)
0.76	0.73	0.70	0.67	0.63	0.60	0.58	Entrapped (ft³/yd³)
2.81	2.70	2.59	2.48	2.33	2.22	2.15	%

(f-1)

Air (Values Approximate)					
15	20	25	30	35	f'_c (MPa)
0.028	0.026	0.024	0.023	0.022	Entrapped (m³/m³)
2.77	2.61	2.44	2.25	2.14	%

(g)

Cement and Water Adjustments for Fine Aggregate Variations									
31-32	32-33	33-34	34-35	35-36	36-37	37-38	38-39	39-40	40-41	% Voids
90.0	92.5	95.0	97.5	100.0	102.5	105.0	107.5	110.0	112.5	Adjustment (%)

Table No. 157
C.A. Size ½"
  12.5mm
ASTM No. 7
Slump 3"
  75mm

( ) AE
(✓) Non-AE

(a)

Coarse Aggregate Type No.										Concrete Class
1	2	3	4	5	6	7				A
	1	2	3	4	5	6	7			B
		1	2	3	4	5	6	7		C
			1	2	3	4	5	6	7	D

(b)

Concrete										
13.30	13.80	14.30	14.80	15.30	15.80	16.30	16.80	17.30	17.80	Mortar (ft³/yd³)
13.70	13.20	12.70	12.20	11.70	11.20	10.70	10.20	9.70	9.20	C. A. + 8 (ft³/yd³)
0.493	0.511	0.530	0.548	0.567	0.585	0.604	0.622	0.641	0.659	Mortar (m³/m³)
0.507	0.489	0.470	0.452	0.433	0.415	0.396	0.378	0.359	0.341	C. A. + 8 (m³/m³)

(c)

Cement										f'_c (psi)
2.13	2.18	2.23	2.28	2.34	2.40	2.46	2.51	2.56	2.63	2000
2.27	2.32	2.38	2.44	2.51	2.57	2.63	2.69	2.76	2.83	2500
2.41	2.47	2.54	2.61	2.68	2.75	2.82	2.88	2.96	3.03	3000
2.55	2.63	2.70	2.75	2.83	2.90	2.97	3.05	3.12	3.20	3500
2.71	2.78	2.86	2.93	2.99	3.07	3.15	3.22	3.30	3.39	4000
2.89	2.97	3.05	3.12	3.20	3.28	3.37	3.44	3.52	3.60	4500
3.05	3.14	3.23	3.31	3.39	3.49	3.57	3.65	3.74	3.83	5000

(c-1)

Cement										f'_c (MPa)
0.081	0.082	0.084	0.087	0.089	0.091	0.093	0.095	0.097	0.100	15
0.088	0.090	0.093	0.095	0.098	0.100	0.103	0.105	0.108	0.111	20
0.096	0.099	0.102	0.104	0.107	0.110	0.113	0.115	0.118	0.121	25
0.105	0.108	0.111	0.114	0.117	0.120	0.123	0.125	0.129	0.132	30
0.114	0.117	0.121	0.124	0.127	0.130	0.133	0.136	0.140	0.143	35

(d)

Water										f'_c (psi)
4.59	4.73	4.85	4.97	5.11	5.24	5.37	5.49	5.63	5.76	2000
4.57	4.71	4.83	4.95	5.09	5.22	5.35	5.48	5.61	5.74	2500
4.56	4.69	4.82	4.94	5.07	5.21	5.33	5.46	5.59	5.72	3000
4.55	4.68	4.81	4.93	5.06	5.19	5.32	5.45	5.57	5.71	3500
4.53	4.67	4.79	4.91	5.05	5.17	5.31	5.43	5.55	5.69	4000
4.51	4.65	4.78	4.89	5.03	5.15	5.29	5.41	5.53	5.67	4500
4.50	4.63	4.74	4.88	5.01	5.13	5.27	5.39	5.51	5.65	5000

(d-1)

Water										f'_c (MPa)
0.170	0.175	0.179	0.184	0.189	0.194	0.199	0.203	0.208	0.213	15
0.169	0.174	0.179	0.183	0.188	0.193	0.198	0.203	0.208	0.212	20
0.169	0.171	0.178	0.183	0.188	0.192	0.197	0.202	0.207	0.211	25
0.168	0.171	0.177	0.182	0.187	0.191	0.196	0.201	0.206	0.210	30
0.167	0.172	0.176	0.181	0.186	0.190	0.195	0.200	0.205	0.209	35

(e)

Air										
—	—	—	—	—	—	—	—	—	—	Entrained (ft³/yd³)
—	—	—	—	—	—	—	—	—	—	%
—	—	—	—	—	—	—	—	—	—	Entrained (m³/m³)

(f)

Air (Values Approximate)							
2000	2500	3000	3500	4000	4500	5000	f'_c (psi)
0.76	0.73	0.70	0.67	0.63	0.60	0.58	Entrapped (ft³/yd³)
2.81	2.70	2.59	2.48	2.33	2.22	2.15	%

(f-1)

Air (Values Approximate)					
15	20	25	30	35	f'_c (MPa)
0.028	0.026	0.024	0.023	0.022	Entrapped (m³/m³)
2.77	2.61	2.44	2.25	2.14	%

(g)

Cement and Water Adjustments for Fine Aggregate Variations										
31-32	32-33	33-34	34-35	35-36	36-37	37-38	38-39	39-40	40-41	% Voids
90.0	92.5	95.0	97.5	100.0	102.5	105.0	107.5	110.0	112.5	Adjustment (%)

Table No.	158
C.A. Size	½″
	12.5 mm
ASTM No.	7
Slump	3½″
	90 mm
( ) AE	
(✓) Non-AE	

(a)

Coarse Aggregate Type No.										Concrete Class
1	2	3	4	5	6	7				A
	1	2	3	4	5	6	7			B
		1	2	3	4	5	6	7		C
			1	2	3	4	5	6	7	D

(b)

Concrete										
13.30	13.80	14.30	14.80	15.30	15.80	16.30	16.80	17.30	17.80	Mortar (ft³/yd³)
13.70	13.20	12.70	12.20	11.70	11.20	10.70	10.20	9.70	9.20	C. A. + 8 (ft³/yd³)
0.493	0.511	0.530	0.548	0.567	0.585	0.604	0.622	0.641	0.659	Mortar (m³/m³)
0.507	0.489	0.470	0.452	0.433	0.415	0.396	0.378	0.359	0.341	C. A. + 8 (m³/m³)

(c)

Cement										f'_c (psi)
2.17	2.22	2.27	2.32	2.38	2.44	2.50	2.55	2.60	2.67	2000
2.31	2.36	2.42	2.48	2.55	2.61	2.67	2.73	2.80	2.87	2500
2.45	2.51	2.58	2.65	2.72	2.79	2.86	2.92	3.00	3.07	3000
2.59	2.67	2.74	2.79	2.87	2.94	3.01	3.09	3.16	3.24	3500
2.75	2.82	2.90	2.97	3.03	3.11	3.19	3.26	3.34	3.43	4000
2.93	3.01	3.09	3.16	3.24	3.32	3.41	3.48	3.56	3.64	4500
3.05	3.18	3.27	3.35	3.43	3.53	3.61	3.69	3.78	3.87	5000

(c-1)

Cement										f'_c (MPa)
0.083	0.084	0.086	0.089	0.091	0.093	0.095	0.097	0.099	0.102	15
0.090	0.092	0.095	0.097	0.100	0.102	0.105	0.107	0.110	0.113	20
0.098	0.101	0.104	0.106	0.109	0.112	0.115	0.117	0.120	0.123	25
0.107	0.110	0.113	0.116	0.119	0.122	0.125	0.127	0.131	0.134	30
0.116	0.119	0.123	0.126	0.129	0.132	0.135	0.138	0.142	0.145	35

(d)

Water										f'_c (psi)
4.65	4.79	4.91	5.03	5.17	5.30	5.43	5.55	5.69	5.82	2000
4.63	4.77	4.89	5.01	5.15	5.28	5.41	5.54	5.67	5.80	2500
4.62	4.75	4.88	5.00	5.13	5.27	5.39	5.52	5.65	5.78	3000
4.61	4.74	4.87	4.99	5.12	5.25	5.38	5.51	5.63	5.77	3500
4.59	4.73	4.85	4.97	5.11	5.23	5.37	5.49	5.61	5.75	4000
4.57	4.71	4.84	4.95	5.09	5.21	5.35	5.47	5.59	5.73	4500
4.56	4.69	4.80	4.94	5.07	5.19	5.33	5.45	5.57	5.71	5000

(d-1)

Water										f'_c (MPa)
0.172	0.177	0.181	0.186	0.191	0.196	0.201	0.205	0.210	0.215	15
0.171	0.176	0.181	0.185	0.190	0.195	0.200	0.205	0.210	0.214	20
0.171	0.175	0.180	0.185	0.190	0.194	0.199	0.204	0.209	0.213	25
0.170	0.175	0.179	0.184	0.189	0.193	0.198	0.203	0.208	0.212	30
0.169	0.174	0.178	0.183	0.188	0.192	0.197	0.202	0.207	0.211	35

(e)

Air										
—	—	—	—	—	—	—	—	—	—	Entrained (ft³/yd³)
—	—	—	—	—	—	—	—	—	—	%
—	—	—	—	—	—	—	—	—	—	Entrained (m³/m³)

(f)

Air (Values Approximate)							
2000	2500	3000	3500	4000	4500	5000	f'_c (psi)
0.76	0.73	0.70	0.67	0.63	0.60	0.58	Entrapped (ft³/yd³)
2.81	2.70	2.59	2.48	2.33	2.22	2.15	%

(f-1)

Air (Values Approximate)					
15	20	25	30	35	f'_c (MPa)
0.028	0.026	0.024	0.023	0.022	Entrapped (m³/m³)
2.77	2.61	2.44	2.25	2.14	%

(g)

Cement and Water Adjustments for Fine Aggregate Variations										
31-32	32-33	33-34	34-35	35-36	36-37	37-38	38-39	39-40	40-41	% Voids
90.0	92.5	95.0	97.5	100.0	102.5	105.0	107.5	110.0	112.5	Adjustment (%)

Table No.	159
C.A. Size	½″
	12.5 mm
ASTM No.	7
Slump	4″
	100 mm
( ) AE	
(✓) Non·AE	

(a)

Coarse Aggregate Type No.										Concrete Class
1	2	3	4	5	6	7				A
	1	2	3	4	5	6	7			B
		1	2	3	4	5	6	7		C
			1	2	3	4	5	6	7	D

(b) Concrete

13.30	13.80	14.30	14.80	15.30	15.80	16.30	16.80	17.30	17.80	Mortar (ft³/yd³)
13.70	13.20	12.70	12.20	11.70	11.20	10.70	10.20	9.70	9.20	C. A. + 8 (ft³/yd³)
0.493	0.511	0.530	0.548	0.567	0.585	0.604	0.622	0.641	0.659	Mortar (m³/m³)
0.507	0.489	0.470	0.452	0.433	0.415	0.396	0.378	0.359	0.341	C. A. + 8 (m³/m³)

(c) Cement

										f'_c (psi)
2.21	2.26	2.31	2.36	2.42	2.48	2.54	2.59	2.64	2.71	2000
2.35	2.40	2.46	2.52	2.59	2.65	2.71	2.77	2.84	2.91	2500
2.49	2.55	2.62	2.69	2.76	2.83	2.90	2.96	3.04	3.11	3000
2.63	2.71	2.78	2.83	2.91	2.98	3.05	3.13	3.20	3.28	3500
2.79	2.86	2.94	3.01	3.07	3.15	3.23	3.30	3.38	3.47	4000
2.97	3.05	3.13	3.20	3.28	3.36	3.45	3.52	3.60	3.68	4500
3.13	3.22	3.31	3.39	3.47	3.57	3.65	3.73	3.82	3.91	5000

(c-1) Cement

										f'_c (MPa)
0.084	0.085	0.087	0.090	0.092	0.094	0.096	0.098	0.100	0.103	15
0.091	0.093	0.096	0.098	0.101	0.103	0.106	0.108	0.111	0.114	20
0.099	0.102	0.105	0.107	0.110	0.113	0.116	0.118	0.121	0.124	25
0.108	0.111	0.114	0.117	0.120	0.123	0.126	0.128	0.132	0.135	30
0.117	0.120	0.124	0.127	0.130	0.133	0.136	0.139	0.143	0.146	35

(d) Water

										f'_c (psi)
4.70	4.84	4.96	5.08	5.22	5.35	5.48	5.60	5.74	5.87	2000
4.68	4.82	4.94	5.06	5.20	5.33	5.46	5.59	5.72	5.85	2500
4.67	4.80	4.93	5.05	5.18	5.32	5.44	5.57	5.70	5.83	3000
4.66	4.79	4.92	5.04	5.17	5.30	5.43	5.56	5.68	5.82	3500
4.64	4.78	4.90	5.02	5.16	5.28	5.42	5.54	5.66	5.80	4000
4.62	4.76	4.89	5.00	5.14	5.26	5.40	5.52	5.64	5.78	4500
4.61	4.74	4.85	4.99	5.12	5.24	5.38	5.50	5.62	5.76	5000

(d-1) Water

										f'_c (MPa)
0.174	0.179	0.183	0.188	0.193	0.198	0.203	0.207	0.212	0.217	15
0.173	0.178	0.183	0.187	0.192	0.197	0.202	0.207	0.212	0.216	20
0.173	0.177	0.182	0.187	0.192	0.196	0.201	0.206	0.211	0.215	25
0.172	0.177	0.181	0.186	0.191	0.195	0.200	0.205	0.210	0.214	30
0.171	0.176	0.180	0.185	0.190	0.194	0.199	0.204	0.209	0.213	35

(e) Air

—	—	—	—	—	—	—	—	—	—	Entrained (ft³/yd³)
—	—	—	—	—	—	—	—	—	—	%
—	—	—	—	—	—	—	—	—	—	Entrained (m³/m³)

(f) Air (Values Approximate)

2000	2500	3000	3500	4000	4500	5000	f'_c (psi)
0.76	0.73	0.70	0.67	0.63	0.60	0.58	Entrapped (ft³/yd³)
2.81	2.70	2.59	2.48	2.33	2.22	2.15	%

(f-1) Air (Values Approximate)

15	20	25	30	35	f'_c (MPa)
0.028	0.026	0.024	0.023	0.022	Entrapped (m³/m³)
2.77	2.61	2.44	2.25	2.14	%

(g) Cement and Water Adjustments for Fine Aggregate Variations

31-32	32-33	33-34	34-35	35-36	36-37	37-38	38-39	39-40	40-41	% Voids
90.0	92.5	95.0	97.5	100.0	102.5	105.0	107.5	110.0	112.5	Adjustment (%)

Table No.	160
C.A. Size	½"
	12.5 mm
ASTM No.	7
Slump	4½"
	115 mm
( ) AE	
(✓) Non-AE	

(a)

Coarse Aggregate Type No.										Concrete Class
1	2	3	4	5	6	7				A
	1	2	3	4	5	6	7			B
		1	2	3	4	5	6	7		C
			1	2	3	4	5	6	7	D

(b) Concrete

13.30	13.80	14.30	14.80	15.30	15.80	16.30	16.80	17.30	17.80	Mortar (ft³/yd³)
13.70	13.20	12.70	12.20	11.70	11.20	10.70	10.20	9.70	9.20	C.A. + 8 (ft³/yd³)
0.493	0.511	0.530	0.548	0.567	0.585	0.604	0.622	0.641	0.659	Mortar (m³/m³)
0.507	0.489	0.470	0.452	0.433	0.415	0.396	0.378	0.359	0.341	C.A. + 8 (m³/m³)

(c) Cement

										f'_c (psi)
2.24	2.29	2.34	2.39	2.45	2.51	2.57	2.62	2.67	2.74	2000
2.38	2.43	2.49	2.55	2.62	2.68	2.74	2.80	2.87	2.94	2500
2.52	2.58	2.65	2.72	2.79	2.86	2.93	2.99	3.07	3.14	3000
2.66	2.74	2.81	2.86	2.94	3.01	3.08	3.16	3.23	3.31	3500
2.82	2.89	2.97	3.04	3.10	3.18	3.26	3.33	3.41	3.50	4000
3.00	3.08	3.16	3.23	3.31	3.39	3.48	3.55	3.63	3.71	4500
3.16	3.25	3.34	3.42	3.50	3.60	3.68	3.76	3.85	3.94	5000

(c-1) Cement

										f'_c (MPa)
0.085	0.086	0.088	0.091	0.093	0.095	0.097	0.099	0.101	0.104	15
0.092	0.094	0.097	0.099	0.102	0.104	0.107	0.109	0.112	0.115	20
0.100	0.103	0.106	0.108	0.111	0.114	0.117	0.119	0.122	0.125	25
0.109	0.112	0.115	0.118	0.121	0.124	0.127	0.129	0.133	0.136	30
0.118	0.121	0.125	0.128	0.131	0.134	0.137	0.140	0.144	0.147	35

(d) Water

										f'_c (psi)
4.75	4.89	5.01	5.13	5.27	5.40	5.53	5.65	5.79	5.92	2000
4.73	4.87	4.99	5.11	5.25	5.38	5.51	5.64	5.77	5.90	2500
4.72	4.85	4.98	5.10	5.23	5.37	5.49	5.62	5.75	5.88	3000
4.71	4.84	4.97	5.09	5.22	5.35	5.48	5.61	5.73	5.87	3500
4.69	4.83	4.95	5.07	5.21	5.33	5.47	5.59	5.71	5.85	4000
4.67	4.81	4.94	5.05	5.19	5.31	5.45	5.57	5.69	5.83	4500
4.66	4.79	4.90	5.04	5.17	5.29	5.43	5.55	5.67	5.81	5000

(d-1) Water

										f'_c (MPa)
0.176	0.181	0.185	0.190	0.195	0.200	0.205	0.209	0.214	0.219	15
0.175	0.180	0.185	0.189	0.194	0.199	0.204	0.209	0.214	0.218	20
0.175	0.179	0.184	0.189	0.194	0.198	0.203	0.208	0.213	0.217	25
0.174	0.179	0.183	0.188	0.193	0.197	0.202	0.207	0.212	0.216	30
0.173	0.178	0.182	0.187	0.192	0.196	0.201	0.206	0.211	0.215	35

(e) Air

—	—	—	—	—	—	—	—	—	—	Entrained (ft³/yd³)
—	—	—	—	—	—	—	—	—	—	%
—	—	—	—	—	—	—	—	—	—	Entrained (m³/m³)

(f) Air (Values Approximate)

2000	2500	3000	3500	4000	4500	5000	f'_c (psi)
0.76	0.73	0.70	0.67	0.63	0.60	0.58	Entrapped (ft³/yd³)
2.81	2.70	2.59	2.48	2.33	2.22	2.15	%

(f-1) Air (Values Approximate)

15	20	25	30	35	f'_c (MPa)
0.028	0.026	0.024	0.023	0.022	Entrapped (m³/m³)
2.77	2.61	2.44	2.25	2.14	%

(g) Cement and Water Adjustments for Fine Aggregate Variations

31-32	32-33	33-34	34-35	35-36	36-37	37-38	38-39	39-40	40-41	% Voids
90.0	92.5	95.0	97.5	100.0	102.5	105.0	107.5	110.0	112.5	Adjustment (%)

Table No.	161
C.A. Size	½"
	12.5 mm
ASTM No.	7
Slump	5"
	125 mm
( ) AE	
(✓) Non-AE	

(a)

Coarse Aggregate Type No.										Concrete Class
1	2	3	4	5	6	7				A
	1	2	3	4	5	6	7			B
		1	2	3	4	5	6	7		C
			1	2	3	4	5	6	7	D

(b)

Concrete										
13.30	13.80	14.30	14.80	15.30	15.80	16.30	16.80	17.30	17.80	Mortar (ft³/yd³)
13.70	13.20	12.70	12.20	11.70	11.20	10.70	10.20	9.70	9.20	C.A. + 8 (ft³/yd³)
0.493	0.511	0.530	0.548	0.567	0.585	0.604	0.622	0.641	0.659	Mortar (m³/m³)
0.507	0.489	0.470	0.452	0.433	0.415	0.396	0.378	0.359	0.341	C.A. + 8 (m³/m³)

(c)

Cement										f'_c (psi)
2.27	2.32	2.37	2.42	2.45	2.54	2.60	2.65	2.70	2.77	2000
2.41	2.46	2.52	2.58	2.65	2.71	2.77	2.83	2.90	2.97	2500
2.55	2.61	2.68	2.75	2.82	2.89	2.96	3.02	3.10	3.17	3000
2.69	2.77	2.84	2.89	2.97	3.04	3.11	3.19	3.26	3.34	3500
2.85	2.92	3.00	3.07	3.13	3.21	3.29	3.36	3.44	3.53	4000
3.03	3.11	3.19	3.26	3.34	3.42	3.51	3.58	3.66	3.74	4500
3.19	3.28	3.37	3.45	3.53	3.63	3.71	3.79	3.88	3.97	5000

(c-1)

Cement										f'_c (MPa)
0.086	0.087	0.089	0.092	0.094	0.096	0.098	0.100	0.102	0.105	15
0.093	0.095	0.098	0.100	0.103	0.105	0.108	0.110	0.113	0.116	20
0.101	0.104	0.107	0.109	0.112	0.115	0.118	0.120	0.123	0.126	25
0.110	0.113	0.116	0.119	0.122	0.125	0.128	0.130	0.134	0.137	30
0.119	0.122	0.126	0.129	0.132	0.135	0.138	0.141	0.145	0.148	35

(d)

Water										f'_c (psi)
4.81	4.95	5.07	5.19	5.33	5.46	5.59	5.71	5.85	5.98	2000
4.79	4.93	5.05	5.17	5.31	5.44	5.57	5.70	5.83	5.96	2500
4.78	4.91	5.04	5.16	5.29	5.43	5.55	5.68	5.81	5.94	3000
4.77	4.90	5.03	5.15	5.28	5.41	5.54	5.67	5.79	5.93	3500
4.75	4.89	5.01	5.13	5.27	5.39	5.53	5.65	5.77	5.91	4000
4.73	4.87	5.00	5.11	5.25	5.37	5.51	5.63	5.75	5.89	4500
4.72	4.85	4.96	5.10	5.23	5.35	5.49	5.61	5.73	5.87	5000

(d-1)

Water										f'_c (MPa)
0.178	0.183	0.187	0.192	0.197	0.202	0.207	0.211	0.216	0.221	15
0.177	0.182	0.187	0.191	0.196	0.201	0.206	0.211	0.216	0.220	20
0.177	0.181	0.186	0.191	0.196	0.200	0.205	0.210	0.215	0.219	25
0.176	0.181	0.185	0.190	0.195	0.199	0.204	0.209	0.214	0.218	30
0.175	0.180	0.184	0.189	0.194	0.198	0.203	0.208	0.213	0.217	35

(e)

Air										
—	—	—	—	—	—	—	—	—	—	Entrained (ft³/yd³)
—	—	—	—	—	—	—	—	—	—	%
—	—	—	—	—	—	—	—	—	—	Entrained (m³/m³)

(f)

Air (Values Approximate)

2000	2500	3000	3500	4000	4500	5000	f'_c (psi)
0.76	0.73	0.70	0.67	0.63	0.60	0.58	Entrapped (ft³/yd³)
2.81	2.70	2.59	2.48	2.33	2.22	2.15	%

(f-1)

Air (Values Approximate)

15	20	25	30	35	f'_c (MPa)
0.028	0.026	0.024	0.023	0.022	Entrapped (m³/m³)
2.77	2.61	2.44	2.25	2.14	%

(g)

Cement and Water Adjustments for Fine Aggregate Variations

31-32	32-33	33-34	34-35	35-36	36-37	37-38	38-39	39-40	40-41	% Voids
90.0	92.5	95.0	97.5	100.0	102.5	105.0	107.5	110.0	112.5	Adjustment (%)

Table No.		162
C.A. Size		½"
		12.5 mm
ASTM No.		7
Slump		5½"
		140 mm

( ) AE
(✓) Non-AE

(a)											
Coarse Aggregate Type No.										Concrete Class	
1	2	3	4	5	6	7				A	
	1	2	3	4	5	6	7			B	
		1	2	3	4	5	6	7		C	
			1	2	3	4	5	6	7	D	

(b)										
Concrete										
13.30	13.80	14.30	14.80	15.30	15.80	16.30	16.80	17.30	17.80	Mortar (ft³/yd³)
13.70	13.20	12.70	12.20	11.70	11.20	10.70	10.20	9.70	9.20	C. A. + 8 (ft³/yd³)
0.493	0.511	0.530	0.548	0.567	0.585	0.604	0.622	0.641	0.659	Mortar (m³/m³)
0.507	0.489	0.470	0.452	0.433	0.415	0.396	0.378	0.359	0.341	C. A. + 8 (m³/m³)

(c)									
Cement									f'_c (psi)
2.31	2.36	2.41	2.46	2.52	2.58	2.64	2.69	2.74	2.81	2000
2.45	2.50	2.56	2.62	2.69	2.75	2.81	2.87	2.94	3.01	2500
2.59	2.65	2.72	2.79	2.86	2.93	3.00	3.06	3.14	3.21	3000
2.73	2.81	2.88	2.93	3.01	3.08	3.15	3.23	3.30	3.38	3500
2.89	2.96	3.04	3.11	3.17	3.25	3.33	3.40	3.48	3.57	4000
3.07	3.15	3.23	3.30	3.38	3.46	3.55	3.62	3.70	3.78	4500
3.23	3.32	3.41	3.49	3.57	3.67	3.75	3.83	3.92	4.01	5000

(c-1)									
Cement									f'_c (MPa)
0.088	0.089	0.091	0.094	0.096	0.098	0.100	0.102	0.104	0.107	15
0.095	0.097	0.100	0.102	0.105	0.107	0.110	0.112	0.115	0.118	20
0.103	0.106	0.109	0.111	0.114	0.117	0.120	0.122	0.125	0.128	25
0.112	0.115	0.118	0.121	0.124	0.127	0.130	0.132	0.136	0.139	30
0.121	0.124	0.128	0.131	0.134	0.137	0.140	0.143	0.147	0.150	35

(d)									
Water									f'_c (psi)
4.86	5.00	5.12	5.24	5.38	5.51	5.64	5.76	5.90	6.03	2000
4.84	4.98	5.10	5.22	5.36	5.49	5.62	5.75	5.88	6.01	2500
4.83	4.96	5.09	5.21	5.34	5.48	5.60	5.73	5.86	5.99	3000
4.82	4.95	5.08	5.20	5.33	5.46	5.59	5.72	5.84	5.98	3500
4.80	4.94	5.06	5.18	5.32	5.44	5.58	5.70	5.82	5.96	4000
4.78	4.92	5.05	5.16	5.30	5.42	5.56	5.68	5.80	5.94	4500
4.77	4.90	5.01	5.15	5.28	5.40	5.54	5.66	5.78	5.92	5000

(d-1)									
Water									f'_c (MPa)
0.180	0.185	0.189	0.194	0.199	0.204	0.209	0.213	0.218	0.223	15
0.179	0.184	0.189	0.193	0.198	0.203	0.208	0.213	0.218	0.222	20
0.179	0.183	0.188	0.193	0.198	0.202	0.207	0.212	0.217	0.221	25
0.178	0.183	0.187	0.192	0.197	0.201	0.206	0.211	0.216	0.220	30
0.177	0.182	0.186	0.191	0.196	0.200	0.205	0.210	0.215	0.219	35

(e)									
Air									
—	—	—	—	—	—	—	—	—	—	Entrained (ft³/yd³)
—	—	—	—	—	—	—	—	—	—	%
—	—	—	—	—	—	—	—	—	—	Entrained (m³/m³)

(f)							
Air (Values Approximate)							
2000	2500	3000	3500	4000	4500	5000	f'_c (psi)
0.76	0.73	0.70	0.67	0.63	0.60	0.58	Entrapped (ft³/yd³)
2.81	2.70	2.59	2.48	2.33	2.22	2.15	%

(f-1)					
Air (Values Approximate)					
15	20	25	30	35	f'_c (MPa)
0.028	0.026	0.024	0.023	0.022	Entrapped (m³/m³)
2.77	2.61	2.44	2.25	2.14	%

(g)									
Cement and Water Adjustments for Fine Aggregate Variations									
31-32	32-33	33-34	34-35	35-36	36-37	37-38	38-39	39-40	40-41	% Voids
90.0	92.5	95.0	97.5	100.0	102.5	105.0	107.5	110.0	112.5	Adjustment (%)

Table No.	163
C.A. Size	1/2"
	12.5 mm
ASTM No.	7
Slump	6"
	150 mm
( ) AE	
(✓) Non-AE	

(a)

Coarse Aggregate Type No.										Concrete Class
1	2	3	4	5	6	7				A
	1	2	3	4	5	6	7			B
		1	2	3	4	5	6	7		C
			1	2	3	4	5	6	7	D

(b) Concrete

13.30	13.80	14.30	14.80	15.30	15.80	16.30	16.80	17.30	17.80	Mortar (ft³/yd³)
13.70	13.20	12.70	12.20	11.70	11.20	10.70	10.20	9.70	9.20	C.A. + 8 (ft³/yd³)
0.493	0.511	0.530	0.548	0.567	0.585	0.604	0.622	0.641	0.659	Mortar (m³/m³)
0.507	0.489	0.470	0.452	0.433	0.415	0.396	0.378	0.359	0.341	C.A. + 8 (m³/m³)

(c) Cement

										f'_c (psi)
2.34	2.39	2.44	2.49	2.55	2.61	2.67	2.72	2.77	2.84	2000
2.48	2.53	2.59	2.65	2.72	2.78	2.84	2.90	2.97	3.04	2500
2.62	2.68	2.75	2.82	2.89	2.96	3.03	3.09	3.17	3.24	3000
2.76	2.84	2.91	2.96	3.04	3.11	3.18	3.26	3.33	3.41	3500
2.92	2.99	3.07	3.14	3.20	3.28	3.36	3.43	3.51	3.60	4000
3.10	3.18	3.26	3.33	3.41	3.49	3.58	3.65	3.73	3.81	4500
3.26	3.35	3.44	3.52	3.60	3.70	3.78	3.86	3.95	4.04	5000

(c-1) Cement

										f'_c (MPa)
0.089	0.090	0.092	0.095	0.097	0.099	0.101	0.103	0.105	0.108	15
0.096	0.098	0.101	0.103	0.106	0.108	0.111	0.113	0.116	0.119	20
0.104	0.107	0.110	0.112	0.115	0.118	0.121	0.123	0.126	0.129	25
0.113	0.116	0.119	0.122	0.125	0.128	0.131	0.133	0.137	0.140	30
0.122	0.125	0.129	0.132	0.135	0.138	0.141	0.144	0.148	0.151	35

(d) Water

										f'_c (psi)
4.91	5.05	5.17	5.29	5.43	5.56	5.69	5.81	5.95	6.08	2000
4.89	5.03	5.15	5.27	5.41	5.54	5.67	5.80	5.93	6.06	2500
4.88	5.01	5.14	5.26	5.39	5.53	5.65	5.78	5.91	6.04	3000
4.87	5.00	5.13	5.25	5.38	5.51	5.64	5.77	5.89	6.03	3500
4.85	4.99	5.11	5.23	5.37	5.49	5.63	5.75	5.87	6.01	4000
4.83	4.97	5.10	5.21	5.35	5.47	5.61	5.73	5.85	5.99	4500
4.82	4.95	5.06	5.20	5.33	5.45	5.59	5.71	5.83	5.97	5000

(d-1) Water

										f'_c (MPa)
0.182	0.187	0.191	0.196	0.201	0.206	0.211	0.215	0.220	0.225	15
0.181	0.186	0.191	0.195	0.200	0.205	0.210	0.215	0.220	0.224	20
0.181	0.185	0.190	0.195	0.200	0.204	0.209	0.214	0.219	0.223	25
0.180	0.185	0.189	0.194	0.199	0.203	0.208	0.213	0.218	0.222	30
0.179	0.184	0.188	0.193	0.198	0.202	0.207	0.212	0.217	0.221	35

(e) Air

—	—	—	—	—	—	—	—	—	—	Entrained (ft³/yd³)
—	—	—	—	—	—	—	—	—	—	%
—	—	—	—	—	—	—	—	—	—	Entrained (m³/m³)

(f) Air (Values Approximate)

2000	2500	3000	3500	4000	4500	5000	f'_c (psi)
0.76	0.73	0.70	0.67	0.63	0.60	0.58	Entrapped (ft³/yd³)
2.81	2.70	2.59	2.48	2.33	2.22	2.15	%

(f-1) Air (Values Approximate)

15	20	25	30	35	f'_c (MPa)
0.028	0.026	0.024	0.023	0.022	Entrapped (m³/m³)
2.77	2.61	2.44	2.25	2.14	%

(g) Cement and Water Adjustments for Fine Aggregate Variations

31-32	32-33	33-34	34-35	35-36	36-37	37-38	38-39	39-40	40-41	% Voids
90.0	92.5	95.0	97.5	100.0	102.5	105.0	107.5	110.0	112.5	Adjustment (%)

Table No.	164
C.A. Size	½″
	12.5 mm
ASTM No.	7
Slump	6½″
	165 mm
( ) AE	
(✓) Non-AE	

(a)

Coarse Aggregate Type No.										Concrete Class
1	2	3	4	5	6	7				A
	1	2	3	4	5	6	7			B
		1	2	3	4	5	6	7		C
			1	2	3	4	5	6	7	D

(b)

Concrete

13.30	13.80	14.30	14.80	15.30	15.80	16.30	16.80	17.30	17.80	Mortar (ft³/yd³)
13.70	13.20	12.70	12.20	11.70	11.20	10.70	10.20	9.70	9.20	C. A. + 8 (ft³/yd³)
0.493	0.511	0.530	0.548	0.567	0.585	0.604	0.622	0.641	0.659	Mortar (m³/m³)
0.507	0.489	0.470	0.452	0.433	0.415	0.396	0.378	0.359	0.341	C. A. + 8 (m³/m³)

(c)

Cement

										f'_c (psi)
2.37	2.42	2.47	2.52	2.68	2.74	2.80	2.85	2.90	2.97	2000
2.51	2.56	2.62	2.68	2.75	2.81	2.87	2.93	3.00	3.07	2500
2.65	2.71	2.78	2.85	2.92	2.99	3.06	3.12	3.20	3.27	3000
2.79	2.87	2.94	2.99	3.07	3.14	3.21	3.29	3.36	3.44	3500
2.95	3.02	3.10	3.17	3.23	3.31	3.39	3.46	3.54	3.63	4000
3.13	3.21	3.29	3.36	3.44	3.52	3.61	3.68	3.76	3.84	4500
3.29	3.38	3.47	3.55	3.63	3.73	3.81	3.89	3.98	4.07	5000

(c-1)

Cement

										f'_c (MPa)
0.090	0.091	0.093	0.096	0.098	0.100	0.102	0.104	0.106	0.109	15
0.097	0.099	0.102	0.104	0.107	0.109	0.112	0.114	0.117	0.120	20
0.105	0.108	0.111	0.113	0.116	0.119	0.122	0.124	0.127	0.130	25
0.114	0.117	0.120	0.123	0.126	0.129	0.132	0.134	0.138	0.141	30
0.123	0.126	0.130	0.133	0.136	0.139	0.142	0.145	0.149	0.152	35

(d)

Water

										f'_c (psi)
4.96	5.10	5.22	5.34	5.48	5.61	5.74	5.86	6.00	6.13	2000
4.94	5.08	5.20	5.32	5.46	5.59	5.72	5.85	5.98	6.11	2500
4.93	5.06	5.19	5.31	5.44	5.58	5.70	5.83	5.96	6.09	3000
4.92	5.05	5.18	5.30	5.43	5.56	5.69	5.82	5.94	6.08	3500
4.90	5.04	5.16	5.28	5.42	5.54	5.68	5.80	5.92	6.06	4000
4.88	5.02	5.15	5.26	5.40	5.52	5.66	5.78	5.90	6.04	4500
4.87	5.00	5.11	5.25	5.38	5.50	5.64	5.76	5.88	6.02	5000

(d-1)

Water

										f'_c (MPa)
0.184	0.189	0.193	0.198	0.203	0.208	0.213	0.217	0.222	0.227	15
0.183	0.188	0.193	0.197	0.202	0.207	0.212	0.217	0.222	0.226	20
0.183	0.187	0.192	0.197	0.202	0.206	0.211	0.216	0.221	0.225	25
0.182	0.187	0.191	0.196	0.201	0.205	0.210	0.215	0.220	0.224	30
0.181	0.186	0.190	0.195	0.200	0.204	0.209	0.214	0.219	0.223	35

(e)

Air

—	—	—	—	—	—	—	—	—	—	Entrained (ft³/yd³)
—	—	—	—	—	—	—	—	—	—	%
—	—	—	—	—	—	—	—	—	—	Entrained (m³/m³)

(f)

Air (Values Approximate)

2000	2500	3000	3500	4000	4500	5000	f'_c (psi)
0.76	0.73	0.70	0.67	0.63	0.60	0.58	Entrapped (ft³/yd³)
2.81	2.70	2.59	2.48	2.33	2.22	2.15	%

(f-1)

Air (Values Approximate)

15	20	25	30	35	f'_c (MPa)
0.028	0.026	0.024	0.023	0.022	Entrapped (m³/m³)
2.77	2.61	2.44	2.25	2.14	%

(g)

Cement and Water Adjustments for Fine Aggregate Variations

31–32	32–33	33–34	34–35	35–36	36–37	37–38	38–39	39–40	40–41	% Voids
90.0	92.5	95.0	97.5	100.0	102.5	105.0	107.5	110.0	112.5	Adjustment (%)

Table No.	165
C.A. Size	½"
	12.5 mm
ASTM No.	7
Slump	7"
	175 mm
(√) AE	
( ) Non-AE	

(a)

Coarse Aggregate Type No.										Concrete Class
1	2	3	4	5	6	7				A
	1	2	3	4	5	6	7			B
		1	2	3	4	5	6	7		C
			1	2	3	4	5	6	7	D

(b)

Concrete										
13.30	13.80	14.30	14.80	15.30	15.80	16.30	16.80	17.30	17.80	Mortar (ft³/yd³)
13.70	13.20	12.70	12.20	11.70	11.20	10.70	10.20	9.70	9.20	C. A. + 8 (ft³/yd³)
0.493	0.511	0.530	0.548	0.567	0.585	0.604	0.622	0.641	0.659	Mortar (m³/m³)
0.507	0.489	0.470	0.452	0.433	0.415	0.396	0.378	0.359	0.341	C. A. + 8 (m³/m³)

(c)

Cement										f'_c (psi)
2.41	2.46	2.51	2.56	2.62	2.68	2.74	2.79	2.84	2.91	2000
2.55	2.60	2.66	2.72	2.79	2.85	2.91	2.97	3.04	3.11	2500
2.69	2.75	2.82	2.89	2.96	3.03	3.10	3.16	3.24	3.31	3000
2.83	2.91	2.98	3.03	3.11	3.18	3.25	3.33	3.40	3.48	3500
2.99	3.06	3.14	3.21	3.27	3.35	3.43	3.50	3.58	3.67	4000
3.17	3.25	3.33	3.40	3.48	3.56	3.65	3.72	3.80	3.88	4500
3.33	3.42	3.51	3.59	3.67	3.77	3.85	3.93	4.02	4.11	5000

(c-1)

Cement										f'_c (MPa)
0.091	0.092	0.094	0.097	0.099	0.101	0.103	0.105	0.107	0.110	15
0.098	0.100	0.103	0.105	0.108	0.110	0.113	0.115	0.118	0.121	20
0.106	0.109	0.112	0.114	0.117	0.120	0.123	0.125	0.128	0.131	25
0.115	0.118	0.121	0.124	0.127	0.130	0.133	0.135	0.139	0.142	30
0.124	0.127	0.131	0.134	0.137	0.140	0.143	0.146	0.150	0.153	35

(d)

Water										f'_c (psi)
5.01	5.15	5.27	5.39	5.53	5.66	5.79	5.91	6.05	6.18	2000
4.99	5.13	5.25	5.37	5.51	5.64	5.77	5.90	6.03	6.16	2500
4.98	5.11	5.24	5.36	5.49	5.63	5.75	5.88	6.01	6.14	3000
4.97	5.10	5.23	5.35	5.48	5.61	5.74	5.87	5.99	6.13	3500
4.95	5.09	5.21	5.33	5.47	5.59	5.73	5.85	5.97	6.11	4000
4.93	5.07	5.20	5.31	5.45	5.57	5.71	5.83	5.95	6.09	4500
4.92	5.05	5.16	5.30	5.43	5.55	5.69	5.81	5.93	6.07	5000

(d-1)

Water										f'_c (MPa)
0.185	0.190	0.194	0.199	0.204	0.209	0.214	0.218	0.223	0.228	15
0.184	0.189	0.194	0.198	0.203	0.208	0.213	0.218	0.223	0.227	20
0.184	0.188	0.193	0.198	0.203	0.207	0.212	0.217	0.222	0.226	25
0.183	0.188	0.192	0.197	0.202	0.206	0.211	0.216	0.221	0.225	30
0.182	0.187	0.191	0.196	0.201	0.205	0.210	0.215	0.220	0.224	35

(e)

Air										
—	—	—	—	—	—	—	—	—	—	Entrained (ft³/yd³)
—	—	—	—	—	—	—	—	—	—	%
—	—	—	—	—	—	—	—	—	—	Entrained (m³/m³)

(f)

Air (Values Approximate)

2000	2500	3000	3500	4000	4500	5000	f'_c (psi)
0.76	0.73	0.70	0.67	0.63	0.60	0.58	Entrapped (ft³/yd³)
2.81	2.70	2.59	2.48	2.33	2.22	2.15	%

(f-1)

Air (Values Approximate)

15	20	25	30	35	f'_c (MPa)
0.028	0.026	0.024	0.023	0.022	Entrapped (m³/m³)
2.77	2.61	2.44	2.25	2.14	%

(g)

Cement and Water Adjustments for Fine Aggregate Variations

31-32	32-33	33-34	34-35	35-36	36-37	37-38	38-39	39-40	40-41	% Voids
90.0	92.5	95.0	97.5	100.0	102.5	105.0	107.5	110.0	112.5	Adjustment (%)

Table No.	166
C.A. Size	3/4"
	19.0 mm
ASTM No.	67
Slump	0"
	0 mm
( ) AE	
(√) Non-AE	

(a)

Coarse Aggregate Type No.										Concrete Class
1	2	3	4	5	6	7				A
	1	2	3	4	5	6	7			B
		1	2	3	4	5	6	7		C
			1	2	3	4	5	6	7	D

(b) Concrete

12.80	13.30	13.80	14.30	14.80	15.30	15.80	16.30	16.80	17.30	Mortar (ft³/yd³)
14.20	13.70	13.20	12.70	12.20	11.70	11.20	10.70	10.20	9.70	C. A. + 8 (ft³/yd³)
0.474	0.493	0.511	0.530	0.548	0.567	0.585	0.604	0.622	0.641	Mortar (m³/m³)
0.526	0.507	0.489	0.470	0.452	0.433	0.415	0.396	0.378	0.359	C. A. + 8 (m³/m³)

(c) Cement

									f'_c (psi)
1.85	1.91	1.95	2.01	2.06	2.13	2.18	2.23	2.28	2.33	2000
1.98	2.04	2.11	2.17	2.23	2.30	2.35	2.42	2.47	2.53	2500
2.12	2.19	2.26	2.33	2.40	2.47	2.54	2.61	2.67	2.73	3000
2.26	2.33	2.41	2.48	2.56	2.63	2.71	2.78	2.85	2.92	3500
2.41	2.49	2.56	2.64	2.73	2.81	2.88	2.96	3.04	3.11	4000
2.59	2.67	2.75	2.83	2.92	3.00	3.08	3.16	3.23	3.30	4500
2.75	2.84	2.93	3.01	3.10	3.19	3.27	3.36	3.45	3.53	5000

(c-1) Cement

									f'_c (MPa)
0.071	0.073	0.075	0.077	0079	0.081	0.083	0.085	0087	0.089	15
0.078	0.080	0.083	0.085	0.088	0.091	0.093	0.095	0.098	0.100	20
0.086	0.089	0.092	0.094	0.097	0.100	0.103	0.105	0.108	0.110	25
0.094	0.098	0.101	0.103	0.106	0.110	0.113	0.115	0.118	0.121	30
0.103	0.107	0.110	0.113	0.116	0.120	0.123	0.126	0.129	0.132	35

(d) Water

									f'_c (psi)
4.05	4.18	4.30	4.43	4.56	4.69	4.81	4.93	5.05	5.16	2000
4.03	4.16	4.28	4.41	4.53	4.67	4.79	4.92	5.04	5.15	2500
4.01	4.14	4.26	4.39	4.52	4.65	4.77	4.90	5.02	5.13	3000
3.99	4.12	4.24	4.37	4.50	4.63	4.75	4.88	5.00	5.12	3500
3.97	4.10	4.23	4.35	4.49	4.62	4.73	4.87	4.99	5.11	4000
3.95	4.07	4.21	4.33	4.47	4.60	4.72	4.85	4.97	5.09	4500
3.93	4.05	4.19	4.31	4.45	4.58	4.70	4.83	4.95	5.07	5000

(d-1) Water

									f'_c (MPa)
0.150	0.154	0.159	0.164	0.169	0.173	0.178	0.183	0.187	0.191	15
0.149	0.153	0.158	0.163	0.168	0.173	0.177	0.182	0.186	0.190	20
0.148	0.152	0.157	0.162	0.167	0.172	0.176	0.181	0.185	0.189	25
0.147	0.151	0.156	0.161	0.166	0.171	0.175	0.180	0.184	0.189	30
0.146	0.150	0.155	0.160	0.165	0.170	0.174	0.179	0.183	0.188	35

(e) Air

—	—	—	—	—	—	—	—	—	Entrained (ft³/yd³)
—	—	—	—	—	—	—	—	—	%
—	—	—	—	—	—	—	—	—	Entrained (m³/m³)

(f) Air (Values Approximate)

2000	2500	3000	3500	4000	4500	5000	f'_c (psi)
0.60	0.57	0.54	0.50	0.47	0.44	0.41	Entrapped (ft³/yd³)
2.22	2.11	2.00	1.85	1.74	1.63	1.52	%

(f-1) Air (Values Approximate)

15	20	25	30	35	f'_c (MPa)
0.022	0.020	0.018	0.017	0.015	Entrapped (m³/m³)
2.18	2.02	1.82	1.66	1.52	%

(g) Cement and Water Adjustments for Fine Aggregate Variations

31–32	32–33	33–34	34–35	35–36	36–37	37–38	38–39	39–40	40–41	% Voids
90.0	92.5	95.0	97.5	100.0	102.5	105.0	107.5	110.0	112.5	Adjustment (%)

Table No.	167
C.A. Size	3/4"
	19.0 mm
ASTM No.	67
Slump	1/2"
	12.5 mm
( ) AE	
(✓) Non-AE	

(a)

Coarse Aggregate Type No.										Concrete Class
1	2	3	4	5	6	7				A
	1	2	3	4	5	6	7			B
		1	2	3	4	5	6	7		C
			1	2	3	4	5	6	7	D

(b) Concrete

12.80	13.30	13.80	14.30	14.80	15.30	15.80	16.30	16.80	17.30	Mortar (ft³/yd³)
14.20	13.70	13.20	12.70	12.20	11.70	11.20	10.70	10.20	9.70	C. A. + 8 (ft³/yd³)
0.474	0.493	0.511	0.530	0.548	0.567	0.585	0.604	0.622	0.641	Mortar (m³/m³)
0.526	0.507	0.489	0.470	0.452	0.433	0.415	0.396	0.378	0.359	C. A. + 8 (m³/m³)

(c) Cement

										f'_c (psi)
1.88	1.94	1.98	2.04	2.09	2.16	2.21	2.26	2.31	2.36	2000
2.01	2.07	2.14	2.20	2.26	2.33	2.38	2.45	2.50	2.56	2500
2.15	2.22	2.29	2.36	2.43	2.50	2.57	2.64	2.70	2.76	3000
2.29	2.36	2.44	2.51	2.59	2.66	2.74	2.81	2.88	2.95	3500
2.44	2.52	2.59	2.67	2.76	2.84	2.91	2.99	3.07	3.14	4000
2.62	2.70	2.78	2.86	2.95	3.03	3.11	3.19	3.26	3.33	4500
2.78	2.87	2.96	3.04	3.13	3.22	3.30	3.39	3.48	3.56	5000

(c-1) Cement

										f'_c (MPa)
0.072	0.074	0.076	0.078	0.080	0.082	0.084	0.086	0.088	0.090	15
0.079	0.081	0.084	0.086	0.089	0.092	0.094	0.096	0.099	0.101	20
0.087	0.090	0.093	0.095	0.098	0.101	0.104	0.106	0.109	0.111	25
0.095	0.099	0.102	0.104	0.107	0.111	0.114	0.116	0.119	0.122	30
0.104	0.108	0.111	0.114	0.117	0.121	0.124	0.127	0.130	0.133	35

(d) Water

										f'_c (psi)
4.11	4.24	4.36	4.49	4.62	4.75	4.87	4.99	5.11	5.22	2000
4.09	4.22	4.34	4.47	4.59	4.73	4.85	4.98	5.10	5.21	2500
4.07	4.20	4.32	4.45	4.58	4.71	4.83	4.96	5.08	5.19	3000
4.05	4.18	4.30	4.43	4.56	4.69	4.81	4.94	5.06	5.18	3500
4.03	4.16	4.29	4.41	4.55	4.68	4.79	4.93	5.05	5.17	4000
4.01	4.13	4.27	4.39	4.53	4.66	4.78	4.91	5.03	5.15	4500
3.99	4.11	4.25	4.37	4.51	4.64	4.76	4.89	5.01	5.13	5000

(d-1) Water

										f'_c (MPa)
0.152	0.156	0.161	0.166	0.171	0.175	0.180	0.185	0.189	0.193	15
0.151	0.155	0.160	0.165	0.170	0.175	0.179	0.184	0.188	0.192	20
0.150	0.154	0.159	0.164	0.169	0.174	0.178	0.183	0.187	0.191	25
0.149	0.153	0.158	0.163	0.168	0.173	0.177	0.182	0.186	0.191	30
0.148	0.152	0.157	0.162	0.167	0.172	0.176	0.181	0.185	0.190	35

(e) Air

—	—	—	—	—	—	—	—	—	—	Entrained (ft³/yd³)
—	—	—	—	—	—	—	—	—	—	%
—	—	—	—	—	—	—	—	—	—	Entrained (m³/m³)

(f) Air (Values Approximate)

2000	2500	3000	3500	4000	4500	5000	f'_c (psi)
0.60	0.57	0.54	0.50	0.47	0.44	0.41	Entrapped (ft³/yd³)
2.22	2.11	2.00	1.85	1.74	1.63	1.52	%

(f-1) Air (Values Approximate)

15	20	25	30	35	f'_c (MPa)
0.022	0.020	0.018	0.017	0.015	Entrapped (m³/m³)
2.18	2.02	1.82	1.66	1.52	%

(g) Cement and Water Adjustments for Fine Aggregate Variations

31-32	32-33	33-34	34-35	35-36	36-37	37-38	38-39	39-40	40-41	% Voids
90.0	92.5	95.0	97.5	100.0	102.5	105.0	107.5	110.0	112.5	Adjustment (%)

Table No. 168
C.A. Size ¾"
19.0 mm
ASTM No. 67
Slump 1"
25 mm

( ) AE
(√) Non-AE

(a)

Coarse Aggregate Type No.										Concrete Class
1	2	3	4	5	6	7				A
	1	2	3	4	5	6	7			B
		1	2	3	4	5	6	7		C
			1	2	3	4	5	6	7	D

(b) Concrete

12.80	13.30	13.80	14.30	14.80	15.30	15.80	16.30	16.80	17.30	Mortar (ft³/yd³)
14.20	13.70	13.20	12.70	12.20	11.70	11.20	10.70	10.20	9.70	C.A. + 8 (ft³/yd³)
0.474	0.493	0.511	0.530	0.548	0.567	0.585	0.604	0.622	0.641	Mortar (m³/m³)
0.526	0.507	0.489	0.470	0.452	0.433	0.415	0.396	0.378	0.359	C.A. + 8 (m³/m³)

(c) Cement

										f'_c (psi)
1.91	1.97	2.01	2.07	2.12	2.19	2.24	2.29	2.34	2.39	2000
2.04	2.10	2.17	2.23	2.29	2.36	2.41	2.48	2.53	2.59	2500
2.18	2.25	2.32	2.39	2.46	2.53	2.60	2.67	2.73	2.79	3000
2.32	2.39	2.47	2.54	2.62	2.69	2.77	2.84	2.91	2.98	3500
2.47	2.55	2.62	2.70	2.79	2.87	2.94	3.02	3.10	3.17	4000
2.59	2.73	2.81	2.89	2.98	3.06	3.14	3.22	3.29	3.36	4500
2.81	2.90	2.99	3.07	3.16	3.25	3.33	3.42	3.51	3.59	5000

(c-1) Cement

										f'_c (MPa)
0.073	0.075	0.077	0.079	0.081	0.083	0.085	0.087	0.089	0.091	15
0.080	0.082	0.085	0.087	0.090	0.093	0.095	0.097	0.100	0.102	20
0.088	0.091	0.094	0.096	0.099	0.102	0.105	0.107	0.110	0.112	25
0.096	0.100	0.103	0.105	0.108	0.112	0.115	0.117	0.120	0.123	30
0.105	0.109	0.112	0.115	0.118	0.122	0.125	0.128	0.131	0.134	35

(d) Water

										f'_c (psi)
4.16	4.29	4.41	4.54	4.67	4.80	4.92	5.04	5.16	5.27	2000
4.14	4.27	4.39	4.52	4.64	4.78	4.90	5.03	5.15	5.26	2500
4.12	4.25	4.37	4.50	4.63	4.76	4.88	5.01	5.13	5.24	3000
4.10	4.23	4.35	4.48	4.61	4.74	4.86	4.99	5.11	5.23	3500
4.08	4.21	4.34	4.46	4.60	4.73	4.84	4.98	5.10	5.22	4000
4.06	4.18	4.32	4.44	4.58	4.71	4.83	4.96	5.08	5.20	4500
4.04	4.16	4.30	4.42	4.56	4.69	4.81	4.94	5.06	5.18	5000

(d-1) Water

										f'_c (MPa)
0.154	0.158	0.163	0.168	0.173	0.177	0.182	0.187	0.191	0.195	15
0.153	0.157	0.162	0.167	0.172	0.177	0.181	0.186	0.190	0.194	20
0.152	0.156	0.161	0.166	0.171	0.176	0.180	0.185	0.189	0.193	25
0.151	0.155	0.160	0.165	0.170	0.175	0.179	0.184	0.188	0.193	30
0.150	0.154	0.159	0.164	0.169	0.174	0.178	0.183	0.187	0.192	35

(e) Air

—	—	—	—	—	—	—	—	—	—	Entrained (ft³/yd³)
—	—	—	—	—	—	—	—	—	—	%
—	—	—	—	—	—	—	—	—	—	Entrained (m³/m³)

(f) Air (Values Approximate)

2000	2500	3000	3500	4000	4500	5000	f'_c (psi)
0.60	0.57	0.54	0.50	0.47	0.44	0.41	Entrapped (ft³/yd³)
2.22	2.11	2.00	1.85	1.74	1.63	1.52	%

(f-1) Air (Values Approximate)

15	20	25	30	35	f'_c (MPa)
0.022	0.020	0.018	0.017	0.015	Entrapped (m³/m³)
2.18	2.02	1.82	1.66	1.52	%

(g) Cement and Water Adjustments for Fine Aggregate Variations

31–32	32–33	33–34	34–35	35–36	36–37	37–38	38–39	39–40	40–41	% Voids
90.0	92.5	95.0	97.5	100.0	102.5	105.0	107.5	110.0	112.5	Adjustment (%)

Table No.	169
C.A. Size	3/4"
	19.0 mm
ASTM No.	67
Slump	1½"
	40 mm
( ) AE	
(✓) Non-AE	

(a)

Coarse Aggregate Type No.										Concrete Class
1	2	3	4	5	6	7				A
	1	2	3	4	5	6	7			B
		1	2	3	4	5	6	7		C
			1	2	3	4	5	6	7	D

(b) Concrete

12.80	13.30	13.80	14.30	14.80	15.30	15.80	16.30	16.80	17.30	Mortar (ft³/yd³)
14.20	13.70	13.20	12.70	12.20	11.70	11.20	10.70	10.20	9.70	C. A. + 8 (ft³/yd³)
0.474	0.493	0.511	0.530	0.548	0.567	0.585	0.604	0.622	0.641	Mortar (m³/m³)
0.526	0.507	0.489	0.470	0.452	0.433	0.415	0.396	0.378	0.359	C. A. + 8 (m³/m³)

(c) Cement

										f'_c (psi)
1.95	2.01	2.05	2.11	2.16	2.23	2.28	2.33	2.38	2.43	2000
2.08	2.14	2.21	2.27	2.33	2.40	2.45	2.52	2.57	2.63	2500
2.22	2.29	2.36	2.43	2.50	2.57	2.64	2.71	2.77	2.83	3000
2.36	2.43	2.51	2.58	2.66	2.73	2.81	2.88	2.95	3.02	3500
2.51	2.59	2.66	2.74	2.83	2.91	2.98	3.06	3.14	3.21	4000
2.69	2.77	2.85	2.93	3.02	3.10	3.18	3.26	3.33	3.40	4500
2.85	2.94	3.03	3.11	3.20	3.29	3.37	3.46	3.55	3.63	5000

(c-1) Cement

										f'_c (MPa)
0.074	0.076	0.078	0.080	0.082	0.084	0.086	0.088	0.090	0.092	15
0.081	0.083	0.086	0.088	0.091	0.094	0.096	0.098	0.101	0.103	20
0.089	0.092	0.095	0.097	0.100	0.103	0.106	0.108	0.111	0.113	25
0.097	0.101	0.104	0.106	0.109	0.113	0.116	0.118	0.121	0.124	30
0.106	0.110	0.113	0.116	0.119	0.123	0.126	0.129	0.132	0.135	35

(d) Water

										f'_c (psi)
4.21	4.34	4.46	4.59	4.72	4.85	4.97	5.09	5.21	5.32	2000
4.19	4.32	4.44	4.57	4.69	4.83	4.95	5.08	5.20	5.31	2500
4.17	4.30	4.42	4.55	4.68	4.81	4.93	5.06	5.18	5.29	3000
4.15	4.28	4.40	4.53	4.66	4.79	4.91	5.04	5.16	5.28	3500
4.13	4.26	4.39	4.51	4.65	4.78	4.89	5.03	5.15	5.27	4000
4.11	4.23	4.37	4.49	4.63	4.76	4.88	5.01	5.13	5.25	4500
4.09	4.21	4.35	4.47	4.61	4.74	4.86	4.99	5.11	5.23	5000

(d-1) Water

										f'_c (MPa)
0.156	0.160	0.165	0.170	0.175	0.179	0.184	0.189	0.193	0.197	15
0.155	0.159	0.164	0.169	0.174	0.179	0.183	0.188	0.192	0.196	20
0.154	0.158	0.163	0.168	0.173	0.178	0.182	0.187	0.191	0.195	25
0.153	0.157	0.162	0.167	0.172	0.177	0.181	0.186	0.190	0.195	30
0.152	0.156	0.161	0.166	0.171	0.176	0.180	0.185	0.189	0.194	35

(e) Air

—	—	—	—	—	—	—	—	—	—	Entrained (ft³/yd³)
—	—	—	—	—	—	—	—	—	—	%
—	—	—	—	—	—	—	—	—	—	Entrained (m³/m³)

(f) Air (Values Approximate)

2000	2500	3000	3500	4000	4500	5000	f'_c (psi)
0.60	0.57	0.54	0.50	0.47	0.44	0.41	Entrapped (ft³/yd³)
2.22	2.11	2.00	1.85	1.74	1.63	1.52	%

(f-1) Air (Values Approximate)

15	20	25	30	35	f'_c (MPa)
0.022	0.020	0.018	0.017	0.015	Entrapped (m³/m³)
2.18	2.02	1.82	1.66	1.52	%

(g) Cement and Water Adjustments for Fine Aggregate Variations

31–32	32–33	33–34	34–35	35–36	36–37	37–38	38–39	39–40	40–41	% Voids
90.0	92.5	95.0	97.5	100.0	102.5	105.0	107.5	110.0	112.5	Adjustment (%)

Table No. 170
C.A. Size ¾"
          19.0 mm
ASTM No. 67
Slump 2"
       50 mm

( ) AE
(✓) Non-AE

(a)

Coarse Aggregate Type No.										Concrete Class
1	2	3	4	5	6	7				A
	1	2	3	4	5	6	7			B
		1	2	3	4	5	6	7		C
			1	2	3	4	5	6	7	D

(b) Concrete

12.80	13.30	13.80	14.30	14.80	15.30	15.80	16.30	16.80	17.30	Mortar (ft³/yd³)
14.20	13.70	13.20	12.70	12.20	11.70	11.20	10.70	10.20	9.70	C.A. + 8 (ft³/yd³)
0.474	0.493	0.511	0.530	0.548	0.567	0.585	0.604	0.622	0.641	Mortar (m³/m³)
0.526	0.507	0.489	0.470	0.452	0.433	0.415	0.396	0.378	0.359	C.A. + 8 (m³/m³)

(c) Cement

										f'_c (psi)
1.99	2.05	2.09	2.15	2.20	2.27	2.32	2.37	2.42	2.47	2000
2.12	2.18	2.25	2.31	2.37	2.44	2.49	2.56	2.61	2.67	2500
2.26	2.33	2.40	2.47	2.54	2.61	2.68	2.75	2.81	2.87	3000
2.40	2.47	2.55	2.62	2.70	2.77	2.85	2.92	2.99	3.06	3500
2.55	2.63	2.70	2.78	2.87	2.95	3.02	3.10	3.18	3.25	4000
2.73	2.81	2.89	2.97	3.06	3.14	3.22	3.30	3.37	3.44	4500
2.89	2.98	3.07	3.15	3.24	3.33	3.41	3.50	3.59	3.67	5000

(c-1) Cement

										f'_c (MPa)
0.076	0.078	0.080	0.082	0.084	0.086	0.088	0.090	0.092	0.094	15
0.083	0.085	0.088	0.090	0.093	0.096	0.098	0.100	0.103	0.105	20
0.091	0.094	0.097	0.099	0.102	0.105	0.108	0.110	0.113	0.115	25
0.099	0.103	0.106	0.108	0.111	0.115	0.118	0.120	0.123	0.126	30
0.108	0.112	0.115	0.118	0.121	0.125	0.128	0.131	0.134	0.137	35

(d) Water

										f'_c (psi)
4.27	4.40	4.52	4.65	4.78	4.91	5.03	5.15	5.27	5.38	2000
4.25	4.38	4.50	4.63	4.75	4.89	5.01	5.14	5.26	5.37	2500
4.23	4.36	4.48	4.61	4.74	4.87	4.99	5.12	5.24	5.35	3000
4.21	4.34	4.46	4.59	4.72	4.85	4.97	5.10	5.22	5.34	3500
4.19	4.32	4.45	4.57	4.71	4.84	4.95	5.09	5.21	5.33	4000
4.17	4.29	4.43	4.55	4.69	4.82	4.94	5.07	5.19	5.31	4500
4.15	4.27	4.41	4.53	4.67	4.80	4.92	5.05	5.17	5.29	5000

(d-1) Water

										f'_c (MPa)
0.158	0.162	0.167	0.172	0.177	0.181	0.186	0.191	0.195	0.199	15
0.157	0.161	0.166	0.171	0.176	0.181	0.185	0.190	0.194	0.198	20
0.156	0.160	0.165	0.170	0.175	0.180	0.184	0.189	0.193	0.197	25
0.155	0.159	0.164	0.169	0.174	0.179	0.183	0.188	0.192	0.197	30
0.154	0.158	0.163	0.168	0.173	0.178	0.182	0.187	0.191	0.196	35

(e) Air

—	—	—	—	—	—	—	—	—		Entrained (ft³/yd³)
—	—	—	—	—	—	—	—	—		%
—	—	—	—	—	—	—	—	—		Entrained (m³/m³)

(f) Air (Values Approximate)

2000	2500	3000	3500	4000	4500	5000	f'_c (psi)
0.60	0.57	0.54	0.50	0.47	0.44	0.41	Entrapped (ft³/yd³)
2.22	2.11	2.00	1.85	1.74	1.63	1.52	%

(f-1) Air (Values Approximate)

15	20	25	30	35	f'_c (MPa)
0.022	0.020	0.018	0.017	0.015	Entrapped (m³/m³)
2.18	2.02	1.82	1.66	1.52	%

(g) Cement and Water Adjustments for Fine Aggregate Variations

31–32	32–33	33–34	34–35	35–36	36–37	37–38	38–39	39–40	40–41	% Voids
90.0	92.5	95.0	97.5	100.0	102.5	105.0	107.5	110.0	112.5	Adjustment (%)

Table No.	171
C.A. Size	3/4"
	19.0 mm
ASTM No.	67
Slump	2½"
	65 mm

( ) AE
(✓) Non·AE

(a)

Coarse Aggregate Type No.										Concrete Class
1	2	3	4	5	6	7				A
	1	2	3	4	5	6	7			B
		1	2	3	4	5	6	7		C
			1	2	3	4	5	6	7	D

(b)
Concrete

12.80	13.30	13.80	14.30	14.80	15.30	15.80	16.30	16.80	17.30	Mortar (ft³/yd³)
14.20	13.70	13.20	12.70	12.20	11.70	11.20	10.70	10.20	9.70	C. A. + 8 (ft³/yd³)
0.474	0.493	0.511	0.530	0.548	0.567	0.585	0.604	0.622	0.641	Mortar (m³/m³)
0.526	0.507	0.489	0.470	0.452	0.433	0.415	0.396	0.378	0.359	C. A. + 8 (m³/m³)

(c)
Cement

										f'_c (psi)
2.02	2.08	2.12	2.18	2.23	2.30	2.35	2.40	2.45	2.50	2000
2.15	2.21	2.28	2.34	2.40	2.47	2.52	2.59	2.64	2.70	2500
2.29	2.36	2.43	2.50	2.57	2.64	2.71	2.78	2.84	2.90	3000
2.43	2.50	2.58	2.65	2.73	2.80	2.88	2.95	3.02	3.09	3500
2.58	2.66	2.73	2.81	2.90	2.98	3.05	3.13	3.21	3.28	4000
2.76	2.84	2.92	3.00	3.09	3.17	3.25	3.33	3.40	3.47	4500
2.92	3.01	3.10	3.18	3.27	3.36	3.44	3.53	3.62	3.70	5000

(c-1)
Cement

										f'_c (MPa)
0.077	0.079	0.081	0.083	0.085	0.087	0.089	0.091	0.093	0.095	15
0.084	0.086	0.089	0.091	0.094	0.097	0.099	0.101	0.104	0.106	20
0.092	0.095	0.098	0.100	0.103	0.106	0.109	0.111	0.114	0.116	25
0.100	0.104	0.107	0.109	0.112	0.116	0.119	0.121	0.124	0.127	30
0.109	0.113	0.116	0.119	0.122	0.126	0.129	0.132	0.135	0.138	35

(d)
Water

										f'_c (psi)
4.32	4.45	4.57	4.70	4.83	4.96	5.08	5.20	5.32	5.43	2000
4.30	4.43	4.55	4.68	4.80	4.94	5.06	5.19	5.31	5.42	2500
4.28	4.41	4.53	4.66	4.79	4.92	5.04	5.17	5.29	5.40	3000
4.26	4.39	4.51	4.64	4.77	4.90	5.02	5.15	5.27	5.39	3500
4.24	4.37	4.50	4.62	4.76	4.89	5.00	5.14	5.26	5.38	4000
4.22	4.34	4.48	4.60	4.74	4.87	4.99	5.12	5.24	5.36	4500
4.20	4.32	4.46	4.58	4.72	4.85	4.97	5.10	5.22	5.34	5000

(d-1)
Water

										f'_c (MPa)
0.160	0.164	0.169	0.174	0.179	0.183	0.188	0.193	0.197	0.201	15
0.159	0.163	0.168	0.173	0.178	0.183	0.187	0.192	0.196	0.200	20
0.158	0.162	0.167	0.172	0.177	0.182	0.186	0.191	0.195	0.199	25
0.157	0.161	0.166	0.171	0.176	0.181	0.185	0.190	0.194	0.199	30
0.156	0.160	0.165	0.170	0.175	0.180	0.184	0.189	0.193	0.198	35

(e)
Air

—	—	—	—	—	—	—	—	—	—	Entrained (ft³/yd³)
—	—	—	—	—	—	—	—	—	—	%
—	—	—	—	—	—	—	—	—	—	Entrained (m³/m³)

(f)
Air (Values Approximate)

2000	2500	3000	3500	4000	4500	5000	f'_c (psi)
0.60	0.57	0.54	0.50	0.47	0.44	0.41	Entrapped (ft³/yd³)
2.22	2.11	2.00	1.85	1.74	1.63	1.52	%

(f-1)
Air (Values Approximate)

15	20	25	30	35	f'_c (MPa)
0.022	0.020	0.018	0.017	0.015	Entrapped (m³/m³)
2.18	2.02	1.82	1.66	1.52	%

(g)
Cement and Water Adjustments for Fine Aggregate Variations

31–32	32–33	33–34	34–35	35–36	36–37	37–38	38–39	39–40	40–41	% Voids
90.0	92.5	95.0	97.5	100.0	102.5	105.0	107.5	110.0	112.5	Adjustment (%)

Table No. 172
C.A. Size ¾"
 19.0 mm
ASTM No. 67
Slump 3"
 75 mm

( ) AE
(✓) Non-AE

(a)

Coarse Aggregate Type No.										Concrete Class
1	2	3	4	5	6	7				A
	1	2	3	4	5	6	7			B
		1	2	3	4	5	6	7		C
			1	2	3	4	5	6	7	D

(b)

Concrete										
12.80	13.30	13.80	14.30	14.80	15.30	15.80	16.30	16.80	17.30	Mortar (ft³/yd³)
14.20	13.70	13.20	12.70	12.20	11.70	11.20	10.70	10.20	9.70	C.A. + 8 (ft³/yd³)
0.474	0.493	0.511	0.530	0.548	0.567	0.585	0.604	0.622	0.641	Mortar (m³/m³)
0.526	0.507	0.489	0.470	0.452	0.433	0.415	0.396	0.378	0.359	C.A. + 8 (m³/m³)

(c)

Cement										f'_c (psi)
2.05	2.11	2.15	2.21	2.26	2.33	2.38	2.43	2.48	2.53	2000
2.18	2.24	2.31	2.37	2.43	2.50	2.55	2.62	2.67	2.73	2500
2.32	2.39	2.46	2.53	2.60	2.67	2.74	2.81	2.87	2.93	3000
2.46	2.53	2.61	2.68	2.76	2.83	2.91	2.98	3.05	3.12	3500
2.61	2.69	2.76	2.84	2.93	3.01	3.08	3.16	3.24	3.31	4000
2.79	2.87	2.95	3.03	3.12	3.20	3.28	3.36	3.43	3.50	4500
2.95	3.04	3.13	3.21	3.30	3.39	3.47	3.56	3.65	3.73	5000

(c-1)

Cement										f'_c (MPa)
0.078	0.080	0.082	0.084	0.086	0.088	0.090	0.092	0.094	0.096	15
0.085	0.087	0.090	0.092	0.095	0.098	0.100	0.102	0.105	0.107	20
0.093	0.096	0.099	0.101	0.104	0.107	0.110	0.112	0.115	0.117	25
0.101	0.105	0.108	0.110	0.113	0.117	0.120	0.122	0.125	0.128	30
0.110	0.114	0.117	0.120	0.123	0.127	0.130	0.133	0.136	0.139	35

(d)

Water										f'_c (psi)
4.37	4.50	4.62	4.75	4.88	5.01	5.13	5.25	5.37	5.48	2000
4.35	4.48	4.60	4.73	4.85	4.99	5.11	5.24	5.36	5.47	2500
4.33	4.46	4.58	4.71	4.84	4.97	5.09	5.22	5.34	5.45	3000
4.31	4.44	4.56	4.69	4.82	4.95	5.07	5.20	5.32	5.44	3500
4.29	4.42	4.55	4.67	4.81	4.94	5.05	5.19	5.31	5.43	4000
4.27	4.39	4.53	4.65	4.79	4.92	5.04	5.17	5.29	5.41	4500
4.25	4.37	4.51	4.63	4.77	4.90	5.02	5.15	5.27	5.39	5000

(d-1)

Water										f'_c (MPa)
0.162	0.166	0.171	0.176	0.181	0.185	0.190	0.195	0.199	0.203	15
0.161	0.165	0.170	0.175	0.180	0.185	0.189	0.194	0.198	0.202	20
0.160	0.164	0.169	0.174	0.179	0.184	0.188	0.193	0.197	0.201	25
0.159	0.163	0.168	0.173	0.178	0.183	0.187	0.192	0.196	0.201	30
0.158	0.162	0.167	0.172	0.177	0.182	0.186	0.191	0.195	0.200	35

(e)

Air										
—	—	—	—	—	—	—	—	—	—	Entrained (ft³/yd³)
—	—	—	—	—	—	—	—	—	—	%
—	—	—	—	—	—	—	—	—	—	Entrained (m³/m³)

(f)

Air (Values Approximate)							
2000	2500	3000	3500	4000	4500	5000	f'_c (psi)
0.60	0.57	0.54	0.50	0.47	0.44	0.41	Entrapped (ft³/yd³)
2.22	2.11	2.00	1.85	1.74	1.63	1.52	%

(f-1)

Air (Values Approximate)					
15	20	25	30	35	f'_c (MPa)
0.022	0.020	0.018	0.017	0.015	Entrapped (m³/m³)
2.18	2.02	1.82	1.66	1.52	%

(g)

Cement and Water Adjustments for Fine Aggregate Variations										
31-32	32-33	33-34	34-35	35-36	36-37	37-38	38-39	39-40	40-41	% Voids
90.0	92.5	95.0	97.5	100.0	102.5	105.0	107.5	110.0	112.5	Adjustment (%)

Table No. 173
C.A. Size 3/4"
19.0 mm
ASTM No. 67
Slump 3½"
90 mm

( ) AE
(✓) Non-AE

(a)

Coarse Aggregate Type No.										Concrete Class
1	2	3	4	5	6	7				A
	1	2	3	4	5	6	7			B
		1	2	3	4	5	6	7		C
			1	2	3	4	5	6	7	D

(b)

Concrete										
12.80	13.30	13.80	14.30	14.80	15.30	15.80	16.30	16.80	17.30	Mortar (ft³/yd³)
14.20	13.70	13.20	12.70	12.20	11.70	11.20	10.70	10.20	9.70	C.A. + 8 (ft³/yd³)
0.474	0.493	0.511	0.530	0.548	0.567	0.585	0.604	0.622	0.641	Mortar (m³/m³)
0.526	0.507	0.489	0.470	0.452	0.433	0.415	0.396	0.378	0.359	C.A. + 8 (m³/m³)

(c)

Cement										f'_c (psi)
2.09	2.15	2.19	2.25	2.30	2.37	2.42	2.47	2.52	2.57	2000
2.22	2.28	2.35	2.41	2.47	2.54	2.59	2.66	2.71	2.77	2500
2.36	2.43	2.50	2.57	2.64	2.71	2.78	2.85	2.91	2.97	3000
2.50	2.57	2.65	2.72	2.80	2.87	2.95	3.02	3.09	3.16	3500
2.65	2.73	2.80	2.88	2.97	3.05	3.12	3.20	3.28	3.35	4000
2.83	2.91	2.99	3.07	3.16	3.24	3.32	3.40	3.47	3.54	4500
2.99	3.08	3.18	3.25	3.34	3.43	3.51	3.60	3.69	3.77	5000

(c-1)

Cement										f'_c (MPa)
0.080	0.082	0.084	0.086	0.088	0.090	0.092	0.094	0.096	0.098	15
0.087	0.089	0.092	0.094	0.097	0.100	0.102	0.104	0.107	0.109	20
0.095	0.098	0.101	0.103	0.106	0.109	0.112	0.114	0.117	0.119	25
0.103	0.107	0.110	0.112	0.115	0.119	0.122	0.124	0.127	0.130	30
0.112	0.116	0.119	0.122	0.125	0.129	0.132	0.135	0.138	0.141	35

(d)

Water										f'_c (psi)
4.43	4.56	4.68	4.81	4.94	5.07	5.19	5.31	5.43	5.54	2000
4.41	4.54	4.66	4.79	4.91	5.05	5.17	5.30	5.42	5.53	2500
4.39	4.52	4.64	4.77	4.90	5.03	5.15	5.28	5.40	5.51	3000
4.37	4.50	4.62	4.75	4.88	5.01	5.13	5.26	5.38	5.50	3500
4.35	4.48	4.61	4.73	4.87	5.00	5.11	5.25	5.37	5.49	4000
4.33	4.45	4.59	4.71	4.85	4.98	5.10	5.23	5.35	5.47	4500
4.31	4.43	4.57	4.69	4.83	4.96	5.08	5.21	5.33	5.45	5000

(d-1)

Water										f'_c (MPa)
0.164	0.168	0.173	0.178	0.183	0.187	0.192	0.197	0.201	0.205	15
0.163	0.167	0.172	0.177	0.182	0.187	0.191	0.196	0.200	0.204	20
0.162	0.166	0.171	0.176	0.181	0.186	0.190	0.195	0.199	0.203	25
0.161	0.165	0.170	0.175	0.180	0.185	0.189	0.194	0.198	0.203	30
0.160	0.164	0.169	0.174	0.179	0.184	0.188	0.193	0.197	0.202	35

(e)

Air										
—	—	—	—	—	—	—	—	—	—	Entrained (ft³/yd³)
—	—	—	—	—	—	—	—	—	—	%
—	—	—	—	—	—	—	—	—	—	Entrained (m³/m³)

(f)

Air (Values Approximate)							
2000	2500	3000	3500	4000	4500	5000	f'_c (psi)
0.60	0.57	0.54	0.50	0.47	0.44	0.41	Entrapped (ft³/yd³)
2.22	2.11	2.00	1.85	1.74	1.63	1.52	%

(f-1)

Air (Values Approximate)					
15	20	25	30	35	f'_c (MPa)
0.022	0.020	0.018	0.017	0.015	Entrapped (m³/m³)
2.18	2.02	1.82	1.66	1.52	%

(g)

Cement and Water Adjustments for Fine Aggregate Variations										
31-32	32-33	33-34	34-35	35-36	36-37	37-38	38-39	39-40	40-41	% Voids
90.0	92.5	95.0	97.5	100.0	102.5	105.0	107.5	110.0	112.5	Adjustment (%)

Table No. 174

C.A. Size ¾"
19.0 mm

ASTM No. 67

Slump 4"
100 mm

( ) AE
(✓) Non-AE

(a)

Coarse Aggregate Type No.										Concrete Class
1	2	3	4	5	6	7				A
	1	2	3	4	5	6	7			B
		1	2	3	4	5	6	7		C
			1	2	3	4	5	6	7	D

(b) Concrete

12.80	13.30	13.80	14.30	14.80	15.30	15.80	16.30	16.80	17.30	Mortar (ft³/yd³)
14.20	13.70	13.20	12.70	12.20	11.70	11.20	10.70	10.20	9.70	C. A. + 8 (ft³/yd³)
0.474	0.493	0.511	0.530	0.548	0.567	0.585	0.604	0.622	0.641	Mortar (m³/m³)
0.526	0.507	0.489	0.470	0.452	0.433	0.415	0.396	0.378	0.359	C. A. + 8 (m³/m³)

(c) Cement

										f'_c (psi)
2.13	2.19	2.23	2.29	2.34	2.41	2.46	2.51	2.56	2.61	2000
2.26	2.32	2.39	2.45	2.51	2.58	2.63	2.70	2.75	2.81	2500
2.40	2.47	2.54	2.61	2.68	2.75	2.82	2.89	2.95	3.01	3000
2.54	2.61	2.69	2.76	2.84	2.91	2.99	3.06	3.13	3.20	3500
2.69	2.77	2.84	2.92	3.01	3.09	3.16	3.24	3.32	3.39	4000
2.87	2.95	3.03	3.11	3.20	3.28	3.36	3.44	3.51	3.58	4500
3.03	3.12	3.21	3.29	3.38	3.47	3.55	3.64	3.73	3.81	5000

(c-1) Cement

										f'_c (MPa)
0.081	0.083	0.085	0.087	0.089	0.091	0.093	0.095	0.097	0.099	15
0.088	0.090	0.093	0.095	0.098	0.101	0.103	0.105	0.108	0.110	20
0.096	0.099	0.102	0.104	0.107	0.110	0.113	0.115	0.118	0.120	25
0.104	0.108	0.111	0.113	0.116	0.120	0.123	0.125	0.128	0.131	30
0.113	0.117	0.120	0.123	0.126	0.130	0.133	0.136	0.139	0.142	35

(d) Water

										f'_c (psi)
4.48	4.61	4.73	4.86	4.99	5.12	5.24	5.36	5.48	5.59	2000
4.46	4.59	4.71	4.84	4.96	5.10	5.22	5.35	5.47	5.58	2500
4.44	4.57	4.69	4.82	4.95	5.08	5.20	5.33	5.45	5.56	3000
4.42	4.55	4.67	4.80	4.93	5.06	5.18	5.31	5.43	5.55	3500
4.40	4.53	4.66	4.78	4.92	5.05	5.16	5.30	5.42	5.54	4000
4.38	4.50	4.64	4.76	4.90	5.03	5.15	5.28	5.40	5.52	4500
4.36	4.48	4.62	4.74	4.88	5.01	5.13	5.26	5.38	5.50	5000

(d-1) Water

										f'_c (MPa)
0.166	0.170	0.175	0.180	0.185	0.189	0.194	0.199	0.206	0.207	15
0.165	0.169	0.174	0.179	0.184	0.189	0.193	0.198	0.205	0.206	20
0.164	0.168	0.173	0.178	0.183	0.188	0.192	0.197	0.204	0.205	25
0.163	0.167	0.172	0.177	0.182	0.187	0.191	0.196	0.203	0.205	30
0.162	0.166	0.171	0.176	0.181	0.186	0.190	0.195	0.198	0.204	35

(e) Air

—	—	—	—	—	—	—	—	—	—	Entrained (ft³/yd³)
—	—	—	—	—	—	—	—	—	—	%
—	—	—	—	—	—	—	—	—	—	Entrained (m³/m³)

(f) Air (Values Approximate)

2000	2500	3000	3500	4000	4500	5000	f'_c (psi)
0.60	0.57	0.54	0.50	0.47	0.44	0.41	Entrapped (ft³/yd³)
2.22	2.11	2.00	1.85	1.74	1.63	1.52	%

(f-1) Air (Values Approximate)

15	20	25	30	35	f'_c (MPa)
0.022	0.020	0.018	0.017	0.015	Entrapped (m³/m³)
2.18	2.02	1.82	1.66	1.52	%

(g) Cement and Water Adjustments for Fine Aggregate Variations

31-32	32-33	33-34	34-35	35-36	36-37	37-38	38-39	39-40	40-41	% Voids
90.0	92.5	95.0	97.5	100.0	102.5	105.0	107.5	110.0	112.5	Adjustment (%)

Table No.	175
C.A. Size	3/4"
	19.0 mm
ASTM No.	67
Slump	4 1/2"
	115 mm
( ) AE	
(✓) Non-AE	

(a)

Coarse Aggregate Type No.										Concrete Class
1	2	3	4	5	6	7				A
	1	2	3	4	5	6	7			B
		1	2	3	4	5	6	7		C
			1	2	3	4	5	6	7	D

(b)

Concrete										
12.80	13.30	13.80	14.30	14.80	15.30	15.80	16.30	16.80	17.30	Mortar (ft³/yd³)
14.20	13.70	13.20	12.70	12.20	11.70	11.20	10.70	10.20	9.70	C. A. + 8 (ft³/yd³)
0.474	0.493	0.511	0.530	0.548	0.567	0.585	0.604	0.622	0.641	Mortar (m³/m³)
0.526	0.507	0.489	0.470	0.452	0.433	0.415	0.396	0.378	0.359	C. A. + 8 (m³/m³)

(c)

Cement										f'_c (psi)
2.16	2.22	2.26	2.32	2.37	2.44	2.49	2.54	2.59	2.64	2000
2.29	2.35	2.42	2.48	2.54	2.61	2.66	2.73	2.78	2.84	2500
2.43	2.50	2.57	2.64	2.71	2.78	2.85	2.92	2.98	3.04	3000
2.57	2.64	2.72	2.79	2.87	2.94	3.02	3.09	3.16	3.23	3500
2.72	2.80	2.87	2.95	3.04	3.12	3.19	3.27	3.35	3.42	4000
2.90	2.98	3.06	3.14	3.23	3.31	3.39	3.47	3.54	3.61	4500
3.06	3.15	3.24	3.32	3.41	3.50	3.58	3.67	3.76	3.84	5000

(c-1)

Cement										f'_c (MPa)
0.082	0.084	0.086	0.088	0.090	0.092	0.094	0.096	0.098	0.100	15
0.089	0.091	0.094	0.096	0.099	0.102	0.104	0.106	0.109	0.111	20
0.097	0.100	0.103	0.105	0.108	0.111	0.114	0.116	0.119	0.121	25
0.105	0.109	0.112	0.114	0.117	0.121	0.124	0.126	0.129	0.132	30
0.114	0.118	0.121	0.124	0.127	0.131	0.134	0.137	0.140	0.143	35

(d)

Water										f'_c (psi)
4.53	4.66	4.78	4.91	5.04	5.17	5.29	5.41	5.53	5.64	2000
4.51	4.64	4.76	4.89	5.01	5.15	5.27	5.40	5.52	5.63	2500
4.49	4.62	4.74	4.87	5.00	5.13	5.25	5.38	5.50	5.61	3000
4.47	4.60	4.72	4.85	4.98	5.11	5.23	5.36	5.48	5.60	3500
4.45	4.58	4.71	4.83	4.97	5.10	5.21	5.35	5.47	5.59	4000
4.43	4.55	4.69	4.81	4.95	5.08	5.20	5.33	5.45	5.57	4500
4.41	4.53	4.67	4.79	4.93	5.06	5.18	5.31	5.43	5.55	5000

(d-1)

Water										f'_c (MPa)
0.168	0.172	0.177	0.182	0.187	0.191	0.196	0.201	0.205	0.209	15
0.167	0.171	0.176	0.181	0.186	0.191	0.195	0.200	0.204	0.208	20
0.166	0.170	0.175	0.180	0.185	0.190	0.194	0.199	0.203	0.207	25
0.165	0.169	0.174	0.179	0.184	0.189	0.193	0.198	0.202	0.207	30
0.164	0.168	0.173	0.178	0.183	0.188	0.192	0.197	0.201	0.206	35

(e)

Air										
—	—	—	—	—	—	—	—	—	—	Entrained (ft³/yd³)
—	—	—	—	—	—	—	—	—	—	%
—	—	—	—	—	—	—	—	—	—	Entrained (m³/m³)

(f)

Air (Values Approximate)							
2000	2500	3000	3500	4000	4500	5000	f'_c (psi)
0.60	0.57	0.54	0.50	0.47	0.44	0.41	Entrapped (ft³/yd³)
2.22	2.11	2.00	1.85	1.74	1.63	1.52	%

(f-1)

Air (Values Approximate)					
15	20	25	30	35	f'_c (MPa)
0.022	0.020	0.018	0.017	0.015	Entrapped (m³/m³)
2.18	2.02	1.82	1.66	1.52	%

(g)

Cement and Water Adjustments for Fine Aggregate Variations									
31–32	32–33	33–34	34–35	35–36	36–37	37–38	38–39	39–40	40–41	% Voids
90.0	92.5	95.0	97.5	100.0	102.5	105.0	107.5	110.0	112.5	Adjustment (%)

Table No.	176
C.A. Size	3/4"
	19.0 mm
ASTM No.	67
Slump	5"
	125 mm
( ) AE	
(√) Non-AE	

(a)

Coarse Aggregate Type No.										Concrete Class
1	2	3	4	5	6	7				A
	1	2	3	4	5	6	7			B
		1	2	3	4	5	6	7		C
			1	2	3	4	5	6	7	D

(b)

Concrete										
12.80	13.30	13.80	14.30	14.80	15.30	15.80	16.30	16.80	17.30	Mortar (ft³/yd³)
14.20	13.70	13.20	12.70	12.20	11.70	11.20	10.70	10.20	9.70	C. A. + 8 (ft³/yd³)
0.474	0.493	0.511	0.530	0.548	0.567	0.585	0.604	0.622	0.641	Mortar (m³/m³)
0.526	0.507	0.489	0.470	0.452	0.433	0.415	0.396	0.378	0.359	C. A. + 8 (m³/m³)

(c)

Cement										f'_c (psi)
2.19	2.25	2.29	2.35	2.40	2.47	2.52	2.57	2.62	2.67	2000
2.32	2.38	2.45	2.51	2.57	2.64	2.69	2.76	2.81	2.87	2500
2.46	2.53	2.60	2.67	2.74	2.81	2.88	2.95	3.01	3.07	3000
2.60	2.67	2.75	2.82	2.90	2.97	3.05	3.12	3.19	3.26	3500
2.75	2.83	2.90	2.98	3.07	3.15	3.22	3.30	3.38	3.45	4000
2.93	3.01	3.09	3.17	3.26	3.34	3.42	3.50	3.57	3.64	4500
3.09	3.18	3.27	3.35	3.44	3.53	3.61	3.70	3.79	3.87	5000

(c-1)

Cement										f'_c (MPa)
0.083	0.085	0.087	0.089	0.091	0.093	0.095	0.097	0.099	0.101	15
0.090	0.092	0.095	0.097	0.100	0.103	0.105	0.107	0.110	0.112	20
0.098	0.101	0.104	0.106	0.109	0.112	0.115	0.117	0.120	0.122	25
0.106	0.110	0.113	0.115	0.118	0.122	0.125	0.127	0.130	0.133	30
0.115	0.119	0.122	0.125	0.128	0.132	0.135	0.138	0.141	0.144	35

(d)

Water										f'_c (psi)
4.59	4.72	4.84	4.97	5.10	5.23	5.35	5.47	5.59	5.70	2000
4.57	4.70	4.82	4.95	5.07	5.21	5.33	5.46	5.58	5.69	2500
4.55	4.68	4.80	4.93	5.06	5.19	5.31	5.44	5.56	5.67	3000
4.53	4.66	4.78	4.91	5.04	5.17	5.29	5.42	5.54	5.66	3500
4.51	4.64	4.77	4.89	5.03	5.16	5.27	5.41	5.53	5.65	4000
4.49	4.61	4.75	4.87	5.01	5.14	5.26	5.39	5.51	5.63	4500
4.47	4.59	4.73	4.85	4.99	5.12	5.24	5.37	5.49	5.61	5000

(d-1)

Water										f'_c (MPa)
0.170	0.174	0.179	0.184	0.189	0.193	0.198	0.203	0.207	0.211	15
0.169	0.173	0.178	0.183	0.188	0.193	0.197	0.202	0.206	0.210	20
0.168	0.172	0.177	0.182	0.187	0.192	0.196	0.201	0.205	0.209	25
0.167	0.171	0.176	0.181	0.186	0.191	0.195	0.200	0.204	0.209	30
0.166	0.170	0.175	0.180	0.185	0.190	0.194	0.199	0.203	0.208	35

(e)

Air										
—	—	—	—	—	—	—	—	—	—	Entrained (ft³/yd³)
—	—	—	—	—	—	—	—	—	—	%
—	—	—	—	—	—	—	—	—	—	Entrained (m³/m³)

(f)

Air (Values Approximate)							
2000	2500	3000	3500	4000	4500	5000	f'_c (psi)
0.60	0.57	0.54	0.50	0.47	0.44	0.41	Entrapped (ft³/yd³)
2.22	2.11	2.00	1.85	1.74	1.63	1.52	%

(f-1)

Air (Values Approximate)					
15	20	25	30	35	f'_c (MPa)
0.022	0.020	0.018	0.017	0.015	Entrapped (m³/m³)
2.18	2.02	1.82	1.66	1.52	%

(g)

Cement and Water Adjustments for Fine Aggregate Variations										
31-32	32-33	33-34	34-35	35-36	36-37	37-38	38-39	39-40	40-41	% Voids
90.0	92.5	95.0	97.5	100.0	102.5	105.0	107.5	110.0	112.5	Adjustment (%)

Table No.	177
C.A. Size	3/4"
	19.0 mm
ASTM No.	67
Slump	5½"
	140 mm
( ) AE	
(✓) Non-AE	

(a)

Coarse Aggregate Type No.										Concrete Class
1	2	3	4	5	6	7				A
	1	2	3	4	5	6	7			B
		1	2	3	4	5	6	7		C
			1	2	3	4	5	6	7	D

(b)

Concrete										
12.80	13.30	13.80	14.30	14.80	15.30	15.80	16.30	16.80	17.30	Mortar (ft³/yd³)
14.20	13.70	13.20	12.70	12.20	11.70	11.20	10.70	10.20	9.70	C.A. + 8 (ft³/yd³)
0.474	0.493	0.511	0.530	0.548	0.567	0.585	0.604	0.622	0.641	Mortar (m³/m³)
0.526	0.507	0.489	0.470	0.452	0.433	0.415	0.396	0.378	0.359	C.A. + 8 (m³/m³)

(c)

Cement										f'_c (psi)
2.23	2.29	2.33	2.39	2.44	2.51	2.56	2.61	2.66	2.71	2000
2.36	2.42	2.49	2.55	2.61	2.68	2.73	2.80	2.85	2.91	2500
2.50	2.57	2.64	2.71	2.78	2.85	2.92	2.99	3.05	3.11	3000
2.64	2.71	2.79	2.86	2.94	3.01	3.09	3.16	3.23	3.30	3500
2.79	2.87	2.94	3.02	3.11	3.19	3.26	3.34	3.42	3.49	4000
2.97	3.05	3.13	3.21	3.30	3.38	3.46	3.54	3.61	3.68	4500
3.13	3.22	3.31	3.39	3.48	3.57	3.65	3.74	3.83	3.91	5000

(c-1)

Cement										f'_c (MPa)
0.085	0.087	0.089	0.091	0.093	0.095	0.097	0.099	0.101	0.103	15
0.092	0.094	0.097	0.099	0.102	0.105	0.107	0.109	0.112	0.114	20
0.100	0.103	0.106	0.108	0.111	0.114	0.117	0.119	0.122	0.124	25
0.108	0.112	0.115	0.117	0.120	0.124	0.127	0.129	0.132	0.135	30
0.117	0.121	0.124	0.127	0.130	0.134	0.137	0.140	0.143	0.146	35

(d)

Water										f'_c (psi)
4.64	4.77	4.89	5.02	5.15	5.28	5.40	5.52	5.64	5.75	2000
4.62	4.75	4.87	5.00	5.12	5.26	5.38	5.51	5.63	5.74	2500
4.60	4.73	4.85	4.98	5.11	5.24	5.36	5.49	5.61	5.72	3000
4.58	4.71	4.83	4.96	5.09	5.22	5.34	5.47	5.59	5.71	3500
4.56	4.69	4.82	4.94	5.08	5.21	5.32	5.46	5.58	5.70	4000
4.54	4.66	4.80	4.92	5.06	5.19	5.31	5.44	5.66	5.68	4500
4.52	4.64	4.78	4.90	5.04	5.17	5.29	5.42	5.64	5.66	5000

(d-1)

Water										f'_c (MPa)
0.172	0.176	0.181	0.186	0.191	0.195	0.200	0.205	0.209	0.213	15
0.171	0.175	0.180	0.185	0.190	0.195	0.199	0.204	0.208	0.212	20
0.170	0.174	0.179	0.184	0.189	0.194	0.198	0.203	0.207	0.211	25
0.169	0.173	0.178	0.183	0.188	0.193	0.197	0.202	0.206	0.211	30
0.168	0.172	0.177	0.182	0.187	0.192	0.196	0.201	0.205	0.210	35

(e)

Air										
—	—	—	—	—	—	—	—	—	—	Entrained (ft³/yd³)
—	—	—	—	—	—	—	—	—	—	%
—	—	—	—	—	—	—	—	—	—	Entrained (m³/m³)

(f)

Air (Values Approximate)							
2000	2500	3000	3500	4000	4500	5000	f'_c (psi)
0.60	0.57	0.54	0.50	0.47	0.44	0.41	Entrapped (ft³/yd³)
2.22	2.11	2.00	1.85	1.74	1.63	1.52	%

(f-1)

Air (Values Approximate)					
15	20	25	30	35	f'_c (MPa)
0.022	0.020	0.018	0.017	0.015	Entrapped (m³/m³)
2.18	2.02	1.82	1.66	1.52	%

(g)

Cement and Water Adjustments for Fine Aggregate Variations										
31-32	32-33	33-34	34-35	35-36	36-37	37-38	38-39	39-40	40-41	% Voids
90.0	92.5	95.0	97.5	100.0	102.5	105.0	107.5	110.0	112.5	Adjustment (%)

Table No. 178
C.A. Size ¾"
19.0 mm
ASTM No. 67
Slump 6"
150 mm

( ) AE
(√) Non-AE

(a)

Coarse Aggregate Type No.										Concrete Class
1	2	3	4	5	6	7				A
	1	2	3	4	5	6	7			B
		1	2	3	4	5	6	7		C
			1	2	3	4	5	6	7	D

(b)

Concrete										
12.80	13.30	13.80	14.30	14.80	15.30	15.80	16.30	16.80	17.30	Mortar (ft³/yd³)
14.20	13.70	13.20	12.70	12.20	11.70	11.20	10.70	10.20	9.70	C. A. + 8 (ft³/yd³)
0.474	0.493	0.511	0.530	0.548	0.567	0.585	0.604	0.622	0.641	Mortar (m³/m³)
0.526	0.507	0.489	0.470	0.452	0.433	0.415	0.396	0.378	0.359	C. A. + 8 (m³/m³)

(c)

Cement										f'_c (psi)
2.26	2.32	2.36	2.42	2.47	2.54	2.59	2.64	2.69	2.74	2000
2.39	2.45	2.52	2.58	2.64	2.71	2.76	2.83	2.88	2.94	2500
2.53	2.60	2.67	2.74	2.81	2.88	2.95	3.02	3.08	3.14	3000
2.67	2.74	2.82	2.89	2.97	3.04	3.12	3.19	3.26	3.33	3500
2.82	2.90	2.97	3.05	3.14	3.22	3.29	3.37	3.45	3.52	4000
3.00	3.08	3.16	3.24	3.33	3.41	3.49	3.57	3.64	3.71	4500
3.16	3.25	3.34	3.42	3.51	3.60	3.68	3.77	3.86	3.94	5000

(c-1)

Cement										f'_c (MPa)
0.086	0.088	0.090	0.092	0.094	0.096	0.098	0.100	0.102	0.104	15
0.093	0.095	0.098	0.100	0.103	0.106	0.108	0.110	0.113	0.115	20
0.101	0.104	0.107	0.109	0.112	0.115	0.118	0.120	0.123	0.125	25
0.109	0.113	0.116	0.118	0.121	0.125	0.128	0.130	0.133	0.136	30
0.118	0.122	0.125	0.128	0.131	0.135	0.138	0.141	0.144	0.147	35

(d)

Water										f'_c (psi)
4.69	4.82	4.94	5.07	5.20	5.33	5.45	5.57	5.69	5.80	2000
4.67	4.80	4.92	5.05	5.17	5.31	5.43	5.56	5.68	5.79	2500
4.65	4.78	4.90	5.03	5.16	5.29	5.41	5.54	5.66	5.77	3000
4.63	4.76	4.88	5.01	5.14	5.27	5.39	5.52	5.64	5.76	3500
4.61	4.74	4.87	4.99	5.13	5.26	5.37	5.51	5.63	5.75	4000
4.59	4.71	4.85	4.97	5.11	5.24	5.36	5.49	5.61	5.73	4500
4.57	4.69	4.83	4.95	5.09	5.22	5.34	5.47	5.59	5.71	5000

(d-1)

Water										f'_c (MPa)
0.174	0.178	0.183	0.188	0.193	0.197	0.202	0.207	0.211	0.215	15
0.173	0.177	0.182	0.187	0.192	0.197	0.201	0.206	0.210	0.214	20
0.172	0.176	0.181	0.186	0.191	0.196	0.200	0.205	0.209	0.213	25
0.171	0.175	0.180	0.185	0.190	0.195	0.199	0.204	0.208	0.213	30
0.170	0.174	0.179	0.184	0.189	0.194	0.198	0.203	0.207	0.212	35

(e)

Air										
—	—	—	—	—	—	—	—	—	—	Entrained (ft³/yd³)
—	—	—	—	—	—	—	—	—	—	%
—	—	—	—	—	—	—	—	—	—	Entrained (m³/m³)

(f)

Air (Values Approximate)							
2000	2500	3000	3500	4000	4500	5000	f'_c (psi)
0.60	0.57	0.54	0.50	0.47	0.44	0.41	Entrapped (ft³/yd³)
2.22	2.11	2.00	1.85	1.74	1.63	1.52	%

(f-1)

Air (Values Approximate)					
15	20	25	30	35	f'_c (MPa)
0.022	0.020	0.018	0.017	0.015	Entrapped (m³/m³)
2.18	2.02	1.82	1.66	1.52	%

(g)

Cement and Water Adjustments for Fine Aggregate Variations										
31–32	32–33	33–34	34–35	35–36	36–37	37–38	38–39	39–40	40–41	% Voids
90.0	92.5	95.0	97.5	100.0	102.5	105.0	107.5	110.0	112.5	Adjustment (%)

Table No.	179
C.A. Size	3/4"
	19.0 mm
ASTM No.	67
Slump	6½"
	165 mm
( ) AE	
(✓) Non-AE	

(a)

Coarse Aggregate Type No.										Concrete Class
1	2	3	4	5	6	7				A
	1	2	3	4	5	6	7			B
		1	2	3	4	5	6	7		C
			1	2	3	4	5	6	7	D

(b) Concrete

12.80	13.30	13.80	14.30	14.80	15.30	15.80	16.30	16.80	17.30	Mortar (ft³/yd³)
14.20	13.70	13.20	12.70	12.20	11.70	11.20	10.70	10.20	9.70	C. A. + 8 (ft³/yd³)
0.474	0.493	0.511	0.530	0.548	0.567	0.585	0.604	0.622	0.641	Mortar (m³/m³)
0.526	0.507	0.489	0.470	0.452	0.433	0.415	0.396	0.378	0.359	C. A. + 8 (m³/m³)

(c) Cement

										f'_c (psi)
2.29	2.35	2.39	2.45	2.50	2.57	2.62	2.67	2.72	2.77	2000
2.42	2.48	2.55	2.61	2.67	2.74	2.79	2.86	2.91	2.97	2500
2.56	2.63	2.70	2.77	2.84	2.91	2.98	3.05	3.11	3.17	3000
2.70	2.77	2.85	2.92	3.00	3.07	3.15	3.22	3.29	3.36	3500
2.85	2.93	3.00	3.08	3.17	3.25	3.32	3.40	3.48	3.55	4000
3.03	3.11	3.19	3.27	3.36	3.44	3.52	3.60	3.67	3.74	4500
3.19	3.28	3.37	3.45	3.54	3.63	3.71	3.80	3.89	3.97	5000

(c-1) Cement

										f'_c (MPa)
0.087	0.089	0.091	0.093	0.095	0.097	0.099	0.101	0.103	0.105	15
0.094	0.096	0.099	0.101	0.104	0.107	0.109	0.111	0.114	0.116	20
0.102	0.105	0.108	0.110	0.113	0.116	0.119	0.121	0.124	0.126	25
0.110	0.114	0.117	0.119	0.122	0.126	0.129	0.131	0.134	0.137	30
0.119	0.123	0.126	0.129	0.132	0.136	0.139	0.142	0.145	0.148	35

(d) Water

										f'_c (psi)
4.74	4.87	4.99	5.12	5.25	5.38	5.50	5.62	5.74	5.85	2000
4.72	4.85	4.97	5.10	5.22	5.36	5.48	5.61	5.73	5.84	2500
4.70	4.83	4.95	5.08	5.21	5.34	5.46	5.59	5.71	5.82	3000
4.68	4.81	4.93	5.06	5.19	5.32	5.44	5.57	5.69	5.81	3500
4.66	4.79	4.92	5.04	5.18	5.31	5.42	5.56	5.68	5.80	4000
4.64	4.76	4.90	5.02	5.16	5.29	5.41	5.54	5.66	5.78	4500
4.62	4.74	4.88	5.00	5.14	5.27	5.39	5.52	5.64	5.76	5000

(d-1) Water

										f'_c (MPa)
0.176	0.180	0.185	0.190	0.195	0.199	0.204	0.209	0.213	0.217	15
0.175	0.179	0.184	0.189	0.194	0.199	0.203	0.208	0.212	0.216	20
0.174	0.178	0.183	0.188	0.193	0.198	0.202	0.207	0.211	0.215	25
0.173	0.177	0.182	0.187	0.192	0.197	0.201	0.206	0.210	0.215	30
0.172	0.176	0.181	0.186	0.191	0.196	0.200	0.205	0.209	0.214	35

(e) Air

—	—	—	—	—	—	—	—	—	—	Entrained (ft³/yd³)
—	—	—	—	—	—	—	—	—	—	%
—	—	—	—	—	—	—	—	—	—	Entrained (m³/m³)

(f) Air (Values Approximate)

2000	2500	3000	3500	4000	4500	5000	f'_c (psi)
0.60	0.57	0.54	0.50	0.47	0.44	0.41	Entrapped (ft³/yd³)
2.22	2.11	2.00	1.85	1.74	1.63	1.52	%

(f-1) Air (Values Approximate)

15	20	25	30	35	f'_c (MPa)
0.022	0.020	0.018	0.017	0.015	Entrapped (m³/m³)
2.18	2.02	1.82	1.66	1.52	%

(g) Cement and Water Adjustments for Fine Aggregate Variations

31–32	32–33	33–34	34–35	35–36	36–37	37–38	38–39	39–40	40–41	% Voids
90.0	92.5	95.0	97.5	100.0	102.5	105.0	107.5	110.0	112.5	Adjustment (%)

Table No.	180
C.A. Size	3/4"
	19.0 mm
ASTM No.	67
Slump	7"
	175 mm
( ) AE	
(✓) Non-AE	

(a)

Coarse Aggregate Type No.										Concrete Class
1	2	3	4	5	6	7				A
	1	2	3	4	5	6	7			B
		1	2	3	4	5	6	7		C
			1	2	3	4	5	6	7	D

(b)
Concrete

12.80	13.30	13.80	14.30	14.80	15.30	15.80	16.30	16.80	17.30	Mortar (ft³/yd³)
14.20	13.70	13.20	12.70	12.20	11.70	11.20	10.70	10.20	9.70	C. A. + 8 (ft³/yd³)
0.474	0.493	0.511	0.530	0.548	0.567	0.585	0.604	0.622	0.641	Mortar (m³/m³)
0.526	0.507	0.489	0.470	0.452	0.433	0.415	0.396	0.378	0.359	C. A. + 8 (m³/m³)

(c)
Cement

										f'_c (psi)
2.02	2.08	2.12	2.18	2.23	2.30	2.35	2.40	2.45	2.50	2000
2.15	2.21	2.28	2.34	2.40	2.47	2.52	2.59	2.64	2.70	2500
2.29	2.36	2.43	2.50	2.57	2.64	2.71	2.78	2.84	2.90	3000
2.43	2.50	2.58	2.65	2.73	2.80	2.88	2.95	3.02	3.09	3500
2.58	2.66	2.73	2.81	2.90	2.98	3.05	3.13	3.21	3.28	4000
2.76	2.84	2.92	3.00	3.09	3.17	3.25	3.33	3.40	3.47	4500
2.92	3.01	3.10	3.18	3.27	3.36	3.44	3.53	3.62	3.70	5000

(c-1)
Cement

										f'_c (MPa)
0.088	0.090	0.092	0.094	0.096	0.098	0.100	0.102	0.104	0.106	15
0.095	0.097	0.100	0.102	0.105	0.108	0.110	0.112	0.115	0.117	20
0.103	0.106	0.109	0.111	0.114	0.117	0.120	0.122	0.125	0.127	25
0.111	0.115	0.118	0.120	0.123	0.127	0.130	0.132	0.135	0.138	30
0.120	0.124	0.127	0.130	0.133	0.137	0.140	0.143	0.146	0.149	35

(d)
Water

										f'_c (psi)
4.32	4.45	4.57	4.70	4.83	4.96	5.08	5.20	5.32	5.43	2000
4.30	4.43	4.55	4.68	4.80	4.94	5.06	5.19	5.31	5.42	2500
4.28	4.41	4.53	4.66	4.79	4.92	5.04	5.17	5.29	5.40	3000
4.26	4.39	4.51	4.64	4.77	4.90	5.02	5.15	5.27	5.39	3500
4.24	4.37	4.50	4.62	4.76	4.89	5.00	5.14	5.26	5.38	4000
4.22	4.34	4.48	4.60	4.74	4.87	4.99	5.12	5.24	5.36	4500
4.20	4.32	4.46	4.58	4.72	4.85	4.97	5.10	5.22	5.34	5000

(d-1)
Water

										f'_c (MPa)
0.177	0.181	0.186	0.191	0.196	0.200	0.205	0.210	0.214	0.218	15
0.176	0.180	0.185	0.190	0.195	0.200	0.204	0.209	0.213	0.217	20
0.175	0.179	0.184	0.189	0.194	0.199	0.203	0.208	0.212	0.216	25
0.174	0.178	0.183	0.188	0.193	0.198	0.202	0.207	0.211	0.216	30
0.173	0.177	0.182	0.187	0.192	0.197	0.201	0.206	0.210	0.215	35

(e)
Air

—	—	—	—	—	—	—	—	—	—	Entrained (ft³/yd³)
—	—	—	—	—	—	—	—	—	—	%
—	—	—	—	—	—	—	—	—	—	Entrained (m³/m³)

(f)
Air (Values Approximate)

2000	2500	3000	3500	4000	4500	5000	f'_c (psi)
0.60	0.57	0.54	0.50	0.47	0.44	0.41	Entrapped (ft³/yd³)
2.22	2.11	2.00	1.85	1.74	1.63	1.52	%

(f-1)
Air (Values Approximate)

15	20	25	30	35	f'_c (MPa)
0.022	0.020	0.018	0.017	0.015	Entrapped (m³/m³)
2.18	2.02	1.82	1.66	1.52	%

(g)
Cement and Water Adjustments for Fine Aggregate Variations

31–32	32–33	33–34	34–35	35–36	36–37	37–38	38–39	39–40	40–41	% Voids
90.0	92.5	95.0	97.5	100.0	102.5	105.0	107.5	110.0	112.5	Adjustment (%)

Table No.	181
C.A. Size	1"
	25.0 mm
ASTM No.	57
Slump	0"
	0 mm
( ) AE	
(✓) Non-AE	

(a)

Coarse Aggregate Type No.										Concrete Class
1	2	3	4	5	6	7				A
	1	2	3	4	5	6	7			B
		1	2	3	4	5	6	7		C
			1	2	3	4	5	6	7	D

(b)

Concrete										
12.30	12.80	13.30	13.80	14.30	14.80	15.30	15.80	16.30	16.80	Mortar (ft³/yd³)
14.70	14.20	13.70	13.20	12.70	12.20	11.70	11.20	10.70	10.20	C.A. + 8 (ft³/yd³)
0.456	0.474	0.493	0.511	0.530	0.548	0.567	0.585	0.604	0.622	Mortar (m³/m³)
0.544	0.526	0.507	0.489	0.470	0.452	0.433	0.415	0.396	0.378	C.A. + 8 (m³/m³)

(c)

Cement										f'_c (psi)
1.76	1.81	1.86	1.92	1.96	2.02	2.05	2.11	2.17	2.23	2000
1.89	1.95	2.01	2.07	2.13	2.20	2.24	2.30	2.37	2.43	2500
2.03	2.10	2.16	2.23	2.28	2.35	2.42	2.48	2.55	2.62	3000
2.17	2.24	2.31	2.38	2.45	2.52	2.59	2.66	2.73	2.80	3500
2.32	2.40	2.46	2.53	2.59	2.67	2.75	2.82	2.89	2.97	4000
2.47	2.57	2.64	2.72	2.78	2.87	2.94	3.02	3.11	3.19	4500
2.65	2.73	2.83	2.90	2.99	3.07	3.16	3.24	3.34	3.43	5000

(c-1)

Cement										f'_c (MPa)
0.067	0.069	0.071	0.073	0.075	0.077	0.079	0.081	0.083	0.085	15
0.074	0.077	0.079	0.082	0.084	0.086	0.088	0.091	0.093	0.096	20
0.082	0.084	0.088	0.091	0.093	0.095	0.098	0.101	0.103	0.106	25
0.091	0.093	0.097	0.100	0.102	0.105	0.108	0.111	0.114	0.117	30
0.100	0.102	0.106	0.109	0.112	0.115	0.118	0.121	0.125	0.128	35

(d)

Water										f'_c (psi)
3.82	3.93	4.06	4.20	4.31	4.45	4.57	4.68	4.81	4.93	2000
3.81	3.92	4.05	4.18	4.29	4.43	4.55	4.66	4.79	4.91	2500
3.79	3.91	4.03	4.16	4.27	4.41	4.53	4.64	4.77	4.89	3000
3.77	3.90	4.02	4.14	4.25	4.39	4.51	4.63	4.75	4.88	3500
3.76	3.89	4.00	4.13	4.23	4.37	4.49	4.61	4.74	4.86	4000
3.75	3.87	3.99	4.11	4.21	4.35	4.47	4.59	4.72	4.84	4500
3.73	3.85	3.97	4.07	4.19	4.33	4.44	4.56	4.69	4.81	5000

(d-1)

Water										f'_c (MPa)
0.141	0.146	0.150	0.155	0.159	0.164	0.169	0.173	0.178	0.182	15
0.141	0.145	0.150	0.154	0.158	0.163	0.168	0.172	0.177	0.181	20
0.140	0.144	0.149	0.153	0.157	0.162	0.167	0.171	0.176	0.180	25
0.139	0.143	0.148	0.152	0.156	0.161	0.166	0.170	0.175	0.179	30
0.138	0.142	0.147	0.151	0.155	0.160	0.165	0.169	0.174	0.178	35

(e)

Air										
—	—	—	—	—	—	—	—	—	—	Entrained (ft³/yd³)
—	—	—	—	—	—	—	—	—	—	%
—	—	—	—	—	—	—	—	—	—	Entrained (m³/m³)

(f)

Air (Values Approximate)							
2000	2500	3000	3500	4000	4500	5000	f'_c (psi)
0.42	0.39	0.36	0.34	0.32	0.30	0.28	Entrapped (ft³/yd³)
1.56	1.44	1.33	1.26	1.19	1.11	1.04	%

(f-1)

Air (Values Approximate)					
15	20	25	30	35	f'_c (MPa)
0.015	0.014	0.012	0.011	0.010	Entrapped (m³/m³)
1.52	1.35	1.24	1.13	1.04	%

(g)

Cement and Water Adjustments for Fine Aggregate Variations										
31–32	32–33	33–34	34–35	35–36	36–37	37–38	38–39	39–40	40–41	% Voids
90.0	92.5	95.0	97.5	100.0	102.5	105.0	107.5	110.0	112.5	Adjustment (%)

Table No. 182
C.A. Size 1″
25.0 mm
ASTM No. 57
Slump ½″
12.5 mm

( ) AE
(✓) Non-AE

(a)

Coarse Aggregate Type No.										Concrete Class
1	2	3	4	5	6	7				A
	1	2	3	4	5	6	7			B
		1	2	3	4	5	6	7		C
			1	2	3	4	5	6	7	D

(b)

Concrete										
12.30	12.80	13.30	13.80	14.30	14.80	15.30	15.80	16.30	16.80	Mortar (ft³/yd³)
14.70	14.20	13.70	13.20	12.70	12.20	11.70	11.20	10.70	10.20	C. A. + 8 (ft³/yd³)
0.456	0.474	0.493	0.511	0.530	0.548	0.567	0.585	0.604	0.622	Mortar (m³/m³)
0.544	0.526	0.507	0.489	0.470	0.452	0.433	0.415	0.396	0.378	C. A. + 8 (m³/m³)

(c)

Cement										f'_c (psi)
1.79	1.84	1.89	1.95	1.99	2.05	2.08	2.14	2.20	2.26	2000
1.92	2.98	2.04	2.10	2.16	2.23	2.27	2.33	2.40	2.46	2500
2.06	2.13	2.19	2.26	2.31	2.38	2.45	2.51	2.58	2.65	3000
2.20	2.27	2.34	2.41	2.48	2.55	2.62	2.69	2.76	2.83	3500
2.35	2.43	2.49	2.56	2.62	2.70	2.78	2.85	2.92	3.00	4000
2.50	2.60	2.67	2.75	2.81	2.90	2.97	3.05	3.14	3.22	4500
2.68	2.76	2.86	2.93	3.02	3.10	3.19	3.27	3.37	3.46	5000

(c-1)

Cement										f'_c (MPa)
0.068	0.070	0.072	0.074	0.076	0.078	0.080	0.082	0.084	0.086	15
0.075	0.078	0.080	0.083	0.085	0.087	0.089	0.092	0.094	0.097	20
0.083	0.085	0.089	0.092	0.094	0.096	0.099	0.102	0.104	0.107	25
0.092	0.094	0.098	0.101	0.103	0.106	0.109	0.112	0.115	0.118	30
0.101	0.103	0.107	0.110	0.113	0.116	0.119	0.123	0.126	0.129	35

(d)

Water										f'_c (psi)
3.88	3.99	4.12	4.26	4.37	4.51	4.63	4.74	4.87	4.99	2000
3.87	3.98	4.11	4.24	4.35	4.49	4.61	4.72	4.85	4.97	2500
3.85	3.97	4.09	4.22	4.33	4.47	4.59	4.70	4.83	4.95	3000
3.83	3.96	4.08	4.20	4.31	4.45	4.57	4.69	4.81	4.94	3500
3.82	3.95	4.06	4.19	4.29	4.43	4.55	4.67	4.80	4.92	4000
3.81	3.93	4.05	4.17	4.27	4.41	4.53	4.65	4.78	4.90	4500
3.79	3.91	4.03	4.13	4.25	4.39	4.50	4.62	4.75	4.87	5000

(d-1)

Water										f'_c (MPa)
0.143	0.148	0.152	0.157	0.161	0.166	0.171	0.175	0.180	0.184	15
0.143	0.147	0.152	0.156	0.160	0.165	0.170	0.174	0.179	0.183	20
0.142	0.146	0.151	0.155	0.159	0.164	0.169	0.173	0.178	0.182	25
0.141	0.145	0.150	0.154	0.158	0.163	0.168	0.172	0.177	0.181	30
0.140	0.144	0.149	0.153	0.157	0.162	0.167	0.171	0.176	0.180	35

(e)

Air										
—	—	—	—	—	—	—	—	—	—	Entrained (ft³/yd³)
—	—	—	—	—	—	—	—	—	—	%
—	—	—	—	—	—	—	—	—	—	Entrained (m³/m³)

(f)

Air (Values Approximate)							
2000	2500	3000	3500	4000	4500	5000	f'_c (psi)
0.42	0.39	0.36	0.34	0.32	0.30	0.28	Entrapped (ft³/yd³)
1.56	1.44	1.33	1.26	1.19	1.11	1.04	%

(f-1)

Air (Values Approximate)					
15	20	25	30	35	f'_c (MPa)
0.015	0.014	0.012	0.011	0.010	Entrapped (m³/m³)
1.52	1.35	1.24	1.13	1.04	%

(g)

Cement and Water Adjustments for Fine Aggregate Variations										
31-32	32-33	33-34	34-35	35-36	36-37	37-38	38-39	39-40	40-41	% Voids
90.0	92.5	95.0	97.5	100.0	102.5	105.0	107.5	110.0	112.5	Adjustment (%)

Table No.		183
C.A. Size		1"
		25.0 mm
ASTM No.		57
Slump		1"
		25 mm
( ) AE		
(✓) Non-AE		

(a)

Coarse Aggregate Type No.										Concrete Class
1	2	3	4	5	6	7				A
	1	2	3	4	5	6	7			B
		1	2	3	4	5	6	7		C
			1	2	3	4	5	6	7	D

(b) Concrete

12.30	12.80	13.30	13.80	14.30	14.80	15.30	15.80	16.30	16.80	Mortar (ft³/yd³)
14.70	14.20	13.70	13.20	12.70	12.20	11.70	11.20	10.70	10.20	C. A. + 8 (ft³/yd³)
0.456	0.474	0.493	0.511	0.530	0.548	0.567	0.585	0.604	0.622	Mortar (m³/m³)
0.544	0.526	0.507	0.489	0.470	0.452	0.433	0.415	0.396	0.378	C. A. + 8 (m³/m³)

(c) Cement

										f'_c (psi)
1.82	1.87	1.92	1.98	2.02	2.08	2.11	2.17	2.23	2.29	2000
1.95	2.01	2.07	2.13	2.19	2.26	2.30	2.36	2.43	2.49	2500
2.09	2.16	2.22	2.29	2.34	2.41	2.48	2.54	2.61	2.68	3000
2.23	2.30	2.37	2.44	2.51	2.58	2.65	2.72	2.79	2.86	3500
2.38	2.46	2.52	2.59	2.65	2.73	2.81	2.88	2.95	3.03	4000
2.53	2.63	2.70	2.78	2.84	2.93	3.00	3.08	3.17	3.25	4500
2.71	2.79	2.89	2.96	3.05	3.13	3.22	3.30	3.40	3.49	5000

(c-1) Cement

										f'_c (MPa)
0.069	0.071	0.073	0.075	0.077	0.079	0.081	0.083	0.085	0.087	15
0.076	0.079	0.081	0.084	0.086	0.088	0.090	0.093	0.095	0.098	20
0.084	0.086	0.090	0.093	0.095	0.097	0.100	0.103	0.105	0.108	25
0.093	0.095	0.099	0.102	0.104	0.107	0.110	0.113	0.116	0.119	30
0.102	0.104	0.108	0.111	0.114	0.117	0.120	0.123	0.127	0.130	35

(d) Water

										f'_c (psi)
3.93	4.04	4.17	4.31	4.42	4.56	4.68	4.79	4.92	5.04	2000
3.92	4.03	4.16	4.29	4.40	4.54	4.66	4.77	4.90	5.02	2500
3.90	4.02	4.14	4.27	4.38	4.52	4.64	4.75	4.88	5.00	3000
3.88	4.01	4.13	4.25	4.36	4.50	4.62	4.74	4.86	4.99	3500
3.87	4.00	4.11	4.24	4.34	4.48	4.60	4.72	4.85	4.97	4000
3.86	3.98	4.10	4.22	4.32	4.46	4.58	4.70	4.83	4.95	4500
3.84	3.96	4.08	4.18	4.30	4.44	4.55	4.67	4.80	4.92	5000

(d-1) Water

										f'_c (MPa)
0.145	0.150	0.154	0.159	0.163	0.168	0.173	0.177	0.182	0.186	15
0.145	0.149	0.154	0.158	0.162	0.167	0.172	0.176	0.181	0.185	20
0.144	0.148	0.153	0.157	0.161	0.166	0.171	0.175	0.180	0.184	25
0.143	0.147	0.152	0.156	0.160	0.165	0.170	0.174	0.179	0.183	30
0.142	0.146	0.151	0.155	0.159	0.164	0.169	0.173	0.178	0.182	35

(e) Air

—	—	—	—	—	—	—	—	—	—	Entrained (ft³/yd³)
—	—	—	—	—	—	—	—	—	—	%
—	—	—	—	—	—	—	—	—	—	Entrained (m³/m³)

(f) Air (Values Approximate)

2000	2500	3000	3500	4000	4500	5000	f'_c (psi)
0.42	0.39	0.36	0.34	0.32	0.30	0.28	Entrapped (ft³/yd³)
1.56	1.44	1.33	1.26	1.19	1.11	1.04	%

(f-1) Air (Values Approximate)

15	20	25	30	35	f'_c (MPa)
0.015	0.014	0.012	0.011	0.010	Entrapped (m³/m³)
1.52	1.35	1.24	1.13	1.04	%

(g) Cement and Water Adjustments for Fine Aggregate Variations

31-32	32-33	33-34	34-35	35-36	36-37	37-38	38-39	39-40	40-41	% Voids
90.0	92.5	95.0	97.5	100.0	102.5	105.0	107.5	110.0	112.5	Adjustment (%)

Table No. 184
C.A. Size 1"
25.0 mm
ASTM No. 57
Slump 1½"
40 mm
( ) AE
(√) Non-AE

(a)

Coarse Aggregate Type No.										Concrete Class
1	2	3	4	5	6	7				A
	1	2	3	4	5	6	7			B
		1	2	3	4	5	6	7		C
			1	2	3	4	5	6	7	D

(b) Concrete

12.30	12.80	13.30	13.80	14.30	14.80	15.30	15.80	16.30	16.80	Mortar (ft³/yd³)
14.70	14.20	13.70	13.20	12.70	12.20	11.70	11.20	10.70	10.20	C.A. + 8 (ft³/yd³)
0.456	0.474	0.493	0.511	0.530	0.548	0.567	0.585	0.604	0.622	Mortar (m³/m³)
0.544	0.526	0.507	0.489	0.470	0.452	0.433	0.415	0.396	0.378	C.A. + 8 (m³/m³)

(c) Cement

										f'_c (psi)
1.86	1.91	1.96	2.02	2.06	2.12	2.15	2.21	2.27	2.33	2000
1.99	2.05	2.11	2.17	2.23	2.30	2.34	2.40	2.47	2.53	2500
2.13	2.20	2.26	2.33	2.38	2.45	2.52	2.58	2.65	2.72	3000
2.27	2.34	2.41	2.48	2.55	2.62	2.69	2.76	2.83	2.90	3500
2.42	2.50	2.56	2.63	2.69	2.77	2.85	2.92	2.99	3.07	4000
2.57	2.67	2.74	2.82	2.88	2.97	3.04	3.12	3.21	3.29	4500
2.75	2.83	2.93	3.00	3.09	3.17	3.26	3.34	3.44	3.53	5000

(c-1) Cement

										f'_c (MPa)
0.070	0.072	0.074	0.076	0.078	0.080	0.082	0.084	0.086	0.088	15
0.077	0.080	0.082	0.085	0.087	0.089	0.091	0.094	0.096	0.099	20
0.085	0.087	0.091	0.094	0.096	0.098	0.101	0.104	0.106	0.109	25
0.094	0.096	0.100	0.103	0.105	0.108	0.111	0.114	0.117	0.120	30
0.103	0.105	0.109	0.112	0.115	0.118	0.121	0.124	0.128	0.131	35

(d) Water

										f'_c (psi)
3.98	4.09	4.22	4.36	4.47	4.61	4.73	4.84	4.97	5.09	2000
3.97	4.08	4.21	4.34	4.45	4.59	4.71	4.82	4.95	5.07	2500
3.95	4.07	4.19	4.32	4.43	4.57	4.69	4.80	4.93	5.05	3000
3.93	4.06	4.18	4.30	4.41	4.55	4.67	4.79	4.91	5.04	3500
3.92	4.05	4.16	4.29	4.39	4.53	4.65	4.77	4.90	5.02	4000
3.91	4.03	4.15	4.27	4.37	4.51	4.63	4.75	4.88	5.00	4500
3.89	4.01	4.13	4.23	4.35	4.49	4.60	4.72	4.85	4.97	5000

(d-1) Water

										f'_c (MPa)
0.147	0.152	0.156	0.161	0.165	0.170	0.175	0.179	0.184	0.188	15
0.147	0.151	0.156	0.160	0.164	0.169	0.174	0.178	0.183	0.187	20
0.146	0.150	0.155	0.159	0.163	0.168	0.173	0.177	0.182	0.186	25
0.145	0.149	0.154	0.158	0.162	0.167	0.172	0.176	0.181	0.185	30
0.144	0.148	0.153	0.157	0.161	0.166	0.171	0.175	0.180	0.184	35

(e) Air

—	—	—	—	—	—	—	—	—	—	Entrained (ft³/yd³)
—	—	—	—	—	—	—	—	—	—	%
—	—	—	—	—	—	—	—	—	—	Entrained (m³/m³)

(f) Air (Values Approximate)

2000	2500	3000	3500	4000	4500	5000	f'_c (psi)
0.42	0.39	0.36	0.34	0.32	0.30	0.28	Entrapped (ft³/yd³)
1.56	1.44	1.33	1.26	1.19	1.11	1.04	%

(f-1) Air (Values Approximate)

15	20	25	30	35	f'_c (MPa)
0.015	0.014	0.012	0.011	0.010	Entrapped (m³/m³)
1.52	1.35	1.24	1.13	1.04	%

(g) Cement and Water Adjustments for Fine Aggregate Variations

31-32	32-33	33-34	34-35	35-36	36-37	37-38	38-39	39-40	40-41	% Voids
90.0	92.5	95.0	97.5	100.0	102.5	105.0	107.5	110.0	112.5	Adjustment (%)

TABLES OF VOLUMES 197

Table No.	185
C.A. Size	1"
	25.0 mm
ASTM No.	57
Slump	2"
	50 mm
( ) AE	
(✓) Non-AE	

(a)

Coarse Aggregate Type No.										Concrete Class
1	2	3	4	5	6	7				A
	1	2	3	4	5	6	7			B
		1	2	3	4	5	6	7		C
			1	2	3	4	5	6	7	D

(b)

Concrete										
12.30	12.80	13.30	13.80	14.30	14.80	15.30	15.80	16.30	16.80	Mortar (ft³/yd³)
14.70	14.20	13.70	13.20	12.70	12.20	11.70	11.20	10.70	10.20	C. A. + 8 (ft³/yd³)
0.456	0.474	0.493	0.511	0.530	0.548	0.567	0.585	0.604	0.622	Mortar (m³/m³)
0.544	0.526	0.507	0.489	0.470	0.452	0.433	0.415	0.396	0.378	C. A. + 8 (m³/m³)

(c)

Cement										f'_c (psi)
1.90	1.95	2.00	2.06	2.10	2.16	2.19	2.25	2.31	2.37	2000
2.03	2.09	2.16	2.21	2.27	2.34	2.38	2.44	2.51	2.57	2500
2.17	2.24	2.30	2.37	2.42	2.49	2.56	2.62	2.69	2.76	3000
2.31	2.38	2.45	2.52	2.59	2.66	2.73	2.80	2.87	2.94	3500
2.46	2.54	2.60	2.67	2.73	2.81	2.89	2.96	3.03	3.11	4000
2.61	2.71	2.78	2.86	2.92	3.01	3.08	3.16	3.25	3.33	4500
2.79	2.87	2.97	3.04	3.13	3.21	3.30	3.38	3.48	3.57	5000

(c-1)

Cement										f'_c (MPa)
0.072	0.074	0.076	0.078	0.080	0.082	0.084	0.086	0.088	0.090	15
0.079	0.082	0.084	0.087	0.089	0.091	0.093	0.096	0.098	0.101	20
0.087	0.089	0.093	0.096	0.098	0.100	0.103	0.106	0.108	0.111	25
0.096	0.098	0.102	0.105	0.107	0.110	0.113	0.116	0.119	0.122	30
0.105	0.107	0.111	0.114	0.117	0.120	0.123	0.126	0.130	0.133	35

(d)

Water										f'_c (psi)
4.04	4.15	4.28	4.42	4.53	4.67	4.79	4.90	5.03	5.15	2000
4.03	4.14	4.27	4.40	4.51	4.65	4.77	4.88	5.01	5.13	2500
4.01	4.13	4.25	4.38	4.49	4.63	4.75	4.86	4.99	5.11	3000
3.99	4.12	4.24	4.36	4.47	4.61	4.73	4.85	4.97	5.10	3500
3.98	4.11	4.22	4.35	4.45	4.59	4.71	4.83	4.96	5.08	4000
3.97	4.09	4.21	4.33	4.43	4.57	4.69	4.81	4.94	5.06	4500
3.95	4.07	4.19	4.29	4.41	4.55	4.66	4.78	4.91	5.03	5000

(d-1)

Water										f'_c (MPa)
0.149	0.154	0.158	0.163	0.167	0.172	0.177	0.181	0.186	0.190	15
0.149	0.153	0.158	0.162	0.166	0.171	0.176	0.180	0.185	0.189	20
0.148	0.152	0.157	0.161	0.165	0.170	0.175	0.179	0.184	0.188	25
0.147	0.151	0.156	0.160	0.164	0.169	0.174	0.178	0.183	0.187	30
0.146	0.150	0.155	0.159	0.163	0.168	0.173	0.177	0.182	0.186	35

(e)

Air										
—	—	—	—	—	—	—	—	—	—	Entrained (ft³/yd³)
—	—	—	—	—	—	—	—	—	—	%
—	—	—	—	—	—	—	—	—	—	Entrained (m³/m³)

(f)

Air (Values Approximate)							
2000	2500	3000	3500	4000	4500	5000	f'_c (psi)
0.42	0.39	0.36	0.34	0.32	0.30	0.28	Entrapped (ft³/yd³)
1.56	1.44	1.33	1.26	1.19	1.11	1.04	%

(f-1)

Air (Values Approximate)					
15	20	25	30	35	f'_c (MPa)
0.015	0.014	0.012	0.011	0.010	Entrapped (m³/m³)
1.52	1.35	1.24	1.13	1.04	%

(g)

Cement and Water Adjustments for Fine Aggregate Variations										
31–32	32–33	33–34	34–35	35–36	36–37	37–38	38–39	39–40	40–41	% Voids
90.0	92.5	95.0	97.5	100.0	102.5	105.0	107.5	110.0	112.5	Adjustment (%)

Table No.	186
C.A. Size	1"
	25.0 mm
ASTM No.	57
Slump	2½"
	65 mm
( ) AE	
(✓) Non-AE	

(a)

Coarse Aggregate Type No.										Concrete Class
1	2	3	4	5	6	7				A
	1	2	3	4	5	6	7			B
		1	2	3	4	5	6	7		C
			1	2	3	4	5	6	7	D

(b)

Concrete										
12.30	12.80	13.30	13.80	14.30	14.80	15.30	15.80	16.30	16.80	Mortar (ft³/yd³)
14.70	14.20	13.70	13.20	12.70	12.20	11.70	11.20	10.70	10.20	C.A. + 8 (ft³/yd³)
0.456	0.474	0.493	0.511	0.530	0.548	0.567	0.585	0.604	0.622	Mortar (m³/m³)
0.544	0.526	0.507	0.489	0.470	0.452	0.433	0.415	0.396	0.378	C.A. + 8 (m³/m³)

(c)

Cement										f'_c (psi)
1.93	1.98	2.03	2.09	2.13	2.19	2.22	2.28	2.34	2.40	2000
2.06	2.12	2.18	2.24	2.30	2.37	2.41	2.47	2.54	2.60	2500
2.20	2.27	2.33	2.40	2.45	2.52	2.59	2.65	2.72	2.79	3000
2.34	2.41	2.48	2.55	2.62	2.69	2.76	2.83	2.90	2.97	3500
2.49	2.57	2.63	2.70	2.76	2.84	2.92	2.99	3.06	3.14	4000
2.64	2.74	2.81	2.89	2.95	3.04	3.11	3.19	3.28	3.36	4500
2.82	2.90	3.00	3.07	3.16	3.24	3.33	3.41	3.51	3.60	5000

(c-1)

Cement										f'_c (MPa)
0.073	0.075	0.077	0.079	0.081	0.083	0.085	0.087	0.089	0.091	15
0.080	0.083	0.085	0.088	0.090	0.092	0.094	0.097	0.099	0.102	20
0.088	0.090	0.094	0.097	0.099	0.101	0.104	0.107	0.109	0.112	25
0.097	0.099	0.103	0.106	0.108	0.111	0.114	0.117	0.120	0.123	30
0.106	0.108	0.112	0.115	0.118	0.121	0.124	0.127	0.131	0.134	35

(d)

Water										f'_c (psi)
4.09	4.20	4.33	4.47	4.58	4.72	4.84	4.95	5.08	5.20	2000
4.08	4.19	4.32	4.45	4.56	4.70	4.82	4.93	5.06	5.18	2500
4.06	4.18	4.30	4.43	4.54	4.68	4.80	4.91	5.04	5.16	3000
4.04	4.17	4.29	4.41	4.52	4.66	4.78	4.90	5.02	5.15	3500
4.03	4.16	4.27	4.40	4.50	4.64	4.76	4.88	5.01	5.13	4000
4.02	4.14	4.26	4.38	4.48	4.62	4.74	4.86	4.99	5.11	4500
4.00	4.12	4.24	4.34	4.46	4.60	4.71	4.83	4.96	5.08	5000

(d-1)

Water										f'_c (MPa)
0.151	0.156	0.160	0.165	0.169	0.174	0.179	0.183	0.188	0.192	15
0.151	0.155	0.160	0.164	0.168	0.173	0.178	0.182	0.187	0.191	20
0.150	0.154	0.159	0.163	0.167	0.172	0.177	0.181	0.186	0.190	25
0.149	0.153	0.158	0.162	0.166	0.171	0.176	0.180	0.185	0.189	30
0.148	0.152	0.157	0.161	0.165	0.170	0.175	0.179	0.184	0.188	35

(e)

Air										
—	—	—	—	—	—	—	—	—	—	Entrained (ft³/yd³)
—	—	—	—	—	—	—	—	—	—	%
—	—	—	—	—	—	—	—	—	—	Entrained (m³/m³)

(f)

Air (Values Approximate)							
2000	2500	3000	3500	4000	4500	5000	f'_c (psi)
0.42	0.39	0.36	0.34	0.32	0.30	0.28	Entrapped (ft³/yd³)
1.56	1.44	1.33	1.26	1.19	1.11	1.04	%

(f-1)

Air (Values Approximate)					
15	20	25	30	35	f'_c (MPa)
0.015	0.014	0.012	0.011	0.010	Entrapped (m³/m³)
1.52	1.35	1.24	1.13	1.04	%

(g)

Cement and Water Adjustments for Fine Aggregate Variations										
31–32	32–33	33–34	34–35	35–36	36–37	37–38	38–39	39–40	40–41	% Voids
90.0	92.5	95.0	97.5	100.0	102.5	105.0	107.5	110.0	112.5	Adjustment (%)

Table No.	187
C.A. Size	1"
	25.0 mm
ASTM No.	57
Slump	3"
	75 mm
( ) AE	
(✓) Non-AE	

(a)

Coarse Aggregate Type No.										Concrete Class
1	2	3	4	5	6	7				A
	1	2	3	4	5	6	7			B
		1	2	3	4	5	6	7		C
			1	2	3	4	5	6	7	D

(b)

Concrete										
12.30	12.80	13.30	13.80	14.30	14.80	15.30	15.80	16.30	16.80	Mortar (ft³/yd³)
14.70	14.20	13.70	13.20	12.70	12.20	11.70	11.20	10.70	10.20	C.A. + 8 (ft³/yd³)
0.456	0.474	0.493	0.511	0.530	0.548	0.567	0.585	0.604	0.622	Mortar (m³/m³)
0.544	0.526	0.507	0.489	0.470	0.452	0.433	0.415	0.396	0.378	C.A. + 8 (m³/m³)

(c)

Cement										f'_c (psi)
1.96	2.01	2.06	2.12	2.16	2.22	2.25	2.31	2.37	2.43	2000
2.09	2.15	2.21	2.27	2.33	2.40	2.44	2.50	2.57	2.63	2500
2.23	2.30	2.36	2.43	2.48	2.55	2.62	2.68	2.75	2.82	3000
2.37	2.44	2.51	2.58	2.65	2.72	2.79	2.86	2.93	3.00	3500
2.52	2.60	2.66	2.73	2.79	2.87	2.95	3.02	3.09	3.17	4000
2.67	2.77	2.84	2.92	2.98	3.07	3.14	3.22	3.31	3.39	4500
2.85	2.93	3.03	3.10	3.19	3.27	3.36	3.44	3.54	3.63	5000

(c-1)

Cement										f'_c (MPa)
0.074	0.076	0.078	0.080	0.082	0.084	0.086	0.088	0.090	0.092	15
0.081	0.084	0.086	0.089	0.091	0.093	0.095	0.098	0.100	0.103	20
0.089	0.091	0.095	0.098	0.100	0.102	0.105	0.108	0.110	0.113	25
0.098	0.100	0.104	0.107	0.109	0.112	0.115	0.118	0.121	0.124	30
0.107	0.109	0.113	0.116	0.119	0.122	0.125	0.128	0.132	0.135	35

(d)

Water										f'_c (psi)
4.14	4.25	4.38	4.52	4.63	4.77	4.89	5.00	5.13	5.25	2000
4.13	4.24	4.37	4.50	4.61	4.75	4.87	4.98	5.11	5.23	2500
4.11	4.23	4.35	4.48	4.59	4.73	4.85	4.96	5.09	5.21	3000
4.09	4.22	4.34	4.46	4.57	4.71	4.83	4.95	5.07	5.20	3500
4.08	4.21	4.32	4.45	4.55	4.69	4.81	4.93	5.06	5.18	4000
4.07	4.18	4.31	4.43	4.53	4.67	4.79	4.91	5.04	5.16	4500
4.05	4.16	4.29	4.39	4.51	4.65	4.76	4.88	5.01	5.13	5000

(d-1)

Water										f'_c (MPa)
0.153	0.158	0.162	0.167	0.171	0.176	0.181	0.185	0.190	0.194	15
0.153	0.157	0.162	0.166	0.170	0.175	0.180	0.184	0.189	0.193	20
0.152	0.156	0.161	0.165	0.169	0.174	0.179	0.183	0.188	0.192	25
0.151	0.155	0.160	0.164	0.168	0.173	0.178	0.182	0.187	0.191	30
0.150	0.154	0.159	0.163	0.167	0.172	0.177	0.181	0.186	0.190	35

(e)

Air										
—	—	—	—	—	—	—	—	—	—	Entrained (ft³/yd³)
—	—	—	—	—	—	—	—	—	—	%
—	—	—	—	—	—	—	—	—	—	Entrained (m³/m³)

(f)

Air (Values Approximate)							
2000	2500	3000	3500	4000	4500	5000	f'_c (psi)
0.42	0.39	0.36	0.34	0.32	0.30	0.28	Entrapped (ft³/yd³)
1.56	1.44	1.33	1.26	1.19	1.11	1.04	%

(f-1)

Air (Values Approximate)					
15	20	25	30	35	f'_c (MPa)
0.015	0.014	0.012	0.011	0.010	Entrapped (m³/m³)
1.52	1.35	1.24	1.13	1.04	%

(g)

Cement and Water Adjustments for Fine Aggregate Variations										
31-32	32-33	33-34	34-35	35-36	36-37	37-38	38-39	39-40	40-41	% Voids
90.0	92.5	95.0	97.5	100.0	102.5	105.0	107.5	110.0	112.5	Adjustment (%)

Table No.	188
C.A. Size	1"
	25.0 mm
ASTM No.	57
Slump	3½"
	90 mm
( ) AE	
(✓) Non-AE	

(a)

Coarse Aggregate Type No.										Concrete Class
1	2	3	4	5	6	7				A
	1	2	3	4	5	6	7			B
		1	2	3	4	5	6	7		C
			1	2	3	4	5	6	7	D

(b) Concrete

12.30	12.80	13.30	13.80	14.30	14.80	15.30	15.80	16.30	16.80	Mortar (ft³/yd³)
14.70	14.20	13.70	13.20	12.70	12.20	11.70	11.20	10.70	10.20	C.A. + 8 (ft³/yd³)
0.456	0.474	0.493	0.511	0.530	0.548	0.567	0.585	0.604	0.622	Mortar (m³/m³)
0.544	0.526	0.507	0.489	0.470	0.452	0.433	0.415	0.396	0.378	C.A. + 8 (m³/m³)

(c) Cement

										f'_c (psi)
2.00	2.05	2.10	.216	2.20	2.26	2.29	2.35	2.41	2.47	2000
2.13	2.19	2.25	2.31	2.37	2.44	2.48	2.54	2.61	2.67	2500
2.27	2.34	2.40	2.47	2.52	2.59	2.76	2.82	2.89	2.96	3000
2.41	2.48	2.55	2.62	2.69	2.76	2.83	2.90	2.97	3.04	3500
2.56	2.64	2.70	2.77	2.83	2.91	2.99	3.06	3.13	3.21	4000
2.71	2.81	2.88	2.96	3.02	3.11	3.18	3.26	3.35	3.43	4500
2.89	2.97	3.07	3.14	3.23	3.31	3.40	3.48	3.58	3.67	5000

(c-1) Cement

										f'_c (MPa)
0.076	0.078	0.080	0.082	0.084	0.086	0.088	0.090	0.092	0.094	15
0.083	0.086	0.088	0.091	0.093	0.095	0.097	0.100	0.102	0.105	20
0.091	0.093	0.097	0.100	0.102	0.104	0.107	0.110	0.112	0.115	25
0.100	0.102	0.106	0.109	0.111	0.114	0.117	0.120	0.123	0.126	30
0.109	0.111	0.115	0.118	0.121	0.124	0.127	0.130	0.134	0.137	35

(d) Water

										f'_c (psi)
4.20	4.31	4.44	4.58	4.69	4.83	4.95	5.06	5.19	5.31	2000
4.19	4.30	4.43	4.56	4.67	4.81	4.93	5.04	5.17	5.29	2500
4.17	4.29	4.41	4.54	4.65	4.79	4.91	5.02	5.15	5.27	3000
4.15	4.28	4.40	4.52	4.63	4.77	4.89	5.01	5.13	5.26	3500
4.14	4.27	4.38	4.51	4.61	4.75	4.87	4.99	5.12	5.24	4000
4.13	4.25	4.37	4.49	4.59	4.73	4.85	4.97	5.10	5.22	4500
4.11	4.23	4.35	4.45	4.57	4.71	4.82	4.94	5.07	5.19	5000

(d-1) Water

										f'_c (MPa)
0.155	0.160	0.164	0.169	0.173	0.178	0.183	0.187	0.192	0.196	15
0.155	0.159	0.164	0.168	0.172	0.177	0.182	0.186	0.191	0.195	20
0.154	0.158	0.163	0.167	0.171	0.176	0.181	0.185	0.190	0.194	25
0.153	0.157	0.162	0.166	0.170	0.175	0.180	0.184	0.189	0.193	30
0.152	0.156	0.161	0.165	0.169	0.174	0.179	0.183	0.188	0.192	35

(e) Air

—	—	—	—	—	—	—	—	—	—	Entrained (ft³/yd³)
—	—	—	—	—	—	—	—	—	—	%
—	—	—	—	—	—	—	—	—	—	Entrained (m³/m³)

(f) Air (Values Approximate)

2000	2500	3000	3500	4000	4500	5000	f'_c (psi)
0.42	0.39	0.36	0.34	0.32	0.30	0.28	Entrapped (ft³/yd³)
1.56	1.44	1.33	1.26	1.19	1.11	1.04	%

(f-1) Air (Values Approximate)

15	20	25	30	35	f'_c (MPa)
0.015	0.014	0.012	0.011	0.010	Entrapped (m³/m³)
1.52	1.35	1.24	1.13	1.04	%

(g) Cement and Water Adjustments for Fine Aggregate Variations

31–32	32–33	33–34	34–35	35–36	36–37	37–38	38–39	39–40	40–41	% Voids
90.0	92.5	95.0	97.5	100.0	102.5	105.0	107.5	110.0	112.5	Adjustment (%)

TABLES OF VOLUMES

Table No.	189
C.A. Size	1"
	25.0 mm
ASTM No.	57
Slump	4"
	100 mm

( ) AE
(✓) Non-AE

(a)

Coarse Aggregate Type No.										Concrete Class
1	2	3	4	5	6	7				A
	1	2	3	4	5	6	7			B
		1	2	3	4	5	6	7		C
			1	2	3	4	5	6	7	D

(b)

Concrete										
12.30	12.80	13.30	13.80	14.30	14.80	15.30	15.80	16.30	16.80	Mortar (ft³/yd³)
14.70	14.20	13.70	13.20	12.70	12.20	11.70	11.20	10.70	10.20	C. A. + 8 (ft³/yd³)
0.456	0.474	0.493	0.511	0.530	0.548	0.567	0.585	0.604	0.622	Mortar (m³/m³)
0.544	0.526	0.507	0.489	0.470	0.452	0.433	0.415	0.396	0.378	C. A. + 8 (m³/m³)

(c)

Cement										f'_c (psi)
2.04	2.09	2.14	2.20	2.24	2.30	2.33	2.39	2.45	2.51	2000
2.17	2.23	2.29	2.35	2.41	2.48	2.52	2.58	2.65	2.71	2500
2.31	2.38	2.44	2.51	2.56	2.63	2.70	2.76	2.83	2.90	3000
2.45	2.52	2.59	2.66	.273	2.80	2.87	2.94	3.01	3.08	3500
2.60	2.68	2.74	2.81	2.87	2.95	3.03	3.10	3.17	3.25	4000
2.75	2.85	2.92	3.00	3.06	3.15	3.22	3.30	3.39	3.47	4500
2.93	3.01	3.11	3.18	3.27	3.35	3.44	3.52	3.62	3.71	5000

(c-1)

Cement										f'_c (MPa)
0.077	0.079	0.081	0.083	0.085	0.087	0.089	0.091	0.093	0.095	15
0.084	0.087	0.089	0.092	0.094	0.096	0.098	0.101	0.103	0.106	20
0.092	0.094	0.098	0.101	0.103	0.105	0.108	0.111	0.113	0.116	25
0.101	0.103	0.107	0.110	0.112	0.115	0.118	0.121	0.124	0.127	30
0.110	0.112	0.116	0.119	0.122	0.125	0.128	0.131	0.135	0.138	35

(d)

Water										f'_c (psi)
4.25	4.36	4.49	4.63	4.74	4.88	5.00	5.11	5.24	5.36	2000
4.24	4.35	4.48	4.61	4.72	4.86	4.98	5.09	5.22	5.34	2500
4.22	4.34	4.46	4.59	4.70	4.84	4.96	5.07	5.20	5.32	3000
4.20	4.33	4.45	4.57	4.68	4.82	4.94	5.06	5.18	5.31	3500
4.19	4.32	4.43	4.56	4.66	4.80	4.92	5.04	5.17	5.29	4000
4.18	4.30	4.42	4.54	4.64	4.78	4.90	5.02	5.15	5.27	4500
4.16	4.28	4.40	4.50	4.62	4.76	4.87	4.99	5.12	5.24	5000

(d-1)

Water										f'_c (MPa)
0.157	0.162	0.166	0.171	0.175	0.180	0.185	0.189	0.194	0.198	15
0.157	0.161	0.166	0.170	0.174	0.179	0.184	0.188	0.193	0.197	20
0.156	0.160	0.165	0.169	0.173	0.178	0.183	0.187	0.192	0.196	25
0.155	0.159	0.164	0.168	0.172	0.177	0.182	0.186	0.191	0.195	30
0.154	0.158	0.163	0.167	0.171	0.176	0.181	0.185	0.190	0.194	35

(e)

Air										
—	—	—	—	—	—	—	—	—	—	Entrained (ft³/yd³)
—	—	—	—	—	—	—	—	—	—	%
—	—	—	—	—	—	—	—	—	—	Entrained (m³/m³)

(f)

Air (Values Approximate)							
2000	2500	3000	3500	4000	4500	5000	f'_c (psi)
0.42	0.39	0.36	0.34	0.32	0.30	0.28	Entrapped (ft³/yd³)
1.56	1.44	1.33	1.26	1.19	1.11	1.04	%

(f-1)

Air (Values Approximate)					
15	20	25	30	35	f'_c (MPa)
0.015	0.014	0.012	0.011	0.010	Entrapped (m³/m³)
1.52	1.35	1.24	1.13	1.04	%

(g)

Cement and Water Adjustments for Fine Aggregate Variations										
31–32	32–33	33–34	34–35	35–36	36–37	37–38	38–39	39–40	40–41	% Voids
90.0	92.5	95.0	97.5	100.0	102.5	105.0	107.5	110.0	112.5	Adjustment (%)

Table No. 190
C.A. Size 1"
         25.0 mm
ASTM No. 57
Slump 4½"
         115 mm

( ) AE
(✓) Non-AE

(a)

Coarse Aggregate Type No.										Concrete Class
1	2	3	4	5	6	7				A
	1	2	3	4	5	6	7			B
		1	2	3	4	5	6	7		C
			1	2	3	4	5	6	7	D

(b)

Concrete										
12.30	12.80	13.30	13.80	14.30	14.80	15.30	15.80	16.30	16.80	Mortar (ft³/yd³)
14.70	14.20	13.70	13.20	12.70	12.20	11.70	11.20	10.70	10.20	C.A. + 8 (ft³/yd³)
0.456	0.474	0.493	0.511	0.530	0.548	0.567	0.585	0.604	0.622	Mortar (m³/m³)
0.544	0.526	0.507	0.489	0.470	0.452	0.433	0.415	0.396	0.378	C.A. + 8 (m³/m³)

(c)

Cement										f'_c (psi)
2.07	2.12	2.17	2.23	2.27	2.33	2.36	2.42	2.48	2.54	2000
2.20	2.26	2.32	2.38	2.44	2.51	2.55	2.61	2.68	2.74	2500
2.34	2.41	2.47	2.54	2.59	2.66	2.73	2.79	2.86	2.93	3000
2.48	2.55	2.62	2.69	2.76	2.83	2.90	2.97	3.04	3.11	3500
2.63	2.71	2.77	2.84	2.90	2.98	3.06	3.13	3.20	3.28	4000
2.78	2.88	2.95	3.03	3.09	3.18	3.25	3.33	3.42	3.50	4500
2.96	3.04	3.14	3.21	3.30	3.38	3.47	3.55	3.65	3.74	5000

(c-1)

Cement										f'_c (MPa)
0.078	0.080	0.082	0.084	0.086	0.088	0.090	0.092	0.096	0.096	15
0.085	0.088	0.090	0.093	0.095	0.097	0.099	0.102	0.104	0.107	20
0.093	0.095	0.099	0.102	0.104	0.106	0.109	0.112	0.114	0.117	25
0.102	0.104	0.108	0.111	0.113	0.116	0.119	0.122	0.125	0.128	30
0.111	0.113	0.117	0.120	0.123	0.126	0.129	0.132	0.136	0.139	35

(d)

Water										f'_c (psi)
4.30	4.41	4.54	4.68	4.79	4.93	5.05	5.16	5.29	5.41	2000
4.29	4.40	4.53	4.66	4.77	4.91	5.03	5.14	5.27	5.39	2500
4.27	4.39	4.51	4.64	4.75	4.89	5.01	5.12	5.25	5.37	3000
4.25	4.38	4.50	4.62	4.73	4.87	4.99	5.11	5.23	5.36	3500
4.24	4.37	4.48	4.61	4.71	4.85	4.97	5.09	5.22	5.34	4000
4.23	4.35	4.47	4.59	4.69	4.83	4.95	5.07	5.20	5.32	4500
4.21	4.33	4.45	4.55	4.67	4.81	4.92	5.04	5.17	5.29	5000

(d-1)

Water										f'_c (MPa)
0.159	0.164	0.168	0.173	0.177	0.182	0.187	0.191	0.196	0.200	15
0.159	0.163	0.168	0.172	0.176	0.181	0.186	0.190	0.195	0.199	20
0.158	0.162	0.167	0.171	0.175	0.180	0.185	0.189	0.194	0.198	25
0.157	0.161	0.166	0.170	0.174	0.179	0.184	0.188	0.193	0.197	30
0.156	0.160	0.165	0.169	0.173	0.178	0.183	0.187	0.192	0.196	35

(e)

Air										
—	—	—	—	—	—	—	—	—	—	Entrained (ft³/yd³)
—	—	—	—	—	—	—	—	—	—	%
—	—	—	—	—	—	—	—	—	—	Entrained (m³/m³)

(f)

Air (Values Approximate)							
2000	2500	3000	3500	4000	4500	5000	f'_c (psi)
0.42	0.39	0.36	0.34	0.32	0.30	0.28	Entrapped (ft³/yd³)
1.56	1.44	1.33	1.26	1.19	1.11	1.04	%

(f-1)

Air (Values Approximate)					
15	20	25	30	35	f'_c (MPa)
0.015	0.014	0.012	0.011	0.010	Entrapped (m³/m³)
1.52	1.35	1.24	1.13	1.04	%

(g)

Cement and Water Adjustments for Fine Aggregate Variations										
31-32	32-33	33-34	34-35	35-36	36-37	37-38	38-39	39-40	40-41	% Voids
90.0	92.5	95.0	97.5	100.0	102.5	105.0	107.5	110.0	112.5	Adjustment (%)

Table No.		191
C.A. Size		1"
		25.0 mm
ASTM No.		57
Slump		5"
		125 mm
( ) AE		
(✓) Non-AE		

(a)

Coarse Aggregate Type No.										Concrete Class
1	2	3	4	5	6	7				A
	1	2	3	4	5	6	7			B
		1	2	3	4	5	6	7		C
			1	2	3	4	5	6	7	D

(b)

Concrete										
12.30	12.80	13.30	13.80	14.30	14.80	15.30	15.80	16.30	16.80	Mortar (ft³/yd³)
14.70	14.20	13.70	13.20	12.70	12.20	11.70	11.20	10.70	10.20	C.A. + 8 (ft³/yd³)
0.456	0.474	0.493	0.511	0.530	0.548	0.567	0.585	0.604	0.622	Mortar (m³/m³)
0.544	0.526	0.507	0.489	0.470	0.452	0.433	0.415	0.396	0.378	C.A. + 8 (m³/m³)

(c)

Cement										f'_c (psi)
2.10	2.15	2.20	2.26	2.30	2.36	2.39	2.45	2.51	2.57	2000
2.23	2.29	2.35	2.41	2.47	2.54	2.58	2.64	2.71	2.77	2500
2.37	2.44	2.50	2.57	2.62	2.69	2.76	2.82	2.89	2.96	3000
2.51	2.58	2.65	2.72	2.79	2.86	2.93	3.00	3.07	3.14	3500
2.66	2.74	2.80	2.87	2.93	3.01	3.09	3.16	3.23	3.31	4000
2.81	2.91	2.98	3.06	3.12	3.21	3.28	3.36	3.45	3.53	4500
2.99	3.07	3.17	3.24	3.33	3.41	3.50	3.58	3.68	3.77	5000

(c-1)

Cement										f'_c (MPa)
0.079	0.081	0.083	0.085	0.087	0.089	0.091	0.093	0.095	0.097	15
0.086	0.089	0.091	0.094	0.096	0.098	0.100	0.103	0.105	0.108	20
0.094	0.096	0.100	0.103	0.105	0.107	0.110	0.113	0.115	0.118	25
0.103	0.105	0.109	0.112	0.114	0.117	0.120	0.123	0.126	0.129	30
0.112	0.114	0.118	0.121	0.124	0.127	0.130	0.133	0.137	0.140	35

(d)

Water										f'_c (psi)
4.36	4.47	4.60	4.74	4.85	4.99	5.11	5.22	5.35	5.47	2000
4.35	4.46	4.59	4.72	4.83	4.97	5.09	5.20	5.33	5.45	2500
4.33	4.45	4.57	4.70	4.81	4.95	5.07	5.18	5.31	5.43	3000
4.31	4.44	4.56	4.68	4.79	4.93	5.05	5.17	5.29	5.42	3500
4.30	4.43	4.54	4.67	4.77	4.91	5.03	5.15	5.28	5.40	4000
4.29	4.41	4.53	4.65	4.75	4.89	5.01	5.13	5.26	5.38	4500
4.27	4.39	4.51	4.61	4.73	4.87	4.98	5.10	5.23	5.35	5000

(d-1)

Water										f'_c (MPa)
0.161	0.166	0.170	0.175	0.179	0.184	0.189	0.193	0.198	0.202	15
0.161	0.165	0.170	0.174	0.178	0.183	0.188	0.192	0.197	0.201	20
0.160	0.164	0.169	0.173	0.177	0.182	0.187	0.191	0.196	0.200	25
0.159	0.163	0.168	0.172	0.176	0.181	0.186	0.190	0.195	0.199	30
0.158	0.162	0.167	0.171	0.175	0.180	0.185	0.189	0.194	0.198	35

(e)

Air										
—	—	—	—	—	—	—	—	—	—	Entrained (ft³/yd³)
—	—	—	—	—	—	—	—	—	—	%
—	—	—	—	—	—	—	—	—	—	Entrained (m³/m³)

(f)

Air (Values Approximate)							
2000	2500	3000	3500	4000	4500	5000	f'_c (psi)
0.42	0.39	0.36	0.34	0.32	0.30	0.28	Entrapped (ft³/yd³)
1.56	1.44	1.33	1.26	1.19	1.11	1.04	%

(f-1)

Air (Values Approximate)					
15	20	25	30	35	f'_c (MPa)
0.015	0.014	0.012	0.011	0.010	Entrapped (m³/m³)
1.52	1.35	1.24	1.13	1.04	%

(g)

Cement and Water Adjustments for Fine Aggregate Variations									
31–32	32–33	33–34	34–35	35–36	36–37	37–38	38–39	39–40	40–41	% Voids
90.0	92.5	95.0	97.5	100.0	102.5	105.0	107.5	110.0	112.5	Adjustment (%)

Table No. 192
C.A. Size 1"
25.0 mm
ASTM No. 57
Slump 5½"
140 mm

( ) AE
(✓) Non-AE

(a)

Coarse Aggregate Type No.										Concrete Class
1	2	3	4	5	6	7				A
	1	2	3	4	5	6	7			B
		1	2	3	4	5	6	7		C
			1	2	3	4	5	6	7	D

(b) Concrete

12.30	12.80	13.30	13.80	14.30	14.80	15.30	15.80	16.30	16.80	Mortar (ft³/yd³)
14.70	14.20	13.70	13.20	12.70	12.20	11.70	11.20	10.70	10.20	C. A. + 8 (ft³/yd³)
0.456	0.474	0.493	0.511	0.530	0.548	0.567	0.585	0.604	0.622	Mortar (m³/m³)
0.544	0.526	0.507	0.489	0.470	0.452	0.433	0.415	0.396	0.378	C. A. + 8 (m³/m³)

(c) Cement

										f'_c (psi)
2.14	2.19	2.24	2.30	2.34	2.40	2.43	2.49	2.55	2.61	2000
2.27	2.33	2.39	2.45	2.51	2.58	2.62	2.68	2.75	2.81	2500
2.41	2.48	2.54	2.61	2.66	2.73	2.80	2.86	2.93	3.00	3000
2.55	2.62	2.69	2.76	2.83	2.90	2.97	3.04	3.11	3.18	3500
2.70	2.78	2.84	2.91	2.97	3.05	3.13	3.20	3.27	3.35	4000
2.85	2.95	3.02	3.10	3.16	3.25	3.32	3.40	3.49	3.57	4500
3.03	3.11	3.21	3.28	3.37	3.45	3.54	3.62	3.72	3.81	5000

(c-1) Cement

										f'_c (MPa)
0.081	0.083	0.085	0.087	0.089	0.091	0.093	0.095	0.097	0.099	15
0.088	0.091	0.093	0.096	0.098	0.100	0.102	0.105	0.107	0.110	20
0.096	0.098	0.102	0.105	0.107	0.109	0.112	0.115	0.117	0.120	25
0.105	0.107	0.111	0.114	0.116	0.119	0.122	0.125	0.128	0.131	30
0.114	0.116	0.120	0.123	0.126	0.129	0.132	0.135	0.139	0.142	35

(d) Water

										f'_c (psi)
4.41	4.52	4.65	4.79	4.90	5.04	5.16	5.27	5.40	5.52	2000
4.40	4.51	4.64	4.77	4.88	5.02	5.14	5.25	5.38	5.50	2500
4.38	4.50	4.62	4.75	4.86	5.00	5.12	5.23	5.36	5.48	3000
4.36	4.49	4.61	4.73	4.84	4.98	5.10	5.22	5.34	5.47	3500
4.35	4.48	4.59	4.72	4.82	4.96	5.08	5.20	5.33	5.45	4000
4.34	4.46	4.58	4.70	4.80	4.94	5.06	5.18	5.31	5.43	4500
4.32	4.44	4.56	4.66	4.78	4.92	5.03	5.15	5.28	5.40	5000

(d-1) Water

										f'_c (MPa)
0.163	0.168	0.172	0.177	0.181	0.186	0.191	0.195	0.200	0.204	15
0.163	0.167	0.172	0.176	0.180	0.185	0.190	0.194	0.199	0.203	20
0.162	0.166	0.171	0.175	0.179	0.184	0.189	0.193	0.198	0.202	25
0.161	0.165	0.170	0.174	0.178	0.183	0.188	0.192	0.197	0.201	30
0.160	0.164	0.169	0.173	0.177	0.182	0.187	0.191	0.196	0.200	35

(e) Air

—	—	—	—	—	—	—	—	—	—	Entrained (ft³/yd³)
—	—	—	—	—	—	—	—	—	—	%
—	—	—	—	—	—	—	—	—	—	Entrained (m³/m³)

(f) Air (Values Approximate)

2000	2500	3000	3500	4000	4500	5000	f'_c (psi)
0.42	0.39	0.36	0.34	0.32	0.30	0.28	Entrapped (ft³/yd³)
1.56	1.44	1.33	1.26	1.19	1.11	1.04	%

(f-1) Air (Values Approximate)

15	20	25	30	35	f'_c (MPa)
0.015	0.014	0.012	0.011	0.010	Entrapped (m³/m³)
1.52	1.35	1.24	1.13	1.04	%

(g) Cement and Water Adjustments for Fine Aggregate Variations

31–32	32–33	33–34	34–35	35–36	36–37	37–38	38–39	39–40	40–41	% Voids
90.0	92.5	95.0	97.5	100.0	102.5	105.0	107.5	110.0	112.5	Adjustment (%)

TABLES OF VOLUMES

Table No.	193
C.A. Size	1"
	25.0 mm
ASTM No.	57
Slump	6"
	150 mm

( ) AE
(✓) Non-AE

(a)

Coarse Aggregate Type No.										Concrete Class
1	2	3	4	5	6	7				A
	1	2	3	4	5	6	7			B
		1	2	3	4	5	6	7		C
			1	2	3	4	5	6	7	D

(b) Concrete

12.30	12.80	13.30	13.80	14.30	14.80	15.30	15.80	16.30	16.80	Mortar (ft³/yd³)
14.70	14.20	13.70	13.20	12.70	12.20	11.70	11.20	10.70	10.20	C.A. + 8 (ft³/yd³)
0.456	0.474	0.493	0.511	0.530	0.548	0.567	0.585	0.604	0.622	Mortar (m³/m³)
0.544	0.526	0.507	0.489	0.470	0.457	0.433	0.415	0.396	0.378	C.A. + 8 (m³/m³)

(c) Cement

										f'_c (psi)
2.17	2.22	2.27	2.33	2.37	2.43	2.46	2.52	2.58	.264	2000
2.30	2.36	2.42	2.48	2.54	2.61	2.65	2.71	2.78	2.84	2500
2.44	2.51	2.57	2.64	2.69	2.76	2.83	2.89	2.96	3.03	3000
2.58	2.65	2.72	2.79	2.86	2.93	3.00	3.07	3.14	3.21	3500
2.73	2.81	2.87	2.94	3.00	3.08	3.16	3.23	3.30	3.38	4000
2.88	2.98	3.05	3.13	3.19	3.28	3.35	3.43	3.52	3.60	4500
3.06	3.14	3.24	3.31	3.40	3.48	3.57	3.65	3.75	3.84	5000

(c-1) Cement

										f'_c (MPa)
0.082	0.084	0.086	0.088	0.090	0.092	0.094	0.096	0.098	0.100	15
0.089	0.092	0.094	0.097	0.099	0.101	0.103	0.106	0.108	0.111	20
0.097	0.099	0.103	0.106	0.108	0.110	0.113	0.116	0.118	0.121	25
0.106	0.108	0.112	0.115	0.117	0.120	0.123	0.126	0.129	0.132	30
0.115	0.117	0.121	0.124	0.127	0.130	0.133	0.136	0.140	0.143	35

(d) Water

										f'_c (psi)
4.46	4.57	4.70	4.84	4.95	5.09	5.21	5.32	5.45	5.57	2000
4.45	4.56	4.69	4.82	4.93	5.07	5.19	5.30	5.43	5.55	2500
4.43	4.55	4.67	4.80	4.91	5.05	5.17	5.28	5.41	5.53	3000
4.41	4.54	4.66	4.78	4.89	5.03	5.15	5.27	5.39	5.52	3500
4.40	4.53	4.64	4.77	4.87	5.01	5.13	5.25	5.38	5.50	4000
4.39	4.51	4.63	4.75	4.85	5.00	5.11	5.23	5.36	5.48	4500
4.37	4.49	4.61	4.71	4.83	4.99	5.08	5.20	5.33	5.45	5000

(d-1) Water

										f'_c (MPa)
0.165	0.170	0.174	0.179	0.183	0.188	0.193	0.197	0.202	0.206	15
0.165	0.169	0.174	0.178	0.182	0.187	0.192	0.196	0.201	0.205	20
0.164	0.168	0.173	0.177	0.181	0.186	0.191	0.195	0.200	0.204	25
0.163	0.167	0.172	0.176	0.180	0.185	0.190	0.194	0.199	0.203	30
0.162	0.166	0.171	0.175	0.179	0.184	0.189	0.193	0.198	0.202	35

(e) Air

—	—	—	—	—	—	—	—	—	—	Entrained (ft³/yd³)
—	—	—	—	—	—	—	—	—	—	%
—	—	—	—	—	—	—	—	—	—	Entrained (m³/m³)

(f) Air (Values Approximate)

2000	2500	3000	3500	4000	4500	5000	f'_c (psi)
0.42	0.39	0.36	0.34	0.32	0.30	0.28	Entrapped (ft³/yd³)
1.56	1.44	1.33	1.26	1.19	1.11	1.04	%

(f-1) Air (Values Approximate)

15	20	25	30	35	f'_c (MPa)
0.015	0.014	0.012	0.011	0.010	Entrapped (m³/m³)
1.52	1.35	1.24	0.113	1.04	%

(g) Cement and Water Adjustments for Fine Aggregate Variations

31–32	32–33	33–34	34–35	35–36	36–37	37–38	38–39	39–40	40–41	% Voids
90.0	92.5	95.0	97.5	100.0	102.5	105.0	107.5	110.0	112.5	Adjustment (%)

Table No. 194
C.A. Size 1"
25.0 mm
ASTM No. 57
Slump 6½"
165 mm

( ) AE
(✓) Non-AE

(a)

Coarse Aggregate Type No.										Concrete Class
1	2	3	4	5	6	7				A
	1	2	3	4	5	6	7			B
		1	2	3	4	5	6	7		C
			1	2	3	4	5	6	7	D

(b)

Concrete										
12.30	12.80	13.30	13.80	14.30	14.80	15.30	15.80	16.30	16.80	Mortar (ft³/yd³)
14.70	14.20	13.70	13.20	12.70	12.20	11.70	11.20	10.70	10.20	C. A. + 8 (ft³/yd³)
0.456	0.474	0.493	0.511	0.530	0.548	0.567	0.585	0.604	0.622	Mortar (m³/m³)
0.544	0.526	0.507	0.489	0.470	0.452	0.433	0.415	0.396	0.378	C. A. + 8 (m³/m³)

(c)

Cement										f'_c (psi)
2.20	2.25	2.30	2.36	2.40	2.46	2.49	2.55	2.61	2.67	2000
2.33	2.39	2.45	2.51	2.57	2.64	2.68	2.74	2.81	2.87	2500
2.47	2.54	2.60	2.67	2.72	2.79	2.86	2.92	2.99	3.06	3000
2.61	2.68	2.75	2.82	2.89	2.96	3.03	3.10	3.17	3.24	3500
2.76	2.84	2.90	2.97	3.03	3.11	3.19	3.26	3.33	3.41	4000
2.91	3.01	3.08	3.16	3.22	3.31	3.38	3.46	3.55	3.63	4500
3.09	3.17	3.27	3.34	3.43	3.51	3.60	3.68	3.78	3.87	5000

(c-1)

Cement										f'_c (MPa)
0.083	0.085	0.087	0.089	0.091	0.093	0.095	0.097	0.099	0.101	15
0.090	0.093	0.095	0.098	0.100	0.102	0.104	0.107	0.109	0.112	20
0.098	0.100	0.104	0.107	0.109	0.111	0.114	0.117	0.119	0.122	25
0.107	0.109	0.113	0.116	0.118	0.121	0.124	0.127	0.130	0.133	30
0.116	0.118	0.122	0.125	0.128	0.131	0.134	0.137	0.141	0.144	35

(d)

Water										f'_c (psi)
4.51	4.62	4.75	4.89	5.00	5.14	5.26	5.37	5.50	5.62	2000
4.50	4.61	4.74	4.87	4.98	5.12	5.24	5.35	5.48	5.60	2500
4.48	4.60	4.72	4.85	4.96	5.10	5.22	5.33	5.46	5.58	3000
4.46	4.59	4.71	4.83	4.94	5.08	5.20	5.32	5.44	5.57	3500
4.45	4.58	4.69	4.82	4.92	5.06	5.18	5.30	5.43	5.55	4000
4.44	4.56	4.68	4.80	4.90	5.04	5.16	5.28	5.41	5.53	4500
4.42	4.54	4.66	4.76	4.88	5.02	5.13	5.25	5.38	5.50	5000

(d-1)

Water										f'_c (MPa)
0.167	0.172	0.176	0.181	0.185	0.190	0.195	0.199	0.204	0.208	15
0.167	0.171	0.176	0.180	0.184	0.189	0.194	0.198	0.203	0.207	20
0.166	0.170	0.175	0.179	0.183	0.188	0.193	0.197	0.202	0.206	25
0.165	0.169	0.174	0.178	0.182	0.187	0.192	0.196	0.201	0.205	30
0.164	0.168	0.173	0.177	0.181	0.186	0.191	0.195	0.200	0.204	35

(e)

Air										
—	—	—	—	—	—	—	—	—		Entrained (ft³/yd³)
—	—	—	—	—	—	—	—	—		%
—	—	—	—	—	—	—	—	—		Entrained (m³/m³)

(f)

Air (Values Approximate)							
2000	2500	3000	3500	4000	4500	5000	f'_c (psi)
0.42	0.39	0.36	0.34	0.32	0.30	0.28	Entrapped (ft³/yd³)
1.56	1.44	1.33	1.26	1.19	1.11	1.04	%

(f-1)

Air (Values Approximate)					
15	20	25	30	35	f'_c (MPa)
0.015	0.014	0.012	0.011	0.010	Entrapped (m³/m³)
1.52	1.35	1.24	1.13	1.04	%

(g)

Cement and Water Adjustments for Fine Aggregate Variations										
31-32	32-33	33-34	34-35	35-36	36-37	37-38	38-39	39-40	40-41	% Voids
90.0	92.5	95.0	97.5	100.0	102.5	105.0	107.5	110.0	112.5	Adjustment (%)

TABLES OF VOLUMES **207**

Table No.	195
C.A. Size	1"
	25.0 mm
ASTM No.	57
Slump	7"
	175 mm

( ) AE
(✓) Non-AE

(a)

Coarse Aggregate Type No.										Concrete Class
1	2	3	4	5	6	7				A
	1	2	3	4	5	6	7			B
		1	2	3	4	5	6	7		C
			1	2	3	4	5	6	7	D

(b)

Concrete										
12.30	12.80	13.30	13.80	14.30	14.80	15.30	15.80	16.30	16.80	Mortar (ft³/yd³)
14.70	14.20	13.70	13.20	12.70	12.20	11.70	11.20	10.70	10.20	C.A. + 8 (ft³/yd³)
0.456	0.474	0.493	0.511	0.530	0.548	0.567	0.585	0.604	0.622	Mortar (m³/m³)
0.544	0.526	0.507	0.489	0.470	0.452	0.433	0.415	0.396	0.378	C.A. + 8 (m³/m³)

(c)

Cement										f'_c (psi)
2.24	2.29	2.34	2.40	2.44	2.50	2.53	2.59	2.65	2.71	2000
2.37	2.43	2.49	2.55	2.61	2.68	2.72	2.78	2.85	2.91	2500
2.51	2.58	2.64	2.71	2.76	2.83	2.90	2.96	3.03	3.10	3000
2.65	2.72	2.79	2.86	2.93	3.00	3.07	3.14	3.21	3.28	3500
2.80	2.88	2.94	3.01	3.07	3.15	3.23	3.30	3.37	3.45	4000
2.95	3.05	3.12	3.20	3.26	3.35	3.42	3.50	3.59	3.67	4500
3.13	3.21	3.31	3.38	3.47	3.55	3.64	3.72	3.82	3.91	5000

(c-1)

Cement										f'_c (MPa)
0.084	0.086	0.088	0.090	0.092	0.094	0.096	0.098	0.100	0.102	15
0.091	0.094	0.096	0.099	0.101	0.103	0.105	0.108	0.110	0.113	20
0.099	0.101	0.105	0.108	0.110	0.112	0.115	0.118	0.120	0.123	25
0.108	0.110	0.114	0.117	0.119	0.122	0.125	0.128	0.131	0.134	30
0.117	0.119	0.123	0.126	0.129	0.132	0.135	0.138	0.142	0.145	35

(d)

Water										f'_c (psi)
4.56	4.67	4.80	4.94	5.05	5.19	5.31	5.42	5.55	5.67	2000
4.55	4.66	4.79	4.92	5.03	5.17	5.29	5.40	5.53	5.65	2500
4.53	4.65	4.77	4.90	5.01	5.15	5.27	5.38	5.51	5.63	3000
4.51	4.64	4.76	4.88	4.99	5.13	5.25	5.37	5.49	5.62	3500
4.50	4.63	4.74	4.87	4.97	5.11	5.23	5.35	5.48	5.60	4000
4.49	4.61	4.73	4.85	4.95	5.09	5.21	5.33	5.46	5.58	4500
4.47	4.59	4.71	4.81	4.93	5.07	5.18	5.30	5.43	5.55	5000

(d-1)

Water										f'_c (MPa)
0.168	0.173	0.177	0.182	0.186	0.191	0.196	0.200	0.205	0.209	15
0.168	0.172	0.177	0.181	0.185	0.190	0.195	0.199	0.204	0.208	20
0.167	0.171	0.176	0.180	0.184	0.189	0.194	0.198	0.203	0.207	25
0.166	0.170	0.175	0.179	0.183	0.188	0.193	0.197	0.202	0.206	30
0.165	0.169	0.174	0.178	0.182	0.187	0.192	0.196	0.201	0.205	35

(e)

Air										
—	—	—	—	—	—	—	—	—	—	Entrained (ft³/yd³)
—	—	—	—	—	—	—	—	—	—	%
—	—	—	—	—	—	—	—	—	—	Entrained (m³/m³)

(f)

Air (Values Approximate)							
2000	2500	3000	3500	4000	4500	5000	f'_c (psi)
0.42	0.39	0.36	0.34	0.32	0.30	0.28	Entrapped (ft³/yd³)
1.56	1.44	1.33	1.26	1.19	1.11	1.04	%

(f-1)

Air (Values Approximate)					
15	20	25	30	35	f'_c (MPa)
0.015	0.014	0.012	0.011	0.010	Entrapped (m³/m³)
1.52	1.35	1.24	1.13	1.04	%

(g)

Cement and Water Adjustments for Fine Aggregate Variations										
31–32	32–33	33–34	34–35	35–36	36–37	37–38	38–39	39–40	40–41	% Voids
90.0	92.5	95.0	97.5	100.0	102.5	105.0	107.5	110.0	112.5	Adjustment (%)

Table No. 196
C.A. Size 1½"
  38.1 mm
ASTM No. 467
Slump 0"
  0 mm

( ) AE
(✓) Non-AE

(a)

Coarse Aggregate Type No.										Concrete Class
1	2	3	4	5	6	7				A
	1	2	3	4	5	6	7			B
		1	2	3	4	5	6	7		C
			1	2	3	4	5	6	7	D

(b)

Concrete										
11.80	12.30	12.80	13.30	13.80	14.30	14.80	15.30	15.80	16.30	Mortar (ft³/yd³)
15.20	14.70	14.20	13.70	13.20	12.70	12.20	11.70	11.20	10.70	C.A. + 8 (ft³/yd³)
0.437	0.456	0.474	0.493	0.511	0.530	0.548	0.567	0.585	0.604	Mortar (m³/m³)
0.563	0.544	0.526	0.507	0.489	0.470	0.452	0.433	0.415	0.396	C.A. + 8 (m³/m³)

(c)

Cement										f'_c (psi)
1.67	1.72	1.77	1.83	1.88	1.93	1.98	2.03	2.09	2.14	2000
1.81	1.86	1.93	1.99	2.06	2.11	2.18	2.23	2.30	2.36	2500
1.93	2.00	2.07	2.14	2.21	2.25	2.33	2.41	2.48	2.54	3000
2.07	2.13	2.21	2.28	2.36	2.43	2.51	2.57	2.65	2.72	3500
2.22	2.29	2.37	2.45	2.51	2.59	2.66	2.73	2.81	2.89	4000
2.38	2.45	2.55	2.61	2.69	2.77	2.85	2.93	3.02	3.10	4500
2.57	2.63	2.73	2.82	2.90	2.99	3.07	3.16	3.25	3.34	5000

(c-1)

Cement										f'_c (MPa)
0.064	0.065	0.068	0.070	0.072	0.074	0.076	0.078	0.080	0.083	15
0.071	0.073	0.076	0.078	0.081	0.083	0.085	0.088	0.091	0.093	20
0.079	0.081	0.085	0.087	0.090	0.092	0.095	0.098	0.101	0.103	25
0.088	0.090	0.094	0.096	0.099	0.102	0.105	0.108	0.111	0.114	30
0.097	0.099	0.103	0.106	0.109	0.112	0.115	0.118	0.121	0.125	35

(d)

Water										f'_c (psi)
3.61	3.73	3.85	3.98	4.12	4.23	4.36	4.48	4.61	4.73	2000
3.59	3.70	3.83	3.95	4.09	4.20	4.33	4.45	4.57	4.69	2500
3.57	3.68	3.81	3.93	4.06	4.17	4.30	4.42	4.55	4.67	3000
3.54	3.65	3.79	3.91	4.03	4.15	4.28	4.39	4.53	4.64	3500
3.51	3.63	3.76	3.89	4.01	4.13	4.25	4.37	4.50	4.61	4000
3.49	3.60	3.73	3.86	3.98	4.10	4.23	4.34	4.49	4.59	4500
3.45	3.57	3.70	3.83	3.94	4.07	4.19	4.31	4.44	4.56	5000

(d-1)

Water										f'_c (MPa)
0.133	0.138	0.142	0.147	0.152	0.156	0.161	0.166	0.170	0.175	15
0.132	0.137	0.141	0.146	0.151	0.155	0.160	0.164	0.169	0.173	20
0.131	0.136	0.140	0.145	0.150	0.154	0.159	0.163	0.168	0.172	25
0.129	0.134	0.139	0.144	0.148	0.153	0.157	0.162	0.166	0.171	30
0.127	0.132	0.137	0.142	0.146	0.151	0.155	0.160	0.164	0.169	35

(e)

Air										
—	—	—	—	—	—	—	—	—	—	Entrained (ft³/yd³)
—	—	—	—	—	—	—	—	—	—	%
—	—	—	—	—	—	—	—	—	—	Entrained (m³/m³)

(f)

Air (Values Approximate)

2000	2500	3000	3500	4000	4500	5000	f'_c (psi)
0.25	0.23	0.22	0.20	0.19	0.18	0.17	Entrapped (ft³/yd³)
0.93	0.85	0.81	0.74	0.70	0.67	0.63	%

(f-1)

Air (Values Approximate)

15	20	25	30	35	f'_c (MPa)
0.009	0.008	0.007	0.007	0.006	Entrapped (m³/m³)
0.90	0.82	0.73	0.68	0.63	%

(g)

Cement and Water Adjustments for Fine Aggregate Variations

31-32	32-33	33-34	34-35	35-36	36-37	37-38	38-39	39-40	40-41	% Voids
90.0	92.5	95.0	97.5	100.0	102.5	105.0	107.5	110.0	112.5	Adjustment (%)

TABLES OF VOLUMES 209

Table No. 197
C.A. Size 1½"
38.1 mm
ASTM No. 467
Slump ½"
12.5 mm

( ) AE
(✓) Non·AE

(a)

Coarse Aggregate Type No.										Concrete Class
1	2	3	4	5	6	7				A
	1	2	3	4	5	6	7			B
		1	2	3	4	5	6	7		C
			1	2	3	4	5	6	7	D

(b) Concrete

11.80	12.30	12.80	13.30	13.80	14.30	14.80	15.30	15.80	16.30	Mortar (ft³/yd³)
15.20	14.70	14.20	13.70	13.20	12.70	12.20	11.70	11.20	10.70	C. A. + 8 (ft³/yd³)
0.437	0.456	0.474	0.493	0.511	0.530	0.548	0.567	0.585	0.604	Mortar (m³/m³)
0.563	0.544	0.526	0.507	0.489	0.470	0.452	0.433	0.415	0.396	C. A. + 8 (m³/m³)

(c) Cement

										f'_c (psi)
1.70	1.75	1.80	1.86	1.91	1.96	2.01	2.06	2.12	2.17	2000
1.84	1.89	1.96	2.02	2.09	2.14	2.21	2.26	2.33	2.39	2500
1.96	2.03	2.10	2.17	2.24	2.28	2.36	2.44	2.51	2.57	3000
2.10	2.16	2.24	2.31	2.39	2.46	2.54	2.60	2.68	2.75	3500
2.25	2.32	2.40	2.48	2.54	2.62	2.69	2.76	2.84	2.92	4000
2.41	2.48	2.58	2.64	2.72	2.80	2.88	2.96	3.05	3.13	4500
2.60	2.66	2.76	2.85	2.93	3.02	3.10	3.19	3.28	3.37	5000

(c-1) Cement

										f'_c (MPa)
0.065	0.066	0.069	0.071	0.073	0.075	0.077	0.079	0.081	0.084	15
0.072	0.074	0.077	0.079	0.082	0.084	0.086	0.089	0.092	0.094	20
0.080	0.082	0.086	0.088	0.091	0.093	0.096	0.099	0.102	0.104	25
0.089	0.091	0.095	0.097	0.100	0.103	0.106	0.109	0.112	0.115	30
0.098	0.100	0.104	0.107	0.110	0.113	0.116	0.119	0.122	0.126	35

(d) Water

										f'_c (psi)
3.67	3.79	3.91	4.04	4.18	4.29	4.42	4.54	4.67	4.79	2000
3.65	3.76	3.89	4.01	4.15	4.26	4.39	4.51	4.63	4.75	2500
3.63	3.74	3.87	3.99	4.12	4.23	4.36	4.48	4.61	4.73	3000
3.60	3.71	3.85	3.97	4.09	4.21	4.34	4.45	4.59	4.70	3500
3.57	3.69	3.82	3.95	4.07	4.19	4.31	4.43	4.56	4.67	4000
3.55	3.66	3.79	3.92	4.04	4.16	4.29	4.40	4.55	4.65	4500
3.51	3.63	3.76	3.89	4.00	4.13	4.25	4.37	4.50	4.62	5000

(d-1) Water

										f'_c (MPa)
0.135	0.140	0.144	0.149	0.154	0.158	0.163	0.168	0.172	0.177	15
0.134	0.139	0.143	0.148	0.153	0.157	0.162	0.166	0.171	0.175	20
0.133	0.138	0.142	0.147	0.152	0.156	0.161	0.165	0.170	0.174	25
0.131	0.136	0.141	0.146	0.150	0.155	0.159	0.164	0.168	0.173	30
0.129	0.134	0.139	0.144	0.148	0.153	0.157	0.162	0.166	0.171	35

(e) Air

—	—	—	—	—	—	—	—	—	—	Entrained (ft³/yd³)
—	—	—	—	—	—	—	—	—	—	%
—	—	—	—	—	—	—	—	—	—	Entrained (m³/m³)

(f) Air (Values Approximate)

2000	2500	3000	3500	4000	4500	5000	f'_c (psi)
0.25	0.23	0.22	0.20	0.19	0.18	0.17	Entrapped (ft³/yd³)
0.93	0.85	0.81	0.74	0.70	0.67	0.63	%

(f-1) Air (Values Approximate)

15	20	25	30	35	f'_c (MPa)
0.009	0.008	0.007	0.007	0.006	Entrapped (m³/m³)
0.90	0.82	0.73	0.68	0.63	%

(g) Cement and Water Adjustments for Fine Aggregate Variations

31-32	32-33	33-34	34-35	35-36	36-37	37-38	38-39	39-40	40-41	% Voids
90.0	92.5	95.0	97.5	100.0	102.5	105.0	107.5	110.0	112.5	Adjustment (%)

Table No.	198
C.A. Size	1½"
	38.1 mm
ASTM No.	467
Slump	1"
	25 mm

( ) AE
(✓) Non-AE

(a)

Coarse Aggregate Type No.										Concrete Class
1	2	3	4	5	6	7				A
	1	2	3	4	5	6	7			B
		1	2	3	4	5	6	7		C
			1	2	3	4	5	6	7	D

(b)

Concrete										
11.80	12.30	12.80	13.30	13.80	14.30	14.80	15.30	15.80	16.30	Mortar (ft³/yd³)
15.20	14.70	14.20	13.70	13.20	12.70	12.20	11.70	11.20	10.70	C.A. + 8 (ft³/yd³)
0.437	0.456	0.474	0.493	0.511	0.530	0.548	0.567	0.585	0.604	Mortar (m³/m³)
0.563	0.544	0.526	0.507	0.489	0.470	0.452	0.433	0.415	0.396	C.A. + 8 (m³/m³)

(c)

Cement										f'_c (psi)
1.73	1.78	1.83	1.89	1.94	1.99	2.04	2.09	2.15	2.20	2000
1.87	1.92	1.99	2.05	2.12	2.17	2.24	2.29	2.36	2.42	2500
1.99	2.06	2.13	2.20	2.27	2.31	2.39	2.47	2.54	2.60	3000
2.13	2.19	2.27	2.34	2.42	2.49	2.57	2.63	2.71	2.78	3500
2.28	2.35	2.43	2.51	2.57	2.65	2.72	2.79	2.87	2.95	4000
2.44	2.51	2.61	2.67	2.75	2.83	2.91	2.99	3.08	3.16	4500
2.63	2.69	2.79	2.88	2.96	3.05	3.13	3.22	3.31	3.40	5000

(c-1)

Cement										f'_c (MPa)
0.066	0.067	0.070	0.072	0.074	0.076	0.078	0.080	0.082	0.085	15
0.073	0.075	0.078	0.080	0.083	0.085	0.087	0.090	0.093	0.095	20
0.081	0.083	0.087	0.089	0.091	0.094	0.097	0.100	0.103	0.105	25
0.090	0.092	0.096	0.098	0.101	0.104	0.107	0.110	0.113	0.116	30
0.099	0.101	0.105	0.108	0.111	0.114	0.117	0.120	0.123	0.127	35

(d)

Water										f'_c (psi)
3.72	3.84	3.96	4.09	4.23	4.34	4.47	4.59	4.72	4.84	2000
3.70	3.81	3.94	4.06	4.20	4.31	4.44	4.56	4.68	4.80	2500
3.68	3.79	3.92	4.04	4.17	4.28	4.41	4.53	4.66	4.78	3000
3.65	3.76	3.90	4.02	4.14	4.26	4.39	4.50	4.64	4.75	3500
3.62	3.74	3.87	4.00	4.12	4.24	4.36	4.48	4.61	4.72	4000
3.60	3.71	3.84	3.97	4.09	4.21	4.34	4.45	4.60	4.70	4500
3.56	3.68	3.81	3.94	4.05	4.18	4.30	4.42	4.55	4.67	5000

(d-1)

Water										f'_c (MPa)
0.137	0.142	0.146	0.151	0.156	0.160	0.165	0.170	0.174	0.179	15
0.136	0.141	0.145	0.150	0.155	0.159	0.164	0.168	0.173	0.177	20
0.135	0.140	0.144	0.149	0.154	0.158	0.163	0.167	0.172	0.176	25
0.133	0.138	0.143	0.148	0.152	0.157	0.161	0.166	0.170	0.175	30
0.131	0.136	0.141	0.146	0.150	0.155	0.159	0.164	0.168	0.173	35

(e)

Air										
—	—	—	—	—	—	—	—	—	—	Entrained (ft³/yd³)
—	—	—	—	—	—	—	—	—	—	%
—	—	—	—	—	—	—	—	—	—	Entrained (m³/m³)

(f)

Air (Values Approximate)							
2000	2500	3000	3500	4000	4500	5000	f'_c (psi)
0.25	0.23	0.22	0.20	0.19	0.18	0.17	Entrapped (ft³/yd³)
0.93	0.85	0.81	0.74	0.70	0.67	0.63	%

(f-1)

Air (Values Approximate)					
15	20	25	30	35	f'_c (MPa)
0.009	0.008	0.007	0.007	0.006	Entrapped (m³/m³)
0.90	0.82	0.73	0.68	0.63	%

(g)

Cement and Water Adjustments for Fine Aggregate Variations

31–32	32–33	33–34	34–35	35–36	36–37	37–38	38–39	39–40	40–41	% Voids
90.0	92.5	95.0	97.5	100.0	102.5	105.0	107.5	110.0	112.5	Adjustment (%)

Table No.	199
C.A. Size	1½"
	38.1 mm
ASTM No.	467
Slump	1½"
	40 mm

( ) AE
(√) Non-AE

(a)

Coarse Aggregate Type No.										Concrete Class
1	2	3	4	5	6	7				A
	1	2	3	4	5	6	7			B
		1	2	3	4	5	6	7		C
			1	2	3	4	5	6	7	D

(b) Concrete

11.80	12.30	12.80	13.30	13.80	14.30	14.80	15.30	15.80	16.30	Mortar (ft³/yd³)
15.20	14.70	14.20	13.70	13.20	12.70	12.20	11.70	11.20	10.70	C. A. + 8 (ft³/yd³)
0.437	0.456	0.474	0.493	0.511	0.530	0.548	0.567	0.585	0.604	Mortar (m³/m³)
0.563	0.544	0.526	0.507	0.489	0.470	0.452	0.433	0.415	0.396	C. A. + 8 (m³/m³)

(c) Cement

										f'_c (psi)
1.77	1.82	1.87	1.93	1.98	2.03	2.08	2.13	2.19	2.24	2000
1.91	1.96	2.03	2.09	2.16	2.21	2.28	2.33	2.40	2.46	2500
2.03	2.10	2.17	2.24	2.31	2.35	2.43	2.51	2.58	2.64	3000
2.17	2.23	2.31	2.38	2.46	2.53	2.61	2.67	2.75	2.82	3500
2.32	2.39	2.47	2.55	2.61	2.69	2.76	2.83	2.91	2.99	4000
2.48	2.55	2.65	2.71	2.79	2.87	2.95	3.03	3.12	3.20	4500
2.67	2.73	2.83	2.92	3.00	3.09	3.17	3.26	3.35	3.44	5000

(c-1) Cement

										f'_c (MPa)
0.067	0.068	0.071	0.073	0.075	0.077	0.079	0.081	0.083	0.086	15
0.074	0.076	0.079	0.081	0.084	0.086	0.088	0.091	0.094	0.096	20
0.082	0.084	0.088	0.090	0.093	0.095	0.098	0.101	0.104	0.106	25
0.091	0.093	0.097	0.099	0.102	0.105	0.108	0.111	0.114	0.117	30
0.100	0.102	0.106	0.109	0.112	0.115	0.118	0.121	0.124	0.128	35

(d) Water

										f'_c (psi)
3.77	3.89	4.01	4.14	4.28	4.39	4.52	4.64	4.77	4.89	2000
3.75	3.86	3.99	4.11	4.25	4.36	4.49	4.61	4.73	4.85	2500
3.73	3.84	3.97	4.09	4.22	4.33	4.46	4.58	4.71	4.83	3000
3.70	3.81	3.95	4.07	4.19	4.31	4.44	4.55	4.69	4.80	3500
3.67	3.79	3.92	4.05	4.17	4.29	4.41	4.53	4.66	4.77	4000
3.65	3.76	3.89	4.02	4.14	4.26	4.39	4.50	4.65	4.75	4500
3.61	3.73	3.86	3.99	4.10	4.23	4.35	4.47	4.60	4.72	5000

(d-1) Water

										f'_c (MPa)
0.139	0.144	0.148	0.153	0.158	0.162	0.167	0.172	0.176	0.181	15
0.138	0.143	0.147	0.152	0.157	0.161	0.166	0.170	0.175	0.179	20
0.137	0.142	0.146	0.151	0.156	0.160	0.165	0.169	0.174	0.178	25
0.135	0.140	0.145	0.150	0154	0.159	0.163	0.168	0.172	0.177	30
0.133	0.138	0.143	0.148	0.152	0.157	0.161	0.166	0.170	0.175	35

(e) Air

—	—	—	—	—	—	—	—	—	—	Entrained (ft³/yd³)
—	—	—	—	—	—	—	—	—	—	%
—	—	—	—	—	—	—	—	—	—	Entrained (m³/m³)

(f) Air (Values Approximate)

2000	2500	3000	3500	4000	4500	5000	f'_c (psi)
0.25	0.23	0.22	0.20	0.19	0.18	0.17	Entrapped (ft³/yd³)
0.93	0.85	0.81	0.74	0.70	0.67	0.63	%

(f-1) Air (Values Approximate)

15	20	25	30	35	f'_c (MPa)
0.009	0.008	0.007	0.007	0.006	Entrapped (m³/m³)
0.90	0.82	0.73	0.68	0.63	%

(g) Cement and Water Adjustments for Fine Aggregate Variations

31-32	32-33	33-34	34-35	35-36	36-37	37-38	38-39	39-40	40-41	% Voids
90.0	92.5	95.0	97.5	100.0	102.5	105.0	107.5	110.0	112.5	Adjustment (%)

Table No.	200
C.A. Size	1½"
	38.1 mm
ASTM No.	467
Slump	2"
	50 mm
( ) AE	
(✓) Non·AE	

(a)

Coarse Aggregate Type No.										Concrete Class
1	2	3	4	5	6	7				A
	1	2	3	4	5	6	7			B
		1	2	3	4	5	6	7		C
			1	2	3	4	5	6	7	D

(b) Concrete

11.80	12.30	12.80	13.30	13.80	14.30	14.80	15.30	15.80	16.30	Mortar (ft³/yd³)
15.20	14.70	14.20	13.70	13.20	12.70	12.20	11.70	11.20	10.70	C. A. + 8 (ft³/yd³)
0.437	0.456	0.474	0.493	0.511	0.530	0.548	0.567	0.585	0.604	Mortar (m³/m³)
0.563	0.544	0.526	0.507	0.489	0.470	0.452	0.433	0.415	0.396	C. A. + 8 (m³/m³)

(c) Cement

										f'_c (psi)
1.81	1.86	1.91	1.97	2.02	2.07	2.12	2.17	2.23	2.28	2000
1.95	2.00	2.07	2.13	2.20	2.25	2.32	2.37	2.44	2.50	2500
2.07	2.14	2.21	2.28	2.35	2.39	2.47	2.55	2.62	2.68	3000
2.21	2.27	2.35	2.42	2.50	2.57	2.65	2.71	2.79	2.86	3500
2.36	2.43	2.51	2.59	2.65	2.73	2.80	2.87	2.95	3.03	4000
2.52	2.59	2.69	2.75	2.83	2.91	2.99	3.07	3.16	3.24	4500
2.71	2.77	2.87	2.96	3.04	3.13	3.21	3.30	3.39	3.48	5000

(c-1) Cement

										f'_c (MPa)
0.069	0.070	0.073	0.075	0.077	0.079	0.081	0.083	0.085	0.088	15
0.076	0.078	0.081	0.083	0.086	0.088	0.090	0.093	0.096	0.098	20
0.084	0.086	0.090	0.092	0.095	0.097	0.100	0.103	0.106	0.108	25
0.093	0.095	0.099	0.101	0.104	0.107	0.110	0.113	0.116	0.119	30
0.102	0.104	0.108	0.111	0.114	0.117	0.120	0.123	0.126	0.130	35

(d) Water

										f'_c (psi)
3.83	3.95	4.07	4.20	4.34	4.45	4.58	4.70	4.83	4.95	2000
3.81	3.92	4.05	4.17	4.31	4.42	4.55	4.67	4.79	4.91	2500
3.79	3.90	4.03	4.15	4.28	4.39	4.52	4.64	4.77	4.89	3000
3.76	3.87	4.01	4.13	4.25	4.37	4.50	4.61	4.75	4.86	3500
3.73	3.85	3.98	4.11	4.23	4.35	4.47	4.59	4.72	4.83	4000
3.71	3.82	3.95	4.08	4.20	4.32	4.45	4.56	4.71	4.81	4500
3.67	3.79	3.92	4.05	4.16	4.29	4.41	4.53	4.66	4.78	5000

(d-1) Water

										f'_c (MPa)
0.141	0.146	0.150	0.155	0.160	0.164	0.169	0.174	0.178	0.183	15
0.140	0.145	0.149	0.154	0.159	0.163	0.168	0.172	0.177	0.181	20
0.139	0.144	0.148	0.153	0.158	0.162	0.167	0.171	0.176	0.180	25
0.137	0.142	0.147	0.152	0.156	0.161	0.165	0.170	0.174	0.179	30
0.135	0.140	0.145	0.150	0.154	0.159	0.163	0.168	0.172	0.177	35

(e) Air

—	—	—	—	—	—	—	—	—	—	Entrained (ft³/yd³)
—	—	—	—	—	—	—	—	—	—	%
—	—	—	—	—	—	—	—	—	—	Entrained (m³/m³)

(f) Air (Values Approximate)

2000	2500	3000	3500	4000	4500	5000	f'_c (psi)
0.25	0.23	0.22	0.20	0.19	0.18	0.17	Entrapped (ft³/yd³)
0.93	0.85	0.81	0.74	0.70	0.67	0.63	%

(f-1) Air (Values Approximate)

15	20	25	30	35	f'_c (MPa)
0.009	0.008	0.007	0.007	0.006	Entrapped (m³/m³)
0.90	0.82	0.73	0.68	0.63	%

(g) Cement and Water Adjustments for Fine Aggregate Variations

31-32	32-33	33-34	34-35	35-36	36-37	37-38	38-39	39-40	40-41	% Voids
90.0	92.5	95.0	97.5	100.0	102.5	105.0	107.5	110.0	112.5	Adjustment (%)

Table No. 201
C.A. Size 1½"
38.1 mm
ASTM No. 467
Slump 2½"
65 mm

( ) AE
(✓) Non-AE

(a)

Coarse Aggregate Type No.										Concrete Class
1	2	3	4	5	6	7				A
	1	2	3	4	5	6	7			B
		1	2	3	4	5	6	7		C
			1	2	3	4	5	6	7	D

(b) Concrete

11.80	12.30	12.80	13.30	13.80	14.30	14.80	15.30	15.80	16.30	Mortar (ft³/yd³)
15.20	14.70	14.20	13.70	13.20	12.70	12.20	11.70	11.20	10.70	C. A. + 8 (ft³/yd³)
0.437	0.456	0.474	0.493	0.511	0.530	0.548	0.567	0.585	0.604	Mortar (m³/m³)
0.563	0.544	0.526	0.507	0.489	0.470	0.452	0.433	0.415	0.396	C. A. + 8 (m³/m³)

(c) Cement

										f'_c (psi)
1.84	1.89	1.94	2.00	2.05	2.10	2.15	2.20	2.26	2.31	2000
1.98	2.03	2.10	2.16	2.23	2.28	2.35	2.40	2.47	2.53	2500
2.10	2.17	2.24	2.31	2.38	2.42	2.50	2.58	2.65	2.71	3000
2.24	2.30	2.38	2.45	2.53	2.60	2.68	2.74	2.82	2.89	3500
2.39	2.46	2.54	2.62	2.68	2.76	2.83	2.90	2.98	3.06	4000
2.55	2.62	2.72	2.78	2.86	2.94	3.02	3.10	3.19	3.27	4500
2.74	2.80	2.90	2.99	3.07	3.16	3.24	3.33	3.42	3.51	5000

(c-1) Cement

										f'_c (MPa)
0.070	0.071	0.074	0.076	0.078	0.080	0.082	0.084	0.086	0.089	15
0.077	0.079	0.082	0.084	0.087	0.089	0.091	0.094	0.097	0.099	20
0.085	0.087	0.091	0.093	0.096	0.098	0.101	0.104	0.107	0.109	25
0.094	0.096	0.100	0.102	0.105	0.108	0.111	0.114	0.117	0.120	30
0.103	0.105	0.109	0.112	0.115	0.118	0.121	0.124	0.127	0.131	35

(d) Water

										f'_c (psi)
3.88	4.00	4.12	4.25	4.39	4.50	4.63	4.75	4.88	5.00	2000
3.86	3.97	4.10	4.22	4.36	4.47	4.60	4.72	4.84	4.96	2500
3.84	3.95	4.08	4.20	4.33	4.44	4.57	4.69	4.82	4.94	3000
3.81	3.92	4.06	4.18	4.30	4.42	4.55	4.66	4.80	4.91	3500
3.78	3.90	4.03	4.16	4.28	4.40	4.52	4.64	4.77	4.88	4000
3.76	3.87	4.00	4.13	4.25	4.37	4.50	4.61	4.76	4.86	4500
3.72	3.84	3.97	4.10	4.21	4.34	4.46	4.58	4.71	4.83	5000

(d-1) Water

										f'_c (MPa)
0.143	0.148	0.152	0.157	0.162	0.166	0.171	0.176	0.180	0.185	15
0.142	0.147	0.151	0.156	0.161	0.165	0.170	0.174	0.179	0.183	20
0.141	0.146	0.150	0.155	0.160	0.164	0.169	0.173	0.178	0.182	25
0.139	0.144	0.149	0.154	0.158	0.163	0.167	0.172	0.176	0.181	30
0.137	0.142	0.147	0.152	0.156	0.161	0.165	0.170	0.174	0.179	35

(e) Air

—	—	—	—	—	—	—	—	—	—	Entrained (ft³/yd³)
—	—	—	—	—	—	—	—	—	—	%
—	—	—	—	—	—	—	—	—	—	Entrained (m³/m³)

(f) Air (Values Approximate)

2000	2500	3000	3500	4000	4500	5000	f'_c (psi)
0.25	0.23	0.22	0.20	0.19	0.18	0.17	Entrapped (ft³/yd³)
0.93	0.85	0.81	0.74	0.70	0.67	0.63	%

(f-1) Air (Values Approximate)

15	20	25	30	35	f'_c (MPa)
0.009	0.008	0.007	0.007	0.006	Entrapped (m³/m³)
0.90	0.82	0.73	0.68	0.63	%

(g) Cement and Water Adjustments for Fine Aggregate Variations

31-32	32-33	33-34	34-35	35-36	36-37	37-38	38-39	39-40	40-41	% Voids
90.0	92.5	95.0	97.5	100.0	102.5	105.0	107.5	110.0	112.5	Adjustment (%)

Table No.	202
C.A. Size	1½"
	38.1 mm
ASTM No.	467
Slump	3"
	75 mm
( ) AE	
(✓) Non-AE	

(a)

Coarse Aggregate Type No.										Concrete Class
1	2	3	4	5	6	7				A
	1	2	3	4	5	6	7			B
		1	2	3	4	5	6	7		C
			1	2	3	4	5	6	7	D

(b) Concrete

11.80	12.30	12.80	13.30	13.80	14.30	14.80	15.30	15.80	16.30	Mortar (ft³/yd³)
15.20	14.70	14.20	13.70	13.20	12.70	12.20	11.70	11.20	10.70	C.A. + 8 (ft³/yd³)
0.437	0.456	0.474	0.493	0.511	0.530	0.548	0.567	0.585	0.604	Mortar (m³/m³)
0.563	0.544	0.526	0.507	0.489	0.470	0.452	0.433	0.415	0.396	C.A. + 8 (m³/m³)

(c) Cement

										f'_c (psi)
1.87	1.92	1.97	2.03	2.08	2.13	2.18	2.23	2.29	2.34	2000
2.01	2.06	2.13	2.19	2.26	2.31	2.38	2.43	2.50	2.56	2500
2.13	2.20	2.27	2.34	2.41	2.45	2.53	2.61	2.68	2.74	3000
2.27	2.33	2.41	2.48	2.56	2.63	2.71	2.77	2.85	2.92	3500
2.42	2.49	2.57	2.65	2.71	2.79	2.86	2.93	3.01	3.09	4000
2.58	2.65	2.75	2.81	2.89	2.97	3.05	3.13	3.22	3.30	4500
2.77	2.83	2.93	3.02	3.10	3.19	3.27	3.36	3.45	3.54	5000

(c-1) Cement

										f'_c (MPa)
0.071	0.072	0.075	0.077	0.079	0.081	0.083	0.085	0.087	0.090	15
0.078	0.080	0.083	0.085	0.088	0.090	0.092	0.095	0.098	0.100	20
0.086	0.088	0.092	0.094	0.097	0.099	0.102	0.105	0.108	0.110	25
0.095	0.097	0.101	0.103	0.106	0.109	0.112	0.115	0.118	0.121	30
0.104	0.106	0.110	0.113	0.116	0.119	0.122	0.125	0.128	0.132	35

(d) Water

										f'_c (psi)
3.93	4.05	4.17	4.30	4.44	4.55	4.68	4.80	4.93	5.05	2000
3.91	4.02	4.15	4.27	4.41	4.52	4.65	4.77	4.89	5.01	2500
3.89	4.00	4.13	4.25	4.38	4.49	4.62	4.74	4.87	4.99	3000
3.86	3.97	4.11	4.23	4.35	4.47	4.60	4.71	4.85	4.96	3500
3.83	3.95	4.08	4.21	4.33	4.45	4.57	4.69	4.82	4.93	4000
3.81	3.92	4.05	4.18	4.30	4.42	4.55	4.66	4.81	4.91	4500
3.77	3.89	4.02	4.15	4.26	4.39	4.51	4.63	4.76	4.88	5000

(d-1) Water

										f'_c (MPa)
0.145	0.150	0.154	0.159	0.164	0.168	0.173	0.178	0.182	0.187	15
0.144	0.149	0.153	0.158	0.163	0.167	0.172	0.176	0.181	0.185	20
0.143	0.148	0.152	0.157	0.162	0.166	0.171	0.175	0.180	0.184	25
0.141	0.146	0.151	0.156	0.160	0.165	0.169	0.174	0.178	0.183	30
0.139	0.144	0.149	0.154	0.158	0.163	0.167	0.172	0.176	0.181	35

(e) Air

—	—	—	—	—	—	—	—	—	—	Entrained (ft³/yd³)
—	—	—	—	—	—	—	—	—	—	%
—	—	—	—	—	—	—	—	—	—	Entrained (m³/m³)

(f) Air (Values Approximate)

2000	2500	3000	3500	4000	4500	5000	f'_c (psi)
0.25	0.23	0.22	0.20	0.19	0.18	0.17	Entrapped (ft³/yd³)
0.93	0.85	0.81	0.74	0.70	0.67	0.63	%

(f-1) Air (Values Approximate)

15	20	25	30	35	f'_c (MPa)
0.009	0.008	0.007	0.007	0.006	Entrapped (m³/m³)
0.90	0.82	0.73	0.68	0.63	%

(g) Cement and Water Adjustments for Fine Aggregate Variations

31-32	32-33	33-34	34-35	35-36	36-37	37-38	38-39	39-40	40-41	% Voids
90.0	92.5	95.0	97.5	100.0	102.5	105.0	107.5	110.0	112.5	Adjustment (%)

Table No.	203
C.A. Size	1½"
	38.1 mm
ASTM No.	467
Slump	3½"
	90 mm
( ) AE	
(✓) Non-AE	

(a)

Coarse Aggregate Type No.										Concrete Class
1	2	3	4	5	6	7				A
	1	2	3	4	5	6	7			B
		1	2	3	4	5	6	7		C
			1	2	3	4	5	6	7	D

(b)

Concrete										
11.80	12.30	12.80	13.30	13.80	14.30	14.80	15.30	15.80	16.30	Mortar (ft³/yd³)
15.20	14.70	14.20	13.70	13.20	12.70	12.20	11.70	11.20	10.70	C. A. + 8 (ft³/yd³)
0.437	0.456	0.474	0.493	0.511	0.530	0.548	0.567	0.585	0.604	Mortar (m³/m³)
0.563	0.544	0.526	0.507	0.489	0.470	0.452	0.433	0.415	0.396	C. A. + 8 (m³/m³)

(c)

Cement										f'_c (psi)
1.91	1.96	2.01	2.07	2.12	2.17	2.22	2.27	2.33	2.38	2000
2.05	2.10	2.17	2.23	2.30	2.35	2.42	2.47	2.54	2.60	2500
2.17	2.24	2.31	2.38	2.45	2.49	2.57	2.65	2.72	2.78	3000
2.31	2.37	2.45	2.52	2.60	2.67	2.75	2.81	2.89	2.96	3500
2.46	2.53	2.61	2.69	2.75	2.83	2.90	2.97	3.05	3.13	4000
2.62	2.69	2.79	2.85	2.93	3.01	3.09	3.17	3.26	3.34	4500
2.81	2.87	2.97	3.06	3.14	3.23	3.31	3.40	3.49	3.58	5000

(c-1)

Cement										f'_c (MPa)
0.073	0.074	0.077	0.079	0.081	0.083	0.085	0.087	0.089	0.092	15
0.080	0.082	0.085	0.087	0.090	0.092	0.094	0.097	0.100	0.102	20
0.088	0.090	0.094	0.096	0.099	0.101	0.104	0.107	0.110	0.112	25
0.097	0.099	0.103	0.105	0.108	0.111	0.114	0.117	0.120	0.123	30
0.106	0.108	0.112	0.115	0.118	0.121	0.124	0.127	0.130	0.134	35

(d)

Water										f'_c (psi)
3.99	4.11	4.23	4.36	4.50	4.61	4.74	4.86	4.99	5.11	2000
3.97	4.08	4.21	4.33	4.47	4.58	4.71	4.83	4.95	5.07	2500
3.95	4.06	4.19	4.31	4.44	4.55	4.68	4.80	4.93	5.05	3000
3.92	4.03	4.17	4.29	4.41	4.53	4.66	4.77	4.91	5.02	3500
3.89	4.01	4.14	4.27	4.39	4.51	4.63	4.75	4.88	4.99	4000
3.87	3.98	4.11	4.24	4.36	4.48	4.61	4.72	4.87	4.97	4500
3.83	3.95	4.08	4.21	4.32	4.45	4.57	4.69	4.82	4.94	5000

(d-1)

Water										f'_c (MPa)
0.147	0.152	0.156	0.161	0.166	0.170	0.175	0.180	0.184	0.189	15
0.146	0.151	0.155	0.160	0.165	0.169	0.174	0.178	0.183	0.187	20
0.145	0.150	0.154	0.159	0.164	0.168	0.173	0.177	0.182	0.186	25
0.143	0.148	0.153	0.158	0.162	0.167	0.172	0.176	0.180	0.185	30
0.141	0.146	0.151	0.156	0.160	0.165	0.169	0.174	0.178	0.183	35

(e)

Air										
—	—	—	—	—	—	—	—	—	—	Entrained (ft³/yd³)
—	—	—	—	—	—	—	—	—	—	%
—	—	—	—	—	—	—	—	—	—	Entrained (m³/m³)

(f)

Air (Values Approximate)							
2000	2500	3000	3500	4000	4500	5000	f'_c (psi)
0.25	0.23	0.22	0.20	0.19	0.18	0.17	Entrapped (ft³/yd³)
0.93	0.85	0.81	0.74	0.70	0.67	0.63	%

(f-1)

Air (Values Approximate)					
15	20	25	30	35	f'_c (MPa)
0.009	0.008	0.007	0.007	0.006	Entrapped (m³/m³)
0.90	0.82	0.73	0.68	0.63	%

(g)

Cement and Water Adjustments for Fine Aggregate Variations										
31–32	32–33	33–34	34–35	35–36	36–37	37–38	38–39	39–40	40–41	% Voids
90.0	92.5	95.0	97.5	100.0	102.5	105.0	107.5	110.0	112.5	Adjustment (%)

Table No. 204
C.A. Size 1½″
           38.1 mm
ASTM No. 467
Slump 4″
         100 mm

( ) AE
(√) Non-AE

(a)

Coarse Aggregate Type No.										Concrete Class
1	2	3	4	5	6	7				A
	1	2	3	4	5	6	7			B
		1	2	3	4	5	6	7		C
			1	2	3	4	5	6	7	D

(b) Concrete

11.80	12.30	12.80	13.30	13.80	14.30	14.80	15.30	15.80	16.30	Mortar (ft³/yd³)
15.20	14.70	14.20	13.70	13.20	12.70	12.20	11.70	11.20	10.70	C. A. + 8 (ft³/yd³)
0.437	0.456	0.474	0.493	0.511	0.530	0.548	0.567	0.585	0.604	Mortar (m³/m³)
0.563	0.544	0.526	0.507	0.489	0.470	0.452	0.433	0.415	0.396	C. A. + 8 (m³/m³)

(c) Cement

										f'_c (psi)
1.95	2.00	2.05	2.11	2.16	2.21	2.26	2.31	2.37	2.42	2000
2.09	2.14	2.21	2.27	2.34	2.39	2.46	2.51	2.58	2.64	2500
2.21	2.28	2.35	2.42	2.49	2.53	2.61	2.69	2.76	2.82	3000
2.35	2.41	2.49	2.56	2.64	2.71	2.79	2.85	2.93	3.00	3500
2.50	2.57	2.65	2.73	2.79	2.87	2.94	3.01	3.09	3.17	4000
2.66	2.73	2.83	2.89	2.97	3.05	3.18	3.21	3.30	3.38	4500
2.85	2.91	3.01	3.10	3.18	3.27	3.35	3.44	3.53	3.62	5000

(c-1) Cement

										f'_c (MPa)
0.074	0.075	0.078	0.080	0.082	0.084	0.086	0.088	0.090	0.093	15
0.081	0.083	0.086	0.088	0.091	0.093	0.095	0.098	0.101	0.103	20
0.089	0.091	0.095	0.097	0.100	0.102	0.105	0.108	0.111	0.113	25
0.098	0.100	0.104	0.106	0.109	0.112	0.115	0.118	0.121	0.124	30
0.107	0.109	0.113	0.116	0.119	0.122	0.125	0.128	0.131	0.135	35

(d) Water

										f'_c (psi)
4.04	4.16	4.28	4.41	4.55	4.66	4.79	4.91	5.04	5.16	2000
4.02	4.13	4.26	4.38	4.52	4.63	4.76	4.88	5.00	5.12	2500
4.00	4.11	4.24	4.36	4.49	4.60	4.73	4.85	4.98	5.10	3000
3.97	4.08	4.22	4.34	4.46	4.58	4.71	4.82	4.96	5.07	3500
3.94	4.06	4.19	4.32	4.44	4.56	4.68	4.80	4.93	5.04	4000
3.92	4.03	4.16	4.29	4.41	4.53	4.66	4.77	4.92	5.02	4500
3.88	4.00	4.13	4.26	4.37	4.50	4.62	4.74	4.87	4.99	5000

(d-1) Water

										f'_c (MPa)
0.149	0.154	0.158	0.163	0.168	0.172	0.177	0.182	0.186	0.191	15
0.148	0.153	0.157	0.162	0.167	0.171	0.176	0.180	0.185	0.189	20
0.147	0.152	0.156	0.161	0.166	0.170	0.175	0.179	0.184	0.188	25
0.145	0.150	0.155	0.160	0.164	0.169	0.173	0.178	0.182	0.187	30
0.143	0.148	0.153	0.158	0.162	0.167	0.171	0.176	0.180	0.185	35

(e) Air

—	—	—	—	—	—	—	—	—	—	Entrained (ft³/yd³)
—	—	—	—	—	—	—	—	—	—	%
—	—	—	—	—	—	—	—	—	—	Entrained (m³/m³)

(f) Air (Values Approximate)

2000	2500	3000	3500	4000	4500	5000	f'_c (psi)
0.25	0.23	0.22	0.20	0.19	0.18	0.17	Entrapped (ft³/yd³)
0.93	0.85	0.81	0.74	0.70	0.67	0.63	%

(f-1) Air (Values Approximate)

15	20	25	30	35	f'_c (MPa)
0.009	0.008	0.007	0.007	0.006	Entrapped (m³/m³)
0.90	0.82	0.73	0.68	0.63	%

(g) Cement and Water Adjustments for Fine Aggregate Variations

31–32	32–33	33–34	34–35	35–36	36–37	37–38	38–39	39–40	40–41	% Voids
90.0	92.5	95.0	97.5	100.0	102.5	105.0	107.5	110.0	112.5	Adjustment (%)

Table No.	205
C.A. Size	1½″
	38.1 mm
ASTM No.	467
Slump	4½″
	115 mm
( ) AE	
(✓) Non-AE	

(a)

Coarse Aggregate Type No.										Concrete Class
1	2	3	4	5	6	7				A
	1	2	3	4	5	6	7			B
		1	2	3	4	5	6	7		C
			1	2	3	4	5	6	7	D

(b) Concrete

11.80	12.30	12.80	13.30	13.80	14.30	14.80	15.30	15.80	16.30	Mortar (ft³/yd³)
15.20	14.70	14.20	13.70	13.20	12.70	12.20	11.70	11.20	10.70	C. A. + 8 (ft³/yd³)
0.437	0.456	0.474	0.493	0.511	0.530	0.548	0.567	0.585	0.604	Mortar (m³/m³)
0.563	0.544	0.526	0.507	0.489	0.470	0.452	0.433	0.415	0.396	C. A. + 8 (m³/m³)

(c) Cement

										f'_c (psi)
1.98	2.03	2.08	2.14	2.19	2.24	2.29	2.34	2.40	2.45	2000
2.12	2.17	2.24	2.30	2.37	2.42	2.49	2.54	2.61	2.67	2500
2.24	2.31	2.38	2.45	2.52	2.56	2.64	2.72	2.79	2.85	3000
2.38	2.44	2.52	2.59	2.67	2.74	2.82	2.88	2.96	3.03	3500
2.53	2.60	2.68	2.76	2.82	2.90	2.97	3.04	3.12	3.20	4000
2.69	2.76	2.86	2.92	3.00	3.08	3.16	3.24	3.33	3.41	4500
2.88	2.94	3.04	3.13	3.21	3.30	3.38	3.47	3.56	3.65	5000

(c-1) Cement

										f'_c (MPa)
0.075	0.076	0.079	0.081	0.083	0.085	0.087	0.089	0.091	0.094	15
0.082	0.084	0.087	0.089	0.092	0.094	0.096	0.099	0.102	0.104	20
0.090	0.092	0.096	0.098	0.101	0.103	0.106	0.109	0.112	0.114	25
0.099	0.101	0.105	0.107	0.110	0.113	0.116	0.119	0.122	0.125	30
0.108	0.110	0.114	0.117	0.120	0.123	0.126	0.129	0.132	0.136	35

(d) Water

										f'_c (psi)
4.09	4.21	4.33	4.46	4.60	4.71	4.84	4.96	5.09	5.21	2000
4.07	4.18	4.31	4.43	4.57	4.68	4.81	4.93	5.05	5.17	2500
4.05	4.16	4.29	4.41	4.54	4.65	4.78	4.90	5.03	5.15	3000
4.02	4.13	4.27	4.39	4.51	4.63	4.76	4.87	5.01	5.12	3500
3.99	4.11	4.24	4.37	4.49	4.61	4.73	4.85	4.98	5.09	4000
3.97	4.08	4.21	4.34	4.46	4.58	4.71	4.82	4.97	5.07	4500
3.93	4.05	4.18	4.31	4.42	4.55	4.67	4.79	4.92	5.04	5000

(d-1) Water

										f'_c (MPa)
0.151	0.156	0.160	0.165	0.170	0.174	0.179	0.184	0.188	0.193	15
0.150	0.155	0.159	0.164	0.169	0.173	0.178	0.182	0.187	0.191	20
0.149	0.154	0.158	0.163	0.168	0.172	0.177	0.181	0.186	0.190	25
0.147	0.152	0.157	0.162	0.166	0.171	0.175	0.180	0.184	0.189	30
0.145	0.150	0.155	0.160	0.164	0.169	0.173	0.178	0.182	0.187	35

(e) Air

—	—	—	—	—	—	—	—	—	—	Entrained (ft³/yd³)
—	—	—	—	—	—	—	—	—	—	%
—	—	—	—	—	—	—	—	—	—	Entrained (m³/m³)

(f) Air (Values Approximate)

2000	2500	3000	3500	4000	4500	5000	f'_c (psi)
0.25	0.23	0.22	0.20	0.19	0.18	0.17	Entrapped (ft³/yd³)
0.93	0.85	0.81	0.74	0.70	0.67	0.63	%

(f-1) Air (Values Approximate)

15	20	25	30	35	f'_c (MPa)
0.009	0.008	0.007	0.007	0.006	Entrapped (m³/m³)
0.90	0.82	0.73	0.68	0.63	%

(g) Cement and Water Adjustments for Fine Aggregate Variations

31–32	32–33	33–34	34–35	35–36	36–37	37–38	38–39	39–40	40–41	% Voids
90.0	92.5	95.0	97.5	100.0	102.5	105.0	107.5	110.0	112.5	Adjustment (%)

Table No. 206
C.A. Size 1½″
         38.1 mm
ASTM No. 467
Slump 5″
         125 mm

( ) AE
(√) Non-AE

(a)

Coarse Aggregate Type No.										Concrete Class
1	2	3	4	5	6	7				A
	1	2	3	4	5	6	7			B
		1	2	3	4	5	6	7		C
			1	2	3	4	5	6	7	D

(b)
Concrete

11.80	12.30	12.80	13.30	13.80	14.30	14.80	15.30	15.80	16.30	Mortar (ft³/yd³)
15.20	14.70	14.20	13.70	13.20	12.70	12.20	11.70	11.20	10.70	C. A. + 8 (ft³/yd³)
0.437	0.456	0.474	0.493	0.511	0.530	0.548	0.567	0.585	0.604	Mortar (m³/m³)
0.563	0.544	0.526	0.507	0.489	0.470	0.452	0.433	0.415	0.396	C. A. + 8 (m³/m³)

(c)
Cement

										f'_c (psi)
2.01	2.06	2.11	2.17	2.22	2.27	2.32	2.37	2.43	2.48	2000
2.15	2.20	2.27	2.33	2.40	2.45	2.52	2.57	2.64	2.70	2500
2.17	2.24	2.31	2.38	2.45	2.49	2.57	2.65	2.72	2.78	3000
2.41	2.47	2.55	2.62	2.70	2.77	2.85	2.91	2.99	3.06	3500
2.56	2.63	2.71	2.79	2.85	2.93	3.00	3.07	3.15	3.23	4000
2.72	2.79	2.89	2.95	3.03	3.11	3.19	3.27	3.36	3.44	4500
2.91	2.97	3.07	3.16	3.24	3.33	3.41	3.50	3.59	3.68	5000

(c-1)
Cement

										f'_c (MPa)
0.076	0.077	0.080	0.082	0.084	0.086	0.088	0.090	0.092	0.095	15
0.083	0.085	0.088	0.090	0.093	0.095	0.097	0.100	0.103	0.105	20
0.091	0.093	0.097	0.099	0.102	0.104	0.107	0.110	0.113	0.115	25
0.100	0.102	0.106	0.108	0.111	0.114	0.117	0.120	0.123	0.125	30
0.109	0.111	0.115	0.118	0.121	0.124	0.127	0.130	0.133	0.137	35

(d)
Water

										f'_c (psi)
4.15	4.27	4.39	4.52	4.66	4.77	4.90	5.02	5.15	5.27	2000
4.13	4.24	4.37	4.49	4.63	4.74	4.87	4.99	5.11	5.23	2500
4.11	4.22	4.35	4.47	4.60	4.71	4.84	4.96	5.09	5.21	3000
4.08	4.19	4.33	4.45	4.57	4.69	4.82	4.93	5.07	5.18	3500
4.05	4.17	4.30	4.43	4.55	4.67	4.79	4.91	5.04	5.15	4000
4.03	4.14	4.27	4.40	4.52	4.64	4.77	4.88	5.03	5.13	4500
3.99	4.11	4.24	4.37	4.48	4.61	4.73	4.85	4.98	5.10	5000

(d-1)
Water

										f'_c (MPa)
0.153	0.158	0.162	0.167	0.172	0.176	0.181	0.186	0.190	0.195	15
0.152	0.157	0.161	0.166	0.171	0.175	0.180	0.184	0.189	0.193	20
0.151	0.156	0.160	0.165	0.170	0.174	0.179	0.183	0.188	0.192	25
0.149	0.154	0.159	0.164	0.168	0.173	0.177	0.182	0.186	0.191	30
0.147	0.152	0.157	0.162	0.166	0.171	0.175	0.180	0.184	0.189	35

(e)
Air

—	—	—	—	—	—	—	—	—	—	Entrained (ft³/yd³)
—	—	—	—	—	—	—	—	—	—	%
—	—	—	—	—	—	—	—	—	—	Entrained (m³/m³)

(f)
Air (Values Approximate)

2000	2500	3000	3500	4000	4500	5000	f'_c (psi)
0.25	0.23	0.22	0.20	0.19	0.18	0.17	Entrapped (ft³/yd³)
0.93	0.85	0.81	0.74	0.70	0.67	0.63	%

(f-1)
Air (Values Approximate)

15	20	25	30	35	f'_c (MPa)
0.009	0.008	0.007	0.007	0.006	Entrapped (m³/m³)
0.90	0.82	0.73	0.68	0.63	%

(g)
Cement and Water Adjustments for Fine Aggregate Variations

31-32	32-33	33-34	34-35	35-36	36-37	37-38	38-39	39-40	40-41	% Voids
90.0	92.5	95.0	97.5	100.0	102.5	105.0	107.5	110.0	112.5	Adjustment (%)

TABLES OF VOLUMES

Table No.	207
C.A. Size	1½"
	38.1 mm
ASTM No.	467
Slump	5½"
	140 mm
( ) AE	
(✓) Non-AE	

(a)

Coarse Aggregate Type No.										Concrete Class
1	2	3	4	5	6	7				A
	1	2	3	4	5	6	7			B
		1	2	3	4	5	6	7		C
			1	2	3	4	5	6	7	D

(b) Concrete

11.80	12.30	12.80	13.30	13.80	14.30	14.80	15.30	15.80	16.30	Mortar (ft³/yd³)
15.20	14.70	14.20	13.70	13.20	12.70	12.20	11.70	11.20	10.70	C.A. + 8 (ft³/yd³)
0.437	0.456	0.474	0.493	0.511	0.530	0.548	0.567	0.585	0.604	Mortar (m³/m³)
0.563	0.544	0.526	0.507	0.489	0.470	0.452	0.433	0.415	0.396	C.A. + 8 (m³/m³)

(c) Cement

										f'_c (psi)
2.05	2.10	2.15	2.21	2.31	2.39	2.36	2.41	2.47	2.52	2000
2.19	2.24	2.31	2.37	2.49	2.41	2.56	2.61	2.68	2.74	2500
2.31	2.38	2.45	2.52	2.59	2.63	2.71	2.79	2.86	2.92	3000
2.45	2.51	2.59	2.66	2.74	2.81	2.89	2.95	3.03	3.10	3500
2.60	2.67	2.75	2.83	2.89	2.97	3.04	3.11	3.19	3.27	4000
2.76	2.83	2.93	2.99	3.07	3.15	3.23	3.31	3.40	3.48	4500
2.95	3.01	3.11	3.20	3.28	3.37	3.45	3.54	3.63	3.72	5000

(c-1) Cement

										f'_c (MPa)
0.078	0.079	0.082	0.084	0.086	0.088	0.090	0.092	0.094	0.097	15
0.085	0.087	0.090	0.092	0.095	0.097	0.099	0.102	0.105	0.107	20
0.093	0.095	0.099	0.101	0.104	0.106	0.109	0.112	0.115	0.117	25
0.102	0.104	0.108	0.110	0.113	0.116	0.119	0.122	0.125	0.128	30
0.111	0.113	0.117	0.120	0.123	0.126	0.129	0.132	0.135	0.139	35

(d) Water

										f'_c (psi)
4.20	4.32	4.44	4.57	4.71	4.82	4.95	5.07	5.20	5.32	2000
4.18	4.29	4.42	4.54	4.68	4.79	4.92	5.04	5.16	5.28	2500
4.16	4.27	4.40	4.52	4.65	4.76	4.89	5.01	5.14	5.26	3000
4.13	4.24	4.38	4.50	4.62	4.74	4.87	4.98	5.12	5.23	3500
4.10	4.22	4.35	4.48	4.60	4.72	4.84	4.96	5.09	5.20	4000
4.08	4.19	4.32	4.45	4.57	4.69	4.82	4.93	5.08	5.18	4500
4.04	4.16	4.29	4.42	4.53	4.66	4.78	4.90	5.03	5.15	5000

(d-1) Water

										f'_c (MPa)
0.155	0.160	0.164	0.169	0.174	0.178	0.183	0.188	0.192	0.197	15
0.154	0.159	0.163	0.168	0.173	0.177	0.182	0.186	0.191	0.195	20
0.153	0.158	0.162	0.167	0.172	0.176	0.181	0.185	0.190	0.194	25
0.151	0.156	0.161	0.166	0.170	0.175	0.179	0.184	0.188	0.193	30
0.149	0.154	0.159	0.164	0.168	0.173	0.177	0.182	0.186	0.191	35

(e) Air

—	—	—	—	—	—	—	—	—	—	Entrained (ft³/yd³)
—	—	—	—	—	—	—	—	—	—	%
—	—	—	—	—	—	—	—	—	—	Entrained (m³/m³)

(f) Air (Values Approximate)

2000	2500	3000	3500	4000	4500	5000	f'_c (psi)
0.25	0.23	0.22	0.20	0.19	0.18	0.17	Entrapped (ft³/yd³)
0.93	0.85	0.81	0.74	0.70	0.67	0.63	%

(f-1) Air (Values Approximate)

15	20	25	30	35	f'_c (MPa)
0.009	0.008	0.007	0.007	0.006	Entrapped (m³/m³)
0.90	0.82	0.73	0.68	0.63	%

(g) Cement and Water Adjustments for Fine Aggregate Variations

31-32	32-33	33-34	34-35	35-36	36-37	37-38	38-39	39-40	40-41	% Voids
90.0	92.5	95.0	97.5	100.0	102.5	105.0	107.5	110.0	112.5	Adjustment (%)

Table No.	208
C.A. Size	1½"
	38.1 mm
ASTM No.	467
Slump	6"
	150 mm
( ) AE	
(✓) Non-AE	

(a)

Coarse Aggregate Type No.										Concrete Class
1	2	3	4	5	6	7				A
	1	2	3	4	5	6	7			B
		1	2	3	4	5	6	7		C
			1	2	3	4	5	6	7	D

(b) Concrete

11.80	12.30	12.80	13.30	13.80	14.30	14.80	15.30	15.80	16.30	Mortar (ft³/yd³)
15.20	14.70	14.20	13.70	13.20	12.70	12.20	11.70	11.20	10.70	C. A. + 8 (ft³/yd³)
0.437	0.456	0.474	0.493	0.511	0.530	0.548	0.567	0.585	0.604	Mortar (m³/m³)
0.563	0.544	0.526	0.507	0.489	0.470	0.452	0.433	0.415	0.396	C. A. + 8 (m³/m³)

(c) Cement

										f'_c (psi)
2.08	2.13	2.18	2.24	2.29	2.34	2.39	2.44	2.50	2.55	2000
2.22	2.27	2.34	2.40	2.47	2.52	2.59	2.64	2.71	2.77	2500
2.34	2.41	2.48	2.55	2.62	2.66	2.74	2.82	2.89	2.95	3000
2.48	2.54	2.62	2.69	2.77	2.84	2.92	2.98	3.06	3.13	3500
2.63	2.70	2.78	2.86	2.92	3.00	3.07	3.14	3.22	3.30	4000
2.79	2.86	2.96	3.02	3.10	3.18	3.26	3.34	3.43	3.51	4500
2.98	3.04	3.14	3.23	3.31	3.40	3.48	3.57	3.66	3.75	5000

(c-1) Cement

										f'_c (MPa)
0.079	0.080	0.083	0.085	0.087	0.089	0.091	0.093	0.095	0.098	15
0.086	0.088	0.091	0.093	0.096	0.098	0.100	0.103	0.106	0.108	20
0.094	0.096	0.100	0.102	0.105	0.107	0.110	0.113	0.116	0.118	25
0.103	0.105	0.109	0.111	0.114	0.117	0.120	0.123	0.126	0.129	30
0.112	0.114	0.118	0.121	0.124	0.127	0.130	0.133	0.136	0.140	35

(d) Water

										f'_c (psi)
4.25	4.37	4.49	4.62	4.76	4.87	5.00	5.12	5.25	5.37	2000
4.23	4.34	4.47	4.59	4.73	4.84	4.97	5.09	5.21	5.33	2500
4.21	4.32	4.45	4.57	4.70	4.81	4.94	5.06	5.19	5.31	3000
4.18	4.29	4.43	4.55	4.67	4.79	4.92	5.03	5.17	5.28	3500
4.15	4.27	4.40	4.53	4.65	4.77	4.89	5.01	5.14	5.25	4000
4.13	4.24	4.37	4.50	4.62	4.74	4.87	4.98	5.13	5.23	4500
4.09	4.21	4.34	4.47	4.58	4.71	4.83	4.95	5.08	5.20	5000

(d-1) Water

										f'_c (MPa)
0.157	0.162	0.166	0.171	0.176	0.180	0.185	0.190	0.194	0.199	15
0.156	0.161	0.165	0.170	0.175	0.179	0.184	0.188	0.193	0.197	20
0.155	0.160	0.164	0.169	0.174	0.178	0.183	0.187	0.192	0.196	25
0.153	0.158	0.163	0.168	0.172	0.177	0.181	0.186	0.190	0.195	30
0.151	0.156	0.161	0.166	0.170	0.175	0.179	0.184	0.188	0.193	35

(e) Air

—	—	—	—	—	—	—	—	—	—	Entrained (ft³/yd³)
—	—	—	—	—	—	—	—	—	—	%
—	—	—	—	—	—	—	—	—	—	Entrained (m³/m³)

(f) Air (Values Approximate)

2000	2500	3000	3500	4000	4500	5000	f'_c (psi)
0.25	0.23	0.22	0.20	0.19	0.18	0.17	Entrapped (ft³/yd³)
0.93	0.85	0.81	0.74	0.70	0.67	0.63	%

(f-1) Air (Values Approximate)

15	20	25	30	35	f'_c (MPa)
0.009	0.008	0.007	0.007	0.006	Entrapped (m³/m³)
0.90	0.82	0.73	0.68	0.63	%

(g) Cement and Water Adjustments for Fine Aggregate Variations

31-32	32-33	33-34	34-35	35-36	36-37	37-38	38-39	39-40	40-41	% Voids
90.0	92.5	95.0	97.5	100.0	102.5	105.0	107.5	110.0	112.5	Adjustment (%)

TABLES OF VOLUMES

Table No.	209
C.A. Size	1½"
	38.1 mm
ASTM No.	467
Slump	6½"
	165 mm
( ) AE	
(✓) Non-AE	

(a)

Coarse Aggregate Type No.										Concrete Class
1	2	3	4	5	6	7				A
	1	2	3	4	5	6	7			B
		1	2	3	4	5	6	7		C
			1	2	3	4	5	6	7	D

(b) Concrete

11.80	12.30	12.80	13.30	13.80	14.30	14.80	15.30	15.80	16.30	Mortar (ft³/yd³)
15.20	14.70	14.20	13.70	13.20	12.70	12.20	11.70	11.20	10.70	C.A. + 8 (ft³/yd³)
0.437	0.456	0.474	0.493	0.511	0.530	0.548	0.567	0.585	0.604	Mortar (m³/m³)
0.563	0.544	0.526	0.507	0.489	0.470	0.452	0.433	0.415	0.396	C.A. + 8 (m³/m³)

(c) Cement

										f'_c (psi)
2.11	2.16	2.21	2.27	2.32	2.37	2.42	2.47	2.53	2.58	2000
2.25	2.30	2.37	2.43	2.50	2.55	2.62	2.67	2.74	2.80	2500
2.37	2.44	2.51	2.58	2.65	2.69	2.77	2.85	2.92	2.98	3000
2.51	2.57	2.65	2.72	2.80	2.87	2.95	3.01	3.09	3.16	3500
2.66	2.73	2.81	2.89	2.95	3.03	3.10	3.17	3.25	3.33	4000
2.82	2.89	2.99	3.05	3.13	3.21	3.29	3.37	3.46	3.54	4500
3.01	3.07	3.17	3.26	3.34	3.43	3.51	3.60	3.69	3.78	5000

(c-1) Cement

										f'_c (MPa)
0.080	0.081	0.084	0.086	0.088	0.090	0.092	0.094	0.096	0.099	15
0.087	0.089	0.092	0.094	0.097	0.099	0.101	0.104	0.107	0.109	20
0.095	0.097	0.101	0.103	0.106	0.108	0.111	0.114	0.117	0.119	25
0.104	0.106	0.110	0.112	0.115	0.118	0.121	0.124	0.127	0.130	30
0.113	0.115	0.119	0.122	0.125	0.128	0.131	0.134	0.137	0.141	35

(d) Water

										f'_c (psi)
4.30	4.42	4.54	4.67	4.81	4.92	5.05	5.17	5.30	5.42	2000
4.28	4.39	4.52	4.64	4.78	4.89	5.02	5.14	5.26	5.38	2500
4.26	4.37	4.50	4.62	4.75	4.86	4.99	5.11	5.24	5.36	3000
4.23	4.34	4.48	4.60	4.72	4.84	4.97	5.08	5.22	5.33	3500
4.20	4.32	4.45	4.58	4.70	4.82	4.94	5.06	5.19	5.30	4000
4.18	4.29	4.42	4.55	4.67	4.79	4.92	5.03	5.18	5.28	4500
4.14	4.26	4.39	4.52	4.63	4.76	4.88	5.00	5.13	5.25	5000

(d-1) Water

										f'_c (MPa)
0.159	0.164	0.168	0.173	0.178	0.182	0.187	0.192	0.196	0.201	15
0.158	0.163	0.167	0.172	0.177	0.181	0.186	0.190	0.195	0.199	20
0.157	0.162	0.166	0.171	0.176	0.180	0.185	0.189	0.194	0.198	25
0.155	0.160	0.165	0.170	0.174	0.179	0.183	0.188	0.192	0.197	30
0.153	0.158	0.163	0.168	0.172	0.177	0.181	0.186	0.190	0.195	35

(e) Air

—	—	—	—	—	—	—	—	—	—	Entrained (ft³/yd³)
—	—	—	—	—	—	—	—	—	—	%
—	—	—	—	—	—	—	—	—	—	Entrained (m³/m³)

(f) Air (Values Approximate)

2000	2500	3000	3500	4000	4500	5000	f'_c (psi)
0.25	0.23	0.22	0.20	0.19	0.18	0.17	Entrapped (ft³/yd³)
0.93	0.85	0.81	0.74	0.70	0.67	0.63	%

(f-1) Air (Values Approximate)

15	20	25	30	35	f'_c (MPa)
0.009	0.008	0.007	0.007	0.006	Entrapped (m³/m³)
0.90	0.82	0.73	0.68	0.63	%

(g) Cement and Water Adjustments for Fine Aggregate Variations

31–32	32–33	33–34	34–35	35–36	36–37	37–38	38–39	39–40	40–41	% Voids
90.0	92.5	95.0	97.5	100.0	102.5	105.0	107.5	110.0	112.5	Adjustment (%)

Table No.	210
C.A. Size	1½"
	38.1 mm
ASTM No.	467
Slump	7"
	175 mm
( ) AE	
(✓) Non·AE	

(a)

Coarse Aggregate Type No.										Concrete Class
1	2	3	4	5	6	7				A
	1	2	3	4	5	6	7			B
		1	2	3	4	5	6	7		C
			1	2	3	4	5	6	7	D

(b)

Concrete										
11.80	12.30	12.80	13.30	13.80	14.30	14.80	15.30	15.80	16.30	Mortar (ft³/yd³)
15.20	14.70	14.20	13.70	13.20	12.70	12.20	11.70	11.20	10.70	C. A. + 8 (ft³/yd³)
0.437	0.456	0.474	0.493	0.511	0.530	0.548	0.567	0.585	0.604	Mortar (m³/m³)
0.563	0.544	0.526	0.507	0.489	0.470	0.452	0.433	0.415	0.396	C. A. + 8 (m³/m³)

(c)

Cement										f'_c (psi)
2.15	2.20	2.25	2.31	2.36	2.41	2.46	2.51	2.57	2.62	2000
2.29	2.34	2.41	2.47	2.54	2.59	2.66	2.71	2.78	2.84	2500
2.41	2.48	2.55	2.62	2.69	2.73	2.81	2.89	2.96	3.02	3000
2.55	2.61	2.69	2.76	2.84	2.91	2.99	3.05	3.13	3.20	3500
2.70	2.77	2.85	2.93	2.99	3.07	3.14	3.21	3.29	3.37	4000
2.86	2.93	3.03	3.09	3.17	3.25	3.33	3.41	3.50	3.58	4500
3.05	3.11	3.21	3.30	3.38	3.47	3.55	3.64	3.73	3.82	5000

(c-1)

Cement										f'_c (MPa)
0.081	0.082	0.085	0.087	0.089	0.091	0.093	0.095	0.097	0.100	15
0.088	0.090	0.093	0.095	0.098	0.100	0.102	0.105	0.108	0.110	20
0.096	0.098	0.102	0.104	0.107	0.109	0.112	0.115	0.118	0.120	25
0.105	0.107	0.111	0.113	0.116	0.119	0.122	0.125	0.128	0.131	30
0.114	0.116	0.120	0.123	0.126	0.129	0.132	0.135	0.138	0.142	35

(d)

Water										f'_c (psi)
4.35	4.47	4.59	4.72	4.86	4.97	5.10	5.22	5.35	5.47	2000
4.33	4.44	4.57	4.69	4.83	4.94	5.07	5.19	5.31	5.43	2500
4.31	4.42	4.55	4.67	4.80	4.91	5.04	5.16	5.29	5.41	3000
4.28	4.39	4.53	4.65	4.77	4.89	5.02	5.13	5.27	5.38	3500
4.25	4.37	4.50	4.63	4.75	4.87	4.99	5.11	5.24	5.35	4000
4.23	4.34	4.47	4.60	4.72	4.84	4.97	5.08	5.23	5.33	4500
4.19	4.31	4.44	4.57	4.68	4.81	4.93	5.05	5.18	5.30	5000

(d-1)

Water										f'_c (MPa)
0.160	0.165	0.169	0.174	0.179	0.183	0.188	0.193	0.197	0.202	15
0.159	0.164	0.168	0.173	0.178	0.182	0.187	0.191	0.196	0.200	20
0.158	0.163	0.167	0.172	0.177	0.181	0.186	0.190	0.195	0.199	25
0.156	0.161	0.166	0.171	0.175	0.180	0.184	0.189	0.193	0.198	30
0.154	0.159	0.164	0.169	0.173	0.178	0.182	0.187	0.191	0.196	35

(e)

Air										
—	—	—	—	—	—	—	—	—	—	Entrained (ft³/yd³)
—	—	—	—	—	—	—	—	—	—	%
—	—	—	—	—	—	—	—	—	—	Entrained (m³/m³)

(f)

Air (Values Approximate)							
2000	2500	3000	3500	4000	4500	5000	f'_c (psi)
0.25	0.23	0.22	0.20	0.19	0.18	0.17	Entrapped (ft³/yd³)
0.93	0.85	0.81	0.74	0.70	0.67	0.63	%

(f-1)

Air (Values Approximate)					
15	20	25	30	35	f'_c (MPa)
0.009	0.008	0.007	0.007	0.006	Entrapped (m³/m³)
0.90	0.82	0.73	0.68	0.63	%

(g)

Cement and Water Adjustments for Fine Aggregate Variations

31–32	32–33	33–34	34–35	35–36	36–37	37–38	38–39	39–40	40–41	% Voids
90.0	92.5	95.0	97.5	100.0	102.5	105.0	107.5	110.0	112.5	Adjustment (%)

Table No.	211
C.A. Size	2″
	50 mm
ASTM No.	357
Slump	0″
	0 mm
( ) AE	
(✓) Non-AE	

(a)

Coarse Aggregate Type No.										Concrete Class
1	2	3	4	5	6	7				A
	1	2	3	4	5	6	7			B
		1	2	3	4	5	6	7		C
			1	2	3	4	5	6	7	D

(b)

Concrete										
11.30	11.80	12.30	12.80	13.30	13.80	14.30	14.80	15.30	15.80	Mortar (ft³/yd³)
15.70	15.20	14.70	14.20	13.70	13.20	12.70	12.20	11.70	11.20	C. A. + 8 (ft³/yd³)
0.419	0.437	0.456	0.474	0.493	0.511	0.530	0.548	0.567	0.585	Mortar (m³/m³)
0.581	0.563	0.544	0.526	0.507	0.489	0.470	0.452	0.433	0.415	C. A. + 8 (m³/m³)

(c)

Cement										f'_c (psi)
1.60	1.65	1.70	1.75	1.80	1.85	1.89	1.93	1.98	2.03	2000
1.72	1.77	1.83	1.89	1.95	2.00	2.05	2.11	2.17	2.22	2500
1.83	1.89	1.96	2.03	2.09	2.15	2.23	2.28	2.35	2.41	3000
1.97	2.04	2.11	2.18	2.25	2.32	2.39	2.44	2.52	2.59	3500
2.13	2.21	2.28	2.35	2.42	2.49	2.57	2.63	2.72	2.79	4000
2.31	2.35	2.43	2.51	2.59	2.68	2.76	2.83	2.93	3.01	4500
2.45	2.54	2.63	2.72	2.80	2.88	2.98	3.06	3.16	3.25	5000

(c-1)

Cement										f'_c (MPa)
0.061	0.063	0.065	0.067	0.069	0.071	0.073	0.074	0.076	0.078	15
0.067	0.070	0.072	0.074	0.077	0.079	0.081	0.084	0.086	0.088	20
0.074	0.077	0.081	0.083	0.086	0.088	0.091	0.094	0.096	0.098	25
0.082	0.085	0.090	0.092	0.095	0.098	0.101	0.104	0.107	0.110	30
0.090	0.095	0.099	0.102	0.105	0.108	0.111	0.114	0.118	0.122	35

(d)

Water										f'_c (psi)
3.43	3.57	3.69	3.81	3.93	4.04	4.17	4.29	4.41	4.51	2000
3.41	3.55	3.67	3.79	3.91	4.02	4.15	4.27	4.39	4.49	2500
3.39	3.53	3.64	3.77	3.88	3.99	4.11	4.22	4.35	4.45	3000
3.37	3.50	3.61	3.74	3.85	3.97	4.08	4.19	4.32	4.43	3500
3.35	3.47	3.59	3.71	3.82	3.93	4.05	4.15	4.30	4.40	4000
3.33	3.44	3.55	3.68	3.79	3.91	4.02	4.12	4.25	4.37	4500
3.29	3.41	3.52	3.65	3.75	3.87	3.98	4.08	4.21	4.33	5000

(d-1)

Water										f'_c (MPa)
0.127	0.132	0.136	0.141	0.145	0.149	0.154	0.159	0.163	0.167	15
0.126	0.131	0.135	0.140	0.144	0.148	0.153	0.157	0.161	0.165	20
0.125	0.130	0.134	0.139	0.143	0.147	0.152	0.155	0.160	0.164	25
0.123	0.128	0.132	0.137	0.141	0.145	0.150	0.153	0.158	0.162	30
0.121	0.126	0.130	0.135	0.139	0.143	0.148	0.151	0.156	0.160	35

(e)

Air										
—	—	—	—	—	—	—	—	—	—	Entrained (ft³/yd³)
—	—	—	—	—	—	—	—	—	—	%
—	—	—	—	—	—	—	—	—	—	Entrained (m³/m³)

(f)

Air (Values Approximate)							
2000	2500	3000	3500	4000	4500	5000	f'_c (psi)
0.19	0.17	0.15	0.14	0.12	0.11	0.10	Entrapped (ft³/yd³)
0.70	0.62	0.56	0.52	0.44	0.40	0.37	%

(f-1)

Air (Values Approximate)					
15	20	25	30	35	f'_c (MPa)
0.007	0.006	0.005	0.004	0.004	Entrapped (m³/m³)
0.67	0.57	0.50	0.41	0.37	%

(g)

Cement and Water Adjustments for Fine Aggregate Variations

31–32	32–33	33–34	34–35	35–36	36–37	37–38	38–39	39–40	40–41	% Voids
90.0	92.5	95.0	97.5	100.0	102.5	105.0	107.5	110.0	112.5	Adjustment (%)

SECTION 3   **224**

Table No.	212
C.A. Size	2"
	50 mm
ASTM No.	357
Slump	½"
	12.5 mm
( ) AE	
(✓) Non-AE	

(a)

Coarse Aggregate Type No.										Concrete Class
1	2	3	4	5	6	7				A
	1	2	3	4	5	6	7			B
		1	2	3	4	5	6	7		C
			1	2	3	4	5	6	7	D

(b) Concrete

11.30	11.80	12.30	12.80	13.30	13.80	14.30	14.80	15.30	15.80	Mortar (ft³/yd³)
15.70	15.20	14.70	14.20	13.70	13.20	12.70	12.20	11.70	11.20	C.A. + 8 (ft³/yd³)
0.419	0.437	0.456	0.474	0.493	0.511	0.530	0.548	0.567	0.585	Mortar (m³/m³)
0.581	0.563	0.544	0.526	0.507	0.489	0.470	0.452	0.433	0.415	C.A. + 8 (m³/m³)

(c) Cement

										f'_c (psi)
1.63	1.68	1.73	1.78	1.83	1.88	1.92	1.96	2.01	2.06	2000
1.75	1.80	1.86	1.92	1.98	2.03	2.08	2.14	2.20	2.25	2500
1.86	1.92	1.99	2.06	2.12	2.18	2.26	2.31	2.38	2.44	3000
2.00	2.07	2.14	2.21	2.28	2.35	2.42	2.47	2.55	2.62	3500
2.16	2.24	2.31	2.38	2.45	2.52	2.60	2.66	2.75	2.82	4000
2.34	2.38	2.46	2.54	2.62	2.71	2.79	2.86	2.96	3.04	4500
2.48	2.57	2.66	2.75	2.83	2.91	3.01	3.09	3.19	3.28	5000

(c-1) Cement

										f'_c (MPa)
0.062	0.064	0.066	0.068	0.070	0.072	0.074	0.075	0.077	0.079	15
0.068	0.071	0.073	0.075	0.078	0.080	0.082	0.085	0.087	0.089	20
0.075	0.078	0.082	0.084	0.087	0.089	0.092	0.095	0.097	0.099	25
0.083	0.086	0.091	0.093	0.096	0.099	0.102	0.105	0.108	0.111	30
0.091	0.096	0.100	0.103	0.106	0.109	0.112	0.115	0.119	0.123	35

(d) Water

										f'_c (psi)
3.49	3.63	3.75	3.87	3.99	4.10	4.23	4.35	4.47	4.57	2000
3.47	3.61	3.73	3.85	3.97	4.08	4.21	4.33	4.45	4.55	2500
3.45	3.59	3.70	3.83	3.94	4.05	4.17	4.28	4.41	4.51	3000
3.43	3.56	3.67	3.80	3.91	4.03	4.14	4.25	4.38	4.49	3500
3.41	3.53	3.65	3.77	3.88	3.99	4.11	4.21	4.36	4.46	4000
3.39	3.50	3.61	3.74	3.85	3.97	4.08	4.18	4.31	4.43	4500
3.35	3.47	3.58	3.71	3.81	3.93	4.04	4.14	4.27	4.39	5000

(d-1) Water

										f'_c (MPa)
0.129	0.134	0.138	0.143	0.147	0.151	0.156	0.161	0.165	0.169	15
0.128	0.133	0.137	0.142	0.146	0.150	0.155	0.159	0.163	0.167	20
0.127	0.132	0.136	0.141	0.145	0.149	0.154	0.157	0.162	0.166	25
0.125	0.130	0.134	0.139	0.143	0.147	0.152	0.155	0.160	0.164	30
0.123	0.128	0.132	0.137	0.141	0.145	0.150	0.153	0.158	0.162	35

(e) Air

—	—	—	—	—	—	—	—	—	—	Entrained (ft³/yd³)
—	—	—	—	—	—	—	—	—	—	%
—	—	—	—	—	—	—	—	—	—	Entrained (m³/m³)

(f) Air (Values Approximate)

2000	2500	3000	3500	4000	4500	5000	f'_c (psi)
0.19	0.17	0.15	0.14	0.12	0.11	0.10	Entrapped (ft³/yd³)
0.70	0.62	0.56	0.52	0.44	0.40	0.37	%

(f-1) Air (Values Approximate)

15	20	25	30	35	f'_c (MPa)
0.007	0.006	0.005	0.004	0.004	Entrapped (m³/m³)
0.67	0.57	0.50	0.41	0.37	%

(g) Cement and Water Adjustments for Fine Aggregate Variations

31–32	32–33	33–34	34–35	35–36	36–37	37–38	38–39	39–40	40–41	% Voids
90.0	92.5	95.0	97.5	100.0	102.5	105.0	107.5	110.0	112.5	Adjustment (%)

Table No.	213
C.A. Size	2"
	50 mm
ASTM No.	357
Slump	1"
	25 mm

( ) AE
(✓) Non-AE

(a)

Coarse Aggregate Type No.										Concrete Class
1	2	3	4	5	6	7				A
	1	2	3	4	5	6	7			B
		1	2	3	4	5	6	7		C
			1	2	3	4	5	6	7	D

(b)
Concrete

11.30	11.80	12.30	12.80	13.30	13.80	14.30	14.80	15.30	15.80	Mortar (ft³/yd³)
15.70	15.20	14.70	14.20	13.70	13.20	12.70	12.20	11.70	11.20	C. A. + 8 (ft³/yd³)
0.419	0.437	0.456	0.474	0.493	0.511	0.530	0.548	0.567	0.585	Mortar (m³/m³)
0.581	0.563	0.544	0.526	0.507	0.489	0.470	0.452	0.433	0.415	C. A. + 8 (m³/m³)

(c)
Cement

										f'_c (psi)
1.66	1.71	1.76	1.81	1.86	1.91	1.95	1.99	2.04	2.09	2000
1.77	1.83	1.89	1.95	2.01	2.06	2.11	2.17	2.23	2.28	2500
1.89	1.95	2.02	2.09	2.15	2.21	2.29	2.34	2.41	2.47	3000
2.03	2.10	2.17	2.24	2.31	2.38	2.45	2.50	2.58	2.65	3500
2.19	2.27	2.34	2.41	2.48	2.55	2.63	2.69	2.78	2.85	4000
2.37	2.41	2.49	2.57	2.65	2.74	2.82	2.89	2.99	3.07	4500
2.51	2.60	2.69	2.78	2.86	2.94	3.04	3.12	3.22	3.31	5000

(c-1)
Cement

										f'_c (MPa)
0.063	0.065	0.067	0.069	0.071	0.073	0.075	0.076	0.078	0.080	15
0.069	0.072	0.074	0.076	0.079	0.081	0.083	0.086	0.088	0.090	20
0.076	0.079	0.083	0.085	0.088	0.090	0.093	0.096	0.098	0.100	25
0.084	0.087	0.092	0.094	0.097	0.100	0.103	0.106	0.109	0.112	30
0.092	0.097	0.101	0.104	0.107	0.110	0.113	0.116	0.120	0.124	35

(d)
Water

										f'_c (psi)
3.54	3.68	3.80	3.92	4.04	4.15	4.28	4.40	4.52	4.62	2000
3.52	3.66	3.78	3.90	4.02	4.13	4.26	4.38	4.50	4.60	2500
3.50	3.64	3.75	3.88	3.99	4.10	4.22	4.33	4.46	4.56	3000
3.48	3.61	3.72	3.85	3.96	4.08	4.19	4.30	4.43	4.54	3500
3.46	3.58	3.70	3.82	3.93	4.04	4.16	4.26	4.41	4.51	4000
3.44	3.55	3.66	3.79	3.90	4.02	4.13	4.23	4.36	4.48	4500
3.40	3.52	3.63	3.76	3.86	3.98	4.09	4.19	4.32	4.44	5000

(d-1)
Water

										f'_c (MPa)
0.131	0.136	0.140	0.145	0.149	0.153	0.158	0.163	0.167	0.171	15
0.130	0.135	0.139	0.144	0.148	0.152	0.157	0.161	0.165	0.169	20
0.129	0.134	0.138	0.143	0.147	0.151	0.156	0.159	0.164	0.168	25
0.127	0.132	0.136	0.141	0.145	0.149	0.154	0.157	0.162	0.166	30
0.125	0.130	0.134	0.139	0.143	0.147	0.152	0.155	0.160	0.164	35

(e)
Air

—	—	—	—	—	—	—	—	—	—	Entrained (ft³/yd³)
—	—	—	—	—	—	—	—	—	—	%
—	—	—	—	—	—	—	—	—	—	Entrained (m³/m³)

(f)
Air (Values Approximate)

2000	2500	3000	3500	4000	4500	5000	f'_c (psi)
0.19	0.17	0.15	0.14	0.12	0.11	0.10	Entrapped (ft³/yd³)
0.70	0.62	0.56	0.52	0.44	0.40	0.37	%

(f-1)
Air (Values Approximate)

15	20	25	30	35	f'_c (MPa)
0.007	0.006	0.005	0.004	0.004	Entrapped (m³/m³)
0.67	0.57	0.50	0.41	0.37	%

(g)
Cement and Water Adjustments for Fine Aggregate Variations

31–32	32–33	33–34	34–35	35–36	36–37	37–38	38–39	39–40	40–41	% Voids
90.0	92.5	95.0	97.5	100.0	102.5	105.0	107.5	110.0	112.5	Adjustment (%)

Table No.	214
C.A. Size	2"
	50 mm
ASTM No.	357
Slump	1½"
	40 mm
( ) AE	
(✓) Non-AE	

(a)

Coarse Aggregate Type No.										Concrete Class
1	2	3	4	5	6	7				A
	1	2	3	4	5	6	7			B
		1	2	3	4	5	6	7		C
			1	2	3	4	5	6	7	D

(b)

Concrete										
11.30	11.80	12.30	12.80	13.30	13.80	14.30	14.80	15.30	15.80	Mortar (ft³/yd³)
15.70	15.20	14.70	14.20	13.70	13.20	12.70	12.20	11.70	11.20	C.A. + 8 (ft³/yd³)
0.419	0.437	0.456	0.474	0.493	0.511	0.530	0.548	0.567	0.585	Mortar (m³/m³)
0.581	0.563	0.544	0.526	0.507	0.489	0.470	0.452	0.433	0.415	C.A. + 8 (m³/m³)

(c)

Cement										f'_c (psi)
1.70	1.75	1.80	1.85	1.90	1.95	1.99	2.03	2.08	2.13	2000
1.82	1.87	1.93	1.99	2.05	2.10	2.15	2.21	2.27	2.32	2500
1.93	1.99	2.06	2.13	2.19	2.25	2.33	2.38	2.45	2.51	3000
2.07	2.14	2.21	2.28	2.35	2.42	2.49	2.54	2.62	2.69	3500
2.23	2.31	2.38	2.45	2.52	2.59	2.67	2.73	2.82	2.89	4000
2.41	2.45	2.53	2.61	2.69	2.78	2.86	2.93	3.03	3.11	4500
2.55	2.64	2.73	2.82	2.90	2.98	3.08	3.16	3.26	3.35	5000

(c-1)

Cement										f'_c (MPa)
0.064	0.066	0.068	0.070	0.072	0.074	0.076	0.077	0.079	0.081	15
0.070	0.073	0.075	0.077	0.080	0.082	0.084	0.087	0.089	0.091	20
0.077	0.080	0.084	0.086	0.089	0.091	0.094	0.097	0.099	0.101	25
0.085	0.088	0.093	0.095	0.098	0.101	0.104	0.107	0.110	0.113	30
0.093	0.098	0.102	0.105	0.108	0.111	0.114	0.117	0.121	0.125	35

(d)

Water										f'_c (psi)
3.59	3.73	3.85	3.97	4.09	4.20	4.33	4.45	4.57	4.67	2000
3.57	3.71	3.83	3.95	4.07	4.18	4.31	4.43	4.55	4.65	2500
3.55	3.69	3.80	3.93	4.04	4.15	4.27	4.38	4.51	4.61	3000
3.53	3.66	3.77	3.90	4.01	4.13	4.24	4.35	4.48	4.59	3500
3.51	3.63	3.75	3.87	3.98	4.09	4.21	4.31	4.46	4.56	4000
3.49	3.60	3.71	3.84	3.95	4.07	4.18	4.28	4.41	4.53	4500
3.45	3.57	3.68	3.81	3.91	4.03	4.14	4.24	4.37	4.49	5000

(d-1)

Water										f'_c (MPa)
0.133	0.138	0.142	0.147	0.151	0.155	0.160	0.165	0.169	0.173	15
0.132	0.137	0.141	0.146	0.150	0.154	0.159	0.163	0.167	0.171	20
0.131	0.136	0.140	0.145	0.149	0.153	0.158	0.161	0.166	0.170	25
0.129	0.134	0.138	0.143	0.147	0.151	0.156	0.159	0.164	0.168	30
0.127	0.132	0.136	0.141	0.145	0.149	0.154	0.157	0.162	0.166	35

(e)

Air										
—	—	—	—	—	—	—	—	—	—	Entrained (ft³/yd³)
—	—	—	—	—	—	—	—	—	—	%
—	—	—	—	—	—	—	—	—	—	Entrained (m³/m³)

(f)

Air (Values Approximate)

2000	2500	3000	3500	4000	4500	5000	f'_c (psi)
0.19	0.17	0.15	0.14	0.12	0.11	0.10	Entrapped (ft³/yd³)
0.70	0.62	0.56	0.52	0.44	0.40	0.37	%

(f-1)

Air (Values Approximate)

15	20	25	30	35	f'_c (MPa)
0.007	0.006	0.005	0.004	0.004	Entrapped (m³/m³)
0.67	0.57	0.50	0.41	0.37	%

(g)

Cement and Water Adjustments for Fine Aggregate Variations

31-32	32-33	33-34	34-35	35-36	36-37	37-38	38-39	39-40	40-41	% Voids
90.0	92.5	95.0	97.5	100.0	102.5	105.0	107.5	110.0	112.5	Adjustment (%)

Table No.	215
C.A. Size	2″
	50 mm
ASTM No.	357
Slump	2″
	50 mm
( ) AE	
(✓) Non-AE	

(a)										
Coarse Aggregate Type No.										Concrete Class
1	2	3	4	5	6	7				A
	1	2	3	4	5	6	7			B
		1	2	3	4	5	6	7		C
			1	2	3	4	5	6	7	D
(b)										
Concrete										
11.30	11.80	12.30	12.80	13.30	13.80	14.30	14.80	15.30	15.80	Mortar (ft³/yd³)
15.70	15.20	14.70	14.20	13.70	13.20	12.70	12.20	11.70	11.20	C. A. + 8 (ft³/yd³)
0.419	0.437	0.456	0.474	0.493	0.511	0.530	0.548	0.567	0.585	Mortar (m³/m³)
0.581	0.563	0.544	0.526	0.507	0.489	0.470	0.452	0.433	0.415	C. A. + 8 (m³/m³)
(c)										
Cement										f'_c (psi)
1.74	1.79	1.84	1.89	1.94	1.99	2.03	2.07	2.12	2.17	2000
1.86	1.91	1.97	2.03	2.09	2.14	2.19	2.25	2.31	2.36	2500
1.97	2.03	2.10	2.17	2.23	2.29	2.37	2.42	2.49	2.55	3000
2.11	2.18	2.25	2.32	2.39	2.46	2.53	2.58	2.66	2.73	3500
2.27	2.35	2.42	2.49	2.56	2.63	2.71	2.77	2.86	2.93	4000
2.45	2.49	2.57	2.65	2.73	2.82	2.90	2.97	3.07	3.15	4500
2.59	2.68	2.77	2.86	2.94	3.02	3.12	3.20	3.30	3.39	5000
(c-1)										
Cement										f'_c (MPa)
0.066	0.068	0.070	0.072	0.074	0.076	0.078	0.079	0.081	0.083	15
0.072	0.075	0.077	0.079	0.082	0.084	0.086	0.089	0.091	0.093	20
0.079	0.082	0.086	0.088	0.091	0.093	0.096	0.099	0.101	0.103	25
0.087	0.090	0.095	0.097	0.100	0.103	0.106	0.109	0.112	0.115	30
0.095	0.100	0.104	0.107	0.110	0.113	0.116	0.119	0.123	0.127	35
(d)										
Water										f'_c (psi)
3.65	3.79	3.91	4.03	4.15	4.26	4.39	4.51	4.63	4.73	2000
3.63	3.77	3.89	4.01	4.13	4.24	4.37	4.49	4.61	4.71	2500
3.61	3.75	3.86	3.99	4.10	4.21	4.33	4.44	4.57	4.67	3000
3.59	3.72	3.83	3.96	4.07	4.19	4.30	4.41	4.54	4.65	3500
3.57	3.69	3.81	3.93	4.04	4.15	4.27	4.37	4.52	4.62	4000
3.55	3.66	3.77	3.90	4.01	4.13	4.24	4.34	4.47	4.59	4500
3.51	3.63	3.74	3.87	3.97	4.09	4.20	4.30	4.43	4.55	5000
(d-1)										
Water										f'_c (MPa)
0.135	0.140	0.146	0.149	0.153	0.157	0.162	0.167	0.171	0.175	15
0.134	0.139	0.145	0.148	0.152	0.156	0.161	0.165	0.169	0.173	20
0.133	0.138	0.144	0.147	0.151	0.155	0.160	0.163	0.168	0.172	25
0.131	0.136	0.142	0.145	0.149	0.153	0.158	0.161	0.166	0.170	30
0.129	0.134	0.138	0.143	0.147	0.151	0.156	0.159	0.164	0.168	35
(e)										
Air										
—	—	—	—	—	—	—	—	—	—	Entrained (ft³/yd³)
—	—	—	—	—	—	—	—	—	—	%
—	—	—	—	—	—	—	—	—	—	Entrained (m³/m³)
(f)										

Air (Values Approximate)							
2000	2500	3000	3500	4000	4500	5000	f'_c (psi)
0.19	0.17	0.15	0.14	0.12	0.11	0.10	Entrapped (ft³/yd³)
0.70	0.62	0.56	0.52	0.44	0.40	0.37	%

(f-1)

Air (Values Approximate)					
15	20	25	30	35	f'_c (MPa)
0.007	0.006	0.005	0.004	0.004	Entrapped (m³/m³)
0.67	0.57	0.50	0.41	0.37	%

(g)

Cement and Water Adjustments for Fine Aggregate Variations										
31-32	32-33	33-34	34-35	35-36	36-37	37-38	38-39	39-40	40-41	% Voids
90.0	92.5	95.0	97.5	100.0	102.5	105.0	107.5	110.0	112.5	Adjustment (%)

Table No.		216
C.A. Size		2"
		50 mm
ASTM No.		357
Slump		2½"
		65 mm
( ) AE		
(✓) Non-AE		

(a)

Coarse Aggregate Type No.										Concrete Class
1	2	3	4	5	6	7				A
	1	2	3	4	5	6	7			B
		1	2	3	4	5	6	7		C
			1	2	3	4	5	6	7	D

(b) Concrete

11.30	11.80	12.30	12.80	13.30	13.80	14.30	14.80	15.30	15.80	Mortar (ft³/yd³)
15.70	15.20	14.70	14.20	13.70	13.20	12.70	12.20	11.70	11.20	C. A. + 8 (ft³/yd³)
0.419	0.437	0.456	0.474	0.493	0.511	0.530	0.548	0.567	0.585	Mortar (m³/m³)
0.581	0.563	0.544	0.526	0.507	0.489	0.470	0.452	0.433	0.415	C. A. + 8 (m³/m³)

(c) Cement

										f'_c (psi)
1.77	1.82	1.87	1.92	1.97	2.02	2.06	2.10	2.15	2.20	2000
1.89	1.94	2.00	2.06	2.12	2.17	2.22	2.28	2.34	2.39	2500
2.00	2.06	2.13	2.20	2.26	2.32	2.40	2.45	2.52	2.58	3000
2.14	2.21	2.28	2.35	2.42	2.49	2.56	2.61	2.69	2.76	3500
2.30	2.38	2.45	2.52	2.59	2.66	2.74	2.80	2.89	2.96	4000
2.48	2.52	2.60	2.68	2.76	2.85	2.93	3.00	3.10	3.18	4500
2.62	2.71	2.80	2.89	2.97	3.05	3.15	3.23	3.33	3.42	5000

(c-1) Cement

										f'_c (MPa)
0.067	0.069	0.071	0.073	0.075	0.077	0.079	0.080	0.082	0.084	15
0.073	0.076	0.078	0.080	0.083	0.085	0.087	0.090	0.092	0.094	20
0.080	0.083	0.087	0.089	0.092	0.094	0.097	0.100	0.102	0.104	25
0.088	0.091	0.096	0.098	0.101	0.104	0.107	0.110	0.113	0.116	30
0.096	0.101	0.105	0.108	0.111	0.114	0.117	0.120	0.124	0.128	35

(d) Water

										f'_c (psi)
3.70	3.84	3.96	4.08	4.20	4.31	4.44	4.56	4.68	4.78	2000
3.68	3.82	3.94	4.06	4.18	4.29	4.42	4.54	4.66	4.76	2500
3.66	3.80	3.91	4.04	4.15	4.26	4.38	4.49	4.62	4.72	3000
3.64	3.77	3.88	4.01	4.12	4.24	4.35	4.46	4.59	4.70	3500
3.62	3.74	3.86	3.98	4.09	4.20	4.32	4.42	4.57	4.67	4000
3.60	3.71	3.82	3.95	4.06	4.18	4.29	4.39	4.52	4.64	4500
3.56	3.68	3.79	3.92	4.02	4.14	4.25	4.35	4.48	4.60	5000

(d-1) Water

										f'_c (MPa)
0.137	0.142	0.146	0.151	0.155	0.159	0.164	0.169	0.173	0.177	15
0.136	0.141	0.145	0.150	0.154	0.158	0.163	0.167	0.171	0.175	20
0.135	0.140	0.144	0.149	0.153	0.157	0.162	0.165	0.170	0.174	25
0.133	0.138	0.142	0.147	0.151	0.155	0.160	0.163	0.168	0.172	30
0.131	0.136	0.140	0.145	0.149	0.153	0.158	0.161	0.166	0.170	35

(e) Air

—	—	—	—	—	—	—	—	—	—	Entrained (ft³/yd³)
—	—	—	—	—	—	—	—	—	—	%
—	—	—	—	—	—	—	—	—	—	Entrained (m³/m³)

(f) Air (Values Approximate)

2000	2500	3000	3500	4000	4500	5000	f'_c (psi)
0.19	0.17	0.15	0.14	0.12	0.11	0.10	Entrapped (ft³/yd³)
0.70	0.62	0.56	0.52	0.44	0.40	0.37	%

(f-1) Air (Values Approximate)

15	20	25	30	35	f'_c (MPa)
0.007	0.006	0.005	0.004	0.004	Entrapped (m³/m³)
0.67	0.57	0.50	0.41	0.37	%

(g) Cement and Water Adjustments for Fine Aggregate Variations

31-32	32-33	33-34	34-35	35-36	36-37	37-38	38-39	39-40	40-41	% Voids
90.0	92.5	95.0	97.5	100.0	102.5	105.0	107.5	110.0	112.5	Adjustment (%)

TABLES OF VOLUMES

Table No.	217
C.A. Size	2"
	50 mm
ASTM No.	357
Slump	3"
	75 mm
( ) AE	
(√) Non-AE	

(a)

Coarse Aggregate Type No.										Concrete Class
1	2	3	4	5	6	7				A
	1	2	3	4	5	6	7			B
		1	2	3	4	5	6	7		C
			1	2	3	4	5	6	7	D

(b)

Concrete										
11.30	11.80	12.30	12.80	13.30	13.80	14.30	14.80	15.30	15.80	Mortar (ft³/yd³)
15.70	15.20	14.70	14.20	13.70	13.20	12.70	12.20	11.70	11.20	C. A. + 8 (ft³/yd³)
0.419	0.437	0.456	0.474	0.493	0.511	0.530	0.548	0.567	0.585	Mortar (m³/m³)
0.581	0.563	0.544	0.526	0.507	0.489	0.470	0.452	0.433	0.415	C. A. + 8 (m³/m³)

(c)

Cement										f'_c (psi)
1.80	1.85	1.90	1.95	2.00	2.05	2.09	2.13	2.18	2.23	2000
1.92	1.97	2.03	2.09	2.15	2.20	2.25	2.31	2.37	2.42	2500
2.03	2.09	2.16	2.23	2.29	2.35	2.43	2.48	2.55	2.61	3000
2.17	2.24	2.31	2.38	2.45	2.52	2.59	2.64	2.72	2.79	3500
2.33	2.41	2.48	2.55	2.62	2.69	2.77	2.83	2.92	2.99	4000
2.51	2.55	2.63	2.71	2.79	2.88	2.96	3.03	3.13	3.21	4500
2.65	2.74	2.83	2.92	3.00	3.08	3.18	3.26	3.36	3.45	5000

(c-1)

Cement										f'_c (MPa)
0.068	0.070	0.072	0.074	0.076	0.078	0.080	0.081	0.083	0.085	15
0.074	0.077	0.079	0.081	0.084	0.086	0.088	0.091	0.093	0.095	20
0.081	0.084	0.088	0.090	0.093	0.095	0.098	0.101	0.103	0.105	25
0.089	0.092	0.097	0.099	0.102	0.105	0.108	0.111	0.114	0.117	30
0.097	0.102	0.106	0.109	0.112	0.115	0.118	0.121	0.125	0.129	35

(d)

Water										f'_c (psi)
3.75	3.89	4.01	4.13	4.25	4.36	4.49	4.61	4.73	4.83	2000
3.73	3.87	3.99	4.11	4.23	4.34	4.47	4.59	4.71	4.81	2500
3.71	3.85	3.96	4.09	4.20	4.31	4.43	4.54	4.67	4.77	3000
3.69	3.82	3.93	4.06	4.17	4.29	4.40	4.51	4.64	4.75	3500
3.67	3.79	3.91	4.03	4.14	4.25	4.37	4.47	4.62	4.72	4000
3.65	3.76	3.87	4.00	4.11	4.23	4.34	4.44	4.57	4.69	4500
3.61	3.73	3.84	3.97	4.07	4.19	4.30	4.40	4.53	4.65	5000

(d-1)

Water										f'_c (MPa)
0.138	0.143	0.147	0.152	0.156	0.160	0.165	0.170	0.174	0.178	15
0.137	0.142	0.146	0.151	0.155	0.159	0.164	0.168	0.172	0.176	20
0.136	0.141	0.145	0.150	0.154	0.158	0.163	0.166	0.171	0.175	25
0.134	0.139	0.143	0.148	0.152	0.156	0.161	0.164	0.169	0.173	30
0.132	0.137	0.141	0.146	0.150	0.154	0.159	0.162	0.167	0.171	35

(e)

Air										
—	—	—	—	—	—	—	—	—	—	Entrained (ft³/yd³)
—	—	—	—	—	—	—	—	—	—	%
—	—	—	—	—	—	—	—	—	—	Entrained (m³/m³)

(f)

Air (Values Approximate)							
2000	2500	3000	3500	4000	4500	5000	f'_c (psi)
0.19	0.17	0.15	0.14	0.12	0.11	0.10	Entrapped (ft³/yd³)
0.70	0.62	0.56	0.52	0.44	0.40	0.37	%

(f-1)

Air (Values Approximate)					
15	20	25	30	35	f'_c (MPa)
0.007	0.006	0.005	0.004	0.004	Entrapped (m³/m³)
0.67	0.57	0.50	0.41	0.37	%

(g)

Cement and Water Adjustments for Fine Aggregate Variations										
31–32	32–33	33–34	34–35	35–36	36–37	37–38	38–39	39–40	40–41	% Voids
90.0	92.5	95.0	97.5	100.0	102.5	105.0	107.5	110.0	112.5	Adjustment (%)

Table No. 218
C.A. Size 2″
50 mm
ASTM No. 357
Slump 3½″
90 mm

( ) AE
(✓) Non-AE

(a)

Coarse Aggregate Type No.										Concrete Class
1	2	3	4	5	6	7				A
	1	2	3	4	5	6	7			B
		1	2	3	4	5	6	7		C
			1	2	3	4	5	6	7	D

(b)

Concrete										
11.30	11.80	12.30	12.80	13.30	13.80	14.30	14.80	15.30	15.80	Mortar (ft³/yd³)
15.70	15.20	14.70	14.20	13.70	13.20	12.70	12.20	11.70	11.20	C. A. + 8 (ft³/yd³)
0.419	0.437	0.456	0.474	0.493	0.511	0.530	0.548	0.567	0.585	Mortar (m³/m³)
0.581	0.563	0.544	0.526	0.507	0.489	0.470	0.452	0.433	0.415	C. A. + 8 (m³/m³)

(c)

Cement										f'_c (psi)
1.84	1.89	1.94	1.99	2.04	2.09	2.13	2.17	2.22	2.27	2000
1.96	2.01	2.07	2.13	2.19	2.24	2.29	2.35	2.41	2.46	2500
2.07	2.13	2.20	2.27	2.33	2.39	2.47	2.52	2.59	2.65	3000
2.21	2.28	2.35	2.42	2.49	2.56	2.63	2.68	2.76	2.83	3500
2.37	2.45	2.52	2.59	2.66	2.73	2.81	2.87	2.96	3.03	4000
2.55	2.59	2.67	2.75	2.83	2.92	3.00	3.07	3.17	3.25	4500
2.69	2.78	2.87	2.96	3.04	3.12	3.22	3.30	3.40	3.49	5000

(c-1)

Cement										f'_c (MPa)
0.070	0.072	0.074	0.076	0.078	0.080	0.082	0.083	0.085	0.087	15
0.076	0.079	0.081	0.083	0.086	0.088	0.090	0.093	0.095	0.097	20
0.083	0.086	0.090	0.092	0.095	0.097	0.100	0.103	0.105	0.107	25
0.091	0.094	0.099	0.101	0.104	0.107	0.110	0.113	0.116	0.119	30
0.099	0.104	0.108	0.111	0.114	0.117	0.120	0.123	0.127	0.131	35

(d)

Water										f'_c (psi)
3.81	3.95	4.07	4.19	4.31	4.42	4.55	4.67	4.79	4.89	2000
3.79	3.93	4.05	4.17	4.29	4.40	4.53	4.65	4.77	4.87	2500
3.77	3.91	4.02	4.15	4.26	4.37	4.49	4.60	4.73	4.83	3000
3.75	3.88	3.99	4.12	4.23	4.35	4.46	4.57	4.70	4.81	3500
3.73	3.85	3.97	4.09	4.20	4.31	4.43	4.53	4.68	4.78	4000
3.71	3.82	3.93	4.06	4.17	4.29	4.40	4.50	4.63	4.75	4500
3.67	3.79	3.90	4.03	4.13	4.25	4.36	4.46	4.59	4.71	5000

(d-1)

Water										f'_c (MPa)
0.141	0.146	0.150	0.155	0.159	0.163	0.168	0.173	0.177	0.181	15
0.140	0.145	0.149	0.154	0.158	0.162	0.167	0.171	0.175	0.179	20
0.139	0.144	0.148	0.153	0.157	0.161	0.166	0.169	0.174	0.178	25
0.137	0.142	0.146	0.151	0.155	0.159	0.164	0.167	0.172	0.176	30
0.135	0.140	0.144	0.149	0.153	0.157	0.162	0.165	0.170	0.174	35

(e)

Air										
—	—	—	—	—	—	—	—	—	—	Entrained (ft³/yd³)
—	—	—	—	—	—	—	—	—	—	%
—	—	—	—	—	—	—	—	—	—	Entrained (m³/m³)

(f)

Air (Values Approximate)							
2000	2500	3000	3500	4000	4500	5000	f'_c (psi)
0.19	0.17	0.15	0.14	0.12	0.11	0.10	Entrapped (ft³/yd³)
0.70	0.62	0.56	0.52	0.44	0.40	0.37	%

(f-1)

Air (Values Approximate)					
15	20	25	30	35	f'_c (MPa)
0.007	0.006	0.005	0.004	0.004	Entrapped (m³/m³)
0.67	0.57	0.50	0.41	0.37	%

(g)

Cement and Water Adjustments for Fine Aggregate Variations										
31-32	32-33	33-34	34-35	35-36	36-37	37-38	38-39	39-40	40-41	% Voids
90.0	92.5	95.0	97.5	100.0	102.5	105.0	107.5	110.0	112.5	Adjustment (%)

Table No.	219
C.A. Size	2″
	50 mm
ASTM No.	357
Slump	4″
	100 mm
( ) AE	
(✓) Non-AE	

(a)

Coarse Aggregate Type No.										Concrete Class
1	2	3	4	5	6	7				A
	1	2	3	4	5	6	7			B
		1	2	3	4	5	6	7		C
			1	2	3	4	5	6	7	D

(b)

Concrete										
11.30	11.80	12.30	12.80	13.30	13.80	14.30	14.80	15.30	15.80	Mortar (ft³/yd³)
15.70	15.20	14.70	14.20	13.70	13.20	12.70	12.20	11.70	11.20	C. A. + 8 (ft³/yd³)
0.419	0.437	0.456	0.474	0.493	0.511	0.530	0.548	0.567	0.585	Mortar (m³/m³)
0.581	0.563	0.544	0.526	0.507	0.489	0.470	0.452	0.433	0.415	C. A. + 8 (m³/m³)

(c)

Cement										f'_c (psi)
1.88	1.93	1.98	2.03	2.08	2.13	2.17	2.21	2.26	2.31	2000
2.00	2.05	2.11	2.17	2.23	2.28	2.33	2.39	2.45	2.50	2500
2.11	2.17	2.24	2.31	2.37	2.43	2.51	2.56	2.63	2.69	3000
2.25	2.32	2.39	2.46	2.53	2.60	2.67	2.72	2.80	2.87	3500
2.41	2.49	2.56	2.63	2.70	2.77	2.85	2.91	3.00	3.06	4000
2.59	2.63	2.71	2.79	2.87	2.96	3.04	3.11	3.21	3.29	4500
2.73	2.82	2.91	3.00	3.08	3.16	3.26	3.34	3.44	3.53	5000

(c-1)

Cement										f'_c (MPa)
0.071	0.073	0.075	0.077	0.079	0.081	0.083	0.084	0.086	0.088	15
0.077	0.080	0.082	0.084	0.087	0.089	0.091	0.094	0.096	0.098	20
0.084	0.087	0.091	0.093	0.096	0.098	0.101	0.104	0.108	0.110	25
0.092	0.095	0.100	0.102	0.105	0.108	0.111	0.114	0.117	0.120	30
0.100	0.105	0.109	0.112	0.115	0.118	0.121	0.124	0.128	0.132	35

(d)

Water										f'_c (psi)
3.86	4.00	4.12	4.24	4.36	4.47	4.60	4.72	4.84	4.94	2000
3.84	3.98	4.10	4.22	4.34	4.45	4.58	4.70	4.82	4.92	2500
3.82	3.96	4.07	4.20	4.31	4.42	4.54	4.65	4.78	4.88	3000
3.80	3.93	4.04	4.17	4.28	4.40	4.51	4.62	4.75	4.86	3500
3.78	3.90	4.02	4.14	4.25	4.36	4.48	4.58	4.73	4.83	4000
3.76	3.87	3.98	4.11	4.22	4.34	4.45	4.55	4.68	4.80	4500
3.72	3.84	3.95	4.08	4.18	4.30	4.41	4.51	4.64	4.76	5000

(d-1)

Water										f'_c (MPa)
0.143	0.148	0.152	0.157	0.161	0.165	0.170	0.175	0.179	0.183	15
0.142	0.147	0.151	0.156	0.160	0.164	0.169	0.173	0.177	0.181	20
0.141	0.146	0.150	0.155	0.159	0.163	0.168	0.171	0.176	0.180	25
0.139	0.144	0.148	0.153	0.157	0.161	0.166	0.169	0.174	0.178	30
0.137	0.142	0.146	0.151	0.155	0.159	0.164	0.167	0.172	0.176	35

(e)

Air										
—	—	—	—	—	—	—	—	—	—	Entrained (ft³/yd³)
—	—	—	—	—	—	—	—	—	—	%
—	—	—	—	—	—	—	—	—	—	Entrained (m³/m³)

(f)

Air (Values Approximate)

2000	2500	3000	3500	4000	4500	5000	f'_c (psi)
0.19	0.17	0.15	0.14	0.12	0.11	0.10	Entrapped (ft³/yd³)
0.70	0.62	0.56	0.52	0.44	0.40	0.37	%

(f-1)

Air (Values Approximate)

15	20	25	30	35	f'_c (MPa)
0.007	0.006	0.005	0.004	0.004	Entrapped (m³/m³)
0.67	0.57	0.50	0.41	0.37	%

(g)

Cement and Water Adjustments for Fine Aggregate Variations

31-32	32-33	33-34	34-35	35-36	36-37	37-38	38-39	39-40	40-41	% Voids
90.0	92.5	95.0	97.5	100.0	102.5	105.0	107.5	110.0	112.5	Adjustment (%)

Table No.	220
C.A. Size	2"
	50 mm
ASTM No.	357
Slump	4½"
	115 mm
( ) AE	
(✓) Non-AE	

(a)

Coarse Aggregate Type No.										Concrete Class
1	2	3	4	5	6	7				A
	1	2	3	4	5	6	7			B
		1	2	3	4	5	6	7		C
			1	2	3	4	5	6	7	D

(b)

Concrete										
11.30	11.80	12.30	12.80	13.30	13.80	14.30	14.80	15.30	15.80	Mortar (ft³/yd³)
15.70	15.20	14.70	14.20	13.70	13.20	12.70	12.20	11.70	11.20	C. A. + 8 (ft³/yd³)
0.419	0.437	0.456	0.474	0.493	0.511	0.530	0.548	0.567	0.585	Mortar (m³/m³)
0.581	0.563	0.544	0.526	0.507	0.489	0.470	0.452	0.433	0.415	C. A. + 8 (m³/m³)

(c)

Cement										f'_c (psi)
1.91	1.96	2.01	2.06	2.11	2.16	2.20	2.24	2.29	2.34	2000
2.03	2.08	2.14	2.20	2.26	2.31	2.36	2.42	2.48	2.53	2500
2.14	2.20	2.27	2.34	2.40	2.46	2.54	2.59	2.66	2.72	3000
2.28	2.35	2.42	2.49	2.56	2.63	2.70	2.75	2.83	2.90	3500
2.44	2.52	2.59	2.66	2.73	2.80	2.88	2.94	3.03	3.10	4000
2.62	2.66	2.74	2.82	2.90	2.99	3.07	3.14	3.24	3.32	4500
2.76	2.85	2.94	3.03	3.11	3.19	3.29	3.37	3.47	3.56	5000

(c-1)

Cement										f'_c (MPa)
0.072	0.074	0.076	0.078	0.080	0.082	0.084	0.085	0.087	0.089	15
0.078	0.081	0.083	0.085	0.088	0.090	0.092	0.095	0.097	0.099	20
0.085	0.088	0.092	0.094	0.097	0.099	0.102	0.105	0.107	0.109	25
0.093	0.096	0.101	0.103	0.106	0.109	0.112	0.115	0.118	0.121	30
0.101	0.106	0.110	0.113	0.116	0.119	0.122	0.125	0.129	0.133	35

(d)

Water										f'_c (psi)
3.91	4.05	4.17	4.29	4.41	4.52	4.65	4.77	4.89	4.99	2000
3.89	4.03	4.15	4.27	4.39	4.50	4.63	4.75	4.87	4.97	2500
3.87	4.01	4.12	4.25	4.36	4.47	4.59	4.70	4.83	4.93	3000
3.85	3.98	4.09	4.22	4.33	4.45	4.56	4.67	4.80	4.91	3500
3.83	3.95	4.07	4.19	4.30	4.41	4.53	4.63	4.78	4.88	4000
3.81	3.92	4.03	4.16	4.27	4.39	4.50	4.60	4.73	4.85	4500
3.77	3.89	4.00	4.13	4.23	4.35	4.46	4.56	4.69	4.81	5000

(d-1)

Water										f'_c (MPa)
0.145	0.150	0.154	0.159	0.163	0.167	0.172	0.177	0.181	0.185	15
0.144	0.149	0.153	0.158	0.162	0.166	0.171	0.175	0.179	0.183	20
0.143	0.148	0.152	0.157	0.161	0.165	0.170	0.173	0.178	0.182	25
0.141	0.146	0.150	0.155	0.159	0.163	0.168	0.171	0.176	0.180	30
0.139	0.144	0.148	0.153	0.157	0.161	0.166	0.169	0.174	0.178	35

(e)

Air										
—	—	—	—	—	—	—	—	—	—	Entrained (ft³/yd³)
—	—	—	—	—	—	—	—	—	—	%
—	—	—	—	—	—	—	—	—	—	Entrained (m³/m³)

(f)

Air (Values Approximate)							
2000	2500	3000	3500	4000	4500	5000	f'_c (psi)
0.19	0.17	0.15	0.14	0.12	0.11	0.10	Entrapped (ft³/yd³)
0.70	0.62	0.56	0.52	0.44	0.40	0.37	%

(f-1)

Air (Values Approximate)					
15	20	25	30	35	f'_c (MPa)
0.007	0.006	0.005	0.004	0.004	Entrapped (m³/m³)
0.67	0.57	0.50	0.41	0.37	%

(g)

Cement and Water Adjustments for Fine Aggregate Variations										
31-32	32-33	33-34	34-35	35-36	36-37	37-38	38-39	39-40	40-41	% Voids
90.0	92.5	95.0	97.5	100.0	102.5	105.0	107.5	110.0	112.5	Adjustment (%)

Table No.	221
C.A. Size	2"
	50 mm
ASTM No.	357
Slump	5"
	125 mm
( ) AE	
(✓) Non·AE	

(a)

Coarse Aggregate Type No.										Concrete Class
1	2	3	4	5	6	7				A
	1	2	3	4	5	6	7			B
		1	2	3	4	5	6	7		C
			1	2	3	4	5	6	7	D

(b) Concrete

11.30	11.80	12.30	12.80	13.30	13.80	14.30	14.80	15.30	15.80	Mortar (ft³/yd³)
15.70	15.20	14.70	14.20	13.70	13.20	12.70	12.20	11.70	11.20	C.A. + 8 (ft³/yd³)
0.419	0.437	0.456	0.474	0.493	0.511	0.530	0.548	0.567	0.585	Mortar (m³/m³)
0.581	0.563	0.544	0.526	0.507	0.489	0.470	0.452	0.433	0.415	C.A. + 8 (m³/m³)

(c) Cement

										f'_c (psi)
1.94	1.99	2.04	2.09	2.14	2.19	2.23	2.27	2.32	2.37	2000
2.06	2.11	2.17	2.23	2.29	2.34	2.39	2.45	2.51	2.56	2500
2.17	2.23	2.30	2.37	2.43	2.49	2.57	2.62	2.69	2.75	3000
2.31	2.38	2.45	2.52	2.59	2.66	2.73	2.78	2.86	2.93	3500
2.47	2.55	2.62	2.69	2.76	2.83	2.91	2.97	3.06	3.13	4000
2.65	2.69	2.77	2.85	2.93	3.02	3.10	3.17	3.27	3.35	4500
2.79	2.88	2.97	3.06	3.14	3.22	3.32	3.40	3.50	3.59	5000

(c-1) Cement

										f'_c (MPa)
0.073	0.075	0.077	0.079	0.081	0.083	0.085	0.086	0.088	0.090	15
0.079	0.082	0.084	0.086	0.089	0.091	0.093	0.096	0.098	0.100	20
0.086	0.089	0.093	0.095	0.098	0.100	0.103	0.106	0.108	0.110	25
0.094	0.097	0.102	0.104	0.107	0.110	0.113	0.116	0.119	0.122	30
0.102	0.107	0.111	0.114	0.117	0.120	0.123	0.126	0.130	0.134	35

(d) Water

										f'_c (psi)
3.97	4.11	4.23	4.35	4.47	4.58	4.71	4.83	4.95	5.05	2000
3.95	4.09	4.21	4.33	4.45	4.56	4.69	4.81	4.93	5.03	2500
3.93	4.07	4.18	4.31	4.42	4.53	4.65	4.76	4.89	4.99	3000
3.91	4.04	4.15	4.28	4.39	4.51	4.62	4.73	4.86	4.97	3500
3.89	4.01	4.13	4.25	4.36	4.47	4.59	4.69	4.84	4.94	4000
3.87	3.98	4.09	4.22	4.33	4.45	4.56	4.66	4.79	4.91	4500
3.83	3.95	4.06	4.19	4.29	4.41	4.52	4.62	4.75	4.87	5000

(d-1) Water

										f'_c (MPa)
0.147	0.152	0.156	0.161	0.165	0.169	0.174	0.179	0.183	0.187	15
0.146	0.151	0.155	0.160	0.164	0.168	0.173	0.177	0.181	0.185	20
0.145	0.150	0.154	0.159	0.163	0.167	0.172	0.175	0.180	0.184	25
0.143	0.148	0.152	0.157	0.161	0.165	0.170	0.173	0.178	0.182	30
0.141	0.146	0.150	0.155	0.159	0.163	0.168	0.171	0.176	0.180	35

(e) Air

—	—	—	—	—	—	—	—	—	—	Entrained (ft³/yd³)
—	—	—	—	—	—	—	—	—	—	%
—	—	—	—	—	—	—	—	—	—	Entrained (m³/m³)

(f) Air (Values Approximate)

2000	2500	3000	3500	4000	4500	5000	f'_c (psi)
0.19	0.17	0.15	0.14	0.12	0.11	0.10	Entrapped (ft³/yd³)
0.70	0.62	0.56	0.52	0.44	0.40	0.37	%

(f-1) Air (Values Approximate)

15	20	25	30	35	f'_c (MPa)
0.007	0.006	0.005	0.004	0.004	Entrapped (m³/m³)
0.67	0.57	0.50	0.41	0.37	%

(g) Cement and Water Adjustments for Fine Aggregate Variations

31-32	32-33	33-34	34-35	35-36	36-37	37-38	38-39	39-40	40-41	% Voids
90.0	92.5	95.0	97.5	100.0	102.5	105.0	107.5	110.0	112.5	Adjustment (%)

Table No.	222
C.A. Size	2"
	50 mm
ASTM No.	357
Slump	5½"
	140 mm

( ) AE
(✓) Non-AE

(a)

Coarse Aggregate Type No.										Concrete Class
1	2	3	4	5	6	7				A
	1	2	3	4	5	6	7			B
		1	2	3	4	5	6	7		C
			1	2	3	4	5	6	7	D

(b) Concrete

11.30	11.80	12.30	12.80	13.30	13.80	14.30	14.80	15.30	15.80	Mortar (ft³/yd³)
15.70	15.20	14.70	14.20	13.70	13.20	12.70	12.20	11.70	11.20	C. A. + 8 (ft³/yd³)
0.419	0.437	0.456	0.474	0.493	0.511	0.530	0.548	0.567	0.545	Mortar (m³/m³)
0.581	0.563	0.544	0.526	0.507	0.489	0.470	0.452	0.433	0.415	C. A. + 8 (m³/m³)

(c) Cement

										f'_c (psi)
1.98	2.03	2.08	2.13	2.18	2.23	2.27	2.31	2.36	2.41	2000
2.10	2.15	2.21	2.27	2.33	2.38	2.43	2.49	2.55	2.60	2500
2.21	2.27	2.34	2.41	2.47	2.53	2.61	2.66	2.73	2.79	3000
2.35	2.42	2.49	2.56	2.63	2.70	2.77	2.82	2.90	2.97	3500
2.51	2.59	2.66	2.73	2.80	2.87	2.95	3.01	3.10	3.17	4000
2.69	2.73	2.81	2.89	2.97	3.06	3.14	3.21	3.31	3.39	4500
2.83	2.92	3.01	3.10	3.18	3.26	3.36	3.44	3.54	3.63	5000

(c-1) Cement

										f'_c (MPa)
0.075	0.077	0.079	0.081	0.083	0.085	0.087	0.088	0.090	0.092	15
0.081	0.084	0.086	0.088	0.091	0.093	0.095	0.098	0.100	0.102	20
0.088	0.091	0.095	0.097	0.100	0.102	0.105	0.108	0.110	0.112	25
0.096	0.099	0.104	0.106	0.109	0.112	0.115	0.118	0.121	0.124	30
0.104	0.109	0.113	0.116	0.119	0.122	0.125	0.128	0.132	0.136	35

(d) Water

										f'_c (psi)
4.02	4.16	4.28	4.40	4.52	4.63	4.76	4.88	5.00	5.10	2000
4.00	4.14	4.26	4.38	4.50	4.61	4.74	4.86	4.98	5.08	2500
3.98	4.12	4.23	4.36	4.47	4.58	4.70	4.81	4.94	5.04	3000
3.96	4.09	4.20	4.33	4.44	4.56	4.67	4.78	4.91	5.02	3500
3.94	4.06	4.18	4.30	4.41	4.52	4.64	4.74	4.89	4.99	4000
3.92	4.03	4.14	4.27	4.38	4.50	4.61	4.71	4.84	4.96	4500
3.88	4.00	4.11	4.24	4.34	4.46	4.57	4.67	4.80	4.92	5000

(d-1) Water

										f'_c (MPa)
0.149	0.154	0.158	0.163	0.167	0.171	0.176	0.181	0.185	0.189	15
0.148	0.153	0.157	0.162	0.166	0.170	0.175	0.179	0.183	0.187	20
0.147	0.152	0.156	0.161	0.165	0.169	0.174	0.177	0.182	0.186	25
0.145	0.150	0.154	0.159	0.163	0.167	0.172	0.175	0.180	0.184	30
0.143	0.148	0.152	0.157	0.161	0.165	0.170	0.173	0.178	0.182	35

(e) Air

—	—	—	—	—	—	—	—	—	—	Entrained (ft³/yd³)
—	—	—	—	—	—	—	—	—	—	%
—	—	—	—	—	—	—	—	—	—	Entrained (m³/m³)

(f) Air (Values Approximate)

2000	2500	3000	3500	4000	4500	5000	f'_c (psi)
0.19	0.17	0.15	0.14	0.12	0.11	0.10	Entrapped (ft³/yd³)
0.70	0.62	0.56	0.52	0.44	0.40	0.37	%

(f-1) Air (Values Approximate)

15	20	25	30	35	f'_c (MPa)
0.007	0.006	0.005	0.004	0.004	Entrapped (m³/m³)
0.67	0.57	0.50	0.41	0.37	%

(g) Cement and Water Adjustments for Fine Aggregate Variations

31–32	32–33	33–34	34–35	35–36	36–37	37–38	38–39	39–40	40–41	% Voids
90.0	92.5	95.0	97.5	100.0	102.5	105.0	107.5	110.0	112.5	Adjustment (%)

Table No.	223
C.A. Size	2"
	50 mm
ASTM No.	357
Slump	6"
	150 mm
( ) AE	
(✓) Non-AE	

(a)

Coarse Aggregate Type No.										Concrete Class
1	2	3	4	5	6	7				A
	1	2	3	4	5	6	7			B
		1	2	3	4	5	6	7		C
			1	2	3	4	5	6	7	D

(b) Concrete

11.30	11.80	12.30	12.80	13.30	13.80	14.30	14.80	15.30	15.80	Mortar (ft³/yd³)
15.70	15.20	14.70	14.20	13.70	13.20	12.70	12.20	11.70	11.20	C. A. + 8 (ft³/yd³)
0.419	0.437	0.456	0.474	0.493	0.511	0.530	0.548	0.567	0.585	Mortar (m³/m³)
0.581	0.563	0.544	0.526	0.507	0.489	0.470	0.452	0.433	0.415	C. A. + 8 (m³/m³)

(c) Cement

										f'_c (psi)
2.01	2.06	2.11	2.16	2.21	2.26	2.30	2.34	2.39	2.44	2000
2.13	2.18	2.24	2.30	2.36	2.41	2.46	2.52	2.58	2.63	2500
2.24	2.30	2.37	2.44	2.50	2.56	2.64	2.69	2.76	2.82	3000
2.38	2.45	2.52	2.59	2.66	2.73	2.80	2.85	2.93	3.00	3500
2.54	2.62	2.69	2.76	2.83	2.90	2.98	3.04	3.13	3.20	4000
2.75	2.79	2.87	2.95	3.03	3.12	3.20	3.27	3.37	3.45	4500
2.86	2.95	3.04	3.13	3.21	3.29	3.39	3.47	3.57	3.66	5000

(c-1) Cement

										f'_c (MPa)
0.076	0.078	0.080	0.082	0.084	0.086	0.088	0.089	0.091	0.093	15
0.082	0.085	0.087	0.089	0.092	0.094	0.096	0.099	0.101	0.103	20
0.089	0.092	0.096	0.098	0.101	0.103	0.106	0.109	0.111	0.113	25
0.097	0.100	0.105	0.107	0.110	0.113	0.116	0.119	0.122	0.125	30
0.105	0.110	0.114	0.117	0.120	0.123	0.126	0.129	0.133	0.137	35

(d) Water

										f'_c (psi)
4.07	4.21	4.33	4.45	4.57	4.68	4.81	4.93	5.05	5.15	2000
4.05	4.19	4.31	4.43	4.55	4.66	4.79	4.91	5.03	5.13	2500
4.03	4.17	4.28	4.41	4.52	4.63	4.75	4.86	4.99	5.09	3000
4.01	4.14	4.25	4.38	4.49	4.61	4.72	4.83	4.96	5.07	3500
3.99	4.11	4.23	4.35	4.46	4.57	4.69	4.79	4.94	5.04	4000
3.97	4.08	4.19	4.32	4.43	4.55	4.66	4.76	4.89	5.01	4500
3.93	4.05	4.16	4.29	4.39	4.51	4.62	4.72	4.85	4.97	5000

(d-1) Water

										f'_c (MPa)
0.151	0.156	0.160	0.165	0.169	0.173	0.178	0.183	0.187	0.191	15
0.150	0.155	0.159	0.164	0.168	0.172	0.177	0.181	0.185	0.189	20
0.149	0.154	0.158	0.163	0.167	0.171	0.176	0.179	0.184	0.188	25
0.147	0.152	0.156	0.161	0.165	0.169	0.174	0.177	0.182	0.186	30
0.145	0.150	0.154	0.159	0.163	0.167	0.172	0.175	0.180	0.184	35

(e) Air

—	—	—	—	—	—	—	—	—		Entrained (ft³/yd³)
—	—	—	—	—	—	—	—	—		%
—	—	—	—	—	—	—	—	—		Entrained (m³/m³)

(f) Air (Values Approximate)

2000	2500	3000	3500	4000	4500	5000	f'_c (psi)
0.19	0.17	0.15	0.14	0.12	0.11	0.10	Entrapped (ft³/yd³)
0.70	0.62	0.56	0.52	0.44	0.40	0.37	%

(f-1) Air (Values Approximate)

15	20	25	30	35	f'_c (MPa)
0.007	0.006	0.005	0.004	0.004	Entrapped (m³/m³)
0.67	0.57	0.50	0.41	0.37	%

(g) Cement and Water Adjustments for Fine Aggregate Variations

31–32	32–33	33–34	34–35	35–36	36–37	37–38	38–39	39–40	40–41	% Voids
90.0	92.5	95.0	97.5	100.0	102.5	105.0	107.5	110.0	112.5	Adjustment (%)

Table No. 224
C.A. Size 2″
 50 mm
ASTM No. 357
Slump 6½″
 165 mm

( ) AE
(✓) Non-AE

(a)

Coarse Aggregate Type No.										Concrete Class
1	2	3	4	5	6	7				A
	1	2	3	4	5	6	7			B
		1	2	3	4	5	6	7		C
			1	2	3	4	5	6	7	D

(b)

Concrete										
11.30	11.80	12.30	12.80	13.30	13.80	14.30	14.80	15.30	15.80	Mortar (ft³/yd³)
15.70	15.20	14.70	14.20	13.70	13.20	12.70	12.20	11.70	11.20	C. A. + 8 (ft³/yd³)
0.419	0.437	0.456	0.474	0.493	0.511	0.530	0.548	0.567	0.585	Mortar (m³/m³)
0.581	0.563	0.544	0.526	0.507	0.489	0.470	0.452	0.433	0.415	C. A. + 8 (m³/m³)

(c)

Cement										f'_c (psi)
2.04	2.09	2.14	2.19	2.24	2.29	2.33	2.37	2.42	2.47	2000
2.16	2.21	2.27	2.33	2.39	2.44	2.49	2.55	2.61	2.66	2500
2.27	2.33	2.40	2.47	2.53	2.59	2.67	2.72	2.79	2.85	3000
2.41	2.48	2.55	2.62	2.69	2.76	2.83	2.88	2.96	3.03	3500
2.57	2.65	2.72	2.79	2.86	2.93	3.01	3.07	3.16	3.23	4000
2.75	2.79	2.87	2.95	3.03	3.12	3.20	3.27	3.37	3.45	4500
2.89	2.98	3.07	3.16	3.24	3.32	3.42	3.50	3.60	3.69	5000

(c-1)

Cement										f'_c (MPa)
0.077	0.079	0.081	0.083	0.085	0.087	0.089	0.090	0.092	0.094	15
0.083	0.086	0.088	0.090	0.093	0.095	0.097	0.100	0.102	0.104	20
0.090	0.093	0.097	0.099	0.102	0.104	0.107	0.110	0.112	0.114	25
0.098	0.101	0.106	0.108	0.111	0.114	0.117	0.120	0.123	0.126	30
0.106	0.111	0.115	0.118	0.121	0.124	0.127	0.130	0.134	0.138	35

(d)

Water										f'_c (psi)
4.12	4.26	4.38	4.50	4.62	4.73	4.86	4.98	5.10	5.20	2000
4.10	4.24	4.36	4.48	4.60	4.71	4.84	4.96	5.08	5.18	2500
4.08	4.22	4.33	4.46	4.57	4.68	4.80	4.91	5.04	5.14	3000
4.06	4.19	4.30	4.43	4.54	4.66	4.77	4.88	5.01	5.12	3500
4.04	4.16	4.28	4.40	4.51	4.62	4.74	4.84	4.99	5.09	4000
4.02	4.13	4.24	4.37	4.48	4.60	4.71	4.81	4.94	5.06	4500
3.98	4.10	4.21	4.34	4.44	4.56	4.67	4.77	4.90	5.02	5000

(d-1)

Water										f'_c (MPa)
0.153	0.158	0.162	0.167	0.171	0.175	0.180	0.185	0.189	0.193	15
0.152	0.157	0.161	0.166	0.170	0.174	0.179	0.183	0.187	0.191	20
0.151	0.156	0.160	0.165	0.169	0.173	0.178	0.181	0.186	0.190	25
0.149	0.154	0.158	0.163	0.167	0.171	0.176	0.179	0.184	0.188	30
0.147	0.152	0.156	0.161	0.165	0.169	0.174	0.177	0.182	0.186	35

(e)

Air										
—	—	—	—	—	—	—	—	—	—	Entrained (ft³/yd³)
—	—	—	—	—	—	—	—	—	—	%
—	—	—	—	—	—	—	—	—	—	Entrained (m³/m³)

(f)

Air (Values Approximate)							
2000	2500	3000	3500	4000	4500	5000	f'_c (psi)
0.19	0.17	0.15	0.14	0.12	0.11	0.10	Entrapped (ft³/yd³)
0.70	0.62	0.56	0.52	0.44	0.40	0.37	%

(f-1)

Air (Values Approximate)					
15	20	25	30	35	f'_c (MPa)
0.007	0.006	0.005	0.004	0.004	Entrapped (m³/m³)
0.67	0.57	0.50	0.41	0.37	%

(g)

Cement and Water Adjustments for Fine Aggregate Variations										
31-32	32-33	33-34	34-35	35-36	36-37	37-38	38-39	39-40	40-41	% Voids
90.0	92.5	95.0	97.5	100.0	102.5	105.0	107.5	110.0	112.5	Adjustment (%)

Table No.	225
C.A. Size	2"
	50 mm
ASTM No.	357
Slump	7"
	175 mm

( ) AE
(✓) Non-AE

(a)

Coarse Aggregate Type No.										Concrete Class
1	2	3	4	5	6	7				A
	1	2	3	4	5	6	7			B
		1	2	3	4	5	6	7		C
			1	2	3	4	5	6	7	D

(b)

Concrete										
11.30	11.80	12.30	12.80	13.30	13.80	14.30	14.80	15.30	15.80	Mortar (ft³/yd³)
15.70	15.20	14.70	14.20	13.70	13.20	12.70	12.20	11.70	11.20	C. A. + 8 (ft³/yd³)
0.419	0.437	0.456	0.474	0.493	0.511	0.530	0.548	0.567	0.585	Mortar (m³/m³)
0.581	0.563	0.544	0.526	0.507	0.489	0.470	0.452	0.433	0.415	C. A. + 8 (m³/m³)

(c)

Cement										f'_c (psi)
1.60	1.65	1.70	1.75	1.80	1.85	1.89	1.93	1.98	2.03	2000
1.72	1.77	1.83	1.89	1.95	2.00	2.05	2.11	2.17	2.22	2500
1.83	1.89	1.96	2.03	2.09	2.15	2.23	2.28	2.35	2.41	3000
1.97	2.04	2.11	2.18	2.25	2.32	2.39	2.44	2.52	2.59	3500
2.13	2.21	2.28	2.35	2.42	2.49	2.57	2.63	2.72	2.79	4000
2.31	2.35	2.43	2.51	2.59	2.68	2.76	2.83	2.93	3.01	4500
2.45	2.54	2.63	2.72	2.80	2.88	2.98	3.06	3.16	3.25	5000

(c-1)

Cement										f'_c (MPa)
0.078	0.080	0.082	0.084	0.086	0.088	0.090	0.091	0.093	0.095	15
0.084	0.087	0.089	0.091	0.094	0.096	0.098	0.101	0.103	0.105	20
0.091	0.094	0.098	0.100	0.103	0.105	0.108	0.111	0.113	0.115	25
0.099	0.102	0.107	0.109	0.112	0.115	0.118	0.121	0.124	0.127	30
0.107	0.112	0.116	0.119	0.122	0.125	0.128	0.131	0.135	0.139	35

(d)

Water										f'_c (psi)
3.43	3.57	3.69	3.81	3.93	4.04	4.17	4.29	4.41	4.51	2000
3.41	3.55	3.67	3.79	3.91	4.02	4.15	4.27	4.39	4.49	2500
3.39	3.53	3.64	3.77	3.88	3.99	4.11	4.22	4.35	4.45	3000
3.37	3.50	3.61	3.74	3.85	3.97	4.08	4.19	4.32	4.43	3500
3.35	3.47	3.59	3.71	3.82	3.93	4.05	4.15	4.30	4.40	4000
3.33	3.44	3.55	3.68	3.79	3.91	4.02	4.12	4.25	4.37	4500
3.29	3.41	3.52	3.65	3.75	3.87	3.98	4.08	4.21	4.33	5000

(d-1)

Water										f'_c (MPa)
0.154	0.159	0.163	0.168	0.172	0.176	0.181	0.186	0.190	0.194	15
0.153	0.158	0.162	0.167	0.171	0.175	0.180	0.184	0.188	0.192	20
0.152	0.157	0.161	0.166	0.170	0.174	0.179	0.182	0.187	0.191	25
0.150	0.155	0.159	0.164	0.168	0.172	0.177	0.180	0.185	0.189	30
0.148	0.153	0.157	0.162	0.166	0.170	0.175	0.178	0.183	0.187	35

(e)

Air										
—	—	—	—	—	—	—	—	—	—	Entrained (ft³/yd³)
—	—	—	—	—	—	—	—	—	—	%
—	—	—	—	—	—	—	—	—	—	Entrained (m³/m³)

(f)

Air (Values Approximate)							
2000	2500	3000	3500	4000	4500	5000	f'_c (psi)
0.19	0.17	0.15	0.14	0.12	0.11	0.10	Entrapped (ft³/yd³)
0.70	0.62	0.56	0.52	0.44	0.40	0.37	%

(f-1)

Air (Values Approximate)					
15	20	25	30	35	f'_c (MPa)
0.007	0.006	0.005	0.004	0.004	Entrapped (m³/m³)
0.67	0.57	0.50	0.41	0.37	%

(g)

Cement and Water Adjustments for Fine Aggregate Variations									
31–32	32–33	33–34	34–35	35–36	36–37	37–38	38–39	39–40	40–41	% Voids
90.0	92.5	95.0	97.5	100.0	102.5	105.0	107.5	110.0	112.5	Adjustment (%)

Table No. 226
C.A. Size 2½″
63 mm
ASTM No. 2
Slump 0″
0 mm

( ) AE
(√) Non-AE

(a)

Coarse Aggregate Type No.										Concrete Class
1	2	3	4	5	6	7				A
	1	2	3	4	5	6	7			B
		1	2	3	4	5	6	7		C
			1	2	3	4	5	6	7	D

(b)
Concrete

10.80	11.30	11.80	12.30	12.80	13.30	13.80	14.30	14.80	15.30	Mortar (ft³/yd³)
16.20	15.70	15.20	14.70	14.20	13.70	13.20	12.70	12.20	11.70	C. A. + 8 (ft³/yd³)
0.400	0.419	0.437	0.456	0.474	0.493	0.511	0.530	0.548	0.567	Mortar (m³/m³)
0.600	0.581	0.563	0.544	0.526	0.507	0.489	0.470	0.452	0.433	C. A. + 8 (m³/m³)

(c)
Cement

										f'_c (psi)
1.55	1.58	1.63	1.68	1.73	1.78	1.83	1.88	1.93	1.98	2000
1.66	1.71	1.76	1.82	1.89	1.94	1.99	2.05	2.11	2.15	2500
1.80	1.86	1.92	1.98	2.04	2.11	2.17	2.24	2.31	2.33	3000
1.93	2.00	2.07	2.13	2.21	2.27	2.34	2.42	2.49	2.53	3500
2.08	2.13	2.21	2.29	2.37	2.45	2.51	2.60	2.68	2.73	4000
2.23	2.31	2.38	2.45	2.55	2.63	2.71	2.80	2.89	2.97	4500
2.41	2.47	2.55	2.63	2.72	2.83	2.91	3.00	3.09	3.17	5000

(c-1)
Cement

										f'_c (MPa)
0.059	0.061	0.063	0.064	0.067	0.068	0.070	0.072	0.074	0.076	15
0.066	0.068	0.070	0.073	0.074	0.077	0.079	0.082	0.084	0.085	20
0.074	0.076	0.078	0.081	0.083	0.086	0.089	0.092	0.094	0.095	25
0.082	0.084	0.087	0.090	0.092	0.096	0.099	0.102	0.105	0.107	30
0.090	0.093	0.096	0.099	0.102	0.106	0.109	0.113	0.116	0.119	35

(d)
Water

										f'_c (psi)
3.29	3.41	3.53	3.65	3.76	3.87	3.99	4.11	4.23	4.35	2000
3.28	3.40	3.51	3.63	3.75	3.85	3.97	4.09	4.21	4.33	2500
3.27	3.39	3.50	3.61	3.73	3.83	3.95	4.07	4.19	4.31	3000
3.26	3.37	3.49	3.59	3.71	3.81	3.93	4.05	4.17	4.29	3500
3.25	3.35	3.47	3.57	3.69	3.79	3.91	4.03	4.15	4.27	4000
3.23	3.34	3.45	3.55	3.67	3.77	3.89	4.01	4.13	4.25	4500
3.22	3.33	3.43	3.53	3.65	3.75	3.87	3.99	4.11	4.23	5000

(d-1)
Water

										f'_c (MPa)
0.122	0.126	0.130	0.135	0.139	0.143	0.147	0.152	0.156	0.161	15
0.121	0.126	0.130	0.134	0.138	0.142	0.146	0.151	0.155	0.160	20
0.121	0.125	0.129	0.133	0.137	0.141	0.145	0.150	0.154	0.159	25
0.120	0.124	0.128	0.132	0.136	0.140	0.144	0.149	0.153	0.158	30
0.120	0.123	0.127	0.131	0.135	0.139	0.143	0.148	0.152	0.157	35

(e)
Air

—	—	—	—	—	—	—	—	—	—	Entrained (ft³/yd³)
—	—	—	—	—	—	—	—	—	—	%
—	—	—	—	—	—	—	—	—	—	Entrained (m³/m³)

(f)
Air (Values Approximate)

2000	2500	3000	3500	4000	4500	5000	f'_c (psi)
0.08	0.07	0.06	0.05	0.04	0.04	0.04	Entrapped (ft³/yd³)
0.30	0.26	0.22	0.19	0.15	0.15	0.15	%

(f-1)
Air (Values Approximate)

15	20	25	30	35	f'_c (MPa)
0.003	0.002	0.001	—	—	Entrapped (m³/m³)
0.29	0.23	0.18	—	—	%

(g)
Cement and Water Adjustments for Fine Aggregate Variations

31-32	32-33	33-34	34-35	35-36	36-37	37-38	38-39	39-40	40-41	% Voids
90.0	92.5	95.0	97.5	100.0	102.5	105.0	107.5	110.0	112.5	Adjustment (%)

Table No.	227
C.A. Size	2½"
	63 mm
ASTM No.	2
Slump	½"
	12.5 mm
( ) AE	
(✓) Non-AE	

(a)

Coarse Aggregate Type No.										Concrete Class
1	2	3	4	5	6	7				A
	1	2	3	4	5	6	7			B
		1	2	3	4	5	6	7		C
			1	2	3	4	5	6	7	D

(b)

Concrete										
10.80	11.30	11.80	12.30	12.80	13.30	13.80	14.30	14.80	15.30	Mortar (ft³/yd³)
16.20	15.70	15.20	14.70	14.20	13.70	13.20	12.70	12.20	11.70	C. A. + 8 (ft³/yd³)
0.400	0.419	0.437	0.456	0.474	0.493	0.511	0.530	0.548	0.567	Mortar (m³/m³)
0.600	0.581	0.563	0.544	0.526	0.507	0.489	0.470	0.452	0.433	C. A. + 8 (m³/m³)

(c)

Cement										f'_c (psi)
1.58	1.61	1.66	1.71	1.76	1.81	1.86	1.91	1.96	2.01	2000
1.69	1.74	1.79	1.85	1.92	1.97	2.02	2.08	2.14	2.18	2500
1.83	1.89	1.95	2.01	2.07	2.14	2.20	2.27	2.34	2.36	3000
1.96	2.03	2.10	2.16	2.24	2.30	2.37	2.45	2.52	2.56	3500
2.11	2.16	2.24	2.32	2.40	2.48	2.54	2.63	2.71	2.76	4000
2.26	2.34	2.41	2.48	2.58	2.66	2.74	2.83	2.92	3.00	4500
2.44	2.50	2.58	2.66	2.75	2.86	2.94	3.03	3.12	3.20	5000

(c-1)

Cement										f'_c (MPa)
0.060	0.062	0.064	0.065	0.068	0.069	0.071	0.073	0.075	0.077	15
0.067	0.069	0.071	0.074	0.075	0.078	0.080	0.083	0.085	0.086	20
0.075	0.077	0.079	0.082	0.084	0.087	0.090	0.093	0.095	0.096	25
0.083	0.085	0.088	0.091	0.093	0.097	0.100	0.103	0.106	0.108	30
0.091	0.094	0.097	0.100	0.103	0.107	0.110	0.114	0.117	0.120	35

(d)

Water										f'_c (psi)
3.35	3.47	3.59	3.71	3.82	3.93	4.05	4.17	4.29	4.41	2000
3.34	3.46	3.57	3.69	3.81	3.91	4.03	4.15	4.27	4.39	2500
3.33	3.45	3.56	3.67	3.79	3.89	4.01	4.13	4.25	4.37	3000
3.32	3.43	3.55	3.65	3.77	3.87	3.99	4.11	4.23	4.35	3500
3.31	3.41	3.53	3.63	3.75	3.85	3.97	4.09	4.21	4.33	4000
3.29	3.40	3.51	3.61	3.73	3.83	3.95	4.07	4.19	4.31	4500
3.28	3.39	3.49	3.59	3.71	3.81	3.93	4.05	4.17	4.29	5000

(d-1)

Water										f'_c (MPa)
0.124	0.128	0.132	0.137	0.141	0.145	0.149	0.154	0.158	0.163	15
0.123	0.128	0.132	0.136	0.140	0.144	0.148	0.153	0.157	0.162	20
0.123	0.127	0.131	0.135	0.139	0.143	0.147	0.152	0.156	0.161	25
0.122	0.126	0.130	0.134	0.138	0.142	0.146	0.151	0.155	0.160	30
0.122	0.125	0.129	0.133	0.137	0.141	0.145	0.150	0.154	0.159	35

(e)

Air										
—	—	—	—	—	—	—	—	—	—	Entrained (ft³/yd³)
—	—	—	—	—	—	—	—	—	—	%
—	—	—	—	—	—	—	—	—	—	Entrained (m³/m³)

(f)

Air (Values Approximate)							
2000	2500	3000	3500	4000	4500	5000	f'_c (psi)
0.08	0.07	0.06	0.05	0.04	0.04	0.04	Entrapped (ft³/yd³)
0.30	0.26	0.22	0.19	0.15	0.15	0.15	%

(f-1)

Air (Values Approximate)					
15	20	25	30	35	f'_c (MPa)
0.003	0.002	0.001	—	—	Entrapped (m³/m³)
0.29	0.23	0.18	—	—	%

(g)

Cement and Water Adjustments for Fine Aggregate Variations										
31–32	32–33	33–34	34–35	35–36	36–37	37–38	38–39	39–40	40–41	% Voids
90.0	92.5	95.0	97.5	100.0	102.5	105.0	107.5	110.0	112.5	Adjustment (%)

Table No.	228
C.A. Size	2½"
	63 mm
ASTM No.	2
Slump	1"
	25 mm
( ) AE	
(✓) Non-AE	

(a)

Coarse Aggregate Type No.										Concrete Class
1	2	3	4	5	6	7				A
	1	2	3	4	5	6	7			B
		1	2	3	4	5	6	7		C
			1	2	3	4	5	6	7	D

(b)

Concrete										
10.80	11.30	11.80	12.30	12.80	13.30	13.80	14.30	14.80	15.30	Mortar (ft³/yd³)
16.20	15.70	15.20	14.70	14.20	13.70	13.20	12.70	12.20	11.70	C. A. + 8 (ft³/yd³)
0.400	0.419	0.437	0.456	0.474	0.493	0.511	0.530	0.548	0.567	Mortar (m³/m³)
0.600	0.581	0.563	0.544	0.526	0.507	0.489	0.470	0.452	0.433	C. A. + 8 (m³/m³)

(c)

Cement										f'_c (psi)
1.61	1.64	1.69	1.74	1.79	1.84	1.89	1.94	1.99	2.04	2000
1.72	1.77	1.82	1.88	1.95	2.00	2.05	2.11	2.17	2.21	2500
1.86	1.92	1.98	2.04	2.10	2.17	2.23	2.30	2.37	2.39	3000
1.99	2.06	2.13	2.19	2.27	2.33	2.40	2.48	2.55	2.59	3500
2.14	2.19	2.27	2.35	2.43	2.51	2.57	2.66	2.74	2.79	4000
2.29	2.37	2.44	2.51	2.61	2.69	2.77	2.86	2.95	3.03	4500
2.47	2.53	2.61	2.69	2.78	2.89	2.97	3.06	3.15	3.23	5000

(c-1)

Cement										f'_c (MPa)
0.061	0.063	0.065	0.066	0.069	0.070	0.072	0.074	0.076	0.078	15
0.068	0.070	0.072	0.075	0.076	0.079	0.081	0.084	0.086	0.087	20
0.076	0.078	0.080	0.083	0.085	0.088	0.091	0.094	0.096	0.097	25
0.084	0.086	0.089	0.092	0.094	0.098	0.101	0.104	0.107	0.109	30
0.092	0.095	0.098	0.101	0.104	0.108	0.111	0.115	0.118	0.121	35

(d)

Water										f'_c (psi)
3.40	3.52	3.64	3.76	3.87	3.98	4.10	4.22	4.34	4.46	2000
3.39	3.51	3.62	3.74	3.86	3.96	4.08	4.20	4.32	4.44	2500
3.38	3.50	3.61	3.72	3.84	3.94	4.06	4.18	4.30	4.42	3000
3.37	3.48	3.60	3.70	3.82	3.92	4.04	4.16	4.28	4.40	3500
3.36	3.46	3.58	3.68	3.80	3.90	4.02	4.14	4.26	4.38	4000
3.34	3.45	3.56	3.66	3.78	3.88	4.00	4.12	4.24	4.36	4500
3.33	3.44	3.54	3.64	3.76	3.86	3.98	4.08	4.22	4.34	5000

(d-1)

Water										f'_c (MPa)
0.126	0.130	0.134	0.139	0.143	0.147	0.151	0.156	0.160	0.165	15
0.125	0.130	0.134	0.138	0.142	0.146	0.150	0.155	0.159	0.164	20
0.125	0.129	0.133	0.137	0.141	0.145	0.149	0.154	0.158	0.163	25
0.124	0.128	0.132	0.136	0.140	0.144	0.148	0.153	0.157	0.162	30
0.124	0.127	0.131	0.135	0.139	0.143	0.147	0.152	0.156	0.161	35

(e)

Air										
—	—	—	—	—	—	—	—	—	—	Entrained (ft³/yd³)
—	—	—	—	—	—	—	—	—	—	%
—	—	—	—	—	—	—	—	—	—	Entrained (m³/m³)

(f)

Air (Values Approximate)

2000	2500	3000	3500	4000	4500	5000	f'_c (psi)
0.08	0.07	0.06	0.05	0.04	0.04	0.04	Entrapped (ft³/yd³)
0.30	0.26	0.22	0.19	0.15	0.15	0.15	%

(f-1)

Air (Values Approximate)

15	20	25	30	35	f'_c (MPa)
0.003	0.002	0.001	—	—	Entrapped (m³/m³)
0.29	0.23	0.18	—	—	%

(g)

Cement and Water Adjustments for Fine Aggregate Variations

31–32	32–33	33–34	34–35	35–36	36–37	37–38	38–39	39–40	40–41	% Voids
90.0	92.5	95.0	97.5	100.0	102.5	105.0	107.5	110.0	112.5	Adjustment (%)

TABLES OF VOLUMES   241

Table No. 229
C.A. Size 2½″
63 mm
ASTM No. 2
Slump 1½″
40 mm

( ) AE
(√) Non-AE

(a)

Coarse Aggregate Type No.										Concrete Class
1	2	3	4	5	6	7				A
	1	2	3	4	5	6	7			B
		1	2	3	4	5	6	7		C
			1	2	3	4	5	6	7	D

(b) Concrete

10.80	11.30	11.80	12.30	12.80	13.30	13.80	14.30	14.80	15.30	Mortar (ft³/yd³)
16.20	15.70	15.20	14.70	14.20	13.70	13.20	12.70	12.20	11.70	C.A. + 8 (ft³/yd³)
0.400	0.419	0.437	0.456	0.474	0.493	0.511	0.530	0.548	0.567	Mortar (m³/m³)
0.600	0.581	0.563	0.544	0.526	0.507	0.489	0.470	0.452	0.433	C.A. + 8 (m³/m³)

(c) Cement

										f'_c (psi)
1.65	1.68	1.76	1.78	1.83	1.88	1.93	1.98	2.03	2.08	2000
1.76	1.81	1.83	1.92	1.99	2.04	2.09	2.15	2.21	2.25	2500
1.90	1.96	2.02	2.08	2.14	2.21	2.27	2.34	2.41	2.43	3000
2.03	2.10	2.17	2.23	2.31	2.37	2.44	2.52	2.59	2.63	3500
2.18	2.23	2.31	2.39	2.47	2.55	2.61	2.70	2.78	2.83	4000
2.33	2.41	2.48	2.55	2.65	2.73	2.81	2.90	2.99	3.07	4500
2.51	2.57	2.65	2.73	2.82	2.93	3.01	3.10	3.19	3.27	5000

(c-1) Cement

										f'_c (MPa)
0.062	0.064	0.066	0.067	0.070	0.071	0.073	0.075	0.077	0.079	15
0.069	0.071	0.073	0.076	0.077	0.080	0.082	0.085	0.087	0.088	20
0.077	0.079	0.081	0.084	0.086	0.089	0.092	0.095	0.097	0.098	25
0.085	0.087	0.090	0.093	0.095	0.099	0.102	0.105	0.108	0.110	30
0.093	0.096	0.099	0.102	0.105	0.109	0.112	0.116	0.119	0.122	35

(d) Water

										f'_c (psi)
3.45	3.57	3.69	3.81	3.92	4.03	4.15	4.27	4.39	4.51	2000
3.44	3.56	3.67	3.79	3.91	4.01	4.13	4.25	4.37	4.49	2500
3.43	3.55	3.66	3.77	3.89	3.99	4.11	4.23	4.35	4.47	3000
3.42	3.53	3.65	3.75	3.87	3.97	4.09	4.21	4.33	4.45	3500
3.41	3.51	3.63	3.73	3.85	3.95	4.07	4.19	4.31	4.43	4000
3.39	3.50	3.61	3.71	3.83	3.93	4.05	4.17	4.29	4.41	4500
3.38	3.49	3.59	3.69	3.81	3.91	4.03	4.15	4.27	4.39	5000

(d-1) Water

										f'_c (MPa)
0.128	0.132	0.136	0.141	0.145	0.149	0.153	0.158	0.162	0.167	15
0.127	0.132	0.136	0.140	0.144	0.148	0.152	0.157	0.161	0.166	20
0.127	0.131	0.135	0.139	0.143	0.147	0.151	0.156	0.160	0.165	25
0.126	0.130	0.134	0.138	0.142	0.146	0.150	0.155	0.159	0.164	30
0.126	0.129	0.133	0.137	0.141	0.145	0.149	0.154	0.158	0.163	35

(e) Air

—	—	—	—	—	—	—	—	—	—	Entrained (ft³/yd³)
—	—	—	—	—	—	—	—	—	—	%
—	—	—	—	—	—	—	—	—	—	Entrained (m³/m³)

(f) Air (Values Approximate)

2000	2500	3000	3500	4000	4500	5000	f'_c (psi)
0.08	0.07	0.06	0.05	0.04	0.04	0.04	Entrapped (ft³/yd³)
0.30	0.26	0.22	0.19	0.15	0.15	0.15	%

(f-1) Air (Values Approximate)

15	20	25	30	35	f'_c (MPa)
0.003	0.002	0.001	—	—	Entrapped (m³/m³)
0.29	0.23	0.18	—	—	%

(g) Cement and Water Adjustments for Fine Aggregate Variations

31–32	32–33	33–34	34–35	35–36	36–37	37–38	38–39	39–40	40–41	% Voids
90.0	92.5	95.0	97.5	100.0	102.5	105.0	107.5	110.0	112.5	Adjustment (%)

Table No.	230
C.A. Size	2½"
	63 mm
ASTM No.	2
Slump	2"
	50 mm

( ) AE
(✓) Non-AE

(a)

Coarse Aggregate Type No.										Concrete Class
1	2	3	4	5	6	7				A
	1	2	3	4	5	6	7			B
		1	2	3	4	5	6	7		C
			1	2	3	4	5	6	7	D

(b) Concrete

10.80	11.30	11.80	12.30	12.80	13.30	13.80	14.30	14.80	15.30	Mortar (ft³/yd³)
16.20	15.70	15.20	14.70	14.20	13.70	13.20	12.70	12.20	11.70	C. A. + 8 (ft³/yd³)
0.400	0.419	0.437	0.456	0.474	0.493	0.511	0.530	0.548	0.567	Mortar (m³/m³)
0.600	0.581	0.563	0.544	0.526	0.507	0.489	0.470	0.452	0.433	C. A. + 8 (m³/m³)

(c) Cement

									f'_c (psi)
1.69	1.72	1.77	1.82	1.87	1.92	1.97	2.02	2.07	2.12	2000
1.80	1.85	1.90	1.96	2.03	2.08	2.13	2.19	2.25	2.29	2500
1.94	2.00	2.06	2.12	2.18	2.25	2.31	2.38	2.45	2.47	3000
2.07	2.14	2.21	2.27	2.35	2.41	2.48	2.56	2.63	2.67	3500
2.22	2.27	2.35	2.43	2.51	2.59	2.65	2.74	2.82	2.87	4000
2.37	2.45	2.52	2.59	2.69	2.77	2.85	2.94	3.03	3.11	4500
2.55	2.61	2.69	2.77	2.86	2.97	3.05	3.14	3.23	3.31	5000

(c-1) Cement

										f'_c (MPa)
0.064	0.066	0.068	0.069	0.072	0.073	0.075	0.077	0.079	0.081	15
0.071	0.073	0.075	0.078	0.079	0.082	0.084	0.087	0.089	0.090	20
0.079	0.081	0.083	0.086	0.088	0.091	0.094	0.097	0.099	0.100	25
0.087	0.089	0.092	0.095	0.097	0.101	0.104	0.107	0.110	0.112	30
0.095	0.098	0.101	0.104	0.107	0.111	0.114	0.118	0.121	0.124	35

(d) Water

										f'_c (psi)
3.51	3.63	3.75	3.87	3.98	4.09	4.21	4.33	4.45	4.57	2000
3.50	3.62	3.73	3.85	3.97	4.07	4.19	4.31	4.43	4.55	2500
3.49	3.61	3.72	3.83	3.95	4.05	4.17	4.29	4.41	4.53	3000
3.48	3.59	3.71	3.81	3.93	4.03	4.15	4.27	4.39	4.51	3500
3.47	3.57	3.69	3.79	3.91	4.01	4.13	4.25	4.37	4.49	4000
3.45	3.56	3.67	3.77	3.89	3.99	4.11	4.23	4.35	4.47	4500
3.44	3.55	3.65	3.75	3.87	3.97	4.09	4.21	4.33	4.45	5000

(d-1) Water

										f'_c (MPa)
0.130	0.134	0.138	0.143	0.147	0.151	0.155	0.160	0.164	0.169	15
0.129	0.134	0.138	0.142	0.146	0.150	0.154	0.159	0.163	0.168	20
0.129	0.133	0.137	0.141	0.145	0.149	0.153	0.158	0.162	0.167	25
0.128	0.132	0.136	0.140	0.144	0.148	0.152	0.157	0.161	0.166	30
0.128	0.131	0.135	0.139	0.143	0.147	0.151	0.156	0.160	0.165	35

(e) Air

—	—	—	—	—	—	—	—	—	—	Entrained (ft³/yd³)
—	—	—	—	—	—	—	—	—	—	%
—	—	—	—	—	—	—	—	—	—	Entrained (m³/m³)

(f) Air (Values Approximate)

2000	2500	3000	3500	4000	4500	5000	f'_c (psi)
0.08	0.07	0.06	0.05	0.04	0.04	0.04	Entrapped (ft³/yd³)
0.30	0.26	0.22	0.19	0.15	0.15	0.15	%

(f-1) Air (Values Approximate)

15	20	25	30	35	f'_c (MPa)
0.003	0.002	0.001	—	—	Entrapped (m³/m³)
0.29	0.23	0.18	—	—	%

(g) Cement and Water Adjustments for Fine Aggregate Variations

31–32	32–33	33–34	34–35	35–36	36–37	37–38	38–39	39–40	40–41	% Voids
90.0	92.5	95.0	97.5	100.0	102.5	105.0	107.5	110.0	112.5	Adjustment (%)

Table No.	231
C.A. Size	2½"
	63 mm
ASTM No.	2
Slump	2½"
	65 mm
( ) AE	
(√) Non-AE	

(a)

Coarse Aggregate Type No.										Concrete Class
1	2	3	4	5	6	7				A
	1	2	3	4	5	6	7			B
		1	2	3	4	5	6	7		C
			1	2	3	4	5	6	7	D

(b)

Concrete										
10.80	11.30	11.80	12.30	12.80	13.30	13.80	14.30	14.80	15.30	Mortar (ft³/yd³)
16.20	15.70	15.20	14.70	14.20	13.70	13.20	12.70	12.20	11.70	C. A. + 8 (ft³/yd³)
0.400	0.419	0.437	0.456	0.474	0.493	0.511	0.530	0.548	0.567	Mortar (m³/m³)
0.600	0.581	0.563	0.544	0.526	0.507	0.489	0.470	0.452	0.433	C. A. + 8 (m³/m³)

(c)

Cement										f'_c (psi)
1.72	1.75	1.80	1.85	1.90	1.95	2.00	2.05	2.10	2.15	2000
1.83	1.88	1.93	1.99	2.06	2.11	2.16	2.22	2.28	2.32	2500
1.97	2.03	2.09	2.15	2.21	2.28	2.34	2.41	2.48	2.50	3000
2.10	2.17	2.24	2.30	2.38	2.44	2.51	2.59	2.66	2.70	3500
2.25	2.30	2.38	2.46	2.54	2.62	2.68	2.77	2.85	2.90	4000
2.40	2.48	2.55	2.62	2.74	2.80	2.88	2.97	3.06	3.14	4500
2.58	2.64	2.72	2.80	2.89	3.00	3.08	3.17	3.26	3.34	5000

(c-1)

Cement										f'_c (MPa)
0.065	0.067	0.069	0.070	0.073	0.074	0.076	0.078	0.080	0.082	15
0.072	0.074	0.076	0.079	0.080	0.083	0.085	0.088	0.090	0.091	20
0.080	0.082	0.084	0.087	0.089	0.092	0.095	0.098	0.100	0.101	25
0.088	0.090	0.093	0.096	0.098	0.102	0.105	0.108	0.111	0.113	30
0.096	0.099	0.102	0.105	0.108	0.112	0.115	0.119	0.122	0.125	35

(d)

Water										f'_c (psi)
3.56	3.68	3.80	3.92	4.03	4.14	4.26	4.38	4.50	4.62	2000
3.55	3.67	3.78	3.90	4.02	4.12	4.24	4.36	4.48	4.60	2500
3.54	3.66	3.77	3.88	4.00	4.10	4.22	4.34	4.46	4.58	3000
3.53	3.64	3.76	3.86	3.98	4.08	4.20	4.32	4.44	4.56	3500
3.52	3.62	3.74	3.84	3.96	4.06	4.18	4.30	4.42	4.54	4000
3.50	3.61	3.72	3.82	3.94	4.04	4.16	4.28	4.40	4.52	4500
3.49	3.60	3.70	3.80	3.92	4.02	4.14	4.26	4.38	4.50	5000

(d-1)

Water										f'_c (MPa)
0.132	0.136	0.140	0.145	0.149	0.153	0.157	0.162	0.166	0.171	15
0.131	0.136	0.140	0.144	0.148	0.152	0.156	0.161	0.165	0.170	20
0.131	0.135	0.139	0.143	0.147	0.151	0.155	0.160	0.164	0.169	25
0.130	0.134	0.138	0.142	0.146	0.150	0.154	0.159	0.163	0.168	30
0.130	0.133	0.137	0.141	0.145	0.149	0.153	0.158	0.162	0.167	35

(e)

Air										
—	—	—	—	—	—	—	—	—	—	Entrained (ft³/yd³)
—	—	—	—	—	—	—	—	—	—	%
—	—	—	—	—	—	—	—	—	—	Entrained (m³/m³)

(f)

Air (Values Approximate)							
2000	2500	3000	3500	4000	4500	5000	f'_c (psi)
0.08	0.07	0.06	0.05	0.04	0.04	0.04	Entrapped (ft³/yd³)
0.30	0.26	0.22	0.19	0.15	0.15	0.15	%

(f-1)

Air (Values Approximate)					
15	20	25	30	35	f'_c (MPa)
0.003	0.002	0.001	—	—	Entrapped (m³/m³)
0.29	0.23	0.18	—	—	%

(g)

Cement and Water Adjustments for Fine Aggregate Variations										
31–32	32–33	33–34	34–35	35–36	36–37	37–38	38–39	39–40	40–41	% Voids
90.0	92.5	95.0	97.5	100.0	102.5	105.0	107.5	110.0	112.5	Adjustment (%)

Table No.	232
C.A. Size	2½"
	63 mm
ASTM No.	2
Slump	3"
	75 mm
( ) AE	
(✓) Non-AE	

(a)										
Coarse Aggregate Type No.										Concrete Class
1	2	3	4	5	6	7				A
	1	2	3	4	5	6	7			B
		1	2	3	4	5	6	7		C
			1	2	3	4	5	6	7	D
(b)										
Concrete										
10.80	11.30	11.80	12.30	12.80	13.30	13.80	14.30	14.80	15.30	Mortar (ft³/yd³)
16.20	15.70	15.20	14.70	14.20	13.70	13.20	12.70	12.20	11.70	C. A. + 8 (ft³/yd³)
0.400	0.419	0.437	0.456	0.474	0.493	0.511	0.530	0.548	0.567	Mortar (m³/m³)
0.600	0.581	0.563	0.544	0.526	0.507	0.489	0.470	0.452	0.433	C. A. + 8 (m³/m³)
(c)										
Cement										f'_c (psi)
1.75	1.78	1.83	1.88	1.93	1.98	2.03	2.08	2.13	2.18	2000
1.86	1.91	1.96	2.02	2.09	2.14	2.19	2.25	2.31	2.35	2500
2.00	2.06	2.12	2.18	2.24	2.31	2.37	2.44	2.51	2.53	3000
2.13	2.20	2.27	2.33	2.41	2.47	2.54	2.62	2.69	2.73	3500
2.28	2.33	2.41	2.49	2.57	2.65	2.71	2.80	2.88	2.93	4000
2.43	2.51	2.58	2.65	2.75	2.83	2.91	3.00	3.09	3.17	4500
2.61	2.67	2.75	2.83	2.92	3.03	3.11	3.20	3.29	3.37	5000
(c-1)										
Cement										f'_c (MPa)
0.066	0.068	0.070	0.071	0.074	0.075	0.077	0.079	0.081	0.083	15
0.073	0.075	0.077	0.080	0.081	0.084	0.086	0.089	0.091	0.092	20
0.081	0.083	0.085	0.088	0.090	0.093	0.096	0.099	0.101	0.102	25
0.089	0.091	0.094	0.097	0.099	0.103	0.106	0.109	0.112	0.114	30
0.097	0.100	0.103	0.106	0.109	0.113	0.116	0.120	0.123	0.126	35
(d)										
Water										f'_c (psi)
3.61	3.73	3.85	3.97	4.08	4.19	4.31	4.43	4.55	4.67	2000
3.60	3.72	3.83	3.95	4.07	4.17	4.29	4.41	4.53	4.65	2500
3.59	3.71	3.82	3.93	4.05	4.15	4.27	4.39	4.51	4.63	3000
3.58	3.69	3.81	3.91	4.03	4.13	4.25	4.37	4.49	4.61	3500
3.57	3.67	3.79	3.89	4.01	4.11	4.23	4.35	4.47	4.59	4000
3.55	3.66	3.77	3.87	3.99	4.09	4.21	4.33	4.45	4.57	4500
3.54	3.65	3.75	3.85	3.97	4.07	4.19	4.31	4.43	4.55	5000
(d-1)										
Water										f'_c (MPa)
0.134	0.138	0.142	0.147	0.151	0.155	0.159	0.164	0.168	0.173	15
0.133	0.138	0.142	0.146	0.150	0.154	0.158	0.163	0.167	0.172	20
0.133	0.137	0.141	0.145	0.149	0.153	0.157	0.162	0.166	0.171	25
0.132	0.136	0.140	0.144	0.148	0.152	0.156	0.161	0.165	0.170	30
0.132	0.135	0.139	0.143	0.147	0.151	0.155	0.160	0.164	0.169	35
(e)										
Air										
—	—	—	—	—	—	—	—	—	—	Entrained (ft³/yd³)
—	—	—	—	—	—	—	—	—	—	%
—	—	—	—	—	—	—	—	—	—	Entrained (m³/m³)

(f)

Air (Values Approximate)							
2000	2500	3000	3500	4000	4500	5000	f'_c (psi)
0.08	0.07	0.06	0.05	0.04	0.04	0.04	Entrapped (ft³/yd³)
0.30	0.26	0.22	0.19	0.15	0.15	0.15	%

(f-1)

Air (Values Approximate)					
15	20	25	30	35	f'_c (MPa)
0.003	0.002	0.001	—	—	Entrapped (m³/m³)
0.29	0.23	0.18	—	—	%

(g)

Cement and Water Adjustments for Fine Aggregate Variations									
31–32	32–33	33–34	34–35	35–36	36–37	37–38	38–39	39–40	40–41	% Voids
90.0	92.5	95.0	97.5	100.0	102.5	105.0	107.5	110.0	112.5	Adjustment (%)

TABLES OF VOLUMES 245

Table No.	233
C.A. Size	2½"
	63 mm
ASTM No.	2
Slump	3½"
	90 mm
( ) AE	
(✓) Non-AE	

(a)

Coarse Aggregate Type No.										Concrete Class
1	2	3	4	5	6	7				A
	1	2	3	4	5	6	7			B
		1	2	3	4	5	6	7		C
			1	2	3	4	5	6	7	D

(b) Concrete

10.80	11.30	11.80	12.30	12.80	13.30	13.80	14.30	14.80	15.30	Mortar (ft³/yd³)
16.20	15.70	15.20	14.70	14.20	13.70	13.20	12.70	12.20	11.70	C.A. + 8 (ft³/yd³)
0.400	0.419	0.437	0.456	0.474	0.493	0.511	0.530	0.548	0.567	Mortar (m³/m³)
0.600	0.581	0.563	0.544	0.526	0.507	0.489	0.470	0.452	0.433	C.A. + 8 (m³/m³)

(c) Cement

										f'_c (psi)
1.79	1.82	1.87	1.92	1.97	2.02	2.07	2.12	2.17	2.22	2000
1.90	1.92	2.00	2.06	2.13	2.18	2.23	2.29	2.35	2.39	2500
2.04	2.10	2.16	2.22	2.28	2.35	2.41	2.48	2.55	2.57	3000
2.17	2.24	2.31	2.37	2.45	2.51	2.58	2.66	2.73	2.77	3500
2.32	2.37	2.45	2.53	2.61	2.69	2.75	2.84	2.92	2.97	4000
2.47	2.55	2.62	2.69	2.79	2.87	2.95	3.04	3.13	3.21	4500
2.65	2.71	2.79	2.87	2.96	3.07	3.15	3.24	3.33	3.41	5000

(c-1) Cement

										f'_c (MPa)
0.068	0.070	0.072	0.073	0.076	0.077	0.079	0.081	0.083	0.085	15
0.075	0.077	0.079	0.082	0.083	0.086	0.088	0.091	0.093	0.094	20
0.083	0.085	0.087	0.090	0.092	0.095	0.098	0.101	0.103	0.104	25
0.091	0.093	0.096	0.099	0.101	0.105	0.108	0.111	0.114	0.116	30
0.099	0.102	0.105	0.108	0.111	0.115	0.118	0.122	0.125	0.128	35

(d) Water

										f'_c (psi)
3.67	3.79	3.91	4.03	4.14	4.25	4.37	4.49	4.61	4.73	2000
3.66	3.78	3.89	4.01	4.13	4.23	4.35	4.47	4.59	4.71	2500
3.65	3.77	3.88	3.99	4.11	4.21	4.33	4.45	4.57	4.69	3000
3.64	3.75	3.87	3.97	4.09	4.19	4.31	4.43	4.55	4.67	3500
3.63	3.73	3.85	3.95	4.07	4.17	4.29	4.41	4.53	4.65	4000
3.61	3.72	3.83	3.93	4.05	4.15	4.27	4.39	4.51	4.63	4500
3.60	3.71	3.81	3.91	4.03	4.13	4.25	4.37	4.49	4.61	5000

(d-1) Water

										f'_c (MPa)
0.136	0.140	0.144	0.149	0.153	0.157	0.161	0.166	0.170	0.175	15
0.135	0.140	0.144	0.148	0.152	0.156	0.160	0.165	0.169	0.174	20
0.135	0.139	0.143	0.147	0.151	0.155	0.159	0.164	0.168	0.173	25
0.134	0.138	0.142	0.146	0.150	0.154	0.158	0.163	0.167	0.172	30
0.134	0.137	0.141	0.145	0.149	0.153	0.157	0.162	0.166	0.171	35

(e) Air

—	—	—	—	—	—	—	—	—	—	Entrained (ft³/yd³)
—	—	—	—	—	—	—	—	—	—	%
—	—	—	—	—	—	—	—	—	—	Entrained (m³/m³)

(f) Air (Values Approximate)

2000	2500	3000	3500	4000	4500	5000	f'_c (psi)
0.08	0.07	0.06	0.05	0.04	0.04	0.04	Entrapped (ft³/yd³)
0.30	0.26	0.22	0.19	0.15	0.15	0.15	%

(f-1) Air (Values Approximate)

15	20	25	30	35	f'_c (MPa)
0.003	0.002	0.001	—	—	Entrapped (m³/m³)
0.29	0.23	0.18	—	—	%

(g) Cement and Water Adjustments for Fine Aggregate Variations

31–32	32–33	33–34	34–35	35–36	36–37	37–38	38–39	39–40	40–41	% Voids
90.0	92.5	95.0	97.5	100.0	102.5	105.0	107.5	110.0	112.5	Adjustment (%)

Table No.	234
C.A. Size	2½"
	63 mm
ASTM No.	2
Slump	4"
	100 mm
( ) AE	
(✓) Non-AE	

(a)

Coarse Aggregate Type No.										Concrete Class
1	2	3	4	5	6	7				A
	1	2	3	4	5	6	7			B
		1	2	3	4	5	6	7		C
			1	2	3	4	5	6	7	D

(b) Concrete

10.80	11.30	11.80	12.30	12.80	13.30	13.80	14.30	14.80	15.30	Mortar (ft³/yd³)
16.20	15.70	15.20	14.70	14.20	13.70	13.20	12.70	12.20	11.70	C. A. + 8 (ft³/yd³)
0.400	0.419	0.437	0.456	0.474	0.493	0.511	0.530	0.548	0.567	Mortar (m³/m³)
0.600	0.581	0.563	0.544	0.526	0.507	0.489	0.470	0.452	0.433	C. A. + 8 (m³/m³)

(c) Cement

										f'_c (psi)
1.83	1.86	1.91	1.96	2.01	2.06	2.11	2.16	2.21	2.26	2000
1.94	1.99	2.04	2.10	2.17	2.22	2.27	2.33	2.39	2.43	2500
2.08	2.14	2.20	2.26	2.32	2.39	2.45	2.52	2.59	2.61	3000
2.21	2.28	2.35	2.41	2.49	2.55	2.62	2.70	2.77	2.81	3500
2.36	2.41	2.49	2.57	2.65	2.73	2.79	2.88	2.96	3.01	4000
2.51	2.59	2.66	2.73	2.83	2.91	2.99	3.08	3.17	3.25	4500
2.69	2.75	2.83	2.91	3.00	3.11	3.19	3.28	3.37	3.45	5000

(c-1) Cement

										f'_c (MPa)
0.069	0.071	0.073	0.074	0.077	0.078	0.080	0.082	0.084	0.086	15
0.076	0.078	0.080	0.083	0.084	0.087	0.089	0.092	0.094	0.095	20
0.084	0.086	0.088	0.091	0.093	0.096	0.099	0.102	0.104	0.105	25
0.092	0.094	0.097	0.100	0.102	0.106	0.109	0.112	0.115	0.117	30
0.100	0.103	0.106	0.109	0.112	0.116	0.119	0.123	0.126	0.129	35

(d) Water

										f'_c (psi)
3.72	3.84	3.96	4.08	4.19	4.30	4.42	4.54	4.66	4.78	2000
3.71	3.83	3.94	4.06	4.18	4.28	4.40	4.52	4.64	4.76	2500
3.70	3.82	3.93	4.04	4.16	4.26	4.38	4.50	4.62	4.74	3000
3.69	3.80	3.92	4.02	4.14	4.24	4.36	4.48	4.60	4.72	3500
3.68	3.78	3.90	4.00	4.12	4.22	4.34	4.46	4.58	4.70	4000
3.66	3.77	3.88	3.98	4.10	4.20	4.32	4.44	4.56	4.68	4500
3.65	3.76	3.86	3.96	4.08	4.18	4.30	4.42	4.54	4.66	5000

(d-1) Water

										f'_c (MPa)
0.138	0.142	0.146	0.151	0.155	0.159	0.163	0.168	0.172	0.177	15
0.137	0.142	0.146	0.150	0.154	0.158	0.162	0.167	0.171	0.176	20
0.137	0.141	0.145	0.149	0.153	0.157	0.163	0.166	0.170	0.175	25
0.136	0.140	0.144	0.148	0.152	0.156	0.162	0.165	0.169	0.174	30
0.136	0.139	0.143	0.147	0.151	0.155	0.159	0.164	0.168	0.173	35

(e) Air

—	—	—	—	—	—	—	—	—	—	Entrained (ft³/yd³)
—	—	—	—	—	—	—	—	—	—	%
—	—	—	—	—	—	—	—	—	—	Entrained (m³/m³)

(f) Air (Values Approximate)

2000	2500	3000	3500	4000	4500	5000	f'_c (psi)
0.08	0.07	0.06	0.05	0.04	0.04	0.04	Entrapped (ft³/yd³)
0.30	0.26	0.22	0.19	0.15	0.15	0.15	%

(f-1) Air (Values Approximate)

15	20	25	30	35	f'_c (MPa)
0.003	0.002	0.001	—	—	Entrapped (m³/m³)
0.29	0.23	0.18	—	—	%

(g) Cement and Water Adjustments for Fine Aggregate Variations

31–32	32–33	33–34	34–35	35–36	36–37	37–38	38–39	39–40	40–41	% Voids
90.0	92.5	95.0	97.5	100.0	102.5	105.0	107.5	110.0	112.5	Adjustment (%)

Table No.	235
C.A. Size	2½"
	63 mm
ASTM No.	2
Slump	4½"
	115 mm
( ) AE	
(✓) Non-AE	

(a)

Coarse Aggregate Type No.										Concrete Class
1	2	3	4	5	6	7				A
	1	2	3	4	5	6	7			B
		1	2	3	4	5	6	7		C
			1	2	3	4	5	6	7	D

(b) Concrete

10.80	11.30	11.80	12.30	12.80	13.30	13.80	14.30	14.80	15.30	Mortar (ft³/yd³)
16.20	15.70	15.20	14.70	14.20	13.70	13.20	12.70	12.20	11.70	C.A. + S (ft³/yd³)
0.400	0.419	0.437	0.456	0.474	0.493	0.511	0.530	0.548	0.567	Mortar (m³/m³)
0.600	0.581	0.563	0.544	0.526	0.507	0.489	0.470	0.452	0.433	C.A. + S (m³/m³)

(c) Cement

										f'_c (psi)
1.86	1.89	1.94	1.99	2.04	2.09	2.14	2.19	2.24	2.29	2000
1.97	2.02	2.07	2.13	2.20	2.25	2.30	2.36	2.42	2.46	2500
2.11	2.17	2.23	2.29	2.35	2.42	2.48	2.55	2.62	2.64	3000
2.24	2.31	2.38	2.44	2.52	2.58	2.65	2.73	2.80	2.84	3500
2.39	2.44	2.52	2.60	2.68	2.76	2.82	2.91	2.99	3.04	4000
2.54	2.62	2.69	2.76	2.86	2.94	3.02	3.11	3.20	3.28	4500
2.72	2.78	2.86	2.94	3.03	3.14	3.22	3.31	3.40	3.48	5000

(c-1) Cement

										f'_c (MPa)
0.070	0.072	0.074	0.075	0.078	0.079	0.081	0.083	0.085	0.087	15
0.077	0.079	0.081	0.084	0.085	0.088	0.090	0.093	0.095	0.096	20
0.085	0.087	0.089	0.092	0.094	0.097	0.100	0.103	0.105	0.106	25
0.093	0.095	0.098	0.101	0.103	0.107	0.110	0.113	0.116	0.118	30
0.101	0.104	0.107	0.110	0.113	0.117	0.120	0.124	0.127	0.130	35

(d) Water

										f'_c (psi)
3.77	3.89	4.01	4.13	4.24	4.35	4.47	4.59	4.71	4.83	2000
3.76	3.88	3.99	4.11	4.23	4.33	4.45	4.57	4.69	4.81	2500
3.75	3.87	3.98	4.09	4.21	4.31	4.43	4.55	4.67	4.79	3000
3.74	3.85	3.97	4.07	4.19	4.29	4.41	4.53	4.65	4.77	3500
3.73	3.83	3.95	4.05	4.17	4.27	4.39	4.51	4.63	4.75	4000
3.71	3.82	3.93	4.03	4.15	4.25	4.37	4.49	4.61	4.73	4500
3.70	3.81	3.91	4.01	4.13	4.23	4.35	4.47	4.59	4.71	5000

(d-1) Water

										f'_c (MPa)
0.140	0.144	0.148	0.153	0.157	0.161	0.165	0.170	0.174	0.179	15
0.139	0.144	0.148	0.152	0.156	0.160	0.164	0.169	0.173	0.178	20
0.139	0.143	0.147	0.151	0.155	0.159	0.163	0.168	0.172	0.177	25
0.138	0.142	0.146	0.150	0.154	0.158	0.162	0.167	0.171	0.176	30
0.138	0.141	0.145	0.149	0.153	0.157	0.161	0.166	0.170	0.175	35

(e) Air

—	—	—	—	—	—	—	—	—	—	Entrained (ft³/yd³)
—	—	—	—	—	—	—	—	—	—	%
—	—	—	—	—	—	—	—	—	—	Entrained (m³/m³)

(f) Air (Values Approximate)

2000	2500	3000	3500	4000	4500	5000	f'_c (psi)
0.08	0.07	0.06	0.05	0.04	0.04	0.04	Entrapped (ft³/yd³)
0.30	0.26	0.22	0.19	0.15	0.15	0.15	%

(f-1) Air (Values Approximate)

15	20	25	30	35	f'_c (MPa)
0.003	0.002	0.001	—	—	Entrapped (m³/m³)
0.29	0.23	0.18	—	—	%

(g) Cement and Water Adjustments for Fine Aggregate Variations

31–32	32–33	33–34	34–35	35–36	36–37	37–38	38–39	39–40	40–41	% Voids
90.0	92.5	95.0	97.5	100.0	102.5	105.0	107.5	110.0	112.5	Adjustment (%)

Table No.	236
C.A. Size	2½"
	63 mm
ASTM No.	2
Slump	5"
	125 mm

( ) AE
(✓) Non-AE

(a)

Coarse Aggregate Type No.										Concrete Class
1	2	3	4	5	6	7				A
	1	2	3	4	5	6	7			B
		1	2	3	4	5	6	7		C
			1	2	3	4	5	6	7	D

(b)

Concrete										
10.80	11.30	11.80	12.30	12.80	13.30	13.80	14.30	14.80	15.30	Mortar (ft³/yd³)
16.20	15.70	15.20	14.70	14.20	13.70	13.20	12.70	12.20	11.70	C. A. + 8 (ft³/yd³)
0.400	0.419	0.437	0.456	0.474	0.493	0.511	0.530	0.548	0.567	Mortar (m³/m³)
0.600	0.581	0.563	0.544	0.526	0.507	0.489	0.470	0.452	0.433	C. A. + 8 (m³/m³)

(c)

Cement										f'_c (psi)
1.89	1.92	1.97	2.02	2.07	2.12	2.17	2.22	2.27	2.32	2000
2.00	2.05	2.10	2.16	2.23	2.28	2.33	2.39	2.45	2.49	2500
2.14	2.20	2.26	2.32	2.38	2.45	2.51	2.58	2.65	2.67	3000
2.27	2.34	2.41	2.47	2.55	2.61	2.68	2.76	2.83	2.87	3500
2.42	2.47	2.55	2.63	2.71	2.79	2.85	2.94	3.02	3.07	4000
2.57	2.65	2.72	2.79	2.89	2.97	3.05	3.14	3.23	3.31	4500
2.75	2.81	2.89	2.97	3.06	3.17	3.25	3.34	3.43	3.51	5000

(c-1)

Cement										f'_c (MPa)
0.071	0.073	0.075	0.076	0.079	0.080	0.082	0.084	0.086	0.088	15
0.078	0.080	0.082	0.085	0.086	0.089	0.091	0.094	0.096	0.097	20
0.086	0.088	0.090	0.093	0.095	0.098	0.101	0.104	0.106	0.107	25
0.094	0.096	0.099	0.102	0.104	0.108	0.111	0.114	0.117	0.119	30
0.102	0.105	0.108	0.111	0.114	0.118	0.121	0.125	0.128	0.131	35

(d)

Water										f'_c (psi)
3.83	3.95	4.07	4.19	4.30	4.41	4.53	4.65	4.77	4.89	2000
3.82	3.94	4.05	4.17	4.29	4.39	4.51	4.63	4.75	4.87	2500
3.81	3.93	4.04	4.15	4.27	4.37	4.49	4.61	4.73	4.85	3000
3.80	3.91	4.03	4.13	4.25	4.35	4.47	4.59	4.71	4.83	3500
3.79	3.89	4.01	4.11	4.23	4.33	4.45	4.57	4.69	4.81	4000
3.77	3.88	3.99	4.09	4.21	4.31	4.43	4.55	4.67	4.79	4500
3.76	3.87	3.97	4.07	4.19	4.29	4.41	4.53	4.65	4.77	5000

(d-1)

Water										f'_c (MPa)
0.142	0.146	0.150	0.155	0.159	0.163	0.167	0.172	0.176	0.181	15
0.141	0.146	0.150	0.154	0.158	0.162	0.166	0.171	0.175	0.180	20
0.141	0.145	0.149	0.153	0.157	0.161	0.165	0.170	0.174	0.179	25
0.140	0.144	0.148	0.152	0.156	0.160	0.164	0.169	0.173	0.178	30
0.140	0.143	0.147	0.151	0.155	0.159	0.163	0.168	0.172	0.177	35

(e)

Air										
—	—	—	—	—	—	—	—	—	—	Entrained (ft³/yd³)
—	—	—	—	—	—	—	—	—	—	%
—	—	—	—	—	—	—	—	—	—	Entrained (m³/m³)

(f)

Air (Values Approximate)							
2000	2500	3000	3500	4000	4500	5000	f'_c (psi)
0.08	0.07	0.06	0.05	0.04	0.04	0.04	Entrapped (ft³/yd³)
0.30	0.26	0.22	0.19	0.15	0.15	0.15	%

(f-1)

Air (Values Approximate)					
15	20	25	30	35	f'_c (MPa)
0.003	0.002	0.001	—	—	Entrapped (m³/m³)
0.29	0.23	0.18	—	—	%

(g)

Cement and Water Adjustments for Fine Aggregate Variations										
31-32	32-33	33-34	34-35	35-36	36-37	37-38	38-39	39-40	40-41	% Voids
90.0	92.5	95.0	97.5	100.0	102.5	105.0	107.5	110.0	112.5	Adjustment (%)

TABLES OF VOLUMES 249

Table No.	237
C.A. Size	2½"
	63 mm
ASTM No.	2
Slump	5½"
	140 mm
( ) AE	
(✓) Non-AE	

(a)

Coarse Aggregate Type No.										Concrete Class
1	2	3	4	5	6	7				A
	1	2	3	4	5	6	7			B
		1	2	3	4	5	6	7		C
			1	2	3	4	5	6	7	D

(b)

Concrete										
10.80	11.30	11.80	12.30	12.80	13.30	13.80	14.30	14.80	15.30	Mortar (ft³/yd³)
16.20	15.70	15.20	14.70	14.20	13.70	13.20	12.70	12.20	11.70	C.A. + 8 (ft³/yd³)
0.400	0.419	0.437	0.456	0.474	0.493	0.511	0.530	0.548	0.567	Mortar (m³/m³)
0.600	0.581	0.563	0.544	0.526	0.507	0.489	0.470	0.452	0.433	C.A. + 8 (m³/m³)

(c)

Cement										f'_c (psi)
1.93	1.96	2.01	2.06	2.11	2.16	2.21	2.26	2.31	2.36	2000
2.04	2.09	2.14	2.20	2.27	2.32	2.37	2.43	2.49	2.53	2500
2.18	2.24	2.30	2.36	2.42	2.49	2.55	2.62	2.69	2.71	3000
2.31	2.38	2.45	2.51	2.59	2.65	2.72	2.80	2.87	2.91	3500
2.46	2.51	2.59	2.67	2.75	2.83	2.89	2.98	3.06	3.11	4000
2.61	2.69	2.76	2.83	2.93	3.01	3.09	3.18	3.27	3.35	4500
2.79	2.85	2.93	3.01	3.10	3.21	3.29	3.38	3.47	3.55	5000

(c-1)

Cement										f'_c (MPa)
0.073	0.075	0.077	0.078	0.081	0.082	0.084	0.086	0.088	0.090	15
0.080	0.082	0.084	0.087	0.088	0.091	0.093	0.096	0.098	0.099	20
0.088	0.090	0.092	0.095	0.097	0.100	0.103	0.106	0.108	0.109	25
0.096	0.098	0.101	0.104	0.106	0.110	0.113	0.116	0.119	0.121	30
0.104	0.107	0.110	0.113	0.116	0.120	0.123	0.127	0.130	0.133	35

(d)

Water										f'_c (psi)
3.88	4.00	4.12	4.24	4.35	4.46	4.58	4.70	4.82	4.94	2000
3.87	3.99	4.10	4.22	4.34	4.44	4.56	4.68	4.80	4.92	2500
3.86	3.98	4.09	4.20	4.32	4.42	4.54	4.66	4.78	4.90	3000
3.85	3.96	4.08	4.18	4.30	4.40	4.52	4.64	4.76	4.89	3500
3.84	3.94	4.06	4.16	4.28	4.38	4.50	4.62	4.74	4.87	4000
3.82	3.93	4.04	4.14	4.26	4.36	4.48	4.60	4.72	4.85	4500
3.81	3.92	4.02	4.12	4.24	4.34	4.46	4.58	4.70	4.83	5000

(d-1)

Water										f'_c (MPa)
0.144	0.148	0.152	0.157	0.161	0.165	0.169	0.174	0.178	0.183	15
0.143	0.148	0.152	0.156	0.160	0.164	0.168	0.173	0.177	0.182	20
0.143	0.147	0.151	0.155	0.159	0.163	0.167	0.172	0.176	0.181	25
0.142	0.146	0.150	0.154	0.158	0.162	0.166	0.171	0.175	0.180	30
0.142	0.145	0.149	0.153	0.157	0.161	0.165	0.170	0.174	0.179	35

(e)

Air										
—	—	—	—	—	—	—	—	—	—	Entrained (ft³/yd³)
—	—	—	—	—	—	—	—	—	—	%
—	—	—	—	—	—	—	—	—	—	Entrained (m³/m³)

(f)

Air (Values Approximate)							
2000	2500	3000	3500	4000	4500	5000	f'_c (psi)
0.08	0.07	0.06	0.05	0.04	0.04	0.04	Entrapped (ft³/yd³)
0.30	0.26	0.22	0.19	0.15	0.15	0.15	%

(f-1)

Air (Values Approximate)					
15	20	25	30	35	f'_c (MPa)
0.003	0.002	0.001	—	—	Entrapped (m³/m³)
0.29	0.23	0.18	—	—	%

(g)

Cement and Water Adjustments for Fine Aggregate Variations										
31–32	32–33	33–34	34–35	35–36	36–37	37–38	38–39	39–40	40–41	% Voids
90.0	92.5	95.0	97.5	100.0	102.5	105.0	107.5	110.0	112.5	Adjustment (%)

Table No. 238
C.A. Size 2½″
63 mm
ASTM No. 2
Slump 6″
150 mm

( ) AE
(✓) Non-AE

(a)

Coarse Aggregate Type No.										Concrete Class
1	2	3	4	5	6	7				A
	1	2	3	4	5	6	7			B
		1	2	3	4	5	6	7		C
			1	2	3	4	5	6	7	D

(b) Concrete

10.80	11.30	11.80	12.30	12.80	13.30	13.80	14.30	14.80	15.30	Mortar (ft³/yd³)
16.20	15.70	15.20	14.70	14.20	13.70	13.20	12.70	12.20	11.70	C. A. + 8 (ft³/yd³)
0.400	0.419	0.437	0.456	0.474	0.493	0.511	0.530	0.548	0.567	Mortar (m³/m³)
0.600	0.581	0.563	0.544	0.526	0.507	0.489	0.470	0.452	0.433	C. A. + 8 (m³/m³)

(c) Cement

										f'_c (psi)
1.96	1.99	2.04	2.09	2.14	2.19	2.24	2.29	2.34	2.39	2000
2.07	2.12	2.17	2.23	2.30	2.35	2.40	2.46	2.52	2.56	2500
2.21	2.27	2.33	2.39	2.45	2.52	2.58	2.65	2.72	2.74	3000
2.34	2.41	2.48	2.54	2.62	2.68	2.75	2.83	2.90	2.94	3500
2.49	2.54	2.62	2.70	2.78	2.86	2.92	3.01	3.09	3.14	4000
2.64	2.72	2.79	2.86	2.96	3.04	3.12	3.21	3.30	3.38	4500
2.82	2.88	2.96	3.04	3.13	3.24	3.32	3.41	3.50	3.58	5000

(c-1) Cement

										f'_c (MPa)
0.074	0.076	0.078	0.079	0.082	0.083	0.085	0.087	0.089	0.091	15
0.081	0.083	0.085	0.088	0.089	0.092	0.094	0.097	0.099	0.100	20
0.089	0.091	0.093	0.096	0.098	0.101	0.104	0.107	0.109	0.110	25
0.097	0.099	0.102	0.105	0.107	0.111	0.114	0.117	0.120	0.122	30
0.105	0.108	0.111	0.114	0.117	0.121	0.124	0.128	0.131	0.134	35

(d) Water

										f'_c (psi)
3.93	4.05	4.17	4.29	4.40	4.51	4.63	4.75	4.87	4.99	2000
3.92	4.04	4.15	4.27	4.39	4.49	4.61	4.73	4.85	4.97	2500
3.91	4.03	4.14	4.25	4.37	4.47	4.59	4.71	4.83	4.95	3000
3.90	4.01	4.13	4.23	4.35	4.45	4.57	4.69	4.81	4.93	3500
3.89	3.99	4.11	4.21	4.33	4.43	4.55	4.67	4.79	4.91	4000
3.87	3.98	4.09	4.19	4.31	4.41	4.53	4.65	4.77	4.89	4500
3.86	3.97	4.07	4.17	4.29	4.39	4.51	4.63	4.75	4.87	5000

(d-1) Water

										f'_c (MPa)
0.146	0.150	0.154	0.159	0.163	0.167	0.171	0.176	0.180	0.185	15
0.145	0.150	0.154	0.158	0.162	0.166	0.170	0.175	0.179	0.184	20
0.145	0.149	0.153	0.157	0.161	0.165	0.169	0.174	0.178	0.183	25
0.144	0.148	0.152	0.156	0.160	0.164	0.168	0.173	0.177	0.182	30
0.144	0.147	0.151	0.155	0.159	0.163	0.167	0.172	0.176	0.181	35

(e) Air

—	—	—	—	—	—	—	—	—	—	Entrained (ft³/yd³)
—	—	—	—	—	—	—	—	—	—	%
—	—	—	—	—	—	—	—	—	—	Entrained (m³/m³)

(f) Air (Values Approximate)

2000	2500	3000	3500	4000	4500	5000	f'_c (psi)
0.08	0.07	0.06	0.05	0.04	0.04	0.04	Entrapped (ft³/yd³)
0.30	0.26	0.22	0.19	0.15	0.15	0.15	%

(f-1) Air (Values Approximate)

15	20	25	30	35	f'_c (MPa)
0.003	0.002	0.001	—	—	Entrapped (m³/m³)
0.29	0.23	0.18	—	—	%

(g) Cement and Water Adjustments for Fine Aggregate Variations

31-32	32-33	33-34	34-35	35-36	36-37	37-38	38-39	39-40	40-41	% Voids
90.0	92.5	95.0	97.5	100.0	102.5	105.0	107.5	110.0	112.5	Adjustment (%)

TABLES OF VOLUMES 251

Table No.	239
C.A. Size	2½"
	63 mm
ASTM No.	2
Slump	6½"
	165 mm
( ) AE	
(✓) Non-AE	

(a)

Coarse Aggregate Type No.										Concrete Class
1	2	3	4	5	6	7				A
	1	2	3	4	5	6	7			B
		1	2	3	4	5	6	7		C
			1	2	3	4	5	6	7	D

(b)

Concrete										
10.80	11.30	11.80	12.30	12.80	13.30	13.80	14.30	14.80	15.30	Mortar (ft³/yd³)
16.20	15.70	15.20	14.70	14.20	13.70	13.20	12.70	12.20	11.70	C.A. + 8 (ft³/yd³)
0.400	0.419	0.437	0.456	0.474	0.493	0.511	0.530	0.548	0.567	Mortar (m³/m³)
0.600	0.581	0.563	0.544	0.526	0.507	0.489	0.470	0.452	0.433	C.A. + 8 (m³/m³)

(c)

Cement										f'_c (psi)
1.99	2.02	2.07	2.12	2.17	2.22	2.27	2.32	2.37	2.42	2000
2.10	2.15	2.20	2.26	2.33	2.38	2.43	2.49	2.55	2.59	2500
2.24	2.30	2.36	2.42	2.48	2.55	2.61	2.68	2.75	2.77	3000
2.37	2.44	2.51	2.57	2.65	2.71	2.78	2.86	2.93	2.97	3500
2.52	2.57	2.65	2.73	2.81	2.89	2.95	3.04	3.12	3.17	4000
2.67	2.75	2.82	2.89	2.99	3.07	3.15	3.24	3.33	3.41	4500
2.85	2.91	2.99	3.07	3.16	3.27	3.35	3.44	3.53	3.61	5000

(c-1)

Cement										f'_c (MPa)
0.075	0.077	0.079	0.080	0.083	0.084	0.086	0.088	0.090	0.092	15
0.082	0.084	0.086	0.089	0.090	0.093	0.095	0.098	0.100	0.101	20
0.090	0.092	0.094	0.097	0.099	0.102	0.105	0.108	0.110	0.111	25
0.098	0.100	0.103	0.106	0.108	0.112	0.115	0.118	0.121	0.123	30
0.106	0.109	0.112	0.115	0.118	0.122	0.125	0.129	0.132	0.135	35

(d)

Water										f'_c (psi)
3.98	4.10	4.22	4.34	4.45	4.56	4.68	4.80	4.92	5.04	2000
3.97	4.09	4.20	4.32	4.44	4.54	4.66	4.78	4.90	5.02	2500
3.96	4.08	4.19	4.30	4.42	4.52	4.64	4.76	4.88	5.00	3000
3.95	4.06	4.18	4.28	4.40	4.50	4.62	4.74	4.86	4.98	3500
3.94	4.04	4.16	4.26	4.38	4.48	4.60	4.72	4.84	4.96	4000
3.92	4.03	4.14	4.24	4.36	4.46	4.58	4.70	4.82	4.94	4500
3.91	4.02	4.12	4.22	4.34	4.44	4.56	4.68	4.80	4.92	5000

(d-1)

Water										f'_c (MPa)
0.148	0.152	0.156	0.161	0.165	0.169	0.173	0.178	0.182	0.187	15
0.147	0.152	0.156	0.160	0.164	0.168	0.172	0.177	0.181	0.186	20
0.147	0.151	0.155	0.159	0.163	0.167	0.171	0.176	0.180	0.185	25
0.146	0.150	0.154	0.158	0.162	0.166	0.170	0.175	0.179	0.184	30
0.146	0.149	0.153	0.157	0.161	0.165	0.169	0.174	0.178	0.183	35

(e)

Air										
—	—	—	—	—	—	—	—	—	—	Entrained (ft³/yd³)
—	—	—	—	—	—	—	—	—	—	%
—	—	—	—	—	—	—	—	—	—	Entrained (m³/m³)

(f)

Air (Values Approximate)

2000	2500	3000	3500	4000	4500	5000	f'_c (psi)
0.08	0.07	0.06	0.05	0.04	0.04	0.04	Entrapped (ft³/yd³)
0.30	0.26	0.22	0.19	0.15	0.15	0.15	%

(f-1)

Air (Values Approximate)

15	20	25	30	35	f'_c (MPa)
0.003	0.002	0.001	—	—	Entrapped (m³/m³)
0.29	0.23	0.18	—	—	%

(g)

Cement and Water Adjustments for Fine Aggregate Variations

31-32	32-33	33-34	34-35	35-36	36-37	37-38	38-39	39-40	40-41	% Voids
90.0	92.5	95.0	97.5	100.0	102.5	105.0	107.5	110.0	112.5	Adjustment (%)

Table No.	240
C.A. Size	2½"
	63 mm
ASTM No.	2
Slump	7"
	175 mm
( ) AE	
(✓) Non-AE	

(a)

Coarse Aggregate Type No.										Concrete Class
1	2	3	4	5	6	7				A
	1	2	3	4	5	6	7			B
		1	2	3	4	5	6	7		C
			1	2	3	4	5	6	7	D

(b) Concrete

10.80	11.30	11.80	12.30	12.80	13.30	13.80	14.30	14.80	15.30	Mortar (ft³/yd³)
16.20	15.70	15.20	14.70	14.20	13.70	13.20	12.70	12.20	11.70	C.A. + 8 (ft³/yd³)
0.400	0.419	0.437	0.456	0.474	0.493	0.511	0.530	0.548	0.567	Mortar (m³/m³)
0.600	0.581	0.563	0.544	0.526	0.507	0.489	0.470	0.452	0.433	C.A. + 8 (m³/m³)

(c) Cement

										f'_c (psi)
2.03	2.06	2.11	2.16	2.21	2.26	2.31	2.36	2.41	2.46	2000
2.14	2.19	2.24	2.30	2.37	2.42	2.47	2.53	2.59	2.63	2500
2.28	2.34	2.40	2.46	2.52	2.59	2.65	2.72	2.79	2.81	3000
2.41	2.48	2.55	2.61	2.69	2.75	2.82	2.90	2.97	3.01	3500
2.56	2.61	2.69	2.77	2.85	2.93	2.99	3.08	3.16	3.21	4000
2.71	2.79	2.86	2.93	3.03	3.11	3.19	3.28	3.37	3.45	4500
2.89	2.95	3.03	3.11	3.20	3.31	3.39	3.48	3.57	3.65	5000

(c-1) Cement

										f'_c (MPa)
0.076	0.078	0.080	0.081	0.084	0.085	0.087	0.089	0.091	0.093	15
0.083	0.085	0.087	0.090	0.091	0.094	0.096	0.099	0.101	0.102	20
0.091	0.093	0.095	0.098	0.100	0.103	0.106	0.109	0.111	0.112	25
0.099	0.101	0.104	0.107	0.109	0.113	0.116	0.119	0.122	0.124	30
0.107	0.110	0.113	0.116	0.119	0.123	0.126	0.130	0.133	0.136	35

(d) Water

										f'_c (psi)
4.03	4.15	4.27	4.39	4.50	4.61	4.73	4.85	4.97	5.09	2000
4.02	4.14	4.25	4.37	4.49	4.59	4.71	4.83	4.95	5.07	2500
4.01	4.13	4.24	4.35	4.47	4.57	4.69	4.81	4.93	5.05	3000
4.00	4.11	4.23	4.33	4.45	4.55	4.67	4.79	4.91	5.03	3500
3.99	4.09	4.21	4.31	4.43	4.53	4.65	4.77	4.89	5.01	4000
3.97	4.08	4.19	4.29	4.41	4.51	4.63	4.75	4.87	4.99	4500
3.96	4.07	4.17	4.27	4.39	4.49	4.61	4.73	4.85	4.97	5000

(d-1) Water

										f'_c (MPa)
0.149	0.153	0.157	0.162	0.166	0.170	0.174	0.179	0.183	0.188	15
0.148	0.153	0.157	0.161	0.165	0.169	0.173	0.178	0.182	0.187	20
0.148	0.152	0.156	0.160	0.164	0.168	0.172	0.177	0.181	0.186	25
0.147	0.151	0.155	0.159	0.163	0.167	0.171	0.176	0.180	0.185	30
0.147	0.150	0.154	0.158	0.162	0.166	0.170	0.175	0.179	0.184	35

(e) Air

—	—	—	—	—	—	—	—	—	—	Entrained (ft³/yd³)
—	—	—	—	—	—	—	—	—	—	%
—	—	—	—	—	—	—	—	—	—	Entrained (m³/m³)

(f) Air (Values Approximate)

2000	2500	3000	3500	4000	4500	5000	f'_c (psi)
0.08	0.07	0.06	0.05	0.04	0.04	0.04	Entrapped (ft³/yd³)
0.30	0.26	0.22	0.19	0.15	0.15	0.15	%

(f-1) Air (Values Approximate)

15	20	25	30	35	f'_c (MPa)
0.003	0.002	0.001	—	—	Entrapped (m³/m³)
0.29	0.23	0.18	—	—	%

(g) Cement and Water Adjustments for Fine Aggregate Variations

31–32	32–33	33–34	34–35	35–36	36–37	37–38	38–39	39–40	40–41	% Voids
90.0	92.5	95.0	97.5	100.0	102.5	105.0	107.5	110.0	112.5	Adjustment (%)

Table No.		241
C.A. Size		3"
		75 mm
ASTM No.		—
Slump		0"
		0 mm
( ) AE		
(✓) Non·AE		

(a)

Coarse Aggregate Type No.										Concrete Class
1	2	3	4	5	6	7				A
	1	2	3	4	5	6	7			B
		1	2	3	4	5	6	7		C
			1	2	3	4	5	6	7	D

(b)

Concrete

10.30	10.80	11.30	11.80	12.30	12.80	13.30	13.80	14.30	14.80	Mortar (ft³/yd³)
16.70	16.20	15.70	15.20	14.70	14.20	13.70	13.20	12.70	12.20	C. A. + 8 (ft³/yd³)
0.381	0.400	0.419	0.437	0.456	0.474	0.493	0.511	0.530	0.548	Mortar (m³/m³)
0.619	0.600	0.581	0.563	0.544	0.526	0.507	0.489	0.470	0.452	C. A. + 8 (m³/m³)

(c)

Cement

										f'_c (psi)
1.51	1.55	1.60	1.65	1.70	1.75	1.80	1.85	1.90	1.96	2000
1.64	1.69	1.75	1.81	1.87	1.92	1.98	2.03	2.09	2.15	2500
1.76	1.83	1.89	1.96	2.02	2.09	2.15	2.22	2.29	2.35	3000
1.89	1.96	2.03	2.11	2.18	2.25	2.33	2.40	2.47	2.55	3500
2.03	2.11	2.19	2.27	2.35	2.42	2.50	2.58	2.66	2.74	4000
2.17	2.25	2.33	2.42	2.50	2.59	2.67	2.77	2.85	2.93	4500
2.33	2.41	2.50	2.59	2.68	2.76	2.85	2.94	3.03	3.13	5000

(c-1)

Cement

										f'_c (MPa)
0.058	0.060	0.061	0.064	0.065	0.067	0.069	0.071	0.073	0.075	15
0.065	0.067	0.069	0.072	0.074	0.077	0.079	0.081	0.084	0.086	20
0.072	0.074	0.077	0.080	0.083	0.086	0.088	0.091	0.094	0.096	25
0.079	0.082	0.085	0.088	0.092	0.095	0.097	0.100	0.104	0.106	30
0.087	0.090	0.094	0.097	0.101	0.104	0.107	0.110	0.114	0.117	35

(d)

Water

										f'_c (psi)
3.17	3.29	3.41	3.53	3.65	3.77	3.89	4.01	4.13	4.27	2000
3.15	3.27	3.39	3.51	3.63	3.75	3.87	3.99	4.11	4.25	2500
3.13	3.25	3.37	3.49	3.61	3.73	3.85	3.97	4.09	4.23	3000
3.11	3.23	3.35	3.47	3.59	3.71	3.83	3.95	4.07	4.21	3500
3.09	3.21	3.33	3.45	3.57	3.69	3.81	3.93	4.05	4.19	4000
3.07	3.19	3.31	3.43	3.55	3.67	3.79	3.91	4.03	4.15	4500
3.05	3.17	3.29	3.41	3.53	3.65	3.77	3.89	4.01	4.13	5000

(d-1)

Water

										f'_c (MPa)
0.117	0.121	0.126	0.130	0.135	0.139	0.144	0.148	0.153	0.158	15
0.116	0.120	0.125	0.130	0.134	0.138	0.143	0.147	0.151	0.157	20
0.115	0.119	0.124	0.129	0.133	0.137	0.142	0.146	0.150	0.156	25
0.114	0.118	0.123	0.128	0.132	0.136	0.141	0.145	0.149	0.155	30
0.113	0.117	0.122	0.127	0.131	0.135	0.140	0.144	0.148	0.153	35

(e)

Air

—	—	—	—	—	—	—	—	—	—	Entrained (ft³/yd³)
—	—	—	—	—	—	—	—	—	—	%
—	—	—	—	—	—	—	—	—	—	Entrained (m³/m³)

(f)

Air (Values Approximate)

2000	2500	3000	3500	4000	4500	5000	f'_c (psi)
0.06	0.05	0.04	0.03	0.03	0.03	0.03	Entrapped (ft³/yd³)
0.22	0.19	0.15	0.11	0.11	0.11	0.11	%

(f-1)

Air (Values Approximate)

15	20	25	30	35	f'_c (MPa)
0.002	0.002	—	—	—	Entrapped (m³/m³)
0.21	0.16	—	—	—	%

(g)

Cement and Water Adjustments for Fine Aggregate Variations

31–32	32–33	33–34	34–35	35–36	36–37	37–38	38–39	39–40	40–41	% Voids
90.0	92.5	95.0	97.5	100.0	102.5	105.0	107.5	110.0	112.5	Adjustment (%)

Table No. **242**

C.A. Size **3"**

75 mm

ASTM No. **—**

Slump **½"**

12.5 mm

( ) AE

(✓) Non-AE

(a)

Coarse Aggregate Type No.										Concrete Class
1	2	3	4	5	6	7				A
	1	2	3	4	5	6	7			B
		1	2	3	4	5	6	7		C
			1	2	3	4	5	6	7	D

(b)

Concrete										
10.30	10.80	11.30	11.80	12.30	12.80	13.30	13.80	14.30	14.80	Mortar (ft³/yd³)
16.70	16.20	15.70	15.20	14.70	14.20	13.70	13.20	12.70	12.20	C. A. + 8 (ft³/yd³)
0.381	0.400	0.419	0.437	0.456	0.474	0.493	0.511	0.530	0.548	Mortar (m³/m³)
0.619	0.600	0.581	0.563	0.544	0.526	0.507	0.489	0.470	0.452	C. A. + 8 (m³/m³)

(c)

Cement										f'_c (psi)
1.54	1.58	1.63	1.68	1.73	1.78	1.83	1.88	1.93	1.99	2000
1.67	1.72	1.78	1.84	1.90	1.95	2.01	2.06	2.12	2.18	2500
1.79	1.86	1.92	1.99	2.05	2.12	2.18	2.25	2.32	2.38	3000
1.92	1.99	2.06	2.14	2.21	2.28	2.36	2.43	2.50	2.58	3500
2.06	2.14	2.22	2.30	2.38	2.45	2.53	2.61	2.69	2.77	4000
2.20	2.28	2.36	2.45	2.53	2.62	2.70	2.80	2.88	2.96	4500
2.36	2.44	2.53	2.62	2.71	2.79	2.88	2.97	3.06	3.16	5000

(c-1)

Cement										f'_c (MPa)
0.059	0.061	0.062	0.065	0.066	0.068	0.070	0.072	0.074	0.076	15
0.066	0.068	0.070	0.073	0.075	0.078	0.080	0.082	0.085	0.087	20
0.073	0.075	0.078	0.081	0.084	0.087	0.089	0.092	0.095	0.097	25
0.080	0.083	0.086	0.089	0.093	0.096	0.098	0.101	0.105	0.107	30
0.088	0.091	0.095	0.098	0.102	0.105	0.108	0.111	0.115	0.118	35

(d)

Water										f'_c (psi)
3.23	3.35	3.47	3.59	3.71	3.83	3.95	4.07	4.19	4.33	2000
3.21	3.33	3.45	3.57	3.69	3.81	3.93	4.05	4.17	4.31	2500
3.19	3.31	3.43	3.55	3.67	3.79	3.91	4.03	4.15	4.29	3000
3.17	3.29	3.41	3.53	3.65	3.77	3.89	4.01	4.13	4.27	3500
3.15	3.27	3.39	3.51	3.63	3.75	3.87	3.99	4.11	4.25	4000
3.13	3.25	3.37	3.49	3.61	3.73	3.85	3.97	4.09	4.21	4500
3.11	3.23	3.35	3.47	3.59	3.71	3.83	3.95	4.07	4.19	5000

(d-1)

Water										f'_c (MPa)
0.119	0.123	0.128	0.132	0.137	0.141	0.146	0.150	0.155	0.160	15
0.118	0.122	0.127	0.132	0.136	0.140	0.145	0.149	0.153	0.159	20
0.117	0.121	0.126	0.131	0.135	0.139	0.144	0.148	0.152	0.158	25
0.116	0.120	0.125	0.130	0.134	0.138	0.143	0.147	0.151	0.157	30
0.115	0.119	0.124	0.129	0.133	0.137	0.142	0.146	0.150	0.155	35

(e)

Air										
—	—	—	—	—	—	—	—	—	—	Entrained (ft³/yd³)
—	—	—	—	—	—	—	—	—	—	%
—	—	—	—	—	—	—	—	—	—	Entrained (m³/m³)

(f)

Air (Values Approximate)

2000	2500	3000	3500	4000	4500	5000	f'_c (psi)
0.06	0.05	0.04	0.03	0.03	0.03	0.03	Entrapped (ft³/yd³)
0.22	0.19	0.15	0.11	0.11	0.11	0.11	%

(f-1)

Air (Values Approximate)

15	20	25	30	35	f'_c (MPa)
0.002	0.002	—	—	—	Entrapped (m³/m³)
0.21	0.16	—	—	—	%

(g)

Cement and Water Adjustments for Fine Aggregate Variations

31–32	32–33	33–34	34–35	35–36	36–37	37–38	38–39	39–40	40–41	% Voids
90.0	92.5	95.0	97.5	100.0	102.5	105.0	107.5	110.0	112.5	Adjustment (%)

Table No.	243
C.A. Size	3"
	75 mm
ASTM No.	—
Slump	1"
	25 mm

( ) AE
(✓) Non-AE

(a)

Coarse Aggregate Type No.										Concrete Class
1	2	3	4	5	6	7				A
	1	2	3	4	5	6	7			B
		1	2	3	4	5	6	7		C
			1	2	3	4	5	6	7	D

(b)
Concrete

10.30	10.80	11.30	11.80	12.30	12.80	13.30	13.80	14.30	14.80	Mortar (ft³/yd³)
16.70	16.20	15.70	15.20	14.70	14.20	13.70	13.20	12.70	12.20	C. A. + 8 (ft³/yd³)
0.381	0.400	0.419	0.437	0.456	0.474	0.493	0.511	0.530	0.548	Mortar (m³/m³)
0.619	0.600	0.581	0.563	0.544	0.526	0.507	0.489	0.470	0.452	C. A. + 8 (m³/m³)

(c)
Cement

										f'_c (psi)
1.57	1.61	1.66	1.71	1.76	1.81	1.86	1.91	1.96	2.02	2000
1.70	1.75	1.81	1.87	1.93	1.98	2.04	2.09	2.15	2.21	2500
1.82	1.89	1.95	2.02	2.08	2.15	2.21	2.28	2.35	2.41	3000
1.95	2.02	2.09	2.17	2.24	2.31	2.39	2.46	2.53	2.61	3500
2.09	2.17	2.25	2.33	2.41	2.48	2.56	2.64	2.72	2.80	4000
2.23	2.31	2.39	2.48	2.56	2.65	2.73	2.83	2.91	2.99	4500
2.39	2.47	2.56	2.65	2.74	2.82	2.91	3.00	3.09	3.19	5000

(c-1)
Cement

										f'_c (MPa)
0.060	0.062	0.063	0.066	0.067	0.069	0.071	0.073	0.075	0.077	15
0.067	0.069	0.071	0.074	0.076	0.079	0.081	0.083	0.086	0.088	20
0.074	0.076	0.079	0.082	0.085	0.088	0.090	0.093	0.096	0.098	25
0.081	0.084	0.087	0.090	0.094	0.097	0.099	0.102	0.106	0.108	30
0.089	0.092	0.096	0.099	0.103	0.106	0.109	0.112	0.116	0.119	35

(d)
Water

										f'_c (psi)
3.28	3.40	3.52	3.64	3.76	3.88	4.00	4.12	4.24	4.38	2000
3.26	3.38	3.50	3.62	3.74	3.86	3.98	4.10	4.22	4.36	2500
3.24	3.36	3.48	3.60	3.72	3.84	3.96	4.08	4.20	4.34	3000
3.22	3.34	3.46	3.58	3.70	3.82	3.94	4.06	4.18	4.32	3500
3.20	3.32	3.44	3.56	3.68	3.80	3.92	4.04	4.16	4.30	4000
3.18	3.30	3.42	3.54	3.66	3.78	3.90	4.02	4.14	4.26	4500
3.16	3.28	3.40	3.52	3.64	3.76	3.88	4.00	4.12	4.24	5000

(d-1)
Water

										f'_c (MPa)
0.121	0.125	0.130	0.134	0.139	0.143	0.148	0.152	0.157	0.162	15
0.120	0.124	0.129	0.134	0.138	0.142	0.147	0.151	0.155	0.161	20
0.119	0.123	0.128	0.133	0.137	0.141	0.146	0.150	0.154	0.160	25
0.118	0.122	0.127	0.132	0.136	0.140	0.145	0.149	0.153	0.159	30
0.117	0.121	0.126	0.131	0.135	0.139	0.144	0.148	0.152	0.157	35

(e)
Air

—	—	—	—	—	—	—	—	—	—	Entrained (ft³/yd³)
—	—	—	—	—	—	—	—	—	—	%
—	—	—	—	—	—	—	—	—	—	Entrained (m³/m³)

(f)
Air (Values Approximate)

2000	2500	3000	3500	4000	4500	5000	f'_c (psi)
0.06	0.05	0.04	0.03	0.03	0.03	0.03	Entrapped (ft³/yd³)
0.22	0.19	0.15	0.11	0.11	0.11	0.11	%

(f-1)
Air (Values Approximate)

15	20	25	30	35	f'_c (MPa)
0.002	0.002	—	—	—	Entrapped (m³/m³)
0.21	0.16	—	—	—	%

(g)
Cement and Water Adjustments for Fine Aggregate Variations

31–32	32–33	33–34	34–35	35–36	36–37	37–38	38–39	39–40	40–41	% Voids
90.0	92.5	95.0	97.5	100.0	102.5	105.0	107.5	110.0	112.5	Adjustment (%)

Table No.	244
C.A. Size	3"
	75 mm
ASTM No.	—
Slump	1½"
	40 mm

( ) AE
(✓) Non-AE

(a)

Coarse Aggregate Type No.										Concrete Class
1	2	3	4	5	6	7				A
	1	2	3	4	5	6	7			B
		1	2	3	4	5	6	7		C
			1	2	3	4	5	6	7	D

(b) Concrete

10.30	10.80	11.30	11.80	12.30	12.80	13.30	13.80	14.30	14.80	Mortar (ft³/yd³)
16.70	16.20	15.70	15.20	14.70	14.20	13.70	13.20	12.70	12.20	C. A. + 8 (ft³/yd³)
0.381	0.400	0.419	0.437	0.456	0.474	0.493	0.511	0.530	0.548	Mortar (m³/m³)
0.619	0.600	0.581	0.563	0.544	0.526	0.507	0.489	0.470	0.452	C. A. + 8 (m³/m³)

(c) Cement

										f'_c (psi)
1.61	1.65	1.70	1.75	1.80	1.85	1.90	1.95	2.00	2.06	2000
1.74	1.79	1.85	1.91	1.97	2.02	2.08	2.13	2.19	2.25	2500
1.86	1.93	1.99	2.06	2.12	2.19	2.25	2.32	2.39	2.45	3000
1.99	2.06	2.13	2.21	2.28	2.35	2.43	2.50	2.57	2.65	3500
2.13	2.21	2.29	2.37	2.45	2.52	2.60	2.68	2.76	2.84	4000
2.27	2.35	2.43	2.52	2.60	2.69	2.77	2.87	2.95	3.03	4500
2.43	2.51	2.60	2.69	2.78	2.86	2.95	3.04	3.13	3.23	5000

(c-1) Cement

										f'_c (MPa)
0.061	0.063	0.064	0.067	0.068	0.070	0.072	0.074	0.076	0.078	15
0.068	0.070	0.072	0.075	0.077	0.080	0.082	0.084	0.087	0.089	20
0.075	0.077	0.080	0.083	0.086	0.089	0.091	0.094	0.097	0.099	25
0.082	0.085	0.088	0.091	0.095	0.098	0.100	0.103	0.107	0.109	30
0.090	0.093	0.097	0.100	0.104	0.107	0.110	0.113	0.117	0.120	35

(d) Water

										f'_c (psi)
3.33	3.45	3.57	3.69	3.81	3.93	4.05	4.17	4.29	4.43	2000
3.31	3.43	3.55	3.67	3.79	3.91	4.03	4.15	4.27	4.41	2500
3.29	3.41	3.53	3.65	3.77	3.89	4.01	4.13	4.25	4.39	3000
3.27	3.39	3.51	3.63	3.75	3.87	3.99	4.11	4.23	4.37	3500
3.25	3.37	3.49	3.61	3.73	3.85	3.97	4.09	4.21	4.33	4000
3.23	3.35	3.47	3.59	3.71	3.83	3.95	4.07	4.19	4.31	4500
3.21	3.33	3.45	3.57	3.69	3.81	3.93	4.05	4.17	4.29	5000

(d-1) Water

										f'_c (MPa)
0.123	0.127	0.132	0.136	0.141	0.145	0.150	0.154	0.159	0.164	15
0.122	0.126	0.131	0.136	0.140	0.144	0.149	0.153	0.157	0.163	20
0.121	0.125	0.130	0.135	0.139	0.143	0.148	0.152	0.156	0.162	25
0.120	0.124	0.129	0.134	0.138	0.142	0.147	0.151	0.155	0.161	30
0.119	0.123	0.128	0.133	0.137	0.141	0.146	0.150	0.154	0.159	35

(e) Air

—	—	—	—	—	—	—	—	—	—	Entrained (ft³/yd³)
—	—	—	—	—	—	—	—	—	—	%
—	—	—	—	—	—	—	—	—	—	Entrained (m³/m³)

(f) Air (Values Approximate)

2000	2500	3000	3500	4000	4500	5000	f'_c (psi)
0.06	0.05	0.04	0.03	0.03	0.03	0.03	Entrapped (ft³/yd³)
0.22	0.19	0.15	0.11	0.11	0.11	0.11	%

(f-1) Air (Values Approximate)

15	20	25	30	35	f'_c (MPa)
0.002	0.002	—	—	—	Entrapped (m³/m³)
0.21	0.16	—	—	—	%

(g) Cement and Water Adjustments for Fine Aggregate Variations

31–32	32–33	33–34	34–35	35–36	36–37	37–38	38–39	39–40	40–41	% Voids
90.0	92.5	95.0	97.5	100.0	102.5	105.0	107.5	110.0	112.5	Adjustment (%)

TABLES OF VOLUMES

Table No. 245
C.A. Size 3"
75 mm
ASTM No. —
Slump 2"
50 mm

( ) AE
(✓) Non-AE

(a)

Coarse Aggregate Type No.										Concrete Class
1	2	3	4	5	6	7				A
	1	2	3	4	5	6	7			B
		1	2	3	4	5	6	7		C
			1	2	3	4	5	6	7	D

(b)

Concrete										
10.30	10.80	11.30	11.80	12.30	12.80	13.30	13.80	14.30	14.80	Mortar (ft³/yd³)
16.70	16.20	15.70	15.20	14.70	14.20	13.70	13.20	12.70	12.20	C.A. + 8 (ft³/yd³)
0.381	0.400	0.419	0.437	0.456	0.474	0.493	0.511	0.530	0.548	Mortar (m³/m³)
0.619	0.600	0.581	0.563	0.544	0.526	0.507	0.489	0.470	0.452	C.A. + 8 (m³/m³)

(c)

Cement										f'_c (psi)
1.65	1.69	1.74	1.79	1.84	1.89	1.94	1.99	2.04	2.10	2000
1.78	1.83	1.89	1.95	2.01	2.06	2.12	2.17	2.23	2.29	2500
1.90	1.97	2.03	2.10	2.16	2.23	2.29	2.36	2.43	2.49	3000
2.03	2.10	2.17	2.25	2.32	2.39	2.47	2.54	2.61	2.69	3500
2.17	2.25	2.33	2.41	2.49	2.56	2.64	2.72	2.80	2.88	4000
2.31	2.39	2.47	2.56	2.64	2.73	2.81	2.91	2.99	3.07	4500
2.47	2.55	2.64	2.73	2.82	2.90	2.99	3.08	3.17	3.27	5000

(c-1)

Cement										f'_c (MPa)
0.063	0.065	0.066	0.069	0.070	0.072	0.074	0.076	0.078	0.080	15
0.070	0.072	0.074	0.077	0.079	0.082	0.084	0.086	0.089	0.091	20
0.077	0.079	0.082	0.085	0.088	0.091	0.093	0.096	0.099	0.101	25
0.084	0.087	0.090	0.093	0.097	0.100	0.102	0.105	0.109	0.111	30
0.092	0.095	0.099	0.102	0.106	1.09	1.12	0.115	0.119	0.122	35

(d)

Water										f'_c (psi)
3.39	3.51	3.63	3.75	3.87	3.99	4.11	4.23	4.35	4.49	2000
3.37	3.49	3.61	3.73	3.85	3.97	4.09	4.21	4.33	4.47	2500
3.35	3.47	3.59	3.71	3.83	3.95	4.07	4.19	4.31	4.45	3000
3.33	3.45	3.57	3.69	3.81	3.93	4.05	4.17	4.29	4.43	3500
3.31	3.43	3.55	3.67	3.79	3.91	4.03	4.15	4.27	4.41	4000
3.29	3.41	3.53	3.65	3.77	3.89	4.01	4.13	4.25	4.37	4500
3.27	3.39	3.51	3.63	3.75	3.87	3.99	4.11	4.23	4.35	5000

(d-1)

Water										f'_c (MPa)
0.125	0.129	0.134	0.138	0.143	0.147	0.152	0.156	0.161	0.166	15
0.124	0.128	0.133	0.138	0.142	0.146	0.151	0.155	0.159	0.165	20
0.123	0.127	0.132	0.137	0.141	0.145	0.150	0.154	0.158	0.164	25
0.122	0.126	0.131	0.136	0.140	0.144	0.149	0.153	0.157	0.163	30
0.121	0.125	0.130	0.135	0.139	0.143	0.148	0.152	0.156	0.161	35

(e)

Air										
—	—	—	—	—	—	—	—	—	—	Entrained (ft³/yd³)
—	—	—	—	—	—	—	—	—	—	%
—	—	—	—	—	—	—	—	—	—	Entrained (m³/m³)

(f)

Air (Values Approximate)							
2000	2500	3000	3500	4000	4500	5000	f'_c (psi)
0.06	0.05	0.04	0.03	0.03	0.03	0.03	Entrapped (ft³/yd³)
0.22	0.19	0.15	0.11	0.11	0.11	0.11	%

(f-1)

Air (Values Approximate)					
15	20	25	30	35	f'_c (MPa)
0.002	0.002	—	—	—	Entrapped (m³/m³)
0.21	0.16	—	—	—	%

(g)

Cement and Water Adjustments for Fine Aggregate Variations										
31–32	32–33	33–34	34–35	35–36	36–37	37–38	38–39	39–40	40–41	% Voids
90.0	92.5	95.0	97.5	100.0	102.5	105.0	107.5	110.0	112.5	Adjustment (%)

Table No. 246
C.A. Size 3″
75 mm
ASTM No. —
Slump 2½″
65 mm

( ) AE
(✓) Non-AE

(a)

Coarse Aggregate Type No.										Concrete Class
1	2	3	4	5	6	7				A
	1	2	3	4	5	6	7			B
		1	2	3	4	5	6	7		C
			1	2	3	4	5	6	7	D

(b)

Concrete										
10.30	10.80	11.30	11.80	12.30	12.80	13.30	13.80	14.30	14.80	Mortar (ft³/yd³)
16.70	16.20	15.70	15.20	14.70	14.20	13.70	13.20	12.70	12.20	C. A. + 8 (ft³/yd³)
0.381	0.400	0.419	0.437	0.456	0.474	0.493	0.511	0.530	0.548	Mortar (m³/m³)
0.619	0.600	0.581	0.563	0.544	0.526	0.507	0.489	0.470	0.452	C. A. + 8 (m³/m³)

(c)

Cement										f'_c (psi)
1.68	1.72	1.77	1.82	1.87	1.92	1.97	2.02	2.07	2.13	2000
1.81	1.86	1.92	1.98	2.04	2.09	2.15	2.20	2.26	2.32	2500
1.93	2.00	2.06	2.13	2.19	2.26	2.32	2.39	2.46	2.52	3000
2.06	2.13	2.20	2.28	2.35	2.42	2.50	2.57	2.64	2.72	3500
2.20	2.28	2.36	2.44	2.52	2.59	2.67	2.75	2.83	2.91	4000
2.34	2.42	2.50	2.59	2.67	2.76	2.84	2.94	3.02	3.10	4500
2.50	2.58	2.67	2.76	2.85	2.93	3.02	3.11	3.20	3.30	5000

(c-1)

Cement										f'_c (MPa)
0.064	0.066	0.067	0.070	0.071	0.073	0.075	0.077	0.079	0.081	15
0.071	0.073	0.075	0.078	0.080	0.083	0.085	0.087	0.090	0.092	20
0.078	0.080	0.083	0.086	0.089	0.092	0.094	0.097	0.100	0.102	25
0.085	0.088	0.091	0.094	0.098	0.101	0.103	0.106	0.110	0.112	30
0.093	0.096	0.100	0.103	0.107	0.110	0.113	0.116	0.120	0.123	35

(d)

Water										f'_c (psi)
3.44	3.56	3.68	3.80	3.92	4.04	4.16	4.28	4.40	4.54	2000
3.42	3.54	3.66	3.78	3.90	4.02	4.14	4.26	4.38	4.52	2500
3.40	3.52	3.64	3.76	3.88	4.00	4.12	4.24	4.36	4.50	3000
3.38	3.50	3.62	3.74	3.86	3.98	4.10	4.22	4.34	4.48	3500
3.36	3.48	3.60	3.72	3.84	3.96	4.08	4.20	4.32	4.46	4000
3.34	3.46	3.58	3.70	3.82	3.94	4.06	4.18	4.30	4.42	4500
3.32	3.44	3.56	3.68	3.80	3.92	4.04	4.16	4.28	4.40	5000

(d-1)

Water										f'_c (MPa)
0.127	0.131	0.136	0.140	0.145	0.149	0.154	0.158	0.163	0.168	15
0.126	0.130	0.135	0.140	0.144	0.148	0.153	0.157	0.161	0.167	20
0.125	0.129	0.134	0.139	0.143	0.147	0.152	0.156	0.160	0.166	25
0.124	0.128	0.133	0.138	0.142	0.146	0.151	0.155	0.159	0.165	30
0.123	0.127	0.132	0.137	0.141	0.145	0.150	0.154	0.158	0.163	35

(e)

Air										
—	—	—	—	—	—	—	—	—	—	Entrained (ft³/yd³)
—	—	—	—	—	—	—	—	—	—	%
—	—	—	—	—	—	—	—	—	—	Entrained (m³/m³)

(f)

Air (Values Approximate)							
2000	2500	3000	3500	4000	4500	5000	f'_c (psi)
0.06	0.05	0.04	0.03	0.03	0.03	0.03	Entrapped (ft³/yd³)
0.22	0.19	0.15	0.11	0.11	0.11	0.11	%

(f-1)

Air (Values Approximate)					
15	20	25	30	35	f'_c (MPa)
0.002	0.002	—	—	—	Entrapped (m³/m³)
0.21	0.16	—	—	—	%

(g)

Cement and Water Adjustments for Fine Aggregate Variations										
31–32	32–33	33–34	34–35	35–36	36–37	37–38	38–39	39–40	40–41	% Voids
90.0	92.5	95.0	97.5	100.0	102.5	105.0	107.5	110.0	112.5	Adjustment (%)

TABLES OF VOLUMES

Table No.	247
C.A. Size	3"
	75 mm
ASTM No.	—
Slump	3"
	75 mm
( ) AE	
(√) Non-AE	

(a)

Coarse Aggregate Type No.										Concrete Class
1	2	3	4	5	6	7				A
	1	2	3	4	5	6	7			B
		1	2	3	4	5	6	7		C
			1	2	3	4	5	6	7	D

(b)

Concrete										
10.30	10.80	11.30	11.80	12.30	12.80	13.30	13.80	14.30	14.80	Mortar (ft³/yd³)
16.70	16.20	15.70	15.20	14.70	14.20	13.70	13.20	12.70	12.20	C. A. + 8 (ft³/yd³)
0.381	0.400	0.419	0.437	0.456	0.474	0.493	0.511	0.530	0.548	Mortar (m³/m³)
0.619	0.600	0.581	0.563	0.544	0.526	0.507	0.489	0.470	0.452	C. A. + 8 (m³/m³)

(c)

Cement										f'_c (psi)
1.71	1.75	1.80	1.85	1.90	1.95	2.00	2.05	2.10	2.16	2000
1.84	1.89	1.95	2.01	2.07	2.12	2.18	2.23	2.29	2.35	2500
1.96	2.03	2.09	2.16	2.22	2.29	2.35	2.42	2.49	2.55	3000
2.09	2.16	2.23	2.31	2.38	2.45	2.53	2.60	2.67	2.75	3500
2.29	2.31	2.39	2.47	2.55	2.62	2.70	2.78	2.86	2.94	4000
2.37	2.45	2.53	2.62	2.70	2.79	2.87	2.97	3.05	3.13	4500
2.53	2.61	2.70	2.79	2.88	2.96	3.05	3.14	3.23	3.33	5000

(c-1)

Cement										f'_c (MPa)
0.065	0.067	0.068	0.071	0.072	0.074	0.076	0.078	0.080	0.082	15
0.072	0.074	0.076	0.079	0.081	0.084	0.086	0.088	0.091	0.093	20
0.079	0.081	0.084	0.087	0.090	0.093	0.095	0.098	0.101	0.103	25
0.086	0.089	0.092	0.095	0.099	0.102	0.104	0.107	0.111	0.113	30
0.094	0.097	0.101	0.104	0.108	0.111	0.114	0.117	0.121	0.124	35

(d)

Water										f'_c (psi)
3.49	3.61	3.73	3.85	3.97	4.09	4.21	4.33	4.45	4.59	2000
3.47	3.59	3.71	3.83	3.95	4.07	4.19	4.31	4.43	4.57	2500
3.45	3.57	3.69	3.81	3.93	4.05	4.17	4.29	4.41	4.55	3000
3.43	3.55	3.67	3.79	3.91	4.03	4.15	4.27	4.39	4.53	3500
3.41	3.53	3.65	3.77	3.89	4.01	4.13	4.25	4.37	4.51	4000
3.39	3.51	3.63	3.75	3.87	3.99	4.11	4.23	4.35	4.47	4500
3.37	3.49	3.61	3.73	3.85	3.97	4.09	4.21	4.33	4.45	5000

(d-1)

Water										f'_c (MPa)
0.129	0.133	0.138	0.142	0.147	0.151	0.156	0.160	0.165	0.170	15
0.128	0.132	0.137	0.142	0.146	0.150	0.155	0.159	0.163	0.169	20
0.127	0.131	0.136	0.141	0.145	0.149	0.154	0.158	0.162	0.168	25
0.126	0.130	0.135	0.140	0.144	0.148	0.153	0.157	0.161	0.167	30
0.125	0.129	0.134	0.139	0.143	0.147	0.152	0.156	0.160	0.165	35

(e)

Air										
—	—	—	—	—	—	—	—	—	—	Entrained (ft³/yd³)
—	—	—	—	—	—	—	—	—	—	%
—	—	—	—	—	—	—	—	—	—	Entrained (m³/m³)

(f)

Air (Values Approximate)							
2000	2500	3000	3500	4000	4500	5000	f'_c (psi)
0.06	0.05	0.04	0.03	0.03	0.03	0.03	Entrapped (ft³/yd³)
0.22	0.19	0.15	0.11	0.11	0.11	0.11	%

(f-1)

Air (Values Approximate)					
15	20	25	30	35	f'_c (MPa)
0.002	0.002	—	—	—	Entrapped (m³/m³)
0.21	0.16	—	—	—	%

(g)

Cement and Water Adjustments for Fine Aggregate Variations										
31-32	32-33	33-34	34-35	35-36	36-37	37-38	38-39	39-40	40-41	% Voids
90.0	92.5	95.0	97.5	100.0	102.5	105.0	107.5	110.0	112.5	Adjustment (%)

Table No.	248
C.A. Size	3″
	75 mm
ASTM No.	—
Slump	3½″
	90 mm
( ) AE	
(✓) Non-AE	

(a)

Coarse Aggregate Type No.										Concrete Class
1	2	3	4	5	6	7				A
	1	2	3	4	5	6	7			B
		1	2	3	4	5	6	7		C
			1	2	3	4	5	6	7	D

(b) Concrete

10.30	10.80	11.30	11.80	12.30	12.80	13.30	13.80	14.30	14.80	Mortar (ft³/yd³)
16.70	16.20	15.70	15.20	14.70	14.20	13.70	13.20	12.70	12.20	C. A. + 8 (ft³/yd³)
0.381	0.400	0.419	0.437	0.456	0.474	0.493	0.511	0.530	0.548	Mortar (m³/m³)
0.619	0.600	0.581	0.563	0.544	0.526	0.507	0.489	0.470	0.452	C. A. + 8 (m³/m³)

(c) Cement

										f'_c (psi)
1.75	1.79	1.84	1.89	1.94	1.99	2.04	2.09	2.14	2.20	2000
1.88	1.93	1.99	2.05	2.11	2.16	2.22	2.27	2.33	2.39	2500
2.00	2.07	2.13	2.20	2.26	2.33	2.39	2.46	2.53	2.59	3000
2.13	2.20	2.27	2.35	2.42	2.49	2.57	2.64	2.71	2.79	3500
2.27	2.35	2.43	2.51	2.59	2.66	2.74	2.82	2.90	2.98	4000
2.41	2.49	2.57	2.66	2.74	2.83	2.91	3.01	3.09	3.17	4500
2.57	2.65	2.74	2.83	2.92	3.00	3.09	3.18	3.27	3.37	5000

(c-1) Cement

										f'_c (MPa)
0.067	0.069	0.070	0.073	0.074	0.076	0.078	0.080	0.082	0.084	15
0.074	0.076	0.078	0.081	0.083	0.086	0.088	0.090	0.093	0.095	20
0.081	0.083	0.086	0.089	0.092	0.095	0.097	0.100	0.103	0.105	25
0.088	0.091	0.094	0.097	0.101	0.104	0.106	0.109	0.113	0.115	30
0.096	0.099	0.103	0.106	0.110	0.113	0.116	0.119	0.123	0.126	35

(d) Water

										f'_c (psi)
3.55	3.67	3.79	3.91	4.03	4.15	4.27	4.39	4.51	4.65	2000
3.53	3.65	3.77	3.89	4.01	4.13	4.25	4.37	4.49	4.63	2500
3.51	3.63	3.75	3.87	3.99	4.11	4.23	4.35	4.47	4.61	3000
3.49	3.61	3.73	3.85	3.97	4.09	4.21	4.33	4.45	4.59	3500
3.47	3.59	3.71	3.83	3.95	4.07	4.19	4.31	4.43	4.57	4000
3.45	3.57	3.69	3.81	3.93	4.05	4.17	4.29	4.41	4.53	4500
3.43	3.55	3.67	3.79	3.91	4.03	4.15	4.27	4.39	4.51	5000

(d-1) Water

										f'_c (MPa)
0.131	0.135	0.140	0.144	0.149	0.153	0.158	0.162	0.167	0.172	15
0.130	0.134	0.139	0.144	0.148	0.152	0.157	0.161	0.165	0.171	20
0.129	0.133	0.138	0.143	0.147	0.151	0.156	0.160	0.164	0.170	25
0.128	0.132	0.137	0.142	0.146	0.150	0.155	0.159	0.163	0.169	30
0.127	0.131	0.136	0.141	0.145	0.149	0.154	0.158	0.162	0.167	35

(e) Air

—	—	—	—	—	—	—	—	—	—	Entrained (ft³/yd³)
—	—	—	—	—	—	—	—	—	—	%
—	—	—	—	—	—	—	—	—	—	Entrained (m³/m³)

(f) Air (Values Approximate)

2000	2500	3000	3500	4000	4500	5000	f'_c (psi)
0.06	0.05	0.04	0.03	0.03	0.03	0.03	Entrapped (ft³/yd³)
0.22	0.19	0.15	0.11	0.11	0.11	0.11	%

(f-1) Air (Values Approximate)

15	20	25	30	35	f'_c (MPa)
0.002	0.002	—	—	—	Entrapped (m³/m³)
0.21	0.16	—	—	—	%

(g) Cement and Water Adjustments for Fine Aggregate Variations

31-32	32-33	33-34	34-35	35-36	36-37	37-38	38-39	39-40	40-41	% Voids
90.0	92.5	95.0	97.5	100.0	102.5	105.0	107.5	110.0	112.5	Adjustment (%)

TABLES OF VOLUMES 261

Table No. 249
C.A. Size 3″
75 mm
ASTM No. —
Slump 4″
100 mm

( ) AE
(✓) Non-AE

(a)

Coarse Aggregate Type No.										Concrete Class
1	2	3	4	5	6	7				A
	1	2	3	4	5	6	7			B
		1	2	3	4	5	6	7		C
			1	2	3	4	5	6	7	D

(b)

Concrete										
10.30	10.80	11.30	11.80	12.30	12.80	13.30	13.80	14.30	14.80	Mortar (ft³/yd³)
16.70	16.20	15.70	15.20	14.70	14.20	13.70	13.20	12.70	12.20	C.A. + 8 (ft³/yd³)
0.381	0.400	0.419	0.437	0.456	0.474	0.493	0.511	0.530	0.548	Mortar (m³/m³)
0.619	0.600	0.581	0.563	0.544	0.526	0.507	0.489	0.470	0.452	C.A. + 8 (m³/m³)

(c)

Cement										f'_c (psi)
1.79	1.83	1.88	1.93	1.98	2.03	2.08	2.13	2.18	2.24	2000
1.92	1.97	2.03	2.09	2.15	2.20	2.26	2.31	2.37	2.43	2500
2.04	2.11	2.17	2.24	2.30	2.37	2.43	2.50	2.57	2.63	3000
2.17	2.24	2.31	2.39	2.46	2.53	2.61	2.68	2.75	2.83	3500
2.31	2.39	2.47	2.55	2.63	2.70	2.78	2.86	2.94	3.02	4000
2.45	2.53	2.61	2.70	2.78	2.87	2.95	3.05	3.13	3.21	4500
2.61	2.69	2.78	2.87	2.96	3.04	3.13	3.22	3.31	3.41	5000

(c-1)

Cement										f'_c (MPa)
0.068	0.070	0.071	0.074	0.075	0.077	0.079	0.081	0.083	0.085	15
0.075	0.077	0.079	0.082	0.084	0.087	0.089	0.091	0.094	0.096	20
0.082	0.084	0.087	0.090	0.093	0.096	0.098	0.101	0.104	0.106	25
0.089	0.092	0.095	0.098	0.102	0.105	0.107	0.110	0.114	0.116	30
0.097	0.100	0.104	0.107	0.111	0.114	0.117	0.120	0.124	0.127	35

(d)

Water										f'_c (psi)
3.60	3.72	3.84	3.96	4.08	4.20	4.32	4.44	4.56	4.70	2000
3.58	3.70	3.82	3.94	4.06	4.18	4.30	4.42	4.54	4.68	2500
3.56	3.68	3.80	3.92	4.04	4.16	4.28	4.40	4.52	4.66	3000
3.54	3.66	3.78	3.90	4.02	4.14	4.26	4.38	4.50	4.64	3500
3.52	3.64	3.76	3.88	4.00	4.12	4.24	4.36	4.48	4.62	4000
3.50	3.62	3.74	3.86	3.98	4.10	4.22	4.34	4.46	4.58	4500
3.48	3.60	3.72	3.84	3.96	4.08	4.20	4.32	4.44	4.56	5000

(d-1)

Water										f'_c (MPa)
0.133	0.137	0.142	0.146	0.151	0.155	0.160	0.164	0.169	0.174	15
0.132	0.136	0.141	0.146	0.150	0.154	0.159	0.163	0.167	0.173	20
0.131	0.135	0.140	0.145	0.149	0.153	0.158	0.162	0.166	0.172	25
0.130	0.134	0.139	0.144	0.148	0.152	0.157	0.161	0.165	0.171	30
0.129	0.133	0.138	0.143	0.147	0.151	0.156	0.160	0.164	0.169	35

(e)

Air										
—	—	—	—	—	—	—	—	—	—	Entrained (ft³/yd³)
—	—	—	—	—	—	—	—	—	—	%
—	—	—	—	—	—	—	—	—	—	Entrained (m³/m³)

(f)

Air (Values Approximate)							
2000	2500	3000	3500	4000	4500	5000	f'_c (psi)
0.06	0.05	0.04	0.03	0.03	0.03	0.03	Entrapped (ft³/yd³)
0.22	0.19	0.15	0.11	0.11	0.11	0.11	%

(f-1)

Air (Values Approximate)					
15	20	25	30	35	f'_c (MPa)
0.002	0.002	—	—	—	Entrapped (m³/m³)
0.21	0.16	—	—	—	%

(g)

Cement and Water Adjustments for Fine Aggregate Variations										
31-32	32-33	33-34	34-35	35-36	36-37	37-38	38-39	39-40	40-41	% Voids
90.0	92.5	95.0	97.5	100.0	102.5	105.0	107.5	110.0	112.5	Adjustment (%)

Table No.	250
C.A. Size	3"
	75 mm
ASTM No.	—
Slump	4½"
	115 mm

( ) AE
(√) Non-AE

(a)

Coarse Aggregate Type No.										Concrete Class
1	2	3	4	5	6	7				A
	1	2	3	4	5	6	7			B
		1	2	3	4	5	6	7		C
			1	2	3	4	5	6	7	D

(b) Concrete

10.30	10.80	11.30	11.80	12.30	12.80	13.30	13.80	14.30	14.80	Mortar (ft³/yd³)
16.70	16.20	15.70	15.20	14.70	14.20	13.70	13.20	12.70	12.20	C. A. + 8 (ft³/yd³)
0.381	0.400	0.419	0.437	0.456	0.474	0.493	0.511	0.530	0.548	Mortar (m³/m³)
0.619	0.600	0.581	0.563	0.544	0.526	0.507	0.489	0.470	0.452	C. A. + 8 (m³/m³)

(c) Cement

										f'_c (psi)
1.85	1.86	1.91	1.96	2.01	2.06	2.11	2.16	2.21	2.27	2000
1.92	2.00	2.06	2.12	2.18	2.23	2.29	2.34	2.40	2.46	2500
2.07	2.14	2.20	2.27	2.33	2.40	2.46	2.53	2.60	2.66	3000
2.20	2.27	2.34	2.42	2.49	2.56	2.64	2.71	2.78	2.86	3500
2.34	2.42	2.50	2.58	2.66	2.73	2.81	2.89	2.97	3.05	4000
2.48	2.56	2.64	2.73	2.81	2.90	2.98	3.08	3.16	3.24	4500
2.64	2.72	2.81	2.90	2.99	3.07	3.16	3.25	3.34	3.44	5000

(c-1) Cement

										f'_c (MPa)
0.069	0.071	0.072	0.075	0.076	0.078	0.080	0.082	0.084	0.086	15
0.076	0.078	0.080	0.083	0.085	0.088	0.090	0.092	0.095	0.097	20
0.083	0.085	0.088	0.091	0.094	0.097	0.099	0.102	0.105	0.107	25
0.090	0.093	0.096	0.099	0.103	0.106	0.108	0.111	0.115	0.117	30
0.098	0.101	0.105	0.108	0.112	0.115	0.118	0.121	0.125	0.128	35

(d) Water

										f'_c (psi)
3.65	3.77	3.89	4.01	4.13	4.25	4.37	4.49	4.61	4.75	2000
3.63	3.75	3.87	3.99	4.11	4.23	4.35	4.47	4.59	4.73	2500
3.61	3.73	3.85	3.97	4.09	4.21	4.33	4.45	4.57	4.71	3000
3.59	3.71	3.83	3.95	4.07	4.19	4.31	4.43	4.55	4.69	3500
3.57	3.69	3.81	3.93	4.05	4.17	4.29	4.41	4.53	4.67	4000
3.55	3.67	3.79	3.91	4.03	4.15	4.27	4.39	4.51	4.63	4500
3.53	3.65	3.77	3.89	4.01	4.13	4.25	4.37	4.49	4.61	5000

(d-1) Water

										f'_c (MPa)
0.135	0.139	0.144	0.148	0.153	0.157	0.162	0.166	0.171	0.176	15
0.134	0.138	0.143	0.148	0.152	0.156	0.161	0.165	0.169	0.175	20
0.133	0.137	0.142	0.147	0.151	0.155	0.160	0.164	0.168	0.174	25
0.132	0.136	0.141	0.146	0.150	0.154	0.159	0.163	0.167	0.173	30
0.131	0.135	0.140	0.145	0.149	0.153	0.158	0.162	0.166	0.171	35

(e) Air

—	—	—	—	—	—	—	—	—	—	Entrained (ft³/yd³)
—	—	—	—	—	—	—	—	—	—	%
—	—	—	—	—	—	—	—	—	—	Entrained (m³/m³)

(f) Air (Values Approximate)

2000	2500	3000	3500	4000	4500	5000	f'_c (psi)
0.06	0.05	0.04	0.03	0.03	0.03	0.03	Entrapped (ft³/yd³)
0.22	0.19	0.15	0.11	0.11	0.11	0.11	%

(f-1) Air (Values Approximate)

15	20	25	30	35	f'_c (MPa)
0.002	0.002	—	—	—	Entrapped (m³/m³)
0.21	0.16	—	—	—	%

(g) Cement and Water Adjustments for Fine Aggregate Variations

31-32	32-33	33-34	34-35	35-36	36-37	37-38	38-39	39-40	40-41	% Voids
90.0	92.5	95.0	97.5	100.0	102.5	105.0	107.5	110.0	112.5	Adjustment (%)

TABLES OF VOLUMES

Table No. **251**
C.A. Size **3″**
75 mm
ASTM No. **—**
Slump **5″**
135 mm

( ) AE
(✓) Non-AE

(a)

Coarse Aggregate Type No.										Concrete Class
1	2	3	4	5	6	7				A
	1	2	3	4	5	6	7			B
		1	2	3	4	5	6	7		C
			1	2	3	4	5	6	7	D

(b)

Concrete										
10.30	10.80	11.30	11.80	12.30	12.80	13.30	13.80	14.30	14.80	Mortar (ft³/yd³)
16.70	16.20	15.70	15.20	14.70	14.20	13.70	13.20	12.70	12.20	C. A. + 8 (ft³/yd³)
0.381	0.400	0.419	0.437	0.456	0.474	0.493	0.511	0.530	0.548	Mortar (m³/m³)
0.619	0.600	0.581	0.563	0.544	0.526	0.507	0.489	0.470	0.452	C. A. + 8 (m³/m³)

(c)

Cement										f'_c (psi)
1.85	1.89	1.94	1.99	2.04	2.09	2.14	2.19	2.24	2.30	2000
1.98	2.03	2.09	2.15	2.21	2.26	2.32	2.37	2.43	2.49	2500
2.10	2.17	2.23	2.30	2.36	2.43	2.49	2.56	2.63	2.69	3000
2.23	2.30	2.37	2.45	2.52	2.59	2.67	2.74	2.81	2.89	3500
2.37	2.45	2.53	2.61	2.68	2.76	2.84	2.92	3.00	3.08	4000
2.51	2.59	2.67	2.76	2.84	2.93	3.01	3.11	3.19	3.27	4500
2.67	2.75	2.84	2.93	3.02	3.10	3.19	3.28	3.37	3.47	5000

(c-1)

Cement										f'_c (MPa)
0.070	0.072	0.073	0.076	0.077	0.079	0.081	0.083	0.085	0.087	15
0.077	0.079	0.081	0.084	0.086	0.089	0.091	0.093	0.096	0.098	20
0.084	0.086	0.089	0.092	0.095	0.098	0.100	0.103	0.106	0.108	25
0.091	0.094	0.097	0.100	0.104	0.107	0.109	0.112	0.116	0.118	30
0.099	0.102	0.106	0.109	0.113	0.116	0.119	0.122	0.126	0.129	35

(d)

Water										f'_c (psi)
3.71	3.83	3.95	4.07	4.19	4.31	4.43	4.55	4.67	4.81	2000
3.69	3.81	3.93	4.05	4.17	4.29	4.41	4.53	4.65	4.79	2500
3.67	3.79	3.91	4.03	4.15	4.27	4.39	4.51	4.63	4.77	3000
3.65	3.77	3.89	4.01	4.13	4.25	4.37	4.49	4.61	4.75	3500
3.63	3.75	3.87	3.99	4.11	4.23	4.35	4.47	4.59	4.73	4000
3.61	3.73	3.85	3.97	4.09	4.21	4.33	4.45	4.57	4.69	4500
3.59	3.71	3.83	3.95	4.07	4.19	4.31	4.43	4.55	4.67	5000

(d-1)

Water										f'_c (MPa)
0.137	0.141	0.146	0.150	0.155	0.159	0.164	0.168	0.173	0.178	15
0.136	0.140	0.145	0.150	0.154	0.158	0.163	0.167	0.171	0.177	20
0.135	0.139	0.144	0.149	0.153	0.157	0.162	0.166	0.170	0.176	25
0.134	0.138	0.143	0.148	0.152	0.156	0.161	0.165	0.169	0.175	30
0.133	0.137	0.142	0.147	0.151	0.155	0.160	0.164	0.168	0.173	35

(e)

Air										
—	—	—	—	—	—	—	—	—	—	Entrained (ft³/yd³)
—	—	—	—	—	—	—	—	—	—	%
—	—	—	—	—	—	—	—	—	—	Entrained (m³/m³)

(f)

Air (Values Approximate)							
2000	2500	3000	3500	4000	4500	5000	f'_c (psi)
0.06	0.05	0.04	0.03	0.03	0.03	0.03	Entrapped (ft³/yd³)
0.22	0.19	0.15	0.11	0.11	0.11	0.11	%

(f-1)

Air (Values Approximate)					
15	20	25	30	35	f'_c (MPa)
0.002	0.002	—	—	—	Entrapped (m³/m³)
0.21	0.16	—	—	—	%

(g)

Cement and Water Adjustments for Fine Aggregate Variations									
31-32	32-33	33-34	34-35	35-36	36-37	37-38	38-39	39-40	40-41	% Voids
90.0	92.5	95.0	97.5	100.0	102.5	105.0	107.5	110.0	112.5	Adjustment (%)

Table No.	252	
C.A. Size	3"	
	75 mm	
ASTM No.	—	
Slump	5½"	
	140 mm	
( ) AE		
(√) Non-AE		

(a)

Coarse Aggregate Type No.										Concrete Class
1	2	3	4	5	6	7				A
	1	2	3	4	5	6	7			B
		1	2	3	4	5	6	7		C
			1	2	3	4	5	6	7	D

(b)

Concrete										
10.30	10.80	11.30	11.80	12.30	12.80	13.30	13.80	14.30	14.80	Mortar (ft³/yd³)
16.70	16.20	15.70	15.20	14.70	14.20	13.70	13.20	12.70	12.20	C. A. + 8 (ft³/yd³)
0.381	0.400	0.419	0.437	0.456	0.474	0.493	0.511	0.530	0.548	Mortar (m³/m³)
0.619	0.600	0.581	0.563	0.544	0.526	0.507	0.489	0.470	0.452	C. A. + 8 (m³/m³)

(c)

Cement										f'_c (psi)
1.89	1.93	1.98	2.03	2.08	2.13	2.18	2.23	2.28	2.34	2000
2.02	2.07	2.13	2.19	2.25	2.30	2.36	2.41	2.47	2.53	2500
2.14	2.21	2.27	2.34	2.40	2.47	2.53	2.60	2.67	2.73	3000
2.27	2.34	2.41	2.49	2.56	2.63	2.71	2.78	2.85	2.93	3500
2.41	2.49	2.57	2.65	2.73	2.80	2.88	2.96	3.04	3.12	4000
2.55	2.63	2.71	2.80	2.88	2.97	3.05	3.15	3.23	3.31	4500
2.71	2.79	2.88	2.97	3.06	3.14	3.23	3.32	3.41	3.51	5000

(c-1)

Cement										f'_c (MPa)
0.072	0.074	0.075	0.078	0.079	0.081	0.083	0.085	0.087	0.089	15
0.079	0.081	0.083	0.086	0.088	0.091	0.093	0.095	0.098	0.100	20
0.086	0.088	0.091	0.094	0.097	0.100	0.102	0.105	0.108	0.110	25
0.093	0.096	0.099	0.102	0.106	0.109	0.111	0.114	0.118	0.120	30
0.101	0.104	0.108	0.111	0.115	0.118	0.121	0.124	0.128	0.131	35

(d)

Water										f'_c (psi)
3.76	3.88	4.00	4.12	4.24	4.36	4.48	4.60	4.72	4.86	2000
3.74	3.86	3.98	4.10	4.22	4.34	4.46	4.58	4.70	4.84	2500
3.72	3.84	3.96	4.08	4.20	4.32	4.44	4.56	4.68	4.82	3000
3.70	3.82	3.94	4.06	4.18	4.30	4.42	4.54	4.66	4.80	3500
3.68	3.80	3.92	4.04	4.16	4.28	4.40	4.52	4.64	4.78	4000
3.66	3.78	3.90	4.02	4.14	4.26	4.38	4.50	4.62	4.74	4500
3.64	3.76	3.88	4.00	4.12	4.24	4.36	4.48	4.60	4.72	5000

(d-1)

Water										f'_c (MPa)
0.139	0.143	0.148	0.152	0.157	0.161	0.166	0.170	0.175	0.180	15
0.138	0.142	0.147	0.152	0.156	0.160	0.165	0.169	0.173	0.179	20
0.137	0.141	0.146	0.151	0.155	0.159	0.164	0.168	0.172	0.178	25
0.136	0.140	0.145	0.150	0.154	0.158	0.163	0.167	0.171	0.177	30
0.135	0.139	0.144	0.149	0.153	0.157	0.162	0.166	0.170	0.175	35

(e)

Air										
—	—	—	—	—	—	—	—	—	—	Entrained (ft³/yd³)
—	—	—	—	—	—	—	—	—	—	%
—	—	—	—	—	—	—	—	—	—	Entrained (m³/m³)

(f)

Air (Values Approximate)							
2000	2500	3000	3500	4000	4500	5000	f'_c (psi)
0.06	0.05	0.04	0.03	0.03	0.03	0.03	Entrapped (ft³/yd³)
0.22	0.19	0.15	0.11	0.11	0.11	0.11	%

(f-1)

Air (Values Approximate)					
15	20	25	30	35	f'_c (MPa)
0.002	0.002	—	—	—	Entrapped (m³/m³)
0.21	0.16	—	—	—	%

(g)

Cement and Water Adjustments for Fine Aggregate Variations										
31–32	32–33	33–34	34–35	35–36	36–37	37–38	38–39	39–40	40–41	% Voids
90.0	92.5	95.0	97.5	100.0	102.5	105.0	107.5	110.0	112.5	Adjustment (%)

Table No.	253									
C.A. Size	3" / 75 mm									
ASTM No.	—									
Slump	6" / 150 mm									
( ) AE										
(✓) Non-AE										

(a)

Coarse Aggregate Type No.										Concrete Class
1	2	3	4	5	6	7				A
	1	2	3	4	5	6	7			B
		1	2	3	4	5	6	7		C
			1	2	3	4	5	6	7	D

(b) Concrete

10.30	10.80	11.30	11.80	12.30	12.80	13.30	13.80	14.30	14.80	Mortar (ft³/yd³)
16.70	16.20	15.70	15.20	14.70	14.20	13.70	13.20	12.70	12.20	C. A. + 8 (ft³/yd³)
0.381	0.400	0.419	0.437	0.456	0.474	0.493	0.511	0.530	0.548	Mortar (m³/m³)
0.619	0.600	0.581	0.563	0.544	0.526	0.507	0.489	0.470	0.452	C. A. + 8 (m³/m³)

(c) Cement

										f'_c (psi)
1.92	1.96	2.01	2.06	2.11	2.16	2.21	2.26	2.31	2.37	2000
2.05	2.10	2.16	2.22	2.28	2.33	2.39	2.44	2.50	2.56	2500
2.17	2.24	2.30	2.37	2.43	2.50	2.56	2.63	2.70	2.76	3000
2.30	2.37	2.44	2.52	2.59	2.66	2.74	2.81	2.88	2.96	3500
2.44	2.52	2.60	2.68	2.76	2.83	2.91	2.99	3.07	3.15	4000
2.58	2.66	2.74	2.83	2.91	3.00	3.08	3.18	3.26	3.34	4500
2.74	2.82	2.91	3.00	3.09	3.17	3.26	3.35	3.44	3.54	5000

(c-1) Cement

										f'_c (MPa)
0.073	0.075	0.076	0.079	0.080	0.082	0.084	0.086	0.088	0.090	15
0.080	0.082	0.084	0.087	0.089	0.092	0.094	0.096	0.099	0.101	20
0.087	0.089	0.092	0.095	0.098	0.101	0.103	0.106	0.109	0.111	25
0.094	0.097	0.100	0.103	0.107	0.110	0.112	0.115	0.119	0.121	30
0.102	0.105	0.109	0.112	0.116	0.119	0.122	0.125	0.129	0.132	35

(d) Water

										f'_c (psi)
3.81	3.93	4.05	4.17	4.29	4.41	4.53	4.65	4.77	4.91	2000
3.79	3.91	4.03	4.15	4.27	4.39	4.51	4.63	4.75	4.89	2500
3.77	3.89	4.01	4.13	4.25	4.37	4.49	4.61	4.73	4.87	3000
3.75	3.87	3.99	4.11	4.23	4.35	4.47	4.59	4.71	4.85	3500
3.73	3.85	3.97	4.09	4.21	4.33	4.45	4.57	4.69	4.83	4000
3.71	3.83	3.95	4.07	4.19	4.31	4.43	4.55	4.67	4.79	4500
3.69	3.81	3.93	4.05	4.17	4.29	4.41	4.53	4.65	4.77	5000

(d-1) Water

										f'_c (MPa)
0.141	0.145	0.150	0.154	0.159	0.163	0.168	0.172	0.177	0.182	15
0.140	0.144	0.149	0.154	0.158	0.162	0.167	0.171	0.175	0.181	20
0.139	0.143	0.148	0.153	0.157	0.161	0.166	0.170	0.174	0.180	25
0.138	0.142	0.147	0.152	0.156	0.160	0.165	0.169	0.173	0.179	30
0.137	0.141	0.146	0.151	0.155	0.159	0.164	0.168	0.172	0.177	35

(e) Air

—	—	—	—	—	—	—	—	—	—	Entrained (ft³/yd³)
—	—	—	—	—	—	—	—	—	—	%
—	—	—	—	—	—	—	—	—	—	Entrained (m³/m³)

(f) Air (Values Approximate)

2000	2500	3000	3500	4000	4500	5000	f'_c (psi)
0.06	0.05	0.04	0.03	0.03	0.03	0.03	Entrapped (ft³/yd³)
0.22	0.19	0.15	0.11	0.11	0.11	0.11	%

(f-1) Air (Values Approximate)

15	20	25	30	35	f'_c (MPa)
0.002	0.002	—	—	—	Entrapped (m³/m³)
0.21	0.16	—	—	—	%

(g) Cement and Water Adjustments for Fine Aggregate Variations

31–32	32–33	33–34	34–35	35–36	36–37	37–38	38–39	39–40	40–41	% Voids
90.0	92.5	95.0	97.5	100.0	102.5	105.0	107.5	110.0	112.5	Adjustment (%)

Table No.		254
C.A. Size		3″
		75 mm
ASTM No.		—
Slump		6½″
		165 mm

( ) AE
(√) Non-AE

(a)

Coarse Aggregate Type No.										Concrete Class
1	2	3	4	5	6	7				A
	1	2	3	4	5	6	7			B
		1	2	3	4	5	6	7		C
			1	2	3	4	5	6	7	D

(b)

Concrete										
10.30	10.80	11.30	11.80	12.30	12.80	13.30	13.80	14.30	14.80	Mortar (ft³/yd³)
16.70	16.20	15.70	15.20	14.70	14.20	13.70	13.20	12.70	12.20	C. A. + 8 (ft³/yd³)
0.381	0.400	0.419	0.437	0.456	0.474	0.493	0.511	0.530	0.548	Mortar (m³/m³)
0.619	0.600	0.581	0.563	0.544	0.526	0.507	0.489	0.470	0.452	C. A. + 8 (m³/m³)

(c)

Cement										f'_c (psi)
1.95	1.99	2.04	2.09	2.14	2.19	2.24	2.27	2.34	2.40	2000
2.08	2.13	2.19	2.25	2.31	2.36	2.42	2.49	2.53	2.59	2500
2.20	2.27	2.33	2.40	2.46	2.53	2.59	2.66	2.73	2.79	3000
2.33	2.40	2.47	2.55	2.62	2.69	2.77	2.84	2.91	2.99	3500
2.47	2.55	2.63	2.71	2.79	2.86	2.94	3.02	3.10	3.18	4000
2.61	2.69	2.77	2.86	2.94	3.03	3.11	3.21	3.29	3.37	4500
2.77	2.85	2.94	3.03	3.12	3.20	3.29	3.38	3.47	3.57	5000

(c-1)

Cement										f'_c (MPa)
0.074	0.076	0.077	0.080	0.081	0.083	0.085	0.087	0.089	0.091	15
0.081	0.083	0.085	0.088	0.090	0.093	0.095	0.097	0.100	0.102	20
0.088	0.090	0.093	0.096	0.099	0.102	0.104	0.107	0.110	0.112	25
0.095	0.098	0.101	0.104	0.108	0.111	0.113	0.116	0.120	0.122	30
0.103	0.106	0.110	0.113	0.117	0.120	0.123	0.126	0.130	0.133	35

(d)

Water										f'_c (psi)
3.86	3.98	4.10	4.22	4.34	4.46	4.58	4.70	4.82	4.96	2000
3.84	3.96	4.08	4.20	4.32	4.44	4.56	4.68	4.80	4.94	2500
3.82	3.94	4.06	4.18	4.30	4.42	4.54	4.66	4.78	4.92	3000
3.80	3.92	4.04	4.16	4.28	4.40	4.52	4.64	4.76	4.90	3500
3.78	3.90	4.02	4.14	4.26	4.38	4.50	4.62	4.74	4.88	4000
3.76	3.88	4.00	4.12	4.24	4.36	4.48	4.60	4.72	4.84	4500
3.74	3.86	3.98	4.10	4.22	4.34	4.46	4.58	4.70	4.82	5000

(d-1)

Water										f'_c (MPa)
0.143	0.147	0.152	0.156	0.161	0.165	0.170	0.174	0.179	0.184	15
0.142	0.146	0.151	0.156	0.160	0.164	0.169	0.173	0.177	0.183	20
0.141	0.145	0.150	0.155	0.159	0.163	0.168	0.172	0.176	0.182	25
0.140	0.144	0.149	0.154	0.158	0.162	0.167	0.171	0.175	0.181	30
0.139	0.143	0.148	0.153	0.157	0.161	0.166	0.170	0.174	0.179	35

(e)

Air										
—	—	—	—	—	—	—	—	—	—	Entrained (ft³/yd³)
—	—	—	—	—	—	—	—	—	—	%
—	—	—	—	—	—	—	—	—	—	Entrained (m³/m³)

(f)

Air (Values Approximate)							
2000	2500	3000	3500	4000	4500	5000	f'_c (psi)
0.06	0.05	0.04	0.03	0.03	0.03	0.03	Entrapped (ft³/yd³)
0.22	0.19	0.15	0.11	0.11	0.11	0.11	%

(f-1)

Air (Values Approximate)					
15	20	25	30	35	f'_c (MPa)
0.002	0.002	—	—	—	Entrapped (m³/m³)
0.21	0.16	—	—	—	%

(g)

Cement and Water Adjustments for Fine Aggregate Variations										
31–32	32–33	33–34	34–35	35–36	36–37	37–38	38–39	39–40	40–41	% Voids
90.0	92.5	95.0	97.5	100.0	102.5	105.0	107.5	110.0	112.5	Adjustment (%)

TABLES OF VOLUMES

Table No.	255
C.A. Size	3″
	75 mm
ASTM No.	—
Slump	7″
	175 mm
( ) AE	
(√) Non-AE	

(a)

Coarse Aggregate Type No.										Concrete Class
1	2	3	4	5	6	7				A
	1	2	3	4	5	6	7			B
		1	2	3	4	5	6	7		C
			1	2	3	4	5	6	7	D

(b) Concrete

10.30	10.80	11.30	11.80	12.30	12.80	13.30	13.80	14.30	14.80	Mortar (ft³/yd³)
16.70	16.20	15.70	15.20	14.70	14.20	13.70	13.20	12.70	12.20	C.A. + 8 (ft³/yd³)
0.381	0.400	0.419	0.437	0.456	0.474	0.493	0.511	0.530	0.548	Mortar (m³/m³)
0.619	0.600	0.581	0.563	0.544	0.526	0.507	0.489	0.470	0.452	C.A. + 8 (m³/m³)

(c) Cement

										f'_c (psi)
1.99	2.03	2.08	2.13	2.18	2.23	2.28	2.33	2.38	2.44	2000
2.12	2.17	2.23	2.29	2.35	2.40	2.46	2.51	2.57	2.63	2500
2.24	2.31	2.37	2.44	2.50	2.57	2.63	2.70	2.77	2.83	3000
2.37	2.44	2.51	2.59	2.66	2.73	2.81	2.88	2.95	3.03	3500
2.51	2.59	2.67	2.75	2.83	2.90	2.98	3.06	3.14	3.22	4000
2.65	2.73	2.81	2.90	2.98	3.07	3.15	3.25	3.33	3.41	4500
2.81	2.89	2.98	3.07	3.16	3.24	3.33	3.42	3.51	3.61	5000

(c-1) Cement

										f'_c (MPa)
0.075	0.077	0.078	0.081	0.082	0.084	0.086	0.088	0.090	0.092	15
0.082	0.084	0.086	0.089	0.091	0.094	0.096	0.098	0.101	0.103	20
0.089	0.091	0.094	0.097	0.100	0.103	0.105	0.108	0.111	0.113	25
0.096	0.099	0.102	0.105	0.109	0.112	0.114	0.117	0.121	0.123	30
0.104	0.107	0.111	0.114	0.118	0.121	0.124	0.127	0.131	0.134	35

(d) Water

										f'_c (psi)
3.91	4.03	4.15	4.27	4.39	4.51	4.63	4.75	4.87	5.01	2000
3.89	4.01	4.13	4.25	4.37	4.49	4.61	4.73	4.85	4.99	2500
3.87	3.99	4.11	4.23	4.35	4.47	4.59	4.71	4.83	4.97	3000
3.85	3.97	4.09	4.21	4.33	4.45	4.57	4.69	4.81	4.95	3500
3.83	3.95	4.07	4.19	4.31	4.43	4.55	4.67	4.79	4.93	4000
3.81	3.93	4.05	4.17	4.29	4.41	4.53	4.65	4.77	4.89	4500
3.79	3.91	4.03	4.15	4.27	4.39	4.51	4.63	4.75	4.87	5000

(d-1) Water

										f'_c (MPa)
0.144	0.148	0.153	0.157	0.162	0.166	0.171	0.175	0.180	0.185	15
0.143	0.147	0.152	0.157	0.161	0.165	0.170	0.174	0.178	0.184	20
0.142	0.146	0.151	0.156	0.160	0.164	0.169	0.173	0.177	0.183	25
0.141	0.145	0.150	0.155	0.159	0.163	0.168	0.172	0.176	0.182	30
0.140	0.144	0.149	0.154	0.158	0.162	0.167	0.171	0.175	0.180	35

(e) Air

—	—	—	—	—	—	—	—	—	—	Entrained (ft³/yd³)
—	—	—	—	—	—	—	—	—	—	%
—	—	—	—	—	—	—	—	—	—	Entrained (m³/m³)

(f) Air (Values Approximate)

2000	2500	3000	3500	4000	4500	5000	f'_c (psi)
0.06	0.05	0.04	0.03	0.03	0.03	0.03	Entrapped (ft³/yd³)
0.22	0.19	0.15	0.11	0.11	0.11	0.11	%

(f-1) Air (Values Approximate)

15	20	25	30	35	f'_c (MPa)
0.002	0.002	—	—	—	Entrapped (m³/m³)
0.21	0.16	—	—	—	%

(g) Cement and Water Adjustments for Fine Aggregate Variations

31–32	32–33	33–34	34–35	35–36	36–37	37–38	38–39	39–40	40–41	% Voids
90.0	92.5	95.0	97.5	100.0	102.5	105.0	107.5	110.0	112.5	Adjustment (%)

Table No. 256
C.A. Size 3½″
90 mm
ASTM No. 1
Slump 0″
0 mm

( ) AE
(✓) Non-AE

(a)

Coarse Aggregate Type No.										Concrete Class
1	2	3	4	5	6	7				A
	1	2	3	4	5	6	7			B
		1	2	3	4	5	6	7		C
			1	2	3	4	5	6	7	D

(b) Concrete

10.00	10.50	11.00	11.50	12.00	12.50	13.00	13.50	14.00	14.50	Mortar (ft³/yd³)
17.00	16.50	16.00	15.50	15.00	14.50	14.00	13.50	13.00	12.50	C. A. + 8 (ft³/yd³)
0.370	0.389	0.407	0.426	0.444	0.463	0.481	0.500	0.519	0.537	Mortar (m³/m³)
0.630	0.611	0.593	0.574	0.556	0.537	0.519	0.500	0.481	0.463	C. A. + 8 (m³/m³)

(c) Cement

									f'_c (psi)
1.48	1.53	1.57	1.63	1.67	1.72	1.77	1.81	1.86	1.91	2000
1.57	1.63	1.69	1.75	1.81	1.87	1.93	1.98	2.04	2.10	2500
1.68	1.75	1.82	1.88	1.95	2.01	2.08	2.15	2.22	2.28	3000
1.83	1.90	1.97	2.04	2.12	2.19	2.27	2.34	2.41	2.49	3500
1.98	2.06	2.13	2.21	2.29	2.37	2.44	2.53	2.60	2.68	4000
2.13	2.21	2.29	2.37	2.46	2.54	2.63	2.71	2.81	2.88	4500
2.30	2.36	2.45	2.54	2.63	2.73	2.82	2.90	2.99	3.09	5000

(c-1) Cement

										f'_c (MPa)
0.056	0.058	0.060	0.062	0.064	0.066	0.068	0.070	0.071	0.074	15
0.062	0.064	0.067	0.069	0.071	0.074	0.076	0.079	0.081	0.083	20
0.069	0.071	0.075	0.077	0.080	0.083	0.085	0.088	0.091	0.094	25
0.077	0.079	0.083	0.086	0.089	0.093	0.095	0.098	0.101	0.105	30
0.086	0.088	0.092	0.095	0.099	0.103	0.106	0.109	0.112	0.116	35

(d) Water

										f'_c (psi)
3.15	3.26	3.38	3.50	3.62	3.74	3.85	3.97	4.09	4.19	2000
3.12	3.23	3.35	3.48	3.59	3.71	3.83	3.94	4.06	4.17	2500
3.10	3.20	3.33	3.45	3.56	3.69	3.80	3.91	4.03	4.15	3000
3.06	3.17	3.30	3.42	3.54	3.66	3.77	3.88	4.00	4.13	3500
3.04	3.14	3.27	3.39	3.51	3.63	3.75	3.86	3.98	4.11	4000
3.01	3.12	3.24	3.36	3.48	3.61	3.72	3.83	3.96	4.09	4500
2.99	3.10	3.22	3.34	3.46	3.58	3.69	3.81	3.93	4.07	5000

(d-1) Water

										f'_c (MPa)
0.116	0.120	0.125	0.129	0.134	0.138	0.142	0.147	0.151	0.156	15
0.115	0.119	0.123	0.128	0.132	0.137	0.141	0.145	0.150	0.154	20
0.114	0.118	0.122	0.127	0.131	0.136	0.140	0.144	0.149	0.153	25
0.113	0.117	0.121	0.126	0.130	0.135	0.139	0.143	0.148	0.152	30
0.111	0.115	0.119	0.124	0.128	0.133	0.137	0.141	0.146	0.151	35

(e) Air

—	—	—	—	—	—	—	—	—	—	Entrained (ft³/yd³)
—	—	—	—	—	—	—	—	—	—	%
—	—	—	—	—	—	—	—	—	—	Entrained (m³/m³)

(f) Air (Values Approximate)

2000	2500	3000	3500	4000	4500	5000	f'_c (psi)
0.04	0.03	0.03	0.03	0.03	0.03	0.03	Entrapped (ft³/yd³)
0.15	0.11	0.11	0.11	0.11	0.11	0.11	%

(f-1) Air (Values Approximate)

15	20	25	30	35	f'_c (MPa)
0.001	—	—	—	—	Entrapped (m³/m³)
0.14	—	—	—	—	%

(g) Cement and Water Adjustments for Fine Aggregate Variations

31–32	32–33	33–34	34–35	35–36	36–37	37–38	38–39	39–40	40–41	% Voids
90.0	92.5	95.0	97.5	100.0	102.5	105.0	107.5	110.0	112.5	Adjustment (%)

Table No.	257
C.A. Size	3½"
	90 mm
ASTM No.	1
Slump	½"
	12.5 mm
(✓) AE	
( ) Non-AE	

(a)

Coarse Aggregate Type No.										Concrete Class
1	2	3	4	5	6	7				A
	1	2	3	4	5	6	7			B
		1	2	3	4	5	6	7		C
			1	2	3	4	5	6	7	D

(b) Concrete

10.00	10.50	11.00	11.50	12.00	12.50	13.00	13.50	14.00	14.50	Mortar (ft³/yd³)
17.00	16.50	16.00	15.50	15.00	14.50	14.00	13.50	13.00	12.50	C.A. + 8 (ft³/yd³)
0.370	0.389	0.407	0.426	0.444	0.463	0.481	0.500	0.519	0.537	Mortar (m³/m³)
0.630	0.611	0.593	0.574	0.556	0.537	0.519	0.500	0.481	0.463	C.A. + 8 (m³/m³)

(c) Cement

										f'_c (psi)
1.51	1.56	1.60	1.66	1.70	1.75	1.80	1.84	1.89	1.94	2000
1.60	1.66	1.72	1.78	1.84	1.90	1.96	2.01	2.07	2.13	2500
1.71	1.78	1.85	1.91	1.98	2.04	2.11	2.18	2.25	2.31	3000
1.86	1.93	2.00	2.07	2.15	2.22	2.30	2.37	2.44	2.52	3500
2.01	2.09	2.16	2.24	2.32	2.40	2.47	2.56	2.63	2.71	4000
2.16	2.24	2.32	2.40	2.49	2.57	2.66	2.74	2.84	2.91	4500
2.33	2.39	2.48	2.57	2.66	2.76	2.85	2.93	3.02	3.12	5000

(c-1) Cement

										f'_c (MPa)
0.057	0.059	0.061	0.063	0.065	0.067	0.069	0.071	0.072	0.075	15
0.063	0.065	0.068	0.070	0.072	0.075	0.077	0.080	0.082	0.084	20
0.070	0.072	0.076	0.078	0.081	0.084	0.086	0.089	0.092	0.095	25
0.078	0.080	0.084	0.087	0.090	0.094	0.096	0.099	0.102	0.106	30
0.087	0.089	0.093	0.096	0.100	0.104	0.107	0.110	0.113	0.117	35

(d) Water

										f'_c (psi)
3.21	3.32	3.44	3.56	3.68	3.80	3.91	4.03	4.15	4.25	2000
3.18	3.29	3.41	3.54	3.65	3.77	3.89	4.00	4.12	4.23	2500
3.16	3.26	3.39	3.51	3.62	3.75	3.86	3.97	4.09	4.21	3000
3.12	3.23	3.36	3.48	3.60	3.72	3.83	3.94	4.06	4.19	3500
3.10	3.20	3.33	3.45	3.57	3.69	3.81	3.92	4.04	4.17	4000
3.07	3.18	3.30	3.42	3.54	3.67	3.78	3.89	4.02	4.15	4500
3.05	3.16	3.28	3.40	3.52	3.64	3.75	3.87	3.99	4.13	5000

(d-1) Water

										f'_c (MPa)
0.118	0.122	0.127	0.131	0.136	0.140	0.144	0.149	0.153	0.158	15
0.117	0.121	0.125	0.130	0.134	0.139	0.143	0.147	0.152	0.156	20
0.116	0.120	0.124	0.129	0.133	0.138	0.142	0.146	0.151	0.155	25
0.115	0.119	0.123	0.128	0.132	0.137	0.141	0.145	0.150	0.154	30
0.113	0.117	0.121	0.126	0.130	0.135	0.139	0.143	0.148	0.153	35

(e) Air

—	—	—	—	—	—	—	—	—	—	Entrained (ft³/yd³)
—	—	—	—	—	—	—	—	—	—	%
—	—	—	—	—	—	—	—	—	—	Entrained (m³/m³)

(f) Air (Values Approximate)

2000	2500	3000	3500	4000	4500	5000	f'_c (psi)
0.04	0.03	0.03	0.03	0.03	0.03	0.03	Entrapped (ft³/yd³)
0.15	0.11	0.11	0.11	0.11	0.11	0.11	%

(f-1) Air (Values Approximate)

15	20	25	30	35	f'_c (MPa)
0.001	—	—	—	—	Entrapped (m³/m³)
0.14	—	—	—	—	%

(g) Cement and Water Adjustments for Fine Aggregate Variations

31–32	32–33	33–34	34–35	35–36	36–37	37–38	38–39	39–40	40–41	% Voids
90.0	92.5	95.0	97.5	100.0	102.5	105.0	107.5	110.0	112.5	Adjustment (%)

Table No.	258
C.A. Size	3½"
	90 mm
ASTM No.	1
Slump	1"
	25 mm

( ) AE
(✓) Non-AE

(a)

Coarse Aggregate Type No.										Concrete Class
1	2	3	4	5	6	7				A
	1	2	3	4	5	6	7			B
		1	2	3	4	5	6	7		C
			1	2	3	4	5	6	7	D

(b) Concrete

10.00	10.50	11.00	11.50	12.00	12.50	13.00	13.50	14.00	14.50	Mortar (ft³/yd³)
17.00	16.50	16.00	15.50	15.00	14.50	14.00	13.50	13.00	12.50	C.A. + 8 (ft³/yd³)
0.370	0.389	0.407	0.426	0.444	0.463	0.481	0.500	0.519	0.537	Mortar (m³/m³)
0.630	0.611	0.593	0.574	0.556	0.537	0.519	0.500	0.481	0.463	C.A. + 8 (m³/m³)

(c) Cement

									f'_c (psi)
1.54	1.59	1.63	1.69	1.73	1.78	1.83	1.87	1.92	1.97	2000
1.63	1.69	1.75	1.81	1.87	1.93	1.99	2.04	2.10	2.16	2500
1.74	1.81	1.88	1.94	2.01	2.07	2.14	2.21	2.28	2.34	3000
1.89	1.96	2.03	2.10	2.18	2.25	2.33	2.40	2.47	2.55	3500
2.04	2.12	2.19	2.27	2.35	2.43	2.50	2.59	2.66	2.74	4000
2.19	2.27	2.35	2.43	2.52	2.60	2.69	2.77	2.87	2.94	4500
2.36	2.42	2.51	2.60	2.69	2.79	2.88	2.96	3.05	3.15	5000

(c-1) Cement

										f'_c (MPa)
0.058	0.060	0.062	0.064	0.066	0.068	0.070	0.072	0.073	0.076	15
0.064	0.066	0.069	0.071	0.073	0.076	0.078	0.081	0.083	0.085	20
0.071	0.073	0.077	0.079	0.082	0.085	0.087	0.090	0.093	0.096	25
0.079	0.081	0.085	0.088	0.091	0.095	0.097	0.100	0.103	0.107	30
0.088	0.090	0.094	0.097	0.101	0.105	0.108	0.111	0.114	0.118	35

(d) Water

										f'_c (psi)
3.26	3.37	3.49	3.61	3.73	3.85	3.96	4.08	4.20	4.30	2000
3.23	3.34	3.46	3.59	3.70	3.82	3.94	4.05	4.17	4.28	2500
3.21	3.31	3.44	3.56	3.67	3.80	3.91	4.02	4.14	4.26	3000
3.17	3.28	3.41	3.53	3.65	3.77	3.88	3.99	4.11	4.24	3500
3.15	3.25	3.38	3.50	3.62	3.74	3.86	3.97	4.09	4.22	4000
3.12	3.23	3.35	3.47	3.59	3.72	3.83	3.94	4.07	4.20	4500
3.10	3.21	3.33	3.45	3.57	3.69	3.80	3.92	4.04	4.18	5000

(d-1) Water

										f'_c (MPa)
0.120	0.124	0.129	0.133	0.138	0.142	0.146	0.151	0.155	0.160	15
0.119	0.123	0.127	0.132	0.136	0.141	0.145	0.149	0.154	0.158	20
0.118	0.122	0.126	0.131	0.135	0.140	0.144	0.148	0.153	0.157	25
0.117	0.121	0.125	0.130	0.134	0.139	0.143	0.147	0.152	0.156	30
0.115	0.119	0.123	0.128	0.132	0.137	0.141	0.145	0.150	0.155	35

(e) Air

—	—	—	—	—	—	—	—	—	—	Entrained (ft³/yd³)
—	—	—	—	—	—	—	—	—	—	%
—	—	—	—	—	—	—	—	—	—	Entrained (m³/m³)

(f) Air (Values Approximate)

2000	2500	3000	3500	4000	4500	5000	f'_c (psi)
0.04	0.03	0.03	0.03	0.03	0.03	0.03	Entrapped (ft³/yd³)
0.15	0.11	0.11	0.11	0.11	0.11	0.11	%

(f-1) Air (Values Approximate)

15	20	25	30	35	f'_c (MPa)
0.001	—	—	—	—	Entrapped (m³/m³)
0.14	—	—	—	—	%

(g) Cement and Water Adjustments for Fine Aggregate Variations

31–32	32–33	33–34	34–35	35–36	36–37	37–38	38–39	39–40	40–41	% Voids
90.0	92.5	95.0	97.5	100.0	102.5	105.0	107.5	110.0	112.5	Adjustment (%)

TABLES OF VOLUMES 271

Table No.	259
C.A. Size	3½"
	90 mm
ASTM No.	1
Slump	1½"
	40 mm
( ) AE	
(✓) Non-AE	

(a)

Coarse Aggregate Type No.										Concrete Class
1	2	3	4	5	6	7				A
	1	2	3	4	5	6	7			B
		1	2	3	4	5	6	7		C
			1	2	3	4	5	6	7	D

(b)

Concrete										
10.00	10.50	11.00	11.50	12.00	12.50	13.00	13.50	14.00	14.50	Mortar (ft³/yd³)
17.00	16.50	16.00	15.50	15.00	14.50	14.00	13.50	13.00	12.50	C. A. + 8 (ft³/yd³)
0.370	0.389	0.407	0.426	0.444	0.463	0.481	0.500	0.519	0.537	Mortar (m³/m³)
0.630	0.611	0.593	0.574	0.556	0.537	0.519	0.500	0.481	0.463	C. A. + 8 (m³/m³)

(c)

Cement										f'_c (psi)
1.58	1.63	1.67	1.73	1.77	1.82	1.87	1.91	1.96	2.01	2000
1.67	1.73	1.79	1.85	1.91	1.97	2.03	2.08	2.14	2.20	2500
1.78	1.85	1.92	1.98	2.05	2.11	2.18	2.25	2.32	2.38	3000
1.93	2.00	2.07	2.14	2.22	2.29	2.37	2.44	2.51	2.59	3500
2.08	2.16	2.23	2.31	2.39	2.47	2.54	2.63	2.70	2.78	4000
2.23	2.31	2.39	2.47	2.56	2.64	2.73	2.81	2.91	2.98	4500
2.40	2.46	2.55	2.64	2.73	2.83	2.92	3.00	3.09	3.19	5000

(c-1)

Cement										f'_c (MPa)
0.059	0.061	0.063	0.065	0.067	0.069	0.071	0.073	0.074	0.077	15
0.065	0.067	0.070	0.072	0.074	0.077	0.079	0.082	0.084	0.086	20
0.072	0.074	0.078	0.080	0.083	0.086	0.088	0.091	0.094	0.097	25
0.080	0.082	0.086	0.089	0.092	0.096	0.098	0.101	0.104	0.108	30
0.089	0.091	0.095	0.098	0.102	0.106	0.109	0.112	0.115	0.119	35

(d)

Water										f'_c (psi)
3.31	3.42	3.54	3.66	3.78	3.90	4.01	4.13	4.25	4.35	2000
3.28	3.39	3.51	3.64	3.75	3.87	3.99	4.10	4.22	4.33	2500
3.26	3.36	3.49	3.61	3.72	3.85	3.96	4.07	4.19	4.31	3000
3.22	3.33	3.46	3.58	3.70	3.82	3.93	4.04	4.16	4.29	3500
3.20	3.30	3.43	3.55	3.67	3.79	3.91	4.02	4.14	4.27	4000
3.17	3.28	3.40	3.52	3.64	3.77	3.88	3.99	4.12	4.25	4500
3.15	3.26	3.38	3.50	3.62	3.74	3.85	3.97	4.09	4.23	5000

(d-1)

Water										f'_c (MPa)
0.122	0.126	0.131	0.135	0.140	0.144	0.148	0.153	0.157	0.162	15
0.121	0.125	0.129	0.134	0.138	0.143	0.147	0.151	0.156	0.160	20
0.120	0.124	0.128	0.133	0.137	0.141	0.146	0.150	0.155	0.159	25
0.119	0.123	0.127	0.131	0.136	0.140	0.145	0.149	0.154	0.158	30
0.117	0.121	0.125	0.130	0.134	0.139	0.143	0.148	0.152	0.157	35

(e)

Air										
—	—	—	—	—	—	—	—	—	—	Entrained (ft³/yd³)
—	—	—	—	—	—	—	—	—	—	%
—	—	—	—	—	—	—	—	—	—	Entrained (m³/m³)

(f)

Air (Values Approximate)

2000	2500	3000	3500	4000	4500	5000	f'_c (psi)
0.04	0.03	0.03	0.03	0.03	0.03	0.03	Entrapped (ft³/yd³)
0.15	0.11	0.11	0.11	0.11	0.11	0.11	%

(f-1)

Air (Values Approximate)

15	20	25	30	35	f'_c (MPa)
0.001	—	—	—	—	Entrapped (m³/m³)
0.14	—	—	—	—	%

(g)

Cement and Water Adjustments for Fine Aggregate Variations

31–32	32–33	33–34	34–35	35–36	36–37	37–38	38–39	39–40	40–41	% Voids
90.0	92.5	95.0	97.5	100.0	102.5	105.0	107.5	110.0	112.5	Adjustment (%)

Table No.	260
C.A. Size	3½″
	90 mm
ASTM No.	1
Slump	2″
	50 mm

( ) AE
(✓) Non-AE

(a)

Coarse Aggregate Type No.										Concrete Class
1	2	3	4	5	6	7				A
	1	2	3	4	5	6	7			B
		1	2	3	4	5	6	7		C
			1	2	3	4	5	6	7	D

(b)

Concrete										
10.00	10.50	11.00	11.50	12.00	12.50	13.00	13.50	14.00	14.50	Mortar (ft³/yd³)
17.00	16.50	16.00	15.50	15.00	14.50	14.00	13.50	13.00	12.50	C. A. + 8 (ft³/yd³)
0.370	0.389	0.407	0.426	0.444	0.463	0.481	0.500	0.519	0.537	Mortar (m³/m³)
0.630	0.611	0.593	0.574	0.556	0.537	0.519	0.500	0.481	0.463	C. A. + 8 (m³/m³)

(c)

Cement										f'_c (psi)
1.62	1.67	1.71	1.77	1.81	1.86	1.91	1.95	2.00	2.05	2000
1.71	1.77	1.83	1.89	1.95	2.01	2.07	2.12	2.18	2.24	2500
1.82	1.89	1.96	2.02	2.09	2.15	2.22	2.29	2.36	2.42	3000
1.97	2.04	2.11	2.18	2.26	2.33	2.41	2.48	2.55	2.63	3500
2.12	2.20	2.27	2.35	2.43	2.51	2.58	2.67	2.74	2.82	4000
2.27	2.35	2.43	2.51	2.60	2.68	2.77	2.85	2.95	3.02	4500
2.44	2.50	2.59	2.68	2.77	2.87	2.96	3.04	3.13	3.23	5000

(c-1)

Cement										f'_c (MPa)
0.061	0.063	0.065	0.067	0.069	0.071	0.073	0.075	0.076	0.079	15
0.067	0.069	0.072	0.074	0.076	0.079	0.081	0.084	0.086	0.088	20
0.074	0.076	0.080	0.082	0.085	0.088	0.090	0.093	0.096	0.099	25
0.082	0.084	0.088	0.091	0.094	0.098	0.100	0.103	0.106	0.110	30
0.091	0.093	0.097	0.100	0.104	0.108	0.111	0.114	0.117	0.121	35

(d)

Water										f'_c (psi)
3.37	3.48	3.60	3.72	3.84	3.96	4.07	4.19	4.31	4.41	2000
3.34	3.45	3.57	3.70	3.81	3.93	4.05	4.16	4.28	4.39	2500
3.32	3.42	3.55	3.67	3.78	3.91	4.02	4.13	4.25	4.37	3000
3.28	3.39	3.52	3.64	3.76	3.88	3.99	4.10	4.22	4.35	3500
3.26	3.36	3.49	3.61	3.73	3.85	3.97	4.08	4.20	4.33	4000
3.23	3.34	3.46	3.58	3.70	3.83	3.94	4.05	4.18	4.31	4500
3.21	3.32	3.44	3.56	3.68	3.80	3.91	4.03	4.15	4.29	5000

(d 1)

Water										f'_c (MPa)
0.124	0.128	0.133	0.137	0.142	0.146	0.150	0.155	0.159	0.164	15
0.123	0.127	0.131	0.136	0.140	0.145	0.149	0.153	0.158	0.162	20
0.122	0.126	0.130	0.135	0.139	0.144	0.148	0.152	0.159	0.161	25
0.121	0.125	0.129	0.134	0.138	0.143	0.147	0.151	0.156	0.160	30
0.119	0.123	0.127	0.132	0.136	0.141	0.145	0.149	0.154	0.159	35

(e)

Air										
—	—	—	—	—	—	—	—	—	—	Entrained (ft³/yd³)
—	—	—	—	—	—	—	—	—	—	%
—	—	—	—	—	—	—	—	—	—	Entrained (m³/m³)

(f)

Air (Values Approximate)							
2000	2500	3000	3500	4000	4500	5000	f'_c (psi)
0.04	0.03	0.03	0.03	0.03	0.03	0.03	Entrapped (ft³/yd³)
0.15	0.11	0.11	0.11	0.11	0.11	0.11	%

(f-1)

Air (Values Approximate)					
15	20	25	30	35	f'_c (MPa)
0.001	—	—	—	—	Entrapped (m³/m³)
0.14	—	—	—	—	%

(g)

Cement and Water Adjustments for Fine Aggregate Variations										
31–32	32–33	33–34	34–35	35–36	36–37	37–38	38–39	39–40	40–41	% Voids
90.0	92.5	95.0	97.5	100.0	102.5	105.0	107.5	110.0	112.5	Adjustment (%)

TABLES OF VOLUMES 273

Table No.	261
C.A. Size	3½"
	90 mm
ASTM No.	1
Slump	2½"
	65 mm
( ) AE	
(✓) Non-AE	

(a)

Coarse Aggregate Type No.										Concrete Class
1	2	3	4	5	6	7			A
	1	2	3	4	5	6	7		B
		1	2	3	4	5	6	7	C
			1	2	3	4	5	6	7	D

(b) Concrete

10.00	10.50	11.00	11.50	12.00	12.50	13.00	13.50	14.00	14.50	Mortar (ft³/yd³)
17.00	16.50	16.00	15.50	15.00	14.50	14.00	13.50	13.00	12.50	C.A. + 8 (ft³/yd³)
0.370	0.389	0.407	0.426	0.444	0.463	0.481	0.500	0.519	0.537	Mortar (m³/m³)
0.630	0.611	0.593	0.574	0.556	0.537	0.519	0.500	0.481	0.463	C.A. + 8 (m³/m³)

(c) Cement

										f'_c (psi)
1.65	1.70	1.74	1.80	1.84	1.89	1.94	1.98	2.03	2.08	2000
1.74	1.80	1.86	1.92	1.98	2.04	2.10	2.15	2.21	2.27	2500
1.85	1.92	1.99	2.05	2.12	2.18	2.25	2.32	2.39	2.45	3000
2.00	2.07	2.14	2.21	2.29	2.36	2.44	2.51	2.58	2.66	3500
2.15	2.25	2.30	2.38	2.46	2.54	2.61	2.70	2.77	2.85	4000
2.30	2.38	2.46	2.54	2.63	2.71	2.80	2.88	2.98	3.05	4500
2.47	2.53	2.62	2.71	2.80	2.90	2.99	3.07	3.16	3.26	5000

(c-1) Cement

										f'_c (MPa)
0.062	0.064	0.066	0.068	0.070	0.072	0.074	0.076	0.077	0.080	15
0.068	0.070	0.073	0.075	0.077	0.080	0.082	0.085	0.087	0.089	20
0.075	0.077	0.081	0.083	0.086	0.089	0.091	0.094	0.097	0.100	25
0.083	0.085	0.089	0.092	0.095	0.099	0.101	0.104	0.107	0.111	30
0.092	0.094	0.098	0.101	0.105	0.109	0.112	0.115	0.118	0.122	35

(d) Water

										f'_c (psi)
3.42	3.53	3.65	3.77	3.89	4.01	4.12	4.24	4.36	4.48	2000
3.39	3.50	3.62	3.75	3.86	3.98	4.10	4.21	4.33	4.44	2500
3.37	3.47	3.60	3.72	3.83	3.96	4.07	4.18	4.30	4.42	3000
3.33	3.44	3.57	3.69	3.81	3.93	4.04	4.15	4.27	4.40	3500
3.31	3.41	3.54	3.66	3.78	3.90	4.02	4.13	4.25	4.38	4000
3.28	3.39	3.51	3.63	3.75	3.88	3.99	4.10	4.23	4.36	4500
3.26	3.37	3.49	3.61	3.73	3.85	3.96	4.08	4.20	4.34	5000

(d-1) Water

										f'_c (MPa)
0.126	0.130	0.135	0.139	0.144	0.148	0.152	0.157	0.161	0.166	15
0.125	0.129	0.133	0.138	0.142	0.147	0.151	0.155	0.160	0.164	20
0.124	0.128	0.132	0.137	0.141	0.146	0.150	0.154	0.159	0.163	25
0.123	0.127	0.131	0.136	0.140	0.145	0.149	0.153	0.158	0.162	30
0.121	0.125	0.129	0.134	0.138	0.143	0.147	0.151	0.156	0.161	35

(e) Air

—	—	—	—	—	—	—	—	—	—	Entrained (ft³/yd³)
—	—	—	—	—	—	—	—	—	—	%
—	—	—	—	—	—	—	—	—	—	Entrained (m³/m³)

(f) Air (Values Approximate)

2000	2500	3000	3500	4000	4500	5000	f'_c (psi)
0.04	0.03	0.03	0.03	0.03	0.03	0.03	Entrapped (ft³/yd³)
0.15	0.11	0.11	0.11	0.11	0.11	0.11	%

(f-1) Air (Values Approximate)

15	20	25	30	35	f'_c (MPa)
0.001	—	—	—	—	Entrapped (m³/m³)
0.14	—	—	—	—	%

(g) Cement and Water Adjustments for Fine Aggregate Variations

31–32	32–33	33–34	34–35	35–36	36–37	37–38	38–39	39–40	40–41	% Voids
90.0	92.5	95.0	97.5	100.0	102.5	105.0	107.5	110.0	112.5	Adjustment (%)

Table No. 262
C.A. Size 3½″
90 mm
ASTM No. 1
Slump 3″
75 mm

( ) AE
(√) Non·AE

(a)

Coarse Aggregate Type No.										Concrete Class
1	2	3	4	5	6	7				A
	1	2	3	4	5	6	7			B
		1	2	3	4	5	6	7		C
			1	2	3	4	5	6	7	D

(b) Concrete

10.00	10.50	11.00	11.50	12.00	12.50	13.00	13.50	14.00	14.50	Mortar (ft³/yd³)
17.00	16.50	16.00	15.50	15.00	14.50	14.00	13.50	13.00	12.50	C. A. + 8 (ft³/yd³)
0.370	0.389	0.407	0.426	0.444	0.463	0.481	0.500	0.519	0.537	Mortar (m³/m³)
0.630	0.611	0.593	0.574	0.556	0.537	0.519	0.500	0.481	0.463	C. A. + 8 (m³/m³)

(c) Cement

										f'_c (psi)
1.68	1.73	1.77	1.83	1.87	1.92	1.97	2.01	2.06	2.11	2000
1.77	1.83	1.89	1.95	2.01	2.07	2.13	2.18	2.24	2.30	2500
1.88	1.95	2.02	2.08	2.15	2.21	2.28	2.35	2.42	2.48	3000
2.03	2.10	2.17	2.24	2.32	2.39	2.47	2.54	2.61	2.69	3500
2.18	2.26	2.33	2.41	2.49	2.57	2.66	2.73	2.80	2.88	4000
2.33	2.41	2.49	2.57	2.66	2.74	2.83	2.91	3.01	3.08	4500
2.50	2.56	2.65	2.74	2.83	2.93	3.02	3.10	3.19	3.29	5000

(c-1) Cement

										f'_c (MPa)
0.063	0.065	0.067	0.069	0.071	0.073	0.075	0.077	0.078	0.081	15
0.069	0.071	0.074	0.076	0.078	0.081	0.083	0.086	0.088	0.090	20
0.076	0.078	0.082	0.084	0.087	0.090	0.092	0.095	0.098	0.101	25
0.084	0.086	0.090	0.093	0.096	0.100	0.102	0.105	0.108	0.112	30
0.093	0.095	0.099	0.102	0.106	0.110	0.113	0.116	0.119	0.123	35

(d) Water

										f'_c (psi)
3.47	3.58	3.70	3.82	3.94	4.06	4.17	4.29	4.41	4.51	2000
3.44	3.55	3.67	3.80	3.91	4.03	4.15	4.26	4.38	4.49	2500
3.42	3.52	3.65	3.77	3.88	4.01	4.12	4.23	4.35	4.47	3000
3.38	3.49	3.62	3.74	3.86	3.98	4.09	4.20	4.32	4.45	3500
3.36	3.46	3.59	3.71	3.83	3.95	4.07	4.18	4.30	4.43	4000
3.33	3.44	3.56	3.68	3.80	3.93	4.04	4.15	4.27	4.41	4500
3.31	3.42	3.54	3.66	3.78	3.90	4.01	4.13	4.25	4.39	5000

(d-1) Water

										f'_c (MPa)
0.128	0.132	0.137	0.141	0.146	0.150	0.154	0.159	0.163	0.168	15
0.127	0.131	0.135	0.140	0.144	0.149	0.153	0.157	0.162	0.166	20
0.126	0.130	0.134	0.139	0.143	0.148	0.152	0.156	0.161	0.165	25
0.125	0.129	0.133	0.138	0.142	0.147	0.151	0.155	0.160	0.164	30
0.123	0.127	0.131	0.136	0.140	0.145	0.149	0.153	0.158	0.163	35

(e) Air

—	—	—	—	—	—	—	—	—	—	Entrained (ft³/yd³)
—	—	—	—	—	—	—	—	—	—	%
—	—	—	—	—	—	—	—	—	—	Entrained (m³/m³)

(f) Air (Values Approximate)

2000	2500	3000	3500	4000	4500	5000	f'_c (psi)
0.04	0.03	0.03	0.03	0.03	0.03	0.03	Entrapped (ft³/yd³)
0.15	0.11	0.11	0.11	0.11	0.11	0.11	%

(f-1) Air (Values Approximate)

15	20	25	30	35	f'_c (MPa)
0.001	—	—	—	—	Entrapped (m³/m³)
0.14	—	—	—	—	%

(g) Cement and Water Adjustments for Fine Aggregate Variations

31–32	32–33	33–34	34–35	35–36	36–37	37–38	38–39	39–40	40–41	% Voids
90.0	92.5	95.0	97.5	100.0	102.5	105.0	107.5	110.0	112.5	Adjustment (%)

Table No.	263
C.A. Size	3½″
	90 mm
ASTM No.	1
Slump	3½″
	90 mm
( ) AE	
(√) Non-AE	

(a)

Coarse Aggregate Type No.										Concrete Class
1	2	3	4	5	6	7				A
	1	2	3	4	5	6	7			B
		1	2	3	4	5	6	7		C
			1	2	3	4	5	6	7	D

(b) Concrete

10.00	10.50	11.00	11.50	12.00	12.50	13.00	13.50	14.00	14.50	Mortar (ft³/yd³)
17.00	16.50	16.00	15.50	15.00	14.50	14.00	13.50	13.00	12.50	C. A. + 8 (ft³/yd³)
0.370	0.389	0.407	0.426	0.444	0.463	0.481	0.500	0.519	0.537	Mortar (m³/m³)
0.630	0.611	0.593	0.574	0.556	0.537	0.519	0.500	0.481	0.463	C. A. + 8 (m³/m³)

(c) Cement

										f'_c (psi)
1.72	1.77	1.81	1.87	1.91	1.96	2.01	2.05	2.10	2.15	2000
1.81	1.87	1.93	1.99	2.05	2.11	2.17	2.22	2.28	2.34	2500
1.92	1.99	2.06	2.12	2.19	2.25	2.32	2.39	2.46	2.52	3000
2.07	2.14	2.21	2.28	2.36	2.43	2.51	2.58	2.65	2.73	3500
2.22	2.30	2.37	2.45	2.53	2.61	2.68	2.77	2.84	2.92	4000
2.37	2.45	2.53	2.61	2.70	2.78	2.87	2.95	3.05	3.12	4500
2.54	2.60	2.69	2.78	2.87	2.97	3.06	3.14	3.23	3.33	5000

(c-1) Cement

										f'_c (MPa)
0.065	0.067	0.069	0.071	0.073	0.075	0.077	0.079	0.080	0.083	15
0.071	0.073	0.076	0.078	0.080	0.083	0.085	0.088	0.090	0.092	20
0.078	0.080	0.084	0.086	0.089	0.092	0.094	0.097	0.100	0.103	25
0.086	0.088	0.092	0.095	0.098	0.102	0.104	0.107	0.110	0.114	30
0.095	0.097	0.101	0.104	0.108	0.112	0.115	0.118	0.121	0.125	35

(d) Water

										f'_c (psi)
3.53	3.64	3.76	3.88	4.00	4.12	4.23	4.35	4.47	4.57	2000
3.50	3.61	3.73	3.86	3.97	4.09	4.21	4.32	4.44	4.55	2500
3.48	3.58	3.71	3.83	3.94	4.07	4.18	4.29	4.41	4.53	3000
3.44	3.55	3.68	3.80	3.92	4.04	4.15	4.26	4.38	4.51	3500
3.42	3.52	3.65	3.78	3.89	4.01	4.13	4.24	4.36	4.49	4000
3.39	3.50	3.62	3.75	3.86	3.99	4.10	4.21	4.34	4.47	4500
3.37	3.48	3.60	3.72	3.84	3.96	4.07	4.19	4.31	4.45	5000

(d-1) Water

										f'_c (MPa)
0.130	0.134	0.139	0.143	0.148	0.152	0.156	0.161	0.165	0.170	15
0.129	0.133	0.137	0.142	0.146	0.151	0.155	0.159	0.164	0.168	20
0.128	0.132	0.136	0.141	0.145	0.150	0.154	0.158	0.163	0.167	25
0.127	0.131	0.135	0.140	0.144	0.149	0.153	0.157	0.162	0.166	30
0.125	0.129	0.133	0.138	0.142	0.147	0.151	0.155	0.160	0.165	35

(e) Air

—	—	—	—	—	—	—	—	—	—	Entrained (ft³/yd³)
—	—	—	—	—	—	—	—	—	—	%
—	—	—	—	—	—	—	—	—	—	Entrained (m³/m³)

(f) Air (Values Approximate)

2000	2500	3000	3500	4000	4500	5000	f'_c (psi)
0.04	0.03	0.03	0.03	0.03	0.03	0.03	Entrapped (ft³/yd³)
0.15	0.11	0.11	0.11	0.11	0.11	0.11	%

(f-1) Air (Values Approximate)

15	20	25	30	35	f'_c (MPa)
0.001	—	—	—	—	Entrapped (m³/m³)
0.14	—	—	—	—	%

(g) Cement and Water Adjustments for Fine Aggregate Variations

31–32	32–33	33–34	34–35	35–36	36–37	37–38	38–39	39–40	40–41	% Voids
90.0	92.5	95.0	97.5	100.0	102.5	105.0	107.5	110.0	112.5	Adjustment (%)

Table No.	264
C.A. Size	3½″
	90 mm
ASTM No.	1
Slump	4″
	100 mm
( ) AE	
(√) Non-AE	

(a)

Coarse Aggregate Type No.										Concrete Class
1	2	3	4	5	6	7				A
	1	2	3	4	5	6	7			B
		1	2	3	4	5	6	7		C
			1	2	3	4	5	6	7	D

(b)

Concrete										
10.00	10.50	11.00	11.50	12.00	12.50	13.00	13.50	14.00	14.50	Mortar (ft³/yd³)
17.00	16.50	16.00	15.50	15.00	14.50	14.00	13.50	13.00	12.50	C.A. + 8 (ft³/yd³)
0.370	0.389	0.407	0.426	0.444	0.463	0.481	0.500	0.519	0.537	Mortar (m³/m³)
0.630	0.611	0.593	0.574	0.556	0.537	0.519	0.500	0.481	0.463	C.A. + 8 (m³/m³)

(c)

Cement										f'_c (psi)
1.76	1.81	1.85	1.91	1.95	2.00	2.05	2.09	2.14	2.19	2000
1.85	1.91	1.97	2.03	2.09	2.15	2.21	2.26	2.32	2.38	2500
1.96	2.03	2.10	2.16	2.23	2.29	2.36	2.43	2.50	2.56	3000
2.11	2.18	2.25	2.32	2.40	2.47	2.55	2.62	2.69	2.77	3500
2.26	2.34	2.41	2.49	2.57	2.65	2.72	2.81	2.88	2.96	4000
2.41	2.49	2.57	2.65	2.74	2.82	2.91	2.99	3.09	3.16	4500
2.58	2.64	2.73	2.82	2.91	3.01	3.10	3.18	3.27	3.37	5000

(c-1)

Cement										f'_c (MPa)
0.066	0.068	0.070	0.072	0.074	0.076	0.078	0.080	0.081	0.084	15
0.072	0.074	0.077	0.079	0.081	0.084	0.086	0.089	0.091	0.093	20
0.079	0.081	0.085	0.087	0.090	0.093	0.095	0.098	0.101	0.104	25
0.087	0.089	0.093	0.096	0.099	0.103	0.105	0.108	0.111	0.115	30
0.096	0.098	0.102	0.105	0.109	0.113	0.116	0.119	0.122	0.126	35

(d)

Water										f'_c (psi)
3.58	3.69	3.81	3.93	4.05	4.17	4.28	4.40	4.52	4.62	2000
3.55	3.66	3.78	3.91	4.02	4.14	4.26	4.37	4.49	4.60	2500
3.53	3.63	3.76	3.88	3.99	4.12	4.23	4.34	4.46	4.58	3000
3.49	3.60	3.73	3.85	3.97	4.09	4.20	4.31	4.43	4.56	3500
3.47	3.57	3.70	3.82	3.94	4.06	4.18	4.29	4.41	4.54	4000
3.44	3.55	3.67	3.79	3.91	4.04	4.15	4.26	4.39	4.52	4500
3.42	3.53	3.65	3.77	3.89	4.01	4.12	4.24	4.36	4.50	5000

(d 1)

Water										f'_c (MPa)
0.132	0.136	0.141	0.145	0.150	0.154	0.158	0.163	0.167	0.172	15
0.131	0.135	0.139	0.144	0.148	0.153	0.157	0.161	0.166	0.170	20
0.130	0.134	0.138	0.143	0.147	0.152	0.156	0.160	0.165	0.169	25
0.129	0.133	0.137	0.142	0.146	0.151	0.155	0.159	0.164	0.168	30
0.127	0.131	0.135	0.140	0.144	0.149	0.153	0.157	0.162	0.167	35

(e)

Air										
—	—	—	—	—	—	—	—	—	—	Entrained (ft³/yd³)
—	—	—	—	—	—	—	—	—	—	%
—	—	—	—	—	—	—	—	—	—	Entrained (m³/m³)

(f)

Air (Values Approximate)							
2000	2500	3000	3500	4000	4500	5000	f'_c (psi)
0.04	0.03	0.03	0.03	0.03	0.03	0.03	Entrapped (ft³/yd³)
0.15	0.11	0.11	0.11	0.11	0.11	0.11	%

(f-1)

Air (Values Approximate)					
15	20	25	30	35	f'_c (MPa)
0.001	—	—	—	—	Entrapped (m³/m³)
0.14	—	—	—	—	%

(g)

Cement and Water Adjustments for Fine Aggregate Variations									
31–32	32–33	33–34	34–35	35–36	36–37	37–38	38–39	39–40	40–41	% Voids
90.0	92.5	95.0	97.5	100.0	102.5	105.0	107.5	110.0	112.5	Adjustment (%)

TABLES OF VOLUMES 277

Table No. 265
C.A. Size 3½"
         90 mm
ASTM No. 1
Slump 4½"
      115 mm

( ) AE
(✓) Non-AE

(a)

Coarse Aggregate Type No.										Concrete Class
1	2	3	4	5	6	7				A
	1	2	3	4	5	6	7			B
		1	2	3	4	5	6	7		C
			1	2	3	4	5	6	7	D

(b) Concrete

10.00	10.50	11.00	11.50	12.00	12.50	13.00	13.50	14.00	14.50	Mortar (ft³/yd³)
17.00	16.50	16.00	15.50	15.00	14.50	14.00	13.50	13.00	12.50	C. A. + 8 (ft³/yd³)
0.370	0.389	0.407	0.426	0.444	0.463	0.481	0.500	0.519	0.537	Mortar (m³/m³)
0.630	0.611	0.593	0.574	0.556	0.537	0.519	0.500	0.481	0.463	C. A. + 8 (m³/m³)

(c) Cement

										f'_c (psi)
1.79	1.84	1.88	1.94	1.98	2.03	2.08	2.12	2.17	2.22	2000
1.88	1.94	2.00	2.06	2.12	2.18	2.24	2.29	2.35	2.41	2500
1.99	2.06	2.13	2.19	2.26	2.32	2.39	2.46	2.53	2.59	3000
2.14	2.21	2.28	2.35	2.43	2.50	2.58	2.65	2.72	2.80	3500
2.29	2.37	2.44	2.52	2.60	2.68	2.75	2.84	2.91	2.99	4000
2.44	2.52	2.60	2.68	2.77	2.85	2.94	3.02	3.12	3.19	4500
2.61	2.67	2.76	2.85	2.94	3.04	3.13	3.21	3.30	3.40	5000

(c-1) Cement

										f'_c (MPa)
0.067	0.069	0.071	0.073	0.075	0.077	0.079	0.081	0.087	0.085	15
0.073	0.075	0.078	0.080	0.082	0.085	0.087	0.090	0.092	0.094	20
0.080	0.082	0.086	0.088	0.091	0.094	0.096	0.099	0.102	0.105	25
0.088	0.090	0.094	0.097	0.100	0.104	0.106	0.109	0.112	0.116	30
0.097	0.099	0.103	0.106	0.110	0.114	0.117	0.120	0.123	0.127	35

(d) Water

										f'_c (psi)
3.63	3.74	3.86	3.98	4.10	4.22	4.33	4.45	4.57	4.67	2000
3.60	3.71	3.83	3.96	4.07	4.19	4.31	4.42	4.54	4.65	2500
3.58	3.68	3.81	3.93	4.04	4.17	4.28	4.39	4.51	4.63	3000
3.54	3.65	3.78	3.90	4.02	4.14	4.25	4.36	4.48	4.61	3500
3.52	3.62	3.75	3.87	3.99	4.11	4.23	4.34	4.46	4.59	4000
3.49	3.60	3.72	3.84	3.96	4.09	4.20	4.31	4.44	4.57	4500
3.47	3.58	3.70	3.82	3.94	4.06	4.17	4.29	4.41	4.55	5000

(d-1) Water

										f'_c (MPa)
0.134	0.138	0.143	0.147	0.152	0.156	0.160	0.165	0.169	0.174	15
0.133	0.137	0.141	0.146	0.150	0.155	0.159	0.163	0.168	0.172	20
0.132	0.136	0.140	0.145	0.149	0.154	0.158	0.162	0.167	0.171	25
0.131	0.135	0.139	0.144	0.148	0.153	0.157	0.161	0.166	0.170	30
0.129	0.133	0.137	0.142	0.146	0.151	0.155	0.159	0.164	0.169	35

(e) Air

—	—	—	—	—	—	—	—	—	—	Entrained (ft³/yd³)
—	—	—	—	—	—	—	—	—	—	%
—	—	—	—	—	—	—	—	—	—	Entrained (m³/m³)

(f) Air (Values Approximate)

2000	2500	3000	3500	4000	4500	5000	f'_c (psi)
0.04	0.03	0.03	0.03	0.03	0.03	0.03	Entrapped (ft³/yd³)
0.15	0.11	0.11	0.11	0.11	0.11	0.11	%

(f-1) Air (Values Approximate)

15	20	25	30	35	f'_c (MPa)
0.001	—	—	—	—	Entrapped (m³/m³)
0.14	—	—	—	—	%

(g) Cement and Water Adjustments for Fine Aggregate Variations

31-32	32-33	33-34	34-35	35-36	36-37	37-38	38-39	39-40	40-41	% Voids
90.0	92.5	95.0	97.5	100.0	102.5	105.0	107.5	110.0	112.5	Adjustment (%)

Table No.	266
C.A. Size	3½"
	90 mm
ASTM No.	1
Slump	5"
	125 mm
( ) AE	
(✓) Non-AE	

(a)

Coarse Aggregate Type No.									Concrete Class
1	2	3	4	5	6	7			A
	1	2	3	4	5	6	7		B
		1	2	3	4	5	6	7	C
			1	2	3	4	5	6	7	D

(b) Concrete

10.00	10.50	11.00	11.50	12.00	12.50	13.00	13.50	14.00	14.50	Mortar (ft³/yd³)
17.00	16.50	16.00	15.50	15.00	14.50	14.00	13.50	13.00	12.50	C.A. + 8 (ft³/yd³)
0.370	0.389	0.407	0.426	0.444	0.463	0.481	0.500	0.519	0.537	Mortar (m³/m³)
0.630	0.611	0.593	0.574	0.556	0.537	0.519	0.500	0.481	0.463	C.A. + 8 (m³/m³)

(c) Cement

									f'_c (psi)
1.82	1.87	1.91	1.97	2.01	2.06	2.11	2.15	2.20	2.25	2000
1.91	1.97	2.03	2.09	2.15	2.21	2.27	2.32	2.38	2.44	2500
2.02	2.09	2.16	2.22	2.29	2.35	2.42	2.49	2.56	2.62	3000
2.17	2.24	2.31	2.38	2.46	2.53	2.61	2.68	2.75	2.83	3500
2.32	2.40	2.47	2.55	2.63	2.71	2.78	2.87	2.94	3.02	4000
2.47	2.55	2.63	2.71	2.80	2.88	2.97	3.05	3.15	3.22	4500
2.64	2.70	2.79	2.88	2.97	3.07	3.16	3.24	3.33	3.43	5000

(c-1) Cement

									f'_c (MPa)
0.068	0.070	0.072	0.074	0.076	0.078	0.080	0.082	0.083	0.086	15
0.074	0.076	0.079	0.081	0.083	0.086	0.088	0.091	0.093	0.095	20
0.081	0.083	0.087	0.089	0.092	0.095	0.097	0.100	0.103	0.106	25
0.089	0.091	0.095	0.098	0.101	0.105	0.107	0.110	0.113	0.117	30
0.098	0.100	0.104	0.107	0.111	0.115	0.118	0.121	0.124	0.128	35

(d) Water

									f'_c (psi)
3.69	3.80	3.92	4.04	4.16	4.28	4.39	4.51	4.63	4.73	2000
3.66	3.77	3.89	4.01	4.13	4.25	4.37	4.48	4.60	4.71	2500
3.64	3.74	3.87	3.98	4.10	4.23	4.34	4.45	4.57	4.69	3000
3.60	3.71	3.84	3.96	4.08	4.20	4.31	4.42	4.54	4.67	3500
3.58	3.68	3.81	3.93	4.05	4.17	4.29	4.40	4.52	4.65	4000
3.55	3.66	3.78	3.90	4.02	4.15	4.26	4.37	4.50	4.63	4500
3.53	3.64	3.76	3.88	4.00	4.12	4.23	4.35	4.47	4.61	5000

(d-1) Water

									f'_c (MPa)
0.136	0.140	0.145	0.149	0.154	0.158	0.162	0.167	0.171	0.176	15
0.135	0.139	0.143	0.148	0.152	0.157	0.161	0.165	0.170	0.174	20
0.134	0.138	0.142	0.147	0.151	0.156	0.160	0.164	0.169	0.173	25
0.133	0.137	0.141	0.146	0.150	0.155	0.159	0.163	0.167	0.172	30
0.131	0.135	0.139	0.144	0.148	0.153	0.157	0.161	0.166	0.171	35

(e) Air

—	—	—	—	—	—	—	—	—	Entrained (ft³/yd³)
—	—	—	—	—	—	—	—	—	%
—	—	—	—	—	—	—	—	—	Entrained (m³/m³)

(f) Air (Values Approximate)

2000	2500	3000	3500	4000	4500	5000	f'_c (psi)
0.04	0.003	0.003	0.003	0.003	0.003	0.003	Entrapped (ft³/yd³)
0.15	0.11	0.11	0.11	0.11	0.11	0.11	%

(f-1) Air (Values Approximate)

15	20	25	30	35	f'_c (MPa)
0.001	—	—	—	—	Entrapped (m³/m³)
0.14	—	—	—	—	%

(g) Cement and Water Adjustments for Fine Aggregate Variations

31-32	32-33	33-34	34-35	35-36	36-37	37-38	38-39	39-40	40-41	% Voids
90.0	92.5	95.0	97.5	100.0	102.5	105.0	107.5	110.0	112.5	Adjustment (%)

SECTION 3 278

TABLES OF VOLUMES

Table No. **267**
C.A. Size **3½"**
90 mm
ASTM No. **1**
Slump **5½"**
140 mm

( ) AE
(✓) Non-AE

(a)

Coarse Aggregate Type No.										Concrete Class
1	2	3	4	5	6	7				A
	1	2	3	4	5	6	7			B
		1	2	3	4	5	6	7		C
			1	2	3	4	5	6	7	D

(b) Concrete

10.00	10.50	11.00	11.50	12.00	12.50	13.00	13.50	14.00	14.50	Mortar (ft³/yd³)
17.00	16.50	16.00	15.50	15.00	14.50	14.00	13.50	13.00	12.50	C.A. + 8 (ft³/yd³)
0.370	0.389	0.407	0.426	0.444	0.463	0.481	0.500	0.519	0.537	Mortar (m³/m³)
0.630	0.611	0.593	0.574	0.556	0.537	0.519	0.500	0.481	0.463	C.A. + 8 (m³/m³)

(c) Cement

										f'_c (psi)
1.86	1.91	1.95	2.01	2.05	2.10	2.15	2.19	2.24	2.29	2000
1.95	2.01	2.07	2.13	2.19	2.25	2.31	2.36	2.42	2.48	2500
2.06	2.13	2.20	2.26	2.33	2.39	2.46	2.53	2.60	2.66	3000
2.21	2.28	2.35	2.42	2.50	2.57	2.65	2.72	2.79	2.87	3500
2.36	2.44	2.51	2.59	2.67	2.75	2.82	2.91	2.98	3.06	4000
2.51	2.59	2.67	2.75	2.84	2.92	3.01	3.09	3.19	3.26	4500
2.68	2.74	2.83	2.92	3.01	3.11	3.20	3.28	3.37	3.47	5000

(c-1) Cement

										f'_c (MPa)
0.070	0.072	0.074	0.076	0.078	0.080	0.082	0.084	0.085	0.088	15
0.076	0.078	0.081	0.083	0.085	0.088	0.090	0.093	0.095	0.097	20
0.083	0.085	0.089	0.091	0.094	0.097	0.099	0.102	0.105	0.108	25
0.091	0.093	0.097	0.100	0.103	0.107	0.109	0.112	0.115	0.119	30
0.100	0.102	0.106	0.109	0.113	0.117	0.120	0.123	0.126	0.130	35

(d) Water

										f'_c (psi)
3.74	3.85	3.97	4.09	4.21	4.33	4.44	4.56	4.68	4.78	2000
3.71	3.82	3.94	4.07	4.18	4.30	4.42	4.53	4.65	4.76	2500
3.69	3.79	3.92	4.04	4.15	4.28	4.39	4.50	4.62	4.74	3000
3.65	3.76	3.89	4.01	4.13	4.25	4.36	4.47	4.59	4.72	3500
3.63	3.73	3.86	3.98	4.10	4.22	4.34	4.45	4.57	4.70	4000
3.60	3.71	3.83	3.95	4.07	4.20	4.31	4.42	4.55	4.68	4500
3.58	3.69	3.81	3.93	4.05	4.17	4.28	4.40	4.52	4.66	5000

(d-1) Water

										f'_c (MPa)
0.138	0.142	0.147	0.151	0.156	0.160	0.164	0.169	0.173	0.178	15
0.137	0.141	0.145	0.150	0.154	0.159	0.163	0.167	0.172	0.176	20
0.136	0.140	0.144	0.149	0.153	0.158	0.162	0.166	0.171	0.175	25
0.135	0.139	0.143	0.148	0.152	0.157	0.161	0.165	0.170	0.174	30
0.133	0.137	0.141	0.146	0.150	0.155	0.159	0.163	0.168	0.173	35

(e) Air

—	—	—	—	—	—	—	—	—	—	Entrained (ft³/yd³)
—	—	—	—	—	—	—	—	—	—	%
—	—	—	—	—	—	—	—	—	—	Entrained (m³/m³)

(f) Air (Values Approximate)

2000	2500	3000	3500	4000	4500	5000	f'_c (psi)
0.04	0.03	0.03	0.03	0.03	0.03	0.03	Entrapped (ft³/yd³)
0.15	0.11	0.11	0.11	0.11	0.11	0.11	%

(f-1) Air (Values Approximate)

15	20	25	30	35	f'_c (MPa)
0.001	—	—	—	—	Entrapped (m³/m³)
0.14	—	—	—	—	%

(g) Cement and Water Adjustments for Fine Aggregate Variations

31-32	32-33	33-34	34-35	35-36	36-37	37-38	38-39	39-40	40-41	% Voids
90.0	92.5	95.0	97.5	100.0	102.5	105.0	107.5	110.0	112.5	Adjustment (%)

Table No.	268
C.A. Size	3½"
	90 mm
ASTM No.	1
Slump	6"
	150 mm

( ) AE
(✓) Non-AE

(a)											
Coarse Aggregate Type No.										Concrete Class	
1	2	3	4	5	6	7				A	
	1	2	3	4	5	6	7			B	
		1	2	3	4	5	6	7		C	
			1	2	3	4	5	6	7	D	

(b) Concrete										
10.00	10.50	11.00	11.50	12.00	12.50	13.00	13.50	14.00	14.50	Mortar (ft³/yd³)
17.00	16.50	16.00	15.50	15.00	14.50	14.00	13.50	13.00	12.50	C. A. + 8 (ft³/yd³)
0.370	0.389	0.407	0.426	0.444	0.463	0.481	0.500	0.519	0.537	Mortar (m³/m³)
0.630	0.611	0.593	0.574	0.556	0.537	0.519	0.500	0.481	0.463	C. A. + 8 (m³/m³)

(c) Cement										f'_c (psi)
1.89	1.94	1.98	2.04	2.08	2.13	2.18	2.22	2.27	2.32	2000
1.98	2.04	2.10	2.16	2.22	2.28	2.34	2.39	2.45	2.51	2500
2.09	2.16	2.23	2.29	2.36	2.42	2.49	2.56	2.63	2.69	3000
2.24	2.31	2.38	2.45	2.53	2.60	2.68	2.75	2.82	2.90	3500
2.39	2.47	2.54	2.62	2.70	2.78	2.85	2.94	3.01	3.09	4000
2.54	2.62	2.70	2.78	2.87	2.95	3.04	3.12	3.22	3.29	4500
2.71	2.77	2.86	2.95	3.04	3.14	3.23	3.31	3.40	3.50	5000

(c-1) Cement										f'_c (MPa)
0.071	0.073	0.075	0.077	0.079	0.081	0.083	0.085	0.086	0.089	15
0.077	0.079	0.082	0.084	0.086	0.089	0.091	0.094	0.096	0.098	20
0.084	0.086	0.090	0.092	0.095	0.098	0.100	0.103	0.106	0.109	25
0.092	0.094	0.098	0.101	0.104	0.108	0.110	0.113	0.116	0.120	30
0.101	0.103	0.107	0.110	0.114	0.118	0.121	0.124	0.127	0.131	35

(d) Water										f'_c (psi)
3.79	3.90	4.02	4.14	4.26	4.38	4.49	4.61	4.73	4.83	2000
3.76	3.87	3.99	4.12	4.23	4.35	4.47	4.58	4.70	4.81	2500
3.74	3.84	3.97	4.09	4.20	4.33	4.44	4.55	4.67	4.79	3000
3.70	3.81	3.94	4.06	4.18	4.30	4.41	4.52	4.64	4.77	3500
3.68	3.78	3.91	4.03	4.15	4.27	4.39	4.50	4.62	4.75	4000
3.65	3.76	3.88	4.00	4.12	4.25	4.36	4.47	4.60	4.73	4500
3.63	3.74	3.86	3.98	4.10	4.22	4.33	4.45	4.57	4.71	5000

(d-1) Water										f'_c (MPa)
0.140	0.144	0.149	0.153	0.158	0.162	0.166	0.171	0.175	0.180	15
0.139	0.143	0.147	0.152	0.156	0.161	0.165	0.169	0.174	0.178	20
0.138	0.142	0.146	0.151	0.155	0.160	0.164	0.168	0.173	0.177	25
0.137	0.141	0.145	0.150	0.154	0.159	0.163	0.167	0.172	0.176	30
0.135	0.139	0.143	0.148	0.152	0.157	0.161	0.165	0.170	0.175	35

(e) Air										
—	—	—	—	—	—	—	—	—	—	Entrained (ft³/yd³)
—	—	—	—	—	—	—	—	—	—	%
—	—	—	—	—	—	—	—	—	—	Entrained (m³/m³)

(f) Air (Values Approximate)							
2000	2500	3000	3500	4000	4500	5000	f'_c (psi)
0.04	0.03	0.03	0.03	0.03	0.03	0.03	Entrapped (ft³/yd³)
0.15	0.11	0.11	0.11	0.11	0.11	0.11	%

(f-1) Air (Values Approximate)					
15	20	25	30	35	f'_c (MPa)
0.001	—	—	—	—	Entrapped (m³/m³)
0.14	—	—	—	—	%

(g) Cement and Water Adjustments for Fine Aggregate Variations									
31–32	32–33	33–34	34–35	35–36	36–37	37–38	38–39	39–40	40–41	% Voids
90.0	92.5	95.0	97.5	100.0	102.5	105.0	107.5	110.0	112.5	Adjustment (%)

TABLES OF VOLUMES

Table No.	269
C.A. Size	3½"
	90 mm
ASTM No.	1
Slump	6½"
	165 mm
( ) AE	
(✓) Non·AE	

(a)

Coarse Aggregate Type No.										Concrete Class
1	2	3	4	5	6	7				A
	1	2	3	4	5	6	7			B
		1	2	3	4	5	6	7		C
			1	2	3	4	5	6	7	D

(b) Concrete

10.00	10.50	11.00	11.50	12.00	12.50	13.00	13.50	14.00	14.50	Mortar (ft³/yd³)
17.00	16.50	16.00	15.50	15.00	14.50	14.00	13.50	13.00	12.50	C.A. + 8 (ft³/yd³)
0.370	0.389	0.407	0.426	0.444	0.463	0.481	0.500	0.519	0.537	Mortar (m³/m³)
0.630	0.611	0.593	0.574	0.556	0.537	0.519	0.500	0.481	0.463	C.A. + 8 (m³/m³)

(c) Cement

										f'_c (psi)
1.92	1.97	2.01	2.07	2.11	2.16	2.21	2.25	2.30	2.35	2000
2.01	2.07	2.13	2.19	2.25	2.31	2.37	2.42	2.48	2.54	2500
2.12	2.19	2.26	2.32	2.39	2.45	2.52	2.59	2.66	2.72	3000
2.27	2.34	2.41	2.48	2.56	2.63	2.71	2.78	2.85	2.93	3500
2.42	2.50	2.57	2.65	2.73	2.81	2.88	2.97	3.04	3.12	4000
2.57	2.65	2.73	2.81	2.90	2.98	3.07	3.15	3.25	3.32	4500
2.74	2.80	2.89	2.98	3.07	3.17	3.26	3.34	3.43	3.53	5000

(c-1) Cement

										f'_c (MPa)
0.072	0.074	0.076	0.078	0.080	0.082	0.084	0.086	0.087	0.090	15
0.078	0.080	0.083	0.085	0.087	0.090	0.092	0.095	0.097	0.099	20
0.085	0.087	0.091	0.093	0.096	0.099	0.101	0.104	0.107	0.110	25
0.093	0.095	0.099	0.102	0.105	0.109	0.111	0.114	0.117	0.121	30
0.102	0.104	0.108	0.111	0.115	0.119	0.122	0.125	0.128	0.132	35

(d) Water

										f'_c (psi)
3.84	3.95	4.07	4.19	4.31	4.43	4.54	4.66	4.78	4.88	2000
3.81	3.92	4.04	4.17	4.28	4.40	4.52	4.63	4.75	4.86	2500
3.79	3.89	4.02	4.14	4.25	4.38	4.49	4.60	4.72	4.84	3000
3.75	3.86	3.99	4.11	4.23	4.35	4.46	4.57	4.69	4.82	3500
3.73	3.83	3.96	4.08	4.20	4.32	4.44	4.55	4.67	4.80	4000
3.70	3.81	3.93	4.05	4.17	4.30	4.41	4.52	4.65	4.78	4500
3.68	3.79	3.91	4.03	4.15	4.27	4.38	4.50	4.62	4.76	5000

(d-1) Water

										f'_c (MPa)
0.142	0.146	0.151	0.155	0.160	0.164	0.168	0.173	0.177	0.182	15
0.141	0.145	0.149	0.154	0.158	0.163	0.167	0.171	0.176	0.180	20
0.140	0.144	0.148	0.153	0.157	0.162	0.166	0.170	0.175	0.179	25
0.139	0.143	0.147	0.152	0.156	0.161	0.165	0.169	0.174	0.178	30
0.137	0.141	0.145	0.150	0.154	0.159	0.163	0.167	0.172	0.177	35

(e) Air

—	—	—	—	—	—	—	—	—	—	Entrained (ft³/yd³)
—	—	—	—	—	—	—	—	—	—	%
—	—	—	—	—	—	—	—	—	—	Entrained (m³/m³)

(f) Air (Values Approximate)

2000	2500	3000	3500	4000	4500	5000	f'_c (psi)
0.04	0.03	0.03	0.03	0.03	0.03	0.03	Entrapped (ft³/yd³)
0.15	0.11	0.11	0.11	0.11	0.11	0.11	%

(f-1) Air (Values Approximate)

15	20	25	30	35	f'_c (MPa)
0.001	—	—	—	—	Entrapped (m³/m³)
0.14	—	—	—	—	%

(g) Cement and Water Adjustments for Fine Aggregate Variations

31–32	32–33	33–34	34–35	35–36	36–37	37–38	38–39	39–40	40–41	% Voids
90.0	92.5	95.0	97.5	100.0	102.5	105.0	107.5	110.0	112.5	Adjustment (%)

Table No. 270
C.A. Size 3½″
          90 mm
ASTM No. 1
Slump 7″
      175 mm

( ) AE
(✓) Non-AE

(a)

Coarse Aggregate Type No.										Concrete Class
1	2	3	4	5	6	7				A
	1	2	3	4	5	6	7			B
		1	2	3	4	5	6	7		C
			1	2	3	4	5	6	7	D

(b) Concrete

10.00	10.50	11.00	11.50	12.00	12.50	13.00	13.50	14.00	14.50	Mortar (ft³/yd³)
17.00	16.50	16.00	15.50	15.00	14.50	14.00	13.50	13.00	12.50	C.A. + 8 (ft³/yd³)
0.370	0.389	0.407	0.426	0.444	0.463	0.481	0.500	0.519	0.537	Mortar (m³/m³)
0.630	0.611	0.593	0.574	0.556	0.537	0.519	0.500	0.481	0.463	C.A. + 8 (m³/m³)

(c) Cement

										f'_c (psi)
1.96	2.01	2.05	2.11	2.15	2.20	2.25	2.29	2.34	2.39	2000
2.05	2.11	2.17	2.23	2.29	2.35	2.41	2.46	2.52	2.58	2500
2.16	2.23	2.30	2.36	2.43	2.49	2.56	2.63	2.70	2.76	3000
2.31	2.38	2.45	2.52	2.60	2.67	2.75	2.82	2.89	2.97	3500
2.46	2.54	2.61	2.69	2.77	2.85	2.92	3.01	3.08	3.16	4000
2.61	2.69	2.77	2.85	2.94	3.02	3.11	3.19	3.29	3.36	4500
2.78	2.84	2.93	3.02	3.11	3.21	3.30	3.38	3.47	3.57	5000

(c-1) Cement

										f'_c (MPa)
0.073	0.075	0.077	0.079	0.081	0.083	0.085	0.087	0.088	0.091	15
0.079	0.081	0.084	0.086	0.088	0.091	0.093	0.096	0.098	0.100	20
0.086	0.088	0.092	0.094	0.097	0.100	0.102	0.105	0.108	0.111	25
0.094	0.096	0.100	0.103	0.106	0.110	0.112	0.115	0.118	0.122	30
0.103	0.105	0.109	0.112	0.116	0.120	0.123	0.126	0.129	0.133	35

(d) Water

										f'_c (psi)
3.89	4.00	4.12	4.24	4.36	4.48	4.59	4.71	4.83	4.93	2000
3.86	3.97	4.09	4.22	4.33	4.45	4.57	4.68	4.80	4.91	2500
3.84	3.94	4.07	4.19	4.30	4.43	4.54	4.65	4.77	4.89	3000
3.80	3.91	4.04	4.16	4.28	4.40	4.51	4.62	4.74	4.87	3500
3.78	3.88	4.01	4.13	4.25	4.37	4.49	4.60	4.72	4.85	4000
3.75	3.86	3.98	4.10	4.22	4.35	4.46	4.57	4.70	4.83	4500
3.73	3.84	3.96	4.08	4.20	4.32	4.43	4.55	4.67	4.81	5000

(d-1) Water

										f'_c (MPa)
0.143	0.147	0.152	0.156	0.161	0.165	0.169	0.174	0.178	0.183	15
0.142	0.146	0.150	0.155	0.159	0.164	0.168	0.172	0.177	0.181	20
0.141	0.145	0.149	0.154	0.158	0.163	0.167	0.171	0.176	0.180	25
0.140	0.144	0.148	0.153	0.157	0.162	0.166	0.171	0.175	0.179	30
0.138	0.142	0.146	0.151	0.155	0.160	0.164	0.168	0.173	0.178	35

(e) Air

—	—	—	—	—	—	—	—	—	—	Entrained (ft³/yd³)
—	—	—	—	—	—	—	—	—	—	%
—	—	—	—	—	—	—	—	—	—	Entrained (m³/m³)

(f) Air (Values Approximate)

2000	2500	3000	3500	4000	4500	5000	f'_c (psi)
0.04	0.03	0.03	0.03	0.03	0.03	0.03	Entrapped (ft³/yd³)
0.15	0.11	0.11	0.11	0.11	0.11	0.11	%

(f-1) Air (Values Approximate)

15	20	25	30	35	f'_c (MPa)
0.001	—	—	—	—	Entrapped (m³/m³)
0.14	—	—	—	—	%

(g) Cement and Water Adjustments for Fine Aggregate Variations

31-32	32-33	33-34	34-35	35-36	36-37	37-38	38-39	39-40	40-41	% Voids
90.0	92.5	95.0	97.5	100.0	102.5	105.0	107.5	110.0	112.5	Adjustment (%)

4 THE REPORT

To the authors' knowledge there does not generally exist a complete and comprehensive report form for the design and control of concrete mixes that, during construction and long after the structure has been completed, will reveal to the person or persons reviewing the structure the complete data, from specification requirements through the final mix design and testing of the mix.

The suggested form presented in this section has withstood the test of time, having been successfully used by the senior author. It is strongly urged that it be utilized with variations as required by the user of the *Manual*.

The completed Report is a joint effort of the engineer-architect (who supplies the "General Information" and "Specification Data," including "Additional Specification Requirements for the Concrete Producer/Contractor," "Mix Design Computations," and that portion of "Design Mix Test Results and Statistical Evaluation" dealing with the statistical evaluation of the strength test results) and the testing laboratory (which supplies the "Material Laboratory Analysis" and the remainder of the "Design Mix Test Results and Statistical Evaluation" that is not the direct responsibility of the engineer-architect).

The Report is unique in that the step-by-step procedure for computations is an integral part of it, thereby allowing those unfamiliar with the procedures to follow the computations with minimum effort.

It should be noted it is mandatory for the concrete producer to achieve the results for which the mix was designed and to comply with the "Additional Specification Requirements for the Concrete Producer/Contractor," including the slump adjustments supplied.

Upon completion of the report, it must be reviewed, signed, and sealed by the engineer-architect of record.

Project No.: _____

CONCRETE MIX DESIGN*
(U.S. CUSTOMARY UNITS)

Mix No.: _____

*Refer to Leslie D. "Doc" Long, Clifford Gordon, Charles F. Peck, Jr., and Jack R. Benjamin, *Design Mix Manual for Concrete Construction*, McGraw-Hill Book Company, New York, 1982.

Project No. _____

INFORMATION AND DATA SHEET

GENERAL INFORMATION Project Name: _____

Project Location: _____ _____

Owner: _____

Architect: _____

Engineer: _____

Construction Manager: _____

General Contractor: _____

Concrete Contractor: _____

Ready-Mix Supplier: _____

Testing Laboratory: _____

Concrete Use: _____

Reference List of Drawing Numbers, Titles, and Details: Attached; see page _____.

Exposure Conditions:

( ) Severe exposure ( ) In contact with sulfates

( ) In air ( ) Mild exposure

( ) In water ( ) In seawater

SPECIFICATION DATA Design Strength (f'_c) @ _____ Days   _____ psi + 1200 psi

Maximum Coarse Aggregate Size   _____ in

Cement Type   _____
    Cube Strength @ _____ Days   _____ ± 600 psi (as per mill certificate)

Bags of Cement (minimum)   As per "Mix Design Computations"

Coarse Aggregate Type No.   As per "Material Laboratory Analysis"

Concrete Class   _____
    Pumped   ( ) No ( ) Yes

Admixtures
    Air Entrainment   ( ) No ( ) Yes
        As per Tables of Volumes ± _____%

Chemical Admixtures   Type _____
        _____
        _____

Mineral Admixture (MA)   Class _____ % Cement _____
Slump   _____ in ± _____ in
Water/Cement Ratio   _____ maximum
Water/(Cement + MA) Ratio   _____ maximum

NOTES

1. *Coarse Aggregate Type Numbers (General Classification)*

    Type No. 1. Rounded natural gravels

    Type No. 2. Irregular-shaped gravels or combinations of round and crushed particles

    Type No. 3. Cubical-shaped particles: crushed rock

    Type No. 4. Angular-shaped crushed stone

    Type No. 5. Very angular crushed rock (approaching the splintered type), vesicular aggregates (slag, expanded shale, some forms of coral), and manufactured lightweight aggregates

    Type No. 6. For use when a Type No. 4 coarse aggregate is used and the concrete is to be pumped

    Type No. 7. For use when a Type No. 5 coarse aggregate is used and the concrete is to be pumped

2. *Concrete Class*

    Class A. Containing the greatest amount of coarse aggregate and minimum amount of water (must be carefully placed to avoid honeycombing; use probably limited to vibrating table)

    Class B. Typical paving mixture mechanically screeded or for mass concrete

    Class C. Suitable for pavements finished by hand or for mass concrete

    Class D. For general structural use

3. *Slump Ranges*

Types of Construction	Slump (in) Maximum*	Minimum
Reinforced foundation walls and footings	3	1
Unreinforced footings, caissons, and substructure walls	3	1
Reinforced slabs, beams, and walls	4	1
Building columns	4	1
Pavements and slabs	3	1
Heavy mass construction	2	1

*May be increased by 1 in for methods of consolidation other than vibration.

4. *Slump Consistency*

Description	Slump (in)
Extremely dry	...
Very stiff	...
Stiff	0–1
Stiff plastic	1–2
Plastic	3–4
Plastic flowing	5–6
Flowing	Above 6

ADDITIONAL REQUIREMENTS

1. Cement and mineral admixture shipments, respectively, shall not deviate throughout the construction period by more than ±600 psi from the design mix mill certificate for cement and mineral admixtures.

2. Cement with a 3000-psi cube compressive strength at 3 days to be classified as Type III.

3. *All material retained on the No. 8 standard-size square-mesh sieve is to be classified as coarse aggregate.*

4. Design mix aggregate to be tested saturated surface dry.

5. Uniformity requirements for aggregates: ±0.2 fineness modulus.

6. No more than 45% of the fine aggregate may be retained between two consecutive standard-size-mesh sieves.

7. Fineness modulus of fine aggregate requirement: no less than 2.3 or more than 3.1.

8. For pumped concrete add up to 2 gal of water per cubic yard of concrete when placing at the site. (This amount is approximate and can be expected to be lost under pressure in the pipeline. It will have no effect on the mix other than to provide temporary lubrication in the pipeline. This applies to Class D concrete only.) *Do not* use additional water if a chemical admixture to provide pipeline lubrication is added to the concrete mix. Make slump tests only at discharge end of pipeline.

9. *Air-Entraining Admixture (ASTM C 311 and ASTM C 260)*

    Trade Name:_____
    Manufacturer: _____

10. *Chemical Admixture (ASTM C 494)*

    a. Trade Name:_____
    Manufacturer: _____

    b. Trade Name:_____
    Manufacturer: _____

    c. Trade Name:_____
    Manufacturer: _____

11. *Mineral Admixture (ASTM C 618)*

    Trade Name:_____
    Supplier: _____

12. To determine the specific gravity for both coarse and fine structural lightweight aggregate and structural lightweight coarse aggregate absorption refer to ACI 211.2-____, *Standard Practice for Selecting Proportions for Structural Lightweight Concrete,* Appendix A and Appendix B respectively.

13. For specified water-reducing admixture, reduce water content by ____%.

14. For specified mineral admixture, replace cement by ____%.

15. So that an excessive amount of concrete is not produced for trial batches, 0.75% of the material weights for each cylinder is required.

16. Air-entraining admixture and chemical admixture dosages as per manufacturer's recommendations, to be added after all other materials have been placed in the mixer.

17. Design mix compressive-strength test results of the final batches may be higher than required by the specified compressive strength. The higher compressive strength *does not* become the working compressive strength, and the computed design mix proportions *must* be followed.

Project No. _____

ADDITIONAL SPECIFICATION REQUIREMENTS FOR THE CONCRETE PRODUCER/CONTRACTOR

1. Presaturate the lightweight aggregate (both coarse lightweight aggregate and fine lightweight aggregate when used in place of sand).

2. Before batching each new design mix, at the beginning of each day prior to the start of operations and at such time as a new stockpile of coarse aggregate or fine aggregate or a new shipment of cement is used, make the following tests:

   a. Coarse aggregate: Sieve analysis, specific gravity (bulk, ssd), rodded unit weight, solid weight, % voids, absorption

   b. Fine aggregate: Sieve analysis, specific gravity (bulk, ssd), rodded unit weight, solid weight, % voids, absorption

   c. Cement: Certification of cube strength and applicable ASTM requirements

3. In the event that operations are suspended for a particular design mix and other batching operations take place, repeat the test detailed in Par. 2.

4. Make batch corrections to maintain accurate batch quantities.

5. The manufacturer shall supply a report at the time of the original shipment of the cement for use in the laboratory design mix cylinders, stating the results of tests made on samples of the cement taken during the production or transfer and certifying that the applicable requirements of ASTM C 150 have been met. The compressive-strength (cube-strength) test results become the project specification.

6. Report and certification of subsequent cement shipments shall also be supplied.

7. If the compressive strength of the cement of subsequent shipments varies from that required by the "Specification Data," the shipment shall be rejected.

8. Cement with a 3000-psi cube strength at 3 days is to be classified as Type III.

9. For pumped concrete add up to 2 gal of water per cubic yard of concrete when placing at the site. (This amount is approximate and can be expected to be lost under pressure in the pipeline. It will have no effect on the mix other than to provide temporary lubrication in the pipeline. This applies to Class D concrete only.) *Do not* use additional water if a chemical admixture to provide pipeline lubrication is added to the concrete mix. Make slump tests only at the discharge end of the pipeline.

10. Adjustment of cement and water for various slumps:

Slump (in)	Cement (bags/yd³)	Cement (lb/yd³)	Water (gal/yd³)
0	0.00	0.0	0.0
½	0.07	6.6	0.4
1	0.14	13.2	0.8
1½	0.22	20.7	1.2
2	0.29	27.3	1.6
2½	0.36	33.8	2.0
3	0.43	40.4	2.4
3½	0.50	47.0	2.8
4	0.57	53.6	3.2
4½	0.64	60.2	3.6
5	0.72	66.8	4.0

These slumps and amounts of cement and water are added to or subtracted from the mix to attain the specified slump. (The addition of cement reduces slump, and the addition of water increases slump.)

Project No. _____

MATERIAL LABORATORY ANALYSIS

COARSE AGGREGATE Source: _____

Classification: _____

Sieve Analysis (ASTM C 136)

Sieve Size	Cumulative Weight Retained			Cumulative % Retained	Cumulative % Passing
	First Run	Second Run	Average		
4"	_____	_____	_____	_____	_____
3½"	_____	_____	_____	_____	_____
3"	_____	_____	_____	_____	_____
2½"	_____	_____	_____	_____	_____
2"	_____	_____	_____	_____	_____
1½"	_____	_____	_____	_____	_____
1"	_____	_____	_____	_____	_____
¾"	_____	_____	_____	_____	_____
½"	_____	_____	_____	_____	_____
⅜"	_____	_____	_____	_____	_____
No. 4	_____	_____	_____	_____	_____
No. 8	_____	_____	_____	_____	_____

Fineness Modulus   + 4.0

Fineness Modulus   _____

Specific Gravity (Bulk, SSD Basis): ASTM C 127   _____

Solid Weight (Specific Gravity × 62.4)   _____ lb/ft³

Dry Rodded Weight (SSD Basis): ASTM C 29   _____ lb/ft³

Voids (ASTM C 29)   _____%

Absorption (ASTM C 127)   _____%

Soundness (ASTM C 88)   _____

Los Angeles Abrasion (ASTM C 131 and C 535)   _____% of wear

Percent of Voids for Well-Graded Coarse Aggregate

Type No.	Size								
	⅜"	½"	¾"	1"	1½"	2"	2½"	3"	3½"
1	37–39	36–38	35–37	34–36	33–35	32–34	31–33	30–32	29–31
2	40–42	39–41	38–40	37–39	36–38	35–37	34–36	33–35	32–34
3	43–45	42–44	41–43	40–42	39–41	38–40	38–39	36–38	35–37
4	46–48	45–47	44–46	43–45	42–44	41–43	40–42	39–41	38–40
5	49–51	48–50	47–49	46–48	45–47	44–46	43–45	42–44	41–43

FINE AGGREGATE Source: _____

Classification: _____

Sieve Analysis (ASTM C 136)

Sieve Size, No.	Cumulative Weight Retained			Cumulative % Retained	Cumulative % Passing
	First Run	Second Run	Average		
4	_____	_____	_____	_____	_____
8	_____	_____	_____	_____	_____
16	_____	_____	_____	_____	_____
30	_____	_____	_____	_____	_____
50	_____	_____	_____	_____	_____
100	_____	_____	_____	_____	_____
200	_____	_____	_____	_____	_____

Fineness Modulus _____

Specific Gravity (Bulk, SSD Basis): ASTM C 128 _____

Solid Weight (Specific Gravity $\times$ 62.4) _____ lb/ft^3

Dry Rodded Weight (SSD Basis): ASTM C 29) _____ lb/ft^3

Voids (ASTM C 29) _____ %

Absorption (ASTM C 128) _____ %

Soundness (ASTM C 88) _____

HYDRAULIC CEMENT Material: _____

Source: _____

Tests: As per manufacturer's certified mill certificate in accordance with ASTM C 150

MINERAL ADMIXTURES Material: _____

Source: _____

Tests: As per supplier's certified mill certificate in accordance with ASTM C 311 and ASTM C 618

Project No. _____

MIX DESIGN COMPUTATIONS

Specification Requirements

f'_c = ____ psi

( ) Non-AE ( ) AE: As per Tables of Volumes ± ____%

Slump = ____ in ± ____ in

Pumped ( ) No ( ) Yes

% Cement Replaced by MA = ____%

% Water Replaced by Type ____ Admixture = ____%

Material Laboratory Analysis: Summary

	Cement	MA	Coarse Aggregate	Fine Aggregate
Aggregate Size	____	____	____	____
Specific Gravity	____	____	____	____
Solid Weight	____	____	____	____
Dry Rodded Weight	____	____	____	____
Percent Voids	____	____	____	____
Type No.	____	____	____ + ____ = ____ *	____
% −8	____	____	____	____

*For pumped concrete the coarse aggregate type is increased by 2.

COMPUTATIONS

		1 Tables of Volumes Values (ft³/yd³)	2 Corrections (ft³/yd³)	3 Weight (lb/yd³)
A	Cement	Table ____ (c)	See "Procedure"	
A	MA, Pozzolan	NA ...		A2 × Solid Weight
A	MA, Fly Ash	...		
B	Water	(d)		B2 × 62.4
C	Air-Entrained	Table ____ (e)		____% ...
D	Air-Entrapped	(f)		____% ...
E	Fine Aggregate (AE)	F1 − (A1 + B1 + C1)	$\dfrac{100\,(E1)}{\text{Fine Aggregate \%} - 8}$	E2 × Solid Weight
E	Fine Aggregate (Non-AE)	F1 − (A1 + B1 + D1)		
F	Mortar (AE)	Table ____ (b)	A2 + B2 + C2 + E2	A3 + B3 + E3
F	Mortar (Non-AE)		A2 + B2 + D2 + E2	
G	Coarse Aggregate		27.00 − F2	G2 × Solid Weight
H	Total	F1 + G1 27.00	F2 + G2 27.00	F3 + G3

I	Unit Weight (lb/ft³)	H3/27	
J	6″ × 12″ Cylinder (lb)	I/5.09	
K	Cement (bags/yd³)	A3/94	
L	Water (total gal/yd³)	B3/8.34	
M	Water (gal/bag)	L/K	
N	Water-Cement Ratio (by weight)	B3/A3	
N	Water-Cement Ratio + MA (by weight)	B3/A3	

Computed by: ____
Date: __/__/__
Checked by: ____
Date: __/__/__
Approved by: ____
Date: __/__/__

NOTE: NA = not applicable.

MIX DESIGN COMPUTATIONS PROCEDURE

(Refers to "Mix Design Computations")

General

1. Obtain the required f'_c, whether the mix is to be air-entrained or non-air-entrained, the required slump, whether the mix is to be pumped, the percentage of cement to be replaced by mineral admixture, and the percentage of water to be replaced by water-reducing admixture from the "Information and Data Sheet," and enter this information in the appropriate spaces in the "Specification Requirements."

2. Obtain the cement type from the "Information and Data Sheet," the specific gravity, solid weight, and the dry rodded weight for the cement and mineral admixture from the cement manufacturer and mineral admixture supplier respectively, and enter these values in the appropriate spaces in the "Material Laboratory Analysis: Summary."

3. Obtain the aggregate size, specific gravity, solid weight, dry rodded weight, percentage of voids, type number, and percentage of fine aggregate passing the No. 8 sieve from the "Material Laboratory Analysis," and enter these values in the "Material Laboratory Analysis: Summary."

Computations

Tables of Volumes Selection: Table _____.

1. Select the Tables of Volumes to be used by determining the following:

   a. The coarse aggregate size obtained from the "Material Laboratory Analysis: Summary" of the "Mix Design Computations." _____.

   b. The required slump obtained from the "Specification Requirements." _____.

   c. Whether air-entrained on non-air-entrained, obtained from the "Specification Requirements." _____.

   d. Enter the selected table number in the appropriate spaces Al though D1, F1, and G1. _____.

Tables of Volumes Values

1. *Concrete Class:* _____.

   a. Refer to (a) of the selected Tables of Volumes.

   (1) At the right side of the table locate and circle the appropriate "Concrete Class" as detailed on the "Information and Data Sheet," Note 2. _____.

2. *Coarse Aggregate Type No.:* _____.

   a. Refer to (a) of the selected Tables of Volumes.

   (1) From the circled letter denoting the "Concrete Class" travel horizontally to the left to the point of intersection with the "Coarse Aggregate Type No.,"

obtained from the "Material Laboratory Analysis: Summary," and circle this number. _____.

3. *Mortar (F1):* _____.

   a. Refer to (b) of the selected Tables of Volumes.

   (1) At the right side of the table locate "Mortar."

   (2) Travel horizontally to the left to the intersection with the circled figure, projected downward from (a), "Coarse Aggregate Type No."

   (3) At the intersection, circle the figure for "Mortar" and record it in space F1. _____.

4. *Coarse Aggregate (G1):* _____.

   a. Refer to (b) of the selected Tables of Volumes.

   (1) At the right side of the table locate "Coarse Aggregate +8."

   (2) Travel horizontally to the left to the intersection with the circled figure, projected downward from (a), "Coarse Aggregate Type No."

   (3) At the intersection circle the figure for "Coarse Aggregate +8" and record it in space G1. _____.

5. *Cement (A1):* _____.

   a. Refer to (c) or (c-1), U.S. customary units or SI units, respectively, of the selected Tables of Volumes.

   (1) At the right side of the table, locate and circle the required f'_c obtained from the "Specification Requirements."

   (2) From the circled figure travel horizontally to the left to the intersection with the circled figure, projected downward from (a), "Coarse Aggregate Type No.," circle this number, and record it in space A1. _____.

6. *Water (B1):* _____.

   a. Refer to (d) or (d-1), U.S. customary units or SI units, respectively, of the selected Tables of Volumes.

   (1) At the right side of the table locate and circle the required f'_c obtained from the "Specification Requirements." _____.

   b. From the circled figure travel horizontally to the left to the intersection with the circled figure projected downward from (a), "Coarse Aggregate Type No."; circle this number, and record it in space B1. _____.

7. *Entrained Air (C1):* _____.

   a. Refer to (e) of the selected Tables of Volumes.

   (1) At the right side of the table locate "Entrained Air."

   (2) Travel horizontally to the left to the intersection with the circled figure projected downward from (a), "Coarse Aggregate Type No."; circle this number, and record it in space C1. _____.

8. *Entrapped Air (D1):* _____.

   a. Refer to (*f*) or (*f*-1), U.S. customary units or SI units, respectively, of the selected Tables of Volumes.

   (1) At the top of the table locate and circle the required f'_c obtained from the "Specification Requirements." _____.

   (2) At the right side of the table locate "Entrapped Air" and travel horizontally to the right to the intersection with the circled figure projected downward from the circled f'_c of the table; circle this figure and record it in space D1. _____.

Corrections

1. *Cement (A2):* _____.

   a. Refer to the "Material Laboratory Analysis: Summary" and determine the "Percent Voids" in the fine aggregate. _____.

   b. Refer to (g) of the selected Tables of Volumes.

   (1) At the right side of the table locate the "Percent Voids," travel horizontally to the left to the determined "Percent Voids," and circle the figure determined in Par. *a.* _____.

   (2) Directly below will be found the figure for the adjustment; circle this figure. _____.

   c. Make the computed adjustments, and if a mineral admixture is not specified by the "Specification Requirements," enter the adjusted figure in space A2. _____.

   $$\text{Cement value adjusted} = C \times \% \, C = \underline{} \times \underline{}$$
   $$= \underline{}$$

   where C = cement value from A1
   $\% \, C$ = adjustment (%) from (g) of the selected Tables of Volumes

2. *Cement + Mineral Admixtures (A2):* _____ + _____.

   a. Where a mineral admixture is specified by the "Specification Requirements":

   (1) Determine the percentage of the cement content to be removed as per supplier's recommendation. _____%.

   (2) Compute the cement and mineral aggregate values and record them in space A2. _____, _____.

   $$CV = C - \% \, MA = \underline{} - (\underline{} \times \underline{}) = \underline{}$$
   $$MAV = C - CV = \underline{} - \underline{} = \underline{}$$

   where CV = cement value
   C = cement value adjusted from Par. 1
   $\% \, MA$ = percent of mineral admixture replacement
   MAV = mineral aggregate value

3. *Water (B2):* _____.

   a. Refer to the "Material Laboratory Analysis: Summary" and determine the "Percent Voids" in the fine aggregate. _____.

b. Refer to (g) of the selected Tables of Volumes.

(1) At the right side of the table locate the "Percent Voids," travel horizontally to the left to the determined "Percent Voids," and circle the figure in Par. a. _____.

(2) Directly below will be found the figure for the adjustment; circle this figure. _____.

c. Make the computed adjustments, and if a water-reducing admixture is not specified by the "Specifications Requirements," enter the adjusted figure in space B2.

$$\text{Water value adjusted} = W \times \% W$$
$$= \underline{\qquad} \times \underline{\qquad} = \underline{\qquad}$$

where W = water value from B1
$\% W$ = adjustment (%) from (g)

4. *Water (with water-reducing admixture) (B2):* _____.

   a. Where a water-reducing admixture is specified by the "Information and Data Sheet":

   (1) Determine the percentage of water to be reduced as per manufacturer's recommendation. _____%.

   (2) Compute the adjustment and record in space B2. _____.

$$AWV = W - (W \times \% \text{ water reduction})$$
$$AWV = \underline{\qquad} - (\underline{\qquad} \times \underline{\qquad}) = \underline{\qquad}$$

where AWV = adjusted water value
W = water value from Par. 3

NOTE: For all other computation procedures see "Computations."

Project No. _____

DESIGN MIX TEST RESULTS AND STATISTICAL EVALUATION

Compressive Strength and Statistical Evaluation

	1 Day	3 Days	7 Days	14 Days	28 Days	56 Days	90 Days
Cylinder 1	____	____	____	____	____	____	____
Cylinder 2	____	____	____	____	____	____	____
Cylinder 3	____	____	____	____	____	____	____
Cylinder 4	____	____	____	____	____	____	____
Cylinder 5	____	____	____	____	____	____	____
Cylinder 6	____	____	____	____	____	____	____
Average	____	____	____	____	____	____	____
Extreme Variation	____	____	____	____	____	____	____
Standard Deviation	____	____	____	____	____	____	____
Coefficient of Variation	____	____	____	____	____	____	____
Control	____	____	____	____	____	____	____

Measured Unit Weight (ASTM C 138) ____ lb/ft^3

Batch Volume (total weight of batch/measure unit weight) ____ ft^3/cwt

Cylinder Weight, Actual ____ lb

Percentage Fine Aggregates, Actual ____ %

Water Added, Actual ____ lb/yd^3
____ gal/yd^3
____ gal/bag (cement)

Measured Air (ASTM C 138) ____ %

Measured Maximum Size Coarse Aggregate (ASTM C 33) ____ in

Cement, Actual: Number of Bags ____ bags
    Weight ____ lb

Chemical Admixture, Actual: Type ____ ____ oz/100 lb (cement)

Mineral Admixture, Actual: Type ____ ____ lb
____ % of cement

Slump, Actual (ASTM C 138) ____ in

Water/Cement Ratio, Actual ____

Water/(Cement + MA) Ratio, Actual ____

Standard Deviation (as per ACI 214)

$$s = \frac{\sqrt{\sum_{i}^{n}(x_i - \bar{x})^2}}{n-1}$$

$$\bar{x} = \frac{1}{n}[x_1 + x_2 + \ldots + x_n]$$

where s = standard deviation
n = number of tests
x_i = strength of a cylinder
$\bar{x}$ = average strength

Coefficient of Variation

$$v = \frac{s}{\bar{x}} \times 100$$

where v = coefficient of variation

Range

Extreme Variation = x_i (high) − x_i (low)

Control Standards

Class of Operation	Coefficient of Variation			
	Excellent	Good	Fair	Poor
Overall Variation				
General Construction	Below 10.0	10.0–15.0	15.0–20.0	Above 20.0
Laboratory	Below 5.0	5.0–7.0	7.0–10.0	Above 10.0
Within-Test Variation				
Field	Below 4.0	4.0–5.0	5.0–6.0	Above 6.0
Laboratory	Below 3.0	3.0–4.0	4.0–5.0	Above 5.0

Project No.: _____

CONCRETE MIX DESIGN*
(SI UNITS)

Mix No.: _____

*Refer to Leslie D. "Doc" Long, Clifford Gordon, Charles F. Peck, Jr., and Jack R. Benjamin, *Design Mix Manual for Concrete Construction*, McGraw-Hill Book Company, New York, 1982.

THE REPORT **305**

Project No. _____

INFORMATION AND DATA SHEET

GENERAL INFORMATION

Project Name: _____

Project Location: _____

Owner: _____

Architect: _____

Engineer: _____

Construction Manager: _____

General Contractor: _____

Concrete Contractor: _____

Ready-Mix Supplier: _____

Testing Laboratory: _____

Concrete Use: _____

Reference List of Drawing Numbers, Titles, and Details: Attached; see page _____.

Exposure Conditions:

( ) Severe exposure   ( ) In contact with sulfates

( ) In air   ( ) Mild exposure

( ) In water   ( ) In seawater

SPECIFICATION DATA

Design Strength f'_c @ ____ Days	____ MPa + 10 MPa
Maximum Coarse Aggregate Size	____ mm
Cement Type	____
Cube Strength @ ____ Days	____ MPa ± 4 MPa (as per mill certificate)
Bags of Cement (minimum)	As per "Mix Design Computations"
Coarse Aggregate Type No.	As per "Material Laboratory Analysis"
Concrete Class	____
Pumped	( ) No ( ) Yes
Admixtures	
Air Entrainment	( ) No ( ) Yes
	As per Tables of Volumes ± ____ %
Chemical Admixtures	Type ____
	____
	____
Mineral Admixture (MA)	Class ____ % Cement ____
Slump	____ mm ± ____ mm
Water/Cement Ratio	____ maximum
Water/(Cement + MA) Ratio	____ maximum

NOTES

1. *Coarse Aggregate Type Numbers (General Classification)*

    Type No. 1. Rounded natural gravels

    Type No. 2. Irregular-shaped gravels or combinations of round and crushed particles

    Type No. 3. Cubical-shaped particles: crushed rock

    Type No. 4. Angular-shaped crushed stone

    Type No. 5. Very angular crushed rock (approaching the splintered type), vesicular aggregates (slag, expanded shale, some forms of coral), and manufactured lightweight aggregates

    Type No. 6. For use when a Type No. 4 coarse aggregate is used and the concrete is to be pumped

    Type No. 7. For use when a Type No. 5 coarse aggregate is used and the concrete is to be pumped

2. *Concrete Class*

    Class A. Containing the greatest amount of coarse aggregate and minimum amount of water (must be carefully placed to avoid honeycombing; use probably limited to vibrating table)

    Class B. Typical paving mixture mechanically screeded or for mass concrete

    Class C. Suitable for pavements finished by hand or for mass concrete

    Class D. For general structural use

3. *Slump Ranges*

	Slump (mm)	
Types of Construction	**Maximum***	**Minimum**
Reinforced foundation walls and footings	75	25
Unreinforced footings, caissons, and substructure walls	75	25
Reinforced slabs, beams, and walls	100	25
Building columns	100	25
Pavements and slabs	75	25
Heavy mass construction	50	25

*May be increased by 25.4 mm for methods of consolidation other than vibration.

4. *Slump Consistency*

Description	Slump (mm)
Extremely dry	...
Very stiff	...
Stiff	0–25
Stiff plastic	25–50
Plastic	75–100
Plastic flowing	125–150
Flowing	Above 150

ADDITIONAL REQUIREMENTS

1. Cement and mineral admixture shipments, respectively, shall not deviate throughout the construction period by more than ±4 MPa from the design mix mill certificate for cement and mineral admixtures.

2. Cement with a 20-MPa cube compressive strength at 3 days to be classified as Type III.

3. *All material retained on the No. 8 standard-size square-mesh sieve is to be classified as coarse aggregate.*

4. Design mix aggregate to be tested saturated surface dry.

5. Uniformity requirements for aggregates: ±0.2 fineness modulus.

6. No more than 45% of the fine aggregate may be retained between two consecutive standard-size-mesh sieves.

7. Fineness modulus of fine-aggregate requirement: no less than 2.3 or more than 3.1.

8. For pumped concrete add up to 7.57 liters of water per cubic meter of concrete when placing at the site. (This amount is approximate and can be expected to be lost under pressure in the pipeline. It will have no effect on the mix other than to provide temporary lubrication in the pipeline. This applies to Class D concrete only.) *Do not* use additional water if a chemical admixture to provide pipeline lubrication is added to the concrete mix. Make slump tests only at discharge end of pipeline.

9. *Air-Entraining Admixture (ASTM C 311 and ASTM C 260)*

    Trade Name:_____
    Manufacturer: _____

10. *Chemical Admixture (ASTM C 494)*

    a. Trade Name:_____
       Manufacturer: _____

    b. Trade Name:_____
       Manufacturer: _____

    c. Trade Name:_____

        Manufacturer: _____

11. *Mineral Admixture (ASTM C 618)*

    Trade Name:_____

    Supplier: _____

12. To determine the specific gravity for both coarse and fine structural lightweight aggregate and structural lightweight coarse aggregate absorption refer to ACI 211.2-____, *Standard Practice for Selecting Proportions for Structural Lightweight Concrete*, Appendix A and Appendix B respectively.

13. For specified water-reducing admixture, reduce water content by ____%.

14. For specified mineral admixture, replace cement by ____%.

15. So that an excessive amount of concrete is not produced for trial batches, only 0.75% of the material weights for each cylinder is required.

16. Air-entraining admixture and dosages as per manufacturer's recommendations, to be added after all other materials have been placed in the mixer.

17. Design mix compressive-strength test results of the final batches may be higher than required by the specified compressive strength. The higher compressive strength *does not* become the working compressive strength, and the computed design mix proportions *must* be followed.

Project No. _____

ADDITIONAL SPECIFICATION REQUIREMENTS FOR THE CONCRETE PRODUCER/CONTRACTOR

1. Presaturate the lightweight aggregate (both coarse lightweight aggregate and fine lightweight aggregate when used in place of sand).

2. Before batching each new design mix, at the beginning of each day prior to the start of operations and at such time as a new stockpile of coarse aggregate or fine aggregate or a new shipment of cement is used, make the following tests:

    a. Coarse aggregate: Sieve analysis, specific gravity (bulk, ssd), rodded unit weight, solid weight, % voids, absorption

    b. Fine aggregate: Sieve analysis, specific gravity (bulk, ssd), rodded unit weight, solid weight, % voids, absorption

    c. Cement: Certification of cube strength and applicable ASTM requirements

3. In the event that operations are suspended for a particular design mix and other batching operations take place, repeat the tests detailed in Par. 2.

4. Make batch corrections to maintain accurate batch quantities.

5. The manufacturer shall supply a report at the time of the original shipment of the cement for use in the laboratory design mix cylinders, stating the results of tests made on samples of the cement taken during the production or transfer and certifying that the applicable requirements of ASTM C 150 have been met. The compressive-strength (cube-strength) test results become the project specification.

6. Report and certification of subsequent cement shipments shall also be supplied.

7. If the compressive strength of the cement of subsequent shipments varies from that required by the "Specification Data," the shipment shall be rejected.

8. Cement with a 20-MPa cube strength at 3 days is to be classified as Type III.

9. For pumped concrete add up to 7.57 liters of water per cubic meter of concrete when placing at the site. (This amount is approximate and can be expected to be lost under pressure in the pipeline. It will have no effect on the mix other than to provide temporary lubrication in the pipeline. This applies to Class D concrete only.) *Do not* use additional water if a chemical admixture to provide pipeline lubrication is added to the concrete mix. Make slump tests only at the discharge end of the pipeline.

10. Adjustment of cement and water for various slumps:

Slump (mm)	Cement (bags/m³)	Cement (kg/m³)	Water (l/m³)
0	0.000	0.0	0.0
12.5	0.091	18.9	18.9
25	0.182	37.8	37.8
40	0.286	59.2	59.2
50	0.377	78.1	78.1
65	0.468	96.7	96.7
75	0.559	115.5	115.5
90	0.650	134.4	134.4
100	0.741	153.3	153.3
115	0.832	172.2	172.2
125	0.936	191.1	191.1

These slumps and amounts of cement and water are added to or subtracted from the mix to attain the specified slump. (The addition of cement reduces slump, and the addition of water increases slump.)

Project No. _____

MATERIAL LABORATORY ANALYSIS

COARSE AGGREGATE Source: _____

Classification: _____

Sieve Analysis (ASTM C 136)

Sieve Size, mm	Cumulative Weight Retained			Cumulative % Retained	Cumulative % Passing
	First Run	Second Run	Average		
100.0	_____	_____	_____	_____	_____
90.0	_____	_____	_____	_____	_____
75.0	_____	_____	_____	_____	_____
63.0	_____	_____	_____	_____	_____
50.0	_____	_____	_____	_____	_____
38.1	_____	_____	_____	_____	_____
25.0	_____	_____	_____	_____	_____
19.0	_____	_____	_____	_____	_____
12.5	_____	_____	_____	_____	_____
9.5	_____	_____	_____	_____	_____
4.75	_____	_____	_____	_____	_____
2.36	_____	_____	_____	_____	_____

Fineness Modulus   + 4.0

Fineness Modulus _____

Specific Gravity (Bulk, SSD Basis): ASTM C 127 _____

Solid Weight (Specific Gravity × 1000) _____ kg/m^3

Dry Rodded Weight (SSD Basis): ASTM C 29 _____ kg/m^3

Voids (ASTM C 29) _____%

Absorption (ASTM C 127) _____%

Soundness (ASTM C 88) _____

Los Angeles Abrasion (ASTM C 131 and C 535) _____% of wear

Percent of Voids for Well-Graded Course Aggregate

Type No.	Size (mm)								
	9.5	12.5	19.0	25.0	38.1	50.0	63.0	75.0	90.0
1	37–39	36–38	35–37	34–36	33–35	32–34	31–33	30–32	29–31
2	40–42	39–41	38–40	37–39	36–38	35–37	34–36	33–35	32–34
3	43–45	42–44	41–43	40–42	39–41	38–40	38–39	36–38	35–37
4	46–48	45–47	44–46	43–45	42–44	41–43	40–42	39–41	38–40
5	49–51	48–50	47–49	46–48	45–47	44–46	43–45	42–44	41–43

FINE AGGREGATE   Source: _____

Classification: _____

Sieve Analysis (ASTM C 136)

Sieve Size	Cumulative Weight Retained			Cumulative % Retained	Cumulative % Passing
	First Run	Second Run	Average		
4.75 mm	_____	_____	_____	_____	_____
2.36 mm	_____	_____	_____	_____	_____
1.18 mm	_____	_____	_____	_____	_____
600 μm	_____	_____	_____	_____	_____
300 μm	_____	_____	_____	_____	_____
150 μm	_____	_____	_____	_____	_____
	_____	_____	_____	_____	_____

Fineness Modulus _____

Specific Gravity (Bulk, SSD Basis): ASTM C 128   _____

Solid Weight (Specific Gravity × 1000)   _____ kg/m^3

Dry Rodded Weight (SSD Basis): ASTM C 29   _____ kg/m^3

Voids (ASTM C 29)   _____%

Absorption (ASTM C 128)   _____%

Soundness (ASTM C 88)   _____

HYDRAULIC CEMENT   Material: _____

Source: _____

Tests: As per manufacturer's certified mill certificate in accordance with ASTM C 150

MINERAL ADMIXTURES   Material: _____

Source: _____

Tests: As per supplier's certified mill certificate in accordance with ASTM C 311 and ASTM C 618

Project No. _____

MIX DESIGN COMPUTATIONS

Specification Requirements

f'_c = _____ MPa

( ) Non-AE   ( ) AE: As per Tables of Volumes ± _____%

Slump = _____ mm ± _____ mm

Pumped ( ) No   ( ) Yes

% Cement Replaced by MA = _____%

% Water Replaced by Type _____ Admixture = _____%

Material Laboratory Analysis: Summary

	Cement	MA	Coarse Aggregate	Fine Aggregate
Aggregate Size	_____	_____	_____	_____
Specific Gravity	_____	_____	_____	_____
Solid Weight	_____	_____	_____	_____
Dry Rodded Weight	_____	_____	_____	_____
Percent Voids	_____	_____	_____	_____
Type No.	_____	_____	___ + ___ = ___ *	_____
% −8	_____	_____	_____	_____

*For pumped concrete the coarse aggregate type is increased by 2.

COMPUTATIONS

		1 Tables of Volumes Values (m³/m³)	2 Corrections (m³/m³)	3 Weight (kg/m³)	
A	Cement	Table (c)	See "Procedure"	A2 × Solid Weight	
A	MA, Pozzolan	NA ...		A2 × Solid Weight	
A	MA, Fly Ash	...		A2 × Solid Weight	
B	Water	(d)		B2 × 1000	
C	Air-Entrained	Table _____ (e)		%	...
D	Air-Entrapped	(f)		%	...
E	Fine Aggregate (AE)	F1 − (A1 + B1 + C1)	$\dfrac{100 (E1)}{\text{Fine Aggregate \% − 8}}$	E2 × Solid Weight	
E	Fine Aggregate (Non-AE)	F1 − (A1 + B1 + C1)		E2 × Solid Weight	
F	Mortar (AE)	Table _____ (b)	A2 + B2 + C2 + E2	A3 + B3 + E3	
F	Mortar (Non-AE)		A2 + B2 + C2 + E2	A3 + B3 + E3	
G	Coarse Aggregate		27.00 − F2	G2 × Solid Weight	
H	Total	F1 + G1	1.000 F2 + G2	1.000 F3 + G3	

I	Unit Weight (kg/m³)	H3	
J	152 mm × 305 mm	I/179	
K	Cement (bags/m³)*	A3 × 0.0234	
L	Water (total kg/m³)	B3	
M	Water (m³/bag)	L/K	
N	Water-Cement Ratio (by weight)	B3/A3	
N	Water-Cement Ratio + MA (by weight)	B3/A3	

Computed by: _____ / /
Date: _____ / /
Checked by: _____ / /
Date: _____ / /
Approved by: _____ / /
Date: _____ / /

*Since the weight of a bag of cement differs in various countries, the weight of the standard United States bag of cement (in SI units) has been used arbitrarily.

NOTE: NA = not applicable.

MIX DESIGN COMPUTATIONS PROCEDURE

(Refers to "Mix Design Computations")

General

1. Obtain the required f'_c, whether the mix is to be air-entrained or non-air-entrained, the required slump, whether the mix is to be pumped, the percentage of cement to be replaced by mineral admixture, and the percentage of water to be replaced by water-reducing admixture from the "Information and Data Sheet," and enter this information in the appropriate spaces in the "Specification Requirements."

2. Obtain the cement type from the "Information and Data Sheet," the specific gravity, solid weight, and the dry rodded weight for the cement and mineral admixture from the cement manufacturer and mineral admixture supplier, respectively, and enter these values in the appropriate spaces in the "Material Laboratory Analysis: Summary."

3. Obtain the aggregate size, specific gravity, solid weight, dry rodded weight, percentage of voids, type number, and percentage of fine aggregate passing the No. 8 sieve from the "Material Laboratories Analysis," and enter these values in the "Material Laboratory Analysis: Summary."

Computations

Tables of Volumes Selection: Table _____.

1. Select the Tables of Volumes to be used by determining the following:

    a. The coarse aggregate size obtained from the "Material Laboratory Analysis: Summary" of the "Mix Design Computations." _____.

    b. The required slump obtained from the "Specification Requirements." _____.

    c. Whether air-entrained on non-air-entrained, obtained from the "Specification Requirements." _____.

    d. Enter the selected table number in the appropriate spaces A1 through D1, F1, and G1. _____.

Tables of Volumes Values

1. Concrete Class: _____.

    a. Refer to (a) of the selected Tables of Volumes.

    (1) At the right side of the table locate and circle the appropriate "Concrete Class" as detailed on the "Information Data Sheet," Note 2. _____.

2. Coarse Aggregate Type No.: _____.

    a. Refer to (a) of the selected Tables of Volumes.

    (1) From the circled letter denoting the "Concrete Class" travel horizontally to the left to the point of intersection with the "Coarse Aggregate Type No.," obtained from the "Material Laboratory Analysis: Summary," and circle this number. _____.

3. *Mortar (F1):* _____.

   a. Refer to (b) of the selected Tables of Volumes.

   (1) At the right side of the table locate "Mortar."

   (2) Travel horizontally to the left to the intersection with the circled figure, projected downward from (a), "Coarse Aggregate Type No."

   (3) At the intersection, circle the figure for "Mortar" and record it in space F1. _____.

4. *Coarse Aggregate (G1):* _____.

   a. Refer to (b) of the selected Tables of Volumes.

   (1) At the right side of the table locate "Coarse Aggregate +8."

   (2) Travel horizontally to the left to the intersection with the circled figure, projected downward from (a), "Coarse Aggregate Type No."

   (3) At the intersection circle the figure for "Coarse Aggregate +8" and record it in space G1. _____.

5. *Cement (A1):* _____.

   a. Refer to (c) or (c-1), U.S. customary units or SI units, respectively, of the selected Tables of Volumes.

   (1) At the right side of the table, locate and circle the required f'_c obtained from the "Specification Requirements."

   (2) From the circled figure travel horizontally to the left to the intersection with the circled figure, projected downward from (a), "Coarse Aggregate Type No.," circle this number, and record it in space A1. _____.

6. *Water (B1):* _____.

   a. Refer to (d) or (d-1), U.S. customary units or SI units, respectively, of the selected Tables of Volumes.

   (1) At the right side of the table locate and circle the required f'_c obtained from the "Specification Requirements." _____.

   b. From the circled figure travel horizontally to the left to the intersection with the circled figure projected downward from (a), "Coarse Aggregate Type No."; circle this number, and record it in space B1. _____.

7. *Entrained Air (C1):* _____.

   a. Refer to (e) of the selected Tables of Volumes.

   (1) At the right side of the table locate "Entrained Air."

   (2) Travel horizontally to the left to the intersection with the circled figure projected downward from (a), "Coarse Aggregate Type No."; circle this number, and record it in space C1. _____.

8. *Entrapped Air (D1):* _____.

   a. Refer to (f) or (f-1), U.S. customary units or SI units, respectively, of the selected Tables of Volumes.

(1) At the top of the table locate and circle the required f'_c obtained from the "Specification Requirements." _____.

(2) At the right side of the table locate "Entrapped Air" and travel horizontally to the right to the intersection with the circled figure projected downward from the circled f'_c of the table; circle this figure and record it in space D1. _____.

Corrections 1. *Cement (A2):* _____.

a. Refer to the "Material Laboratory Analysis: Summary" and determine the "Percent Voids" in the fine aggregate. _____.

b. Refer to (g) of the selected Tables of Volumes.

(1) At the right side of the table locate the "Percent Voids," travel horizontally to the left to the determined "Percent Voids," and circle the figure determined in Par. a. _____.

(2) Directly below will be found the figure for the adjustment; circle this figure. _____.

c. Make the computed adjustments, and if a mineral admixture is not specified by the "Specification Requirements," enter the adjusted figure in space A2. _____.

$$\text{Cement value adjusted} = C \times \% \ C = \underline{} \times \underline{} = \underline{}$$

where C = cement value from A1
$\% \ C$ = adjustment (%) from (g) of the selected Tables of Volumes

2. *Cement + Mineral Admixtures (A2):* _____ + _____.

a. Where a mineral admixture is specified by the "Specification Requirements":

(1) Determine the percentage of the cement content to be removed as per supplier's recommendation. _____%.

(2) Compute the cement and mineral aggregate values and record them in space A2. _____, _____.

$$CV = C - \% \ MA = \underline{} - (\underline{} \times \underline{}) = \underline{}$$
$$MAV = C - CV = \underline{} - \underline{} = \underline{}$$

where CV = cement value
C = cement value adjusted from Par. 1
$\% \ MA$ = Percent of mineral admixture replacement
MAV = mineral aggregate value

3. *Water (B2):* _____.

a. Refer to the "Material Laboratory Analysis: Summary" and determine the "Percent Voids" in the fine aggregate. _____.

b. Refer to (g) of the selected Tables of Volumes.

(1) At the right side of the table locate the "Percent Voids," travel horizontally to the left to the determined "Percent Voids," and circle the figure in Par. a. ____.

(2) Directly below will be found the figure for the adjustment; circle this figure. ____.

c. Make the computed adjustments, and if a water-reducing admixture is not specified by the "Specifications Requirements," enter the adjusted figure in space B2.

$$\text{Water value adjusted} = W \times \% \ W$$
$$= \underline{} \times \underline{} = \underline{}$$

where W = water value from C1
$\% \ W$ = adjustment (%) from (g)

4. *Water (with water-reducing admixture) (B2):* ____.

   a. Where a water-reducing admixture is specified by the "Information and Data Sheet":

   (1) Determine the percentage of water to be reduced as per manufacturer's recommendation. ____%.

   (2) Compute the adjustment and record in space B2. ____.

   $$AWV = W - (W \times \% \text{ water reduction})$$
   $$AWV = \underline{} - (\underline{} \times \underline{}) = \underline{}$$

   where AWV = adjusted water value
   W = water value from Par. 3

NOTE: For all other computation procedures see "Computations."

Project No. _____

DESIGN MIX TEST RESULTS AND STATISTICAL EVALUATION

Compressive Strength and Statistical Evaluation

	1 Day	3 Days	7 Days	14 Days	28 Days	56 Days	90 Days
Cylinder 1	____	____	____	____	____	____	____
Cylinder 2	____	____	____	____	____	____	____
Cylinder 3	____	____	____	____	____	____	____
Cylinder 4	____	____	____	____	____	____	____
Cylinder 5	____	____	____	____	____	____	____
Cylinder 6	____	____	____	____	____	____	____
Average	____	____	____	____	____	____	____
Extreme Variation	____	____	____	____	____	____	____
Standard Deviation	____	____	____	____	____	____	____
Coefficient of Variation	____	____	____	____	____	____	____
Control	____	____	____	____	____	____	____

Measured Unit Weight (ASTM C 138) ____ kg/m^3

Batch Volume (total weight of batch/measure unit weight) ____ m^3/cwt

Cylinder Weight, Actual ____ kg

Percentage Fine Aggregates, Actual ____ %

Water Added, Actual ____ kg/m^3
____ m^3/m^3
____ m^3/bag (cement)

Measured Air (ASTM C 138) ____ %

Measured Maximum Size Coarse Aggregate (ASTM C 33) ____ mm

Cement, Actual: Number of Bags ____ bags
Weight ____ kg

Chemical Admixture, Actual: Type ____ ____ ml^3/kg (cement)

Mineral Admixture, Actual: Type ____ ____ kg
____ % of cement

Slump, Actual (ASTM C 138) ____ mm

Water/Cement Ratio, Actual ____

Water/(Cement + MA) Ratio, Actual ____

Standard Deviation (as per ACI 214)

$$s = \frac{\sqrt{\sum_{i}^{n}(x_i - \bar{x})^2}}{n-1}$$

$$\bar{x} = \frac{1}{n}[x_1 + x_2 + \ldots + x_n]$$

where s = standard deviation
n = number of tests
x_i = strength of a cylinder
$\bar{x}$ = average strength

Coefficient of Variation

$$v = \frac{s}{\bar{x}} \times 100$$

where v = coefficient of variation

Range Extreme Variation = x_i (high) $-$ x_i (low)

Control Standards

Class of Operation	Coefficient of Variation			
	Excellent	Good	Fair	Poor
Overall Variation				
General Construction	Below 10.0	10.0–15.0	15.0–20.0	Above 20.0
Laboratory	Below 5.0	5.0– 7.0	7.0–10.0	Above 10.0
Within-Test Variation				
Field	Below 4.0	4.0– 5.0	5.0– 6.0	Above 6.0
Laboratory	Below 3.0	3.0– 4.0	4.0– 5.0	Above 5.0

5 TYPICAL DESIGN MIX EXAMPLES

Eight typical examples are presented (four in U.S. customary units and four in SI units). They include the three variables (mineral admixtures, chemical admixtures, and pumping) that may be included individually or in any combination with the basic air-entrained or non-air-entrained mix design in accordance with proportioning requirements. By following the instructions described in "Mix Design Computations Procedure," all these may be readily computed. The examples encompass any given situation that will be encountered in proportioning a concrete mix.

The eight examples of the design mix are as follows:

Design Mix Examples (U.S. Customary Units)

1. Non-air-entrained pumped stone concrete with mineral admixture and chemical admixture

2. Air-entrained pumped stone concrete with mineral admixture and chemical admixture

3. Non-air-entrained pumped lightweight concrete with mineral admixture and chemical admixture

4. Air-entrained pumped lightweight concrete with mineral admixture and chemical admixture

Design Mix Examples (SI Units)

1. Non-air-entrained pumped stone concrete with mineral admixture and chemical admixture

2. Air-entrained pumped stone concrete with mineral admixture and chemical admixture

3. Non-air-entrained pumped lightweight concrete with mineral admixture and chemical admixture

4. Air-entrained pumped lightweight concrete with mineral admixture and chemical admixture

TYPICAL DESIGN MIX EXAMPLES **323**

Project No. *Ex. 1 (U.S.C.U.)*

MATERIAL LABORATORY ANALYSIS

COARSE AGGREGATE Source: _____

Classification: *DOLOMITE*

Sieve Analysis (ASTM C 136)

Sieve Size	Cumulative Weight Retained			Cumulative % Retained	Cumulative % Passing
	First Run	Second Run	Average		
4″					
3½″					
3″					
2½″					
2″					
(1½″)				0	100
1″				30	70
¾″				50	50
½″				68	32
⅜″				80	20
No. 4				96	4
No. 8				100	0

Fineness Modulus **3.24** + 4.0

Fineness Modulus	**3.24**
Specific Gravity (Bulk, SSD Basis): ASTM C 127	**2.82**
Solid Weight (Specific Gravity × 62.4)	**176.0** lb/ft³
Dry Rodded Weight (SSD Basis): ASTM C 29	**105.5** lb/ft³
Voids (ASTM C 29)	**40.1**%
Absorption (ASTM C 127)	**0.8**%
Soundness (ASTM C 88)	_____
Los Angeles Abrasion (ASTM C 131 and C 535)	_____ % of wear

Percent of Voids for Well-Graded Coarse Aggregate

Type No.	Size								
	⅜″	½″	¾″	1″	(1½″)	2″	2½″	3″	3½″
1	37–39	36–38	35–37	34–36	33–35	32–34	31–33	30–32	29–31
2	40–42	39–41	38–40	37–39	36–38	35–37	34–36	33–35	32–34
(3)	43–45	42–44	41–43	40–42	(39–41)	38–40	38–39	36–38	35–37
4	46–48	45–47	44–46	43–45	42–44	41–43	40–42	39–41	38–40
5	49–51	48–50	47–49	46–48	45–47	44–46	43–45	42–44	41–43

FINE AGGREGATE Source: _____

Classification: _Natural Sand_ _____

Sieve Analysis (ASTM C 136)

Sieve Size, No.	Cumulative Weight Retained			Cumulative % Retained	Cumulative % Passing
	First Run	Second Run	Average		
4	_____	_____	_____	0	100
8	_____	_____	_____	10	(90)
16	_____	_____	_____	32	68
30	_____	_____	_____	62	38
50	_____	_____	_____	83	17
100	_____	_____	_____	96	4
200	_____	_____	_____	—	1

Fineness Modulus _2.83_

Specific Gravity (Bulk, SSD Basis): ASTM C 128   _2.64_

Solid Weight (Specific Gravity $\times$ 62.4)   _164.7_ lb/ft^3

Dry Rodded Weight (SSD Basis): ASTM C 29)   _107.9_ lb/ft^3

Voids (ASTM C 29)   _34.5_%

Absorption (ASTM C 128)   _0.8_%

Soundness (ASTM C 88)   _____

HYDRAULIC CEMENT Material: _Portland Cement - Type I (Sp. Gr. = 3.15)_

Source: _____

Tests: As per manufacturer's certified mill certificate in accordance with ASTM C 150

MINERAL ADMIXTURES Material: _Fly Ash - Class F (Sp. Gr. = 2.30)_

Source: _____

Tests: As per supplier's certified mill certificate in accordance with ASTM C 311 and ASTM C 618

Project No. **Ex. 1 (U.S.C.U.)**

MIX DESIGN COMPUTATIONS

Specification Requirements

$f'_c = $ **4000** psi

(✓) Non-AE ( ) AE: As per Tables of Volumes ± ___ %

Slump = **2½** in ± **¼** in

Pumped ( ) No (✓) Yes

% Cement Replaced by MA = **20** %

% Water Replaced by Type **A** Admixture = **5** %

Material Laboratory Analysis: Summary

	Cement	MA	Coarse Aggregate	Fine Aggregate
Aggregate Size	—	—	1½"	—
Specific Gravity	3.15	2.30	2.82	2.64
Solid Weight	196.56	143.5	176.0	164.7
Dry Rodded Weight	94.0	—	105.5	107.9
Percent Voids	—	—	40.1	34.5
Type No.	I	Class F	3+2=5*	—
% −8	—	—	—	90.0

*For pumped concrete the coarse aggregate type is increased by 2.

COMPUTATIONS

		1 Tables of Volumes Values (ft³/yd³)		2 Corrections (ft³/yd³)		3 Weight (lb/yd³)	
A	Cement	Table **201** (c)	2.90		2.26		444
A	MA, Pozzolan	NA	...	See "Procedure"	—	A2 × Solid Weight	—
A	MA, Fly Ash		...		0.57		82
B	Water	(d)	4.64		4.29	B2 × 62.4	268
C	Air-Entrained	Table **201** (e)	—		—	— %	...
D	Air-Entrapped	(f)	0.19		0.19	0.70 %	...
E	Fine Aggregate (AE)	F1 − (A1 + B1 + C1)	—	100 (E1) / Fine Aggregate % − 8	—	E2 × Solid Weight	—
E	Fine Aggregate (Non-AE)	F1 − (A1 + B1 + D1)	7.57		8.41		1385
F	Mortar (AE)	Table **201** (b)	—	A2 + B2 + C2 + E2	—	A3 + B3 + E3	—
F	Mortar (Non-AE)		15.30	A2 + B2 + D2 + E2	15.72		2179
G	Coarse Aggregate		11.70	27.00 − F2	11.28	G2 × Solid Weight	1985
H	Total	F1 + G1	27.00	F2 + G2	27.00	F3 + G3	4164

I	Unit Weight (lb/ft³)	H3/27	154.2
J	6" × 12" Cylinder (lb)	I/5.09	30.3
K	Cement (bags/yd³)	A3/94	4.7
L	Water (total gal/yd³)	B3/8.34	32.1
M	Water (gal/bag)	L/K	6.83
N	Water-Cement Ratio (by weight)	B3/A3	—
N	Water-Cement Ratio + MA (by weight)	B3/A3	0.51

Computed by:
Date: /   /
Checked by:
Date: /   /
Approved by:
Date: /   /

NOTE: NA = not applicable.

Table No.	201
C.A. Size	1½"
	38.1 mm
ASTM No.	467
Slump	2½"
	65 mm
(✓) Non-AE	
( ) AE	

(a)

Coarse Aggregate Type No.									Concrete Class
1	2	3	4	5	6	7			A
	1	2	3	4	5	6	7		B
		1	2	3	4	5	6	7	C
			1	2	3	4	⑤	6	7	Ⓓ

(b) Concrete

11.80	12.30	12.80	13.30	13.80	14.30	14.80	⑮.30	15.80	16.30	Mortar (ft³/yd³)
15.20	14.70	14.20	13.70	13.20	12.70	12.20	⑪.70	11.20	10.70	C.A. + 8 (ft³/yd³)
0.437	0.456	0.474	0.493	0.511	0.530	0.548	0.567	0.585	0.604	Mortar (m³/m³)
0.563	0.544	0.526	0.507	0.489	0.470	0.452	0.433	0.415	0.396	C.A. + 8 (m³/m³)

(c) Cement

										f'_c (psi)
1.84	1.89	1.94	2.00	2.05	2.10	2.15	2.20	2.26	2.31	2000
1.98	2.03	2.10	2.16	2.23	2.28	2.35	2.40	2.47	2.53	2500
2.10	2.17	2.24	2.31	2.38	2.42	2.50	2.58	2.65	2.71	3000
2.24	2.30	2.38	2.45	2.53	2.60	2.68	2.74	2.82	2.89	3500
2.39	2.46	2.54	2.62	2.68	2.76	2.83	②.90	2.98	3.06	④000
2.55	2.62	2.72	2.78	2.86	2.94	3.02	3.10	3.19	3.27	4500
2.74	2.80	2.90	2.99	3.07	3.16	3.24	3.33	3.42	3.51	5000

(c-1) Cement

										f'_c (MPa)
0.070	0.071	0.074	0.076	0.078	0.080	0.082	0.084	0.086	0.089	15
0.077	0.079	0.082	0.084	0.087	0.089	0.091	0.094	0.097	0.099	20
0.085	0.087	0.091	0.093	0.096	0.098	0.101	0.104	0.107	0.109	25
0.094	0.096	0.100	0.102	0.105	0.108	0.111	0.114	0.117	0.120	30
0.103	0.105	0.109	0.112	0.115	0.118	0.121	0.124	0.127	0.131	35

(d) Water

										f'_c (psi)
3.88	4.00	4.12	4.25	4.39	4.50	4.63	4.75	4.88	5.00	2000
3.86	3.97	4.10	4.22	4.36	4.47	4.60	4.72	4.84	4.96	2500
3.84	3.95	4.08	4.20	4.33	4.44	4.57	4.69	4.82	4.94	3000
3.81	3.92	4.06	4.18	4.30	4.42	4.55	4.66	4.80	4.91	3500
3.78	3.90	4.03	4.16	4.28	4.40	4.52	④.64	4.77	4.88	④000
3.76	3.87	4.00	4.13	4.25	4.37	4.50	4.61	4.76	4.86	4500
3.72	3.84	3.97	4.10	4.21	4.34	4.46	4.58	4.71	4.83	5000

(d-1) Water

										f'_c (MPa)
0.143	0.148	0.152	0.157	0.162	0.166	0.171	0.176	0.180	0.185	15
0.142	0.147	0.151	0.156	0.161	0.165	0.170	0.174	0.179	0.183	20
0.141	0.146	0.150	0.155	0.160	0.164	0.169	0.173	0.178	0.182	25
0.139	0.144	0.149	0.154	0.158	0.163	0.167	0.172	0.176	0.181	30
0.137	0.142	0.147	0.152	0.156	0.161	0.165	0.170	0.174	0.179	35

(e) Air

—	—	—	—	—	—	—	—	—	—	Entrained (ft³/yd³)
—	—	—	—	—	—	—	—	—	—	%
—	—	—	—	—	—	—	—	—	—	Entrained (m³/m³)

(f) Air (Values Approximate)

2000	2500	3000	3500	4000	4500	5000	f'_c (psi)
0.25	0.23	0.22	0.20	⓪.19	0.18	0.17	Entrapped (ft³/yd³)
0.93	0.85	0.81	0.74	0.70	0.67	0.63	%

(f-1) Air (Values Approximate)

15	20	25	30	35	f'_c (MPa)
0.009	0.008	0.007	0.007	0.006	Entrapped (m³/m³)
0.90	0.82	0.73	0.68	0.63	%

(g) Cement and Water Adjustments for Fine Aggregate Variations

31-32	32-33	33-34	34-35	35-36	36-37	37-38	38-39	39-40	40-41	% Voids
90.0	92.5	95.0	⑨7.5	100.0	102.5	105.0	107.5	110.0	112.5	Adjustment (%)

MIX DESIGN COMPUTATIONS PROCEDURE

(Refers to "Mix Design Computations")

General

1. Obtain the required f'_c, whether the mix is to be air-entrained or non-air-entrained, the required slump, whether the mix is to be pumped, the percentage of cement to be replaced by mineral admixture, and the percentage of water to be replaced by water-reducing admixture from the "Information and Data Sheet," and enter this information in the appropriate spaces in the "Specification Requirements."

2. Obtain the cement type from the "Information and Data Sheet," the specific gravity, solid weight, and the dry rodded weight for the cement and mineral admixture from the cement manufacturer and mineral admixture supplier respectively, and enter these values in the appropriate spaces in the "Material Laboratory Analysis: Summary."

3. Obtain the aggregate size, specific gravity, solid weight, dry rodded weight, percentage of voids, type number, and percentage of fine aggregate passing the No. 8 sieve from the "Material Laboratory Analysis," and enter these values in the "Material Laboratory Analysis: Summary."

Computations

Tables of Volumes Selection: Table *201*.

1. Select the Tables of Volumes to be used by determining the following:

   a. The coarse aggregate size obtained from the "Material Laboratory Analysis: Summary" of the "Mix Design Computations." *1½"*

   b. The required slump obtained from the "Specification Requirements." *2½"*

   c. Whether air-entrained on non-air-entrained, obtained from the "Specification Requirements." *Non-AE*

   d. Enter the selected table number in the appropriate spaces A1 though D1, F1, and G1. *201*.

Tables of Volumes Values

1. Concrete Class: *D*.

   a. Refer to (a) of the selected Tables of Volumes.

   (1) At the right side of the table locate and circle the appropriate "Concrete Class" as detailed on the "Information and Data Sheet," Note 2. *D*.

2. Coarse Aggregate Type No.: *5*.

   a. Refer to (a) of the selected Tables of Volumes.

   (1) From the circled letter denoting the "Concrete Class" travel horizontally to the left to the point of intersection with the "Coarse Aggregate Type No.,"

obtained from the "Material Laboratory Analysis: Summary," and circle this number. __5__.

3. Mortar (F1): __15.30__

   a. Refer to (b) of the selected Tables of Volumes.

   (1) At the right side of the table locate "Mortar."

   (2) Travel horizontally to the left to the intersection with the circled figure, projected downward from (a), "Coarse Aggregate Type No."

   (3) At the intersection, circle the figure for "Mortar" and record it in space F1. __15.30__

4. Coarse Aggregate (G1): __11.70__.

   a. Refer to (b) of the selected Tables of Volumes.

   (1) At the right side of the table locate "Coarse Aggregate +8."

   (2) Travel horizontally to the left to the intersection with the circled figure, projected downward from (a), "Coarse Aggregate Type No."

   (3) At the intersection circle the figure for "Coarse Aggregate +8" and record it in space G1. __11.70__

5. Cement (A1): __2.90__

   a. Refer to (c) or (c-1), U.S. customary units or SI units, respectively, of the selected Tables of Volumes.

   (1) At the right side of the table, locate and circle the required f'_c obtained from the "Specification Requirements."

   (2) From the circled figure travel horizontally to the left to the intersection with the circled figure, projected downward from (a), "Coarse Aggregate Type No.," circle this number, and record it in space A1. __2.90__.

6. Water (B1): __4.64__.

   a. Refer to (d) or (d-1), U.S. customary units or SI units, respectively, of the selected Tables of Volumes.

   (1) At the right side of the table locate and circle the required f'_c obtained from the "Specification Requirements." __4000__

   b. From the circled figure travel horizontally to the left to the intersection with the circled figure projected downward from (a), "Coarse Aggregate Type No."; circle this number, and record it in space B1. __4.64__.

7. Entrained Air (C1): __...__.

   a. Refer to (e) of the selected Tables of Volumes.

   (1) At the right side of the table locate "Entrained Air."

   (2) Travel horizontally to the left to the intersection with the circled figure projected downward from (a), "Coarse Aggregate Type No."; circle this number, and record it in space C1. __...__.

8. *Entrapped Air (D1):* _0.19 (0.70%)_

   a. Refer to (f) or (f-1), U.S. customary units or SI units, respectively, of the selected Tables of Volumes.

   (1) At the top of the table locate and circle the required f'_c obtained from the "Specification Requirements." _4000_.

   (2) At the right side of the table locate "Entrapped Air" and travel horizontally to the right to the intersection with the circled figure projected downward from the circled f'_c of the table; circle this figure and record it in space D1. _0.19 (0.70%)_

Corrections

1. *Cement (A2):* _· · ·_.

   a. Refer to the "Material Laboratory Analysis: Summary" and determine the "Percent Voids" in the fine aggregate. _34.5_.

   b. Refer to (g) of the selected Tables of Volumes.

   (1) At the right side of the table locate the "Percent Voids," travel horizontally to the left to the determined "Percent Voids," and circle the figure determined in Par. a. _34-35_.

   (2) Directly below will be found the figure for the adjustment; circle this figure. _97.5%_.

   c. Make the computed adjustments, and if a mineral admixture is not specified by the "Specification Requirements," enter the adjusted figure in space A2. _2.83_.

   $$\text{Cement value adjusted} = C \times \% C = \underline{2.90} \times \underline{0.975}$$
   $$= \underline{2.83}$$

   where C = cement value from A1
   $\% C$ = adjustment (%) from (g) of the selected Tables of Volumes

2. *Cement + Mineral Admixtures (A2):* _2.26_ + _0.57_.

   a. Where a mineral admixture is specified by the "Specification Requirements":

   (1) Determine the percentage of the cement content to be removed as per supplier's recommendation. _20_ %.

   (2) Compute the cement and mineral aggregate values and record them in space A2. _2.26_, _0.57_.

   $$CV = C - \% MA = \underline{2.83} - (\underline{2.83} \times \underline{0.20}) = \underline{2.26}$$
   $$MAV = C - CV = \underline{2.83} - \underline{2.26} = \underline{0.57}$$

   where CV = cement value
   C = cement value adjusted from Par. 1
   $\% MA$ = percent of mineral admixture replacement
   MAV = mineral aggregate value

3. *Water (B2):* _· · ·_.

   a. Refer to the "Material Laboratory Analysis: Summary" and determine the "Percent Voids" in the fine aggregate. _34.5_.

b. Refer to (g) of the selected Tables of Volumes.

(1) At the right side of the table locate the "Percent Voids," travel horizontally to the left to the determined "Percent Voids," and circle the figure in Par. *a.* _34-35_

(2) Directly below will be found the figure for the adjustment; circle this figure. _97.5%._

c. Make the computed adjustments, and if a water-reducing admixture is not specified by the "Specifications Requirements," enter the adjusted figure in space B2.

$$\text{Water value adjusted} = W \times \% \, W$$
$$= \underline{4.64} \times \underline{0.975} = \underline{4.52}$$

where W = water value from B1
$\% \, W$ = adjustment (%) from (g)

4. *Water (with water-reducing admixture) (B2):* _4.29_.

   a. Where a water-reducing admixture is specified by the "Information and Data Sheet":

   (1) Determine the percentage of water to be reduced as per manufacturer's recommendation. _5_ %.

   (2) Compute the adjustment and record in space B2. _4.29_.

   $$AWV = W - (W \times \% \text{ water reduction})$$
   $$AWV = \underline{4.52} - (\underline{4.52} \times \underline{0.05}) = \underline{4.29}$$

   where AWV = adjusted water value
   W = water value from Par. 3

NOTE: For all other computation procedures see "Computations."

Project No. _Ex. 2 (U.S.C.U.)_

MATERIAL LABORATORY ANALYSIS

COARSE AGGREGATE Source: _____

Classification: _Trap Rock_

Sieve Analysis (ASTM C 136)

Sieve Size	Cumulative Weight Retained			Cumulative % Retained	Cumulative % Passing
	First Run	Second Run	Average		
4"					
3½"					
3"					
2½"					
2"					
1½"					
(1")				0	100
¾"				32	68
½"				56	44
⅜"				73	27
No. 4				95	5
No. 8				100	0

Fineness Modulus **2.56** + 4.0

Fineness Modulus	**2.56**
Specific Gravity (Bulk, SSD Basis): ASTM C 127	**2.82**
Solid Weight (Specific Gravity × 62.4)	**176.0** lb/ft³
Dry Rodded Weight (SSD Basis): ASTM C 29	**98.6** lb/ft³
Voids (ASTM C 29)	**44.0** %
Absorption (ASTM C 127)	**0.8** %
Soundness (ASTM C 88)	_____
Los Angeles Abrasion (ASTM C 131 and C 535)	_____ % of wear

Percent of Voids for Well-Graded Coarse Aggregate

Type No.	Size								
	⅜"	½"	¾"	(1")	1½"	2"	2½"	3"	3½"
1	37–39	36–38	35–37	34–36	33–35	32–34	31–33	30–32	29–31
2	40–42	39–41	38–40	37–39	36–38	35–37	34–36	33–35	32–34
3	43–45	42–44	41–43	40–42	39–41	38–40	38–39	36–38	35–37
(4)	46–48	45–47	44–46	(43–45)	42–44	41–43	40–42	39–41	38–40
5	49–51	48–50	47–49	46–48	45–47	44–46	43–45	42–44	41–43

FINE AGGREGATE   Source: _____

Classification: _Natural Sand_ _____

Sieve Analysis (ASTM C 136)

Sieve Size, No.	Cumulative Weight Retained			Cumulative % Retained	Cumulative % Passing
	First Run	Second Run	Average		
4				0	100
8				10	(90)
16				32	68
30				62	38
50				83	17
100				96	4
200				—	1

Fineness Modulus _2.83_

Specific Gravity (Bulk, SSD Basis): ASTM C 128   _2.64_

Solid Weight (Specific Gravity × 62.4)   _164.7_ lb/ft³

Dry Rodded Weight (SSD Basis): ASTM C 29)   _104.6_ lb/ft³

Voids (ASTM C 29)   _36.5_%

Absorption (ASTM C 128)   _0.8_%

Soundness (ASTM C 88)   _____

HYDRAULIC CEMENT   Material: _Portland Cement - Type I (Sp. Gr. = 3.15)_

Source: _____

Tests: As per manufacturer's certified mill certificate in accordance with ASTM C 150

MINERAL ADMIXTURES   Material: _Pozzolan - Class N (Sp. Gr. = 2.50)_

Source: _____

Tests: As per supplier's certified mill certificate in accordance with ASTM C 311 and ASTM C 618

Project No. **Ex. 2 (U.S.C.U.)**

MIX DESIGN COMPUTATIONS

Specification Requirements

$f'_c = $ **3500** psi

( ) Non-AE (✓) AE: As per Tables of Volumes ± **0.50** %

Slump = **2½** in ± **¼** in

Pumped ( ) No (✓) Yes

% Cement Replaced by MA = **20** %

% Water Replaced by Type **A** Admixture = **5** %

Material Laboratory Analysis: Summary

	Cement	MA	Coarse Aggregate	Fine Aggregate
Aggregate Size	–	–	1"	–
Specific Gravity	3.15	2.50	2.82	2.64
Solid Weight	196.56	156.0	176.0	164.7
Dry Rodded Weight	94.0	–	98.6	104.6
Percent Voids	–	–	44.0	36.5
Type No.	I	CLASS N	4 + 2 = 6 *	–
% −8	–	–	–	90.0

*For pumped concrete the coarse aggregate type is increased by 2.

COMPUTATIONS

		1 Tables of Volumes Values (ft³/yd³)		2 Corrections (ft³/yd³)		3 Weight (lb/yd³)	
A	Cement	Table **51** (c)	3.07	See "Procedure"	2.52	A2 × Solid Weight	495
	MA, Pozzolan	NA	…		–		–
	MA, Fly Ash		…		0.63		98
B	Water	(d)	4.64		4.52	B2 × 62.4	282
C	Air-Entrained	Table **51** (e)	1.47		1.47	**5.43** %	…
D	Air-Entrapped	(f)	–		–	– %	…
E	Fine Aggregate (AE)	F1 − (A1 + B1 + C1)	7.12	100 (E1) / Fine Aggregate % −8	7.91	E2 × Solid Weight	1303
	Fine Aggregate (Non-AE)	F1 − (A1 + B1 + D1)	–		–		–
F	Mortar (AE)	Table **51** (b)	16.30	A2 + B2 + C2 + E2	17.05	A3 + B3 + E3	2178
	Mortar (Non-AE)		–	A2 + B2 + D2 + E2	–		–
G	Coarse Aggregate		10.70	27.00 − F2	9.95	G2 × Solid Weight	1751
H	Total	F1 + G1	27.00	F2 + G2	27.00	F3 + G3	3929

I	Unit Weight (lb/ft³)	H3/27	145.5
J	6" × 12" Cylinder (lb)	I/5.09	28.6
K	Cement (bags/yd³)	A3/94	5.3
L	Water (total gal/yd³)	B3/8.34	33.8
M	Water (gal/bag)	L/K	6.38
N	Water-Cement Ratio (by weight)	B3/A3	–
	Water-Cement Ratio + MA (by weight)	B3/A3	0.48

Computed by:
Date: /   /
Checked by:
Date: /   /
Approved by:
Date: /   /

NOTE: NA = not applicable

SECTION 5 334

Table No.	51
C.A. Size	1"
	25.0 mm
ASTM No.	57
Slump	2½"
	65 mm
(✓) AE	
( ) Non-AE	

(a)

Coarse Aggregate Type No.										Concrete Class
1	2	3	4	5	6	7				A
	1	2	3	4	5	6	7			B
		1	2	3	4	5	6	7		C
			1	2	3	4	5	(6)	7	(D)

(b)

Concrete										
12.30	12.80	13.30	13.80	14.30	14.80	15.30	15.80	(16.30)	16.80	Mortar (ft³/yd³)
14.70	14.20	13.70	13.20	12.70	12.20	11.70	11.20	(10.70)	10.20	C. A. + 8 (ft³/yd³)
0.456	0.474	0.493	0.511	0.530	0.548	0.567	0.585	0.604	0.622	Mortar (m³/m³)
0.544	0.526	0.507	0.489	0.470	0.452	0.433	0.415	0.396	0.378	C. A. + 8 (m³/m³)

(c)

Cement										f'_c (psi)
1.66	1.76	1.85	1.94	2.04	2.12	2.24	2.34	2.44	2.52	2000
1.86	1.96	2.06	2.16	2.24	2.34	2.44	2.54	2.65	2.74	2500
2.08	2.16	2.26	2.36	2.45	2.54	2.64	2.73	2.83	2.94	3000
2.28	2.38	2.48	2.57	2.68	2.77	2.87	2.97	(3.07)	3.17	(3500)
2.48	2.59	2.70	2.80	2.90	3.00	3.10	3.21	3.31	3.42	4000
2.72	2.84	2.96	3.06	3.17	3.28	3.39	3.51	3.61	3.72	4500
3.02	3.14	3.26	3.37	3.44	3.56	3.71	3.83	3.95	4.06	5000

(c-1)

Cement										f'_c (MPa)
0.064	0.068	0.071	0.075	0.078	0.081	0.086	0.089	0.093	0.096	15
0.075	0.079	0.083	0.086	0.089	0.093	0.096	0.100	0.103	0.107	20
0.086	0.090	0.094	0.097	0.101	0.104	0.109	0.112	0.116	0.120	25
0.098	0.103	0.107	0.110	0.114	0.119	0.122	0.127	0.130	0.134	30
0.114	0.118	0.123	0.127	0.129	0.133	0.139	0.144	0.148	0.152	35

(d)

Water										f'_c (psi)
3.24	3.40	3.56	3.72	3.88	4.04	4.21	4.37	4.52	4.68	2000
3.28	3.44	3.60	3.76	3.92	4.08	4.25	4.41	4.56	4.72	2500
3.33	3.49	3.64	3.80	3.96	4.12	4.29	4.44	4.60	4.75	3000
3.39	3.55	3.70	3.86	4.01	4.16	4.33	4.48	(4.64)	4.78	(3500)
3.46	3.62	3.76	3.92	4.08	4.22	4.38	4.53	4.68	4.83	4000
3.52	3.68	3.83	3.98	4.13	4.28	4.44	4.59	4.74	4.88	4500
3.60	3.74	3.90	4.05	4.20	4.34	4.50	4.65	4.80	4.95	5000

(d-1)

Water										f'_c (MPa)
0.120	0.126	0.132	0.138	0.144	0.150	0.156	0.162	0.168	0.174	15
0.123	0.129	0.134	0.140	0.146	0.152	0.159	0.164	0.170	0.176	20
0.126	0.132	0.138	0.144	0.149	0.155	0.161	0.166	0.172	0.177	25
0.130	0.136	0.141	0.147	0.153	0.158	0.164	0.169	0.175	0.180	30
0.134	0.139	0.145	0.150	0.156	0.161	0.167	0.173	0.178	0.184	35

(e)

Air										
1.11	1.15	1.20	1.24	1.29	1.33	1.38	1.42	(1.47)	1.51	Entrained (ft³/yd³)
4.10	4.27	4.43	4.60	4.77	4.93	5.10	5.27	(5.43)	5.60	%
0.041	0.043	0.044	0.046	0.048	0.049	0.051	0.053	0.054	0.056	Entrained (m³/m³)

(f)

Air (Values Approximate)							
2000	2500	3000	3500	4000	4500	5000	f'_c (psi)
—	—	—	—	—	—	—	Entrapped (ft³/yd³)
—	—	—	—	—	—	—	%

(f-1)

Air (Values Approximate)					
15	20	25	30	35	f'_c (MPa)
—	—	—	—	—	Entrapped (m³/m³)
—	—	—	—	—	%

(g)

Cement and Water Adjustments for Fine Aggregate Variations									
31–32	32–33	33–34	34–35	35–36	(36–37)	37–38	38–39	39–40	40–41	% Voids
90.0	92.5	95.0	97.5	100.0	(102.5)	105.0	107.5	110.0	112.5	Adjustment (%)

MIX DESIGN COMPUTATIONS PROCEDURE

(Refers to "Mix Design Computations")

General

1. Obtain the required f'_c, whether the mix is to be air-entrained or non-air-entrained, the required slump, whether the mix is to be pumped, the percentage of cement to be replaced by mineral admixture, and the percentage of water to be replaced by water-reducing admixture from the "Information and Data Sheet," and enter this information in the appropriate spaces in the "Specification Requirements."

2. Obtain the cement type from the "Information and Data Sheet," the specific gravity, solid weight, and the dry rodded weight for the cement and mineral admixture from the cement manufacturer and mineral admixture supplier respectively, and enter these values in the appropriate spaces in the "Material Laboratory Analysis: Summary."

3. Obtain the aggregate size, specific gravity, solid weight, dry rodded weight, percentage of voids, type number, and percentage of fine aggregate passing the No. 8 sieve from the "Material Laboratory Analysis," and enter these values in the "Material Laboratory Analysis: Summary."

Computations

Tables of Volumes Selection: Table _51_.

1. Select the Tables of Volumes to be used by determining the following:

   a. The coarse aggregate size obtained from the "Material Laboratory Analysis: Summary" of the "Mix Design Computations." _1"_.

   b. The required slump obtained from the "Specification Requirements." _2½"_.

   c. Whether air-entrained on non-air-entrained, obtained from the "Specification Requirements." _AE_.

   d. Enter the selected table number in the appropriate spaces A1 though D1, F1, and G1. _51_.

Tables of Volumes Values

1. Concrete Class: _D_.

   a. Refer to (a) of the selected Tables of Volumes.

      (1) At the right side of the table locate and circle the appropriate "Concrete Class" as detailed on the "Information and Data Sheet," Note 2. _D_.

2. Coarse Aggregate Type No.: _6_.

   a. Refer to (a) of the selected Tables of Volumes.

      (1) From the circled letter denoting the "Concrete Class" travel horizontally to the left to the point of intersection with the "Coarse Aggregate Type No.,"

obtained from the "Material Laboratory Analysis: Summary," and circle this number. __6__.

3. *Mortar (F1):* __16.30__.

   a. Refer to (b) of the selected Tables of Volumes.

   (1) At the right side of the table locate "Mortar."

   (2) Travel horizontally to the left to the intersection with the circled figure, projected downward from (a), "Coarse Aggregate Type No."

   (3) At the intersection, circle the figure for "Mortar" and record it in space F1. __16.30__.

4. *Coarse Aggregate (G1):* __10.70__.

   a. Refer to (b) of the selected Tables of Volumes.

   (1) At the right side of the table locate "Coarse Aggregate +8."

   (2) Travel horizontally to the left to the intersection with the circled figure, projected downward from (a), "Coarse Aggregate Type No."

   (3) At the intersection circle the figure for "Coarse Aggregate +8" and record it in space G1. __10.70__.

5. *Cement (A1):* __3.07__.

   a. Refer to (c) or (c-1), U.S. customary units or SI units, respectively, of the selected Tables of Volumes.

   (1) At the right side of the table, locate and circle the required f'_c obtained from the "Specification Requirements."

   (2) From the circled figure travel horizontally to the left to the intersection with the circled figure, projected downward from (a), "Coarse Aggregate Type No.," circle this number, and record it in space A1. __3.07__.

6. *Water (B1):* __4.64__.

   a. Refer to (d) or (d-1), U.S. customary units or SI units, respectively, of the selected Tables of Volumes.

   (1) At the right side of the table locate and circle the required f'_c obtained from the "Specification Requirements." __3500__

   b. From the circled figure travel horizontally to the left to the intersection with the circled figure projected downward from (a), "Coarse Aggregate Type No."; circle this number, and record it in space B1. __4.64__.

7. *Entrained Air (C1):* __1.47__. (__5.43%__)

   a. Refer to (e) of the selected Tables of Volumes.

   (1) At the right side of the table locate "Entrained Air."

   (2) Travel horizontally to the left to the intersection with the circled figure projected downward from (a), "Coarse Aggregate Type No."; circle this number, and record it in space C1. __1.47__. (__5.43%__)

8. *Entrapped Air (D1):* _···_.

   a. Refer to (f) or (f-1), U.S. customary units or SI units, respectively, of the selected Tables of Volumes.

   (1) At the top of the table locate and circle the required f'_c obtained from the "Specification Requirements." _3500_.

   (2) At the right side of the table locate "Entrapped Air" and travel horizontally to the right to the intersection with the circled figure projected downward from the circled f'_c of the table; circle this figure and record it in space D1. _···_.

Corrections

1. *Cement (A2):* _···_.

   a. Refer to the "Material Laboratory Analysis: Summary" and determine the "Percent Voids" in the fine aggregate. _36.5_.

   b. Refer to (g) of the selected Tables of Volumes.

   (1) At the right side of the table locate the "Percent Voids," travel horizontally to the left to the determined "Percent Voids," and circle the figure determined in Par. a. _36-37_.

   (2) Directly below will be found the figure for the adjustment; circle this figure. _102.5%_.

   c. Make the computed adjustments, and if a mineral admixture is not specified by the "Specification Requirements," enter the adjusted figure in space A2. _3.15_.

   $$\text{Cement value adjusted} = C \times \% C = \underline{3.07} \times \underline{1.025}$$
   $$= \underline{3.15}$$

   where C = cement value from A1
   $\% C$ = adjustment (%) from (g) of the selected Tables of Volumes

2. *Cement + Mineral Admixtures (A2):* _2.52_ + _0.63_.

   a. Where a mineral admixture is specified by the "Specification Requirements":

   (1) Determine the percentage of the cement content to be removed as per supplier's recommendation. _20_ %.

   (2) Compute the cement and mineral aggregate values and record them in space A2. _2.52_, _0.63_.

   $$CV = C - \% MA = \underline{3.15} - (\underline{3.15} \times \underline{0.20}) = \underline{2.52}$$
   $$MAV = C - CV = \underline{3.15} - \underline{2.52} = \underline{0.63}$$

   where CV = cement value
   C = cement value adjusted from Par. 1
   $\% MA$ = percent of mineral admixture replacement
   MAV = mineral aggregate value

3. *Water (B2):* _···_.

   a. Refer to the "Material Laboratory Analysis: Summary" and determine the "Percent Voids" in the fine aggregate. _36.5_.

b. Refer to (g) of the selected Tables of Volumes.

(1) At the right side of the table locate the "Percent Voids," travel horizontally to the left to the determined "Percent Voids," and circle the figure in Par. *a*. _36-37_.

(2) Directly below will be found the figure for the adjustment; circle this figure. _102.5%_.

c. Make the computed adjustments, and if a water-reducing admixture is not specified by the "Specifications Requirements," enter the adjusted figure in space B2.

$$\text{Water value adjusted} = W \times \% \ W$$
$$= \underline{4.64} \times \underline{1.025} = \underline{4.76}$$

where W = water value from B1
$\% \ W$ = adjustment (%) from (g)

4. Water (with water-reducing admixture) (B2): _4.52_.

a. Where a water-reducing admixture is specified by the "Information and Data Sheet":

(1) Determine the percentage of water to be reduced as per manufacturer's recommendation. _5_ %.

(2) Compute the adjustment and record in space B2. _4.52_.

$$AWV = W - (W \times \% \text{ water reduction})$$
$$AWV = \underline{4.76} - (\underline{4.76} \times \underline{0.05}) = \underline{4.52}$$

where AWV = adjusted water value
W = water value from Par. 3

NOTE: For all other computation procedures see "Computations."

Project No. _Ex. 3 (U.S.C.U.)_

MATERIAL LABORATORY ANALYSIS

COARSE AGGREGATE Source: _____

Classification: _EXPANDED SHALE_

Sieve Analysis (ASTM C 136)

Sieve Size	Cumulative Weight Retained			Cumulative % Retained	Cumulative % Passing
	First Run	Second Run	Average		
4″					
3½″					
3″					
2½″					
2″					
1½″					
1″					
(¾″)				.0	100
½″				45	55
⅜″				68	32
No. 4				98	8
No. 8				100	0

Fineness Modulus _2.05_ + 4.0

Fineness Modulus	_2.05_
Specific Gravity (Bulk, SSD Basis): ASTM C 127	_1.60_
Solid Weight (Specific Gravity × 62.4)	_99.8_ lb/ft³
Dry Rodded Weight (SSD Basis): ASTM C 29	_51.9_ lb/ft³
Voids (ASTM C 29)	_48.0_ %
Absorption (ASTM C 127)	_16.0_ %
Soundness (ASTM C 88)	_____
Los Angeles Abrasion (ASTM C 131 and C 535)	_____ % of wear

Percent of Voids for Well-Graded Coarse Aggregate

Type No.	Size								
	⅜″	½″	(¾″)	1″	1½″	2″	2½″	3″	3½″
1	37–39	36–38	35–37	34–36	33–35	32–34	31–33	30–32	29–31
2	40–42	39–41	38–40	37–39	36–38	35–37	34–36	33–35	32–34
3	43–45	42–44	41–43	40–42	39–41	38–40	38–39	36–38	35–37
4	46–48	45–47	44–46	43–45	42–44	41–43	40–42	39–41	38–40
(5)	49–51	48–50	(47–49)	46–48	45–47	44–46	43–45	42–44	41–43

FINE AGGREGATE Source: _____

Classification: _NATURAL SAND_____

Sieve Analysis (ASTM C 136)

Sieve Size, No.	Cumulative Weight Retained			Cumulative % Retained	Cumulative % Passing
	First Run	Second Run	Average		
4				0	100
8				10	(90)
16				32	68
30				62	38
50				83	17
100				96	4
200				—	1

Fineness Modulus __2.83__

Specific Gravity (Bulk, SSD Basis): ASTM C 128 __2.64__

Solid Weight (Specific Gravity × 62.4) __164.7__ lb/ft³

Dry Rodded Weight (SSD Basis): ASTM C 29) __106.2__ lb/ft³

Voids (ASTM C 29) __35.5__%

Absorption (ASTM C 128) __0.8__%

Soundness (ASTM C 88) _____

HYDRAULIC CEMENT Material: _PORTLAND CEMENT - TYPE I (SP. GR. = 3.15)_

Source: _____

Tests: As per manufacturer's certified mill certificate in accordance with ASTM C 150

MINERAL ADMIXTURES Material: _FLY ASH - CLASS F (SP. GR. = 2.30)_

Source: _____

Tests: As per supplier's certified mill certificate in accordance with ASTM C 311 and ASTM C 618

TYPICAL DESIGN MIX EXAMPLES **341**

Project No. **Ex. 3 (U.S.C.U.)**

MIX DESIGN COMPUTATIONS

Specification Requirements

f'_c = **3000** psi

(✓) Non-AE ( ) AE: As per Tables of Volumes ± ___ %

Slump = **2½** in ± **¼** in

Pumped ( ) No (✓) Yes

% Cement Replaced by MA = **20** %

% Water Replaced by Type **A** Admixture = **5** %

Material Laboratory Analysis: Summary

	Cement	MA	Coarse Aggregate	Fine Aggregate
Aggregate Size	—	—	¾"	—
Specific Gravity	3.15	2.30	1.60	2.64
Solid Weight	196.56	143.5	99.8	164.7
Dry Rodded Weight	94.0	—	51.9	106.2
Percent Voids	—	—	48.0	35.5
Type No.	I	Class F	5+2=7 *	—
% −8	—	—	—	90.0

*For pumped concrete the coarse aggregate type is increased by 2.

COMPUTATIONS

			1	2	3
			Tables of Volumes Values (ft³/yd³)	Corrections (ft³/yd³)	Weight (lb/yd³)
A	Cement		Table **171** (c) 2.90	See "Procedure" 2.32	A2 × Solid Weight 456
A	MA, Pozzolan		NA …	—	—
A	MA, Fly Ash		…	0.58	83
B	Water		(d) 5.40	5.13	B2 × 62.4 320
C	Air-Entrained		Table **171** (e) —	—	— % …
D	Air-Entrapped		(f) 0.54	0.54	2.0 % …
E	Fine Aggregate (AE)	F1 − (A1 + B1 + C1)	—	100 (E1) / Fine Aggregate % − 8 —	E2 × Solid Weight —
E	Fine Aggregate (Non-AE)	F1 − (A1 + B1 + D1)	8.46	9.40	1548
F	Mortar (AE)		—	A2 + B2 + C2 + E2 —	A3 + B3 + E3 —
F	Mortar (Non-AE)		Table **171** (b) 17.30	A2 + B2 + D2 + E2 17.97	2407
G	Coarse Aggregate		9.70	27.00 − F2 9.03	G2 × Solid Weight 901
H	Total	F1 + G1	27.00	F2 + G2 27.00	F3 + G3 3308

I	Unit Weight (lb/ft³)	H3/27	122.5
J	6" × 12" Cylinder (lb)	I/5.09	24.1
K	Cement (bags/yd³)	A3/94	4.9
L	Water (total gal/yd³)	B3/8.34	38.4
M	Water (gal/bag)	L/K	7.84
N	Water-Cement Ratio (by weight)	B3/A3	—
N	Water-Cement Ratio + MA (by weight)	B3/A3	0.59

Computed by: ___ Date: / /
Checked by: ___ Date: / /
Approved by: ___ Date: / /

NOTE. NA = not applicable.

SECTION 5 **342**

Table No.	171
C.A. Size	3/4"
	19.0 mm
ASTM No.	67
Slump	2½"
	65 mm
( ) Non-AE	
(✓) AE	

(a)

Coarse Aggregate Type No.										Concrete Class
1	2	3	4	5	6	7				A
	1	2	3	4	5	6	7			B
		1	2	3	4	5	6	7		C
			1	2	3	4	5	6	7	D

(b)

Concrete										
12.80	13.30	13.80	14.30	14.80	15.30	15.80	16.30	16.80	17.30	Mortar (ft³/yd³)
14.20	13.70	13.20	12.70	12.20	11.70	11.20	10.70	10.20	9.70	C. A. + 8 (ft³/yd³)
0.474	0.493	0.511	0.530	0.548	0.567	0.585	0.604	0.622	0.641	Mortar (m³/m³)
0.526	0.507	0.489	0.470	0.452	0.433	0.415	0.396	0.378	0.359	C. A. + 8 (m³/m³)

(c)

Cement										f'_c (psi)
2.02	2.08	2.12	2.18	2.23	2.30	2.35	2.40	2.45	2.50	2000
2.15	2.21	2.28	2.34	2.40	2.47	2.52	2.59	2.64	2.70	2500
2.29	2.36	2.43	2.50	2.57	2.64	2.71	2.78	2.84	2.90	3000
2.43	2.50	2.58	2.65	2.73	2.80	2.88	2.95	3.02	3.09	3500
2.58	2.66	2.73	2.81	2.90	2.98	3.05	3.13	3.21	3.28	4000
2.76	2.84	2.92	3.00	3.09	3.17	3.25	3.33	3.40	3.47	4500
2.92	3.01	3.10	3.18	3.27	3.36	3.44	3.53	3.62	3.70	5000

(c-1)

Cement										f'_c (MPa)
0.077	0.079	0.081	0.083	0.085	0.087	0.089	0.091	0.093	0.095	15
0.084	0.086	0.089	0.091	0.094	0.097	0.099	0.101	0.104	0.106	20
0.092	0.095	0.098	0.100	0.103	0.106	0.109	0.111	0.114	0.116	25
0.100	0.104	0.107	0.109	0.112	0.116	0.119	0.121	0.124	0.127	30
0.109	0.113	0.116	0.119	0.122	0.126	0.129	0.132	0.135	0.138	35

(d)

Water										f'_c (psi)
4.32	4.45	4.57	4.70	4.83	4.96	5.08	5.20	5.32	5.43	2000
4.30	4.43	4.55	4.68	4.80	4.94	5.06	5.19	5.31	5.42	2500
4.28	4.41	4.53	4.66	4.79	4.92	5.04	5.17	5.29	5.40	3000
4.26	4.39	4.51	4.64	4.77	4.90	5.02	5.15	5.27	5.39	3500
4.24	4.37	4.50	4.62	4.76	4.89	5.00	5.14	5.26	5.38	4000
4.22	4.34	4.48	4.60	4.74	4.87	4.99	5.12	5.24	5.36	4500
4.20	4.32	4.46	4.58	4.72	4.85	4.97	5.10	5.22	5.34	5000

(d-1)

Water										f'_c (MPa)
0.160	0.164	0.169	0.174	0.179	0.183	0.188	0.193	0.197	0.201	15
0.159	0.163	0.168	0.173	0.178	0.183	0.187	0.192	0.196	0.200	20
0.158	0.162	0.167	0.172	0.177	0.182	0.186	0.191	0.195	0.199	25
0.157	0.161	0.166	0.171	0.176	0.181	0.185	0.190	0.194	0.199	30
0.156	0.160	0.165	0.170	0.175	0.180	0.184	0.189	0.193	0.198	35

(e)

Air										
—	—	—	—	—	—	—	—	—	—	Entrained (ft³/yd³)
—	—	—	—	—	—	—	—	—	—	%
—	—	—	—	—	—	—	—	—	—	Entrained (m³/m³)

(f)

Air (Values Approximate)

2000	2500	3000	3500	4000	4500	5000	f'_c (psi)
0.60	0.57	0.54	0.50	0.47	0.44	0.41	Entrapped (ft³/yd³)
2.22	2.11	2.00	1.85	1.74	1.63	1.52	%

(f-1)

Air (Values Approximate)

15	20	25	30	35	f'_c (MPa)
0.022	0.020	0.018	0.017	0.015	Entrapped (m³/m³)
2.18	2.02	1.82	1.66	1.52	%

(g)

Cement and Water Adjustments for Fine Aggregate Variations

31-32	32-33	33-34	34-35	35-36	36-37	37-38	38-39	39-40	40-41	% Voids
90.0	92.5	95.0	97.5	100.0	102.5	105.0	107.5	110.0	112.5	Adjustment (%)

MIX DESIGN COMPUTATIONS PROCEDURE

(Refers to "Mix Design Computations")

General

1. Obtain the required f'_c, whether the mix is to be air-entrained or non-air-entrained, the required slump, whether the mix is to be pumped, the percentage of cement to be replaced by mineral admixture, and the percentage of water to be replaced by water-reducing admixture from the "Information and Data Sheet," and enter this information in the appropriate spaces in the "Specification Requirements."

2. Obtain the cement type from the "Information and Data Sheet," the specific gravity, solid weight, and the dry rodded weight for the cement and mineral admixture from the cement manufacturer and mineral admixture supplier respectively, and enter these values in the appropriate spaces in the "Material Laboratory Analysis: Summary."

3. Obtain the aggregate size, specific gravity, solid weight, dry rodded weight, percentage of voids, type number, and percentage of fine aggregate passing the No. 8 sieve from the "Material Laboratory Analysis," and enter these values in the "Material Laboratory Analysis: Summary."

Computations

Tables of Volumes Selection: Table _171_.

1. Select the Tables of Volumes to be used by determining the following:

   a. The coarse aggregate size obtained from the "Material Laboratory Analysis: Summary" of the "Mix Design Computations." _3/4"_.

   b. The required slump obtained from the "Specification Requirements." _2½"_.

   c. Whether air-entrained on non-air-entrained, obtained from the "Specification Requirements." _Non-AE_

   d. Enter the selected table number in the appropriate spaces A1 though D1, F1, and G1. _171_.

Tables of Volumes Values

1. Concrete Class: _D_.

   a. Refer to (a) of the selected Tables of Volumes.

   (1) At the right side of the table locate and circle the appropriate "Concrete Class" as detailed on the "Information and Data Sheet," Note 2. _D_.

2. Coarse Aggregate Type No.: _7_.

   a. Refer to (a) of the selected Tables of Volumes.

   (1) From the circled letter denoting the "Concrete Class" travel horizontally to the left to the point of intersection with the "Coarse Aggregate Type No.,"

obtained from the "Material Laboratory Analysis: Summary," and circle this number. _7_.

3. Mortar (F1): _17.30_

   a. Refer to (b) of the selected Tables of Volumes.

   (1) At the right side of the table locate "Mortar."

   (2) Travel horizontally to the left to the intersection with the circled figure, projected downward from (a), "Coarse Aggregate Type No."

   (3) At the intersection, circle the figure for "Mortar" and record it in space F1. _17.30_.

4. Coarse Aggregate (G1): _9.70_.

   a. Refer to (b) of the selected Tables of Volumes.

   (1) At the right side of the table locate "Coarse Aggregate +8."

   (2) Travel horizontally to the left to the intersection with the circled figure, projected downward from (a), "Coarse Aggregate Type No."

   (3) At the intersection circle the figure for "Coarse Aggregate +8" and record it in space G1. _9.70_.

5. Cement (A1): _2.90_.

   a. Refer to (c) or (c-1), U.S. customary units or SI units, respectively, of the selected Tables of Volumes.

   (1) At the right side of the table, locate and circle the required f'_c obtained from the "Specification Requirements."

   (2) From the circled figure travel horizontally to the left to the intersection with the circled figure, projected downward from (a), "Coarse Aggregate Type No.," circle this number, and record it in space A1. _2.90_.

6. Water (B1): _5.40_.

   a. Refer to (d) or (d-1), U.S. customary units or SI units, respectively, of the selected Tables of Volumes.

   (1) At the right side of the table locate and circle the required f'_c obtained from the "Specification Requirements." _3000_.

   b. From the circled figure travel horizontally to the left to the intersection with the circled figure projected downward from (a), "Coarse Aggregate Type No."; circle this number, and record it in space B1. _5.40_.

7. Entrained Air (C1): _· · ·_.

   a. Refer to (e) of the selected Tables of Volumes.

   (1) At the right side of the table locate "Entrained Air."

   (2) Travel horizontally to the left to the intersection with the circled figure projected downward from (a), "Coarse Aggregate Type No."; circle this number, and record it in space C1. _· · ·_.

8. *Entrapped Air (D1):* <u>0.54 (2.0%)</u>

   a. Refer to (f) or (f-1), U.S. customary units or SI units, respectively, of the selected Tables of Volumes.

   (1) At the top of the table locate and circle the required f'_c obtained from the "Specification Requirements." <u>3000</u>.

   (2) At the right side of the table locate "Entrapped Air" and travel horizontally to the right to the intersection with the circled figure projected downward from the circled f'_c of the table; circle this figure and record it in space D1. <u>0.54 (2.0%)</u>

Corrections

1. *Cement (A2):* <u>· · ·</u>.

   a. Refer to the "Material Laboratory Analysis: Summary" and determine the "Percent Voids" in the fine aggregate. <u>35.5</u>.

   b. Refer to (g) of the selected Tables of Volumes.

   (1) At the right side of the table locate the "Percent Voids," travel horizontally to the left to the determined "Percent Voids," and circle the figure determined in Par. a. <u>35-36</u>.

   (2) Directly below will be found the figure for the adjustment; circle this figure. <u>100.0%</u>.

   c. Make the computed adjustments, and if a mineral admixture is not specified by the "Specification Requirements," enter the adjusted figure in space A2. <u>2.90</u>.

   $$\text{Cement value adjusted} = C \times \% \ C = \underline{2.90} \times \underline{1.0}$$
   $$= \underline{290}$$

   where C = cement value from A1
   $\% \ C$ = adjustment (%) from (g) of the selected Tables of Volumes

2. *Cement + Mineral Admixtures (A2):* <u>2.32</u> + <u>0.58</u>.

   a. Where a mineral admixture is specified by the "Specification Requirements":

   (1) Determine the percentage of the cement content to be removed as per supplier's recommendation. <u>20</u> %.

   (2) Compute the cement and mineral aggregate values and record them in space A2. <u>2.32</u>, <u>0.58</u>.

   $$CV = C - \% \ MA = \underline{2.90} - (\underline{2.90} \times 0.20) = \underline{2.32}$$
   $$MAV = C - CV = \underline{2.90} - \underline{2.32} = \underline{0.58}$$

   where CV = cement value
   C = cement value adjusted from Par. 1
   $\% \ MA$ = percent of mineral admixture replacement
   MAV = mineral aggregate value

3. *Water (B2):* <u>· · ·</u>.

   a. Refer to the "Material Laboratory Analysis: Summary" and determine the "Percent Voids" in the fine aggregate. <u>35.5</u>.

b. Refer to (g) of the selected Tables of Volumes.

(1) At the right side of the table locate the "Percent Voids," travel horizontally to the left to the determined "Percent Voids," and circle the figure in Par. *a*. _35-36_.

(2) Directly below will be found the figure for the adjustment; circle this figure. _100.0%_

c. Make the computed adjustments, and if a water-reducing admixture is not specified by the "Specifications Requirements," enter the adjusted figure in space B2.

$$\text{Water value adjusted} = W \times \% W$$
$$= \underline{5.40} \times \underline{1.0} = \underline{5.40}$$

where W = water value from B1
$\% W$ = adjustment (%) from (g)

4. Water (with water-reducing admixture) (B2): _5.13_.

   a. Where a water-reducing admixture is specified by the "Information and Data Sheet":

   (1) Determine the percentage of water to be reduced as per manufacturer's recommendation. _5_ %.

   (2) Compute the adjustment and record in space B2. _5.13_.

   $$AWV = W - (W \times \% \text{ water reduction})$$
   $$AWV = \underline{5.40} - (\underline{5.40} \times \underline{0.05}) = \underline{5.13}$$

   where AWV = adjusted water value
   W = water value from Par. 3

NOTE: For all other computation procedures see "Computations."

Project No. _Ex. 4 (U.S.E.U.)_

MATERIAL LABORATORY ANALYSIS

COARSE AGGREGATE Source: _____

Classification: _EXPANDED SHALE_

Sieve Analysis (ASTM C 136)

Sieve Size	Cumulative Weight Retained			Cumulative % Retained	Cumulative % Passing
	First Run	Second Run	Average		
4"					
3½"					
3"					
2½"					
2"					
1½"					
1"					
(¾")				0	100
½"				45	55
⅜"				68	32
No. 4				92	8
No. 8				100	0

Fineness Modulus $\dfrac{2.05 + 4.0}{}$

Fineness Modulus	2.05
Specific Gravity (Bulk, SSD Basis): ASTM C 127	1.60
Solid Weight (Specific Gravity × 62.4)	99.8 lb/ft³
Dry Rodded Weight (SSD Basis): ASTM C 29	51.9 lb/ft³
Voids (ASTM C 29)	48.0 %
Absorption (ASTM C 127)	16.0 %
Soundness (ASTM C 88)	_____
Los Angeles Abrasion (ASTM C 131 and C 535)	_____ % of wear

Percent of Voids for Well-Graded Coarse Aggregate

Type No.	Size								
	⅜"	½"	¾"	1"	1½"	2"	2½"	3"	3½"
1	37–39	36–38	35–37	34–36	33–35	32–34	31–33	30–32	29–31
2	40–42	39–41	38–40	37–39	36–38	35–37	34–36	33–35	32–34
3	43–45	42–44	41–43	40–42	39–41	38–40	38–39	36–38	35–37
4	46–48	45–47	44–46	43–45	42–44	41–43	40–42	39–41	38–40
(5)	49–51	48–50	(47–49)	46–48	45–47	44–46	43–45	42–44	41–43

FINE AGGREGATE   Source: _____

Classification: _NATURAL SAND_____

Sieve Analysis (ASTM C 136)

Sieve Size, No.	Cumulative Weight Retained			Cumulative % Retained	Cumulative % Passing
	First Run	Second Run	Average		
4				0	100
8				10	(90)
16				32	68
30				62	38
50				83	17
100				96	4
200				—	1

Fineness Modulus   **2.83**

Specific Gravity (Bulk, SSD Basis): ASTM C 128   **2.83**

Solid Weight (Specific Gravity $\times$ 62.4)   **164.7** lb/ft^3

Dry Rodded Weight (SSD Basis): ASTM C 29)   **106.2** lb/ft^3

Voids (ASTM C 29)   **35.5** %

Absorption (ASTM C 128)   **0.8** %

Soundness (ASTM C 88)   _____

HYDRAULIC CEMENT   Material: _PORTLAND CEMENT - TYPE I (SP. GR. = 3.15)_

Source: _____

Tests: As per manufacturer's certified mill certificate in accordance with ASTM C 150

MINERAL ADMIXTURES   Material: _POZZOLAN - CLASS N (SP. GR. = 2.50)_

Source: _____

Tests: As per supplier's certified mill certificate in accordance with ASTM C 311 and ASTM C 618

Project No. **Ex. 4 (U.S.C.U.)**

MIX DESIGN COMPUTATIONS

Specification Requirements

f'_c = **4000** psi

( ) Non-AE   (✓) AE: As per Tables of Volumes ± **0.50** %

Slump = **2½** in ± **¼** in

Pumped ( ) No   (✓) Yes

% Cement Replaced by MA = **20** %

% Water Replaced by Type **A** Admixture = **5** %

Material Laboratory Analysis: Summary

	Cement	MA	Coarse Aggregate	Fine Aggregate
Aggregate Size	—	—	¾"	—
Specific Gravity	3.15	2.50	1.60	2.73
Solid Weight	196.56	156.0	99.8	164.7
Dry Rodded Weight	94.0	—	51.9	106.2
Percent Voids	—	—	48.0	35.5
Type No.	I	Class N	5+2=7 *	—
% −8	—	—	—	90.0

*For pumped concrete the coarse aggregate type is increased by 2.

COMPUTATIONS

		1		2		3	
		Tables of Volumes Values (ft³/yd³)		Corrections (ft³/yd³)		Weight (lb/yd³)	
A	Cement	Table **36** (c)	3.50	See "Procedure"	2.80		550
	MA, Pozzolan	NA	...		0.70	A2 × Solid Weight	109
	MA, Fly Ash		...		—		—
B	Water	(d)	5.03		5.03	B2 × 62.4	314
C	Air-Entrained	Table **36** (e)	1.56		1.56	5.77 %	...
D	Air-Entrapped	(f)	—		—	— %	...
E	Fine Aggregate (AE)	F1 − (A1 + B1 + C1)	7.21	100 (E1) / Fine Aggregate % − 8	2.01	E2 × Solid Weight	1319
	Fine Aggregate (Non-AE)	F1 − (A1 + B1 + D1)	—		—		—
F	Mortar (AE)	Table **36** (b)	17.30	A2 + B2 + C2 + E2	18.10	A3 + B3 + E3	2292
	Mortar (Non-AE)		—	A2 + B2 + D2 + E2			—
G	Coarse Aggregate		9.70	27.00 − F2	8.90	G2 × Solid Weight	888
H	Total	F1 + G1	27.00	F2 + G2	27.00	F3 + G3	3180

I	Unit Weight (lb/ft³)	H3/27	117.8
J	6" × 12" Cylinder (lb)	I/5.09	23.1
K	Cement (bags/yd³)	A3/94	5.9
L	Water (total gal/yd³)	B3/8.34	37.7
M	Water (gal/bag)	L/K	6.39
N	Water-Cement Ratio (by weight)	B3/A3	—
	Water-Cement Ratio + MA (by weight)	B3/A3	0.48

Computed by:
Date: / /
Checked by:
Date: / /
Approved by:
Date: / /

NOTE: NA = not applicable.

Table No.	36
C.A. Size	3/4″
	19.0 mm
ASTM No.	67
Slump	2½″
	65 mm
(✓) AE	
( ) Non-AE	

(a)

Coarse Aggregate Type No.										Concrete Class
1	2	3	4	5	6	7				A
	1	2	3	4	5	6	7			B
		1	2	3	4	5	6	7		C
			1	2	3	4	5	6	(7)	(D)

(b)

Concrete										
12.80	13.30	13.80	14.30	14.80	15.30	15.80	16.30	16.80	(17.30)	Mortar (ft³/yd³)
14.20	13.70	13.20	12.70	12.20	11.70	11.20	10.70	10.20	(9.70)	C.A. + 8 (ft³/yd³)
0.474	0.493	0.511	0.530	0.548	0.567	0.585	0.604	0.622	0.641	Mortar (m³/m³)
0.526	0.507	0.489	0.470	0.452	0.433	0.415	0.396	0.378	0.359	C.A. + 8 (m³/m³)

(c)

Cement										f'_c (psi)
1.75	1.83	1.93	2.02	2.12	2.22	2.30	2.40	2.49	2.58	2000
1.94	2.02	2.13	2.23	2.32	2.42	2.50	2.60	2.70	2.79	2500
2.13	2.23	2.33	2.42	2.52	2.62	2.70	2.80	2.90	2.99	3000
2.36	2.46	2.56	2.66	2.75	2.86	2.95	3.04	3.14	3.23	3500
2.58	2.68	2.78	2.90	3.00	3.10	3.19	3.30	3.40	(3.50)	(4000)
2.82	2.92	3.04	3.16	3.27	3.38	3.48	3.60	3.70	3.81	4500
3.12	3.23	3.33	3.48	3.60	3.72	3.82	3.95	4.06	4.17	5000

(c-1)

Cement										f'_c (MPa)
0.067	0.070	0.074	0.077	0.081	0.085	0.088	0.091	0.095	0.098	15
0.077	0.081	0.085	0.088	0.092	0.096	0.099	0.102	0.106	0.109	20
0.090	0.093	0.097	0.101	0.104	0.108	0.111	0.115	0.119	0.122	25
0.102	0.106	0.110	0.114	0.118	0.122	0.126	0.130	0.134	0.138	30
0.117	0.121	0.125	0.131	0.135	0.140	0.143	0.148	0.152	0.156	35

(d)

Water										f'_c (psi)
3.34	3.50	3.68	3.84	4.01	4.18	4.34	4.52	4.69	4.86	2000
3.40	3.56	3.73	3.90	4.06	4.24	4.40	4.56	4.74	4.90	2500
3.47	3.63	3.80	3.96	4.12	4.30	4.46	4.61	4.78	4.94	3000
3.56	3.72	3.88	4.04	4.20	4.36	4.52	4.68	4.83	4.98	3500
3.65	3.80	3.96	4.12	4.28	4.43	4.58	4.72	4.88	(5.03)	(4000)
3.76	3.92	4.06	4.21	4.36	4.51	4.64	4.80	4.94	5.08	4500
3.86	4.02	4.16	4.31	4.44	4.59	4.72	4.86	5.00	5.14	5000

(d-1)

Water										f'_c (MPa)
0.124	0.130	0.137	0.143	0.149	0.156	0.161	0.168	0.174	0.180	15
0.128	0.134	0.140	0.146	0.152	0.159	0.165	0.170	0.177	0.183	20
0.133	0.139	0.144	0.150	0.156	0.162	0.168	0.174	0.179	0.185	25
0.139	0.144	0.149	0.155	0.161	0.166	0.171	0.177	0.182	0.188	30
0.144	0.150	0.155	0.160	0.165	0.170	0.175	0.180	0.186	0.191	35

(e)

Air										
1.15	1.20	1.24	1.29	1.33	1.38	1.42	1.47	1.51	(1.56)	Entrained (ft³/yd³)
4.27	4.43	4.60	4.77	4.93	5.10	5.27	5.43	5.60	(5.77)	%
0.043	0.044	0.046	0.048	0.049	0.051	0.053	0.054	0.056	0.058	Entrained (m³/m³)

(f)

Air (Values Approximate)							
2000	2500	3000	3500	4000	4500	5000	f'_c (psi)
—	—	—	—	—	—	—	Entrapped (ft³/yd³)
—	—	—	—	—	—	—	%

(f-1)

Air (Values Approximate)					
15	20	25	30	35	f'_c (MPa)
—	—	—	—	—	Entrapped (m³/m³)
—	—	—	—	—	%

(g)

Cement and Water Adjustments for Fine Aggregate Variations										
31-32	32-33	33-34	34-35	(35-36)	36-37	37-38	38-39	39-40	40-41	% Voids
90.0	92.5	95.0	97.5	(100.0)	102.5	105.0	107.5	110.0	112.5	Adjustment (%)

MIX DESIGN COMPUTATIONS PROCEDURE

(Refers to "Mix Design Computations")

General

1. Obtain the required f'_c, whether the mix is to be air-entrained or non-air-entrained, the required slump, whether the mix is to be pumped, the percentage of cement to be replaced by mineral admixture, and the percentage of water to be replaced by water-reducing admixture from the "Information and Data Sheet," and enter this information in the appropriate spaces in the "Specification Requirements."

2. Obtain the cement type from the "Information and Data Sheet," the specific gravity, solid weight, and the dry rodded weight for the cement and mineral admixture from the cement manufacturer and mineral admixture supplier respectively, and enter these values in the appropriate spaces in the "Material Laboratory Analysis: Summary."

3. Obtain the aggregate size, specific gravity, solid weight, dry rodded weight, percentage of voids, type number, and percentage of fine aggregate passing the No. 8 sieve from the "Material Laboratory Analysis," and enter these values in the "Material Laboratory Analysis: Summary."

Computations

Tables of Volumes Selection: Table __36__.

1. Select the Tables of Volumes to be used by determining the following:

    a. The coarse aggregate size obtained from the "Material Laboratory Analysis: Summary" of the "Mix Design Computations." __3/4"__.

    b. The required slump obtained from the "Specification Requirements." __2½"__.

    c. Whether air-entrained on non-air-entrained, obtained from the "Specification Requirements." __AE__.

    d. Enter the selected table number in the appropriate spaces Al though D1, F1, and G1. __36__.

Tables of Volumes Values

1. Concrete Class: __D__.

    a. Refer to (a) of the selected Tables of Volumes.

      (1) At the right side of the table locate and circle the appropriate "Concrete Class" as detailed on the "Information and Data Sheet," Note 2. __D__.

2. Coarse Aggregate Type No.: __7__.

    a. Refer to (a) of the selected Tables of Volumes.

      (1) From the circled letter denoting the "Concrete Class" travel horizontally to the left to the point of intersection with the "Coarse Aggregate Type No.,"

obtained from the "Material Laboratory Analysis: Summary," and circle this number. __7__.

3. Mortar (F1): __17.30__

   a. Refer to (b) of the selected Tables of Volumes.

   (1) At the right side of the table locate "Mortar."

   (2) Travel horizontally to the left to the intersection with the circled figure, projected downward from (a), "Coarse Aggregate Type No."

   (3) At the intersection, circle the figure for "Mortar" and record it in space F1. __17.30__.

4. Coarse Aggregate (G1): __9.70__.

   a. Refer to (b) of the selected Tables of Volumes.

   (1) At the right side of the table locate "Coarse Aggregate +8."

   (2) Travel horizontally to the left to the intersection with the circled figure, projected downward from (a), "Coarse Aggregate Type No."

   (3) At the intersection circle the figure for "Coarse Aggregate +8" and record it in space G1. __9.70__.

5. Cement (A1): __3.50__.

   a. Refer to (c) or (c-1), U.S. customary units or SI units, respectively, of the selected Tables of Volumes.

   (1) At the right side of the table, locate and circle the required f'_c obtained from the "Specification Requirements."

   (2) From the circled figure travel horizontally to the left to the intersection with the circled figure, projected downward from (a), "Coarse Aggregate Type No.," circle this number, and record it in space A1. __3.50__.

6. Water (B1): __5.03__

   a. Refer to (d) or (d-1), U.S. customary units or SI units, respectively, of the selected Tables of Volumes.

   (1) At the right side of the table locate and circle the required f'_c obtained from the "Specification Requirements." __4000__

   b. From the circled figure travel horizontally to the left to the intersection with the circled figure projected downward from (a), "Coarse Aggregate Type No."; circle this number, and record it in space B1. __5.03__.

7. Entrained Air (C1): __.56__. __(5.77%)__

   a. Refer to (e) of the selected Tables of Volumes.

   (1) At the right side of the table locate "Entrained Air."

   (2) Travel horizontally to the left to the intersection with the circled figure projected downward from (a), "Coarse Aggregate Type No."; circle this number, and record it in space C1. __.56__. __(5.77%)__

TYPICAL DESIGN MIX EXAMPLES **353**

8. *Entrapped Air (D1):* ___.

   a. Refer to (f) or (f-1), U.S. customary units or SI units, respectively, of the selected Tables of Volumes.

      (1) At the top of the table locate and circle the required f'_c obtained from the "Specification Requirements." _4000_.

      (2) At the right side of the table locate "Entrapped Air" and travel horizontally to the right to the intersection with the circled figure projected downward from the circled f'_c of the table; circle this figure and record it in space D1. ___.

Corrections   1. *Cement (A2):* ___.

   a. Refer to the "Material Laboratory Analysis: Summary" and determine the "Percent Voids" in the fine aggregate. _35.5_.

   b. Refer to (g) of the selected Tables of Volumes.

      (1) At the right side of the table locate the "Percent Voids," travel horizontally to the left to the determined "Percent Voids," and circle the figure determined in Par. a. _35-36_.

      (2) Directly below will be found the figure for the adjustment; circle this figure. _100.0%_

   c. Make the computed adjustments, and if a mineral admixture is not specified by the "Specification Requirements," enter the adjusted figure in space A2. _3.50_.

$$\text{Cement value adjusted} = C \times \% C = 3.50 \times 1.0 = 3.50$$

where C = cement value from A1
      $\% C$ = adjustment (%) from (g) of the selected Tables of Volumes

2. *Cement + Mineral Admixtures (A2):* _2.80_ + _0.70_.

   a. Where a mineral admixture is specified by the "Specification Requirements":

      (1) Determine the percentage of the cement content to be removed as per supplier's recommendation. _20_ %.

      (2) Compute the cement and mineral aggregate values and record them in space A2. _2.80_, _0.70_.

$$CV = C - \% MA = 3.50 - (3.50 \times 0.20) = 2.80$$
$$MAV = C - CV = 3.50 - 2.80 = 0.70$$

where CV = cement value
          C = cement value adjusted from Par. 1
     $\% MA$ = percent of mineral admixture replacement
      MAV = mineral aggregate value

3. *Water (B2):* ___.

   a. Refer to the "Material Laboratory Analysis: Summary" and determine the "Percent Voids" in the fine aggregate. _35.5_.

b. Refer to (g) of the selected Tables of Volumes.

(1) At the right side of the table locate the "Percent Voids," travel horizontally to the left to the determined "Percent Voids," and circle the figure in Par. *a*. _35-36_.

(2) Directly below will be found the figure for the adjustment; circle this figure. _100.0%_.

c. Make the computed adjustments, and if a water-reducing admixture is not specified by the "Specifications Requirements," enter the adjusted figure in space B2.

$$\text{Water value adjusted} = W \times \% W$$
$$= \underline{5.03} \times \underline{1.0} = \underline{5.03}$$

where W = water value from B1
$\% W$ = adjustment (%) from (g)

4. Water (with water-reducing admixture) (B2): _4.78_.

a. Where a water-reducing admixture is specified by the "Information and Data Sheet":

(1) Determine the percentage of water to be reduced as per manufacturer's recommendation. _5_ %.

(2) Compute the adjustment and record in space B2. _4.78_.

$$AWV = W - (W \times \% \text{ water reduction})$$
$$AWV = \underline{5.03} - (\underline{5.03} \times \underline{0.05}) = \underline{4.78}$$

where AWV = adjusted water value
W = water value from Par. 3

NOTE: For all other computation procedures see "Computations."

TYPICAL DESIGN MIX EXAMPLES **355**

Project No. _Ex. 1 (S.I.U.)_

MATERIAL LABORATORY ANALYSIS

COARSE AGGREGATE   Source: _____

Classification: _DOLOMITE_ _____

Sieve Analysis (ASTM C 136)

Sieve Size, mm	Cumulative Weight Retained			Cumulative % Retained	Cumulative % Passing
	First Run	Second Run	Average		
100.0					
90.0					
75.0					
63.0					
50.0					
(38.1)				0	100
25.0				30	70
19.0				50	50
12.5				68	32
9.5				80	20
4.75				96	4
2.36				100	0

Fineness Modulus 3.24 + 4.0

Fineness Modulus   3.24

Specific Gravity (Bulk, SSD Basis): ASTM C 127   2.82

Solid Weight (Specific Gravity × 1000)   2820 kg/m³

Dry Rodded Weight (SSD Basis): ASTM C 29   1690 kg/m³

Voids (ASTM C 29)   40.1 %

Absorption (ASTM C 127)   0.8 %

Soundness (ASTM C 88)   _____

Los Angeles Abrasion (ASTM C 131 and C 535)   _____ % of wear

Percent of Voids for Well-Graded Course Aggregate

Type No.	Size (mm)								
	9.5	12.5	19.0	25.0	(38.1)	50.0	63.0	75.0	90.0
1	37–39	36–38	35–37	34–36	33–35	32–34	31–33	30–32	29–31
2	40–42	39–41	38–40	37–39	36–38	35–37	34–36	33–35	32–34
(3)	43–45	42–44	41–43	40–42	(39–41)	38–40	38–39	36–38	35–37
4	46–48	45–47	44–46	43–45	42–44	41–43	40–42	39–41	38–40
5	49–51	48–50	47–49	46–48	45–47	44–46	43–45	42–44	41–43

FINE AGGREGATE Source: _____

Classification: _Natural Sand_____

Sieve Analysis (ASTM C 136)

Sieve Size	Cumulative Weight Retained			Cumulative % Retained	Cumulative % Passing
	First Run	Second Run	Average		
4.75 mm				0	100
2.36 mm				10	(90)
1.18 mm				32	68
600 µm				62	38
300 µm				83	17
150 µm				96	4
				—	1

Fineness Modulus __2.83__

Specific Gravity (Bulk, SSD Basis): ASTM C 128	2.64
Solid Weight (Specific Gravity × 1000)	2640 kg/m³
Dry Rodded Weight (SSD Basis): ASTM C 29)	1465 kg/m³
Voids (ASTM C 29)	34.5%
Absorption (ASTM C 128)	0.8%
Soundness (ASTM C 88)	

HYDRAULIC CEMENT Material: _Portland Cement – Type I (Sp. Gr. = 3.15)_

Source: _____

Tests: As per manufacturer's certified mill certificate in accordance with ASTM C 150

MINERAL ADMIXTURES Material: _Fly Ash – Class F (Sp. Gr. = 2.30)_

Source: _____

Tests: As per supplier's certified mill certificate in accordance with ASTM C 311 and ASTM C 618

Project No. Ex. 1 (S.I.U.)

MIX DESIGN COMPUTATIONS

Specification Requirements

f'_c = **30** MPa

(✓) Non-AE ( ) AE: As per Tables of Volumes ± **—** %

Slump = **65** mm ± **6.25** mm

Pumped ( ) No (✓) Yes

% Cement Replaced by MA = **20** %

% Water Replaced by Type **A** Admixture = **5** %

Material Laboratory Analysis: Summary

	Cement	MA	Coarse Aggregate	Fine Aggregate
Aggregate Size	—	—	38.1 mm	—
Specific Gravity	3.15	2.30	2.82	2.64
Solid Weight	3150	2300	2820	2640
Dry Rodded Weight	1506	—	1590	1465
Percent Voids	—	—	40.1	34.5
Type No.	I	Class F	3+2=5*	—
% −8	—	—	—	90.0

*For pumped concrete the coarse aggregate type is increased by 2.

COMPUTATIONS

			1 Tables of Volumes Values (m^3/m^3)		2 Corrections (m^3/m^3)		3 Weight (kg/m^3)	
A	Cement	Table **201** (c)	0.114			0.089	A2 × Solid Weight	280
	MA, Pozzolan	NA	…		See "Procedure"	—		—
	MA, Fly Ash		…			0.022		51
B	Water	(d)	0.172			0.160	B2 × 1000	160
C	Air-Entrained	Table **201** (e)	—			—	— %	…
D	Air-Entrapped	(f)	0.007			0.007	0.68 %	…
E	Fine Aggregate (AE)	F1 − (A1 + B1 + C1)	—		100 (E1) / Fine Aggregate % − 8	—	E2 × Solid Weight	—
	Fine Aggregate (Non-AE)	F1 − (A1 + B1 + C1)	0.274			0.304		803
F	Mortar (AE)		—		A2 + B2 + C2 + E2	—	A3 + B3 + E3	—
	Mortar (Non-AE)	Table **201** (b)	0.567		A2 + B2 + C2 + E2	0.582		1294
G	Coarse Aggregate		0.433		27.00 − F2	0.418	G2 × Solid Weight	1179
H	Total	F1 + G1	1.000		F2 + G2	1.000	F3 + G3	2473

I	Unit Weight (kg/m^3)	H3	2473
J	152 mm × 305 mm	I/179	13.81
K	Cement (bags/m^3)*	A3 × 0.0234	6.55
L	Water (total kg/m^3)	B3	160
M	Water (m^3/bag)	L/K	24.35
N	Water-Cement Ratio (by weight)	B3/A3	—
	Water-Cement Ratio + MA (by weight)	B3/A3	0.48

Computed by: _____ Date: / /
Checked by: _____ Date: / /
Approved by: _____ Date: / /

*Since the weight of a bag of cement differs in various countries, the weight of the standard United States bag of cement (in SI units) has been used arbitrarily.
NOTE: NA = not applicable.

SECTION 5 358

Table No.	201
C.A. Size	1½
	38.1 mm
ASTM No.	467
Slump	2½
	65 mm
( ) Non-AE	
(✓) AE	

(a)

Coarse Aggregate Type No.										Concrete Class
1	2	3	4	5	6	7				A
	1	2	3	4	5	6	7			B
		1	2	3	4	5	6	7		C
			1	2	3	4	(5)	6	7	(D)

(b)

Concrete										
11.80	12.30	12.80	13.30	13.80	14.30	14.80	15.30	15.80	16.30	Mortar (ft³/yd³)
15.20	14.70	14.20	13.70	13.20	12.70	12.20	11.70	11.20	10.70	C. A. + 8 (ft³/yd³)
0.437	0.456	0.474	0.493	0.511	0.530	0.548	(0.567)	0.585	0.604	Mortar (m³/m³)
0.563	0.544	0.526	0.507	0.489	0.470	0.452	(0.433)	0.415	0.396	C. A. + 8 (m³/m³)

(c)

Cement										f'_c (psi)
1.84	1.89	1.94	2.00	2.05	2.10	2.15	2.20	2.26	2.31	2000
1.98	2.03	2.10	2.16	2.23	2.28	2.35	2.40	2.47	2.53	2500
2.10	2.17	2.24	2.31	2.38	2.42	2.50	2.58	2.65	2.71	3000
2.24	2.30	2.38	2.45	2.53	2.60	2.68	2.74	2.82	2.89	3500
2.39	2.46	2.54	2.62	2.68	2.76	2.83	2.90	2.98	3.06	4000
2.55	2.62	2.72	2.78	2.86	2.94	3.02	3.10	3.19	3.27	4500
2.74	2.80	2.90	2.99	3.07	3.16	3.24	3.33	3.42	3.51	5000

(c-1)

Cement										f'_c (MPa)
0.070	0.071	0.074	0.076	0.078	0.080	0.082	0.084	0.086	0.089	15
0.077	0.079	0.082	0.084	0.087	0.089	0.091	0.094	0.097	0.099	20
0.085	0.087	0.091	0.093	0.096	0.098	0.101	0.104	0.107	0.109	25
0.094	0.096	0.100	0.102	0.105	0.108	0.111	(0.114)	0.117	0.120	(30)
0.103	0.105	0.109	0.112	0.115	0.118	0.121	0.124	0.127	0.131	35

(d)

Water										f'_c (psi)
3.88	4.00	4.12	4.25	4.39	4.50	4.63	4.75	4.88	5.00	2000
3.86	3.97	4.10	4.22	4.36	4.47	4.60	4.72	4.84	4.96	2500
3.84	3.95	4.08	4.20	4.33	4.44	4.57	4.69	4.82	4.94	3000
3.81	3.92	4.06	4.18	4.30	4.42	4.55	4.66	4.80	4.91	3500
3.78	3.90	4.03	4.16	4.28	4.40	4.52	4.64	4.77	4.88	4000
3.76	3.87	4.00	4.13	4.25	4.37	4.50	4.61	4.76	4.86	4500
3.72	3.84	3.97	4.10	4.21	4.34	4.46	4.58	4.71	4.83	5000

(d-1)

Water										f'_c (MPa)
0.143	0.148	0.152	0.157	0.162	0.166	0.171	0.176	0.180	0.185	15
0.142	0.147	0.151	0.156	0.161	0.165	0.170	0.174	0.179	0.183	20
0.141	0.146	0.150	0.155	0.160	0.164	0.169	0.173	0.178	0.182	25
0.139	0.144	0.149	0.154	0.158	0.163	0.167	(0.172)	0.176	0.181	(30)
0.137	0.142	0.147	0.152	0.156	0.161	0.165	0.170	0.174	0.179	35

(e)

Air										
—	—	—	—	—	—	—	—	—		Entrained (ft³/yd³)
—	—	—	—	—	—	—	—	—		%
—	—	—	—	—	—	—	—	—		Entrained (m³/m³)

(f)

Air (Values Approximate)							
2000	2500	3000	3500	4000	4500	5000	f'_c (psi)
0.25	0.23	0.22	0.20	0.19	0.18	0.17	Entrapped (ft³/yd³)
0.93	0.85	0.81	0.74	0.70	0.67	0.63	%

(f-1)

Air (Values Approximate)					
15	20	25	(30)	35	f'_c (MPa)
0.009	0.008	0.007	(0.007)	0.006	Entrapped (m³/m³)
0.90	0.82	0.73	0.68	0.63	%

(g)

Cement and Water Adjustments for Fine Aggregate Variations										
31-32	32-33	33-34	(34-35)	35-36	36-37	37-38	38-39	39-40	40-41	% Voids
90.0	92.5	95.0	(97.5)	100.0	102.5	105.0	107.5	110.0	112.5	Adjustment (%)

MIX DESIGN COMPUTATIONS PROCEDURE

(Refers to "Mix Design Computations")

General

1. Obtain the required f'_c, whether the mix is to be air-entrained or non-air-entrained, the required slump, whether the mix is to be pumped, the percentage of cement to be replaced by mineral admixture, and the percentage of water to be replaced by water-reducing admixture from the "Information and Data Sheet," and enter this information in the appropriate spaces in the "Specification Requirements."

2. Obtain the cement type from the "Information and Data Sheet," the specific gravity, solid weight, and the dry rodded weight for the cement and mineral admixture from the cement manufacturer and mineral admixture supplier, respectively, and enter these values in the appropriate spaces in the "Material Laboratory Analysis: Summary."

3. Obtain the aggregate size, specific gravity, solid weight, dry rodded weight, percentage of voids, type number, and percentage of fine aggregate passing the No. 8 sieve from the "Material Laboratories Analysis," and enter these values in the "Material Laboratory Analysis: Summary."

Computations

Tables of Volumes Selection: Table _201_.

1. Select the Tables of Volumes to be used by determining the following:

   a. The coarse aggregate size obtained from the "Material Laboratory Analysis: Summary" of the "Mix Design Computations." _38.1 mm_.

   b. The required slump obtained from the "Specification Requirements." _650 m.m_

   c. Whether air-entrained on non-air-entrained, obtained from the "Specification Requirements." _Non-AE_

   d. Enter the selected table number in the appropriate spaces A1 through D1, F1, and G1. _201_.

Tables of Volumes Values

1. Concrete Class: _D_.

   a. Refer to (a) of the selected Tables of Volumes.

      (1) At the right side of the table locate and circle the appropriate "Concrete Class" as detailed on the "Information Data Sheet," Note 2. _D_.

2. Coarse Aggregate Type No.: _5_.

   a. Refer to (a) of the selected Tables of Volumes.

      (1) From the circled letter denoting the "Concrete Class" travel horizontally to the left to the point of intersection with the "Coarse Aggregate Type No.," obtained from the "Material Laboratory Analysis: Summary," and circle this number. _5_.

3. Mortar (F1): _0.567_.

   a. Refer to (b) of the selected Tables of Volumes.

   (1) At the right side of the table locate "Mortar."

   (2) Travel horizontally to the left to the intersection with the circled figure, projected downward from (a), "Coarse Aggregate Type No."

   (3) At the intersection, circle the figure for "Mortar" and record it in space F1. _0.567_.

4. Coarse Aggregate (G1): _0.433_.

   a. Refer to (b) of the selected Tables of Volumes.

   (1) At the right side of the table locate "Coarse Aggregate +8."

   (2) Travel horizontally to the left to the intersection with the circled figure, projected downward from (a), "Coarse Aggregate Type No."

   (3) At the intersection circle the figure for "Coarse Aggregate +8" and record it in space G1. _0.433_.

5. Cement (A1): _0.114_.

   a. Refer to (c) or (c-1), U.S. customary units or SI units, respectively, of the selected Tables of Volumes.

   (1) At the right side of the table, locate and circle the required f'_c obtained from the "Specification Requirements."

   (2) From the circled figure travel horizontally to the left to the intersection with the circled figure, projected downward from (a), "Coarse Aggregate Type No.," circle this number, and record it in space A1. _0.114_.

6. Water (B1): _0.172_.

   a. Refer to (d) or (d-1), U.S. customary units or SI units, respectively, of the selected Tables of Volumes.

   (1) At the right side of the table locate and circle the required f'_c obtained from the "Specification Requirements." _30_.

   b. From the circled figure travel horizontally to the left to the intersection with the circled figure projected downward from (a), "Coarse Aggregate Type No."; circle this number, and record it in space B1. _0.172_.

7. Entrained Air (C1): _- - -_.

   a. Refer to (e) of the selected Tables of Volumes.

   (1) At the right side of the table locate "Entrained Air."

   (2) Travel horizontally to the left to the intersection with the circled figure projected downward from (a), "Coarse Aggregate Type No."; circle this number, and record it in space C1. _- - -_.

8. Entrapped Air (D1): _0.007_ _(0.68%)_

   a. Refer to (f) or (f-1), U.S. customary units or SI units, respectively, of the selected Tables of Volumes.

(1) At the top of the table locate and circle the required f'_c obtained from the "Specification Requirements." _30_.

(2) At the right side of the table locate "Entrapped Air" and travel horizontally to the right to the intersection with the circled figure projected downward from the circled f'_c of the table; circle this figure and record it in space D1. _0.007_. (0.68%)

Corrections

1. *Cement (A2):* ___.

   a. Refer to the "Material Laboratory Analysis: Summary" and determine the "Percent Voids" in the fine aggregate. _34.5_.

   b. Refer to (g) of the selected Tables of Volumes.

   (1) At the right side of the table locate the "Percent Voids," travel horizontally to the left to the determined "Percent Voids," and circle the figure determined in Par. a. _34-35_.

   (2) Directly below will be found the figure for the adjustment; circle this figure. _97.5%_.

   c. Make the computed adjustments, and if a mineral admixture is not specified by the "Specification Requirements," enter the adjusted figure in space A2. _0.111_.

   $$\text{Cement value adjusted} = C \times \% \, C = \underline{0.114} \times \underline{0.975}$$
   $$= \underline{0.111}$$

   where C = cement value from A1
   $\% \, C$ = adjustment (%) from (g) of the selected Tables of Volumes

2. *Cement + Mineral Admixtures (A2):* _0.089_ + _0.022_.

   a. Where a mineral admixture is specified by the "Specification Requirements":

   (1) Determine the percentage of the cement content to be removed as per supplier's recommendation. _20_ %.

   (2) Compute the cement and mineral aggregate values and record them in space A2. _0.089, 0.022_.

   $$CV = C - \% \, MA = \underline{0.111} - (\underline{0.111} \times \underline{0.20}) = \underline{0.089}$$
   $$MAV = C - CV = \underline{0.111} - \underline{0.089} = \underline{0.022}$$

   where CV = cement value
   C = cement value adjusted from Par. 1
   $\% \, MA$ = Percent of mineral admixture replacement
   MAV = mineral aggregate value

3. *Water (B2):* ___.

   a. Refer to the "Material Laboratory Analysis: Summary" and determine the "Percent Voids" in the fine aggregate. _34.5_.

   b. Refer to (g) of the selected Tables of Volumes.

(1) At the right side of the table locate the "Percent Voids," travel horizontally to the left to the determined "Percent Voids," and circle the figure in Par. a. *34–35.*

(2) Directly below will be found the figure for the adjustment; circle this figure. *92.5%.*

c. Make the computed adjustments, and if a water-reducing admixture is not specified by the "Specifications Requirements," enter the adjusted figure in space B2.

$$\text{Water value adjusted} = W \times \% \ W$$
$$= 0.172 \times 0.975 = 0.168$$

where W = water value from C1
$\% \ W$ = adjustment (%) from (g)

4. *Water (with water-reducing admixture) (B2):* **0.160.**

   a. Where a water-reducing admixture is specified by the "Information and Data Sheet":

   (1) Determine the percentage of water to be reduced as per manufacturer's recommendation. __5__%.

   (2) Compute the adjustment and record in space B2. **0.160.**

$$AWV = W - (W \times \% \text{ water reduction})$$
$$AWV = 0.168 - (0.168 \times 0.05) = 0.160$$

where AWV = adjusted water value
W = water value from Par. 3

NOTE: For all other computation procedures see "Computations."

TYPICAL DESIGN MIX EXAMPLES 363

Project No. _Ex. 2 (S.I.U.)_

MATERIAL LABORATORY ANALYSIS

COARSE AGGREGATE Source: _____

Classification: _Trap Rock_

Sieve Analysis (ASTM C 136)

Sieve Size, mm	Cumulative Weight Retained			Cumulative % Retained	Cumulative % Passing
	First Run	Second Run	Average		
100.0					
90.0					
75.0					
63.0					
50.0					
38.1					
(25.0)				0	100
19.0				32	68
12.5				56	44
9.5				73	27
4.75				95	5
2.36				100	0

Fineness Modulus $\underline{2.56} + 4.0$

Fineness Modulus _2.56_

Specific Gravity (Bulk, SSD Basis): ASTM C 127 _2.82_

Solid Weight (Specific Gravity × 1000) _2820_ kg/m³

Dry Rodded Weight (SSD Basis): ASTM C 29 _1579_ kg/m³

Voids (ASTM C 29) _44.0_ %

Absorption (ASTM C 127) _0.8_ %

Soundness (ASTM C 88) _____

Los Angeles Abrasion (ASTM C 131 and C 535) _____ % of wear

Percent of Voids for Well-Graded Coarse Aggregate

Type No.	Size (mm)								
	9.5	12.5	19.0	(25.0)	38.1	50.0	63.0	75.0	90.0
1	37–39	36–38	35–37	34–36	33–35	32–34	31–33	30–32	29–31
2	40–42	39–41	38–40	37–39	36–38	35–37	34–36	33–35	32–34
3	43–45	42–44	41–43	40–42	39–41	38–40	38–39	36–38	35–37
(4)	46–48	45–47	44–46	(43–45)	42–44	41–43	40–42	39–41	38–40
5	49–51	48–50	47–49	46–48	45–47	44–46	43–45	42–44	41–43

FINE AGGREGATE   Source: _____

Classification: _NATURAL SAND_____

Sieve Analysis (ASTM C 136)

Sieve Size	Cumulative Weight Retained			Cumulative % Retained	Cumulative % Passing
	First Run	Second Run	Average		
4.75 mm				0	100
2.36 mm				10	(90)
1.18 mm				32	68
600 μm				62	38
300 μm				83	17
150 μm				96	4
				—	1

Fineness Modulus __2.83__

Specific Gravity (Bulk, SSD Basis): ASTM C 128   __2.64__

Solid Weight (Specific Gravity × 1000)   __2640__ kg/m³

Dry Rodded Weight (SSD Basis): ASTM C 29)   __1676__ kg/m³

Voids (ASTM C 29)   __36.5__ %

Absorption (ASTM C 128)   __0.8__ %

Soundness (ASTM C 88)   _____

HYDRAULIC CEMENT   Material: _PORTLAND CEMENT - TYPE I (SP. GR. = 3.15)_

Source: _____

Tests: As per manufacturer's certified mill certificate in accordance with ASTM C 150

MINERAL ADMIXTURES   Material: _POZZOLAN - CLASS N (SP. GR. = 2.50)_

Source: _____

Tests: As per supplier's certified mill certificate in accordance with ASTM C 311 and ASTM C 618

Project No. Ex. 2 (S.I.U.)

MIX DESIGN COMPUTATIONS

Specification Requirements

f'_c = __25__ MPa

( ) Non-AE (✓) AE: As per Tables of Volumes ± __0.50__%

Slump = __65__ mm ± __6.25__ mm

Pumped ( ) No (✓) Yes

% Cement Replaced by MA = __20__ %

% Water Replaced by Type __A__ Admixture = __5__ %

Material Laboratory Analysis: Summary

	Cement	MA	Coarse Aggregate	Fine Aggregate
Aggregate Size	—	—	25.0 mm	—
Specific Gravity	3.15	2.50	2.82	2.64
Solid Weight	3150	2500	2820	2640
Dry Rodded Weight	1506	—	1579	1676
Percent Voids	—	—	44.0	36.5
Type No.	I	CLASS N	4 +2= *	—
% −8	—	—	—	90.0

*For pumped concrete the coarse aggregate type is increased by 2.

COMPUTATIONS

			1 Tables of Volumes Values (m^3/m^3)		2 Corrections (m^3/m^3)		3 Weight (kg/m^3)	
A	Cement		Table __51__ (c)	0.116	See "Procedure"	0.095		299
A	MA, Pozzolan		NA	...		0.024	A2 × Solid Weight	60
A	MA, Fly Ash			...		—		—
B	Water		(d)	0.172		0.167	B2 × 1000	167
C	Air-Entrained		Table __51__ (e)	0.054		0.054	5.43 %	...
D	Air-Entrapped		(f)	—		—	— %	...
E	Fine Aggregate (AE)		F1 − (A1 + B1 + C1)	0.262	100 (E1) / Fine Aggregate % − 8	0.291	E2 × Solid Weight	768
E	Fine Aggregate (Non-AE)		F1 − (A1 + B1 + C1)					—
F	Mortar (AE)		Table __51__ (b)	0.604	A2 + B2 + C2 + E2	0.631	A3 + B3 + E3	1294
F	Mortar (Non-AE)			—	A2 + B2 + C2 + E2	—		—
G	Coarse Aggregate			0.396	27.00 − F2	0.369	G2 × Solid Weight	1041
H	Total		F1 + G1	1.000	F2 + G2	1.000	F3 + G3	2335

I	Unit Weight (kg/m^3)	H3	2335
J	152 mm × 305 mm	I/179	13.04
K	Cement (bags/m^3)*	A3 × 0.0234	7.00
L	Water (total kg/m^3)	B3	167
M	Water (m^3/bag)	L/K	23.85
N	Water-Cement Ratio (by weight)	B3/A3	—
N	Water-Cement Ratio + MA (by weight)	B3/A3	0.47

Computed by: ___
Date: __/__/__
Checked by: ___
Date: __/__/__
Approved by: ___
Date: __/__/__

*Since the weight of a bag of cement differs in various countries, the weight of the standard United States bag of cement (in SI units) has been used arbitrarily.
NOTE: NA = not applicable.

Table No. 51
C.A. Size 1"
         25.0 mm
ASTM No. 57
Slump 2½"
         65 mm
(✓) AE
( ) Non-AE

(a)

Coarse Aggregate Type No.										Concrete Class
1	2	3	4	5	6	7				A
	1	2	3	4	5	6	7			B
		1	2	3	4	5	6	7		C
			1	2	3	4	5	(6)	7	(D)

(b)

Concrete										
12.30	12.80	13.30	13.80	14.30	14.80	15.30	15.80	16.30	16.80	Mortar (ft³/yd³)
14.70	14.20	13.70	13.20	12.70	12.20	11.70	11.20	10.70	10.20	C. A. + 8 (ft³/yd³)
0.456	0.474	0.493	0.511	0.530	0.548	0.567	0.585	(0.604)	0.622	Mortar (m³/m³)
0.544	0.526	0.507	0.489	0.470	0.452	0.433	0.415	(0.396)	0.378	C. A. + 8 (m³/m³)

(c)

Cement										f'_c (psi)
1.66	1.76	1.85	1.94	2.04	2.12	2.24	2.34	2.44	2.52	2000
1.86	1.96	2.06	2.16	2.24	2.34	2.44	2.54	2.65	2.74	2500
2.08	2.16	2.26	2.36	2.45	2.54	2.64	2.73	2.83	2.94	3000
2.28	2.38	2.48	2.57	2.68	2.77	2.87	2.97	3.07	3.17	3500
2.48	2.59	2.70	2.80	2.90	3.00	3.10	3.21	3.31	3.42	4000
2.72	2.84	2.96	3.06	3.17	3.28	3.39	3.51	3.61	3.72	4500
3.02	3.14	3.26	3.37	3.44	3.56	3.71	3.83	3.95	4.06	5000

(c-1)

Cement										f'_c (MPa)
0.064	0.068	0.071	0.075	0.078	0.081	0.086	0.089	0.093	0.096	15
0.075	0.079	0.083	0.086	0.089	0.093	0.096	0.100	0.103	0.107	20
0.086	0.090	0.094	0.097	0.101	0.104	0.109	0.112	(0.116)	0.120	(25)
0.098	0.103	0.107	0.110	0.114	0.119	0.122	0.127	0.130	0.134	30
0.114	0.118	0.123	0.127	0.129	0.133	0.139	0.144	0.148	0.152	35

(d)

Water										f'_c (psi)
3.24	3.40	3.56	3.72	3.88	4.04	4.21	4.37	4.52	4.68	2000
3.28	3.44	3.60	3.76	3.92	4.08	4.25	4.41	4.56	4.72	2500
3.33	3.49	3.64	3.80	3.96	4.12	4.29	4.44	4.60	4.75	3000
3.39	3.55	3.70	3.86	4.01	4.16	4.33	4.48	4.64	4.78	3500
3.46	3.62	3.76	3.92	4.08	4.22	4.38	4.53	4.68	4.83	4000
3.52	3.68	3.83	3.98	4.13	4.28	4.44	4.59	4.74	4.88	4500
3.60	3.74	3.90	4.05	4.20	4.34	4.50	4.65	4.80	4.95	5000

(d-1)

Water										f'_c (MPa)
0.120	0.126	0.132	0.138	0.144	0.150	0.156	0.162	0.168	0.174	15
0.123	0.129	0.134	0.140	0.146	0.152	0.159	0.164	0.170	0.176	20
0.126	0.132	0.138	0.144	0.149	0.155	0.161	0.166	(0.172)	0.177	(25)
0.130	0.136	0.141	0.147	0.153	0.158	0.164	0.169	0.175	0.180	30
0.134	0.139	0.145	0.150	0.156	0.161	0.167	0.173	0.178	0.184	35

(e)

Air										
1.11	1.15	1.20	1.24	1.29	1.33	1.38	1.42	1.47	1.51	Entrained (ft³/yd³)
4.10	4.27	4.43	4.60	4.77	4.93	5.10	5.27	(5.43)	5.60	%
0.041	0.043	0.044	0.046	0.048	0.049	0.051	0.053	(0.054)	0.056	Entrained (m³/m³)

(f)

Air (Values Approximate)							
2000	2500	3000	3500	4000	4500	5000	f'_c (psi)
—	—	—	—	—	—	—	Entrapped (ft³/yd³)
—	—	—	—	—	—	—	%

(f-1)

Air (Values Approximate)				
15	20	25	30	35	f'_c (MPa)
—	—	—	—	—	Entrapped (m³/m³)
—	—	—	—	—	%

(g)

Cement and Water Adjustments for Fine Aggregate Variations									
31–32	32–33	33–34	34–35	35–36	36–37	37–38	38–39	39–40	40–41	% Voids
90.0	92.5	95.0	97.5	100.0	(102.5)	105.0	107.5	110.0	112.5	Adjustment (%)

MIX DESIGN COMPUTATIONS PROCEDURE

(Refers to "Mix Design Computations")

General

1. Obtain the required f'_c, whether the mix is to be air-entrained or non-air-entrained, the required slump, whether the mix is to be pumped, the percentage of cement to be replaced by mineral admixture, and the percentage of water to be replaced by water-reducing admixture from the "Information and Data Sheet," and enter this information in the appropriate spaces in the "Specification Requirements."

2. Obtain the cement type from the "Information and Data Sheet," the specific gravity, solid weight, and the dry rodded weight for the cement and mineral admixture from the cement manufacturer and mineral admixture supplier, respectively, and enter these values in the appropriate spaces in the "Material Laboratory Analysis: Summary."

3. Obtain the aggregate size, specific gravity, solid weight, dry rodded weight, percentage of voids, type number, and percentage of fine aggregate passing the No. 8 sieve from the "Material Laboratories Analysis," and enter these values in the "Material Laboratory Analysis: Summary."

Computations

Tables of Volumes Selection: Table _51_.

1. Select the Tables of Volumes to be used by determining the following:

   a. The coarse aggregate size obtained from the "Material Laboratory Analysis: Summary" of the "Mix Design Computations." _25.0 mm_.

   b. The required slump obtained from the "Specification Requirements." _65.0 mm_.

   c. Whether air-entrained on non-air-entrained, obtained from the "Specification Requirements." _AE_

   d. Enter the selected table number in the appropriate spaces A1 through D1, F1, and G1. _51_.

Tables of Volumes Values

1. Concrete Class: _D_.

   a. Refer to (a) of the selected Tables of Volumes.

   (1) At the right side of the table locate and circle the appropriate "Concrete Class" as detailed on the "Information Data Sheet," Note 2. _D_.

2. Coarse Aggregate Type No.: _6_.

   a. Refer to (a) of the selected Tables of Volumes.

   (1) From the circled letter denoting the "Concrete Class" travel horizontally to the left to the point of intersection with the "Coarse Aggregate Type No.," obtained from the "Material Laboratory Analysis: Summary," and circle this number. _6_.

3. Mortar (F1): *0.604*.

   a. Refer to (b) of the selected Tables of Volumes.

   (1) At the right side of the table locate "Mortar."

   (2) Travel horizontally to the left to the intersection with the circled figure, projected downward from (a), "Coarse Aggregate Type No."

   (3) At the intersection, circle the figure for "Mortar" and record it in space F1. *0.604*.

4. Coarse Aggregate (G1): *0.396*.

   a. Refer to (b) of the selected Tables of Volumes.

   (1) At the right side of the table locate "Coarse Aggregate +8."

   (2) Travel horizontally to the left to the intersection with the circled figure, projected downward from (a), "Coarse Aggregate Type No."

   (3) At the intersection circle the figure for "Coarse Aggregate +8" and record it in space G1. *0.396*.

5. Cement (A1): *0.116*.

   a. Refer to (c) or (c-1), U.S. customary units or SI units, respectively, of the selected Tables of Volumes.

   (1) At the right side of the table, locate and circle the required f'_c obtained from the "Specification Requirements."

   (2) From the circled figure travel horizontally to the left to the intersection with the circled figure, projected downward from (a), "Coarse Aggregate Type No.," circle this number, and record it in space A1. *0.116*.

6. Water (B1): *0.172*.

   a. Refer to (d) or (d-1), U.S. customary units or SI units, respectively, of the selected Tables of Volumes.

   (1) At the right side of the table locate and circle the required f'_c obtained from the "Specification Requirements." *25*.

   b. From the circled figure travel horizontally to the left to the intersection with the circled figure projected downward from (a), "Coarse Aggregate Type No."; circle this number, and record it in space B1. *0.172*.

7. Entrained Air (C1): *0.054. (5.43%)*

   a. Refer to (e) of the selected Tables of Volumes.

   (1) At the right side of the table locate "Entrained Air."

   (2) Travel horizontally to the left to the intersection with the circled figure projected downward from (a), "Coarse Aggregate Type No."; circle this number, and record it in space C1. *0.054. (5.43%)*

8. Entrapped Air (D1): *---*.

   a. Refer to (f) or (f-1), U.S. customary units or SI units, respectively, of the selected Tables of Volumes.

(1) At the top of the table locate and circle the required f'_c obtained from the "Specification Requirements." __25__.

(2) At the right side of the table locate "Entrapped Air" and travel horizontally to the right to the intersection with the circled figure projected downward from the circled f'_c of the table; circle this figure and record it in space D1. __∴__.

Corrections

1. *Cement (A2):* __∴__.

   a. Refer to the "Material Laboratory Analysis: Summary" and determine the "Percent Voids" in the fine aggregate. __36.5__.

   b. Refer to (g) of the selected Tables of Volumes.

   (1) At the right side of the table locate the "Percent Voids," travel horizontally to the left to the determined "Percent Voids," and circle the figure determined in Par. a. __36–37__.

   (2) Directly below will be found the figure for the adjustment; circle this figure. __102.5%__.

   c. Make the computed adjustments, and if a mineral admixture is not specified by the "Specification Requirements," enter the adjusted figure in space A2. __0.119__.

   $$\text{Cement value adjusted} = C \times \% \ C = 0.116 \times 1.025 = 0.119$$

   where C = cement value from A1
   $\% \ C$ = adjustment (%) from (g) of the selected Tables of Volumes

2. *Cement + Mineral Admixtures (A2):* __0.095__ + __0.024__.

   a. Where a mineral admixture is specified by the "Specification Requirements":

   (1) Determine the percentage of the cement content to be removed as per supplier's recommendation. __20__ %.

   (2) Compute the cement and mineral aggregate values and record them in space A2 __0.095__, __0.024__.

   $$CV = C - \% \ MA = 0.119 - (0.119 \times 0.20) = 0.095$$
   $$MAV = C - CV = 0.119 - 0.095 = 0.024$$

   where CV = cement value
   C = cement value adjusted from Par. 1
   $\% \ MA$ = Percent of mineral admixture replacement
   MAV = mineral aggregate value

3. *Water (B2):* __∴__.

   a. Refer to the "Material Laboratory Analysis: Summary" and determine the "Percent Voids" in the fine aggregate. __36.5__.

   b. Refer to (g) of the selected Tables of Volumes.

(1) At the right side of the table locate the "Percent Voids," travel horizontally to the left to the determined "Percent Voids," and circle the figure in Par. a. _36-37_.

(2) Directly below will be found the figure for the adjustment; circle this figure. _102.5%_

c. Make the computed adjustments, and if a water-reducing admixture is not specified by the "Specifications Requirements," enter the adjusted figure in space B2.

$$\text{Water value adjusted} = W \times \% \ W$$
$$= 0.172 \times 1.025 = 0.176$$

where W = water value from C1
$\% \ W$ = adjustment (%) from (g)

4. Water (with water-reducing admixture) (B2): _0.167_.

   a. Where a water-reducing admixture is specified by the "Information and Data Sheet":

   (1) Determine the percentage of water to be reduced as per manufacturer's recommendation. _5_ %.

   (2) Compute the adjustment and record in space B2. _0.167_.

$$AWV = W - (W \times \% \text{ water reduction})$$
$$AWV = 0.176 - (0.176 \times 0.05) = 0.167$$

   where AWV = adjusted water value
   W = water value from Par. 3

NOTE: For all other computation procedures see "Computations."

Project No. _Ex.3 (S.I.U.)_

MATERIAL LABORATORY ANALYSIS

COARSE AGGREGATE Source: _____

Classification: _EXPANDED SHALE_____

Sieve Analysis (ASTM C 136)

Sieve Size, mm	Cumulative Weight Retained			Cumulative % Retained	Cumulative % Passing
	First Run	Second Run	Average		
100.0					
90.0					
75.0					
63.0					
50.0					
38.1					
25.0					
(19.0)				0	100
12.5				45	55
9.5				68	32
4.75				92	8
2.36				100	0

Fineness Modulus $\underline{2.05}$ + 4.0

Fineness Modulus	_2.05_
Specific Gravity (Bulk, SSD Basis): ASTM C 127	_1.60_
Solid Weight (Specific Gravity × 1000)	_1600_ kg/m³
Dry Rodded Weight (SSD Basis): ASTM C 29	_832_ kg/m³
Voids (ASTM C 29)	_48.0_%
Absorption (ASTM C 127)	_16.0_%
Soundness (ASTM C 88)	_____
Los Angeles Abrasion (ASTM C 131 and C 535)	_____% of wear

Percent of Voids for Well-Graded Course Aggregate

Type No.	Size (mm)								
	9.5	12.5	(19.0)	25.0	38.1	50.0	63.0	75.0	90.0
1	37–39	36–38	35–37	34–36	33–35	32–34	31–33	30–32	29–31
2	40–42	39–41	38–40	37–39	36–38	35–37	34–36	33–35	32–34
3	43–45	42–44	41–43	40–42	39–41	38–40	38–39	36–38	35–37
4	46–48	45–47	44–46	43–45	42–44	41–43	40–42	39–41	38–40
(5)	49–51	48–50	(47–49)	46–48	45–47	44–46	43–45	42–44	41–43

FINE AGGREGATE Source: _____

Classification: _Natural Sand_____

Sieve Analysis (ASTM C 136)

Sieve Size	Cumulative Weight Retained			Cumulative % Retained	Cumulative % Passing
	First Run	Second Run	Average		
4.75 mm				0	100
2.36 mm				10	(90)
1.18 mm				32	68
600 μm				62	38
300 μm				83	17
150 μm				96	4
				—	1

Fineness Modulus __2.83__

Specific Gravity (Bulk, SSD Basis): ASTM C 128 __2.64__

Solid Weight (Specific Gravity × 1000) __2640__ kg/m³

Dry Rodded Weight (SSD Basis): ASTM C 29) __1703__ kg/m³

Voids (ASTM C 29) __35.5__ %

Absorption (ASTM C 128) __0.8__ %

Soundness (ASTM C 88) _____

HYDRAULIC CEMENT Material: _Portland Cement – Type I (Sp. Gr. = 3.15)_

Source: _____

Tests: As per manufacturer's certified mill certificate in accordance with ASTM C 150

MINERAL ADMIXTURES Material: _Pozzolan – Class N (Sp. Gr. = 2.50)_

Source: _____

Tests: As per supplier's certified mill certificate in accordance with ASTM C 311 and ASTM C 618

TYPICAL DESIGN MIX EXAMPLES 373

Project No. **Ex. 3 (S.I.U.)**

MIX DESIGN COMPUTATIONS

Specification Requirements

f'_c = __20__ MPa

(✔) Non-AE ( ) AE: As per Tables of Volumes ± __—__ %

Slump = __65__ mm ± __6.25__ mm

Pumped ( ) No (✔) Yes

% Cement Replaced by MA = __20__ %

% Water Replaced by Type __A__ Admixture = __5__ %

Material Laboratory Analysis: Summary

	Cement	MA	Coarse Aggregate	Fine Aggregate
Aggregate Size	—	—	19.0 mm	—
Specific Gravity	3.15	2.50	1.60	2.64
Solid Weight	3150	2500	1600	2640
Dry Rodded Weight	1506	—	832	1703
Percent Voids	—	—	48.0	35.5
Type No.	I	CLASS N	5+2=7 *	—
% −8	—	—	—	90.0

*For pumped concrete the coarse aggregate type is increased by 2.

COMPUTATIONS

			1 Tables of Volumes Values (m^3/m^3)	2 Corrections (m^3/m^3)		3 Weight (kg/m^3)	
A	Cement	Table __171__ (c)	0.106	See "Procedure"	0.085	A2 × Solid Weight	268
	MA, Pozzolan	NA	...		—		—
	MA, Fly Ash		...		0.021		53
B	Water	(d)	0.200		0.190	B2 × 1000	190
C	Air-Entrained	Table __171__ (e)	—		—	— %	...
D	Air-Entrapped	(f)	0.020		0.020	2.02 %	...
E	Fine Aggregate (AE)	F1 − (A1 + B1 + C1)	—	100 (E1) Fine Aggregate % − 8	—	E2 × Solid Weight	—
	Fine Aggregate (Non-AE)	F1 − (A1 + B1 + C1)	0.315		0.350		924
F	Mortar (AE)	Table __171__ (b)	—	A2 + B2 + C2 + E2	—	A3 + B3 + E3	—
	Mortar (Non-AE)		0.641	A2 + B2 + C2 + E2	0.666		1435
G	Coarse Aggregate		0.359	27.00 − F2	0.334	G2 × Solid Weight	534
H	Total	F1 + G1	1.000	F2 + G2	1.000	F3 + G3	1969

I	Unit Weight (kg/m^3)	H3	1969
J	152 mm × 305 mm	I/179	11.0
K	Cement (bags/m^3)*	A3 × 0.0234	6.27
L	Water (total kg/m^3)	B3	190
M	Water (m^3/bag)	L/K	30.30
N	Water-Cement Ratio (by weight)	B3/A3	—
	Water-Cement Ratio + MA (by weight)	B3/A3	0.59

Computed by: ____ Date: __/__/__
Checked by: ____ Date: __/__/__
Approved by: ____ Date: __/__/__

*Since the weight of a bag of cement differs in various countries, the weight of the standard United States bag of cement (in SI units) has been used arbitrarily.
NOTE: NA = not applicable.

Table No.	171
C.A. Size	3/4"
	19.0 mm
ASTM No.	67
Slump	2 1/2"
	65 mm
( ) Non-AE	
(√) AE	

(a)

Coarse Aggregate Type No.										Concrete Class
1	2	3	4	5	6	7				A
	1	2	3	4	5	6	7			B
		1	2	3	4	5	6	7		C
			1	2	3	4	5	6	(7)	(D)

(b)
Concrete

12.80	13.30	13.80	14.30	14.80	15.30	15.80	16.30	16.80	17.30	Mortar (ft³/yd³)
14.20	13.70	13.20	12.70	12.20	11.70	11.20	10.70	10.20	9.70	C.A. + 8 (ft³/yd³)
0.474	0.493	0.511	0.530	0.548	0.567	0.585	0.604	0.622	(0.641)	Mortar (m³/m³)
0.526	0.507	0.489	0.470	0.452	0.433	0.415	0.396	0.378	(0.359)	C.A. + 8 (m³/m³)

(c)
Cement

										f'_c (psi)
2.02	2.08	2.12	2.18	2.23	2.30	2.35	2.40	2.45	2.50	2000
2.15	2.21	2.28	2.34	2.40	2.47	2.52	2.59	2.64	2.70	2500
2.29	2.36	2.43	2.50	2.57	2.64	2.71	2.78	2.84	2.90	3000
2.43	2.50	2.58	2.65	2.73	2.80	2.88	2.95	3.02	3.09	3500
2.58	2.66	2.73	2.81	2.90	2.98	3.05	3.13	3.21	3.28	4000
2.76	2.84	2.92	3.00	3.09	3.17	3.25	3.33	3.40	3.47	4500
2.92	3.01	3.10	3.18	3.27	3.36	3.44	3.53	3.62	3.70	5000

(c-1)
Cement

										f'_c (MPa)
0.077	0.079	0.081	0.083	0.085	0.087	0.089	0.091	0.093	0.095	15
0.084	0.086	0.089	0.091	0.094	0.097	0.099	0.101	0.104	(0.106)	(20)
0.092	0.095	0.098	0.100	0.103	0.106	0.109	0.111	0.114	0.116	25
0.100	0.104	0.107	0.109	0.112	0.116	0.119	0.121	0.124	0.127	30
0.109	0.113	0.116	0.119	0.122	0.126	0.129	0.132	0.135	0.138	35

(d)
Water

										f'_c (psi)
4.32	4.45	4.57	4.70	4.83	4.96	5.08	5.20	5.32	5.43	2000
4.30	4.43	4.55	4.68	4.80	4.94	5.06	5.19	5.31	5.42	2500
4.28	4.41	4.53	4.66	4.79	4.92	5.04	5.17	5.29	5.40	3000
4.26	4.39	4.51	4.64	4.77	4.90	5.02	5.15	5.27	5.39	3500
4.24	4.37	4.50	4.62	4.76	4.89	5.00	5.14	5.26	5.38	4000
4.22	4.34	4.48	4.60	4.74	4.87	4.99	5.12	5.24	5.36	4500
4.20	4.32	4.46	4.58	4.72	4.85	4.97	5.10	5.22	5.34	5000

(d-1)
Water

										f'_c (MPa)
0.160	0.164	0.169	0.174	0.179	0.183	0.188	0.193	0.197	0.201	15
0.159	0.163	0.168	0.173	0.178	0.183	0.187	0.192	0.196	(0.200)	(20)
0.158	0.162	0.167	0.172	0.177	0.182	0.186	0.191	0.195	0.199	25
0.157	0.161	0.166	0.171	0.176	0.181	0.185	0.190	0.194	0.199	30
0.156	0.160	0.165	0.170	0.175	0.180	0.184	0.189	0.193	0.198	35

(e)
Air

—	—	—	—	—	—	—	—	—	—	Entrained (ft³/yd³)
—	—	—	—	—	—	—	—	—	—	%
—	—	—	—	—	—	—	—	—	—	Entrained (m³/m³)

(f)
Air (Values Approximate)

2000	2500	3000	3500	4000	4500	5000	f'_c (psi)
0.60	0.57	0.54	0.50	0.47	0.44	0.41	Entrapped (ft³/yd³)
2.22	2.11	2.00	1.85	1.74	1.63	1.52	%

(f-1)
Air (Values Approximate)

15	(20)	25	30	35	f'_c (MPa)
0.022	(0.020)	0.018	0.017	0.015	Entrapped (m³/m³)
2.18	2.02	1.82	1.66	1.52	%

(g)
Cement and Water Adjustments for Fine Aggregate Variations

31–32	32–33	33–34	34–35	35–36	36–37	37–38	38–39	39–40	40–41	% Voids
90.0	92.5	95.0	97.5	(100.0)	102.5	105.0	107.5	110.0	112.5	Adjustment (%)

MIX DESIGN COMPUTATIONS PROCEDURE

(Refers to "Mix Design Computations")

General

1. Obtain the required f'_c, whether the mix is to be air-entrained or non-air-entrained, the required slump, whether the mix is to be pumped, the percentage of cement to be replaced by mineral admixture, and the percentage of water to be replaced by water-reducing admixture from the "Information and Data Sheet," and enter this information in the appropriate spaces in the "Specification Requirements."

2. Obtain the cement type from the "Information and Data Sheet," the specific gravity, solid weight, and the dry rodded weight for the cement and mineral admixture from the cement manufacturer and mineral admixture supplier, respectively, and enter these values in the appropriate spaces in the "Material Laboratory Analysis: Summary."

3. Obtain the aggregate size, specific gravity, solid weight, dry rodded weight, percentage of voids, type number, and percentage of fine aggregate passing the No. 8 sieve from the "Material Laboratories Analysis," and enter these values in the "Material Laboratory Analysis: Summary."

Computations

Tables of Volumes Selection: Table _12L_.

1. Select the Tables of Volumes to be used by determining the following:

    a. The coarse aggregate size obtained from the "Material Laboratory Analysis: Summary" of the "Mix Design Computations." _19.0mm_.

    b. The required slump obtained from the "Specification Requirements." _65.0mm_.

    c. Whether air-entrained on non-air-entrained, obtained from the "Specification Requirements." _Non-AE_.

    d. Enter the selected table number in the appropriate spaces A1 through D1, F1, and G1. _12L_.

Tables of Volumes Values

1. Concrete Class: _D_.

    a. Refer to (a) of the selected Tables of Volumes.

    (1) At the right side of the table locate and circle the appropriate "Concrete Class" as detailed on the "Information Data Sheet," Note 2. _D_.

2. Coarse Aggregate Type No.: _2_.

    a. Refer to (a) of the selected Tables of Volumes.

    (1) From the circled letter denoting the "Concrete Class" travel horizontally to the left to the point of intersection with the "Coarse Aggregate Type No.," obtained from the "Material Laboratory Analysis: Summary," and circle this number. _2_.

3. Mortar (F1): *0.641*.

   a. Refer to (b) of the selected Tables of Volumes.

      (1) At the right side of the table locate "Mortar."

      (2) Travel horizontally to the left to the intersection with the circled figure, projected downward from (a), "Coarse Aggregate Type No."

      (3) At the intersection, circle the figure for "Mortar" and record it in space F1. *0.641*.

4. Coarse Aggregate (G1): *0.359*.

   a. Refer to (b) of the selected Tables of Volumes.

      (1) At the right side of the table locate "Coarse Aggregate +8."

      (2) Travel horizontally to the left to the intersection with the circled figure, projected downward from (a), "Coarse Aggregate Type No."

      (3) At the intersection circle the figure for "Coarse Aggregate +8" and record it in space G1. *0.359*.

5. Cement (A1): *0.106*.

   a. Refer to (c) or (c-1), U.S. customary units or SI units, respectively, of the selected Tables of Volumes.

      (1) At the right side of the table, locate and circle the required f'_c obtained from the "Specification Requirements."

      (2) From the circled figure travel horizontally to the left to the intersection with the circled figure, projected downward from (a), "Coarse Aggregate Type No.," circle this number, and record it in space A1. *0.106*.

6. Water (B1): *0.200*.

   a. Refer to (d) or (d-1), U.S. customary units or SI units, respectively, of the selected Tables of Volumes.

      (1) At the right side of the table locate and circle the required f'_c obtained from the "Specification Requirements." *20*.

   b. From the circled figure travel horizontally to the left to the intersection with the circled figure projected downward from (a), "Coarse Aggregate Type No."; circle this number, and record it in space B1. *0.20*.

7. Entrained Air (C1): *- - -*.

   a. Refer to (e) of the selected Tables of Volumes.

      (1) At the right side of the table locate "Entrained Air."

      (2) Travel horizontally to the left to the intersection with the circled figure projected downward from (a), "Coarse Aggregate Type No."; circle this number, and record it in space C1. *- - -*.

8. Entrapped Air (D1): *0.20. (2.02%)*

   a. Refer to (f) or (f-1), U.S. customary units or SI units, respectively, of the selected Tables of Volumes.

(1) At the top of the table locate and circle the required f_c' obtained from the "Specification Requirements." _20_.

(2) At the right side of the table locate "Entrapped Air" and travel horizontally to the right to the intersection with the circled figure projected downward from the circled f_c' of the table; circle this figure and record it in space D1. _0.20_ (2.02%)

Corrections

1. Cement (A2): _..._.

   a. Refer to the "Material Laboratory Analysis: Summary" and determine the "Percent Voids" in the fine aggregate. _35.5_.

   b. Refer to (g) of the selected Tables of Volumes.

   (1) At the right side of the table locate the "Percent Voids," travel horizontally to the left to the determined "Percent Voids," and circle the figure determined in Par. a _35–36_.

   (2) Directly below will be found the figure for the adjustment; circle this figure. _100.0%_.

   c. Make the computed adjustments, and if a mineral admixture is not specified by the "Specification Requirements," enter the adjusted figure in space A2. _0.106_.

   $$\text{Cement value adjusted} = C \times \% C = 0.106 \times 1.0 = 0.106$$

   where C = cement value from A1
   $\% C$ = adjustment (%) from (g) of the selected Tables of Volumes

2. Cement + Mineral Admixtures (A2): _0.085 + 0.021_.

   a. Where a mineral admixture is specified by the "Specification Requirements":

   (1) Determine the percentage of the cement content to be removed as per supplier's recommendation. _20_ %.

   (2) Compute the cement and mineral aggregate values and record them in space A2 _0.085, 0.021_.

   $$CV = C - \% MA = 0.106 - (0.106 \times 0.20) = 0.085$$
   $$MAV = C - CV = 0.106 - 0.085 = 0.021$$

   where CV = cement value
   C = cement value adjusted from Par. 1
   $\% MA$ = Percent of mineral admixture replacement
   MAV = mineral aggregate value

3. Water (B2): _..._.

   a. Refer to the "Material Laboratory Analysis: Summary" and determine the "Percent Voids" in the fine aggregate. _35.5_.

   b. Refer to (g) of the selected Tables of Volumes.

(1) At the right side of the table locate the "Percent Voids," travel horizontally to the left to the determined "Percent Voids," and circle the figure in Par. a. _35–36_.

(2) Directly below will be found the figure for the adjustment; circle this figure. _100.0%_.

c. Make the computed adjustments, and if a water-reducing admixture is not specified by the "Specifications Requirements," enter the adjusted figure in space B2.

$$\text{Water value adjusted} = W \times \% W$$
$$= \underline{0.200} \times \underline{1.0} = \underline{0.200}$$

where W = water value from C1
$\% W$ = adjustment (%) from (g)

4. Water (with water-reducing admixture) (B2): _0.190_.

a. Where a water-reducing admixture is specified by the "Information and Data Sheet":

(1) Determine the percentage of water to be reduced as per manufacturer's recommendation. _5_ %.

(2) Compute the adjustment and record in space B2. _0.190_.

$$AWV = W - (W \times \% \text{ water reduction})$$
$$AWV = \underline{0.200} - (\underline{0.200} \times \underline{0.05}) = \underline{0.190}$$

where AWV = adjusted water value
W = water value from Par. 3

NOTE: For all other computation procedures see "Computations."

TYPICAL DESIGN MIX EXAMPLES **379**

Project No. _Ex. 4 (S.I.u.)_

MATERIAL LABORATORY ANALYSIS

COARSE AGGREGATE Source: _____

Classification: _EXPANDED SHALE_

Sieve Analysis (ASTM C 136)

Sieve Size, mm	Cumulative Weight Retained			Cumulative % Retained	Cumulative % Passing
	First Run	Second Run	Average		
100.0					
90.0					
75.0					
63.0					
50.0					
38.1					
25.0					
(19.0)				0	100
12.5				45	55
9.5				68	32
4.75				92	8
2.36				100	0

Fineness Modulus _2.05_ + 4.0

Fineness Modulus	_2.05_
Specific Gravity (Bulk, SSD Basis): ASTM C 127	_1.60_
Solid Weight (Specific Gravity × 1000)	_1600_ kg/m³
Dry Rodded Weight (SSD Basis): ASTM C 29	_832_ kg/m³
Voids (ASTM C 29)	_48.0_ %
Absorption (ASTM C 127)	_16.0_ %
Soundness (ASTM C 88)	_____
Los Angeles Abrasion (ASTM C 131 and C 535)	_____ % of wear

Percent of Voids for Well-Graded Course Aggregate

Type No.	Size (mm)								
	9.5	12.5	(19.0)	25.0	38.1	50.0	63.0	75.0	90.0
1	37–39	36–38	35–37	34–36	33–35	32–34	31–33	30–32	29–31
2	40–42	39–41	38–40	37–39	36–38	35–37	34–36	33–35	32–34
3	43–45	42–44	41–43	40–42	39–41	38–40	38–39	36–38	35–37
4	46–48	45–47	44–46	43–45	42–44	41–43	40–42	39–41	38–40
(5)	49–51	48–50	(47–49)	46–48	45–47	44–46	43–45	42–44	41–43

FINE AGGREGATE Source: _____

Classification: _Natural Sand_____

Sieve Analysis (ASTM C 136)

Sieve Size	Cumulative Weight Retained			Cumulative % Retained	Cumulative % Passing
	First Run	Second Run	Average		
4.75 mm	___	___	___	0	100
2.36 mm	___	___	___	10	(90)
1.18 mm	___	___	___	32	68
600 μm	___	___	___	62	38
300 μm	___	___	___	83	17
150 μm	___	___	___	96	4
	___	___	___	—	1

Fineness Modulus _2.83_

Specific Gravity (Bulk, SSD Basis): ASTM C 128   _2.64_

Solid Weight (Specific Gravity × 1000)   _2640_ kg/m³

Dry Rodded Weight (SSD Basis): ASTM C 29   _1703_ kg/m³

Voids (ASTM C 29)   _35.5_%

Absorption (ASTM C 128)   _0.8_%

Soundness (ASTM C 88)   _____

HYDRAULIC CEMENT Material: _Portland Cement – Type I (Sp. Gr. = 3.15)_

Source: _____

Tests: As per manufacturer's certified mill certificate in accordance with ASTM C 150

MINERAL ADMIXTURES Material: _Fly Ash – Class F (Sp. Gr. = 2.30)_

Source: _____

Tests: As per supplier's certified mill certificate in accordance with ASTM C 311 and ASTM C 618

Project No. *Ex. 4 (S.I.U.)*

MIX DESIGN COMPUTATIONS

Specification Requirements

f'_c = __30__ MPa

( ) Non-AE   (✓) AE: As per Tables of Volumes ± __0.50__ %

Slump = __65__ mm ± __6.25__ mm

Pumped ( ) No   (✓) Yes

% Cement Replaced by MA = __20__ %

% Water Replaced by Type __A__ Admixture = __5__ %

Material Laboratory Analysis: Summary

	Cement	MA	Coarse Aggregate	Fine Aggregate
Aggregate Size	–	–	19.0 mm	–
Specific Gravity	3.15	2.30	1.60	2.64
Solid Weight	3150	2300	1600	2640
Dry Rodded Weight	1506	–	832	1703
Percent Voids	–	–	48.0	35.5
Type No.	I	CLASS F	5+2=7*	–
% −8	–	–	–	900

*For pumped concrete the coarse aggregate type is increased by 2.

COMPUTATIONS

		1 Tables of Volumes Values (m³/m³)		2 Corrections (m³/m³)		3 Weight (kg/m³)	
A	Cement	Table __36__ (c)	0.138		0.110	A2 × Solid Weight	347
A	MA, Pozzolan	NA	...	See "Procedure"	–	A2 × Solid Weight	–
A	MA, Fly Ash		...		0.028		64
B	Water	(d)	0.188		0.179	B2 × 1000	179
C	Air-Entrained	Table __36__ (e)	0.058		0.058	5.77 %	...
D	Air-Entrapped	(f)	–		–	– %	...
E	Fine Aggregate (AE)	F1 − (A1 + B1 + C1)	0.257	100 (E1) Fine Aggregate % − 8	0.286	E2 × Solid Weight	755
E	Fine Aggregate (Non-AE)	F1 − (A1 + B1 + C1)			–		–
F	Mortar (AE)	Table __36__ (b)	0.641	A2 + B2 + C2 + E2	0.661	A3 + B3 + E3	1345
F	Mortar (Non-AE)			A2 + B2 + C2 + E2	–		–
G	Coarse Aggregate		0.359	27.00 − F2	0.339	G2 × Solid Weight	542
H	Total	F1 + G1	1.000	F2 + G2	1.000	F3 + G3	1887

I	Unit Weight (kg/m³)	H3	1887
J	152 mm × 305 mm	I/179	10.5
K	Cement (bags/m³)*	A3 × 0.0234	8.12
L	Water (total kg/m³)	B3	179
M	Water (m³/bag)	L/K	22.04
N	Water-Cement Ratio (by weight)	B3/A3	–
N	Water-Cement Ratio + MA (by weight)	B3/A3	0.44

Computed by: _____
Date: __ / / __
Checked by: _____
Date: __ / / __
Approved by: _____
Date: __ / / __

*Since the weight of a bag of cement differs in various countries, the weight of the standard United States bag of cement (in SI units) has been used arbitrarily.

NOTE: NA — not applicable.

Table No.	36
C.A. Size	¾"
	19.0 mm
ASTM No.	67
Slump	2½"
	65 mm
(✓) AE	
( ) Non-AE	

(a)

Coarse Aggregate Type No.										Concrete Class
1	2	3	4	5	6	7				A
	1	2	3	4	5	6	7			B
		1	2	3	4	5	6	7		C
			1	2	3	4	5	6	(7)	(D)

(b)

Concrete										
12.80	13.30	13.80	14.30	14.80	15.30	15.80	16.30	16.80	17.30	Mortar (ft³/yd³)
14.20	13.70	13.20	12.70	12.20	11.70	11.20	10.70	10.20	9.70	C.A. + S (ft³/yd³)
0.474	0.493	0.511	0.530	0.548	0.567	0.585	0.604	0.622	(0.641)	Mortar (m³/m³)
0.526	0.507	0.489	0.470	0.452	0.433	0.415	0.396	0.378	0.359	C.A. + S (m³/m³)

(c)

Cement										f'_c (psi)
1.75	1.83	1.93	2.02	2.12	2.22	2.30	2.40	2.49	2.58	2000
1.94	2.02	2.13	2.23	2.32	2.42	2.50	2.60	2.70	2.79	2500
2.13	2.23	2.33	2.42	2.52	2.62	2.70	2.80	2.90	2.99	3000
2.36	2.46	2.56	2.66	2.75	2.86	2.95	3.04	3.14	3.23	3500
2.58	2.68	2.78	2.90	3.00	3.10	3.19	3.30	3.40	3.50	4000
2.82	2.92	3.04	3.16	3.27	3.38	3.48	3.60	3.70	3.81	4500
3.12	3.23	3.33	3.48	3.60	3.72	3.82	3.95	4.06	4.17	5000

(c-1)

Cement										f'_c (MPa)
0.067	0.070	0.074	0.077	0.081	0.085	0.088	0.091	0.095	0.098	15
0.077	0.081	0.085	0.088	0.092	0.096	0.099	0.102	0.106	0.109	20
0.090	0.093	0.097	0.101	0.104	0.108	0.111	0.115	0.119	0.122	25
0.102	0.106	0.110	0.114	0.118	0.122	0.126	0.130	0.134	(0.138)	(30)
0.117	0.121	0.125	0.131	0.135	0.140	0.143	0.148	0.152	0.156	35

(d)

Water										f'_c (psi)
3.34	3.50	3.68	3.84	4.01	4.18	4.34	4.52	4.69	4.86	2000
3.40	3.56	3.73	3.90	4.06	4.24	4.40	4.56	4.74	4.90	2500
3.47	3.63	3.80	3.96	4.12	4.30	4.46	4.61	4.78	4.94	3000
3.56	3.72	3.88	4.04	4.20	4.36	4.52	4.68	4.83	4.98	3500
3.65	3.80	3.96	4.12	4.28	4.43	4.58	4.72	4.88	5.03	4000
3.76	3.92	4.06	4.21	4.36	4.51	4.64	4.80	4.94	5.08	4500
3.86	4.02	4.16	4.31	4.44	4.59	4.72	4.86	5.00	5.14	5000

(d-1)

Water										f'_c (MPa)
0.124	0.130	0.137	0.143	0.149	0.156	0.161	0.168	0.174	0.180	15
0.128	0.134	0.140	0.146	0.152	0.159	0.165	0.170	0.177	0.183	20
0.133	0.139	0.144	0.150	0.156	0.162	0.168	0.174	0.179	0.185	25
0.139	0.144	0.149	0.155	0.161	0.166	0.171	0.177	0.182	(0.188)	(30)
0.144	0.150	0.155	0.160	0.165	0.170	0.175	0.180	0.186	0.191	35

(e)

Air										
1.15	1.20	1.24	1.29	1.33	1.38	1.42	1.47	1.51	(1.56)	Entrained (ft³/yd³)
4.27	4.43	4.60	4.77	4.93	5.10	5.27	5.43	5.60	(5.77)	%
0.043	0.044	0.046	0.048	0.049	0.051	0.053	0.054	0.056	0.058	Entrained (m³/m³)

(f)

Air (Values Approximate)							
2000	2500	3000	3500	4000	4500	5000	f'_c (psi)
—	—	—	—	—	—	—	Entrapped (ft³/yd³)
—	—	—	—	—	—	—	%

(f-1)

Air (Values Approximate)					
15	20	25	30	35	f'_c (MPa)
—	—	—	—	—	Entrapped (m³/m³)
—	—	—	—	—	%

(g)

Cement and Water Adjustments for Fine Aggregate Variations

31-32	32-33	33-34	34-35	35-36	36-37	37-38	38-39	39-40	40-41	% Voids
90.0	92.5	95.0	97.5	(100.0)	102.5	105.0	107.5	110.0	112.5	Adjustment (%)

MIX DESIGN COMPUTATIONS PROCEDURE

(Refers to "Mix Design Computations")

General

1. Obtain the required f'_c, whether the mix is to be air-entrained or non-air-entrained, the required slump, whether the mix is to be pumped, the percentage of cement to be replaced by mineral admixture, and the percentage of water to be replaced by water-reducing admixture from the "Information and Data Sheet," and enter this information in the appropriate spaces in the "Specification Requirements."

2. Obtain the cement type from the "Information and Data Sheet," the specific gravity, solid weight, and the dry rodded weight for the cement and mineral admixture from the cement manufacturer and mineral admixture supplier, respectively, and enter these values in the appropriate spaces in the "Material Laboratory Analysis: Summary."

3. Obtain the aggregate size, specific gravity, solid weight, dry rodded weight, percentage of voids, type number, and percentage of fine aggregate passing the No. 8 sieve from the "Material Laboratories Analysis," and enter these values in the "Material Laboratory Analysis: Summary."

Computations

Tables of Volumes Selection: Table _36_.

1. Select the Tables of Volumes to be used by determining the following:

   a. The coarse aggregate size obtained from the "Material Laboratory Analysis: Summary" of the "Mix Design Computations." _19.0 mm_.

   b. The required slump obtained from the "Specification Requirements." _65.0 mm_

   c. Whether air-entrained on non-air-entrained, obtained from the "Specification Requirements." _AE_.

   d. Enter the selected table number in the appropriate spaces A1 through D1, F1, and G1. _36_.

Tables of Volumes Values

1. *Concrete Class:* _D_.

   a. Refer to (a) of the selected Tables of Volumes.

   (1) At the right side of the table locate and circle the appropriate "Concrete Class" as detailed on the "Information Data Sheet," Note 2. _D_.

2. *Coarse Aggregate Type No.:* _7_.

   a. Refer to (a) of the selected Tables of Volumes.

   (1) From the circled letter denoting the "Concrete Class" travel horizontally to the left to the point of intersection with the "Coarse Aggregate Type No.," obtained from the "Material Laboratory Analysis: Summary," and circle this number. _7_.

3. Mortar (F1): _0.641_.

   a. Refer to (b) of the selected Tables of Volumes.

   (1) At the right side of the table locate "Mortar."

   (2) Travel horizontally to the left to the intersection with the circled figure, projected downward from (a), "Coarse Aggregate Type No."

   (3) At the intersection, circle the figure for "Mortar" and record it in space F1. _0.641_.

4. Coarse Aggregate (G1): _0.359_.

   a. Refer to (b) of the selected Tables of Volumes.

   (1) At the right side of the table locate "Coarse Aggregate +8."

   (2) Travel horizontally to the left to the intersection with the circled figure, projected downward from (a), "Coarse Aggregate Type No."

   (3) At the intersection circle the figure for "Coarse Aggregate +8" and record it in space G1. _0.359_.

5. Cement (A1): _0.138_.

   a. Refer to (c) or (c-1), U.S. customary units or SI units, respectively, of the selected Tables of Volumes.

   (1) At the right side of the table, locate and circle the required f'_c obtained from the "Specification Requirements."

   (2) From the circled figure travel horizontally to the left to the intersection with the circled figure, projected downward from (a), "Coarse Aggregate Type No.," circle this number, and record it in space A1. _0.138_.

6. Water (B1): _0.188_.

   a. Refer to (d) or (d-1), U.S. customary units or SI units, respectively, of the selected Tables of Volumes.

   (1) At the right side of the table locate and circle the required f'_c obtained from the "Specification Requirements." _30_.

   b. From the circled figure travel horizontally to the left to the intersection with the circled figure projected downward from (a), "Coarse Aggregate Type No."; circle this number, and record it in space B1. _0.188_.

7. Entrained Air (C1): _1.56_. _(5.77%)_

   a. Refer to (e) of the selected Tables of Volumes.

   (1) At the right side of the table locate "Entrained Air."

   (2) Travel horizontally to the left to the intersection with the circled figure projected downward from (a), "Coarse Aggregate Type No."; circle this number, and record it in space C1. _1.56_. _(5.77%)_

8. Entrapped Air (D1): _∴_.

   a. Refer to (f) or (f-1), U.S. customary units or SI units, respectively, of the selected Tables of Volumes.

(1) At the top of the table locate and circle the required f'_c obtained from the "Specification Requirements." __30__.

(2) At the right side of the table locate "Entrapped Air" and travel horizontally to the right to the intersection with the circled figure projected downward from the circled f'_c of the table; circle this figure and record it in space D1. __· · ·__.

Corrections

1. Cement (A2): __· · ·__.

    a. Refer to the "Material Laboratory Analysis: Summary" and determine the "Percent Voids" in the fine aggregate. __35.5__.

    b. Refer to (g) of the selected Tables of Volumes.

    (1) At the right side of the table locate the "Percent Voids," travel horizontally to the left to the determined "Percent Voids," and circle the figure determined in Par. a. __35-36__.

    (2) Directly below will be found the figure for the adjustment; circle this figure. __100.0%__.

    c. Make the computed adjustments, and if a mineral admixture is not specified by the "Specification Requirements," enter the adjusted figure in space A2. __0.138__.

$$\text{Cement value adjusted} = C \times \% \ C = \underline{0.138} \times \underline{1.0}$$
$$= \underline{0.138}$$

   where C = cement value from A1
   $\% \ C$ = adjustment (%) from (g) of the selected Tables of Volumes

2. Cement + Mineral Admixtures (A2): __0.110__ + __0.028__.

    a. Where a mineral admixture is specified by the "Specification Requirements":

    (1) Determine the percentage of the cement content to be removed as per supplier's recommendation. __20__ %.

    (2) Compute the cement and mineral aggregate values and record them in space A2. __0.110__, __0.028__.

$$CV = C - \% \ MA = \underline{0.138} - (\underline{0.138} \times \underline{0.20}) = \underline{0.110}$$
$$MAV = C - CV = \underline{0.138} - \underline{0.110} = \underline{0.028}$$

   where CV = cement value
   C = cement value adjusted from Par. 1
   $\% \ MA$ = Percent of mineral admixture replacement
   MAV = mineral aggregate value

3. Water (B2): __· · ·__.

    a. Refer to the "Material Laboratory Analysis: Summary" and determine the "Percent Voids" in the fine aggregate. __35.5__.

    b. Refer to (g) of the selected Tables of Volumes.

(1) At the right side of the table locate the "Percent Voids," travel horizontally to the left to the determined "Percent Voids," and circle the figure in Par. a. _35-36_.

(2) Directly below will be found the figure for the adjustment; circle this figure. _100.0%_.

c. Make the computed adjustments, and if a water-reducing admixture is not specified by the "Specifications Requirements," enter the adjusted figure in space B2.

$$\text{Water value adjusted} = W \times \% W$$
$$= \underline{0.188} \times \underline{1.0} = \underline{0.188}$$

where W = water value from C1
$\% W$ = adjustment (%) from (g)

4. *Water (with water-reducing admixture) (B2):* _0.179_.

  a. Where a water-reducing admixture is specified by the "Information and Data Sheet":

  (1) Determine the percentage of water to be reduced as per manufacturer's recommendation. _5_ %.

  (2) Compute the adjustment and record in space B2. _0.179_.

$$AWV = W - (W \times \% \text{ water reduction})$$
$$AWV = \underline{0.188} - (\underline{0.188} \times \underline{0.05}) = \underline{0.179}$$

where AWV = adjusted water value
W = water value from Par. 3

NOTE: For all other computation procedures see "Computations."

BIBLIOGRAPHY

1. *Annual Book of ASTM Standards*, part 14: "Concrete and Mineral Aggregates," American Society for Testing and Materials, Philadelphia, 1979.
2. *Design and Control of Concrete Mixtures*, 12th ed., Portland Cement Association, Skokie, Ill., 1979.
3. R. E. Tobin: "Flow Cone Sand Tests," *ACI Journal*, vol. 75, no. 1, Title no. 75-1, pp. 1–12.
4. ACI Committee 211: "Recommended Practice for Selecting Proportions for Structural Lightweight Concrete," *ACI Standard*, ACI 211.2-69.
5. ACI Committee 211: "Recommended Practice for Selecting Proportions for Normal and Heavyweight Concrete," *ACI Standard*, ACI 211.1-74, rev. 1975.
6. ACI Committee 211: "Recommended Practice for Selecting Proportions for No-Slump Concrete," *ACI Standard*, ACI 211.3-75.
7. Portland Cement Association: *Principles of Quality Concrete*, John Wiley & Sons, Inc., New York, 1975.
8. Portland Cement Association: *Special Concretes and Concrete Products*, John Wiley & Sons, Inc., New York, 1975.
9. Melton H. Wells, Jr.: "How Aggregate Particle Shape Influences Concrete Mixing Water Requirement and Strength," *Journal of Materials*, American Society for Testing and Materials, vol. 2, no. 4, 1967.
10. A. T. Goldbeck and J. E. Gray: *A Method of Proportioning Concrete for Strength, Workability, and Durability*, Bulletin 11, National Crushed Stone Association, December 1942; rev. 1953, 1956.
11. A. N. Talbot: "A Proposed Method of Estimating the Density and Strength of Concrete and of Proportioning the Materials by Experimental and Analytical Consideration of the Voids in Mortar and Concrete," *Proceedings*, American Society for Testing and Materials, vol. 21, p. 940.
12. Duff A. Abrams: *Design of Concrete Mixtures*, Bulletin No. 1, Lewis Institute, Structural Materials Research Laboratory, Chicago, 1918.

INDEX

INDEX

Abrams, Duff A., 1
Aggregates, coarse, 5–7, 9
   fineness modulus for, 6
   percentage of voids for well-graded, 6
   retained by No. 8 sieve, 9
   types, 5
Aggregates, fine, 7
   percentage of voids in, 10
Air, 9
   entrained, 9
   entrapped, 9

Coarse aggregates (*see* Aggregates, coarse)
Compactibility, 3
Compressive strength, 5
Concrete, classification of, 6–7
Consistency, 3
Cordon, William A., 1

Density, 4
Durability, 4–5

Examples of design mix, 323–386

Fine aggregates (*see* Aggregates, fine)
Finishability, 3

Mobility, 3

Mortar, 9
   requirements, 5

Placeability, 3

Report, 283–322
   form, 285–322
      S.I. units, 303–322
      U.S. customary units, 285–302
   introduction to, 283

Stability, 3
Strength, 4
   compressive, 5

Tests, required, 7

Voids, percentage for well-graded coarse aggregates, 6
Volumes, tables of, 9–282
   guide to, 11
   introduction to, 9–10
   tables, 13–282
      air-entrained, 13–147
      non-air-entrained, 148–282

Weight per cubic foot, 5
Workability, 3